序

笔者毕业于交通大学应用数学研究所博士班，高中第一次数学段考只考了十几分，班排名是最后一名，从成绩吊车尾到拿到博士学位，关键的转折是大三时期的一位教授，手把手教我怎么学数学。回首求学路，有时会希望如果早点开窍便能少走很多的冤枉路，这本书花了约两年的时间，将如何学数学的要领写进书里，希望学生们读完这本书时不只学会了微积分也知道怎么学数学。

微积分教科书应该具备什么特色，从大纲是否能看出学习目标而不只是学习内容？每个艰深的定义与定理之后，如果只有一两题简单范例展示说明，当困难的习题做不出来，是因为例题不够多还是没有掌握题型变化的缘故？如果待会就要考试，合上手上的教材时还能够记住多少内容？本书有五个重点特色：

- 第一个特色是从大纲就能明白每个章节的学习目标，让微积分初学者翻阅这本书时就能清楚整个脉络。
- 第二个特色是每个章节在介绍范例之前，先展示说明共有几种重要题型的变化并且每个题型用几个步骤能够完成解题，因此，当练习所有范例之后才能化繁为简，透过题型的解题步骤掌握所有变化。
- 第三个特色是本书提供约两千题的范例，每道范例的解题过程皆展示最详细的解题步骤，因此不会出现跳几个解题步骤困扰读者的情况。
- 第四个特色是尽可能白话的介绍每章节的内容，希望让读者清楚整个全貌，以便了解哪些章节的内容有连动的关系以及哪些章节特别重要，例如罗比达法则在之后哪些章节的解题过程中还会用到。
- 第五个特色是有别于白话介绍书的内容，每道范例的解题过程需要绝对的严谨与精确，笔者于这两千多道范例的解题过程只用了"令"、"则"、"因为"、"所以"、"导致" 做说明。期盼藉由这些特色能将微积分最细致的内容呈现给读者。

笔者在担任实变函数论助教时，有位大学读经济系的外系同学来修课，刚开始写证明很像在讲故事，之后透过讨论慢慢抓到精髓，目前已从约翰霍普金斯的数学与统计研究所拿到博士学位，举这例子并不是想鼓励每个人当数学家，是希望每个学生能找到自己感兴趣的领域，学习永远都不会太晚。期待这本书能让唱歌唱通宵的学生们、忙于社团的学生们、练球练太晚的学生们、有男女朋友的学生们、学过微积分却忘的一乾二净的学生们在学习或复习上更有效率，科学的知识是宝贵的，每个人的时间也是宝贵！

代数符号

Notations	Definition	Examples	Explanation
$\equiv$	$A \equiv B$, indicates that A is defined by B	$f(x) \equiv x^2$	$f(x)$ is defined by x^2.
$:=$	$A := B$, indicates that A is defined by B	$f(x) := x^3$	$f(x)$ is defined by x^3.
∞	infinity	$\underset{n\to\infty}{\text{im}}\ n^2 = \infty$	When n approaches infinity, n^2 also approaches infinity.
$\lfloor x \rfloor$	$\lfloor x \rfloor$ is the greatest integer that is less than or equal to x	$\lfloor 2.3 \rfloor = 2$, $\lfloor -2.3 \rfloor = -3$	2 is the greatest integer that is less than 2.3. -3 is the greatest integer that is less than -2.3.
$[x]$	$[x]$ is the greatest integer that is less than or equal to x	$[2.3] = 2$, $[-2.3] = -3$	2 is the greatest integer that is less than 2.3. -3 is the greatest integer that is less than -2.3.
$\sum$	Summation(Sigma)	$\sum_{n=1}^{10} n = 55$	$1 + 2 + \cdots + 10 = 55$
$\prod$	continued multiplication (Pi)	$\prod_{n=1}^{5} n = 120$	$1 \times 2 \ldots \times 5 = 120$
e	$e := \sum_{n=0}^{\infty} \frac{1}{n!}$, (Euler's number)	$e^2 \cdot e^3 = e^5$	Based on Exponential Law, $e^2 \cdot e^3 = e^5$.
π	$\pi = 3.1415926 \ldots$ (Pi, Ratio of the circumference of a circle to its diameter)	$\sin\frac{\pi}{2} = 1$	When the angle of θ equals $\frac{\pi}{2}$, $\sin\theta$ equals 1

排列组合符号

Notations	Definition	Examples	Explanation
!	$n! = 1 \times 2 \times \ldots . \times n$	3!	$3! = 1 \times 2 \times 3 = 6$
P_k^n	$P_k^n = \frac{n!}{(n-k)!}$	$P_2^5 = \frac{5!}{3!}$	$P_2^5 = \frac{5!}{3!} = 5 \times 4 = 20$
C_k^n	$C_k^n = \frac{n!}{k!\,(n-k)!}$	$C_2^5 = \frac{5!}{3!\,2!}$	$C_2^5 = \frac{5!}{3!\,2!} = 10$

集合符号

Notations	Definition	Examples	Explanation
{ }	set	{1,2,3,5}	The set consist of these elements 1,2,3,5.
$\cup$	union	$\{1,3\} \cup \{2,5\} = \{1,2,3,5\}$	Union of {1,3} and {2,5} is equal to {1,2,3,5}.
$\cap$	intersect	$\{1,3,5\} \cap \{1,2,5,7\} = \{1,5\}$	Intersection of {1,3,5} and {1,2,5,7} is equal to {1,5}.
$\subset$	subset	$\{1,5\} \subset \{1,3,5\}$	{1,5} is the subset of {1,3,5}.
$\not\subset$	not a subset	$\{1,3,5\} \not\subset \{1,5\}$	Because $3 \notin \{1,5\}$, {1,3,5} is not the subset of {1,5}.
$\subseteq$	subset or equal	$\{1,5\} \subseteq \{1,3,5\}$, $\{1,5\} \subseteq \{1,5\}$, $\{1,3,5\} \nsubseteq \{1,5\}$	{1,5} is the subset of {1,3,5}. Because $\{1,5\} = \{1,5\}$, $\{1,5\} \subseteq \{1,5\}$. {1,3,5} is not the subset of {1,5}.
A^c	A's complement set	$\sqrt{3} \in Q^c$	$\sqrt{3}$ can't be written in a fraction. Hence, it's an irrational number.
$A \backslash B$	A set, excluding $A \cap B$ elements	$\{1,3,5\} \backslash \{5,7\} = \{1,3\}$	The intersection for the two sets is {5}, so taking away {5} from {1,3,5} equals {1,3}.
$\in$	belong to	$a \in \{a, b, c\}$	a belongs to the set $\{a, b, c\}$.
$\notin$	does not	$d \notin \{a, b, c\}$	d doesn't belong to the set

	belong to		$\{a, b, c\}$.
N	positive integers	$N = \{1,2,3, \ldots\}$, $3 \in N$	By definition, the set of positive integers is equal to $\{1,2,3, \ldots\}$. 3 belong to the set of positive integers.
Z	integers	$Z = \{\ldots, -2, -1, 0, 1, 2, \ldots\}$, $-2 \in Z$	By definition, we have $Z = \{\ldots, -2, -1, 0, 1, 2, \ldots\}$. -2 belongs to the set of integers.
Q	rational numbers	$Q = \left\{\frac{m}{n} : m \in Z, n \in Z\backslash\{0\}\right\}$, $-\frac{4}{3} \in Q$	Rational numbers set includes all numbers with a fraction format. $-\frac{4}{3}$ is a rational number.
Q^c	irrational numbers	$\sqrt{3} \in Q^c$	$\sqrt{3}$ can't be written in a fraction. Hence, it's an irrational number.
R	real numbers	$R = Q \cup Q^c$, $-\frac{4}{3} \in R, \sqrt{3} \in R$	Real numbers are the union of irrational numbers and rational numbers. $-\frac{4}{3}$ is a real number, $\sqrt{3}$ is a real number

逻辑符号

Notations	Definition	Examples	Explanation
$\vee$	or	$x \in A \vee x \in B \Rightarrow x \in A \cup B$	If x belongs to A or B then x belongs to $A \cup B$.
$\wedge$	and	$x < 1 \wedge x > 0 \Rightarrow 0 < x < 1$	If $x < 1$ and $x > 0$ then $0 < x < 1$.
$\Rightarrow$	implies	$x < 1 \Rightarrow x < 2$	$x < 1$ implies $x < 2$.
$\Leftrightarrow$	if and only if	$\lvert x\rvert < 1 \Leftrightarrow -1 < x < 1$	If $\lvert x\rvert < 1$ then $-1 < x < 1$. Conversely, if $-1 < x < 1$

			then $\|x\| < 1$.
$\because$	because	$\because x < 1 \quad \therefore x < 2$	Because $x < 1, x < 2$.
$\therefore$	so	$\because x < 1 \quad \therefore x < 2$	$x < 1$, so $x < 2$.
$\forall$	for each	$\forall x \in Q, \exists m \in \mathrm{Z}, n \in \mathrm{Z}\backslash\{0\}$ s.t. $x = \frac{m}{n}$	By definition of ration numbers, for each rational number x, there extis $m \in \mathrm{Z}, n \in \mathrm{Z}\backslash\{0\}$ such that $x = \frac{m}{n}$.
$\exists$	There exists	$\forall x \in Q, \exists m \in \mathrm{Z}, n \in \mathrm{Z}\backslash\{0\}$ s.t. $x = \frac{m}{n}$	By definition of ration numbers, for each rational number x, there extis $m \in \mathrm{Z}, n \in \mathrm{Z}\backslash\{0\}$ such that $x = \frac{m}{n}$.

微积分符号

Notations	Definition	Examples	Explanation
$\lim_{x\to c} f(x) = L$	$\forall \varepsilon > 0, \exists \delta > 0$ such that $0 < \|x - c\| < \delta \Rightarrow \|f(x) - L\| < \varepsilon$	$\lim_{x\to 2} x^2 = 4$	When x approaches 2, the limit of x^2 is 4
ε	epsilon	$\forall \varepsilon > 0$	for each $\varepsilon > 0$
δ	delta	$\forall \varepsilon > 0$, $\exists \delta > 0\ s.t.$..	for each $\varepsilon > 0$, there exist $\delta > 0$ such that ....
e	$e := \sum_{n=0}^{\infty} \frac{1}{n!}$, (Euler's number)	$\lim_{x\to\infty} \left(1 + \frac{1}{x}\right)^x = e$	It can be proven with L'Hôpital's rule.
$f'(x)$	derivative	$(x^2)' = 2x$	x^2 has derivative $(x^2)' = 2x$.
$\frac{\partial f(x,y)}{\partial x}$	partial derivative	$\frac{\partial}{\partial x}(x^2 y) = 2xy$	$x^2 y$ has the partial derivative

			$\frac{\partial}{\partial x}(x^2y) = 2xy.$
$\int$	integral	$\int 2x\,dx = x^2$	$2x$ has indefinite integral x^2.
$\iint$	double integral	Find $\iint_R ye^{xy}dA$ =?	Find the double integral of ye^{xy} in the range R.
$\iiint$	triple integral	Find $\iiint_V x^2dV$ =?	Find the triple integral of x^2 in the range V
$\oint$	closed contour / line integral	Find $\oint y^3dx + x^3\,dy$ $=?, C: x^2 + y^2 = r^2$	Find the closed line integral $\oint y^3dx + x^3\,dy$ $=?$, where $C: x^2 + y^2 = r^2$.
$\oiint$	closed surface integral	Find $\oiint_S \vec{F}\cdot\vec{n}dA$ =?, where $\vec{F} = (x, y, z)$	Find the closed surface integral $\oiint_S \vec{F}\cdot\vec{n}dA$ =?, $\vec{F} = (x, y, z)$.

第五章　定积分

与定积分有关的积分类型包含：瑕积分、多重积分、线积分、面积分…等，无论是何种类型，过程中或最终皆须计算定积分的值；此外，微积分第二基本定理是定积分与不定积分之间最重要的桥梁，也是连结所有不同积分最重要的定理；微积分第二基本定理告诉我们计算定积分时，相当于先求出不定积分接着于积分的上下界取值；瑕积分相当于求出定积分后再取极限值，多重积分则是藉由 Fubini's Theorem 将重积分转为计算多次定积分，线积分是相当于计算单变量的定积分，曲面积分则是藉由投影的手法将曲面积分转为重积分，再计算多次定积分的概念

定积分不只局限于字面上与积分有关的章节，下一章于判断无穷级数收敛或发散时所用到的积分检验法(Integral Test)，告诉我们可以藉由此检验法，将判断无穷级数收敛或发散的问题，转成判断瑕积分收敛或发散的问题；使用 Comparison Test 或 Limit Comparison Test 判断无穷级数收敛发散时，也常搭配积分检验法(Integral Test)使用；整体而言，除了第七章偏微分的应用之外，其余与定积分的关联性皆很高

为了介绍定积分的定义，接下来将先介绍上黎曼和、下黎曼和以及黎曼和；接着使用黎曼和结合极限的概念，定义什么是黎曼可积分(Riemann Integrable)与其基本性质，第一个性质告诉我们，对于两个可黎曼积分的函数而言，任意线性组合的定积分等于分别求出各自的定积分在作线性组合，此外，之后用来判断瑕积分收敛发散的 Comparison Test 或 Limit Comparison Test 则用到了第二个性质；了解黎曼可积分之后再了解黎曼可积分的充要条件，两个充要条件分别为函数需满足黎曼条件以及上黎曼积分等于下黎曼积分；这时候读者可能仍然无法具体说出哪些函数是黎曼可积分，而这部份可藉由连续函数为黎曼可积分函数的定理来帮忙回答这问题；一般来说，判断函数是否为黎曼可积分并不会从定义下手而是说明函数为连续函数，反之，于某区间不连续的函数仍有可能为黎曼可积分，因此，在推论的过程当中，若出现“因为函数不连续所以不是黎曼可积分”则为错误的论述

知道哪些函数为黎曼可积分之后，介绍微积分第一基本定理与微积分第二基本定理，当中，微积分第二基本定理告诉我们，在求定积分时，只需先求出被积分函数的反导函数，接着在上下界取值则等于定积分的值，简单来说，在前一章不定积分的每个范例当中，所有算出来的反导函数，只需在上下界取值则为其定积分的值

求黎曼和时，通常藉由定义将问题转为定积分求值的问题，当被积分函数较为复杂时，可能也须藉由变量代换法或分部积分法求值；当定积分的上下界为函数时，Leibniz 微分公式提供先积分再微分的一般式，考试类型包含：对定积分求微分式、分子分母出现积分式且同时趋近于零时、分子分母出现积分式且同时趋近于无穷大时、求积分式的极值、求积分式的反函数导数值…等，这部分的考题也常搭配罗比达法则一块使用

接着讨论瑕积分，瑕积分求值的问题相当于计算定积分后取极限的问题，因此瑕积分求值的方法，涵盖求定积分与求极限各种可能方法的所有组合；此外，在判断瑕积分是否收敛时，会藉由 Comparison Test 与 Quotient Test 这两个检验法来说明，倘若被积分函数较为复杂时，也需要搭配变量代换法与分部积分法一并使用；下一章判断正项级数是否收敛或判断交错级数是否为绝对收敛时，所使用的积分检验法、比较法(Comparison Test)、极限比较法(Limit Comparison Test)，相当于把问题转为判断瑕积分是否收敛的问题；此外，在求幂级数的收敛区间是否有包含端点时，也常使用积分检验法，即藉由判断所对应的瑕积分是否收敛来说明收敛区间是否有包含端点，因此读者需要有迅速且精确判断瑕积分是否收敛的能力，之后在处理无穷级数是否收敛以及求幂级数的收敛区间的时候才较为轻松

最后介绍积分的几何应用，包含求面积、求体积、求弧长与表面积，当中求面积又分为：给显函数求面积、给隐函数求面积、给参数式求面积以及给极坐标求面积

5.1 定积分的定义

【定义】闭区间$[a,b]$的分割(Partition)

假设 $P=\{x_0,x_1,x_2,\cdots,x_n\}$ 且 P 满足$a=x_0<x_1<x_2<\cdots<x_n=b$

则P为区间$[a,b]$的一個分割 且 $\|P\|\coloneqq\max\limits_{1\le i\le n}\Delta x_i$

【定义】上黎曼和

假设 P为区间$[a,b]$的分割,函数$f(x)$的上黎曼和定义为 $U(P,f)=\sum\limits_{i=1}^{n}\Delta x_i\sup\limits_{t\in[x_{i-1},x_i]}f(t)$

【定义】下黎曼和

假设 P 为区间$[a,b]$的分割，函数$f(x)$的下黎曼和定义为 $L(P,f)=\sum_{i=1}^{n}\Delta x_i \inf_{t\in[x_{i-1},x_i]} f(t)$

底下的引理告诉我们，当分割越来越细时，上黎曼和会越来越小，下黎曼和会越来越大

【引理】

Assume P_2 为 P_1 的 refinement then $L(P_1,f)\le L(P_2,f)$ and $U(P_2,f)\le U(P_1,f)$

<u>Proof:</u>

Claim: $U(P_2,f)\le U(P_1,f)$

Let P_2 contain only one more point than P_1 and denote it by a.

Assume a is in the jth subinterval of P_1, then

$$U(P_2,f)=\sum_{\substack{i=1\\ i\neq j}}^{n}\Delta x_i \sup_{t\in[x_{i-1},x_i]} f(t)+\left(a-x_{j-1}\right)\sup_{t\in[x_{j-1},a]} f(t)+\left(x_j-a\right)\sup_{t\in[a,x_j]} f(t)$$

$$\because \sup_{t\in[x_{j-1},a]} f(t)\le \sup_{t\in[x_{j-1},x_j]} f(t) \text{ 且 } \sup_{t\in[a,x_j]} f(t)\le \sup_{t\in[x_{j-1},x_j]} f(t) \quad \therefore U(P_2,f)\le U(P_1,f)$$

Claim: $L\ (P_1,f)\le L(P_2,f)$

Let P_2 contain only one more point than P_1 and denote it by a.

Assume a is in the jth subinterval of P_1, then

$$L(P_2,f)=\sum_{\substack{i=1\\ i\neq j}}^{n}\Delta x_i \inf_{t\in[x_{i-1},x_i]} f(t)+\left(a-x_{j-1}\right)\inf_{t\in[x_{j-1},a]} f(t)+\left(x_j-a\right)\inf_{t\in[a,x_j]} f(t)$$

$$\because \inf_{t\in[x_{j-1},a]} f(t)\ge \inf_{t\in[x_{j-1},x_j]} f(t) \text{ 且 } \inf_{t\in[a,x_j]} f(t)\ge \inf_{t\in[x_{j-1},x_j]} f(t) \quad \therefore L(P_2,f)\ge L(P_1,f)$$

【定义】黎曼和

假设 P 为区间$[a,b]$的分割，函数$f(x)$的黎曼和定义为 $R(P,f,s)\coloneqq\sum_{i=1}^{n}\Delta x_i f(s_i)$,

where $x_{i-1}\le s_i\le x_i, 1\le i\le n$

【定义】黎曼可积分(Riemann Integrable)

(i)函数$f(x)$于$[a,b]$黎曼可积分(Riemann Integrable)

$\Leftrightarrow \exists\, I \in R$ satisfying the property: $\forall \varepsilon > 0, \exists$ Partition P_ε of $[a, b]$
s.t. $\forall$ Partition P finer than P_ε and $\forall s_i$ in $[x_{i-1,}, x_i]$, we have $|R(P, f, s) - I| < \varepsilon$.
(ii)此外，当 I 存在时，$\int_a^b f(x)dx \coloneqq I$ 且称 $\int_a^b f(x)dx$ 存在

5.2 定积分的基本性质

求定积分的过程中时常用到第一个基本性质，此外，之后用来判断瑕积分收敛发散的 Comparison Test 或 Limit Comparison Test 则用到了第二个性质：
假设 $f(x)$ 和 $g(x)$ 于$[a,b]$黎曼可积分
(i) $\int_a^b \alpha f(x) + \beta g(x)dx = \alpha\int_a^b f(x)dx + \beta\int_a^b g(x)dx, \forall\, \alpha, \beta \in R$
(ii)$f(x) \le g(x)$, $\forall x \in [a, b] \Rightarrow \int_a^b f(x)dx \le \int_a^b g(x)dx$

<u>Proof:</u>
(i)
Let $h(x) = \alpha f(x) + \beta g(x)$ then $\forall$ partition P of $[a, b]$,

$$R(P, h, s) = \sum_{i=1}^{n} h(s_i)\Delta x_i = \sum_{i=1}^{n}\big(\alpha f(s_i) + \beta g(s_i)\big)\Delta x_i$$

$$= \alpha\sum_{i=1}^{n} f(s_i)\Delta x_i + \beta\sum_{i=1}^{n} g(s_i)\Delta x_i = \alpha R(P, f, s) + \beta R(P, g, s),$$

Let $\varepsilon > 0$,
Choose P_ε^1 of $[a, b]$ s.t. $\left|\int_a^b f(x)dx - R(P, f, s)\right| < \frac{\varepsilon}{2|\alpha|}$, $\forall P$ is finer than P_ε^1
Choose P_ε^2 of $[a, b]$ s.t. $\left|\int_a^b g(x)dx - R(P, g, s)\right| < \frac{\varepsilon}{2|\beta|}$, $\forall P$ is finer than P_ε^2
Choose $P_\varepsilon^3 = P_\varepsilon^1 \cup P_\varepsilon^2$ then $\forall P$ is finer than P_ε^3, we have

$$\left|R(P, h, s) - \alpha\int_a^b f(x)dx - \beta\int_a^b f(x)dx\right|$$

$$= \left|\alpha R(P, f, s) + \beta R(P, g, s) - \alpha\int_a^b f(x)dx - \beta\int_a^b f(x)dx\right|$$

$$< |\alpha| \left| \int_a^b f(x)dx - R(P,f,s) \right| + |\beta| \left| \int_a^b g(x)dx - R(P,g,s) \right| < \varepsilon$$

$$\Rightarrow \int_a^b \alpha f(x) + \beta g(x) dx = \alpha \int_a^b f(x)dx + \beta \int_a^b g(x)dx \,, \forall\, \alpha, \beta \in R$$

(ii)

Let P be any partition of $[a,b]$

then $R(P,f,s) = \sum_{i=1}^{n} f(s_i)\Delta x_i \le \sum_{i=1}^{n} g(s_i)\Delta x_i = R(P,g,s)$

$\because f(x)$ 和 $g(x)$ 于$[a,b]$黎曼可积分,

Let $\varepsilon > 0$ and choose partition P_ε of $[a,b]$ s.t. $\forall P$ is finer than P_ε

$$\therefore \left| \int_a^b f(x)dx - R(P,f,s) \right| < \frac{\varepsilon}{2} \text{ and } \left| \int_a^b g(x)dx - R(P,g,s) \right| < \frac{\varepsilon}{2}$$

$$\therefore \int_a^b f(x)dx < R(P,f,s) + \frac{\varepsilon}{2} \le R(P,g,s) + \frac{\varepsilon}{2} < \int_a^b g(x)dx + \varepsilon$$

$$\therefore f(x) \le g(x)\ \forall x \in [a,b] \Rightarrow \int_a^b f(x)dx \le \int_a^b g(x)dx$$

为了说明黎曼可积分的充要条件，先介绍黎曼条件、上黎曼积分以及下黎曼积分

【定义】黎曼条件

函数 $f(x)$于$[a,b]$满足黎曼条件

$\Leftrightarrow \forall \varepsilon > 0, \exists$ partition P_ε of $[a,b]$ 使得若 P is finer than P_ε 则 $0 \le U(P,f) - L(P,f) < \varepsilon$

【定义】上黎曼积分

$$(U)\int_a^b f(x)dx = \inf\{U(P,f)\colon \forall \text{ Partition } P \text{ of } [a,b]\}$$

【定义】下黎曼积分

$$(L)\int_a^b f(x)dx = \sup\{L(P,f)\colon \forall \text{ Partition } P \text{ of } [a,b]\}$$

【定理】黎曼可积分的充要条件

$f(x)$于$[a,b]$黎曼可积分 $\Leftrightarrow$ 函数 $f(x)$于$[a,b]$满足黎曼条件

$\Leftrightarrow (U)\int_a^b f(x)dx = (L)\int_a^b f(x)dx$

<u>Proof:</u>

(i) Claim: $f(x)$于$[a,b]$黎曼可积分 $\Rightarrow$ $f(x)$于$[a,b]$满足黎曼条件

Let $\varepsilon > 0$, choose partition P_ε of $[a,b]$ s.t. $\forall s_i$ and t_i in $[x_{i-1}, x_i]$, we have

$$\left|\sum_{i=1}^{n} f(s_i)\Delta x_i - \int_a^b f(x)dx\right| < \frac{\varepsilon}{3} \text{ and } \left|\sum_{i=1}^{n} f(t_i)\Delta x_i - \int_a^b f(x)dx\right| < \frac{\varepsilon}{3}$$

$$\therefore \left|\sum_{i=1}^{n} \Delta x_i \cdot \big(f(s_i) - f(t_i)\big)\right| < \frac{2\varepsilon}{3}$$

$$\because \sup_{t\in[x_{i-1},x_i]} f(t) - \inf_{t\in[x_{i-1},x_i]} f(t) = \sup_{s,t\in[x_{i-1},x_i]} f(s) - f(t)$$

$\therefore$ let $\varepsilon' = \dfrac{\varepsilon}{3(b-a)}$, choose s_i^* and t_i^* in $[x_{i-1}, x_i]$ s.t.

$$\sup_{t\in[x_{i-1},x_i]} f(t) - \inf_{t\in[x_{i-1},x_i]} f(t) - \varepsilon' < f(s_i^*) - f(t_i^*)$$

$$\therefore U(P,f) - L(P,f) = \sum_{i=1}^{n}\left(\sup_{t\in[x_{i-1},x_i]} f(t) - \inf_{t\in[x_{i-1},x_i]} f(t)\right)\Delta x_i$$

$$< \sum_{i=1}^{n}\big(f(s_i^*) - f(t_i^*)\big)\Delta x_i + \sum_{i=1}^{n} \varepsilon' \Delta x_i < \varepsilon$$

(ii) Claim: $f(x)$于$[a,b]$满足黎曼条件 $\Rightarrow (U)\int_a^b f(x)dx = (L)\int_a^b f(x)dx$

Let $\varepsilon > 0$, choose Partition P_ε of $[a,b]$ s.t. P is finer than P_ε $\Rightarrow U(P,f) < L(P,f) + \varepsilon$

$$\therefore (U)\int_a^b f(x)dx \le U(P,f) < L(P,f) + \varepsilon \le (L)\int_a^b f(x)dx + \varepsilon$$

$$\therefore (U)\int_a^b f(x)dx \le (L)\int_a^b f(x)dx$$

$$\because (U)\int_a^b f(x)dx \ge (L)\int_a^b f(x)dx \quad \therefore (U)\int_a^b f(x)dx = (L)\int_a^b f(x)dx$$

(iii) Claim: $(U)\int_a^b f(x)dx = (L)\int_a^b f(x)dx \Rightarrow f(x)$于$[a,b]$黎曼可积分

Let $\varepsilon > 0$ and $A = (U)\int_a^b f(x)dx = (L)\int_a^b f(x)dx$

Choose P_ε^1 of $[a,b]$ s.t. $(L)\int_a^b f(x)dx - \varepsilon < L(P,f)$, $\forall P$ is finer than P_ε^1

Choose P_ε^2 of $[a,b]$ s.t. $(U)\int_a^b f(x)dx + \varepsilon > U(P,f)$, $\forall P$ is finer than P_ε^2

Choose $\mathrm{P}_\varepsilon = P_\varepsilon^1 \cup P_\varepsilon^2$ then $\forall P$ is finer than P_ε, we have

$$(L)\int_a^b f(x)dx - \varepsilon < L(P,f) \le R(P,f,s) \le U(P,f) < (U)\int_a^b f(x)dx + \varepsilon$$

Let $A = (U)\int_a^b f(x)dx = (L)\int_a^b f(x)dx$. Then $|R(P,f,\xi) - A| < \varepsilon$, $\forall P$ is finer than P_ε

【推论】

假设 $f(x)$于$[a,b]$黎曼可积分则 $\int_a^b f(x)dx = \lim_{\|P\|\to 0} R(P,f,\xi)$

底下的定理说明于任意闭区间连续的函数皆为黎曼可积分，判断函数是否为黎曼可积分通常不会从定义下手而是说明函数为连续函数，至于有哪些函数是连续函数，请回顾第一章关于连续函数的章节；反之，于某区间不连续的函数仍有可能为黎曼可积分，因此，在推论的过程当中，若出现"因为函数不连续所以不是黎曼可积分"则为错误的论述

【定理】黎曼可积分的充分条件

假设 $f(x)$于$[a,b]$为连续函数则 $f(x)$于$[a,b]$黎曼可积分

<u>Proof:</u>

Claim: $\forall \varepsilon > 0$, $\exists$partition P_ε of $[a,b]$ s.t. $\forall \|P\| < \|\mathrm{P}_\varepsilon\| < \delta \Rightarrow U(P,f) - L(P,f) < \varepsilon$

$\because f(x)$ is continuous on $[a,b]$ $\therefore f(x)$ is uniformly continuous on $[a,b]$.

Let $\varepsilon > 0$, choose $\delta > 0$ s.t. $|x-y| < \delta \Rightarrow |f(x) - f(y)| < \dfrac{\varepsilon}{b-a}$

Choose partition P_ε of $[a,b]$ s.t. $\|\mathrm{P}_\varepsilon\| < \delta$, then $\forall P$ is finer than P_ε

we have $\sup\limits_{t\in[x_{i-1},x_i]} f(t) - \inf\limits_{t\in[x_{i-1},x_i]} f(t) = \sup\limits_{s,t\in[x_{i-1},x_i]} f(s) - f(t) < \dfrac{\varepsilon}{b-a}$

$$\therefore U(P,f) - L(P,f) = \sum_{i=1}^{n}\left(\sup_{t\in[x_{i-1},x_i]} f(t) - \inf_{t\in[x_{i-1},x_i]} f(t)\right)\Delta x_i < \frac{\varepsilon}{b-a}\cdot(b-a) = \varepsilon$$

底下提供一个不连续的函数但却是黎曼可积分

范例说明:

$$f(x)=\begin{cases}0, & 0\le x<1/2\\ 1, & \dfrac{1}{2}\le x\le 1\end{cases}$$ is intergrable on [0,1].

Proof:

Let $0<\ \varepsilon<\dfrac{1}{2}$ and choose $P_\varepsilon=\left\{0,\dfrac{1-\varepsilon}{2},\dfrac{1+\varepsilon}{2},1\right\}$. Then P is a partion of [0,1].

$$U(P_\varepsilon,f)-L(P_\varepsilon,f)=\sum_{i=1}^{3}\Delta x_i\sup_{t\in[x_{i-1},x_i]}f(t)-\sum_{i=1}^{3}\Delta x_i\inf_{t\in[x_{i-1},x_i]}f(t)$$

$$=0+\varepsilon+\frac{1-\varepsilon}{2}-\left(0+0+\frac{1-\varepsilon}{2}\right)=\varepsilon$$

$\therefore U(P,f)-L(P,f)<U(P_\varepsilon,f)-L(P_\varepsilon,f)<\varepsilon,\forall$ Partition P finer than P_ε

$\therefore f(x)$ is intergrable on [0,1]

底下展示一个不是黎曼可积分的函数

范例说明:

$$f(x)=\begin{cases}0, & x\in Q\\ 1, & x\in Q^c\end{cases}$$ is not intergrable on [0,1].

Proof:

Let $\varepsilon>0$ and let P_ε be any partion of [0,1]. We have

$$U(P_\varepsilon,f)-L(P_\varepsilon,f)=\sum_{i=1}^{n}\Delta x_i\sup_{t\in[x_{i-1},x_i]}f(t)-\sum_{i=1}^{n}\Delta x_i\inf_{t\in[x_{i-1},x_i]}f(t)$$

$$=\sum_{i=1}^{n}\Delta x_i\cdot 1-\sum_{i=1}^{n}\Delta x_i\cdot 0=1$$

$\therefore f(x)$ is not intergrable on [0,1]

5.3 定积分的考试类型与微积分基本定理

定积分的考试类型可分为定积分的计算、求黎曼和以及 Leibniz 微分公式的应用。关于定积分的计算，考试类型又可分为：使用变量代换、使用分部积分法、有理式的定积分、无理式的定积分、使用半角代换法；计算方法与不定积分相同，只是多了最后一步取值的动作，定积分的求法是结合微积分第二基本定理与不定积分，因此，底下先介绍微积分基本定理

【定理】第一积分均值定理

Assume $f(x)$ 于 $[a,b]$区间连续 then $\exists c\in[a,b]$ s.t. $\int_a^b f(t)dt=f(c)(b-a)$

Proof:

Let P be any partition of $[a,b]$.

Then $(b-a)\inf\limits_{x\in[a,b]} f(x)\le L(P,f)\le U(P,f)\le(b-a)\sup\limits_{x\in[a,b]} f(x)$

$\therefore (b-a)\inf\limits_{x\in[a,b]} f(x)\le\int_a^b f(t)dt\le(b-a)\sup\limits_{x\in[a,b]} f(x)$

$\because f(x)$ 于 $[a,b]$区间连续 $\therefore \exists c\in[a,b]$ s.t. $\int_a^b f(t)dt=f(c)(b-a)$

【定理】微积分第一基本定理

假设 $f(x)$ 于 $[a,b]$区间连续且 $F(x)=\int_a^x f(t)dt,\ \forall x\in[a,b]$

$\Rightarrow F'(x)=f(x),\forall x\in(a,b)$

Proof:

Let $x,y\in(a,b)$ and $x<y$, by First Mean-Value Theorem for integral

$\exists\, c\in(x,y)$ s.t. $F(y)-F(x)=\int_x^y f(t)dt=f(c)(y-x)$

$\therefore F'(x^+)=\lim\limits_{y\to x^+}\frac{F(y)-F(x)}{y-x}=\lim\limits_{y\to x^+}\frac{f(c)(y-x)}{y-x}=f(x)$

Assume $x>y$, by the same way, we have

$\exists c\in(y,x)$ s.t. $F(y)-F(x)=\int_x^y f(t)dt=f(c)(y-x)$

$$F'(x^-) = \lim_{y\to x^-}\frac{F(y)-F(x)}{y-x} = \lim_{y\to x^-}\frac{f(c)(y-x)}{y-x} = f(x)$$

【定理】微积分第二基本定理

假设 $f(x)$ 于 (a,b) 区间连续且 $F'(x) = f(x)$，$\forall x \in (a,b)$

$$\Rightarrow \int_a^b f(t)dt = F(b) - F(a)$$

Proof:

$\because \forall$ partition $\mathrm{P} = \{x_0, x_1, x_2, \cdots, x_n\}$ of $[a,b]$，$\exists t_i \in [x_i, x_{i+1}]$ s.t.

$$F(b) - F(a) = \sum_{i=0}^{n} F(x_i) - F(x_{i-1}) = \sum_{i=0}^{n} F'(t_i)\Delta x_i = \sum_{i=0}^{n} f(t_i)\Delta x_i$$

Let $\varepsilon > 0$，choose P_ε s.t. $\forall P$ is finer than P_ε

$$\Rightarrow \left|\sum_{i=0}^{n} f(s_i)\Delta x_i - \int_a^b f(t)dt\right| < \varepsilon, \text{where } \forall s_i \in [x_i, x_{i+1}]$$

$$\therefore \left|F(b) - F(a) - \int_a^b f(t)dt\right| = \left|\sum_{i=0}^{n} f(t_i)\Delta x_i - \int_a^b f(t)dt\right| < \varepsilon$$

5.3.1 定积分的计算

5.3.1.1 使用变量代换法

与不定积分相同，当被积分函数较为复杂，尝试用变量代换，将原函数化为较干净且能积分的样貌，例如当函数式带有$\sqrt{f(x)}$,先尝试令$u = f(x)$，接着观察是否能化为较简洁能够积分的函数式

Type 1. 变数代换法

求$\int_a^b f\big(g(x)\big)g'(x)\,dx = ?$

解题流程:

令 $u = g(x)$ 则 $du = g'(x)dx$ $\therefore \int_a^b f\big(g(x)\big)g'(x)\,dx = \int_{g(a)}^{g(b)} f(u)du$，求 $\int_{g(a)}^{g(b)} f(u)du = ?$

Type 2.　根号里没有根号

求 $\int_a^b h\big(\alpha f(x) \pm \beta g(x)\sqrt[n]{cx+d}\big)\,dx = ?$，$\forall \alpha, \beta \in R, c, d > 0$

解题流程:

Step1.

令 $u = \sqrt[n]{cx+d}$ 则 $u^n = cx + d$，$x = \dfrac{u^n - d}{c}$ 且 $\dfrac{nu^{n-1}}{c}du = dx$

Step2.

藉由变数代换法 $\int_a^b h\big(\alpha f(x) \pm \beta g(x)\sqrt[n]{cx+d}\big)\,dx$

$$= \int_{(ca+d)^{\frac{1}{n}}}^{(cb+d)^{\frac{1}{n}}} \frac{nu^{n-1}h\left(\alpha f(\frac{u^n-d}{c}) \pm \beta g(\frac{u^n-d}{c})u\right)}{c}du$$

Step3.

求 $\int_{(ca+d)^{\frac{1}{n}}}^{(cb+d)^{\frac{1}{n}}} \dfrac{nu^{n-1}h\left(\alpha f(\frac{u^n-d}{c}) \pm \beta g(\frac{u^n-d}{c})u\right)}{c}du = ?$

<u>范例说明:</u>

(I)如果 $h(x) = \dfrac{1}{x}$ 则求 $\int_{(ca+d)^{\frac{1}{n}}}^{(cb+d)^{\frac{1}{n}}} \dfrac{nu^{n-1}}{c\left(\alpha f(\frac{u^n-d}{c}) \pm \beta g(\frac{u^n-d}{c})u\right)}du = ?$

(II)如果 $h(x) = x$ 则求 $\int_{(ca+d)^{\frac{1}{n}}}^{(cb+d)^{\frac{1}{n}}} \dfrac{nu^{n-1}\left(\alpha f(\frac{u^n-d}{c}) \pm \beta g(\frac{u^n-d}{c})u\right)}{c}du = ?$

<u>补充说明:</u>

由上式观察出，如果$f(x)$、$g(x)$为常数，则被积分函数会是多项式函数，如果$f(x)$、$g(x)$为多项式函数,则被积分函数是有理函数式，可利用比较系数法拆成数个分式相加再积分，详细作法请参照此章的有理式积分

Type 3. 根号里有根号

求 $\int_a^b \frac{1}{\sqrt[n]{\alpha+\gamma\cdot\sqrt[n]{\beta+cx}}}dx=?$, $\forall\alpha,\beta,c,\gamma>0$

解题流程:

Step1.

令 $u=\alpha+\gamma\cdot\sqrt[n]{\beta+cx}$ 则 $\frac{\gamma c}{n}(\beta+cx)^{\frac{1-n}{n}}dx=du\Rightarrow dx=\frac{n(\frac{u-\alpha}{\gamma})^{n-1}}{\gamma c}du$

Step2.

$$\therefore\int_a^b \frac{1}{\sqrt[n]{\alpha+\gamma\cdot\sqrt[n]{\beta+cx}}}dx=\int_{\alpha+\gamma\sqrt[n]{\beta+ca}}^{\alpha+\gamma\sqrt[n]{\beta+cb}}\frac{n(u-\alpha)^{n-1}}{c\gamma^n\sqrt[n]{u}}du$$

求 $\int_{\alpha+\gamma\sqrt[n]{\beta+ca}}^{\alpha+\gamma\sqrt[n]{\beta+cb}}\frac{n(u-\alpha)^{n-1}}{c\gamma^n\sqrt[n]{u}}du=?$

Type 4.

求 $\int_a^b \frac{1}{\alpha x^2+\beta x+\gamma}dx=?$, 其中 $\beta^2-4\alpha\gamma<0$ and $\alpha>0$

解题流程:

$$\because\frac{1}{\alpha x^2+\beta x+\gamma}=\frac{1}{\alpha\left(x+\frac{\beta}{2\alpha}\right)^2+\gamma-\frac{\beta^2}{4\alpha}}=\frac{1}{\gamma-\frac{\beta^2}{4\alpha}}\cdot\frac{1}{\alpha\left(\frac{x+\frac{\beta}{2\alpha}}{\sqrt{\gamma-\frac{\beta^2}{4\alpha}}}\right)^2+1}$$

$$=\frac{1}{\gamma-\frac{\beta^2}{4\alpha}}\cdot\frac{1}{\left(\frac{\sqrt{\alpha}x+\frac{\beta}{2\sqrt{\alpha}}}{\sqrt{\gamma-\frac{\beta^2}{4\alpha}}}\right)^2+1}$$

令 $t=\dfrac{\sqrt{\alpha}x+\dfrac{\beta}{2\sqrt{\alpha}}}{\sqrt{\gamma-\dfrac{\beta^2}{4\alpha}}}$ 则 $dt=\dfrac{\sqrt{\alpha}}{\sqrt{\gamma-\dfrac{\beta^2}{4\alpha}}}dx$，令$a'=\dfrac{\sqrt{\alpha}a+\dfrac{\beta}{2\sqrt{\alpha}}}{\sqrt{\gamma-\dfrac{\beta^2}{4\alpha}}}$ and $b'=\dfrac{\sqrt{\alpha}b+\dfrac{\beta}{2\sqrt{\alpha}}}{\sqrt{\gamma-\dfrac{\beta^2}{4\alpha}}}$

藉由变数代换法

则 $\displaystyle\int_a^b\frac{1}{\alpha x^2+\beta x+\gamma}dx=\frac{1}{\gamma-\frac{\beta^2}{4\alpha}}\int_a^b\frac{1}{\left(\frac{\sqrt{\alpha}x+\frac{\beta}{2\sqrt{\alpha}}}{\sqrt{\gamma-\frac{\beta^2}{4\alpha}}}\right)^2+1}dx$

$$=\frac{1}{\gamma-\frac{\beta^2}{4\alpha}}\cdot\frac{\sqrt{\gamma-\frac{\beta^2}{4\alpha}}}{\sqrt{\alpha}}\int_{a'}^{b'}\frac{1}{t^2+1}dt=\frac{1}{\sqrt{\gamma-\frac{\beta^2}{4\alpha}}\sqrt{\alpha}}\tan^{-1}t\Big|_{a'}^{b'}$$

Example 1.

求 $\displaystyle\int_a^b x\sqrt{x+4}dx=?$，$\forall a,b>-4$

【解】

令 $u=x+4$ 则 $du=dx$，藉由变数代换法

则 $\displaystyle\int x\sqrt{x+4}dx=\int(u-4)\sqrt{u}du=\int u^{\frac{3}{2}}-4u^{\frac{1}{2}}du=\frac{2u^{\frac{5}{2}}}{5}-\frac{8u^{\frac{3}{2}}}{3}+c$

$$=\frac{2(x+4)^{\frac{5}{2}}}{5}-\frac{8(x+4)^{\frac{3}{2}}}{3}+c$$

令 $a,b>-4$ 则 $\displaystyle\int_a^b x\sqrt{x+4}dx=\left(\frac{2(x+4)^{\frac{5}{2}}}{5}-\frac{8(x+4)^{\frac{3}{2}}}{3}\right)\Bigg|_a^b$

$$=\frac{2(b+4)^{\frac{5}{2}}}{5}-\frac{8(b+4)^{\frac{3}{2}}}{3}-\left(\frac{2(a+4)^{\frac{5}{2}}}{5}-\frac{8(a+4)^{\frac{3}{2}}}{3}\right)$$

Example 2.

$$求\int_a^b \frac{1}{\sqrt{x}(1+x)}dx=?,\ \ \forall a,b>0$$

【解】

令 $u=\sqrt{x}$ 则 $du=\frac{x^{-\frac{1}{2}}}{2}dx \Rightarrow 2udu=dx$，藉由变数代换法

则 $\int \frac{dx}{\sqrt{x}(1+x)}=\int \frac{2udu}{u(1+u^2)}=2\int \frac{du}{1+u^2}=2\tan^{-1}u+c=2\tan^{-1}\sqrt{x}+c$

令 $a,b>0$ 则 $\int_a^b \frac{1}{\sqrt{x}(1+x)}dx=2\left(\tan^{-1}\sqrt{b}-\tan^{-1}\sqrt{a}\right)$

Example 3.

$$求\int_a^b x\sqrt{1-x}dx=?,\ \ \forall a,b<1$$

【解】

令 $u=\sqrt{1-x}$ 则 $du=-\frac{(1-x)^{-\frac{1}{2}}}{2}dx \Rightarrow -2udu=dx$，藉由变数代换法

则 $\int x\sqrt{1-x}dx=\int(1-u^2)u(-2u)du=2\int u^4-u^2du=2\left(\frac{u^5}{5}-\frac{u^3}{3}\right)+c$

$=\frac{2(1-x)^{\frac{5}{2}}}{5}-\frac{2(1-x)^{\frac{3}{2}}}{3}+c$

令 $a,b<1$ 则 $\int_a^b x\sqrt{1-x}dx=\frac{2(1-b)^{\frac{5}{2}}}{5}-\frac{2(1-b)^{\frac{3}{2}}}{3}-\left(\frac{2(1-a)^{\frac{5}{2}}}{5}-\frac{2(1-a)^{\frac{3}{2}}}{3}\right)$

Example 4.

$$求\int_a^b x^2\sqrt{x-1}dx=?,\ \ \forall a,b>1$$

【解】

令 $u=\sqrt{x-1}$ 则 $du=\frac{(x-1)^{-\frac{1}{2}}}{2}dx \Rightarrow 2udu=dx$，藉由变数代换法

则 $\int x^2\sqrt{x-1}dx=\int(u^2+1)^2 2u^2du=2\int u^6+2u^4+u^2du$

$$= 2\left(\frac{u^7}{7} + \frac{2u^5}{5} + \frac{u^3}{3}\right) + c = \frac{2(x-1)^{\frac{7}{2}}}{7} + \frac{4(x-1)^{\frac{5}{2}}}{5} + \frac{2(x-1)^{\frac{3}{2}}}{3} + c$$

令 $a, b > 1$ 则 $\int_a^b x^2\sqrt{x-1}dx$

$$= \frac{2(b-1)^{\frac{7}{2}}}{7} + \frac{4(b-1)^{\frac{5}{2}}}{5} + \frac{2(b-1)^{\frac{3}{2}}}{3} - \left(\frac{2(a-1)^{\frac{7}{2}}}{7} + \frac{4(a-1)^{\frac{5}{2}}}{5} + \frac{2(a-1)^{\frac{3}{2}}}{3}\right)$$

Example 5.

求 $\int_a^b \frac{x+1}{\sqrt{x^2+2x+3}}dx =?$，$\forall a, b \in R$

【解】

令 $u = x^2 + 2x + 3$ 则 $du = 2x + 2\, dx \Rightarrow \frac{du}{2} = (x+1)dx$，藉由变数代换法

则 $\int \frac{x+1}{\sqrt{x^2+2x+3}}dx = \int \frac{1}{2\sqrt{u}}du = u^{\frac{1}{2}} + c = (x^2+2x+3)^{\frac{1}{2}} + c$

令 $a, b \in R$ 则 $\int_a^b \frac{x+1}{\sqrt{x^2+2x+3}}dx = (b^2+2b+3)^{\frac{1}{2}} - (a^2+2a+3)^{\frac{1}{2}}$

Example 6.

求 $\int_a^b \sqrt{x}\sqrt{1+x\sqrt{x}}dx =?$，$\forall a, b > 0$

【解】

令 $u = 1 + x\sqrt{x}$ 则 $du = \frac{3}{2}x^{\frac{1}{2}}dx$，藉由变数代换法

则 $\int \sqrt{x}\sqrt{1+x\sqrt{x}}dx = \frac{2}{3}\int \sqrt{u}du = \frac{4u^{\frac{3}{2}}}{9} + c = \frac{4(1+x\sqrt{x})^{\frac{3}{2}}}{9} + c$

令 $a, b > 0$ 则 $\int_a^b \sqrt{x}\sqrt{1+x\sqrt{x}}dx = \frac{4(1+b\sqrt{b})^{\frac{3}{2}}}{9} - \frac{4(1+a\sqrt{a})^{\frac{3}{2}}}{9}$

Example 7.

$$\text{求}\int_a^b \frac{(x-x^3)^{\frac{1}{3}}}{x^4}dx=?,\quad \forall a,b\neq 0$$

【解】

$$\because \frac{(x-x^3)^{\frac{1}{3}}}{x^4}=\frac{\frac{1}{x}(x-x^3)^{\frac{1}{3}}}{x^3}=\frac{\left(\frac{1}{x^2}-1\right)^{\frac{1}{3}}}{x^3}$$

令 $u=\frac{1}{x^2}-1$ 则 $du=-2x^{-3}\,dx\Rightarrow\frac{-du}{2}=x^{-3}\,dx$，藉由变数代换法

$$\text{则}\int\frac{(x-x^3)^{\frac{1}{3}}dx}{x^4}=\int\frac{\left(\frac{1}{x^2}-1\right)^{\frac{1}{3}}dx}{x^3}=-\int\frac{u^{\frac{1}{3}}du}{2}=-\frac{3u^{\frac{4}{3}}}{8}+c=-\frac{3\left(\frac{1}{x^2}-1\right)^{\frac{4}{3}}}{8}+c$$

$$\text{令 } a,b\neq 0 \text{ 则}\int_a^b\frac{(x-x^3)^{\frac{1}{3}}}{x^4}dx=-\frac{3\left(\frac{1}{b^2}-1\right)^{\frac{4}{3}}}{8}+\frac{3\left(\frac{1}{a^2}-1\right)^{\frac{4}{3}}}{8}$$

Example 8.

$$\text{求}\int_a^b\frac{1}{x-x^{\frac{1}{3}}}dx=?,\quad\forall a,b>1$$

【解】

令 $u=x^{\frac{1}{3}}$ 则 $du=\frac{1}{3}x^{-\frac{2}{3}}dx\Rightarrow 3u^2du=dx$，藉由变数代换法

$$\text{则}\int\frac{dx}{x-x^{\frac{1}{3}}}=\int\frac{3u^2du}{u^3-u}=3\int\frac{udu}{u^2-1}=\frac{3}{2}\ln|u^2-1|+c=\frac{3}{2}\ln\left|x^{\frac{2}{3}}-1\right|+c$$

$$\text{令 } a,b>1 \text{ 则}\int_a^b\frac{1}{x-x^{\frac{1}{3}}}dx=\frac{3}{2}\ln\frac{b^{\frac{2}{3}}-1}{a^{\frac{2}{3}}-1}$$

Example 9.

$$\text{求}\int_a^b\frac{x^3}{\sqrt{x^2+2}}dx=?,\quad\forall a,b\in R$$

【解】

令 $u=x^2+2$ 则 $du=2xdx$ 且 $x^2=u-2$，藉由变数代换法

则 $\int \frac{x^3}{\sqrt{x^2+2}}dx=\int \frac{u-2}{2\sqrt{u}}du=\frac{1}{2}\int\left(\sqrt{u}-2u^{-\frac{1}{2}}\right)du=\frac{1}{2}\left(\frac{2}{3}u^{\frac{3}{2}}-4u^{\frac{1}{2}}+c\right)$

$=\frac{1}{3}(x^2+2)^{\frac{3}{2}}-2(x^2+2)^{\frac{1}{2}}+c$

令 $a,b\in R$ 则 $\int_a^b \frac{x^3dx}{\sqrt{x^2+2}}=\frac{(b^2+2)^{\frac{3}{2}}-(a^2+2)^{\frac{3}{2}}}{3}-2\left((b^2+2)^{\frac{1}{2}}-(a^2+2)^{\frac{1}{2}}\right)$

Example 10.

求 $\int_a^b \frac{\sqrt{1+\sqrt{x}}}{\sqrt{x}}dx=?$，$\forall a,b>0$

【解】

令 $u=1+\sqrt{x}$ 则 $du=\frac{1}{2}x^{-\frac{1}{2}}dx$，藉由变数代换法

则 $\int \frac{\sqrt{1+\sqrt{x}}}{\sqrt{x}}dx=2\int\sqrt{u}du=\frac{4}{3}u^{\frac{3}{2}}+c=\frac{4}{3}(1+\sqrt{x})^{\frac{3}{2}}+c$

令 $a,b>0$ 则 $\int_a^b \frac{\sqrt{1+\sqrt{x}}}{\sqrt{x}}dx=\frac{4}{3}\left((1+\sqrt{b})^{\frac{3}{2}}-(1+\sqrt{a})^{\frac{3}{2}}\right)$

Example 11.

求 $\int_a^b \frac{\sqrt{1-\sqrt{x}}}{\sqrt{x}}dx=?$，$\forall\, 0<a,b<1$

【解】

令 $u=1-\sqrt{x}$ 则 $du=\frac{-1}{2}x^{-\frac{1}{2}}dx$，藉由变数代换法

则 $\int \frac{\sqrt{1-\sqrt{x}}}{\sqrt{x}}dx=-2\int\sqrt{u}du=-\frac{4}{3}u^{\frac{3}{2}}+c=-\frac{4}{3}(1-\sqrt{x})^{\frac{3}{2}}+c$

令 $0<a,b<1$ 则 $\int_a^b \frac{\sqrt{1-\sqrt{x}}}{\sqrt{x}}dx=-\frac{4}{3}\left((1-\sqrt{b})^{\frac{3}{2}}-(1-\sqrt{a})^{\frac{3}{2}}\right)$

Example 12.

$$求\int_a^b \frac{1}{x-\sqrt{x}}dx=?,\ \ \forall a,b>1$$

【解】

令 $u=\sqrt{x}$ 则 $du=\frac{1}{2}x^{-\frac{1}{2}}dx \Rightarrow 2udu=dx$，藉由变数代换法

$$则\int \frac{1}{x-\sqrt{x}}dx=\int \frac{2u}{u^2-u}dx=\int \frac{2}{u-1}dx=2\ln|u-1|+c=2\ln\left|\sqrt{x}-1\right|+c$$

$$令\ a,b>1\ 则\int_a^b \frac{1}{x-\sqrt{x}}dx=2\ln\frac{\sqrt{b}-1}{\sqrt{a}-1}$$

Example 13.

$$求\int_a^b \frac{x}{\sqrt{9-x^4}}dx=?,\ \ \forall -\sqrt{3}<a,b<\sqrt{3}$$

【解】

令 $u=x^2$ 则 $du=2xdx$，藉由变数代换法

$$则\int \frac{x}{\sqrt{9-x^4}}dx=\int \frac{du}{2\sqrt{9-u^2}}=\int \frac{du}{6\sqrt{1-\left(\frac{u}{3}\right)^2}}=\frac{1}{2}\sin^{-1}\frac{u}{3}+c=\frac{1}{2}\sin^{-1}\frac{x^2}{3}+c$$

$$令 -\sqrt{3}<a,b<\sqrt{3}\ 则\int_a^b \frac{x}{\sqrt{9-x^4}}dx=\frac{1}{2}\left(\sin^{-1}\frac{b^2}{3}-\sin^{-1}\frac{a^2}{3}\right)$$

Example 14.

$$求\int_a^b \frac{x^3}{1+x^8}dx=?,\ \ \forall a,b\in R$$

【解】

令 $u=x^4$ 则 $du=4x^3dx$，藉由变数代换法

$$则\int \frac{x^3}{1+x^8}dx=\frac{1}{4}\int \frac{du}{1+u^2}=\frac{1}{4}\tan^{-1}u+c=\frac{1}{4}\tan^{-1}x^4+c$$

$$令\ a,b\in R\ 则\int_a^b \frac{x^3}{1+x^8}dx=\frac{1}{4}(\tan^{-1}b^4-\tan^{-1}a^4)$$

Example 15.

$$求\int_a^b (1+\sqrt{x})^k dx = ?,\ \ \forall k \in N,\ \ a,b>0$$

【解】

令$u = 1+\sqrt{x}$ 则 $du = \frac{1}{2}x^{-\frac{1}{2}}dx$，藉由变数代换法

令 $k \in N$ 则 $\int \left(1+\sqrt{x}\right)^k dx = \int 2(u-1)u^k dx = 2\left(\frac{u^{k+2}}{k+2} - \frac{u^{k+1}}{k+1}\right) + c$

$= \frac{2\left(1+\sqrt{x}\right)^{k+2}}{k+2} - \frac{2\left(1+\sqrt{x}\right)^{k+1}}{k+1} + c$

令 $a,b>0$ 则 $\int_a^b (1+\sqrt{x})^k dx$

$= \frac{2\left(1+\sqrt{b}\right)^{k+2}}{k+2} - \frac{2\left(1+\sqrt{b}\right)^{k+1}}{k+1} - \left(\frac{2\left(1+\sqrt{a}\right)^{k+2}}{k+2} - \frac{2\left(1+\sqrt{a}\right)^{k+1}}{k+1}\right)$

Example 16.

$$求\int_a^b \frac{1}{\sqrt{x}+\sqrt[3]{x}}dx = ?,\ \ \forall a,b>0$$

【解】

令 $u = x^{\frac{1}{6}}$ 则 $du = \frac{1}{6}x^{-\frac{5}{6}}dx \Rightarrow 6u^5 du = dx$，藉由变数代换法

则 $\int \frac{1}{\sqrt{x}+\sqrt[3]{x}}dx = \int \frac{6u^5}{u^3+u^2}du = \int \frac{6u^3}{u+1}du$

$= 6\int \frac{u^2(u+1) - u(u+1) + (u+1) - 1}{u+1}du = 6\int u^2 - u + 1 - \frac{1}{u+1}du$

$= 6\left(\frac{u^3}{3} - \frac{u^2}{2} + u - \ln|u+1|\right) + c = 2x^{\frac{1}{2}} - 3x^{\frac{1}{3}} + 6x^{\frac{1}{6}} - 6\ln\left|x^{\frac{1}{6}}+1\right| + c$

令 $a,b>0$ 则 $\int_a^b \frac{1}{\sqrt{x}+\sqrt[3]{x}}dx$

$= 2b^{\frac{1}{2}} - 3b^{\frac{1}{3}} + 6b^{\frac{1}{6}} - 6\ln\left(b^{\frac{1}{6}}+1\right) - \left(2a^{\frac{1}{2}} - 3a^{\frac{1}{3}} + 6a^{\frac{1}{6}} - 6\ln\left(a^{\frac{1}{6}}+1\right)\right)$

Example 17.

$$求\int_a^b \frac{\sqrt{x}}{\sqrt[3]{x}+1}dx=?,\ \ \forall a,b>0$$

【解】

令$u=x^{\frac{1}{6}}$ 则 $du=\frac{1}{6}x^{-\frac{5}{6}}dx\ \Rightarrow\ 6u^5du=dx$，藉由变数代换法

则$\int\frac{\sqrt{x}}{1+\sqrt[3]{x}}dx=\int\frac{6u^8du}{1+u^2}$

$=6\int\frac{u^6(u^2+1)-u^4(u^2+1)+u^2(u^2+1)-(u^2+1)+1}{u^2+1}du$

$=6\int u^6-u^4+u^2-1+\frac{1}{u^2+1}du=6\left(\frac{u^7}{7}-\frac{u^5}{5}+\frac{u^3}{3}-u+\tan^{-1}u\right)+c$

$=\frac{6x^{\frac{7}{6}}}{7}-\frac{6x^{\frac{5}{6}}}{5}+2x^{\frac{1}{2}}-6x^{\frac{1}{6}}+6\tan^{-1}x^{\frac{1}{6}}+c$

令$a,b>0$ 则$\int_a^b\frac{\sqrt{x}}{\sqrt[3]{x}+1}dx$

$=\frac{6b^{\frac{7}{6}}}{7}-\frac{6b^{\frac{5}{6}}}{5}+2b^{\frac{1}{2}}-6b^{\frac{1}{6}}+6\tan^{-1}b^{\frac{1}{6}}-\left(\frac{6a^{\frac{7}{6}}}{7}-\frac{6a^{\frac{5}{6}}}{5}+2a^{\frac{1}{2}}-6a^{\frac{1}{6}}+6\tan^{-1}a^{\frac{1}{6}}\right)$

Example 18.

$$求\int_\alpha^\beta\frac{1}{x\sqrt{a+bx}}dx=?,\ \ \forall\, a,b,\alpha,\beta>0$$

【解】

令 $u=\sqrt{a+bx}$ 则 $du=\frac{b}{2}(a+bx)^{-\frac{1}{2}}dx$，藉由变数代换法

$\because u^2=a+bx \qquad \therefore\frac{1}{x}=\frac{b}{u^2-a}$

$\therefore\int\frac{1}{x\sqrt{a+bx}}dx=\frac{2}{b}\int\frac{b}{u^2-a}du=\int\frac{2}{u^2-a}du=\int\frac{2}{(u-\sqrt{a})(u+\sqrt{a})}du$

$=\int\frac{1}{\sqrt{a}}\left(\frac{1}{u-\sqrt{a}}-\frac{1}{u+\sqrt{a}}\right)du=\frac{1}{\sqrt{a}}(\ln|u-\sqrt{a}|-\ln|u+\sqrt{a}|)+c$

$=\frac{1}{\sqrt{a}}\left(\ln\left|\sqrt{a+bx}-\sqrt{a}\right|-\ln\left|\sqrt{a+bx}+\sqrt{a}\right|\right)+c$

令$a,b,\alpha,\beta>0$ 则 $\displaystyle\int_\alpha^\beta\frac{dx}{x\sqrt{a+bx}}=\frac{\ln\frac{\sqrt{a+b\beta}-\sqrt{a}}{\sqrt{a+b\alpha}-\sqrt{a}}-\ln\frac{\sqrt{a+b\beta}+\sqrt{a}}{\sqrt{a+b\alpha}+\sqrt{a}}}{\sqrt{a}}$

Example 19.

求$\displaystyle\int_a^b\frac{1}{\sqrt{1+\sqrt{x}}}dx=?$, $\forall a,b>0$

【解】

令 $u=1+\sqrt{x}$ 则 $du=\frac{1}{2}x^{-\frac{1}{2}}dx$, 藉由变数代换法

则$\displaystyle\int\frac{1}{\sqrt{1+\sqrt{x}}}dx=2\int\frac{u-1}{\sqrt{u}}du=2\int u^{\frac{1}{2}}-u^{-\frac{1}{2}}du=2\left(\frac{2}{3}u^{\frac{3}{2}}-2u^{\frac{1}{2}}\right)+c$

$=\frac{4}{3}(1+\sqrt{x})^{\frac{3}{2}}-4(1+\sqrt{x})^{\frac{1}{2}}+c$

令 $a,b>0$ 则$\displaystyle\int_a^b\frac{1}{\sqrt{1+\sqrt{x}}}dx=\frac{4}{3}\left((1+\sqrt{b})^{\frac{3}{2}}-(1+\sqrt{a})^{\frac{3}{2}}\right)-4\left((1+\sqrt{b})^{\frac{1}{2}}-(1+\sqrt{a})^{\frac{1}{2}}\right)$

Example 20.

求$\displaystyle\int_a^b\frac{1}{\sqrt{1+x^{\frac{1}{3}}}}dx=?$, $\forall a,b>0$

【解】

令 $u=1+x^{\frac{1}{3}}$ 则 $du=\frac{1}{3}x^{-\frac{2}{3}}dx$, 藉由变数代换法

则$\displaystyle\int\frac{1}{\sqrt{1+x^{\frac{1}{3}}}}dx=3\int\frac{(u-1)^2}{\sqrt{u}}du=3\int u^{\frac{3}{2}}-2u^{\frac{1}{2}}+u^{-\frac{1}{2}}du$

$=3\left(\frac{2}{5}u^{\frac{5}{2}}-\frac{4}{3}u^{\frac{3}{2}}+2u^{\frac{1}{2}}\right)+c=3\left(\frac{2}{5}\left(1+x^{\frac{1}{3}}\right)^{\frac{5}{2}}-\frac{4}{3}\left(1+x^{\frac{1}{3}}\right)^{\frac{3}{2}}+2\left(1+x^{\frac{1}{3}}\right)^{\frac{1}{2}}\right)+c$

$=\frac{6}{5}\left(1+x^{\frac{1}{3}}\right)^{\frac{5}{2}}-4\left(1+x^{\frac{1}{3}}\right)^{\frac{3}{2}}+6\left(1+x^{\frac{1}{3}}\right)^{\frac{1}{2}}+c$

令$a,b>0$ 则

$$\int_a^b \frac{1}{\sqrt{1+x^{\frac{1}{3}}}}dx = \frac{6\left(\left(1+b^{\frac{1}{3}}\right)^{\frac{5}{2}}-\left(1+a^{\frac{1}{3}}\right)^{\frac{5}{2}}\right)}{5} - 4\left(\left(1+b^{\frac{1}{3}}\right)^{\frac{3}{2}}-\left(1+a^{\frac{1}{3}}\right)^{\frac{3}{2}}\right)$$

$$+6\left(\left(1+b^{\frac{1}{3}}\right)^{\frac{1}{2}}-\left(1+a^{\frac{1}{3}}\right)^{\frac{1}{2}}\right)$$

Example 21.

求$\displaystyle\int_a^b \frac{1}{\sqrt{1-\sqrt{x}}}dx =?$， $\forall\, 0<a,b<1$

【解】

令 $u=1-\sqrt{x}$ 则 $du=\dfrac{-1}{2}x^{-\frac{1}{2}}dx$，藉由变数代换法

则$\displaystyle\int \frac{1}{\sqrt{1-\sqrt{x}}}dx = 2\int \frac{u-1}{\sqrt{u}}du = 2\int u^{\frac{1}{2}}-u^{-\frac{1}{2}}du = 2\left(\frac{2}{3}u^{\frac{3}{2}}-2u^{\frac{1}{2}}\right)$

$=\dfrac{4}{3}(1-\sqrt{x})^{\frac{3}{2}}-4\sqrt{1-\sqrt{x}}+c$

令 $0<a,b<1$ 则$\displaystyle\int_a^b \frac{1}{\sqrt{1-\sqrt{x}}}dx$

$=\dfrac{4}{3}\left((1-\sqrt{b})^{\frac{3}{2}}-(1-\sqrt{a})^{\frac{3}{2}}\right)-4\left(\sqrt{1-\sqrt{b}}-\sqrt{1-\sqrt{a}}\right)$

Example 22.

求$\displaystyle\int_a^b \frac{1}{\sqrt{2+\sqrt{1+\sqrt{x}}}}dx =?$， $\forall a,b>0$

【解】

令 $u=2+\sqrt{1+\sqrt{x}}$ 则 $du=\dfrac{1}{2}(1+\sqrt{x})^{-\frac{1}{2}}\left(\dfrac{1}{2}x^{-\frac{1}{2}}\right)dx$，藉由变数代换法

$\because\ (1+\sqrt{x})^{\frac{1}{2}}=u-2$ 且 $x^{\frac{1}{2}}=(u-2)^2-1=u^2-4u+3$

$\therefore\ dx=4(u-2)(u^2-4u+3\,)du \Rightarrow dx=4(u^3-6u^2+11u-6)du$

$$\therefore \int \frac{1}{\sqrt{2+\sqrt{1+\sqrt{x}}}}dx = 4\int \frac{u^3-6u^2+11u-6}{\sqrt{u}}du$$

$$= 4\int u^{\frac{5}{2}}-6u^{\frac{3}{2}}+11u^{\frac{1}{2}}-6u^{-\frac{1}{2}}\,du = 4\left(\frac{2}{7}u^{\frac{7}{2}}-\frac{12}{5}u^{\frac{5}{2}}+\frac{22}{3}u^{\frac{3}{2}}-12u^{\frac{1}{2}}\right)+c$$

$$= 4\left(\frac{2}{7}\left(2+\sqrt{1+\sqrt{x}}\right)^{\frac{7}{2}}-\frac{12}{5}\left(2+\sqrt{1+\sqrt{x}}\right)^{\frac{5}{2}}+\frac{22}{3}\left(2+\sqrt{1+\sqrt{x}}\right)^{\frac{3}{2}}\right.$$
$$\left.-12\left(2+\sqrt{1+\sqrt{x}}\right)^{\frac{1}{2}}\right)+c$$

令$a,b>0$

则$\int_a^b \frac{1}{\sqrt{2+\sqrt{1+\sqrt{x}}}}dx$

$$=\frac{8}{7}\left(\left(2+\sqrt{1+\sqrt{b}}\right)^{\frac{7}{2}}-\left(2+\sqrt{1+\sqrt{a}}\right)^{\frac{7}{2}}\right)-\frac{48}{5}\left(\left(2+\sqrt{1+\sqrt{b}}\right)^{\frac{5}{2}}-\left(2+\sqrt{1+\sqrt{a}}\right)^{\frac{5}{2}}\right)$$
$$+\frac{88}{3}\left(\left(2+\sqrt{1+\sqrt{b}}\right)^{\frac{3}{2}}-\left(2+\sqrt{1+\sqrt{a}}\right)^{\frac{3}{2}}\right)-48\left(\left(2+\sqrt{1+\sqrt{b}}\right)^{\frac{1}{2}}-\left(2+\sqrt{1+\sqrt{a}}\right)^{\frac{1}{2}}\right)$$

Example 23.

求$\int_a^b \tan x\,dx = ?$，$\forall -\frac{\pi}{2}<a,b<\frac{\pi}{2}$

【解】

$\because \int \tan x\,dx = \int \frac{\sin x}{\cos x}dx$

令 $u=\cos x$ 则 $du=-\sin x\,dx$，藉由变数代换法

则$\int \tan x\,dx = \int \frac{\sin x}{\cos x}dx = -\int \frac{du}{u} = -\ln|u|+c = -\ln|\cos x|+c$

令 $-\frac{\pi}{2}<a,b<\frac{\pi}{2}$ 则 $\int_a^b \tan x\,dx = -\ln\frac{\cos b}{\cos a}$

Example 24.

$$求\int_a^b \cot x\,dx = ?,\ \ \forall\, 0 < a,b < \pi$$

【解】

$$\because \int \cot x\,dx = \int \frac{\cos x}{\sin x}dx$$

令$u = \sin x$ 则 $du = \cos x\,dx$，藉由变数代换法

$$则\int \cot x\,dx = \int \frac{\cos x}{\sin x}dx = \int \frac{du}{u} = \ln|u| + c = \ln|\sin x| + c$$

令 $0 < a,b < \pi$ 则 $\int_a^b \cot x\,dx = \ln\frac{\sin b}{\sin a}$

Example 25.

$$求\int_a^b \sec x\,dx = ?,\ \ \forall 0 < a,b < \frac{\pi}{2}$$

【解】

$\because (\sec x)' = \tan x \sec x$ 且 $(\tan x)' = \sec^2 x$ $\therefore (\tan x + \sec x)' = (\tan x + \sec x)\sec x$

令$u = \tan x + \sec x$ 则 $du = (\tan x + \sec x)\sec x\,dx$，藉由变数代换法

$$则\int \sec x\,dx = \int \frac{(\tan x + \sec x)\sec x}{\tan x + \sec x}dx = \int \frac{du}{u} = \ln|u| = \ln|\tan x + \sec x| + c$$

令 $0 < a,b < \frac{\pi}{2}$ 则 $\int_a^b \sec x\,dx = \ln\frac{\tan b + \sec b}{\tan a + \sec a}$

Example 26.

$$求\int_a^b \csc x\,dx = ?,\ \ \forall 0 < a,b < \frac{\pi}{2}$$

【解】

$\because (\csc x)' = -\cot x \csc x$ 且 $(\cot x)' = -\csc^2 x$ $\therefore (\cot x + \csc x)' = -(\cot x + \csc x)\csc x$

令$u = \cot x + \csc x$ 则 $du = -(\cot x + \csc x)\csc x\,dx$，藉由变数代换法

$$则\int \csc x\,dx = \int \frac{(\cot x + \csc x)\csc x}{\cot x + \csc x}dx = -\int \frac{du}{u} = -\ln|u| = -\ln|\cot x + \csc x| + c$$

令 $0 < a,b < \frac{\pi}{2}$ 则 $\int_a^b \csc x\,dx = -\ln\frac{\cot b + \csc b}{\cot a + \csc a}$

Example 27.

求 $\int_a^b \sin^3 x\, dx = ?$， $\forall\, a, b \in R$

【解】

$\because \int \sin^3 x\, dx = \int \sin x \sin^2 x\, dx = \int \sin x\,(1-\cos^2 x)\, dx$

令 $u = \cos x$ 则 $du = -\sin x\, dx$，藉由变数代换法

则 $\int \sin x\,(1-\cos^2 x)\, dx = \int -(1-u^2)\, du = -u + \frac{u^3}{3} + c = -\cos x + \frac{1}{3}\cos^3 x + c$

令 $a, b \in R$ 则 $\int_a^b \sin^3 x\, dx = -\cos b + \cos a + \frac{1}{3}(\cos^3 b - \cos^3 a)$

Example 28.

求 $\int_a^b \cos^3 x\, dx = ?$， $\forall\, a, b \in R$

【解】

$\because \int \cos^3 x\, dx = \int \cos x \cos^2 x\, dx = \int \cos x\,(1-\sin^2 x)\, dx$

$= \int (1-u^2)\, du = u - \frac{u^3}{3} + c = \sin x - \frac{1}{3}\sin^3 x + c$

令 $a, b \in R$ 则 $\int_a^b \cos^3 x\, dx = \sin b - \frac{1}{3}\sin^3 b - \left(\sin a - \frac{1}{3}\sin^3 a\right)$

Example 29.

求 $\int_a^b \tan^3 x\, dx = ?$， $\forall -\frac{\pi}{2} < a, b < \frac{\pi}{2}$

【解】

$\because \int \tan^3 x\, dx = \int \frac{\tan^2 x \tan x \sec x}{\sec x} dx = \int \frac{(\sec^2 x - 1)\tan x \sec x}{\sec x} dx$

令$u = \sec x$ 则$du = \tan x \sec x\, dx$，藉由变数代换法

则 $\int \tan^3 x\, dx = \int \frac{(\sec^2 x - 1)\tan x \sec x}{\sec x} dx = \int u - \frac{1}{u} du = \frac{u^2}{2} - \ln|u| + \mathrm{c}$

$$=\frac{\sec^2 x}{2}-\ln|\sec x|+\mathrm{c}$$

令 $-\frac{\pi}{2}<a,b<\frac{\pi}{2}$ 则 $\int_a^b \tan^3 x\,dx=\frac{\sec^2 b}{2}-\ln\sec b-\left(\frac{\sec^2 a}{2}-\ln\sec a\right)$

Example 30.

求 $\int_a^b \cot^3 x\,dx=?$，$\forall 0<a,b<\pi$

【解】

$\because \int \cot^3 x\,dx=\int \frac{\cot^2 x\cot x\csc x}{\csc x}dx=\int \frac{(\csc^2 x-1)\cot x\csc x}{\csc x}dx$

令$u=\csc x$ 则$du=-\cot x\csc x\,dx$，藉由变数代换法

则 $\int \cot^3 x\,dx=\int \frac{(\csc^2 x-1)\cot x\csc x}{\csc x}dx=-\int u-\frac{1}{u}du=-\frac{u^2}{2}+\ln|u|+\mathrm{c}$

$$=-\frac{\csc^2 x}{2}+\ln|\csc x|+\mathrm{c}$$

令 $0<a,b<\pi$ 则 $\int_a^b \cot^3 x\,dx=-\frac{\csc^2 b}{2}+\ln\csc b+\frac{\csc^2 a}{2}-\ln\csc a$

Example 31.

求 $\int_a^b \sin^4 x\,dx=?$，$\forall\, a,b\in R$

【解】

$$\int \sin^4 x\,dx=\int (\sin^2 x)^2dx=\int \left(\frac{1-\cos 2x}{2}\right)^2 dx=\int \frac{1-2\cos 2x+\cos^2 2x}{4}dx$$

$$=\int \frac{1-2\cos 2x+\frac{1+\cos 4x}{2}}{4}dx=\frac{1}{4}\int \frac{3}{2}-2\cos 2x+\frac{\cos 4x}{2}dx$$

$$=\frac{1}{4}\left(\frac{3x}{2}-\sin 2x+\frac{1}{8}\sin 4x\right)+c$$

令$a,b\in R$ 则 $\int_a^b \sin^4 x\,dx=\frac{\frac{3b}{2}-\sin 2b+\frac{1}{8}\sin 4b-\left(\frac{3a}{2}-\sin 2a+\frac{1}{8}\sin 4a\right)}{4}$

Example 32.

$$求\int_a^b \cos^4 x\,dx =?,\quad \forall\, a,b \in R$$

【解】

$$\int \cos^4 x\,dx = \int (\cos^2 x)^2 dx = \int \left(\frac{1+\cos 2x}{2}\right)^2 dx = \int \frac{1+2\cos 2x+\cos^2 2x}{4} dx$$

$$= \int \frac{1+2\cos 2x+\frac{1+\cos 4x}{2}}{4} dx = \frac{1}{4}\int \frac{3}{2}+2\cos 2x+\frac{\cos 4x}{2} dx$$

$$= \frac{1}{4}\left(\frac{3x}{2}+\sin 2x+\frac{1}{8}\sin 4x\right)+c$$

令 $a,b \in R$ 则 $\int_a^b \cos^4 x\,dx = \dfrac{\frac{3b}{2}+\sin 2b+\frac{1}{8}\sin 4b-\left(\frac{3a}{2}+\sin 2a+\frac{1}{8}\sin 4a\right)}{4}$

Example 33.

$$求\int_a^b \sin^5 x\,dx =?,\quad \forall\, a,b \in R$$

【解】

$$\because \int \sin^5 x\,dx = \int \sin^4 x(\sin x)\,dx = \int (1-\cos^2 x)^2 \sin x\,dx$$

令 $u=\cos x$ 则 $du=-\sin x\,dx$，藉由变数代换法

则 $\int (1-\cos^2 x)^2 \sin x\,dx = -\int (1-u^2)^2 du = -\int u^4-2u^2+1du$

$$= -\left(\frac{u^5}{5}-\frac{2}{3}u^3+u\right)+c = -\left(\frac{\cos^5 x}{5}-\frac{2}{3}\cos^3 x+\cos x\right)+c$$

令 $a,b \in R$ 则 $\int_a^b \sin^5 x\,dx$

$$= -\left(\frac{\cos^5 b}{5}-\frac{2}{3}\cos^3 b+\cos b-\left(\frac{\cos^5 a}{5}-\frac{2}{3}\cos^3 a+\cos a\right)\right)$$

Example 34.

$$求\int_a^b \cos^5 x\,dx=?,\ \forall\, a,b\in R$$

【解】

$$\because \int \cos^5 x\,dx=\int \cos^4 x(\cos x)\,dx=\int (1-\sin^2 x)^2\cos x\,dx$$

令 $u=\sin x$ 则 $du=\cos x\,dx$，藉由变数代换法

$$则\int (1-\sin^2 x)^2\cos x\,dx=\int (1-u^2)^2du=\int u^4-2u^2+1du$$

$$=\frac{u^5}{5}-\frac{2}{3}u^3+u+c=\frac{\sin^5 x}{5}-\frac{2}{3}\sin^3 x+\sin x+c$$

$$令\ a,b\in R\ 则\ \int_a^b \cos^5 x\,dx=\frac{\sin^5 b}{5}-\frac{2}{3}\sin^3 b+\sin b-\left(\frac{\sin^5 a}{5}-\frac{2}{3}\sin^3 a+\sin a\right)$$

Example 35.

$$求\int_0^\pi \sqrt{\cos^6 x}\,dx=?$$

【解】

$$\because \int_0^\pi \sqrt{\cos^6 x}\,dx=\int_0^\pi |\cos x|^3\,dx=\int_0^{\frac{\pi}{2}} \cos^3 x\ \,dx-\int_{\frac{\pi}{2}}^{\pi} \cos^3 x\ \,dx$$

$$=\int_0^{\frac{\pi}{2}} (1-\sin^2 x)\cos x\,dx-\int_{\frac{\pi}{2}}^{\pi} (1-\sin^2 x)\cos x\,dx$$

令 $t=\sin x$ 则 $dt=\cos\ xdx$，藉由变数代换法

$$则\int_0^{\frac{\pi}{2}} (1-\sin^2 x)\cos x\,dx=\int_0^1 1-t^2\,dt=1-\frac{1}{3}=\frac{2}{3}$$

$$\int_{\frac{\pi}{2}}^{\pi} (1-\sin^2 x)\cos x\,dx=\int_1^0 1-t^2\,dt=-1-\left(\frac{-1}{3}\right)=\frac{-2}{3}$$

$$\therefore \int_0^\pi \sqrt{\cos^6 x}\,dx=\int_0^{\frac{\pi}{2}} (1-\sin^2 x)\cos x\,dx-\int_{\frac{\pi}{2}}^{\pi} (1-\sin^2 x)\cos x\,dx=\frac{4}{3}$$

Example 36.

求 $\int_0^{\pi} \cos^3 x \ dx = ?$

【解】

$\because \int_0^{\pi} \cos^3 x \ dx = \int_0^{\pi} \cos^2 x \ \cdot \cos x \, dx = \int_0^{\pi} (1 - \sin^2 x) \ \cdot \cos x \, dx$

$= \int_0^{\frac{\pi}{2}} (1 - \sin^2 x) \ \cdot \cos x \, dx + \int_{\frac{\pi}{2}}^{\pi} (1 - \sin^2 x) \ \cdot \cos x \, dx$

令 $u = \sin x$ 则 $du = \cos x \, dx$，藉由变数代换法

则 $\int_0^{\frac{\pi}{2}} (1 - \sin^2 x) \ \cdot \cos x \, dx + \int_{\frac{\pi}{2}}^{\pi} (1 - \sin^2 x) \ \cdot \cos x \, dx$

$= \int_0^1 (1 - u^2) \, du + \int_1^0 (1 - u^2) \, du = 0$

Example 37.

求 $\int_1^8 \frac{dx}{x + 2\sqrt[3]{x}} = ?$

【解】

令 $x = u^3$ 则 $dx = 3u^2 \, du$，藉由变数代换法

则 $\int_1^8 \frac{dx}{x + 2\sqrt[3]{x}} = \int_1^2 \frac{3u^2}{u^3 + 2u} du = 3 \int_1^2 \frac{u}{u^2 + 2} du = \frac{3}{2} \cdot \ln(u^2 + 2)|_1^2 = \frac{3}{2} \ln 2$

Example 38.

求 $\int_1^{k^3} \frac{dx}{x + 2\sqrt[3]{x}} = ?$，$\forall \, k > 1$

【解】

令 $k > 1$，令 $x = u^3$ 则 $dx = 3u^2 \, du$，藉由变数代换法

$\int_1^{k^3} \frac{dx}{x + 2\sqrt[3]{x}} = \int_1^k \frac{3u^2}{u^3 + 2u} du = 3 \int_1^k \frac{u}{u^2 + 2} du = \frac{3}{2} \cdot \ln(u^2 + 2)|_1^k = \frac{3}{2} \ln \frac{k^2 + 2}{3}$

Example 39.

$$求 \int_3^4 (x+2)(x-3)^3 dx = ?$$

【解】

令$t = x-3$ 则 $\int_3^4 (x+2)(x-3)^3 dx = \int_0^1 (t+5)t^3 dt = \left(\frac{t^5}{5} + \frac{5t^4}{4}\right)\Big|_0^1 = \frac{29}{20}$

Example 40.

$$求 \int_4^9 \frac{dx}{x-\sqrt{x}} = ?$$

【解】

令 $x = t^2$ 则 $dx = 2tdt$，藉由变数代换法

则 $\int_4^9 \frac{dx}{x-\sqrt{x}} = \int_2^3 \frac{2tdt}{t^2-t} = 2\int_2^3 \frac{dt}{t-1} = 2\ln(t-1)|_2^3 = 2\ln 2$

Example 41.

$$求 \int_0^3 x\sqrt{1+x}\, dx = ?$$

【解】

令 $1+x = t$ 则 $\int_0^3 x\sqrt{1+x}\, dx = \int_1^4 (t-1)\sqrt{t}\, dt = \left(\frac{2}{5}t^{\frac{5}{2}} - \frac{2}{3}t^{\frac{3}{2}}\right)\Big|_1^4 = \frac{116}{15}$

Example 42.

$$求 \int_{-1}^1 \frac{dx}{\sqrt{x^2+2x+5}} = ?$$

【解】

$\because x^2+2x+5 = (x+1)^2+4$

令 $x+1 = t$ 则 $\int_{-1}^1 \frac{dx}{\sqrt{x^2+2x+5}} = \int_{-1}^1 \frac{dx}{\sqrt{(x+1)^2+4}} = \int_0^2 \frac{dt}{\sqrt{t^2+4}}$

令 $t = 2\tan\theta$ 则 $dt = 2\sec^2\theta d\theta$，藉由变数代换法

$\therefore \int_0^2 \frac{dt}{\sqrt{t^2+4}} = \int_0^{\frac{\pi}{4}} \frac{2\sec^2\theta d\theta}{\sqrt{4\tan^2\theta + 4}} = \int_0^{\frac{\pi}{4}} \sec\theta d\theta = \ln\tan\theta + \sec\theta|_0^{\frac{\pi}{4}} = \ln(1+\sqrt{2})$

Example 43.

$$求\int_0^{\frac{\sqrt{3}}{2}} \frac{2x^3}{\sqrt{1-x^2}}dx =?$$

【解】

令 $1-x^2=t$ 则 $-2xdx=dt$，藉由变数代换法

$$则\int_0^{\frac{\sqrt{3}}{2}} \frac{2x^3dx}{\sqrt{1-x^2}} = 2\int_0^{\frac{\sqrt{3}}{2}} \frac{\left(\frac{x^2}{-2}\right)(-2x)dx}{\sqrt{1-x^2}} = 2\int_1^{\frac{1}{4}} \frac{\frac{1-t}{-2}dt}{\sqrt{t}} = -\left(2t^{\frac{1}{2}} - \frac{2}{3}t^{\frac{3}{2}}\right)\Big|_1^{\frac{1}{4}} = \frac{5}{12}$$

Example 44.

$$求\int_{-1}^{3} \left[x+\frac{1}{4}\right] dx =?$$

【解】

令 $u = x + \frac{1}{4}$ 则 $du = dx$，藉由变数代换法

$$则\int_{-1}^{3} \left[x+\frac{1}{4}\right] dx = \int_{\frac{-3}{4}}^{\frac{13}{4}} [u]\,du = \int_{\frac{-3}{4}}^{0} [u]\,du + \int_0^1 [u]\,du + \int_1^2 [u]\,du + \int_2^3 [u]\,du + \int_3^{\frac{13}{4}} [u]\,du$$

$$= \int_{\frac{-3}{4}}^{0} -1\,du + \int_0^1 0\,du + \int_1^2 1\,du + \int_2^3 2\,du + \int_3^{\frac{13}{4}} 3\,du = \frac{-3}{4} + 1 + 2 + \frac{3}{4} = 3$$

Example 45.

$$求\int_1^3 \frac{1}{[2x]}dx =?$$

【解】

令 $u=2x$ 则 $du=2dx$，藉由变数代换法

$$\therefore \int_1^3 \frac{1}{[2x]}dx = \frac{1}{2}\int_2^6 \frac{1}{[u]}du = \frac{1}{2}\left(\int_2^3 \frac{1}{[u]}du + \int_3^4 \frac{1}{[u]}du + \int_4^5 \frac{1}{[u]}du + \int_5^6 \frac{1}{[u]}du\right)$$

$$= \frac{1}{2}\left(\int_2^3 \frac{1}{2}du + \int_3^4 \frac{1}{3}du + \int_4^5 \frac{1}{4}du + \int_5^6 \frac{1}{5}du\right) = \frac{1}{2}\left(\frac{1}{2}+\frac{1}{3}+\frac{1}{4}+\frac{1}{5}\right) = \frac{77}{120}$$

Example 46.

$$求\int_a^b \sin mx \sin nx\,dx = ?,\quad \forall\, a,b \in R$$

【解】

(1) 当 $m = n$,

$$\int \sin mx \sin nx\,dx = \int \sin mx \sin mx\,dx = \int \sin^2 mx\,dx = \int \frac{1-\cos 2mx}{2}dx$$

$$= \frac{x}{2} - \frac{\sin 2mx}{4m} + c$$

令 $a,b \in R$ 则 $\int_a^b \sin mx \sin nx\,dx = \frac{b}{2} - \frac{\sin 2mb}{4m} - \left(\frac{a}{2} - \frac{\sin 2ma}{4m}\right)$

(2) 当 $m \neq n$,

$$\int \sin mx \sin nx\,dx = \frac{1}{2}\int \cos(m-n)x - \cos(m+n)x\,dx$$

$$= \frac{1}{2}\left(\frac{\sin(m-n)x}{m-n} - \frac{\sin(m+n)x}{m+n}\right) + \mathrm{c}$$

令 $a,b \in R$ 则 $\int_a^b \sin mx \sin nx\,dx$

$$= \frac{1}{2}\left(\frac{\sin(m-n)b}{m-n} - \frac{\sin(m+n)b}{m+n} - \left(\frac{\sin(m-n)a}{m-n} - \frac{\sin(m+n)a}{m+n}\right)\right)$$

Example 47.

$$求\int_a^b \sin mx \cos nx\,dx = ?,\quad \forall\, a,b \in R$$

【解】

(1) 当 $m = n$,

$$\int \sin mx \cos nx\,dx = \int \sin mx \cos mx\,dx = \frac{1}{2}\int \sin 2mx\,dx = \frac{-\cos 2m\,x}{4m} + c$$

令 $a,b \in R$ 则 $\int_a^b \sin mx \cos nx\,dx = \frac{-\cos 2m\,b}{4m} + \frac{\cos 2m\,a}{4m}$

(2) 当 $m \neq n$,

$$\int \sin mx \cos nx \, dx = \frac{1}{2}\int \sin(m+n)x + \sin(m-n)x \, dx$$

$$= \frac{1}{2}\left(-\frac{\cos(m+n)x}{m+n} - \frac{\cos(m-n)x}{m-n}\right) + c$$

令 $a, b \in R$ 则 $\int_a^b \sin mx \cos nx \, dx$

$$= \frac{1}{2}\left(-\frac{\cos(m+n)b}{m+n} - \frac{\cos(m-n)b}{m-n} + \frac{\cos(m+n)a}{m+n} + \frac{\cos(m-n)a}{m-n}\right)$$

Example 48.

求 $\int_a^b \cos mx \cos nx \, dx =?$，$\forall\, a, b \in R$

【解】

(1) 当 $m = n$,

$$\int \cos mx \cos nx \, dx = \int \cos mx \cos mx \, dx = \int \cos^2 mx \, dx = \int \frac{1+\cos 2mx}{2} dx$$

$$= \frac{x}{2} + \frac{\sin 2mx}{4m} + c$$

令 $a, b \in R$ 则 $\int_a^b \cos mx \cos nx \, dx = \frac{b}{2} + \frac{\sin 2mb}{4m} - \left(\frac{a}{2} + \frac{\sin 2ma}{4m}\right)$

(2) 当 $m \neq n$,

$$\int \sin mx \sin nx \, dx = \frac{1}{2}\int \cos(m-n)x + \cos(m+n)x \, dx$$

$$= \frac{1}{2}\left(\frac{\sin(m-n)x}{m-n} + \frac{\sin(m+n)x}{m+n}\right) + \mathrm{c}$$

令 $a, b \in R$ 则 $\int_a^b \cos mx \cos nx \, dx$

$$= \frac{1}{2}\left(\frac{\sin(m-n)b}{m-n} + \frac{\sin(m+n)b}{m+n} - \left(\frac{\sin(m-n)a}{m-n} + \frac{\sin(m+n)a}{m+n}\right)\right)$$

Example 49.

求 $\int_a^b \frac{\tan^{-1} x}{1+x^2} dx = ?$，$\forall a, b \in R$

【解】

令 $u=\tan^{-1}x$ 则 $du=\dfrac{dx}{1+x^2}$，藉由变数代换法

则 $\displaystyle\int\frac{\tan^{-1}x}{1+x^2}dx=\int udu=\frac{u^2}{2}+c=\frac{(\tan^{-1}x)^2}{2}+c$

令 $a,b\in R$ 则 $\displaystyle\int_a^b\frac{\tan^{-1}x}{1+x^2}dx=\frac{(\tan^{-1}b)^2}{2}-\frac{(\tan^{-1}a)^2}{2}$

Example 50.

求 $\displaystyle\int_a^b\frac{1}{x(\ln x)^2}=?$，$\forall a,b>0$

【解】

令 $u=\ln x$ 则 $du=\dfrac{dx}{x}$，藉由变数代换法

则 $\displaystyle\int\frac{1}{x(\ln x)^2}dx=\int u^{-2}du=-u^{-1}+c=-\frac{1}{\ln x}+c$

令 $a,b>0$ 则 $\displaystyle\int_a^b\frac{1}{x(\ln x)^2}=\frac{1}{\ln a}-\frac{1}{\ln b}$

Example 51.

求 $\displaystyle\int_a^b\frac{e^{\sqrt{x}}}{\sqrt{x}}dx=?$，$\forall a,b>0$

【解】

令 $u=\sqrt{x}$ 则 $du=\dfrac{dx}{2\sqrt{x}}$，藉由变数代换法 则 $\displaystyle\int\frac{e^{\sqrt{x}}}{\sqrt{x}}dx=2\int e^u du=2e^u+c=2e^{\sqrt{x}}+c$

令$a,b>0$ 则 $\displaystyle\int_a^b\frac{e^{\sqrt{x}}}{\sqrt{x}}dx=2\left(e^{\sqrt{b}}-e^{\sqrt{a}}\right)$

Example 52.

求 $\displaystyle\int_a^b\frac{(\sin^{-1}x)^2}{\sqrt{1-x^2}}dx=?$，$\forall 0<a,b<1$

【解】

令 $u=\sin^{-1}x$ 则 $du=\dfrac{dx}{\sqrt{1-x^2}}$，藉由变数代换法

则 $\int \frac{(\sin^{-1}x)^2}{\sqrt{1-x^2}}dx = \int u^2 du + c = \frac{u^3}{3} + \mathrm{c} = \frac{(\sin^{-1}x)^3}{3} + \mathrm{c}$

令 $0 < a, b < 1$ 则 $\int_a^b \frac{(\sin^{-1}x)^2}{\sqrt{1-x^2}}dx = \frac{(\sin^{-1}b)^3}{3} - \frac{(\sin^{-1}a)^3}{3}$

Example 53.

$$求 \int_a^b \frac{e^{\sqrt[3]{x}}}{\sqrt[3]{x^2}}dx = ?,\ \forall a, b \in R$$

【解】

令 $u = x^{\frac{1}{3}}$ 则 $du = \frac{x^{\frac{-2}{3}}}{3}dx$，藉由变数代换法

则 $\int \frac{e^{\sqrt[3]{x}}}{\sqrt[3]{x^2}}dx = \int x^{\frac{-2}{3}} e^{x^{\frac{1}{3}}} dx = 3\int e^u du = 3e^u + c = 3e^{x^{\frac{1}{3}}} + c$

令 $a, b \in R$ 则 $\int_a^b \frac{e^{\sqrt[3]{x}}}{\sqrt[3]{x^2}}dx = 3\left(e^{b^{\frac{1}{3}}} - e^{a^{\frac{1}{3}}}\right)$

Example 54.

$$求 \int_a^b \frac{e^{2x}}{\sqrt{1-e^{4x}}}dx = ?,\ \forall a, b < 0$$

【解】

令 $t = e^{2x}$ 则 $dt = 2e^{2x}\,dx$，藉由变数代换法

则 $\int \frac{e^{2x}}{\sqrt{1-e^{4x}}}dx = \frac{1}{2}\int \frac{1}{\sqrt{1-t^2}}dt = \frac{1}{2}\sin^{-1}t + c = \frac{1}{2}\sin^{-1}e^{2x} + c$

令$a, b < 0$ 则 $\int_a^b \frac{e^{2x}}{\sqrt{1-e^{4x}}}dx = \frac{1}{2}(\sin^{-1}e^{2b} - \sin^{-1}e^{2a})$

Example 55.

$$求 \int_a^b \frac{1}{x^2+2x+5}dx = ?,\ \forall a, b \in R$$

【解】

$\because \int \frac{1}{x^2+2x+5}dx = \int \frac{1}{(x+1)^2+4}dx = \frac{1}{4}\int \frac{1}{\left(\frac{x+1}{2}\right)^2 + 1}dx$

令 $t=\dfrac{x+1}{2}$ 则 $dt=\dfrac{dx}{2}$，藉由变数代换法

则 $\dfrac{1}{4}\displaystyle\int\dfrac{1}{\left(\frac{x+1}{2}\right)^2+1}dx=\dfrac{1}{2}\int\dfrac{1}{t^2+1}dt=\dfrac{1}{2}\tan^{-1}t+c=\dfrac{1}{2}\tan^{-1}\left(\dfrac{x+1}{2}\right)+c$

令 $a,b\in R$ 则 $\displaystyle\int_a^b\dfrac{1}{x^2+2x+5}dx=\dfrac{1}{2}\left(\tan^{-1}\left(\dfrac{b+1}{2}\right)-\tan^{-1}\left(\dfrac{a+1}{2}\right)\right)$

Example 56.

求 $\displaystyle\int_a^b\dfrac{1}{1+e^x}dx=?,\ \forall a,b\in R$

【解】

令 $t=1+e^x$ 则 $dt=e^x\,dx\ \Rightarrow dx=\dfrac{dt}{t-1}$，藉由变数代换法

则 $\displaystyle\int\dfrac{1}{1+e^x}dx=\int\dfrac{1}{t(t-1)}dt=\int\dfrac{1}{t-1}-\dfrac{1}{t}dt=\ln\dfrac{t-1}{t}+c=\ln\dfrac{e^x}{1+e^x}+c$

令 $a,b\in R$ 则 $\displaystyle\int_a^b\dfrac{1}{1+e^x}dx=\ln\dfrac{e^b}{1+e^b}-\ln\dfrac{e^a}{1+e^a}$

Example 57.

求 $\displaystyle\int_a^b\dfrac{\tan^{-1}\sqrt{x}}{\sqrt{x}(1+x)}dx=?,\ \forall a,b>0$

【解】

令 $u=\sqrt{x}$ 则 $du=\dfrac{1}{2}x^{-\frac{1}{2}}dx\Rightarrow dx=2udu$，藉由变数代换法

则 $\displaystyle\int\dfrac{\tan^{-1}\sqrt{x}}{\sqrt{x}(1+x)}dx=\int\dfrac{(\tan^{-1}u)2u}{u(1+u^2)}du=2\int\dfrac{\tan^{-1}u}{1+u^2}du$

令 $t=\tan^{-1}u$ 则 $dt=\dfrac{du}{1+u^2}$，藉由变数代换法

则 $2\displaystyle\int\dfrac{\tan^{-1}u}{1+u^2}du=2\int tdt=t^2+c=(\tan^{-1}u)^2+c=\left(\tan^{-1}\sqrt{x}\right)^2+c$

令 $a,b>0$ 则 $\displaystyle\int_a^b\dfrac{\tan^{-1}\sqrt{x}}{\sqrt{x}(1+x)}dx=\left(\tan^{-1}\sqrt{b}\right)^2-\left(\tan^{-1}\sqrt{a}\right)^2$

Example 58.

$$求\int_a^b \frac{1}{x(1+x^3)}dx =?,\ \forall a,b>0$$

【解】

令 $t = x^3$ 则 $dt = 3x^2dx$，藉由变数代换法

则 $\int \frac{`1}{x(1+x^3)}dx = \frac{1}{3}\int \frac{x^2}{x^3(1+x^3)}dx = \frac{1}{3}\int \frac{1}{t(1+t)}dt = \frac{1}{3}\int \frac{1}{t} - \frac{1}{t+1}dt$

$= \frac{1}{3}\ln\frac{t}{t+1} + c = \frac{1}{3}\ln\frac{x^3}{x^3+1} + c$

令 $a,b>0$ 则 $\int_a^b \frac{1}{x(1+x^3)}dx = \frac{1}{3}\left(\ln\frac{b^3}{b^3+1} - \ln\frac{a^3}{a^3+1}\right)$

Example 59.

$$求\int_a^b \frac{1}{x(1+x^2)}dx =?,\ \forall a,b\in R$$

【解】

令 $t = x^2$ 则 $dt = 2xdx$，藉由变数代换法

则 $\int \frac{dx}{x(1+x^2)} = \int \frac{xdx}{x^2(1+x^2)} = \int \frac{dt}{2t(1+t)} = \frac{\ln\left(\frac{t}{t+1}\right)}{2} + c = \frac{\ln\left(\frac{x^2}{x^2+1}\right)}{2} + c$

令 $a,b\in R$ 则 $\int_a^b \frac{1}{x(1+x^2)}dx = \frac{1}{2}\left(\ln\frac{b^2}{b^2+1} - \ln\frac{a^2}{a^2+1}\right)$

Example 60.

$$求\int_a^b \frac{1}{\sqrt{1+e^x}}dx =?,\ \forall a,b\in R$$

【解】

令 $t = \sqrt{1+e^x}$ 则 $dt = \frac{e^x}{2\sqrt{1+e^x}}dx$，藉由变数代换法

则 $\int \frac{1}{\sqrt{1+e^x}}dx = \int \frac{e^x}{e^x\sqrt{1+e^x}}dx = 2\int \frac{1}{t^2-1}dt = \int \frac{1}{t-1} - \frac{1}{t+1}dt$

$= \ln\frac{t-1}{t+1} + c = \ln\frac{\sqrt{1+e^x}-1}{\sqrt{1+e^x}+1} + c$

令 $a, b \in R$ 则 $\int_a^b \frac{1}{\sqrt{1+e^x}}dx = \ln\frac{\sqrt{1+e^b}-1}{\sqrt{1+e^b}+1} - \ln\frac{\sqrt{1+e^a}-1}{\sqrt{1+e^a}+1}$

Example 61.

求 $\int_a^b \frac{1}{x\sqrt{x^6-1}}dx =?$，$\forall a, b > 1$

【解】

令 $u = \sqrt{x^6-1}$ 则 $du = 3x^5(x^6-1)^{-\frac{1}{2}}dx$ 且 $u^2 = x^6-1$，藉由变数代换法

则 $\int \frac{1}{x\sqrt{x^6-1}}dx = \int \frac{x^5}{x^6\sqrt{x^6-1}}dx = \frac{1}{3}\int \frac{1}{u^2+1}du = \frac{1}{3}\tan^{-1}u + c$

$= \frac{1}{3}\tan^{-1}\left(\sqrt{x^6-1}\right) + c$

令 $a, b > 1$ 则 $\int_a^b \frac{1}{x\sqrt{x^6-1}}dx = \frac{1}{3}\left(\tan^{-1}\left(\sqrt{b^6-1}\right) - \tan^{-1}\left(\sqrt{a^6-1}\right)\right)$

Example 62.

求 $\int_a^b \frac{1}{x\sqrt{3x^2-2x-1}}dx =?$，$\forall a, b > 1$

【解】

$\because \int \frac{1}{x\sqrt{3x^2-2x-1}}dx = \int \frac{1}{x^2\sqrt{3-\frac{2}{x}-\frac{1}{x^2}}}dx$

令 $u = \frac{1}{x}$ 则 $du = -x^{-2}dx$，藉由变数代换法

则 $\int \frac{1}{x^2\sqrt{3-\frac{2}{x}-\frac{1}{x^2}}}dx = -\int \frac{1}{\sqrt{3-2u-u^2}}du = -\int \frac{1}{\sqrt{4-(u+1)^2}}du$

$= -\frac{1}{2}\int \frac{1}{\sqrt{1-\left(\frac{u+1}{2}\right)^2}}du = -\sin^{-1}\left(\frac{u+1}{2}\right) + c = -\sin^{-1}\left(\frac{\frac{1}{x}+1}{2}\right) + c$

令 $a,b>1$ 则 $\int_a^b \frac{1}{x\sqrt{3x^2-2x-1}}dx=\sin^{-1}\left(\frac{\frac{1}{a}+1}{2}\right)-\sin^{-1}\left(\frac{\frac{1}{b}+1}{2}\right)$

5.3.1.2 使用分部积分法

$$\int_a^b u(x)v'(x)dx=u(x)v(x)|_{x=a}^{x=b}-\int_a^b u'(x)v(x)dx$$

与不定积分相同, $u(x)$代表的是微分之后较容易计算积分, $v'(x)$代表是其积分式较容易积分；也可能与变量代换法合并解题, 先做变量代换再做分部积分, 也可能先做分部积分, 再做变量代换

考试类型:

Type 1.

求 $\int_a^b x^n\cdot e^{\alpha x}dx=?$

解题流程:

Step1.

令$u=x^n$, $dv=e^{\alpha x}dx$ 则 $du=nx^{n-1}dx$, $v=\frac{e^{\alpha x}}{\alpha}$

Step2.

藉由分部积分法则 $\int_a^b x^n\cdot e^{\alpha x}dx=x^n\cdot\frac{e^{\alpha x}}{\alpha}\Big|_{x=a}^{x=b}-\frac{n}{\alpha}\int_a^b x^{n-1}\cdot e^{\alpha x}dx$

补充说明:

与不定积分相同, 多数题型为藉由分部积分法对x^n作降序动作重复做n次, 则能求得定积分值

Type 2.

求 $\int_a^b x^n\cdot\sin\alpha x\,dx=?$

解题流程:

Step1.

令 $u = x^n$，$dv = \sin \alpha x\, dx$ 则 $du = nx^{n-1}dx$，$v = -\dfrac{\cos \alpha x}{\alpha}$

藉由分部积分法则 $\displaystyle\int_a^b x^n \sin \alpha x\, dx = -\frac{x^n \cos \alpha x}{\alpha}\Bigg|_{x=a}^{x=b} + \frac{n}{\alpha}\int_a^b x^{n-1} \cos \alpha x\, dx$

Step2.

令$u = x^{n-1}$，$dv = \cos \alpha x\, dx$ 则 $du = (n-1)x^{n-2}dx$，$v = \dfrac{\sin \alpha x}{\alpha}$

藉由分部积分法则 $\displaystyle\int_a^b x^{n-1} \cos \alpha x\, dx = \frac{x^{n-1}\sin \alpha x}{\alpha}\Bigg|_{x=a}^{x=b} - \frac{n-1}{\alpha}\int_a^b x^{n-2} \sin \alpha x\, dx$

Step3.

$$\int_a^b x^n \cdot \sin \alpha x\, dx = -\frac{x^n \cos \alpha x}{\alpha}\Bigg|_{x=a}^{x=b} + \frac{n}{\alpha}\left(x^{n-1} \cdot \frac{\sin \alpha x}{\alpha}\Bigg|_{x=a}^{x=b} - \frac{n-1}{\alpha}\int_a^b x^{n-2} \cdot \sin \alpha x\, dx\right)$$

Type 3.

求 $\displaystyle\int_a^b x^n \cdot \cos \alpha x\, dx =?$

解题流程:

Step1.

令$u = x^n$，$dv = \cos \alpha x\, dx$ 则 $du = nx^{n-1}dx$，$v = \dfrac{\sin \alpha x}{\alpha}$

藉由分部积分法则 $\displaystyle\int_a^b x^n \cos \alpha x\, dx = \frac{x^n \sin \alpha x}{\alpha}\Bigg|_{x=a}^{x=b} - \frac{n}{\alpha}\int_a^b x^{n-1} \sin \alpha x\, dx$

Step2.

令$u = x^{n-1}$，$dv = \sin \alpha x\, dx$ 则 $du = (n-1)x^{n-2}dx$，$v = -\dfrac{\cos \alpha x}{\alpha}$

藉由分部积分法则

$$\int_a^b x^{n-1} \sin \alpha x\, dx = -\frac{x^{n-1}\cos \alpha x}{\alpha}\Bigg|_{x=a}^{x=b} + \frac{n-1}{\alpha}\int_a^b x^{n-2} \cos \alpha x\, dx$$

Step3.

$$\int_a^b x^n \cdot \cos \alpha x\, dx = \frac{x^n \sin \alpha x}{\alpha}\Bigg|_{x=a}^{x=b} - \frac{n}{\alpha}\left(-x^{n-1} \cdot \frac{\cos \alpha x}{\alpha}\Bigg|_{x=a}^{x=b} + \frac{n-1}{\alpha}\int_a^b x^{n-2} \cdot \cos \alpha x\, dx\right)$$

Type 4.

求 $\int_a^b x^n \cdot \ln^m x\, dx =?$

解题流程:

令 $u = \ln^m x$, $dv = x^n dx$ 则 $du = \dfrac{m\ln^{m-1} x dx}{x}$, $v = \dfrac{x^{n+1}}{n+1}$

藉由分部积分法则 $\int_a^b x^n \ln^m x\, dx = \left.\dfrac{x^{n+1}\ln^m x}{n+1}\right|_{x=a}^{x=b} - \dfrac{m}{n+1}\int_a^b x^n \ln^{m-1} x\, dx$

Type 5.

求 $\int_a^b x^n \cdot \sin^{-1} x\, dx =?$

解题流程:

Step1.

令 $u = \sin^{-1} x$, $dv = x^n dx$ 则 $du = \dfrac{1}{\sqrt{1-x^2}}dx$, $v = \dfrac{x^{n+1}}{n+1}$

藉由分部积分法则 $\int_a^b x^n \sin^{-1} x\, dx = \left.\dfrac{x^{n+1}\sin^{-1} x}{n+1}\right|_{x=a}^{x=b} - \dfrac{1}{n+1}\int_a^b \dfrac{x^{n+1}}{\sqrt{1-x^2}}dx$

Step2.

令 $x = \cos\theta$, $dx = -\sin\theta\, d\theta$, 藉由变数代换法

则 $\int_a^b \dfrac{x^{n+1}}{\sqrt{1-x^2}}dx = -\int_{\cos^{-1} a}^{\cos^{-1} b} \dfrac{\sin\theta \cos^n\theta}{\sqrt{1-\cos^2\theta}}d\theta = -\int_{\cos^{-1} a}^{\cos^{-1} b} \cos^n\theta\, d\theta$

Step3.

$$\therefore \int_a^b x^n \cdot \sin^{-1} x\, dx = \left.\frac{x^{n+1}\sin^{-1} x}{n+1}\right|_{x=a}^{x=b} + \frac{1}{n+1}\left(\int_{\cos^{-1} a}^{\cos^{-1} b} \cos^n\theta\, d\theta\right) =?$$

Step4.

$$\int_{\cos^{-1} a}^{\cos^{-1} b} \cos^n\theta\, d\theta = \left.\frac{\sin\theta}{n}\cos^{n-1}\theta\right|_{\cos^{-1} a}^{\cos^{-1} b} + \frac{n-1}{n}\int_{\cos^{-1} a}^{\cos^{-1} b} \cos^{n-2}\theta\, d\theta$$

补充说明:

相当于将问题转换成求 $\int_{\cos^{-1} a}^{\cos^{-1} b} \cos^n \theta \, d\theta = ?$

Type 6.

求 $\int_a^b x^n \cdot \tan^{-1} x \, dx = ?$

解题流程:

Step1.

令$u = \tan^{-1} x$，$dv = x^n dx$ 则 $du = \frac{1}{1+x^2} dx$，$v = \frac{x^{n+1}}{n+1}$

藉由分部积分法则 $\int_a^b x^n \tan^{-1} x \, dx = \left. \frac{x^{n+1} \tan^{-1} x}{n+1} \right|_{x=a}^{x=b} - \frac{1}{n+1} \int_a^b \frac{x^{n+1}}{1+x^2} dx$

Step2.

令 $x = \tan\theta$ 则 $dx = \sec^2\theta \, d\theta$，藉由变数代换法

$$\int_a^b \frac{x^{n+1}}{1+x^2} dx = \int_{\tan^{-1} a}^{\tan^{-1} b} \frac{\tan^{n+1}\theta}{1+\tan^2\theta} \cdot \sec^2\theta \, d\theta = \int_{\tan^{-1} a}^{\tan^{-1} b} \tan^{n+1}\theta \, d\theta$$

Step3.

$$\therefore \int_a^b x^n \cdot \tan^{-1} x \, dx = \left. \frac{x^{n+1} \tan^{-1} x}{n+1} \right|_{x=a}^{x=b} - \frac{1}{n+1} \int_{\tan^{-1} a}^{\tan^{-1} b} \tan^{n+1}\theta \, d\theta$$

Step4.

$$\int_{\tan^{-1} a}^{\tan^{-1} b} \tan^{n+1}\theta \, d\theta = \left. \frac{1}{n} \tan^n \theta \right|_{\tan^{-1} a}^{\tan^{-1} b} - \int_{\tan^{-1} a}^{\tan^{-1} b} \tan^{n-1}\theta \, d\theta$$

补充说明:

相当于将问题转换成求 $\int_{\tan^{-1} a}^{\tan^{-1} b} \tan^{n+1}\theta \, d\theta = ?$

Type 7.

求 $\int_a^b \ln P_n(x) \, dx = ?$

解题流程:

Step1.

令$u = \ln P_n(x)$，$dv = dx$ 则 $du = \frac{P_n'(x)}{P_n(x)}dx$，$v = x$

藉由分部积分法则 $\int_a^b \ln P_n(x)\,dx = x\ln P_n(x)|_a^b - \int_a^b \frac{xP_n'(x)}{P_n(x)}dx$，求$\int_a^b \frac{xP_n'(x)}{P_n(x)}dx =?$

Example 1.

求$\int_a^b \ln x\,dx =?$，$\forall\, a, b > 0$

【解】

令 $u = \ln x$，$dv = dx$ 则 $du = \frac{dx}{x}$，$v = x$，藉由分部积分法

则$\int \ln x\,dx = x\ln x - \int x\frac{dx}{x} = x\ln x - x + c$

令 $a, b > 0$ 则 $\int_a^b \ln x\,dx = b\ln b - b - (a\ln a - a)$

Example 2.

求$\int_a^b x\ln x\,dx =?$，$\forall\, a, b > 0$

【解】

令 $u = \ln x$，$dv = xdx$ 则 $du = \frac{dx}{x}$，$v = \frac{x^2}{2}$，藉由分部积分法

则$\int x\ln x\,dx = \frac{x^2}{2}(\ln x) - \int \frac{x}{2}dx = \frac{x^2}{2}(\ln x) - \frac{x^2}{4} + c$

令 $a, b > 0$ 则 $\int_a^b x\ln x\,dx = \frac{b^2\ln b}{2} - \frac{b^2}{4} - \left(\frac{a^2\ln a}{2} - \frac{a^2}{4}\right)$

Example 3.

求$\int_a^b xe^x dx =?$，$\forall\, a, b \in R$

【解】

令 $u=x$，$dv=e^x dx$ 则 $du=dx$，$v=e^x$，藉由分部积分法

则 $\int xe^x dx = xe^x - \int e^x dx = xe^x - e^x + c$

令 $a,b\in R$ 则 $\int_a^b xe^x dx = be^b - e^b - (ae^a - e^a)$

Example 4.

求 $\int_a^b x\cos x\, dx$ =?，$\forall\, a,b\in R$

【解】

令 $u=x$，$dv=\cos x\, dx$ 则 $du=dx$，$v=\sin x$，藉由分部积分法

则 $\int x\cos x\, dx = x\sin x - \int \sin x\, dx = x\sin x + \cos x + c$

令 $a,b\in R$ 则 $\int_a^b x\cos x\, dx = b\sin b + \cos b - (a\sin a + \cos a)$

Example 5.

求 $\int_a^b x^2\cos x\; dx$ =?，$\forall\, a,b\in R$

【解】

令 $u=x^2$，$dv=\cos x\, dx$ 则 $du=2xdx$，$v=\sin x$，藉由分部积分法

则 $\int x^2\cos x\; dx = x^2\sin x - 2\int x\sin x\, dx + c$

令 $s=x, dt=\sin x\, dx$ 则 $ds=dx, t=-\cos x$，藉由分部积分法

则 $\int x\sin x\, dx = -x\cos x + \int \cos x dx = -x\cos x + \sin x$

$\therefore \int x^2\cos x\; dx = x^2\sin x - 2\int x\sin x\, dx + c = x^2\sin x + 2x\cos x - 2\sin x + c$

令 $a,b\in R$ 则 $\int_a^b x^2\cos x\; dx$

$= b^2\sin b + 2b\cos b - 2\sin b - (a^2\sin a + 2a\cos a - 2\sin a)$

Example 6.

$$求\int_a^b x^n \ln x\, dx = ?,\ \forall\, a,b>0,\ n\in N$$

【解】

令 $u=\ln x$，$dv=x^n dx$ 则 $du=\dfrac{dx}{x}$，$v=\dfrac{x^{n+1}}{n+1}$，藉由分部积分法

则 $\displaystyle\int x^n \ln x\, dx=\frac{x^{n+1}\ln x}{n+1}-\int \frac{1}{x}\cdot\frac{x^{n+1}}{n+1}dx=\frac{x^{n+1}\ln x}{n+1}-\int\frac{x^n}{n+1}dx$

$\displaystyle=\frac{x^{n+1}\ln x}{n+1}-\frac{x^{n+1}}{(n+1)^2}+c$

令 $a,b>0$ 则 $\displaystyle\int_a^b x^n \ln x\, dx=\frac{b^{n+1}\ln b}{n+1}-\frac{b^{n+1}}{(n+1)^2}-\left(\frac{a^{n+1}\ln a}{n+1}-\frac{a^{n+1}}{(n+1)^2}\right)$

Example 7.

$$求\int_a^b x^2e^{-x}dx\ = ?,\ \forall\, a,b\in R$$

【解】

令 $u=x^2$，$dv=e^{-x}dx$ 则 $du=2xdx$，$v=-e^{-x}$，藉由分部积分法

则 $\displaystyle\int x^2e^{-x}dx=-x^2e^{-x}+\int 2x\,e^{-x}dx+c$

令 $s=x$，$dt=e^{-x}dx$ 则 $ds=dx$，$t=-e^{-x}$，藉由分部积分法

则 $\displaystyle\int xe^{-x}dx=-xe^{-x}+\int e^{-x}dx=-xe^{-x}-e^{-x}+c$

$\displaystyle\therefore\int x^2e^{-x}dx=-x^2e^{-x}+\int 2x\,e^{-x}dx=-x^2e^{-x}+2(-xe^{-x}-e^{-x})+c$

令 $a,b\in R$

则 $\displaystyle\int_a^b x^2e^{-x}dx\ =-b^2e^{-b}+2(-be^{-b}-e^{-b})-\left(-a^2e^{-a}+2(-ae^{-a}-e^{-a})\right)$

Example 8.

$$求\int_a^b x\sin x\, dx = ?,\ \forall\, a,b\in R$$

【解】

令 $u=x$，$dv=\sin x\,dx$ 则 $du=dx$，$v=-\cos x$，藉由分部积分法

则 $\int x\sin x\ dx=-x\cos x+\int\cos x\,dx=-x\cos x+\sin x+c$

令 $a,b\in R$ 则 $\int_a^b x\sin x\,dx=-b\cos b+\sin b+a\cos a-\sin a$

Example 9.

求 $\int_a^b x2^x dx=?$，$\forall\, a,b\in R$

【解】

令 $u=x$，$dv=2^x dx$ 则 $du=dx$，$v=2^x\cdot\frac{1}{\ln 2}$，藉由分部积分法

则 $\int x2^x dx=\frac{x2^x}{\ln 2}-\int\frac{2^x dx}{\ln 2}=\frac{x2^x}{\ln 2}-\frac{2^x}{(\ln 2)^2}+c$

令 $a,b\in R$ 则 $\int_a^b x2^x dx=\frac{b2^b}{\ln 2}-\frac{2^b}{(\ln 2)^2}-\left(\frac{a2^a}{\ln 2}-\frac{2^a}{(\ln 2)^2}\right)$

Example 10.

求 $\int_a^b x^3\ln^2 x\,dx=?$，$\forall\, a,b>0$

【解】

令 $u=\ln^2 x$，$dv=x^3dx$ 则 $du=\frac{2}{x}\ln x\,dx$，$v=\frac{x^4}{4}$，藉由分部积分法

则 $\int x^3\ln^2 x\,dx=\frac{x^4}{4}\ln^2 x-\frac{1}{2}\int x^3\ln x\ dx$

令 $s=\ln x$，$dt=x^3dx$ 则 $ds=\frac{1}{x}dx$，$t=\frac{x^4}{4}$，藉由分部积分法

则 $\int x^3\ln x\ dx=\frac{x^4\ln x}{4}-\frac{1}{4}\int x^3dx=\frac{x^4\ln x}{4}-\frac{x^4}{16}$

$\therefore\int x^3\ln^2 x\,dx=\frac{x^4}{4}\ln^2 x-\frac{1}{2}\int x^3\ln x\ dx=\frac{x^4}{4}\ln^2 x-\frac{1}{2}\left(\frac{x^4\ln x}{4}-\frac{x^4}{16}\right)+c$

令 $a,b>0$

则 $\int_a^b x^3\ln^2 x\,dx = \frac{b^4}{4}\ln^2 b - \frac{1}{2}\left(\frac{b^4\ln b}{4} - \frac{b^4}{16}\right) - \left(\frac{a^4}{4}\ln^2 a - \frac{1}{2}\left(\frac{a^4\ln a}{4} - \frac{a^4}{16}\right)\right)$

Example 11.

求 $\int_a^b e^{\sqrt{x}}dx = ?$，$\forall\, a, b > 0$

【解】

令 $u = \sqrt{x}$ 则 $2udu = dx$，藉由变数代换法 $\int e^{\sqrt{x}}dx = \int 2ue^{u}du$

令 $s = u$，$dt = e^{u}du$ 则 $ds = du$，$t = e^{u}$，藉由分部积分法

则 $\int ue^{u}du = ue^{u} - \int e^{u}du = ue^{u} - e^{u}$

$\therefore \int e^{\sqrt{x}}dx = \int 2ue^{u}du = 2(ue^{u} - e^{u}) + c = 2\left(\sqrt{x}e^{\sqrt{x}} - e^{\sqrt{x}}\right) + c$

令 $a, b > 0$ 则 $\int_a^b e^{\sqrt{x}}dx = 2\left(\sqrt{b}e^{\sqrt{b}} - e^{\sqrt{b}} - \left(\sqrt{a}e^{\sqrt{a}} - e^{\sqrt{a}}\right)\right)$

Example 12.

求 $\int_a^b \ln(x^2 + 2x + 2)dx = ?$，$\forall\, a, b \in R$

【解】

令 $u = \ln(x^2 + 2x + 2)$，$dv = dx$ 则 $du = \frac{2x + 2}{x^2 + 2x + 2}dx$，$v = x$

藉由分部积分法

则 $\int \ln(x^2 + 2x + 2)dx = x\ln(x^2 + 2x + 2) - \int \frac{x(2x + 2)}{x^2 + 2x + 2}dx$

$= x\ln(x^2 + 2x + 2) - 2\int \frac{(x^2 + 2x + 2) - (x + 1) - 1}{x^2 + 2x + 2}dx$

$= x\ln(x^2 + 2x + 2) - 2\int 1 - \frac{x + 1}{x^2 + 2x + 2} - \frac{1}{(x + 1)^2 + 1}dx$

$= x\ln(x^2 + 2x + 2) - 2x + \ln(x^2 + 2x + 2) + 2\tan^{-1}(x + 1) + c$

令 $a, b \in R$ 则 $\int_a^b \ln(x^2 + 2x + 2)dx$

$= b\ln(b^2+2b+2) - 2b + \ln(b^{\,2}+2b+2) + 2\tan^{-1}(b+1)$
$-a\ln(a^2+2a+2) + 2a - \ln(a^{\,2}+2a+2) - 2\tan^{-1}(a+1)$

Example 13.

求 $\int_a^b \ln(1+x^{\,2})dx = ?$，$\forall\, a,b \in R$

【解】

令 $u=\ln(1+x^2)$，$dv=dx$ 则 $du=\dfrac{2x}{1+x^2}dx$，$v=x$，藉由分部积分法

则 $\int \ln(1+x^{\,2})dx = x\ln(1+x^2) - \int \dfrac{2x^2}{1+x^2}dx$

$= x\ln(1+x^2) - \int \dfrac{2x^2+2-2}{1+x^2}dx = x\ln(1+x^2) - 2x + 2\tan^{-1}x + c$

令 $a,b \in R$ 则 $\int_a^b \ln(1+x^{\,2})dx$

$= b\ln(1+b^2) - 2b + 2\tan^{-1}b - (a\ln(1+a^2) - 2a + 2\tan^{-1}a)$

Example 14.

求 $\int_a^b x\ln^2 x\, dx = ?$，$\forall\, a,b > 0$

【解】

令 $u=\ln^2 x$，$dv=xdx$ 则 $du=\dfrac{2}{x}\ln x\, dx$，$v=\dfrac{x^2}{2}$，藉由分部积分法

则 $\int x\ln^2 x\ dx = \dfrac{x^2}{2}\ln^2 x - \int x\ln x\, dx$

令 $s=\ln x$，$dt=xdx$ 则 $ds=\dfrac{1}{x}dx$，$t=\dfrac{x^2}{2}$，藉由分部积分法

则 $\int x\ln x\, dx = \dfrac{x^2}{2}\ln x - \dfrac{1}{2}\int x\, dx = \dfrac{x^2}{2}\ln x - \dfrac{x^2}{4}$

$\therefore \int x\ln^2 x\ dx = \dfrac{x^2}{2}\ln^2 x - \int x\ln x\, dx = \dfrac{x^2}{2}\ln^2 x - \left(\dfrac{x^2}{2}\ln x - \dfrac{x^2}{4}\right) + c$

令$a,b>0$

则 $\int_a^b x\ln^2 x\,dx = \frac{b^2}{2}\ln^2 b - \left(\frac{b^2}{2}\ln b - \frac{b^2}{4}\right) - \left(\frac{a^2}{2}\ln^2 a - \left(\frac{a^2}{2}\ln a - \frac{a^2}{4}\right)\right)$

Example 15.

$$求\int_a^b x^2\ln(x+1)dx = ?，\ \forall\, a,b > -1$$

【解】

令 $u = \ln(1+x)$，$dv = x^2dx$ 则 $du = \frac{dx}{1+x}$，$v = \frac{x^3}{3}$，藉由分部积分法

则 $\int x^2\ln(x+1)dx = \frac{x^3}{3}\ln(1+x) - \int \frac{x^3dx}{3(1+x)}$

令 $t = 1 + x$，藉由变换变数法

则 $\int \frac{x^3dx}{3(1+x)} = \frac{1}{3}\int \frac{(t-1)^3}{t}dt = \frac{1}{3}\int t^2 - 3t + 3 - \frac{1}{t}dt$

$= \frac{1}{3}\left(\frac{t^3}{3} - \frac{3t^2}{2} + 3t - \ln|t|\right) + c = \frac{(1+x)^3}{9} - \frac{(1+x)^2}{2} + (1+x) - \frac{\ln|x+1|}{3} + c$

$\therefore \int x^2\ln(x+1)dx = \frac{x^3}{3}\ln(1+x) - \int \frac{x^3dx}{3(1+x)}$

$= \frac{x^3}{3}\ln(1+x) - \left(\frac{(1+x)^3}{9} - \frac{(1+x)^2}{2} + (1+x) - \frac{\ln|x+1|}{3} + c\right) + c$

令 $a,b > -1$ 则 $\int_a^b x^2\ln(x+1)dx$

$= \frac{b^3}{3}\ln(1+b) - \left(\frac{(1+b)^3}{9} - \frac{(1+b)^2}{2} + (1+b) - \frac{\ln(b+1)}{3}\right)$

$- \frac{a^3}{3}\ln(1+a) + \left(\frac{(1+a)^3}{9} - \frac{(1+a)^2}{2} + (1+a) - \frac{\ln(a+1)}{3}\right)$

Example 16.

$$求\int_a^b \sin^{-1} x\,dx = ?，\ \forall -1 < a,b < 1$$

【解】

令 $u = \sin^{-1} x$，$dv = dx$，则 $du = \frac{dx}{\sqrt{1-x^2}}$，$v = x$，藉由分部积分法

则 $\int \sin^{-1} x\ dx = x\sin^{-1} x - \int \frac{xdx}{\sqrt{1-x^2}}$

令 $t = 1 - x^2$,则 $dt = -2xdx$，藉由变数代换法

则 $\int \frac{xdx}{\sqrt{1-x^2}} = -\int \frac{dt}{2\sqrt{t}} = -\sqrt{t} = -\sqrt{1-x^2}$

$\therefore \int \sin^{-1} x\ dx = x\sin^{-1} x - \int \frac{xdx}{\sqrt{1-x^2}} = x\sin^{-1} x + \sqrt{1-x^2} + \mathrm{c}$

令 $-1 < a, b < 1$

则 $\int_a^b \sin^{-1} x\, dx = b\sin^{-1} b + \sqrt{1-b^2} - \left(a\sin^{-1} a + \sqrt{1-a^2}\right)$

Example 17.

求 $\int_a^b \tan^{-1} x\, dx =?$，$\forall\ a, b \in R$

【解】

令 $u = \tan^{-1} x$，$dv = dx$ 则 $du = \frac{dx}{1+x^2}$，$v = x$，藉由分部积分法

则 $\int \tan^{-1} x\ dx = x\tan^{-1} x - \int \frac{xdx}{1+x^2} = x\tan^{-1} x - \frac{1}{2}\ln(1+x^2) + c$

令 $a, b \in R$

则 $\int_a^b \tan^{-1} x\, dx = b\tan^{-1} b - \frac{1}{2}\ln(1+b^2) - a\tan^{-1} a + \frac{1}{2}\ln(1+a^2)$

Example 18.

求 $\int_a^b x\tan^{-1} x\, dx =?$，$\forall\ a, b \in R$

【解】

令 $u = \tan^{-1} x$，$dv = xdx$ 则 $du = \frac{dx}{1+x^2}$，$v = \frac{x^2}{2}$，藉由分部积分法

则 $\int x\tan^{-1} x\ dx = \frac{x^2}{2}\tan^{-1} x - \frac{1}{2}\int \frac{x^2dx}{1+x^2} = \frac{x^2}{2}\tan^{-1} x - \frac{1}{2}\int \frac{1+x^2-1dx}{1+x^2}$

$= \frac{x^2}{2}\tan^{-1} x - \frac{x}{2} + \frac{1}{2}\tan^{-1} x + c$

令$a,b\in R$ 则

$$\int_a^b x\tan^{-1}x\,dx=\frac{b^2}{2}\tan^{-1}b-\frac{b}{2}+\frac{1}{2}\tan^{-1}b-\left(\frac{a^2}{2}\tan^{-1}a-\frac{a}{2}+\frac{1}{2}\tan^{-1}a\right)$$

Example 19.

求$\int_a^b x\sin^{-1}x\,dx=?$，$\forall-1\le a,b\le 1$

【解】

令 $u=\sin^{-1}x$，$dv=xdx$ 则 $du=\dfrac{dx}{\sqrt{1-x^2}}$，$v=\dfrac{x^2}{2}$，藉由分部积分法

则 $\int x\sin^{-1}x\ \,dx=\dfrac{x^2}{2}\sin^{-1}x-\dfrac{1}{2}\int\dfrac{x^2dx}{\sqrt{1-x^2}}$

令 $x=\cos\theta$ 则 $dx=-\sin\theta d\theta$，藉由变数代换法

则 $\int\dfrac{x^2dx}{\sqrt{1-x^2}}=-\int\dfrac{\sin\theta\cos^2\theta}{\sin\theta}d\theta=-\int\dfrac{1+\cos 2\theta}{2}d\theta$

$$=\frac{-\theta}{2}-\frac{\sin 2\theta}{4}=\frac{-\theta}{2}-\frac{\sin\theta\cos\theta}{2}=\frac{-\cos^{-1}x}{2}-\frac{x\sqrt{1-x^2}}{2}$$

$$\therefore\int x\sin^{-1}x\ \,dx=\frac{x^2\sin^{-1}x}{2}-\frac{1}{2}\int\frac{x^2dx}{\sqrt{1-x^2}}=\frac{x^2\sin^{-1}x}{2}+\frac{\cos^{-1}x}{4}+\frac{x\sqrt{1-x^2}}{4}+c$$

令 $-1\le a,b\le 1$ 则 $\int_a^b x\sin^{-1}x\,dx$

$$=\frac{b^2}{2}\sin^{-1}b+\frac{\cos^{-1}b}{4}+\frac{b\sqrt{1-b^2}}{4}-\left(\frac{a^2}{2}\sin^{-1}a+\frac{\cos^{-1}a}{4}+\frac{a\sqrt{1-a^2}}{4}\right)$$

Example 20.

求$\int_a^b\sin^{-1}\sqrt{x}\,dx=?$，$\forall 0\le a,b\le 1$

【解】

令 $u=\sin^{-1}\sqrt{x}$，$dv=dx$ 则 $du=\dfrac{\frac{1}{2}x^{-\frac{1}{2}}dx}{\sqrt{1-x}}$，$v=x$，藉由分部积分法

则 $\int\sin^{-1}\sqrt{x}\,dx=x\sin^{-1}x-\int\dfrac{x^{\frac{1}{2}}dx}{2\sqrt{1-x}}dx$

令 $x=\sin^2\theta$，则 $dx=2\sin\theta\cos\theta d\theta$，藉由变数代换法

$$\therefore \int \frac{x^{\frac{1}{2}}dx}{2\sqrt{1-x}}dx=\int \frac{2\sin^2\theta\cos\theta}{2\sqrt{1-\sin^2\theta}}d\theta=\int \sin^2\theta\, d\theta=\int \frac{1-\cos 2\theta}{2}d\theta$$

$$=\frac{\theta}{2}-\frac{\sin 2\theta}{4}+c=\frac{1}{2}\sin^{-1}\sqrt{x}-\frac{\sqrt{x(1-x)}}{2}+c$$

$$\therefore \int \sin^{-1}\sqrt{x}\,dx=x\sin^{-1}x-\int \frac{x^{\frac{1}{2}}dx}{2\sqrt{1-x}}=x\sin^{-1}x-\frac{\sin^{-1}\sqrt{x}}{2}+\frac{\sqrt{x(1-x)}}{2}+c$$

令 $0\le a,b\le 1$ 则 $\int_a^b \sin^{-1}\sqrt{x}\,dx$

$$=b\sin^{-1}b-\left(\frac{1}{2}\sin^{-1}\sqrt{b}-\frac{\sqrt{b(1-b)}}{2}\right)-a\sin^{-1}a+\left(\frac{1}{2}\sin^{-1}\sqrt{a}-\frac{\sqrt{a(1-a)}}{2}\right)$$

Example 21.

求 $\int_a^b \tan^{-1}\sqrt{x}\ dx=?$，$\forall a,b\ge 0$

【解】

令 $u=\tan^{-1}\sqrt{x}$，$dv=dx$ 则 $du=\dfrac{\frac{1}{2}x^{-\frac{1}{2}}}{1+x}dx$，$v=x$，藉由分部积分法

则 $\int \tan^{-1}\sqrt{x}\,dx=x\tan^{-1}x-\dfrac{1}{2}\int \dfrac{x^{\frac{1}{2}}}{1+x}dx$

令 $x=u^2$ 则 $dx=2udu$，藉由变数代换法

$$\int \frac{x^{\frac{1}{2}}dx}{1+x}=\int \frac{2u^2du}{1+u^2}=2\left(\int 1-\frac{1}{1+u^2}du\right)=2u-2\tan^{-1}u=2\sqrt{x}-2\tan^{-1}\sqrt{x}$$

$$\therefore \int \tan^{-1}\sqrt{x}\,dx=x\tan^{-1}x-\frac{1}{2}\int \frac{x^{\frac{1}{2}}}{1+x}dx=x\tan^{-1}x-\sqrt{x}+\tan^{-1}\sqrt{x}+c$$

令$a,b\ge 0$ 则 $\int_a^b \tan^{-1}\sqrt{x}\ dx=b\tan^{-1}b-\sqrt{b}+\tan^{-1}\sqrt{b}-\left(a\tan^{-1}a-\sqrt{a}+\tan^{-1}\sqrt{a}\right)$

Example 22.

$$求\int_a^b \sin(\ln x)\,dx = ?,\quad \forall a,b>0$$

【解】

令 $u=\ln x$ 则 $e^u du = dx$，藉由变数代换法与分部积分法

则 $\int \sin(\ln x)\ dx = \int e^u \sin u\, du = e^u \sin u - \int e^u \cos u\, du$

$= e^u \sin u - (e^u \cos u + \int e^u \sin u\, du)$

$\Rightarrow \int \sin(\ln x)\ dx = \int e^u \sin u\, du = \frac{1}{2}(e^u \sin u - e^u \cos u)$

$= \frac{1}{2}(x \sin\ln x - x\cos\ln x) + c$

令$a,b>0$ 则 $\int_a^b \sin(\ln x)\,dx = \frac{b\sin\ln b - b\cos\ln b - (a\sin\ln a - a\cos\ln a)}{2}$

Example 23.

$$求\int_a^b \frac{\ln x}{x^3}dx = ?,\quad \forall a,b>0$$

【解】

令 $u=\ln x$，$dv = x^{-3}dx$ 则 $du = \frac{1}{x}dx$，$v = -\frac{x^{-2}}{2}$，藉由分部积分法

则 $\int \frac{\ln x}{x^3}dx = -\frac{x^{-2}\ln x}{2} + \frac{1}{2}\int x^{-3}dx = -\frac{\ln x}{2x^2} - \frac{1}{4}x^{-2} + c$

令 $a,b>0$ 则 $\int_a^b \frac{\ln x}{x^3}dx = \frac{\ln a}{2a^2} + \frac{1}{4}a^{-2} - \left(\frac{\ln b}{2b^2} + \frac{1}{4}b^{-2}\right)$

Example 24.

$$求\int_a^b x\ln\sqrt{x}\,dx = ?,\quad \forall a,b>0$$

【解】

令 $u=\ln\sqrt{x}$，$dv = xdx$ 则 $du = \frac{1}{2x}dx$，$v = \frac{x^2}{2}$，藉由分部积分法

$$\int x\ln\sqrt{x}\,dx=\frac{x^2\ln\sqrt{x}}{2}-\frac{1}{4}\int xdx=\frac{x^2\ln\sqrt{x}}{2}-\frac{x^2}{8}+c=\frac{x^2\ln x}{4}-\frac{x^2}{8}+c$$

令 $a,b>0$ 则 $\displaystyle\int_a^b x\ln\sqrt{x}\,dx=\frac{b^2\ln b}{4}-\frac{b^2}{8}-\left(\frac{a^2\ln a}{4}-\frac{a^2}{8}\right)$

Example 25.

$$求\int_a^b\frac{\tan^{-1}x}{x^3}dx=?,\ \forall a,b>0$$

【解】

令 $u=\tan^{-1}x$，$dv=x^{-3}dx$ 则 $du=\dfrac{1}{1+x^2}dx$，$v=-\dfrac{x^{-2}}{2}$，藉由分部积分法

则 $\displaystyle\int\frac{\tan^{-1}x}{x^3}dx=-\frac{x^{-2}\tan^{-1}x}{2}+\frac{1}{2}\int\frac{dx}{x^2(1+x^2)}$

$$=-\frac{x^{-2}\tan^{-1}x}{2}+\frac{1}{2}\int\left(\frac{1}{x^2}-\frac{1}{1+x^2}\right)dx=-\frac{x^{-2}\tan^{-1}x}{2}+\frac{1}{2}(-x^{-1}-\tan^{-1}x)$$

令 $a,b>0$

则 $\displaystyle\int_a^b\frac{\tan^{-1}x}{x^3}dx=\frac{a^{-2}\tan^{-1}a}{2}+\frac{1}{2}(a^{-1}+\tan^{-1}a)-\left(\frac{b^{-2}\tan^{-1}b}{2}+\frac{1}{2}(b^{-1}+\tan^{-1}b)\right)$

Example 26.

$$求\int_a^b\ln(x^3e^x)\,dx=?,\ \forall a,b>0$$

【解】

$\because \displaystyle\int\ln(x^3e^x)\,dx=\int x+3\ln x\,dx=\frac{x^2}{2}+3\int\ln x\,dx$

令 $u=\ln x$，$dv=dx$ 则 $du=\dfrac{1}{x}dx$，$v=x$，藉由分部积分法

则 $\displaystyle\int\ln x\,dx=x\ln x-\int dx=x\ln x-x$ $\therefore \displaystyle\int\ln(x^3e^x)\,dx=\frac{x^2}{2}+3(x\ln x-x)+c$

令 $a,b>0$ 则 $\displaystyle\int_a^b\ln(x^3e^x)\,dx=\frac{b^2}{2}+3(b\ln b-b)-\frac{a^2}{2}-3(a\ln a-a)$

Example 27.

$$求\int_a^b x^2e^{-2x}dx=?,\ \forall a,b\in R$$

【解】

令 $u=x^2$，$dv=e^{-2x}dx$ 则 $du=2xdx$，$v=-\dfrac{e^{-2x}}{2}$，藉由分部积分法

则 $\displaystyle\int x^2e^{-2x}dx=-\frac{x^2e^{-2x}}{2}+\int xe^{-2x}dx$

令 $s=x$，$dt=e^{-2x}dx$ 则 $ds=dx$，$t=-\dfrac{e^{-2x}}{2}$，藉由分部积分法

则 $\displaystyle\int xe^{-2x}dx=-\frac{xe^{-2x}}{2}+\frac{1}{2}\int e^{-2x}dx=-\frac{xe^{-2x}}{2}-\frac{1}{4}e^{-2x}$

$\displaystyle\therefore\int x^2e^{-2x}dx=-\frac{x^2e^{-2x}}{2}+\int xe^{-2x}dx=-\frac{x^2e^{-2x}}{2}-\frac{xe^{-2x}}{2}-\frac{1}{4}e^{-2x}$

令 $a,b\in R$ 则 $\displaystyle\int_a^b x^2e^{-2x}dx=\frac{a^2e^{-2a}}{2}+\frac{ae^{-2a}}{2}+\frac{e^{-2a}}{4}-\frac{b^2e^{-2b}}{2}-\frac{be^{-2b}}{2}-\frac{e^{-2b}}{4}$

Example 28.

$$求\int_a^b \frac{\sin\frac{1}{x}}{x^3}dx=?,\ \forall a,b>0$$

【解】

令 $u=\dfrac{1}{x}$ 则 $du=-x^{-2}dx$，藉由变数代换法 $\displaystyle\int\frac{\sin\frac{1}{x}}{x^3}dx=-\int u\sin u\,du$

令 $s=u$，$dt=\sin u\,du$ 则 $ds=du$，$t=-\cos u$，藉由分部积分法

则 $\displaystyle\int u\sin u\,du=-u\cos u+\int\cos u\,du=-\frac{1}{x}\cos\frac{1}{x}+\sin\frac{1}{x}+c$

$\displaystyle\therefore\int\frac{\sin\frac{1}{x}}{x^3}dx=\frac{1}{x}\cos\frac{1}{x}-\sin\frac{1}{x}+c$

令 $a,b>0$ 则 $\displaystyle\int_a^b\frac{\sin\frac{1}{x}}{x^3}dx=\frac{1}{b}\cos\frac{1}{b}-\sin\frac{1}{b}-\left(\frac{1}{a}\cos\frac{1}{a}-\sin\frac{1}{a}\right)$

Example 29.

$$\text{求}\int_a^b x(\ln x)^3 dx = ?,\quad \forall a,b>0$$

【解】

令 $u=\ln x$ 则 $dx=e^u du$，藉由变换变数法 $\int x(\ln x)^3 dx=\int u^3 e^{2u} du$

藉由分部积分法 $\int u^3e^{2u}du=\frac{u^3e^{2u}}{2}-\frac{3}{2}\int u^2e^{2u}du$

$$=\frac{u^3e^{2u}}{2}-\frac{3}{2}\left(\frac{u^2e^{2u}}{2}-\int ue^{2u}du\right)=\frac{u^3e^{2u}}{2}-\frac{3u^2e^{2u}}{4}+\frac{3}{2}\left(\frac{ue^{2u}}{2}-\frac{e^{2u}}{4}\right)+c$$

$$=\frac{x^2(\ln x)^3}{2}-\frac{3x^2(\ln x)^2}{4}+\frac{3}{2}\left(\frac{x^2\ln x}{2}-\frac{x^2}{4}\right)+c$$

令 $a,b>0$ 则 $\int_a^b x(\ln x)^3dx=\frac{b^2(\ln b)^3}{2}-\frac{3b^2(\ln b)^2}{4}+\frac{3b^2\ln x}{4}-\frac{3b^2}{8}$

$$-\left(\frac{a^2(\ln a)^3}{2}-\frac{3a^2(\ln a)^2}{4}+\frac{3a^2\ln x}{4}-\frac{3a^2}{8}\right)$$

Example 30.

$$\text{求}\int_a^b (\ln x)^2 dx = ?,\quad \forall a,b>0$$

【解】

令 $u=\ln x$ 则 $dx=e^u du$，藉由变换变数法 $\int(\ln x)^2dx=\int u^2e^u du$

藉由分部积分法

则 $\int u^2e^udu=u^2e^u-2\int ue^udu=u^2e^u-2\left(ue^u-\int e^udu\right)$

$=u^2e^u-2(ue^u-e^u)=(\ln x)^2x-2(x\ln x-x)+c$

令 $a,b>0$ 则 $\int_a^b(\ln x)^2dx=(\ln b)^2b-2(b\ln b-b)-(\ln a)^2a+2(a\ln a-a)$

Example 31.

$$\text{求}\int_a^b \frac{\ln(1+x)}{(1+x)^2}dx =?,\quad \forall a,b>-1$$

【解】

令 $u=\ln(1+x)$，$dv=\dfrac{1}{(1+x)^2}dx$ 则 $du=\dfrac{dx}{1+x}$，$v=-(1+x)^{-1}$

藉由分部积分法 则 $\displaystyle\int\frac{\ln(1+x)}{(1+x)^2}dx$

$$=-(1+x)^{-1}\ln(1+x)+\int\frac{1}{(1+x)^2}dx=-(1+x)^{-1}\ln(1+x)-(1+x)^{-1}+c$$

令 $a,b>-1$ 则

$$\int_a^b\frac{\ln(1+x)dx}{(1+x)^2}=-(1+b)^{-1}(\ln(1+b)+1)+(1+a)^{-1}(\ln(1+a)+1)$$

Example 32.

求 $\displaystyle\int_a^b\frac{\ln(\tan^{-1}x)}{1+x^2}dx=?$，$\forall a,b\in R$

【解】

令 $u=\ln(\tan^{-1}x)$，$dv=\dfrac{dx}{1+x^2}$ 则 $du=\dfrac{dx}{(1+x^2)\tan^{-1}x}$，$v=\tan^{-1}x$

藉由分部积分法 $\displaystyle\int\frac{\ln(\tan^{-1}x)dx}{1+x^2}$

$$=\tan^{-1}x\ln(\tan^{-1}x)-\int\frac{dx}{1+x^2}=\tan^{-1}x\ln(\tan^{-1}x)-\tan^{-1}x+c$$

令 $a,b\in R$ 则 $\displaystyle\int_a^b\frac{\ln(\tan^{-1}x)\,dx}{1+x^2}=\tan^{-1}b\,(\ln(\tan^{-1}b)-1)-\tan^{-1}a\,(\ln(\tan^{-1}a)-1)$

5.3.1.3 求有理式的定积分

求 $\displaystyle\int_a^b\frac{P(x)}{Q(x)}dx=?$，其中 $P(x)$、$Q(x)$为多项式函数

与不定积分相同，当分子分母皆为多项式函数时，需将被积分函数拆解为数个较易求得不定积分的有理式函数

考试类型:

Type 1.

求$\int_{x_1}^{x_2}\frac{P(x)}{Q(x)}dx=?$，其中 $P(x)$、$Q(x)$为多项式函数

直接使用比较系数，化为数個分式相加再积分

解题流程:

Step1.

找 $Q(x)$ 的根，假设为 α、β，即 $Q(x)=(x-\alpha)(x-\beta)$

Step2.

令$\frac{P(x)}{Q(x)}=\frac{a}{x-\alpha}+\frac{b}{x-\beta}$ 则 $\frac{P(x)}{Q(x)}=\frac{a}{x-\alpha}+\frac{b}{x-\beta}=\frac{a(x-\beta)+b(x-\alpha)}{(x-\alpha)(x-\beta)}$

$\therefore P(x)=a(x-\beta)+b(x-\alpha)$

Step3

$\because P(x)$、α、β已知，藉由比较系数找a、b 明确的值使得 $\frac{P(x)}{Q(x)}=\frac{a}{x-\alpha}+\frac{b}{x-\beta}$

Step4.

$\therefore\int_{x_1}^{x_2}\frac{P(x)}{Q(x)}dx=\int_{x_1}^{x_2}\frac{a}{x-\alpha}+\frac{b}{x-\beta}dx=a\ln\frac{x_2-\alpha}{x_1-\alpha}+b\ln\frac{x_2-\beta}{x_1-\beta}$

Type 2.

求$\int_{x_1}^{x_2}\frac{P(x)}{(x-\alpha)(x^2+\beta x+\gamma)}dx=?$，$\forall\beta^2-4\gamma<0$

解题流程:

Step1.

令$\frac{P(x)}{(x-\alpha)(x^2+\beta x+\gamma)}=\frac{a}{x-\alpha}+\frac{bx+c}{x^2+\beta x+\gamma}$

则$P(x)=a(x^2+\beta x+\gamma)+(x-\alpha)(bx+c)$

Step2.

找a、b、c 使得 $P(x)=a(x^2+\beta x+\gamma)+(x-\alpha)(bx+c)$

Step3

因此$\int_{x_1}^{x_2}\frac{P(x)}{(x-\alpha)(x^2+\beta x+\gamma)}dx=\int_{x_1}^{x_2}\frac{a}{x-\alpha}+\frac{bx+c}{x^2+\beta x+\gamma}dx$

$=a\ln\frac{x_2-\alpha}{x_1-\alpha}+\int_{x_1}^{x_2}\frac{bx+c}{x^2+\beta x+\gamma}dx$

Step4.

求$\int_{x_1}^{x_2} \frac{bx+c}{x^2+\beta x+\gamma}dx =?$

Type 3.

求$\int_{x_1}^{x_2} \frac{P(x)}{(x-\alpha)^2(x^2+\beta x+\gamma)}dx =?$，$\forall \beta^2-4\gamma<0$

解题流程:

Step1.

令$\frac{P(x)}{(x-\alpha)^2(x^2+\beta x+\gamma)} = \frac{a}{x-\alpha}+\frac{b}{(x-\alpha)^2}+\frac{cx+d}{x^2+\beta x+\gamma}$

则$P(x) = a(x-\alpha)(x^2+\beta x+\gamma)+b(x^2+\beta x+\gamma)+(x-\alpha)^2(cx+d)$

Step2.

找a、b、c、d 使得

$P(x) = a(x-\alpha)(x^2+\beta x+\gamma)+b(x^2+\beta x+\gamma)+(x-\alpha)^2(cx+d)$

Step3.

因此$\int_{x_1}^{x_2} \frac{P(x)}{(x-\alpha)^2(x^2+\beta x+\gamma)}dx = \int_{x_1}^{x_2} \frac{a}{x-\alpha}+\frac{b}{(x-\alpha)^2}+\frac{cx+d}{x^2+\beta x+\gamma}dx$

Step4.

求$\int_{x_1}^{x_2} \frac{a}{x-\alpha}+\frac{b}{(x-\alpha)^2}+\frac{cx+d}{x^2+\beta x+\gamma}dx =?$

Type 4.

求$\int_{x_1}^{x_2} \frac{P(x)}{(x-\alpha)(x-\beta)(x-\gamma)}dx = ?$，$\forall \alpha\beta\gamma \neq 0$

解题流程:

Step1.

令$\frac{P(x)}{(x-\alpha)(x-\beta)(x-\gamma)} = \frac{a}{x-\alpha}+\frac{b}{x-\beta}+\frac{c}{x-\gamma}$

则$P(x) = a(x-\beta)(x-\gamma)+b(x-\alpha)(x-\gamma)+c(x-\alpha)(x-\beta)$

Step2.

找a、b、c 使得 $P(x) = a(x-\beta)(x-\gamma)+b(x-\alpha)(x-\gamma)+c(x-\alpha)(x-\beta)$

Step3.

因此$\int_{x_1}^{x_2} \frac{P(x)}{(x-\alpha)(x-\beta)(x-\gamma)}dx = \int_{x_1}^{x_2} \frac{a}{x-\alpha}+\frac{b}{x-\beta}+\frac{c}{x-\gamma}dx$

$$= a \ln \frac{x_2 - \alpha}{x_1 - \alpha} + b \ln \frac{x_2 - \beta}{x_1 - \beta} + c \ln \frac{x_2 - \gamma}{x_1 - \gamma}$$

Type 5.

求$\displaystyle\int_{x_1}^{x_2} \frac{P(x)}{(x-\alpha)(x^2+\beta)^2} dx = ?$，$\forall \alpha\beta \neq 0$

解题流程:

Step1.

令$\displaystyle\frac{P(x)}{(x-\alpha)(x^2+\beta)^2} = \frac{a}{x-\alpha} + \frac{bx+c}{x^2+\beta} + \frac{dx+f}{(x^2+\beta)^2}$

则$P(x) = a(x^2+\beta)^2 + (bx+c)(x-\alpha)(x^2+\beta) + (dx+f)(x-\alpha)$

Step2.

找a、b、c 、d、f使得$P(x) = a(x^2+\beta)^2 + (bx+c)(x-\alpha)(x^2+\beta) + (dx+f)(x-\alpha)$

Step3.

因此$\displaystyle\int_{x_1}^{x_2} \frac{P(x)}{(x-\alpha)(x^2+\beta)^2} dx = \int_{x_1}^{x_2} \frac{a}{x-\alpha} + \frac{bx+c}{x^2+\beta} + \frac{dx+f}{(x^2+\beta)^2} dx$

$\displaystyle= a \ln \frac{x_2 - \alpha}{x_1 - \alpha} + \int_{x_1}^{x_2} \frac{bx+c}{x^2+\beta} + \frac{dx+f}{(x^2+\beta)^2} dx$，求$\displaystyle\int_{x_1}^{x_2} \frac{bx+c}{x^2+\beta} + \frac{dx+f}{(x^2+\beta)^2} dx = ?$

Type 6.

求$\displaystyle\int_{x_1}^{x_2} \frac{P(x)}{x^4 - \alpha^4} dx = ?$，$\forall \alpha \neq 0$

解题流程:

Step1.

令$\displaystyle\frac{1}{x^4-\alpha^4} = \frac{ax+b}{x^2-\alpha^2} + \frac{cx+d}{x^2+\alpha^2}$ 则 $1 = (ax+b)(x^2+\alpha^2) + (cx+d)(x^2-\alpha^2)$

Step2.

找a、b、c 、d 使得 $1 = (ax+b)(x^2+\alpha^2) + (cx+d)(x^2-\alpha^2)$

Step3.

$\displaystyle\therefore \int_{x_1}^{x_2} \frac{1}{x^4-\alpha^4} dx = \int_{x_1}^{x_2} \frac{ax+b}{x^2-\alpha^2} + \frac{cx+d}{x^2+\alpha^2} dx$，求$\displaystyle\int_{x_1}^{x_2} \frac{ax+b}{x^2-\alpha^2} + \frac{cx+d}{x^2+\alpha^2} dx = ?$

Type 7.

求 $\int_{x_1}^{x_2} \frac{P(x)}{x^3-\gamma^3} dx = ?$, $\forall \gamma \neq 0$

解题流程:

Step1.

$\because x^3-\gamma^3 = (x-\gamma)(x^2+\gamma x+\gamma^2)$, 令 $\frac{P(x)}{x^3-\gamma^3} = \frac{a}{x-\gamma} + \frac{bx+c}{x^2+\gamma x+\gamma^2}$

则 $\frac{P(x)}{x^3-\gamma^3} = \frac{a(x^2+\gamma x+\gamma^2)+(bx+c)(x-\gamma)}{(x-\gamma)(x^2+\gamma x+\gamma^2)}$

Step2.

找a、b、c 使得 $P(x) = a(x^2+\gamma x+\gamma^2)+(bx+c)(x-\gamma)$

Step3.

因此 $\int_{x_1}^{x_2} \frac{P(x)}{x^3-\gamma^3} dx = \int_{x_1}^{x_2} \frac{a}{x-\gamma} + \frac{bx+c}{x^2+\gamma x+\gamma^2} dx$, 求 $\int_{x_1}^{x_2} \frac{a}{x-\gamma} + \frac{bx+c}{x^2+\gamma x+\gamma^2} dx = ?$

Example 1.

求 $\int_{\alpha}^{\beta} \frac{x^2+5}{(x+1)(x^2-2x+3)} dx = ?$, $\forall \alpha, \beta > -1$

【解】

令 $\frac{x^2+5}{(x+1)(x^2-2x+3)} = \frac{a}{x+1} + \frac{bx+c}{x^2-2x+3}$

则 $\frac{x^2+5}{(x+1)(x^2-2x+3)} = \frac{a(x^2-2x+3)+(bx+c)(x+1)}{(x+1)(x^2-2x+3)}$

$\Rightarrow x^2+5 = a(x^2-2x+3)+(bx+c)(x+1)$

令$x=-1$ 则 $a=1$

令$x=0$ 则 $5=3+\mathrm{c}$ $\qquad \therefore c=2$

令$x=1$ 则 $6=2a+2\mathrm{b}+2\mathrm{c}$ $\qquad \therefore b=0$

比较系数 $\Rightarrow a=1, b=0, c=2$

$$\therefore \int \frac{x^2+5}{(x+1)(x^2-2x+3)} dx = \int \frac{1}{x+1} + \frac{2}{x^2-2x+3} dx$$

$$= \int \frac{1}{x+1} + \frac{2}{(x-1)^2+(\sqrt{2})^2} dx = \int \frac{dx}{x+1} + \frac{1}{2}\int \frac{2dx}{\left(\frac{x-1}{\sqrt{2}}\right)^2+1}$$

$$= \ln|x+1| + \sqrt{2}\tan^{-1}\frac{x-1}{\sqrt{2}} + c$$

令 $\alpha, \beta > -1$ 则 $\displaystyle\int_{\alpha}^{\beta} \frac{x^2+5}{(x+1)(x^2-2x+3)}dx$

$$= \ln(\beta+1) + \sqrt{2}\tan^{-1}\frac{\beta-1}{\sqrt{2}} - \left(\ln(\alpha+1) + \sqrt{2}\tan^{-1}\left(\frac{\alpha-1}{\sqrt{2}}\right)\right)$$

Example 2.

求 $\displaystyle\int_{\alpha}^{\beta} \frac{1}{x^4-16}dx = ?,\ \ \forall \alpha, \beta > 2$

【解】

$\because \dfrac{1}{x^4-16} = \dfrac{1}{(x^2+4)(x^2-4)},$

令 $\dfrac{1}{x^4-16} = \dfrac{ax+b}{x^2-4} + \dfrac{cx+d}{x^2+4}$ 则 $\dfrac{1}{x^4-16} = \dfrac{(ax+b)(x^2+4)+(cx+d)(x^2-4)}{(x^2+4)(x^2-4)}$

$\Rightarrow 1 = (ax+b)(x^2+4) + (cx+d)(x^2-4)$

令 $x = 0$ 则 $1 = 4b - 4d$ $\because$ $(b+d)x^2 = 0,\ \forall x \in R$ $\therefore b = \dfrac{1}{8},\ \ d = -\dfrac{1}{8}$

$\because (a+c)x^3 = 0$ 且 $(a-c)x = 0,\ \forall x \in R$ $\therefore a = c = 0$

$$\therefore \frac{1}{x^4-16} = \frac{1}{8}\left(\frac{1}{x^2-4} - \frac{1}{x^2+4}\right) = \frac{1}{8}\left(\frac{1}{4}\left(\frac{1}{x-2} - \frac{1}{x+2}\right) - \frac{1}{x^2+4}\right)$$

$$= \frac{1}{32}\left(\frac{1}{x+2} - \frac{1}{x-2}\right) - \frac{1}{8}\cdot\frac{1}{4\left(\left(\frac{x}{2}\right)^2+1\right)}$$

$$\therefore \int \frac{1}{x^4-16}dx = \int \frac{1}{32}\left(\frac{1}{x+2} - \frac{1}{x-2}\right) - \frac{1}{8}\cdot\frac{1}{4\left(\left(\frac{x}{2}\right)^2+1\right)}dx$$

$$= \frac{1}{32}(\ln|x+2| - \ln|x-2|) - \frac{1}{16}\tan^{-1}\frac{x}{2} + c$$

令 $\alpha, \beta > 2$ 则 $\displaystyle\int_{\alpha}^{\beta} \frac{1}{x^4-16}dx = \frac{1}{32}\left(\ln\frac{\beta+2}{\alpha+2} - \ln\frac{\beta-2}{\alpha-2}\right) - \frac{1}{16}\left(\tan^{-1}\frac{\beta}{2} - \tan^{-1}\frac{\alpha}{2}\right)$

Example 3.

求$\int_{\alpha}^{\beta}\frac{1}{x^3+1}dx=?$，$\forall\alpha,\beta>-1$

【解】

$\because x^3+1=(x+1)(x^2-x+1)$

令 $\frac{1}{x^3+1}=\frac{a}{x+1}+\frac{bx+c}{x^2-x+1}$ 则 $\frac{1}{x^3+1}=\frac{a(x^2-x+1)+(bx+c)(x+1)}{(x+1)(x^2-x+1)}$

$\Rightarrow\ 1=a(x^2-x+1)+(bx+c)(x+1)$

令$x=-1$ 则 $1=3a$ $\quad\quad\therefore a=\frac{1}{3}$

令$x=0$ 则 $1=\frac{1}{3}+c$ $\quad\quad\therefore \mathrm{c}=\frac{2}{3}$

令$x=1$ 则 $1=a+2(b+c)$ $\quad\quad\therefore b=\frac{-1}{3}$

$$\therefore\frac{1}{x^3+1}=\frac{1}{3}\left(\frac{1}{x+1}-\frac{x-2}{x^2-x+1}\right)=\frac{1}{3}\left(\frac{1}{x+1}-\frac{\frac{1}{2}(2x-1)-\frac{3}{2}}{x^2-x+1}\right)$$

$$\therefore\int\frac{1}{x^3+1}dx=\frac{1}{3}\int\frac{1}{x+1}-\frac{\frac{1}{2}(2x-1)-\frac{3}{2}}{x^2-x+1}dx$$

$$=\frac{1}{3}\ln|x+1|-\frac{1}{6}\ln|x^2-x+1|+\frac{1}{2}\int\frac{dx}{x^2-x+1}$$

$$\because\int\frac{dx}{x^2-x+1}=\int\frac{dx}{(x-\frac{1}{2})^2+\frac{3}{4}}=\int\frac{dx}{\frac{3}{4}\left(\left(\frac{x-\frac{1}{2}}{\sqrt{\frac{3}{4}}}\right)^2+1\right)}=\frac{2}{\sqrt{3}}\tan^{-1}\frac{x-\frac{1}{2}}{\sqrt{\frac{3}{4}}}+c$$

$$\therefore\int\frac{1}{x^3+1}dx=\frac{1}{3}\ln|x+1|-\frac{1}{6}\ln|x^2-x+1|+\frac{1}{\sqrt{3}}\tan^{-1}\left(\frac{x-\frac{1}{2}}{\sqrt{\frac{3}{4}}}\right)+c$$

令 $\alpha,\beta>-1$ 则 $\int_{\alpha}^{\beta}\frac{1}{x^3+1}dx$

$$=\frac{1}{3}\ln\frac{\beta+1}{\alpha+1}-\frac{1}{6}\ln\frac{\beta^2-\beta+1}{\alpha^2-\alpha+1}+\frac{1}{\sqrt{3}}\left(\tan^{-1}\left(\frac{\beta-\frac{1}{2}}{\sqrt{\frac{3}{4}}}\right)-\tan^{-1}\left(\frac{\alpha-\frac{1}{2}}{\sqrt{\frac{3}{4}}}\right)\right)$$

Example 4.

$$求\int_{\alpha}^{\beta}\frac{1}{x^3-1}dx=?,\ \ \forall\alpha,\beta>1$$

【解】

$\because x^3-1=(x-1)(x^2+x+1)$

令 $\dfrac{1}{x^3+1}=\dfrac{a}{x-1}+\dfrac{bx+c}{x^2+x+1}$ 则 $\dfrac{1}{x^3+1}=\dfrac{a(x^2+x+1)+(bx+c)(x-1)}{(x-1)(x^2+x+1)}$

$\Rightarrow\ 1=a(x^2+x+1)+(bx+c)(x-1)$

令$x=1$ 则 $1=3a$ $\quad\therefore a=\dfrac{1}{3}$

令$x=0$ 则 $1=\dfrac{1}{3}-c$ $\quad\therefore \mathrm{c}=\dfrac{-2}{3}$

令$x=-1$ 则 $1=a-2(-b+c)$ $\quad\therefore b=\dfrac{-1}{3}$

$$\therefore\frac{1}{x^3-1}=\frac{1}{3}\left(\frac{1}{x-1}-\frac{x+2}{x^2+x+1}\right)=\frac{1}{3}\left(\frac{1}{x-1}-\frac{\frac{1}{2}(2x+1)+\frac{3}{2}}{x^2+x+1}\right)$$

$$\therefore\int\frac{1}{x^3-1}dx=\frac{1}{3}\int\frac{1}{x-1}-\frac{\frac{1}{2}(2x+1)+\frac{3}{2}}{x^2+x+1}dx$$

$$=\frac{1}{3}\ln|x-1|-\frac{1}{6}\ln|x^2+x+1|-\frac{1}{2}\int\frac{dx}{x^2+x+1}$$

$$\because\int\frac{dx}{x^2+x+1}=\int\frac{dx}{\left(x+\frac{1}{2}\right)^2+\frac{3}{4}}=\int\frac{dx}{\frac{3}{4}\left(\left(\frac{x+\frac{1}{2}}{\sqrt{\frac{3}{4}}}\right)^2+1\right)}=\frac{2}{\sqrt{3}}\tan^{-1}\frac{x+\frac{1}{2}}{\sqrt{\frac{3}{4}}}+c$$

$$\therefore \int \frac{1}{x^3-1}dx = \frac{1}{3}\ln|x-1| - \frac{1}{6}\ln|x^2+x+1| - \frac{1}{\sqrt{3}}\tan^{-1}\left(\frac{x+\frac{1}{2}}{\sqrt{\frac{3}{4}}}\right) + c$$

令$\alpha, \beta > 1$ 则 $\int_\alpha^\beta \frac{1}{x^3-1}dx$

$$= \frac{1}{3}\ln\frac{\beta-1}{\alpha-1} - \frac{1}{6}\ln\frac{\beta^2+\beta+1}{\alpha^2+\alpha+1} - \frac{1}{\sqrt{3}}\left(\tan^{-1}\left(\frac{\beta+\frac{1}{2}}{\sqrt{\frac{3}{4}}}\right) - \tan^{-1}\left(\frac{\alpha+\frac{1}{2}}{\sqrt{\frac{3}{4}}}\right)\right)$$

Example 5.

求$\int_\alpha^\beta \frac{7-x-2x^2}{(x-1)^2(x^2+x+2)}dx =?$，$\forall \alpha, \beta > 1$

【解】

令 $\frac{7-x-2x^2}{(x-1)^2(x^2+x+2)} = \frac{a}{x-1} + \frac{b}{(x-1)^2} + \frac{cx+d}{x^2+x+2}$

则 $\frac{7-x-2x^2}{(x-1)^2(x^2+x+2)} = \frac{a(x-1)(x^2+x+2)+b(x^2+x+2)+(cx+d)(x-1)^2}{(x-1)^2(x^2+x+2)}$

$\therefore 7-x-2x^2 = a(x-1)(x^2+x+2)+b(x^2+x+2)+(cx+d)(x-1)^2$

令$x = 1$ 则 $4 = 4b$ $\quad\therefore b = 1$

$\because 0 = (a+c)x^3$，$\forall x \in R$ $\quad\therefore a + c = 0$

$\because -2x^2 = (b-2c+d)x^2$，$\forall x \in R$ $\quad\therefore b-2c+d = -2$ $\quad\therefore -2c+d = -3$

$\because -x = (a+b+c-2d)x$，$\forall x \in R$ $\quad\therefore a+b+c-2d = -1$

$\therefore b - 2d = -1 \Rightarrow d = 1 \Rightarrow c = 2 \Rightarrow a = -2$

比较系数则 $a = -2, b = 1, c = 2, d = 1$

$\therefore \frac{7-x-2x^2}{(x-1)^2(x^2+x+2)} = \frac{-2}{x-1} + \frac{1}{(x-1)^2} + \frac{2x+1}{x^2+x+2}$

$\therefore \int \frac{7-x-2x^2}{(x-1)^2(x^2+x+2)}dx = \int \frac{-2}{x-1} + \frac{1}{(x-1)^2} + \frac{2x+1}{x^2+x+2}dx$

$= -2\ln|x-1| - (x-1)^{-1} + \ln|x^2+x+2| + c$

令 $\alpha, \beta > 1$ 则 $\int_\alpha^\beta \frac{7-x-2x^2}{(x-1)^2(x^2+x+2)}dx$

$$= -2\ln\frac{\beta-1}{\alpha-1} - (\beta-1)^{-1} + (\alpha-1)^{-1} + \ln\frac{\beta^2+\beta+2}{\alpha^2+\alpha+2}$$

Example 6.

$$求 \int_\alpha^\beta \frac{x}{(x+1)^2(x^2+1)}dx =?,\ \ \forall\alpha,\beta > -1$$

【解】

令 $\dfrac{x}{(x+1)^2(x^2+1)} = \dfrac{ax+b}{(x+1)^2} + \dfrac{cx+d}{(x^2+1)}$

则 $\dfrac{x}{(x+1)^2(x^2+1)} = \dfrac{(ax+b)(x^2+1)+(cx+d)(x+1)^2}{(x+1)^2(x^2+1)}$

$\therefore x = (ax+b)(x^2+1)+(cx+d)(x+1)^2$

$\because 0 = (a+c)x^3,\ \forall x \in R \qquad \therefore a+c=0$

$\because 0 = (b+d+2c)x^2,\ \forall x \in R \qquad \therefore b+d+2c=0$

令$x=-1$ 则 $-1=-2a+2b$

令$x=0$ 则 $0=b+d \ \ \therefore c=0 \Rightarrow a=0 \Rightarrow b=-\dfrac{1}{2} \Rightarrow d=\dfrac{1}{2}$

$\because \dfrac{x}{(x+1)^2(x^2+1)} = \dfrac{-1}{2(x+1)^2} + \dfrac{1}{2(x^2+1)}$

$\therefore \displaystyle\int \frac{xdx}{(x+1)^2(x^2+1)} = \int \frac{-1}{2(x+1)^2} + \frac{1}{2(x^2+1)}dx = \frac{(x+1)^{-1}}{2} + \frac{\tan^{-1}x}{2} + c$

令$\alpha,\beta > -1$

则 $\displaystyle\int_\alpha^\beta \frac{x}{(x+1)^2(x^2+1)}dx = \frac{1}{2}(\beta+1)^{-1} + \frac{1}{2}\tan^{-1}\beta - \left(\frac{1}{2}(\alpha+1)^{-1} + \frac{1}{2}\tan^{-1}\alpha\right)$

Example 7.

$$求 \int_\alpha^\beta \frac{x^2+2x-1}{2x^3+3x^2-2x} =?,\ \ \forall\alpha,\beta > \frac{1}{2}$$

【解】

$\because 2x^3+3x^2-2x = x(2x-1)(x+2)$

令 $\dfrac{x^2+2x-1}{2x^3+3x^2-2x} = \dfrac{a}{x} + \dfrac{b}{2x-1} + \dfrac{c}{x+2}$

则 $\dfrac{x^2+2x-1}{2x^3+3x^2-2x} = \dfrac{a(2x-1)(x+2)+bx(x+2)+cx(2x-1)}{2x^3+3x^2-2x}$

$\therefore x^2+2x-1=a(2x-1)(x+2)+bx(x+2)+cx(2x-1)$

令 $x=0$ 则 $-1=-2a \qquad \therefore\ a=\dfrac{1}{2}$

令 $x=\dfrac{1}{2}$ 则 $\dfrac{1}{4}=\dfrac{5b}{4} \qquad \therefore\ b=\dfrac{1}{5}$

令 $x=-2$ 则 $-1=10c \qquad \therefore\ c=-\dfrac{1}{10}$

$$\therefore\ \frac{x^2+2x-1}{2x^3+3x^2-2x}=\frac{\frac{1}{2}}{x}+\frac{\frac{1}{5}}{2x-1}+\frac{-\frac{1}{10}}{x+2}$$

$$\therefore\int\frac{x^2+2x-1}{2x^3+3x^2-2x}dx=\int\frac{\frac{1}{2}}{x}+\frac{\frac{1}{5}}{2x-1}+\frac{-\frac{1}{10}}{x+2}dx$$

$$=\frac{1}{2}\ln|x|+\frac{1}{10}\ln|2x-1|-\frac{1}{10}\ln|x+2|+c$$

令 $\alpha,\beta>\dfrac{1}{2}$ 则 $\displaystyle\int_\alpha^\beta\frac{x^2+2x-1}{2x^3+3x^2-2x}dx=\frac{1}{2}\ln\frac{\beta}{\alpha}+\frac{1}{10}\ln\frac{2\beta-1}{2\alpha-1}-\frac{1}{10}\ln\frac{\beta+2}{\alpha+2}$

Example 8.

求 $\displaystyle\int_\alpha^\beta\frac{1-x+2x^2-x^3}{x(x^2+1)^2}=?,\ \forall\alpha,\beta>0$

【解】

令 $\dfrac{1-x+2x^2-x^3}{x(x^2+1)^2}=\dfrac{a}{x}+\dfrac{bx+c}{x^2+1}+\dfrac{dx+e}{(x^2+1)^2}$

则 $\dfrac{1-x+2x^2-x^3}{x(x^2+1)^2}=\dfrac{a(x^2+1)^2+(bx+c)x(x^2+1)+x(dx+e)}{x(x^2+1)^2}$

$\therefore 1-x+2x^2-x^3=a(x^2+1)^2+(bx+c)x(x^2+1)+dx^2+ex$

令 $x=0$ 则 $a=1$

令 $x^2+1=0$ 则 $1-x+2x^2-x^3=1-x-2+x=-1$

且 $a(x^2+1)^2+(bx+c)x(x^2+1)+dx^2+ex=-d+ex \qquad \therefore d=1,\ e=0$

$\because 0=(a+b)x^4,\ \forall x\in R \qquad \because a=1 \quad \therefore b=-1$

$\because -x^3=cx^3,\ \forall x\in R \qquad \therefore c=-1$

比较系数则 $a=1, b=-1, c=-1, d=1, e=0$

$$\therefore \int \frac{1-x+2x^2-x^3}{x(x^2+1)^2}dx = \int \frac{1}{x}+\frac{-x-1}{x^2+1}+\frac{x}{(x^2+1)^2}dx$$

$$= \ln x - \frac{1}{2}\ln|x^2+1| - \tan^{-1}x - \frac{1}{2}(x^2+1)^{-1}$$

令 $\alpha,\beta > 0$ 则 $\int_\alpha^\beta \frac{1-x+2x^2-x^3}{x(x^2+1)^2}dx$

$$= \ln\frac{\beta}{\alpha} - \frac{1}{2}\ln\frac{\beta^2+1}{\alpha^2+1} - \tan^{-1}\beta + \tan^{-1}\alpha - \frac{1}{2}((\beta^2+1)^{-1} - (\alpha^2+1)^{-1})$$

Example 9.

求 $\int_\alpha^\beta \frac{1}{x^4-1}dx =?$，$\forall\alpha,\beta > 1$

【解】

$$\because \frac{1}{x^4-1} = \frac{1}{(x^2+1)(x^2-1)} = \frac{1}{2}\left(\frac{1}{x^2-1} - \frac{1}{x^2+1}\right)$$

$$= \frac{1}{2}\left(\frac{1}{2}\left(\frac{1}{x-1} - \frac{1}{x+1}\right) - \frac{1}{x^2+1}\right) = \frac{1}{4}\left(\frac{1}{x-1} - \frac{1}{x+1}\right) - \frac{1}{2}\cdot\frac{1}{(x^2+1)}$$

$$\therefore \int \frac{1}{x^4-1}dx = \int \frac{1}{4}\left(\frac{1}{x-1} - \frac{1}{x+1}\right) - \frac{1}{2}\cdot\frac{1}{(x^2+1)}dx$$

$$= \frac{1}{4}(\ln|x-1| - \ln|x+1|) - \frac{1}{2}\tan^{-1}x + c$$

令 $\alpha,\beta > 1$ 则 $\int_\alpha^\beta \frac{1}{x^4-1}dx = \frac{1}{4}\left(\ln\frac{\beta-1}{\alpha-1} - \ln\frac{\beta+1}{\alpha+1}\right) - \frac{1}{2}(\tan^{-1}\beta - \tan^{-1}\alpha)$

Example 10.

求 $\int_\alpha^\beta \frac{x}{x^4-1}dx =?$，$\forall\alpha,\beta > 1$

【解】

$\because x^4 - 1 = (x^2-1)(x^2+1)$

令 $\frac{x}{x^4-1} = \frac{ax+b}{x^2-1} + \frac{cx+d}{x^2+1}$ 则 $\frac{x}{x^4-1} = \frac{(ax+b)(x^2+1)+(cx+d)(x^2-1)}{(x^2-1)(x^2+1)}$

$\therefore x = (ax+b)(x^2+1) + (cx+d)(x^2-1)$

令 $x = 0$ 则 $0 = b - d$

令 $x=1$ 则 $1=2(a+b)$

$\because (a+c)x^3=0,\ \forall x\in R \quad \therefore a+c=0$

$\because (a-c)x=x,\ \forall x\in R \quad \therefore a-c=1 \quad \therefore a=\frac{1}{2}\Rightarrow \mathrm{c}=-\frac{1}{2}, b=0, d=0$

$\therefore \frac{x}{x^4-1}=\frac{x}{2(x^2-1)}-\frac{x}{2(x^2+1)}$

$\therefore \int \frac{x}{x^4-1}dx=\int \frac{x}{2(x^2-1)}-\frac{x}{2(x^2+1)}dx=\frac{1}{4}\ln(x^2-1)-\frac{1}{4}\ln(x^2+1)+c$

令 $\alpha,\beta>1$ 则 $\int_\alpha^\beta \frac{x}{x^4-1}dx\ =\frac{1}{4}\ln\frac{\beta^2-1}{\alpha^2-1}-\frac{1}{4}\ln\frac{\beta^2+1}{\alpha^2+1}$

Example 11.

求 $\int_\alpha^\beta \frac{x^2}{x^4-1}dx=?,\ \forall\alpha,\beta>1$

【解】

$\because x^4-1=(x^2-1)(x^2+1)$

令 $\frac{x^2}{x^4-1}=\frac{ax+b}{x^2-1}+\frac{cx+d}{x^2+1}$ 则 $\frac{x^2}{x^4-1}=\frac{(ax+b)(x^2+1)+(cx+d)(x^2-1)}{(x^2-1)(x^2+1)}$

$\therefore x^2=(ax+b)(x^2+1)+(cx+d)(x^2-1)$

令$x=0$ 则 $0=b-d$

令$x=1$ 则 $1=2(a+b)$

$\because (a+c)x^3=0,\ \forall x\in R \quad \therefore a+c=0$

$\because (a-c)x=0,\ \forall x\in R \quad \therefore a-c=0 \ \therefore a=0\Rightarrow \mathrm{c}=0, b=\frac{1}{2}, d=\frac{1}{2}$

$\therefore \frac{x^2}{x^4-1}=\frac{1}{2}\left(\frac{1}{x^2-1}+\frac{1}{x^2+1}\right)=\frac{1}{2}\left(\frac{1}{2}\left(\frac{1}{x-1}-\frac{1}{x+1}\right)+\frac{1}{x^2+1}\right)$

$\therefore \int \frac{x^2}{x^4-1}dx=\frac{1}{4}\ln|x-1|-\frac{1}{4}\ln|x+1|+\frac{1}{2}\tan^{-1}x+c$

令 $\alpha,\beta>1$ 则 $\int_\alpha^\beta \frac{x^2}{x^4-1}dx=\frac{1}{4}\ln\frac{\beta-1}{\alpha-1}-\frac{1}{4}\ln\frac{\beta+1}{\alpha+1}+\frac{\tan^{-1}\beta-\tan^{-1}\alpha}{2}$

Example 12.

求 $\int_\alpha^\beta \frac{x^4}{x^4-1}dx=?,\ \forall\alpha,\beta>1$

【解】

$$\because \frac{x^4}{x^4-1}=1+\frac{1}{x^4-1}=1+\frac{1}{x^2+1}\cdot\frac{1}{x^2-1}=1-\frac{1}{2}\left(\frac{1}{x^2+1}-\frac{1}{x^2-1}\right)$$

$$=\frac{1}{2}\left(1-\frac{1}{x^2+1}\right)+\frac{1}{2}\left(1+\frac{1}{x^2-1}\right)=\frac{1}{2}\left(\frac{x^2}{x^2-1}+\frac{x^2}{x^2+1}\right)$$

$$=\frac{1}{2}\left(\frac{1}{2}\left(\frac{x}{x-1}+\frac{x}{x+1}\right)+\frac{x^2}{x^2+1}\right)=\frac{1}{2}\left(\frac{1}{2}\left(\frac{x-1+1}{x-1}+\frac{x+1-1}{x+1}\right)+\frac{x^2+1-1}{x^2+1}\right)$$

$$=1+\frac{1}{4}\cdot\frac{1}{x-1}-\frac{1}{4}\cdot\frac{1}{x+1}-\frac{1}{2}\cdot\frac{1}{x^2+1}$$

$$\therefore \int\frac{x^4}{x^4-1}dx=\int 1+\frac{1}{4}\cdot\frac{1}{x-1}-\frac{1}{4}\cdot\frac{1}{x+1}-\frac{1}{2}\cdot\frac{1}{x^2+1}dx$$

$$=x+\frac{1}{4}\ln|x-1|-\frac{1}{4}\ln|x+1|-\frac{1}{2}\tan^{-1}x+c$$

令$\alpha,\beta>1$ 则$\displaystyle\int_\alpha^\beta\frac{x^4}{x^4-1}dx=\beta-\alpha+\frac{1}{4}\ln\frac{\beta-1}{\alpha-1}-\frac{1}{4}\ln\frac{\beta+1}{\alpha+1}-\frac{\tan^{-1}\beta-\tan^{-1}\alpha}{2}$

Example 13.

求$\displaystyle\int_\alpha^\beta\frac{1}{x(x^4-1)}dx=?$, $\forall\alpha,\beta>1$

【解】

令$\displaystyle\frac{1}{x(x^4-1)}=\frac{ax^3+bx^2+cx+d}{x^4-1}+\frac{e}{x}$

则 $1=x(ax^3+bx^2+cx+d)+e(x^4-1)=(a+e)x^4+bx^3+cx^2+dx-e$

$\Rightarrow e=-1,a=1,b=c=d=0$

$$\therefore \frac{1}{x(x^4-1)}=\frac{x^3}{x^4-1}-\frac{1}{x}$$

$$\therefore \int\frac{1}{x(x^4-1)}dx=\int\frac{x^3}{x^4-1}-\frac{1}{x}dx=\frac{1}{4}\ln|x^4-1|-\ln|x|+c$$

令 $\alpha,\beta>1$ 则$\displaystyle\int_\alpha^\beta\frac{1}{x(x^4-1)}dx=\frac{1}{4}\ln\frac{\beta^4-1}{\alpha^4-1}-\ln\frac{\beta}{\alpha}$

Example 14.

求$\displaystyle\int_\alpha^\beta\frac{1}{x(x^2-5x-6)}dx=?$, $\forall\alpha,\beta>6$

【解】

令 $\dfrac{1}{x(x^2-5x-6)}=\dfrac{a}{x}+\dfrac{b}{x-6}+\dfrac{c}{x+1}$

则 $\dfrac{1}{x(x^2-5x-6)}=\dfrac{a(x-6)(x+1)+bx(x+1)+cx(x-6)}{x(x^2-5x-6)}$

$\therefore 1=a(x-6)(x+1)+bx(x+1)+cx(x-6)$

令 $x=0$ 则 $1=-6a \quad \therefore a=-\dfrac{1}{6}$

令 $x=6$ 则 $1=42\text{b} \quad \therefore b=\dfrac{1}{42}$

令 $x=-1$ 则 $1=7\text{c} \quad \therefore c=\dfrac{1}{7}$

$\therefore \dfrac{1}{x(x^2-5x-6)}=-\dfrac{1}{6x}+\dfrac{1}{42(x-6)}+\dfrac{1}{7(x+1)}$

$\therefore \displaystyle\int \dfrac{1}{x(x^2-5x-6)}dx=\int -\dfrac{1}{6x}+\dfrac{1}{42(x-6)}+\dfrac{1}{7(x+1)}dx$

$=-\dfrac{1}{6}\ln|x|+\dfrac{1}{42}\ln|x-6|+\dfrac{1}{7}\ln|x+1|+c$

令 $\alpha,\beta>6$ 则 $\displaystyle\int_\alpha^\beta \dfrac{1}{x(x^2-5x-6)}dx=-\dfrac{1}{6}\ln\dfrac{\beta}{\alpha}+\dfrac{1}{42}\ln\dfrac{\beta-6}{\alpha-6}+\dfrac{1}{7}\ln\dfrac{\beta+1}{\alpha+1}$

Example 15.

求 $\displaystyle\int_\alpha^\beta \dfrac{1}{x^4+1}dx=?,\ \ \forall\alpha,\beta\in R$

【解】

$\because x^4+1=(x^2+1)^2-2x^2=(x^2+1)^2-(\sqrt{2}x)^2=(x^2+1+\sqrt{2}x)(x^2+1-\sqrt{2}x)$

令 $\dfrac{1}{x^4+1}=\dfrac{ax+b}{(x^2+1-\sqrt{2}x)}+\dfrac{cx+d}{(x^2+1+\sqrt{2}x)}$

则 $\dfrac{1}{x^4+1}=\dfrac{(ax+b)(x^2+1+\sqrt{2}x)+(cx+d)(x^2+1-\sqrt{2}x)}{(x^2+1-\sqrt{2}x)(x^2+1+\sqrt{2}x)}$

$\therefore 1=(ax+b)(x^2+1+\sqrt{2}x)+(cx+d)(x^2+1-\sqrt{2}x)$

令 $x=0$ 则 $b+d=1$

$\because (a+c)x^3=0,\ \forall x\in R \quad \therefore a+c=0$

$\because (\sqrt{2}a + b - \sqrt{2}c + d)x^2 = 0,\ \forall x \in R \quad \therefore \sqrt{2}a + b - \sqrt{2}c + d = 0$

$\because (a + \sqrt{2}b + c - \sqrt{2}d)x = 0,\ \forall x \in R \quad \therefore a + \sqrt{2}b + c - \sqrt{2}d = 0$

$\therefore b - d = 0 \Rightarrow b = d = \frac{1}{2}, a = \frac{-1}{2\sqrt{2}}, c = \frac{1}{2\sqrt{2}}$

$\therefore \frac{1}{x^4+1} = \frac{-x+\sqrt{2}}{2\sqrt{2}(x^2+1-\sqrt{2}x)} + \frac{x+\sqrt{2}}{2\sqrt{2}(x^2+1+\sqrt{2}x)}$

$\therefore \int \frac{1}{x^4+1}dx = \frac{1}{2\sqrt{2}}\left(\int -\frac{x-\sqrt{2}}{(x^2+1-\sqrt{2}x)} + \frac{x+\sqrt{2}}{(x^2+1+\sqrt{2}x)}\right)dx$

$= \frac{1}{2\sqrt{2}}\left(-\int \frac{\frac{1}{2}(2x-\sqrt{2}) - \frac{\sqrt{2}}{2}}{(x^2+1-\sqrt{2}x)} + \frac{\frac{1}{2}(2x+\sqrt{2}) + \frac{\sqrt{2}}{2}}{(x^2+1+\sqrt{2}x)}\right)dx$

$= \frac{1}{4\sqrt{2}}(-\ln|x^2+1-\sqrt{2}x| + \ln|x^2+1+\sqrt{2}x|)$

$+\frac{1}{4}\int \frac{dx}{(x^2+1-\sqrt{2}x)} + \frac{1}{4}\int \frac{dx}{(x^2+1+\sqrt{2}x)}$

$\because \int \frac{dx}{(x^2+1-\sqrt{2}x)} + \frac{dx}{(x^2+1+\sqrt{2}x)} = \int \frac{dx}{\left(x-\frac{1}{\sqrt{2}}\right)^2 + \left(\frac{1}{\sqrt{2}}\right)^2} + \int \frac{dx}{\left(x+\frac{1}{\sqrt{2}}\right)^2 + \left(\frac{1}{\sqrt{2}}\right)^2}$

$= \sqrt{2}(\tan^{-1}(\sqrt{2}x-1) + \tan^{-1}(\sqrt{2}x+1))$

$\therefore \int \frac{1}{x^4+1}dx = \frac{1}{4\sqrt{2}}(-\ln|x^2+1-\sqrt{2}x| + \ln|x^2+1+\sqrt{2}x|)$

$+\frac{\sqrt{2}}{4}\left(\tan^{-1}(\sqrt{2}x+1) + \tan^{-1}(\sqrt{2}x-1)\right) + c$

令 $\alpha, \beta \in R$ 则 $\int_\alpha^\beta \frac{1}{x^4+1}dx$

$= \frac{1}{4\sqrt{2}}\left(-\ln\frac{\beta^2+1-\sqrt{2}\beta}{\alpha^2+1-\sqrt{2}\alpha} + \ln\frac{\beta^2+1+\sqrt{2}\beta}{\alpha^2+1+\sqrt{2}\alpha}\right)$

$+\frac{\sqrt{2}\left(\tan^{-1}(\sqrt{2}\beta+1) + \tan^{-1}(\sqrt{2}\beta-1) - \left(\tan^{-1}(\sqrt{2}\alpha+1) + \tan^{-1}(\sqrt{2}\alpha-1)\right)\right)}{4}$

Example 16.

$$求\int_{\alpha}^{\beta}\frac{x}{x^4+1}dx=?,\ \ \forall\alpha,\beta\in R$$

【解】

$\because \int\frac{x}{x^4+1}dx=\frac{1}{2}\int\frac{2x}{(x^2)^2+1}dx$，令 $t=x^2$ 则 $dt=2xdx$，藉由变换变数法

则 $\int\frac{x}{x^4+1}dx=\frac{1}{2}\int\frac{2x}{(x^2)^2+1}dx=\frac{1}{2}\int\frac{dt}{t^2+1}=\frac{1}{2}\tan^{-1}t+c=\frac{1}{2}\tan^{-1}x^2+c$

令 $\alpha,\beta\in R$ 则 $\int_{\alpha}^{\beta}\frac{x}{x^4+1}dx=\frac{1}{2}(\tan^{-1}\beta^2-\tan^{-1}\alpha^2)$

Example 17.

$$求\int_{\alpha}^{\beta}\frac{x^3}{x^4+1}dx=?,\ \ \forall\alpha,\beta\in R$$

【解】

$\because \int\frac{x^3}{x^4+1}dx=\frac{1}{4}\int\frac{4x^3}{x^4+1}dx=\frac{1}{4}\ln|x^4+1|+c$

令 $\alpha,\beta\in R$ 则 $\int_{\alpha}^{\beta}\frac{x^3}{x^4+1}dx=\frac{1}{4}\ln\frac{\beta^4+1}{\alpha^4+1}$

Example 18.

$$求\int_{\alpha}^{\beta}\frac{x^4}{x^4+1}dx=?,\ \ \forall\alpha,\beta\in R$$

【解】

$\because \int\frac{x^4}{x^4+1}dx=\int\frac{x^4+1-1}{x^4+1}dx=x-\int\frac{1}{x^4+1}dx$

且 $x^4+1=(x^2+1)^2-2x^2=(x^2+1)^2-(\sqrt{2}x)^2=(x^2+1+\sqrt{2}x)(x^2+1-\sqrt{2}x)$

令 $\frac{1}{x^4+1}=\frac{ax+b}{(x^2+1-\sqrt{2}x)}+\frac{cx+d}{(x^2+1+\sqrt{2}x)}$

则 $\frac{1}{x^4+1}=\frac{(ax+b)(x^2+1+\sqrt{2}x)+(cx+d)(x^2+1-\sqrt{2}x)}{(x^2+1-\sqrt{2}x)(x^2+1+\sqrt{2}x)}$

$\therefore 1=(ax+b)(x^2+1+\sqrt{2}x)+(cx+d)(x^2+1-\sqrt{2}x)$

令 $x=0$ 则 $b+d=1$

$\because (a+c)x^3=0,\ \ \forall x\in R$ $\qquad\qquad \therefore a+c=0$

$\because (\sqrt{2}a + b - \sqrt{2}c + d)x^2 = 0,\ \forall x \in R \qquad \therefore \sqrt{2}a + b - \sqrt{2}c + d = 0$

$\because \left(a + \sqrt{2}b + c - \sqrt{2}d\right)x = 0,\ \forall x \in R \qquad \therefore a + \sqrt{2}b + c - \sqrt{2}d = 0$

$\therefore b - d = 0 \Rightarrow b = d = \frac{1}{2}, a = \frac{-1}{2\sqrt{2}}, c = \frac{1}{2\sqrt{2}}$

$\therefore \frac{1}{x^4+1} = \frac{-x+\sqrt{2}}{2\sqrt{2}(x^2+1-\sqrt{2}x)} + \frac{x+\sqrt{2}}{2\sqrt{2}(x^2+1+\sqrt{2}x)}$

$\therefore \int \frac{1}{x^4+1}dx = \frac{1}{2\sqrt{2}}\left(\int -\frac{x-\sqrt{2}}{(x^2+1-\sqrt{2}x)} + \frac{x+\sqrt{2}}{(x^2+1+\sqrt{2}x)}\right)dx$

$= \frac{1}{2\sqrt{2}}\left(-\int \frac{\frac{1}{2}(2x-\sqrt{2}) - \frac{\sqrt{2}}{2}}{(x^2+1-\sqrt{2}x)} + \frac{\frac{1}{2}\left(2x+\sqrt{2}\right) + \frac{\sqrt{2}}{2}}{(x^2+1+\sqrt{2}x)}\right)dx$

$= \frac{1}{4\sqrt{2}}(-\ln\left|x^2+1-\sqrt{2}x\right| + \ln\left|x^2+1+\sqrt{2}x\right|)$

$+ \frac{1}{4}\int \frac{dx}{(x^2+1-\sqrt{2}x)} + \frac{1}{4}\int \frac{dx}{(x^2+1+\sqrt{2}x)}$

$\because \int \frac{dx}{(x^2+1-\sqrt{2}x)} + \frac{dx}{(x^2+1+\sqrt{2}x)} = \int \frac{dx}{\left(x-\frac{1}{\sqrt{2}}\right)^2 + \left(\frac{1}{\sqrt{2}}\right)^2} + \int \frac{dx}{\left(x+\frac{1}{\sqrt{2}}\right)^2 + \left(\frac{1}{\sqrt{2}}\right)^2}$

$= \sqrt{2}(\tan^{-1}\left(\sqrt{2}x-1\right) + \tan^{-1}(\sqrt{2}x+1))$

$\therefore \int \frac{1}{x^4+1}dx = \frac{1}{4\sqrt{2}}(-\ln\left|x^2+1-\sqrt{2}x\right| + \ln\left|x^2+1+\sqrt{2}x\right|)$

$+ \frac{\sqrt{2}}{4}(\tan^{-1}\left(\sqrt{2}x+1\right) + \tan^{-1}(\sqrt{2}x-1))$

$= x - \left(\frac{1}{4\sqrt{2}}(-\ln\left|x^2+1-\sqrt{2}x\right| + \ln\left|x^2+1+\sqrt{2}x\right|)\right.$

$\left. + \frac{\sqrt{2}}{4}\left(\tan^{-1}\left(\sqrt{2}x+1\right) + \tan^{-1}\left(\sqrt{2}x-1\right)\right)\right) + c$

令 $\alpha, \beta \in R$ 则 $\int_{\alpha}^{\beta} \frac{x^4}{x^4+1}dx$

$$=\beta-\alpha-\frac{\left(-\ln\frac{\beta^2+1-\sqrt{2}\beta}{\alpha^2+1-\sqrt{2}\alpha}+\ln\frac{\beta^2+1+\sqrt{2}\beta}{\alpha^2+1+\sqrt{2}\alpha}\right)}{4\sqrt{2}}$$

$$-\frac{\sqrt{2}\left(\tan^{-1}(\sqrt{2}\beta+1)+\tan^{-1}(\sqrt{2}\beta-1)-\left(\tan^{-1}(\sqrt{2}\alpha+1)+\tan^{-1}(\sqrt{2}\alpha-1)\right)\right)}{4}$$

Example 19.

求 $\int_{\alpha}^{\beta}\frac{1}{x(x^4+1)}dx=?$，$\forall\alpha,\beta\in R$

【解】

$\because\int\frac{dx}{x(x^4+1)}=\int\frac{x^3dx}{x^4(x^4+1)}$，令 $t=x^4$ 则 $dt=4x^3dx$，藉由变换代换法

则 $\int\frac{1}{x(x^4+1)}dx=\int\frac{x^3}{x^4(x^4+1)}dx=\frac{1}{4}\int\frac{1}{t(t+1)}dx=\frac{1}{4}\int\frac{1}{t}-\frac{1}{(t+1)}dt$

$=\frac{1}{4}(\ln|t|-\ln|t+1|)+c=\frac{1}{4}(\ln|x^4|-\ln|x^4+1|)+c$

令 $\alpha,\beta\in R$ 则 $\int_{\alpha}^{\beta}\frac{1}{x(x^4+1)}dx=\frac{1}{4}\left(\ln\frac{\beta^4}{\alpha^4}-\ln\frac{\beta^4+1}{\alpha^4+1}\right)$

5.3.1.4 求无理式的定积分

求 $\int_a^b f\left(\sqrt{g(x)}\right)dx=?$

与不定积分相同，当被积分函数出现$\sqrt{\alpha^2-x^2}$，$\sqrt{\alpha^2+x^2}$，或 $\sqrt{x^2-\alpha^2}$ 时，需藉由三角函数的变换变量解题；此外，当分母出现二次多项式时，也尝试用三角函数的变换变量解题

考试类型:

Type 1.

求 $\int_a^b f\left(\sqrt{\alpha^2-x^2}\right)dx=?$

解题流程:

Step1.

令$x=\alpha\sin\theta$ 则 $\sqrt{\alpha^2-x^2}=\sqrt{\alpha^2-\alpha^2\sin^2\theta}=\alpha\cos\theta$ 且 $dx=\alpha\cos\theta d\theta$

Step2.

$$\int_a^b f\left(\sqrt{\alpha^2-x^2}\right)dx=\int_{\sin^{-1}\frac{a}{\alpha}}^{\sin^{-1}\frac{b}{\alpha}} f(\alpha\cos\theta)\,\alpha\cos\theta d\theta,\ 求\int_{\sin^{-1}\frac{a}{\alpha}}^{\sin^{-1}\frac{b}{\alpha}} f(\alpha\cos\theta)\,\alpha\cos\theta d\theta\ =?$$

<u>范例说明:</u>

(I)若 $f(x)=x$ 则求 $\int_{\sin^{-1}\frac{a}{\alpha}}^{\sin^{-1}\frac{b}{\alpha}} \alpha^2\cos^2\theta d\theta\ =?$

(II)若 $f(x)=x^2$ 则求 $\int_{\sin^{-1}\frac{a}{\alpha}}^{\sin^{-1}\frac{b}{\alpha}} \alpha^3\cos^3\theta d\theta\ =?$

(III)若 $f(x)=\frac{1}{x}$ 则 $\int_{\sin^{-1}\frac{a}{\alpha}}^{\sin^{-1}\frac{b}{\alpha}} d\theta=\sin^{-1}\frac{b}{\alpha}-\sin^{-1}\frac{a}{\alpha}$

Type 2.

求 $\int_a^b f\left(\sqrt{\alpha^2+x^2}\right)dx=?$

解题流程:

Step1.

令$x=\alpha\tan\theta$ 则 $\sqrt{\alpha^2+x^2}=\sqrt{\alpha^2+(\alpha\tan\theta)^2}=\alpha\sec\theta$ 且 $dx=\alpha\sec^2\theta d\theta$

Step2.

$$\int_a^b f\left(\sqrt{\alpha^2+x^2}\right)dx=\int_{\tan^{-1}\frac{a}{\alpha}}^{\tan^{-1}\frac{b}{\alpha}} f(\alpha\sec\theta)\alpha\sec^2 d\theta,\ 求\int_{\tan^{-1}\frac{a}{\alpha}}^{\tan^{-1}\frac{b}{\alpha}} f(\alpha\sec\theta)\alpha\sec^2 d\theta=?$$

<u>范例说明:</u>

(I)若 $f(x)=x$ 则求 $\int_{\tan^{-1}\frac{a}{\alpha}}^{\tan^{-1}\frac{b}{\alpha}} \alpha^2\sec^3 d\theta=?$

(II)若 $f(x)=x^2$ 则求 $\int_{\tan^{-1}\frac{a}{\alpha}}^{\tan^{-1}\frac{b}{\alpha}} \alpha^3\sec^4 d\theta = ?$

(III)若 $f(x)=\frac{1}{x}$ 则求 $\int_{\tan^{-1}\frac{a}{\alpha}}^{\tan^{-1}\frac{b}{\alpha}} \sec\theta\, d\theta = ?$

Type 3.

求 $\int_a^b f\left(\sqrt{x^2-\alpha^2}\right)dx = ?$

解题流程:

Step1.

令 $x=\alpha\sec\theta$ 则 $\sqrt{x^2-\alpha^2}=\sqrt{\alpha^2\sec^2\theta-\alpha^2}=\alpha\tan\theta$ 且 $dx=\alpha\sec\theta\tan\theta\, d\theta$

Step2.

$$\int_a^b f\left(\sqrt{x^2-\alpha^2}\right)dx = \int_{\sec^{-1}\frac{a}{\alpha}}^{\sec^{-1}\frac{b}{\alpha}} f(\alpha\tan\theta)\alpha\sec\theta\tan\theta d\theta$$

求 $\int_{\sec^{-1}\frac{a}{\alpha}}^{\sec^{-1}\frac{b}{\alpha}} f(\alpha\tan\theta)\alpha\sec\theta\tan\theta d\theta = ?$

<u>范例说明:</u>

(I)若 $f(x)=x$ 则求 $\int_{\sec^{-1}\frac{a}{\alpha}}^{\sec^{-1}\frac{b}{\alpha}} \alpha^2\sec\theta\tan^2\theta d\theta = ?$

(II)若 $f(x)=x^2$ 则求 $\int_{\sec^{-1}\frac{a}{\alpha}}^{\sec^{-1}\frac{b}{\alpha}} \alpha^3\sec\theta\tan^3\theta d\theta = ?$

(III)若 $f(x)=\frac{1}{x}$ 则求 $\int_{\sec^{-1}\frac{a}{\alpha}}^{\sec^{-1}\frac{b}{\alpha}} \sec\theta\, d\theta = ?$

Type 4.

求 $\int_{\alpha}^{\beta} \frac{1}{(ax^2+bx+c)^2}dx = ?$，其中 $b^2-4ac<0$ and $a>0$

解题流程:

$$\because \frac{1}{ax^2+bx+c} = \frac{1}{a\left(x+\frac{b}{2a}\right)^2+c-\frac{b^2}{4a}} = \frac{1}{c-\frac{b^2}{4a}} \cdot \frac{1}{a\left(\frac{x+\frac{b}{2a}}{\sqrt{c-\frac{b^2}{4a}}}\right)^2+1}$$

$$= \frac{1}{c-\frac{b^2}{4a}} \cdot \frac{1}{\left(\frac{\sqrt{a}x+\frac{b}{2\sqrt{a}}}{\sqrt{c-\frac{b^2}{4a}}}\right)^2+1}$$

令 $t = \frac{\sqrt{a}x+\frac{b}{2\sqrt{a}}}{\sqrt{c-\frac{b^2}{4a}}}$ 则 $dt = \frac{\sqrt{a}}{\sqrt{c-\frac{b^2}{4a}}}dx$, 令 $\alpha' = \frac{\sqrt{a}\alpha+\frac{b}{2\sqrt{a}}}{\sqrt{c-\frac{b^2}{4a}}}$ and $\beta' = \frac{\sqrt{a}\beta+\frac{b}{2\sqrt{a}}}{\sqrt{c-\frac{b^2}{4a}}}$

藉由变数代换法

则 $\int_{\alpha}^{\beta} \frac{1}{(ax^2+bx+c)^2}dx = \frac{1}{\left(c-\frac{b^2}{4a}\right)^2}\int_{\alpha}^{\beta} \frac{1}{\left(\left(\frac{\sqrt{a}x+\frac{b}{2\sqrt{a}}}{\sqrt{c-\frac{b^2}{4a}}}\right)^2+1\right)^2}dx$

$$= \frac{1}{\left(c-\frac{b^2}{4a}\right)^2} \cdot \frac{\sqrt{c-\frac{b^2}{4a}}}{\sqrt{a}}\int_{\alpha'}^{\beta'} \frac{1}{(t^2+1)^2}dt = \frac{1}{\left(c-\frac{b^2}{4a}\right)^{\frac{3}{2}}\sqrt{a}}\int_{\alpha'}^{\beta'} \frac{1}{(t^2+1)^2}dt$$

令 $t = \tan\theta$ 则 $dt = \sec^2\theta\, d\theta$

$$\therefore \frac{1}{\left(c-\frac{b^2}{4a}\right)^{\frac{3}{2}}\sqrt{a}}\int_{\alpha'}^{\beta'} \frac{1}{(t^2+1)^2}dt = \frac{1}{\left(c-\frac{b^2}{4a}\right)^{\frac{3}{2}}\sqrt{a}}\int_{\tan^{-1}\alpha'}^{\tan^{-1}\beta'} \frac{\sec^2\theta}{\sec^4\theta}d\theta$$

$$= \frac{1}{\left(c-\frac{b^2}{4a}\right)^{\frac{3}{2}}\sqrt{a}} \int_{\tan^{-1}\alpha'}^{\tan^{-1}\beta'} \cos^2\theta \, d\theta = \frac{1}{\left(c-\frac{b^2}{4a}\right)^{\frac{3}{2}}\sqrt{a}} \left(\frac{\theta}{2}+\frac{\sin 2\theta}{4}\right)\Bigg|_{\tan^{-1}\alpha'}^{\tan^{-1}\beta'}$$

$$= \frac{1}{\left(c-\frac{b^2}{4a}\right)^{\frac{3}{2}}\sqrt{a}} \left(\frac{\tan^{-1} t}{2}+\frac{t}{2(t^2+1)}\right)\Bigg|_{\alpha'}^{\beta'}$$

$$= \frac{1}{\left(c-\frac{b^2}{4a}\right)^{\frac{3}{2}}\sqrt{a}} \left(\frac{\tan^{-1}\beta' - \tan^{-1}\alpha'}{2}+\frac{\beta'}{2((\beta')^2+1)}-\frac{\alpha'}{2((\alpha')^2+1)}\right)$$

Type 5.

求 $\int_{\alpha}^{\beta} \frac{1}{(ax^2+bx+c)^{\frac{3}{2}}} dx = ?$，其中 $a > 0$ and $b^2 - 4ac > 0$

解题流程:

$$\because \frac{1}{ax^2+bx+c} = \frac{1}{a\left(x+\frac{b}{2a}\right)^2 + c - \frac{b^2}{4a}} = \frac{1}{a\left(x+\frac{b}{2a}\right)^2 - \left(\frac{b^2}{4a}-c\right)}$$

$$= \frac{1}{\frac{b^2}{4a}-c} \cdot \frac{1}{a\left(\frac{x+\frac{b}{2a}}{\sqrt{\frac{b^2}{4a}-c}}\right)^2 - 1} = \frac{1}{\frac{b^2}{4a}-c} \cdot \frac{1}{\left(\frac{\sqrt{a}x+\frac{b}{2\sqrt{a}}}{\sqrt{\frac{b^2}{4a}-c}}\right)^2 - 1}$$

令 $t = \frac{\sqrt{a}x+\frac{b}{2\sqrt{a}}}{\sqrt{\frac{b^2}{4a}-c}}$ 则 $dt = \frac{\sqrt{a}}{\sqrt{\frac{b^2}{4a}-c}} dx$, 令 $\alpha' = \frac{\sqrt{a}\alpha+\frac{b}{2\sqrt{a}}}{\sqrt{\frac{b^2}{4a}-c}}$ and $\beta' = \frac{\sqrt{a}\beta+\frac{b}{2\sqrt{a}}}{\sqrt{\frac{b^2}{4a}-c}}$

藉由变数代换法

则 $\int_{\alpha}^{\beta}\frac{1}{(ax^2+bx+c)^{\frac{3}{2}}}dx=\frac{1}{\left(\frac{b^2}{4a}-c\right)^{\frac{3}{2}}}\int_{\alpha}^{\beta}\frac{1}{\left(\left(\frac{\sqrt{a}x+\frac{b}{2\sqrt{a}}}{\sqrt{\frac{b^2}{4a}-c}}\right)^2-1\right)^{\frac{3}{2}}}dx$

$$=\frac{1}{\left(\frac{b^2}{4a}-c\right)^{\frac{3}{2}}}\cdot\frac{\sqrt{\frac{b^2}{4a}-c}}{\sqrt{a}}\int_{\alpha'}^{\beta'}\frac{1}{(t^2-1)^{\frac{3}{2}}}dt=\frac{1}{\left(\frac{b^2}{4a}-c\right)\sqrt{a}}\int_{\alpha'}^{\beta'}\frac{1}{(t^2-1)^{\frac{3}{2}}}dt$$

令 $t=\sec\theta$　则　$dt=\sec\theta\tan\theta\,d\theta$

$$\therefore\frac{1}{\left(\frac{b^2}{4a}-c\right)\sqrt{a}}\int_{\alpha'}^{\beta'}\frac{1}{(t^2-1)^{\frac{3}{2}}}dt=\frac{1}{\left(\frac{b^2}{4a}-c\right)\sqrt{a}}\int_{\sec^{-1}\alpha'}^{\sec^{-1}\beta'}\frac{\sec\theta\tan\theta}{(\sec^2\theta-1)^{\frac{3}{2}}}d\theta$$

$$=\frac{1}{\left(\frac{b^2}{4a}-c\right)\sqrt{a}}\int_{\sec^{-1}\alpha'}^{\sec^{-1}\beta'}\frac{\sec\theta}{\tan^2\theta}d\theta=\frac{1}{\left(\frac{b^2}{4a}-c\right)\sqrt{a}}\int_{\sec^{-1}\alpha'}^{\sec^{-1}\beta'}\frac{\cos\theta}{\sin^2\theta}d\theta$$

$$=-\frac{1}{\left(\frac{b^2}{4a}-c\right)\sqrt{a}\sin\theta}\Bigg|_{\sec^{-1}\alpha'}^{\sec^{-1}\beta'}=-\frac{t}{\left(\frac{b^2}{4a}-c\right)\sqrt{a}\sqrt{t^2-1}}\Bigg|_{\alpha'}^{\beta'}$$

$$=-\frac{\beta'}{\left(\frac{b^2}{4a}-c\right)\sqrt{a}\sqrt{(\beta')^2-1}}+\frac{\alpha'}{\left(\frac{b^2}{4a}-c\right)\sqrt{a}\sqrt{(\alpha')^2-1}}$$

Type 6.

求 $\int_{\alpha}^{\beta}\frac{1}{(-ax^2+bx+c)^{\frac{3}{2}}}dx=?$，其中 $a>0$ and $b^2+4ac>0$

解题流程:

$$\because\frac{1}{-ax^2+bx+c}=\frac{1}{c+\frac{b^2}{4a}-a\left(x-\frac{b}{2a}\right)^2}=\frac{1}{\left(c+\frac{b^2}{4a}\right)\left(1-\left(\frac{\sqrt{a}x-\frac{b}{2\sqrt{a}}}{\sqrt{c+\frac{b^2}{4a}}}\right)^2\right)}$$

$$\therefore \int_{\alpha}^{\beta} \frac{1}{(-ax^2+bx+c)^{\frac{3}{2}}} dx = \frac{1}{\left(c+\frac{b^2}{4a}\right)^{\frac{3}{2}}} \int_{\alpha}^{\beta} \frac{1}{\left(1-\left(\frac{\sqrt{a}x-\frac{b}{2\sqrt{a}}}{\sqrt{c+\frac{b^2}{4a}}}\right)^2\right)^{\frac{3}{2}}} dx$$

令$t = \frac{\sqrt{a}x-\frac{b}{2\sqrt{a}}}{\sqrt{c+\frac{b^2}{4a}}}$ 则 $dt = \frac{\sqrt{a}}{\sqrt{c+\frac{b^2}{4a}}} dx$，令 $\alpha' = \frac{\sqrt{a}\alpha-\frac{b}{2\sqrt{a}}}{\sqrt{c+\frac{b^2}{4a}}}$ and $\beta' = \frac{\sqrt{a}\beta-\frac{b}{2\sqrt{a}}}{\sqrt{c+\frac{b^2}{4a}}}$

$$\therefore \frac{1}{\left(c+\frac{b^2}{4a}\right)^{\frac{3}{2}}} \int_{\alpha}^{\beta} \frac{1}{\left(1-\left(\frac{\sqrt{a}x-\frac{b}{2\sqrt{a}}}{\sqrt{c+\frac{b^2}{4a}}}\right)^2\right)^{\frac{3}{2}}} dx$$

$$= \frac{\frac{\sqrt{c+\frac{b^2}{4a}}}{\sqrt{a}}}{\left(c+\frac{b^2}{4a}\right)^{\frac{3}{2}}} \int_{\alpha'}^{\beta'} \frac{1}{(1-t^2)^{\frac{3}{2}}} dt = \frac{1}{\sqrt{a}\left(c+\frac{b^2}{4a}\right)} \int_{\alpha'}^{\beta'} \frac{1}{(1-t^2)^{\frac{3}{2}}} dt$$

令$t = \sin\theta$ 则 $dt = \cos\theta\, d\theta$

$$\therefore \frac{1}{\sqrt{a}\left(c+\frac{b^2}{4a}\right)} \int_{\alpha'}^{\beta'} \frac{1}{(1-t^2)^{\frac{3}{2}}} dt = \frac{1}{\sqrt{a}\left(c+\frac{b^2}{4a}\right)} \int_{\sin^{-1}\alpha'}^{\sin^{-1}\beta'} \frac{\cos\theta}{(1-\sin^2\theta)^{\frac{3}{2}}} d\theta$$

$$= \frac{1}{\sqrt{a}\left(c+\frac{b^2}{4a}\right)} \int_{\sin^{-1}\alpha'}^{\sin^{-1}\beta'} \frac{1}{\cos^2\theta} d\theta = \frac{1}{\sqrt{a}\left(c+\frac{b^2}{4a}\right)} \int_{\sin^{-1}\alpha'}^{\sin^{-1}\beta'} \sec^2\theta\, d\theta$$

$$= \left.\frac{\tan\theta}{\sqrt{a}\left(c+\frac{b^2}{4a}\right)}\right|_{\sin^{-1}\alpha'}^{\sin^{-1}\beta'} = \left.\frac{t}{\sqrt{a}\left(c+\frac{b^2}{4a}\right)\sqrt{1-t^2}}\right|_{\alpha'}^{\beta'}$$

$$= \frac{\beta'}{\sqrt{a}\left(c+\frac{b^2}{4a}\right)\sqrt{1-(\beta')^2}} - \frac{\alpha'}{\sqrt{a}\left(c+\frac{b^2}{4a}\right)\sqrt{1-(\alpha')^2}}$$

Example 1.

$$求\int_a^b \frac{dx}{\sqrt{\alpha^2 - x^2}} = ?,\ \forall\, 0 < a < b < \alpha$$

【解】

令 $\alpha > 0$，令 $x = \alpha\sin\theta$ 则 $dx = \alpha\cos\theta d\theta$，藉由变数代换法

则 $\int \frac{dx}{\sqrt{\alpha^2 - x^2}} = \int \frac{\alpha\cos\theta d\theta}{\sqrt{\alpha^2 - (\alpha\sin\theta)^2}} = \int \frac{\alpha\cos\theta d\theta}{\alpha\cos\theta} = \theta + c = \sin^{-1}\frac{x}{\alpha} + c$

令 $0 < a < b < \alpha$ 则 $\int_a^b \frac{dx}{\sqrt{\alpha^2 - x^2}} = \sin^{-1}\frac{b}{\alpha} - \sin^{-1}\frac{a}{\alpha}$

Example 2.

$$求\int_a^b \sqrt{\alpha^2 - x^2}dx = ?,\ \forall\, 0 < a < b < \alpha$$

【解】

令 $\alpha > 0$，令 $x = \alpha\sin\theta$ 则 $dx = \alpha\cos\theta d\theta$，藉由变数代换法

$\therefore \int \sqrt{\alpha^2 - x^2}dx = \int \sqrt{\alpha^2 - (\alpha\sin\theta)^2} \cdot \alpha\cos\theta\, d\theta = \int (\alpha\cos\theta)^2\, d\theta$

$= \alpha^2 \int \frac{1 + \cos 2\theta\, d\theta}{2} = \frac{\alpha^2}{2}\left(\theta + \frac{\sin 2\theta}{2}\right) + c$

$= \frac{\alpha^2}{2}\sin^{-1}\frac{x}{\alpha} + \frac{\alpha^2}{4}\left(\frac{2x\sqrt{\alpha^2 - x^2}}{\alpha^2}\right) + c = \frac{\alpha^2}{2}\sin^{-1}\frac{x}{\alpha} + \left(\frac{x\sqrt{\alpha^2 - x^2}}{2}\right) + c$

令 $0 < a < b < \alpha$

则 $\int_a^b \sqrt{\alpha^2 - x^2}dx = \alpha^2\sin^{-1}\frac{b}{\alpha} + \left(\frac{b\sqrt{\alpha^2 - b^2}}{2}\right) - \left(\alpha^2\sin^{-1}\frac{a}{\alpha} + \left(\frac{a\sqrt{\alpha^2 - a^2}}{2}\right)\right)$

Example 3.

$$求\int_a^b \frac{1}{x\sqrt{\alpha^2 - x^2}}dx = ?,\ \forall\, 0 < a < b < \alpha$$

【解】

令 $\alpha > 0$，令 $x = \alpha\sin\theta$ 则 $dx = \alpha\cos\theta d\theta$，藉由变数代换法

$$\therefore \int \frac{1}{x\sqrt{\alpha^2-x^2}}dx = \int \frac{\alpha\cos\theta d\theta}{\alpha\sin\theta\sqrt{\alpha^2-(\alpha\sin\theta)^2}} = \int \frac{\alpha\cos\theta d\theta}{\alpha\sin\theta\,\alpha\cos\theta}$$

$$= \int \frac{d\theta}{\alpha\sin\theta} = \frac{1}{\alpha}\ln|\csc\theta-\cot\theta| + c = \frac{1}{\alpha}\ln\left|\frac{\alpha}{x} - \frac{\sqrt{\alpha^2-x^2}}{x}\right| + c$$

令 $0<a<b<\alpha$ 则 $\displaystyle\int_a^b \frac{1}{x\sqrt{\alpha^2-x^2}}dx = \frac{1}{\alpha}\ln\frac{\frac{\alpha-\sqrt{\alpha^2-b^2}}{b}}{\frac{\alpha-\sqrt{\alpha^2-a^2}}{a}}$

Example 4.

求 $\displaystyle\int_a^b \frac{1}{(\alpha^2-x^2)^{\frac{3}{2}}}dx = ?$，$\forall\, 0<a<b<\alpha$

【解】

令$\alpha>0$，令 $x=\alpha\sin\theta$ 则 $dx=\alpha\cos\theta d\theta$，藉由变数代换法

$$\therefore \int \frac{1}{(\alpha^2-x^2)^{\frac{3}{2}}}dx = \int \frac{\alpha\cos\theta d\theta}{(\alpha^2-\alpha^2\sin^2\theta)^{\frac{3}{2}}} = \int \frac{d\theta}{\alpha^2\cos^2\theta} = \frac{1}{\alpha^2}\int \sec^2\theta d\theta$$

$$= \frac{\tan\theta}{\alpha^2} + c = \frac{x}{\alpha^2\sqrt{\alpha^2-x^2}} + c$$

令 $0<a<b<\alpha$ 则 $\displaystyle\int_a^b \frac{1}{(\alpha^2-x^2)^{\frac{3}{2}}}dx = \frac{b}{\alpha^2\sqrt{\alpha^2-b^2}} - \frac{a}{\alpha^2\sqrt{\alpha^2-a^2}}$

Example 5.

求 $\displaystyle\int_a^b \frac{dx}{\sqrt{\alpha^2+x^2}} = ?$，$\forall a,b,\alpha>0$

【解】

令$\alpha>0$，令 $x=\alpha\tan\theta$ 则 $dx=\alpha\sec^2\theta d\theta$，藉由变数代换法

则 $\displaystyle\int \frac{dx}{\sqrt{\alpha^2+x^2}} = \int \frac{\alpha\sec^2\theta}{\sqrt{\alpha^2+(\alpha\tan\theta)^2}}d\theta = \int \frac{\alpha\sec^2\theta}{\alpha\sec\theta}d\theta$

$$= \ln|\tan\theta+\sec\theta| + c = \ln\left|\frac{x}{\alpha} + \frac{\sqrt{\alpha^2+x^2}}{\alpha}\right| + c$$

令 $a, b > 0$ 则 $\int_a^b \frac{dx}{\sqrt{\alpha^2 + x^2}} = \ln \frac{b + \sqrt{\alpha^2 + b^2}}{a + \sqrt{\alpha^2 + a^2}}$

Example 6.

$$\text{求} \int_a^b \sqrt{\alpha^2 + x^2} dx = ?, \quad \forall a, b, \alpha > 0$$

【解】

令 $\alpha > 0$，令 $x = \alpha \tan\theta$ 则 $dx = \alpha \sec^2\theta d\theta$，藉由变数代换法

$\therefore \int \sqrt{\alpha^2 + x^2} dx = \int \sqrt{\alpha^2 + (\alpha \tan\theta)^2}\, \alpha \sec^2\theta d\theta = \int \alpha^2 \sec^3\theta d\theta$

令 $u = \sec\theta, dv = \sec^2\theta d\theta$ 则 $du = \sec\theta \tan\theta\ d\theta, v = \tan\theta$，藉由分部积分法

$\int \alpha^2 \sec^3\theta d\theta = \alpha^2 (\sec\theta \tan\theta - \int \sec\theta \tan^2\theta\, d\theta)$

$= \alpha^2 (\sec\theta \tan\theta - \int \sec\theta (\sec^2\theta - 1)\, d\theta$

$\Rightarrow 2 \int \sec^3\theta d\theta = \sec\theta \tan\theta + \int \sec\theta\, d\theta = \sec\theta \tan\theta + \ln|\tan\theta + \sec\theta| + c$

$\therefore \int \sqrt{\alpha^2 + x^2} dx = \int \alpha^2 \sec^3\theta d\theta = \frac{\alpha^2}{2} (\sec\theta \tan\theta + \ln|\tan\theta + \sec\theta|) + c$

$= \left(\frac{x\sqrt{\alpha^2 + x^2}}{2} \right) + \ln \left| \frac{x}{\alpha} + \frac{\sqrt{\alpha^2 + x^2}}{\alpha} \right| + c$

令 $a, b > 0$ 则 $\int_a^b \sqrt{\alpha^2 + x^2} dx = \frac{b\sqrt{\alpha^2 + b^2}}{2} - \frac{a\sqrt{\alpha^2 + a^2}}{2} + \ln \frac{b + \sqrt{\alpha^2 + b^2}}{a + \sqrt{\alpha^2 + a^2}}$

Example 7.

$$\text{求} \int_a^b \frac{dx}{x\sqrt{\alpha^2 + x^2}} = ?, \quad \forall a, b > 0, \alpha \in R$$

【解】

令 $\alpha \in R$，令 $x = \alpha \tan\theta$ 则 $dx = \alpha \sec^2\theta d\theta$，藉由变数代换法

$\therefore \int \frac{dx}{x\sqrt{\alpha^2 + x^2}} = \int \frac{\alpha \sec^2\theta d\theta}{\alpha \tan\theta \sqrt{\alpha^2 + (\alpha \tan\theta)^2}} = \int \frac{\sec\theta\, d\theta}{\alpha \tan\theta} = \int \frac{d\theta}{\alpha \sin\theta}$

$= \frac{1}{\alpha} \ln|\csc\theta - \cot\theta| + c = \frac{1}{\alpha} \ln \left| \frac{\sqrt{\alpha^2 + x^2}}{x} - \frac{\alpha}{x} \right| + c$

令$a, b > 0$ 则 $\displaystyle\int_a^b \frac{dx}{x\sqrt{\alpha^2 + x^2}} = \frac{1}{\alpha}\ln\frac{\frac{\sqrt{\alpha^2+b^2}-\alpha}{b}}{\frac{\sqrt{\alpha^2+a^2}-\alpha}{a}}$

Example 8.

求$\displaystyle\int_a^b \frac{1}{\sqrt{x^2-\alpha^2}}dx = ?$，$\forall 0 < \alpha < a < b$

【解】

令$\alpha > 0$，令 $x = \alpha\sec\theta$ 则 $dx = \alpha\sec\theta\tan\theta\ d\theta$，藉由变数代换法

$$\int \frac{1}{\sqrt{x^2-\alpha^2}}dx = \int \frac{\alpha\sec\theta\tan\theta}{\sqrt{(\alpha\sec\theta)^2-\alpha^2}}d\theta = \int \frac{\alpha\sec\theta\tan\theta}{\sqrt{(\alpha\tan\theta)^2}}d\theta = \int \sec\theta d\theta$$

$$= \ln|\tan\theta + \sec\theta| + c = \ln\left|\frac{x}{\alpha} + \frac{\sqrt{x^2-\alpha^2}}{\alpha}\right| + c$$

令 $0 < \alpha < a < b$ 则 $\displaystyle\int_a^b \frac{1}{\sqrt{x^2-\alpha^2}}dx = \ln\frac{b+\sqrt{b^2-\alpha^2}}{a+\sqrt{a^2-\alpha^2}}$

Example 9.

求$\displaystyle\int_a^b \sqrt{x^2-\alpha^2}dx = ?$，$\forall 0 < \alpha < a < b$

【解】

令$\alpha > 0$，令 $x = \alpha\sec\theta$ 则 $dx = \alpha\sec\theta\tan\theta d\theta$，藉由变数代换法

$$\because \int \sqrt{x^2-\alpha^2}dx = \int \left(\sqrt{(\alpha\sec\theta)^2-\alpha^2}\right)\alpha\sec\theta\tan\theta\ d\theta$$

$$= \int \alpha^2\sec\theta\tan^2\theta\ d\theta = \int \alpha^2\sec\theta(\sec^2\theta - 1)\ d\theta$$

$$\because 2\int \sec^3\theta d\theta = \sec\theta\tan\theta + \int \sec\theta\, d\theta \text{ 且} \int \sec\theta d\theta = \ln|\tan\theta + \sec\theta|$$

$$\therefore \int \sec^3\theta d\theta = \frac{1}{2}(\sec\theta\tan\theta + \ln|\tan\theta + \sec\theta|) + c$$

$$\therefore \int \sqrt{x^2-\alpha^2}dx = \frac{\alpha^2}{2}(\sec\theta\tan\theta - \ln|\tan\theta + \sec\theta|) + c$$

$$=\frac{\alpha^2}{2}\left(\frac{x\sqrt{x^2-\alpha^2}}{\alpha^2}-\ln\left|\frac{x}{\alpha}+\frac{\sqrt{x^2-\alpha^2}}{\alpha}\right|\right)+c$$

令 $0<\alpha<a<b$ 则 $\int_a^b\sqrt{x^2-\alpha^2}dx=\frac{\alpha^2}{2}\left(\frac{b\sqrt{b^2-\alpha^2}}{\alpha^2}-\frac{a\sqrt{a^2-\alpha^2}}{\alpha^2}-\ln\frac{b+\sqrt{b^2-\alpha^2}}{a+\sqrt{a^2-\alpha^2}}\right)$

Example 10.

求 $\int_a^b\frac{1}{x\sqrt{x^2-\alpha^2}}dx=?$，$\forall\alpha\neq0$

【解】

令$\alpha\neq0$，令 $x=\alpha\sec\theta$ 则 $dx=\alpha\sec\theta\tan\theta\ d\theta$，藉由变数代换法

$$\therefore\int\frac{1}{x\sqrt{x^2-\alpha^2}}dx=\int\frac{\alpha\sec\theta\tan\theta}{\alpha\sec\theta\sqrt{(\alpha\sec\theta)^2-\alpha^2}}d\theta=\int\frac{\alpha\sec\theta\tan\theta}{\alpha\sec\theta\,\alpha\tan\theta}d\theta=\frac{\theta}{\alpha}+c$$

$$=\frac{1}{\alpha}\sec^{-1}\frac{x}{\alpha}+c$$

$$\therefore\int_a^b\frac{1}{x\sqrt{x^2-\alpha^2}}dx=\frac{1}{\alpha}\left(\sec^{-1}\frac{b}{\alpha}-\sec^{-1}\frac{a}{\alpha}\right)$$

Example 11.

求 $\int_a^b\frac{\sqrt{x^2-\alpha^2}}{x}dx=?$，$\forall\alpha\neq0$

【解】

令$\alpha\neq0$，令 $x=\alpha\sec\theta$ 则 $dx=\alpha\sec\theta\tan\theta\ d\theta$，藉由变数代换法

则 $\int\frac{\sqrt{x^2-\alpha^2}}{x}dx=\int\frac{\sqrt{(\alpha\sec\theta)^2-\alpha^2}\,\alpha\sec\theta\tan\theta}{\alpha\sec\theta}d\theta=\alpha\int\tan^2\theta\,d\theta$

$$=\alpha\int\sec^2\theta-1d\theta=\alpha(\tan\theta-\theta)+c=\alpha\left(\frac{\sqrt{x^2-\alpha^2}}{\alpha}-\sec^{-1}\frac{x}{\alpha}\right)+c$$

$$\therefore\int_a^b\frac{\sqrt{x^2-\alpha^2}}{x}dx=\alpha\left(\frac{\sqrt{b^2-\alpha^2}}{\alpha}-\frac{\sqrt{a^2-\alpha^2}}{\alpha}-\sec^{-1}\frac{b}{\alpha}+\sec^{-1}\frac{a}{\alpha}\right)$$

Example 12.

求 $\int_{-b}^b\frac{x^4}{\sqrt{b^2-x^2}}dx=?$，$\forall b>0$

【解】

令$b>0$，$x=b\sin\theta$ 则 $dx=b\cos\theta\,d\theta$，藉由变数代换法

则 $\int_{-b}^{b}\frac{x^4}{\sqrt{b^2-x^2}}dx=\int_{\frac{-\pi}{2}}^{\frac{\pi}{2}}\frac{(b\sin\theta)^4\,b\cos\theta\,d\theta}{\sqrt{b^2-(b\sin\theta)^2}}=\int_{\frac{-\pi}{2}}^{\frac{\pi}{2}}(b\sin\theta)^4d\theta$

$=b^4\int_{\frac{-\pi}{2}}^{\frac{\pi}{2}}\left(\frac{1-\cos 2\theta}{2}\right)^2d\theta=b^4\int_{\frac{-\pi}{2}}^{\frac{\pi}{2}}\frac{1-2\cos 2\theta+\frac{1+\cos 4\theta}{2}}{4}d\theta$

$=\frac{b^4}{4}\left(\frac{3\pi}{2}-\sin 2\theta|_{\frac{-\pi}{2}}^{\frac{\pi}{2}}+\frac{1}{8}\sin 4\theta|_{\frac{-\pi}{2}}^{\frac{\pi}{2}}\right)=\frac{3\pi b^4}{8}$

Example 13.

求 $\int_a^b\frac{1}{e^x\sqrt{e^{2x}+4}}dx=?$，$\forall a,b\in R$

【解】

令$t=e^x$ 则 $dx=\frac{dt}{t}$，藉由变数代换法 则 $\int\frac{1}{e^x\sqrt{e^{2x}+4}}dx=\int\frac{1}{t^2\sqrt{t^2+4}}dt$

令$t=2\tan\theta$ 则 $dt=2\sec^2\theta\,d\theta$，藉由变数代换法

则 $\int\frac{1}{t^2\sqrt{t^2+4}}dt=\int\frac{2\sec^2\theta\,d\theta}{4\tan^2\theta\sqrt{4\tan^2\theta+4}}=\frac{1}{4}\int\frac{\sec\theta\,d\theta}{\tan^2\theta}=\frac{1}{4}\int\frac{\cos\theta\,d\theta}{\sin^2\theta}$

$=\frac{1}{4}\int\cot\theta\csc\theta\,d\theta=\frac{-\csc\theta}{4}+c=\frac{-\sqrt{t^2+4}}{4t}+c=\frac{-\sqrt{e^{2x}+4}}{4e^x}+c$

令 $a,b\in R$ 则 $\int_a^b\frac{1}{e^x\sqrt{e^{2x}+4}}dx=\frac{\sqrt{e^{2a}+4}}{4e^a}-\frac{\sqrt{e^{2b}+4}}{4e^b}$

Example 14.

求 $\int_a^b\frac{1}{(4x^2+4x+5)^2}dx=?$，$\forall a,b\in R$

【解】

$\because\frac{1}{(4x^2+4x+5)^2}=\frac{1}{16\left(x^2+x+\frac{5}{4}\right)^2}=\frac{1}{16\left(\left(x+\frac{1}{2}\right)^2+1\right)^2}$

令$t=x+\frac{1}{2}$ 则 $dt=dx$，藉由变数代换法

$$\therefore \int \frac{1}{(4x^2+4x+5)^2}dx = \int \frac{1}{16\left(\left(x+\frac{1}{2}\right)^2+1\right)^2}dx = \int \frac{1}{16(t^2+1)^2}dx$$

令$t = \tan\theta$ 则 $dt = \sec^2\theta\, d\theta$，藉由变数代换法

$$\therefore \frac{1}{16}\int \frac{1}{(t^2+1)^2}dt = \frac{1}{16}\int \frac{\sec^2\theta}{\sec^4\theta}d\theta = \frac{1}{16}\int \cos^2\theta\, d\theta = \frac{1}{16}\int \frac{1+\cos 2\theta}{2}d\theta$$

$$= \frac{1}{16}\left(\frac{\theta}{2} + \frac{\sin 2\theta}{4}\right) = \frac{1}{16}\left(\frac{\tan^{-1} t}{2} + \frac{\sin\theta\cos\theta}{2}\right) = \frac{1}{16}\left(\frac{\tan^{-1} t}{2} + \frac{t}{2(t^2+1)}\right)$$

$$= \frac{1}{16}\left(\frac{\tan^{-1}\left(x+\frac{1}{2}\right)}{2} + \frac{x+\frac{1}{2}}{2\left(\left(x+\frac{1}{2}\right)^2+1\right)}\right) + c$$

令$a, b \in R$ 则 $\int_a^b \frac{1}{(4x^2+4x+5)^2}dx$

$$= \frac{1}{16}\left(\frac{\tan^{-1}\left(b+\frac{1}{2}\right)}{2} + \frac{b+\frac{1}{2}}{2\left(\left(b+\frac{1}{2}\right)^2+1\right)} - \frac{\tan^{-1}\left(a+\frac{1}{2}\right)}{2} - \frac{a+\frac{1}{2}}{2\left(\left(a+\frac{1}{2}\right)^2+1\right)}\right)$$

Example 15.

$$求\int_a^b \frac{x}{(3-2x-x^2)^{\frac{3}{2}}}dx = ?,\ \ \forall 0 < a, b < 1$$

【解】

$$\because \frac{x}{(3-2x-x^2)^{\frac{3}{2}}} = \frac{x}{(4-(x+1)^2)^{\frac{3}{2}}} = \frac{x}{8\left(1-(\frac{x+1}{2})^2\right)^{\frac{3}{2}}}$$

令 $t = \frac{x+1}{2}$ 则 $2\,dt = dx$ 且 $x = 2t-1$，藉由变数代换法

$$\therefore \int \frac{x}{(3-2x-x^2)^{\frac{3}{2}}}dx = \int \frac{x}{8\left(1-(\frac{x+1}{2})^2\right)^{\frac{3}{2}}}dx = 2\int \frac{2t-1}{8(1-t^2)^{\frac{3}{2}}}dt$$

令$t = \sin\theta$ 则 $dt = \cos\theta\, d\theta$，藉由变数代换法

$$\therefore 2\int \frac{2t-1}{8(1-t^2)^{\frac{3}{2}}}dt = 2\int \frac{(2\sin\theta-1)\cos\theta}{8(1-\sin\theta^2)^{\frac{3}{2}}}d\theta = 2\int \frac{(2\sin\theta-1)\cos\theta}{8\cos^3\theta}d\theta$$

$$= \frac{1}{2}\int \tan\theta\sec\theta\, d\theta - \frac{1}{4}\int \sec^2\theta\, d\theta = \frac{\sec\theta}{2} - \frac{\tan\theta}{4}$$

$$= \frac{1}{2\sqrt{1-t^2}} - \frac{t}{4\sqrt{1-t^2}} = \frac{2-t}{4\sqrt{1-t^2}} = \frac{2-\frac{x+1}{2}}{4\sqrt{1-\left(\frac{x+1}{2}\right)^2}} + \mathrm{c} = \frac{3-x}{4\sqrt{3-2x-x^2}} + c$$

令 $0 < a, b < 1$ 则 $\displaystyle\int_a^b \frac{x}{(3-2x-x^2)^{\frac{3}{2}}}dx = \frac{3-b}{4\sqrt{3-2b-b^2}} - \frac{3-a}{4\sqrt{3-2a-a^2}}$

Example 16.

求 $\displaystyle\int_{\frac{\pi}{2}}^{\pi} \sqrt{3\cos^2 x + \cos^4 x}\, dx = ?$

【解】

$$\because \sqrt{3\cos^2 x + \cos^4 x} = |\cos x|\sqrt{3+\cos^2 x} = |\cos x|\sqrt{3+(1-\sin^2 x)}$$

$$= -\cos x\sqrt{4-\sin^2 x},\ \forall \frac{\pi}{2} < x < \pi$$

令 $t = \sin x$ 则 $dt = \cos x\, dx$，藉由变数代换法

则 $\displaystyle\int_{\frac{\pi}{2}}^{\pi} \sqrt{3\cos^2 x + \cos^4 x}\, dx = \int_{\frac{\pi}{2}}^{\pi} -\cos x\sqrt{4-\sin^2 x}\, dx = \int_0^1 \sqrt{4-t^2}dt$

令 $t = 2\sin\theta$ 则 $dt = 2\cos\theta d\theta$，藉由变数代换法

则 $\displaystyle\int_0^1 \sqrt{4-t^2}dt = \int_0^{\frac{\pi}{6}} \sqrt{2^2-(2\sin\theta)^{\,2}}\,(2\cos\theta)d\theta = \int_0^{\frac{\pi}{6}} 4\cos^2\theta\, d\theta$

$$= 4\int_0^{\frac{\pi}{6}} \frac{1+\cos 2\theta\, d\theta}{2} = 2\left(\theta + \frac{\sin 2\theta}{2}\right)\Big|_0^{\frac{\pi}{6}} = \frac{\pi}{3} + \frac{\sqrt{3}}{2}$$

Example 17.

求 $\int_0^3 \sqrt{x^2+9}dx = ?$

【解】

令 $x = 3\tan\theta$ 则 $dx = 3\sec^2\theta d\theta$，藉由变数代换法

则 $\int_0^3 \sqrt{x^2+9}dx = \int_0^{\frac{\pi}{4}} \sqrt{(3\tan\theta)^2+9}\,(3\sec^2\theta)d\theta = 9\int_0^{\frac{\pi}{4}} \sec^3\theta d\theta$

$\because \int \sec^3\theta d\theta = \sec\theta\tan\theta + \int \sec\theta\, d\theta = \frac{1}{2}(\sec\theta\tan\theta + \ln|\tan\theta + \sec\theta|) + c$

$\therefore \int_0^3 \sqrt{x^2+9}dx = 9\int_0^{\frac{\pi}{4}} \sec^3\theta d\theta = \frac{9}{2}(\sec\theta\tan\theta + \ln|\tan\theta+\sec\theta|)\,\Big|_0^{\frac{\pi}{4}}$

$= \frac{9}{2}\left(\sqrt{2} + \ln(\sqrt{2}+1)\right)$

Example 18.

求 $\int_1^2 \frac{dx}{\sqrt{x^2-1}} = ?$

【解】

令$x = \sec\theta$ 则 $dx = \sec\theta\tan\theta\ d\theta$，藉由变数代换法

则 $\int_1^2 \frac{dx}{\sqrt{x^2-1}} = \int_0^{\frac{\pi}{3}} \frac{\sec\theta\tan\theta\ d\theta}{\sqrt{(\sec\theta)^2-1}} = \int_0^{\frac{\pi}{3}} \frac{\sec\theta\tan\theta\ d\theta}{\sqrt{\tan^2\theta}} = \int_0^{\frac{\pi}{3}} \sec\theta d\theta$

$= \ln|\tan\theta + \sec\theta|_0^{\frac{\pi}{3}} = \ln(2+\sqrt{3})$

Example 19.

求 $\int_0^4 \frac{3x^3}{\sqrt{9+x^2}}dx = ?$

【解】

令 $x = 3\tan t$ 则 $dx = 3\sec^2 t\, dt$，藉由变数代换法

$\therefore \int_0^4 \frac{3x^3dx}{\sqrt{9+x^2}} = \int_0^{\tan^{-1}\frac{4}{3}} \frac{9\cdot 27\cdot\tan^3 t\cdot\sec^2 t\, dt}{\sqrt{9+9\tan^2 t}} = \int_0^{\tan^{-1}\frac{4}{3}} \frac{9\cdot 27\cdot\tan^3 t\cdot\sec^2 t}{3\sec t}dt$

$$= \int_0^{\tan^{-1}\frac{4}{3}} 81 \cdot \tan^3 t \cdot \sec t \, dt = 81 \int_0^{\tan^{-1}\frac{4}{3}} (\sec^2 t - 1) \cdot \tan t \ \sec t \, dt$$

令 $u = \sec t$ 则 $du = \tan t \sec t \, dt$，藉由变数代换法

则 $81 \int_0^{\tan^{-1}\frac{4}{3}} (\sec^2 t - 1) \cdot \tan t \ \sec t \, dt = 81 \int_1^{\frac{5}{3}} (u^2 - 1) \, du = 81 \left(\frac{u^3}{3} - u \right) \Big|_1^{\frac{5}{3}}$

$$= 81 \left(\frac{1}{3} \cdot \left(\frac{125}{27} - 1 \right) - \frac{2}{3} \right) = 44$$

Example 20.

求 $\int_0^{2\sqrt{2}} \frac{x^2}{\sqrt{16 - x^2}} dx = ?$

【解】

令 $x = 4\sin\theta$ 则 $dx = 4\cos\theta d\theta$，藉由变数代换法

则 $\int_0^{2\sqrt{2}} \frac{x^2}{\sqrt{16 - x^2}} dx = \int_0^{\frac{\pi}{4}} \frac{16\sin^2\theta \cdot 4\cos\theta d\theta}{\sqrt{16 - 16\sin^2\theta}} = 16 \int_0^{\frac{\pi}{4}} \sin^2\theta \, d\theta$

$$= 16 \int_0^{\frac{\pi}{4}} \frac{1 - \cos 2\theta}{2} d\theta = 16 \left(\frac{1}{2} \cdot \frac{\pi}{4} - \frac{\sin 2\theta}{4} \Big|_0^{\frac{\pi}{4}} \right) = 2\pi - 4$$

Example 21.

求 $\int_a^b \frac{1}{(x^2 + 2x + 5)^2} dx = ?$，$\forall a, b \in R$

【解】

$$\because \frac{1}{(x^2 + 2x + 5)^2} = \frac{1}{((x+1)^2 + 4)^2} = \frac{1}{16\left(\left(\frac{x+1}{2} \right)^2 + 1 \right)^2}$$

令$t = \frac{x+1}{2}$ 则 $dt = \frac{dx}{2}$，藉由变数代换法

则 $\int \frac{1}{(x^2 + 2x + 5)^2} dx = \int \frac{1}{16\left(\left(\frac{x+1}{2} \right)^2 + 1 \right)^2} dx = \frac{1}{8} \int \frac{1}{(t^2 + 1)^2} dt$

令$t=\tan\theta$ 则 $dt=\sec^2\theta\, d\theta$，藉由变数代换法

则 $\frac{1}{8}\int\frac{1}{(t^2+1)^2}dt=\frac{1}{8}\int\frac{\sec^2\theta}{\sec^4\theta}d\theta=\frac{1}{8}\int\cos^2\theta\, d\theta=\frac{1}{8}\int\frac{1+\cos 2\theta}{2}d\theta$

$=\frac{1}{8}\left(\frac{\theta}{2}+\frac{\sin 2\theta}{4}\right)+c=\frac{1}{8}\left(\frac{\tan^{-1}t}{2}+\frac{\sin\theta\cos\theta}{2}\right)=\frac{1}{8}\left(\frac{\tan^{-1}t}{2}+\frac{t}{2(t^2+1)}\right)+c$

$$=\frac{1}{8}\left(\frac{\tan^{-1}\left(\frac{x+1}{2}\right)}{2}+\frac{\frac{x+1}{2}}{2\left(\left(\frac{x+1}{2}\right)^2+1\right)}\right)+c$$

令 $a,b\in R$ 则 $\int_a^b\frac{1}{(x^2+2x+5)^2}dx$

$$=\frac{1}{8}\left(\frac{\tan^{-1}\left(\frac{b+1}{2}\right)}{2}+\frac{\frac{b+1}{2}}{2\left(\left(\frac{b+1}{2}\right)^2+1\right)}-\frac{\tan^{-1}\left(\frac{a+1}{2}\right)}{2}-\frac{\frac{a+1}{2}}{2\left(\left(\frac{a+1}{2}\right)^2+1\right)}\right)$$

5.3.1.5 使用半角代换法

考试类型:

Type 1.

求 $\int_a^b\frac{f(\sin nx,\cos nx)}{g(\sin nx,\cos nx)}dx=?$

与不定积分相同，当被积分函数为有理式且分子分母只出现$\sin x,\cos x$或常数时，尝试使用半角代换法

解题流程:

Step1.

令$t=\tan\frac{nx}{2}$ 则 $x=\frac{2\tan^{-1}t}{n}\Rightarrow dx=\frac{2}{n(1+t^2)}dt$

$\because t=\tan\frac{nx}{2}\quad\therefore\sin\frac{nx}{2}=\frac{t}{\sqrt{1+t^2}}$ 且 $\cos\frac{nx}{2}=\frac{1}{\sqrt{1+t^2}}$

Step2.

藉由两倍角公式 $\sin nx=2\sin\frac{nx}{2}\cos\frac{nx}{2}=2\cdot\frac{t}{\sqrt{1+t^2}}\cdot\frac{1}{\sqrt{1+t^2}}=\frac{2t}{1+t^2}$

且 $\cos nx=\cos^2\frac{nx}{2}-\sin^2\frac{nx}{2}=\frac{1}{1+t^2}-\frac{t^2}{1+t^2}=\frac{1-t^2}{1+t^2}$

Step3.

$$\therefore\int_a^b\frac{f(\sin nx\,,\cos nx)}{g(\sin nx\,,\cos nx)}dx=\int_{\tan\frac{na}{2}}^{\tan\frac{nb}{2}}\frac{f\left(\frac{2t}{1+t^2},\frac{1-t^2}{1+t^2}\right)}{g\left(\frac{2t}{1+t^2},\frac{1-t^2}{1+t^2}\right)}\cdot\frac{2}{n(1+t^2)}dt$$

<u>范例说明:</u>

(I) 当 $f(x,y)=1,\ g(x,y)=\alpha x+\beta y+\gamma,\ n=1$

$$\int_a^b\frac{1}{\alpha\sin x+\beta\cos x+\gamma}dx=\int_{\tan\frac{a}{2}}^{\tan\frac{b}{2}}\frac{f\left(\frac{2t}{1+t^2},\frac{1-t^2}{1+t^2}\right)}{g\left(\frac{2t}{1+t^2},\frac{1-t^2}{1+t^2}\right)}\cdot\frac{2dt}{(1+t^2)}$$

$$=\int_{\tan\frac{a}{2}}^{\tan\frac{b}{2}}\frac{1}{\frac{2\alpha t+\beta(1-t^2)+\gamma(1+t^2)}{1+t^2}}\cdot\frac{2dt}{(1+t^2)}=\int_{\tan\frac{a}{2}}^{\tan\frac{b}{2}}\frac{2dt}{t^2(\gamma-\beta)+2\alpha t+\beta+\gamma}$$

(II) 当 $f(x,y)=\frac{1}{y},\ g(x,y)=\frac{2x}{y}+\frac{1}{y}-1,\ n=1$

$$\int_a^b\frac{\sec x}{2\tan x+\sec x-1}dx=\int_{\tan\frac{a}{2}}^{\tan\frac{b}{2}}\frac{f\left(\frac{2t}{1+t^2},\frac{1-t^2}{1+t^2}\right)}{g\left(\frac{2t}{1+t^2},\frac{1-t^2}{1+t^2}\right)}\cdot\frac{2dt}{(1+t^2)}$$

$$=\int_{\tan\frac{a}{2}}^{\tan\frac{b}{2}}\frac{\frac{1+t^2}{1-t^2}}{\frac{4t+1+t^2-1+t^2}{1-t^2}}\cdot\frac{2}{(1+t^2)}dt=\int_{\tan\frac{a}{2}}^{\tan\frac{b}{2}}\frac{1}{t(2+t)}dt$$

<u>补充说明:</u>

相当于藉由半角代换法转换成求有理式积分的问题:

$$\int_a^b\frac{f(\sin nx\,,\cos nx)}{g(\sin nx\,,\cos nx)}dx=?\overset{\text{半角代换法}}{\Longleftrightarrow}\int_{\tan\frac{na}{2}}^{\tan\frac{nb}{2}}\frac{P(t)}{Q(t)}dt$$

Example 1.

$$求\int_a^b \frac{dx}{\sin x+\cos x}=?,\quad \forall\, 0<a,b<\frac{\pi}{4}$$

【解】

令 $t=\tan\frac{x}{2}$ 则 $dx=\frac{2}{1+t^2}dt,\quad \sin x=\frac{2t}{1+t^2}$ 且 $\cos x=\frac{1-t^2}{1+t^2},$

藉由变数代换法

$$\therefore \int \frac{dx}{\sin x+\cos x}=\int \frac{1}{\left(\frac{2t}{1+t^2}+\frac{1-t^2}{1+t^2}\right)}\cdot\frac{2}{1+t^2}dt=\int\frac{2dt}{2t+(1-t^2)}$$

$$=\int\frac{2dt}{(\sqrt{2})^2-(t-1)^2}=2\int\frac{1}{\sqrt{2}+(t-1)}\cdot\frac{1}{\sqrt{2}-(t-1)}dt$$

$$=\frac{2}{2\sqrt{2}}\int\frac{1}{\sqrt{2}+(t-1)}+\frac{1}{\sqrt{2}-(t-1)}dt=\frac{1}{\sqrt{2}}\ln\left|\frac{\sqrt{2}+(t-1)}{\sqrt{2}-(t-1)}\right|+c$$

$$=\frac{1}{\sqrt{2}}\ln\left|\frac{\sqrt{2}+(\tan\frac{x}{2}-1)}{\sqrt{2}-(\tan\frac{x}{2}-1)}\right|+c$$

令 $0<a,b<\frac{\pi}{4}$ 则 $\int_a^b\frac{dx}{\sin x+\cos x}=\frac{1}{\sqrt{2}}\left(\ln\frac{\sqrt{2}+(\tan\frac{b}{2}-1)}{\sqrt{2}-(\tan\frac{b}{2}-1)}-\ln\frac{\sqrt{2}+(\tan\frac{a}{2}-1)}{\sqrt{2}-(\tan\frac{a}{2}-1)}\right)$

Example 2.

$$求\int_a^b\frac{dx}{1+\sin x-\cos x}=?,\quad \forall\, 0<a,b<\pi$$

【解】

令$t=\tan\frac{x}{2}$ 则 $dx=\frac{2}{1+t^2}dt,\quad \sin x=\frac{2t}{1+t^2}$ 且 $\cos x=\frac{1-t^2}{1+t^2}$

藉由变数代换法

$$\int\frac{dx}{1+\sin x-\cos x}=\int\frac{2dt}{\left(1+\frac{2t}{1+t^2}-\frac{1-t^2}{1+t^2}\right)(1+t^2)}=\int\frac{2dt}{1+t^2+2t-1+t^2}$$

$$=\int\frac{2dt}{2t^2+2t}=\int\frac{dt}{t(t+1)}=\ln\left|\frac{t}{t+1}\right|+c=\ln\left|\frac{\tan\frac{x}{2}}{1+\tan\frac{x}{2}}\right|+c$$

令 $0<a,b<\pi$ 则 $\displaystyle\int_a^b\frac{dx}{1+\sin x-\cos x}=\ln\frac{\tan\frac{b}{2}}{1+\tan\frac{b}{2}}-\ln\frac{\tan\frac{a}{2}}{1+\tan\frac{a}{2}}$

Example 3.

求 $\displaystyle\int_a^b\frac{dx}{3+\cos x}=?$，$\forall a,b\in R$

【解】

令 $t=\tan\frac{x}{2}$ 则 $dx=\frac{2}{1+t^2}dt$ 且 $\cos x=\frac{1-t^2}{1+t^2}$，藉由变数代换法

$$\int\frac{dx}{3+\cos x}=\int\frac{1}{3+\frac{1-t^2}{1+t^2}}\cdot\frac{2}{1+t^2}dt=\int\frac{2dt}{3(1+t^2)+1-t^2}=\int\frac{2dt}{2t^2+4}$$

$$=\int\frac{dt}{t^2+2}=\frac{1}{2}\int\frac{dt}{\left(\frac{t}{\sqrt{2}}\right)^2+1}=\frac{\sqrt{2}}{2}\tan^{-1}\frac{t}{\sqrt{2}}+c=\frac{\sqrt{2}}{2}\tan^{-1}\left(\frac{\tan\frac{x}{2}}{\sqrt{2}}\right)+c$$

令 $a,b\in R$ 则 $\displaystyle\int_a^b\frac{dx}{3+\cos x}=\frac{\sqrt{2}}{2}\left(\tan^{-1}\frac{\tan\frac{b}{2}}{\sqrt{2}}-\tan^{-1}\frac{\tan\frac{a}{2}}{\sqrt{2}}\right)$

Example 4.

求 $\displaystyle\int_a^b\frac{x+\sin x}{1+\cos x}dx=?$，$\forall-\pi\le a,b\le\pi$

【解】

$$\because\int\frac{x+\sin x}{1+\cos x}dx=\int\frac{x}{1+\cos x}dx+\int\frac{\sin x}{1+\cos x}dx$$

$$\because\int\frac{x}{1+\cos x}dx=\int\frac{xdx}{2\cos^2\frac{x}{2}}=\int\frac{x}{2}\sec^2\frac{x}{2}dx$$

令 $u=x$, $dv=\sec^2\frac{x}{2}dx$ 则 $du=dx$, $v=2\tan\frac{x}{2}$，藉由分部积分法

$$\therefore\int\frac{x}{1+\cos x}dx=\int\frac{x}{2}\sec^2\frac{x}{2}dx=\frac{1}{2}\left(2x\tan\frac{x}{2}-\int 2\tan\frac{x}{2}dx\right)$$

$$\because\int\frac{\sin x}{1+\cos x}dx=\int\frac{2\sin\frac{x}{2}\cos\frac{x}{2}dx}{2\cos^2\frac{x}{2}}=\int\frac{\sin\frac{x}{2}dx}{\cos\frac{x}{2}}=\int\tan\frac{x}{2}dx+c$$

$\therefore\int\frac{x+\sin x}{1+\cos x}dx=x\tan\frac{x}{2}+c$，令 $-\pi\le a,b\le\pi$ 则 $\int_a^b\frac{x+\sin x}{1+\cos x}dx=b\tan\frac{b}{2}-a\tan\frac{a}{2}$

Example 5.

求 $\int_a^b\frac{dx}{2-\sin x+\cos x}=?$，$\forall a,b\in R$

【解】

令$t=\tan\frac{x}{2}$ 则 $dx=\frac{2}{1+t^2}dt$, $\sin x=\frac{2t}{1+t^2}$ 且 $\cos x=\frac{1-t^2}{1+t^2}$

藉由变数代换法

$$\therefore\int\frac{dx}{2-\sin x+\cos x}=\int\frac{1}{\left(2-\frac{2t}{1+t^2}+\frac{1-t^2}{1+t^2}\right)}\cdot\frac{2}{1+t^2}dt=\int\frac{2dt}{2+2t^2-2t+1-t^2}$$

$$=\int\frac{2dt}{t^2-2t+3}=\int\frac{2dt}{(t-1)^2+(\sqrt{2})^2}=\frac{1}{2}\int\frac{2dt}{\left(\frac{t-1}{\sqrt{2}}\right)^2+1}=\sqrt{2}\tan^{-1}\frac{\mathrm{t}-1}{\sqrt{2}}+c$$

$$=\sqrt{2}\tan^{-1}\frac{\tan\frac{x}{2}-1}{\sqrt{2}}+c$$

令$a,b\in R$ 则 $\int_a^b\frac{dx}{2-\sin x+\cos x}=\sqrt{2}\left(\tan^{-1}\frac{\tan\frac{b}{2}-1}{\sqrt{2}}-\tan^{-1}\frac{\tan\frac{a}{2}-1}{\sqrt{2}}\right)$

Example 6.

求 $\int_a^b\frac{dx}{3+2\cos x+\sin x}=?$，$\forall a,b\in R$

【解】

令$t=\tan\frac{x}{2}$ 则 $dx=\frac{2}{1+t^2}dt$，$\sin x=\frac{2t}{1+t^2}$ 且 $\cos x=\frac{1-t^2}{1+t^2}$

藉由变数代换法

$$\therefore\int\frac{dx}{3+2\cos x+\sin x}=\int\frac{1}{3+2\left(\frac{1-t^2}{1+t^2}\right)+\frac{2t}{1+t^2}}\cdot\frac{2}{1+t^2}dt$$

$$=\int\frac{2dt}{3(1+t^2)+2(1-t^2)+2t}=\int\frac{2dt}{t^2+2t+5}=\int\frac{2dt}{(t+1)^2+4}$$

$$=\frac{1}{2}\int\frac{dt}{\left(\frac{t+1}{2}\right)^2+1}=\tan^{-1}\frac{t+1}{2}+c=\tan^{-1}\frac{\tan\frac{x}{2}+1}{2}+c$$

令$a,b\in R$ 则 $\int_a^b\frac{dx}{3+2\cos x+\sin x}=\tan^{-1}\frac{\tan\frac{b}{2}+1}{2}-\tan^{-1}\frac{\tan\frac{a}{2}+1}{2}$

Example 7.

求 $\int_a^b\frac{dx}{5+\cos 2x}=?$，$\forall a,b\in R$

【解】

令 $t=\tan x$ 则 $dx=\frac{1}{1+t^2}dt$ 且 $\cos 2x=\frac{1-t^2}{1+t^2}$，藉由变数代换法

$$\int\frac{dx}{5+\cos 2x}=\int\frac{1}{5+\frac{1-t^2}{1+t^2}}\cdot\frac{1}{1+t^2}dt=\int\frac{dt}{5(1+t^2)+1-t^2}=\int\frac{dt}{4t^2+6}$$

$$=\frac{1}{6}\int\frac{dt}{\left(\sqrt{\frac{2}{3}}t\right)^2+1}=\frac{\sqrt{3}}{6\sqrt{2}}\tan^{-1}\left(\sqrt{\frac{2}{3}}t\right)+c=\frac{\sqrt{3}}{6\sqrt{2}}\tan^{-1}\left(\sqrt{\frac{2}{3}}\tan x\right)+c$$

令 $a,b\in R$ 则 $\int_a^b\frac{dx}{5+\cos 2x}=\frac{\sqrt{3}}{6\sqrt{2}}\left(\tan^{-1}\left(\sqrt{\frac{2}{3}}\tan b\right)-\tan^{-1}\left(\sqrt{\frac{2}{3}}\tan a\right)\right)$

Example 8.

$$求\int_a^b \frac{dx}{\cos^4 x+\sin^4 x}=?,\quad \forall a,b\in R$$

【解】

$\because \cos^4 x+\sin^4 x = (\cos^2 x+\sin^2 x)^2-2\sin^2 x\cos^2 x$

$$=1-2\sin^2 x\cos^2 x=1-2\left(\frac{\sin 2x}{2}\right)^2=1-\frac{1-\cos^2 2x}{2}=\frac{1}{2}+\frac{1}{2}\left(\frac{1+\cos 4x}{2}\right)$$

$$\therefore \int\frac{dx}{\cos^4 x+\sin^4 x}=\int\frac{dx}{\frac{1}{2}+\frac{1}{4}(1+\cos 4x)}$$

令$t=\tan 2x$ 则 $dx=\dfrac{1}{2(1+t^2)}dt$ 且 $\cos 4x=\dfrac{1-t^2}{1+t^2}$，藉由变数代换法

$$\therefore \int\frac{dx}{\frac{1}{2}+\frac{1}{4}(1+\cos 4x)}=\int\frac{\frac{1}{2(1+t^2)}dt}{\frac{1}{2}+\frac{1}{4}\left(1+\frac{1-t^2}{1+t^2}\right)}=\int\frac{2dt}{3(1+t^2)+1-t^2}$$

$$=\int\frac{dt}{t^2+2}=\frac{1}{2}\int\frac{dt}{\left(\frac{t}{\sqrt{2}}\right)^2+1}=\frac{\sqrt{2}}{2}\tan^{-1}\frac{\mathrm{t}}{\sqrt{2}}+c=\frac{\sqrt{2}}{2}\tan^{-1}\frac{\tan 2x}{\sqrt{2}}+c$$

令 $a,b\in R$ 则 $\displaystyle\int_a^b\frac{dx}{\cos^4 x+\sin^4 x}=\frac{\sqrt{2}}{2}\left(\tan^{-1}\frac{\tan 2b}{\sqrt{2}}-\tan^{-1}\frac{\tan 2a}{\sqrt{2}}\right)$

5.3.2 求黎曼和

取 $P_n=\left\{x_i: x_i=\dfrac{k}{n},\forall\, 0\le k\le n\right\}$使得 $\Delta x_i=\dfrac{1}{n}$

將 $\displaystyle\lim_{n\to\infty}\frac{1}{n}\sum_{k=1}^{n}a_{n,k}=?$的问题转换成找函数 $f(x)$使得$f\left(\dfrac{k}{n}\right)=a_{n,k}$，$\forall 1\le k\le n$

如果找到的 $f(x)$于$[0,1]$区间可黎曼积分则 $\displaystyle\lim_{\|P\|\to 0}R(P,f,\xi)=\int_0^1 f(x)dx$

$\therefore \lim_{n\to\infty}\frac{1}{n}\sum_{k=1}^{n}a_{n,k}=\lim_{n\to\infty}\frac{1}{n}\sum_{k=1}^{n}f\left(\frac{k}{n}\right)=\int_0^1 f(x)dx$，接著求 $\int_a^b f(x)dx=?$

当无法直接求此定积分时需藉由变量代换法、分部积分法与半角代换法⋯等方法求之；若此定积分为有理式的定积分则将被积分函数拆解为数个较易求得定积分值的函数；若此定积分为无理式的定积分则藉由三角函数结合变量代换法解题

考试类型:

Type 1.

求 $\lim_{n\to\infty}\frac{1}{n}\sum_{k=1}^{n}a_{n,k}=?$

解题流程:

Step1.

取 $P_n=\left\{x_i: x_i=\frac{k}{n},\forall\, 0\le k\le n\right\}$ 使得 $\Delta x_i=\frac{1}{n}$

找于[0,1]可黎曼积分$f(x)$使得 $f\left(\frac{k}{n}\right)=a_{n,k}$ 则 $\lim_{n\to\infty}\frac{1}{n}\sum_{k=1}^{n}a_{n,k}=\lim_{n\to\infty}\frac{1}{n}\sum_{k=1}^{n}f\left(\frac{k}{n}\right)$

Step2.

$\because f(x)$于[0,1]区间可黎曼积分　$\therefore \lim_{\|P\|\to 0}R(P,f,\xi)=\int_0^1 f(x)dx$

$\Rightarrow \lim_{n\to\infty}\frac{1}{n}\sum_{k=1}^{n}a_{n,k}=\lim_{n\to\infty}\frac{1}{n}\sum_{k=1}^{n}f\left(\frac{k}{n}\right)=\int_0^1 f(x)dx$，求 $\int_0^1 f(x)dx=?$

<u>范例说明:</u>

(I)求 $\lim_{n\to\infty}\frac{1}{n}\sum_{k=1}^{n}\frac{1}{2+\frac{k}{n}}=?$

令$f(x)=\frac{1}{2+x}$ 取 $P_n=\left\{x_i: x_i=\frac{i}{n},\forall\, 0\le i\le n\right\}$ 使得 $\Delta x=\frac{1}{n}$

(II)求 $\lim_{n\to\infty}\frac{1}{n}\sum_{k=1}^{n}\left(\frac{k}{n}\right)^{p}$ =?

令$f(x)=x^p$ 取 $P_n=\left\{x_i: x_i=\frac{i}{n}, \forall\, 0\le i\le n\right\}$ 使得 $\Delta x=\frac{1}{n}$

(III)求 $\lim_{n\to\infty}\frac{1}{n}\left(\sum_{k=1}^{n}\frac{1}{3+\left(\frac{k}{n}\right)^2}\right)$ =?

令$f(x)=\frac{1}{3+x^2}$ 取 $P_n=\left\{x_i: x_i=\frac{i}{n}, \forall\, 0\le i\le n\right\}$使得 $\Delta x=\frac{1}{n}$

Type 2.

求 $\lim_{n\to\infty}\sum_{k=1}^{n}a_{n,k}$ =?

解题流程:

Step1.

找$b_{n,k}$ 使得 $a_{n,k}=\frac{b_{n,k}}{n}$, $\forall n\in N$, $k\le n$ 则 $\lim_{n\to\infty}\sum_{k=1}^{n}a_{n,k}=\lim_{n\to\infty}\frac{1}{n}\sum_{k=1}^{n}b_{n,k}$

Step2.

取 $P_n=\left\{x_i: x_i=\frac{k}{n}, \forall\, 0\le k\le n\right\}$使得 $\Delta x_i=\frac{1}{n}$

找于[0,1]可黎曼积分$f(x)$使得 $f\left(\frac{k}{n}\right)=b_{n,k}$ 则 $\lim_{n\to\infty}\frac{1}{n}\sum_{k=1}^{n}b_{n,k}=\lim_{n\to\infty}\frac{1}{n}\sum_{k=1}^{n}f\left(\frac{k}{n}\right)$

Step3.

$\because$ $f(x)$于[0,1]区间可黎曼积分 $\therefore \lim_{\|P\|\to 0}R(P,f,\xi)=\int_0^1 f(x)dx$

$$\Rightarrow \lim_{n\to\infty}\sum_{k=1}^{n}a_{n,k}=\lim_{n\to\infty}\frac{1}{n}\sum_{k=1}^{n}b_{n,k}=\lim_{n\to\infty}\frac{1}{n}\sum_{k=1}^{n}f\left(\frac{k}{n}\right)=\int_0^1 f(x)dx$$

Step4.

求 $\int_0^1 f(x)dx = ?$

<u>范例说明:</u>

(I) 求 $\lim_{n\to\infty} \frac{n}{3n^2+1^2} + \frac{n}{3n^2+2^2} + \cdots + \frac{n}{3n^2+n^2} = ?$

$$\because \lim_{n\to\infty} \frac{n}{3n^2+1^2} + \frac{n}{3n^2+2^2} + \cdots + \frac{n}{3n^2+n^2} = \lim_{n\to\infty} \frac{1}{n}\left(\sum_{k=1}^{n} \frac{1}{3+\left(\frac{k}{n}\right)^2}\right)$$

令 $f(x) = \frac{1}{3+x^2}$ 取 $P_n = \left\{x_i : x_i = \frac{i}{n}, \forall\, 0 \le i \le n\right\}$ 使得 $\Delta x = \frac{1}{n}$

(II) 求 $\lim_{n\to\infty} \sum_{k=1}^{n} \ln \sqrt[n]{\left(2+\frac{k}{n}\right)} = ?$

$$\because \ln \sqrt[n]{\left(2+\frac{k}{n}\right)} = \frac{1}{n} \ln\left(2+\frac{k}{n}\right)$$

令 $f(x) = \ln(2+x)$ 取 $P_n = \left\{x_i : x_i = \frac{i}{n}, \forall\, 0 \le i \le n\right\}$ 使得 $\Delta x = \frac{1}{n}$

(III) 求 $\lim_{n\to\infty} \frac{1}{\sqrt{n^2+1^2}} + \frac{1}{\sqrt{n^2+2^2}} + \cdots + \frac{1}{\sqrt{n^2+n^2}} = ?$

$$\because \frac{1}{\sqrt{n^2+1^2}} + \frac{1}{\sqrt{n^2+2^2}} + \cdots + \frac{1}{\sqrt{n^2+n^2}} = \frac{1}{n}\left(\frac{1}{\sqrt{1+\left(\frac{1}{n}\right)^2}} + \frac{1}{\sqrt{1+\left(\frac{2}{n}\right)^2}} + \cdots + \frac{1}{\sqrt{1+\left(\frac{n}{n}\right)^2}}\right)$$

令 $f(x) = \frac{1}{\sqrt{1+x^2}}$ 取 $P_n = \left\{x_i : x_i = \frac{i}{n}\ \forall\, 0 \le i \le n\right\}$ 使得 $\Delta x = \frac{1}{n}$

Type 3.

求 $\frac{\lim_{n\to\infty} \sum_{k=1}^{n} a_{n,k}}{\lim_{n\to\infty} \sum_{k=1}^{n} b_{n,k}} = ?$

解题流程:

Step1.

取 $P_n=\left\{x_i: x_i=\frac{k}{n}, \forall\, 0\le k\le n\right\}$ 使得 $\Delta x_i=\frac{1}{n}$, $\because \frac{\lim_{n\to\infty}\sum_{k=1}^{n}a_{n,k}}{\lim_{n\to\infty}\sum_{k=1}^{n}b_{n,k}}=\frac{\lim_{n\to\infty}\frac{1}{n}\sum_{k=1}^{n}a_{n,k}}{\lim_{n\to\infty}\frac{1}{n}\sum_{k=1}^{n}b_{n,k}}$

Step2.

找于[0,1]可黎曼积分$f(x)$使得 $f\left(\frac{k}{n}\right)=a_{n,k}$, 找于[0,1]可黎曼积分$g(x)$使得$g\left(\frac{k}{n}\right)=b_{n,k}$

则 $\lim_{n\to\infty}\frac{1}{n}\sum_{k=1}^{n}a_{n,k}=\lim_{n\to\infty}\frac{1}{n}\sum_{k=1}^{n}f\left(\frac{k}{n}\right)$ and $\lim_{n\to\infty}\frac{1}{n}\sum_{k=1}^{n}b_{n,k}=\lim_{n\to\infty}\frac{1}{n}\sum_{k=1}^{n}g\left(\frac{k}{n}\right)$

Step3.

$\because$ $f(x), g(x)$于[0,1]区间可黎曼积分

$\therefore \lim_{\|P\|\to 0}R(P,f,\xi)=\int_0^1 f(x)dx$ 且 $\lim_{\|P\|\to 0}R(P,g,\xi)=\int_0^1 g(x)dx$

$$\therefore \lim_{n\to\infty}\frac{1}{n}\sum_{k=1}^{n}a_{n,k}=\lim_{n\to\infty}\frac{1}{n}\sum_{k=1}^{n}f\left(\frac{k}{n}\right)=\int_0^1 f(x)dx$$

$$且 \lim_{n\to\infty}\frac{1}{n}\sum_{k=1}^{n}b_{n,k}=\lim_{n\to\infty}\frac{1}{n}\sum_{k=1}^{n}g\left(\frac{k}{n}\right)=\int_0^1 g(x)dx$$

Step4.

求 $\int_0^1 f(x)dx=?$ and $\int_0^1 g(x)dx=?$

<u>范例说明:</u>

(I)求 $\lim_{n\to\infty}\frac{\sum_{k=1}^{n}k^3\sum_{k=1}^{n}k^6}{\sum_{k=1}^{n}k^4\sum_{k=1}^{n}k^5}=?$

$$\because \frac{\sum_{k=1}^{n}k^3\sum_{k=1}^{n}k^6}{\sum_{k=1}^{n}k^4\sum_{k=1}^{n}k^5}=\frac{\frac{1}{n}\left(\sum_{k=1}^{n}\left(\frac{k}{n}\right)^3\right)\frac{1}{n}\left(\sum_{k=1}^{n}\left(\frac{k}{n}\right)^6\right)}{\frac{1}{n}\left(\sum_{k=1}^{n}\left(\frac{k}{n}\right)^4\right)\frac{1}{n}\left(\sum_{k=1}^{n}\left(\frac{k}{n}\right)^5\right)}$$

令$f_1(x)=x^3$, $f_2(x)=x^6$, $f_3(x)=x^4$, $f_4(x)=x^5$,

取 $P_n=\left\{x_i: x_i=\frac{i}{n}, \forall\, 0\le i\le n\right\}$使得 $\Delta x=\frac{1}{n}$

(II) 求 $\lim_{n\to\infty}\frac{\left(\sum_{k=1}^{n}k^{\alpha}\right)^{\beta+1}}{\left(\sum_{k=1}^{n}k^{\beta}\right)^{\alpha+1}}=?$, $\forall\,\alpha,\beta>0$

$$\because\ \frac{\left(\sum_{k=1}^{n}k^{\alpha}\right)^{\beta+1}}{\left(\sum_{k=1}^{n}k^{\beta}\right)^{\alpha+1}}=\frac{n^{(\beta+1)(-1-\alpha)}\left(\sum_{k=1}^{n}k^{\alpha}\right)^{\beta+1}}{n^{(\alpha+1)(-1-\beta)}\left(\sum_{k=1}^{n}k^{\beta}\right)^{\alpha+1}}=\frac{\left(\frac{1}{n}\sum_{k=1}^{n}\left(\frac{k}{n}\right)^{\alpha}\right)^{\beta+1}}{\left(\frac{1}{n}\sum_{k=1}^{n}\left(\frac{k}{n}\right)^{\beta}\right)^{\alpha+1}}$$

令$f(x)=x^{\alpha}$, $g(x)=x^{\beta}$ 取 $P_n=\left\{x_i: x_i=\frac{i}{n},\forall\,0\le i\le n\right\}$使得 $\Delta x=\frac{1}{n}$

Type 4.

求 $\lim_{n\to\infty}\sum_{k=1}^{n}\ln\left(a_{n,k}\right)^{\frac{1}{n}}=?$

解题流程:

Step1.

$$\because\ \ln\left(a_{n,k}\right)^{\frac{1}{n}}=\frac{1}{n}\ln a_{n,k}\quad\therefore\ \lim_{n\to\infty}\sum_{k=1}^{n}\ln\left(a_{n,k}\right)^{\frac{1}{n}}=\lim_{n\to\infty}\frac{1}{n}\sum_{k=1}^{n}\ln a_{n,k}$$

Step2.

取 $P_n=\left\{x_i: x_i=\frac{k}{n},\forall\,0\le k\le n\right\}$使得 $\Delta x_i=\frac{1}{n}$

找于[0,1]可黎曼积分$f(x)$使得$f\left(\frac{k}{n}\right)=\ln a_{n,k}$ 则 $\lim_{n\to\infty}\frac{1}{n}\sum_{k=1}^{n}\ln a_{n,k}=\lim_{n\to\infty}\frac{1}{n}\sum_{k=1}^{n}f\left(\frac{k}{n}\right)$

Step3.

$\because\ f(x)$于[0,1]区间可黎曼积分 $\therefore\ \lim_{\|P\|\to 0}R(P,f,\xi)=\int_0^1 f(x)dx$

$$\therefore\ \lim_{n\to\infty}\sum_{k=1}^{n}\ln\left(a_{n,k}\right)^{\frac{1}{n}}=\lim_{n\to\infty}\frac{1}{n}\sum_{k=1}^{n}\ln a_{n,k}=\lim_{n\to\infty}\frac{1}{n}\sum_{k=1}^{n}f\left(\frac{k}{n}\right)=\int_0^1 f(x)dx$$

Step4.

求 $\int_0^1 f(x)dx=?$

<u>范例说明:</u>

(I) 求 $\lim_{n\to\infty}\sum_{k=1}^{n}\ln\sqrt[n]{\left(2+\frac{k}{n}\right)}=?$

$\because \ln\sqrt[n]{\left(2+\frac{k}{n}\right)} = \frac{1}{n}\ln\left(2+\frac{k}{n}\right)$

令$f(x)=\ln(2+x)$ 取 $P_n=\left\{x_i: x_i=\frac{i}{n}, \forall\, 0\le i\le n\right\}$使得 $\Delta x=\frac{1}{n}$

Type 5.

求 $\lim_{n\to\infty}\left(\prod_{k=1}^{n}a_{n,k}\right)^{\frac{1}{n}}=?$

解题流程:

Step1.

$$\because \left(\prod_{k=1}^{n}a_{n,k}\right)^{\frac{1}{n}} = \exp\left(\frac{1}{n}\ln\prod_{k=1}^{n}a_{n,k}\right) = \exp\left(\frac{1}{n}\sum_{k=1}^{n}\ln a_{n,k}\right)$$

$$\therefore \lim_{n\to\infty}\left(\prod_{k=1}^{n}a_{n,k}\right)^{\frac{1}{n}} = \exp\left(\lim_{n\to\infty}\frac{1}{n}\sum_{k=1}^{n}\ln a_{n,k}\right)$$

Step2.

取 $P_n=\left\{x_i: x_i=\frac{k}{n}, \forall\, 0\le k\le n\right\}$使得 $\Delta x_i=\frac{1}{n}$

找于[0,1]可黎曼积分$f(x)$使得 $f\left(\frac{k}{n}\right)=\ln a_{n,k}$ 则 $\lim_{n\to\infty}\frac{1}{n}\sum_{k=1}^{n}\ln a_{n,k} = \lim_{n\to\infty}\frac{1}{n}\sum_{k=1}^{n}f\left(\frac{k}{n}\right)$

Step3.

$\because$ $f(x)$于[0,1]区间可黎曼积分 $\therefore \lim_{\|P\|\to 0}R(P,f,\xi)=\int_0^1 f(x)dx$

$$\therefore \lim_{n\to\infty}\left(\prod_{k=1}^{n}a_{n,k}\right)^{\frac{1}{n}} = \exp\left(\lim_{n\to\infty}\frac{1}{n}\sum_{k=1}^{n}\ln a_{n,k}\right) = \exp\left(\lim_{n\to\infty}\frac{1}{n}\sum_{k=1}^{n}f\left(\frac{k}{n}\right)\right) = \exp\left(\int_0^1 f(x)dx\right)$$

$\Rightarrow$ 求 $\int_0^1 f(x)dx = ?$

<u>范例说明:</u>

(I) 求 $\lim_{n\to\infty}\left(\frac{(3n)!}{2n!\,n^n}\right)^{\frac{1}{n}} = ?$

$$\because \left(\frac{(3n)!}{2n!\,n^n}\right)^{\frac{1}{n}} = \left(\frac{1\cdot 2\cdot 3\cdot\cdots 2n(2n+1)\cdots 3n}{1\cdot 2\cdot 3\cdot\cdots 2n\cdot n^n}\right)^{\frac{1}{n}} = \left(\frac{(2n+1)\cdots(2n+n)}{n^n}\right)^{\frac{1}{n}}$$

$$= \exp\left(\frac{1}{n}\ln\left(\frac{(2n+1)\cdots(2n+n)}{n^n}\right)\right) = \exp\left(\frac{1}{n}\left(\ln\left(2+\frac{1}{n}\right)+\ln\left(2+\frac{2}{n}\right)+\cdots+\ln\left(2+\frac{n}{n}\right)\right)\right)$$

令 $f(x) = \ln(2+x)$，取 $P_n = \left\{x_i : x_i = \frac{i}{n}, \forall\, 0 \le i \le n\right\}$ 使得 $\Delta x = \frac{1}{n}$

Example 1.

求 $\lim_{n\to\infty}\frac{1}{n^4}(1^3+2^3+\cdots+n^3) = ?$

【解】

$$\because \lim_{n\to\infty}\frac{1}{n^4}(1^3+2^3+\cdots+n^3) = \lim_{n\to\infty}\frac{1}{n^4}\sum_{k=1}^{n}k^3 = \lim_{n\to\infty}\frac{1}{n}\sum_{k=1}^{n}\left(\frac{k}{n}\right)^3$$

令 $f(x) = x^3$ 取 $P_n = \left\{x_i : x_i = \frac{i}{n}, \forall\, 0 \le i \le n\right\}$ 使得 $\Delta x = \frac{1}{n}$

$$\therefore \lim_{n\to\infty}\frac{1}{n^4}(1^3+2^3+\cdots+n^3) = \lim_{n\to\infty}\frac{1}{n}\sum_{k=1}^{n}\left(\frac{k}{n}\right)^3 = \lim_{n\to\infty}\Delta x\sum_{k=1}^{n}f(x_k) = \int_0^1 f(x)dx$$

$$= \int_0^1 x^3 dx = \frac{1}{4}$$

Example 2.

(1) 求 $\lim_{n\to\infty}\frac{1}{2n+1}+\frac{1}{2n+2}+\cdots+\frac{1}{2n+n} = ?$

(2)求 $\lim_{n\to\infty}\frac{1}{p\cdot n+1}+\frac{1}{p\cdot n+2}+\cdots+\frac{1}{p\cdot n+n}=?$，$\forall p>0$

【解】

(1)

$$\because \lim_{n\to\infty}\frac{1}{2n+1}+\frac{1}{2n+2}+\cdots+\frac{1}{2n+n}=\lim_{n\to\infty}\frac{1}{n}\sum_{k=1}^{n}\frac{1}{2+\frac{k}{n}}$$

令 $f(x)=\frac{1}{2+x}$ 取 $P_n=\left\{x_i: x_i=\frac{i}{n}, \forall\, 0\le i\le n\right\}$ 使得 $\Delta x=\frac{1}{n}$

$$\therefore \lim_{n\to\infty}\frac{1}{2n+1}+\frac{1}{2n+2}+\cdots+\frac{1}{2n+n}=\lim_{n\to\infty}\frac{1}{n}\sum_{k=1}^{n}\frac{1}{2+\frac{k}{n}}=\lim_{n\to\infty}\Delta x\sum_{k=1}^{n}f(x_k)$$

$$=\int_0^1 f(x)dx=\int_0^1\frac{1}{2+x}dx=\ln(x+2)|_0^1=\ln\frac{3}{2}$$

(2)

令 $p>0$

$$\because \lim_{n\to\infty}\frac{1}{p\cdot n+1}+\frac{1}{p\cdot n+2}+\cdots+\frac{1}{p\cdot n+n}=\lim_{n\to\infty}\frac{1}{n}\sum_{k=1}^{n}\frac{1}{p+\frac{k}{n}}$$

令 $f(x)=\frac{1}{p+x}$ 取 $P_n=\left\{x_i: x_i=\frac{i}{n}, \forall\, 0\le i\le n\right\}$ 使得 $\Delta x=\frac{1}{n}$

$$\therefore \lim_{n\to\infty}\frac{1}{p\cdot n+1}+\frac{1}{p\cdot n+2}+\cdots+\frac{1}{p\cdot n+n}=\lim_{n\to\infty}\frac{1}{n}\sum_{k=1}^{n}\frac{1}{p+\frac{k}{n}}$$

$$=\lim_{n\to\infty}\Delta x\sum_{k=1}^{n}f(x_k)=\int_0^1 f(x)dx=\int_0^1\frac{1}{p+x}dx=\ln(x+p)|_0^1=\ln\frac{p+1}{p}$$

Example 3.

(1)求 $\lim_{n\to\infty}\frac{1}{n^{p+1}}(1^p+2^p+\cdots+n^p)=?$，$\forall p>0$

(2)求 $\lim_{n\to\infty}\frac{n}{3n^2+1^2}+\frac{n}{3n^2+2^2}+\cdots+\frac{n}{3n^2+n^2}=?$

【解】

(1)

令 $p>0$

$$\because \lim_{n\to\infty}\frac{1^p+2^p+\cdots+n^p}{n^{p+1}}=\lim_{n\to\infty}\frac{1}{n}\left(\left(\frac{1}{n}\right)^p+\left(\frac{2}{n}\right)^p+\cdots+\left(\frac{n}{n}\right)^p\right)=\lim_{n\to\infty}\frac{1}{n}\sum_{k=1}^{n}\left(\frac{k}{n}\right)^p$$

令 $f(x)=x^p$ 取 $P_n=\left\{x_i: x_i=\frac{i}{n}, \forall\, 0\le i\le n\right\}$ 使得 $\Delta x=\frac{1}{n}$

$$\therefore \lim_{n\to\infty}\frac{1}{n^{p+1}}(1^p+2^p+\cdots+n^p)=\lim_{n\to\infty}\frac{1}{n}\sum_{k=1}^{n}\left(\frac{k}{n}\right)^p=\lim_{n\to\infty}\Delta x\sum_{k=1}^{n}f(x_k)$$

$$=\int_0^1 f(x)dx=\int_0^1 x^p dx=\frac{1}{p+1}$$

(2)

$$\because \lim_{n\to\infty}\frac{n}{3n^2+1^2}+\frac{n}{3n^2+2^2}+\cdots+\frac{n}{3n^2+n^2}$$

$$=\lim_{n\to\infty}\frac{1}{n^2}\left(\frac{n}{3+\left(\frac{1}{n}\right)^2}+\frac{n}{3+\left(\frac{2}{n}\right)^2}+\cdots+\frac{n}{3+\left(\frac{n}{n}\right)^2}\right)$$

$$=\lim_{n\to\infty}\frac{1}{n}\left(\frac{1}{3+\left(\frac{1}{n}\right)^2}+\frac{1}{3+\left(\frac{2}{n}\right)^2}+\cdots+\frac{1}{3+\left(\frac{n}{n}\right)^2}\right)=\lim_{n\to\infty}\frac{1}{n}\left(\sum_{k=1}^{n}\frac{1}{3+\left(\frac{k}{n}\right)^2}\right)$$

令 $f(x)=\frac{1}{3+x^2}$ 取 $P_n=\left\{x_i: x_i=\frac{i}{n}, \forall\, 0\le i\le n\right\}$ 使得 $\Delta x=\frac{1}{n}$

$$\therefore \lim_{n\to\infty}\frac{n}{3n^2+1^2}+\frac{n}{3n^2+2^2}+\cdots+\frac{n}{3n^2+n^2}=\lim_{n\to\infty}\frac{1}{n}\left(\sum_{k=1}^{n}\frac{1}{3+\left(\frac{k}{n}\right)^2}\right)=\lim_{n\to\infty}\Delta x\sum_{k=1}^{n}f(x_k)$$

$$=\int_0^1 f(x)dx=\int_0^1\frac{1}{3+x^2}dx=\frac{1}{3}\int_0^1\frac{1}{1+(\frac{x}{\sqrt{3}})^2}dx=\frac{1}{\sqrt{3}}\tan^{-1}\frac{x}{\sqrt{3}}\Big|_0^1=\frac{\pi}{6\sqrt{3}}$$

Example 4.

(1)求 $\lim_{n\to\infty}\frac{1}{n}\sum_{k=1}^{n}\sqrt{\frac{9k}{n}}=?$

(2)求 $\lim_{n\to\infty}\sum_{k=1}^{n}\ln\sqrt[n]{\left(2+\frac{k}{n}\right)}=?$

【解】

(1)

$$\because \lim_{n\to\infty}\frac{1}{n}\sum_{k=1}^{n}\sqrt{\frac{9k}{n}}=\lim_{n\to\infty}\frac{1}{n}\sum_{k=1}^{n}3\sqrt{\frac{k}{n}}$$

令$f(x)=3\sqrt{x}$，取 $P_n=\left\{x_i: x_i=\frac{i}{n},\forall\, 0\le i\le n\right\}$使得 $\Delta x=\frac{1}{n}$

$$\therefore \lim_{n\to\infty}\frac{1}{n}\sum_{k=1}^{n}\sqrt{\frac{9k}{n}}=\lim_{n\to\infty}\frac{1}{n}\sum_{k=1}^{n}3\sqrt{\frac{k}{n}}=\lim_{n\to\infty}\Delta x\sum_{k=1}^{n}f(x_k)=\int_0^1 f(x)dx=3\int_0^1\sqrt{x}dx=2$$

(2)

$$\because \ln\sqrt[n]{\left(2+\frac{k}{n}\right)}=\frac{1}{n}\ln\left(2+\frac{k}{n}\right)$$

令$f(x)=\ln(2+x)$ 取 $P_n=\left\{x_i: x_i=\frac{i}{n},\forall\, 0\le i\le n\right\}$使得 $\Delta x=\frac{1}{n}$

$$\therefore \lim_{n\to\infty}\sum_{k=1}^{n}\ln\sqrt[n]{\left(2+\frac{k}{n}\right)}=\lim_{n\to\infty}\frac{1}{n}\sum_{k=1}^{n}\ln\left(2+\frac{k}{n}\right)=\lim_{n\to\infty}\Delta x\sum_{k=1}^{n}f(x_k)$$

$$=\int_0^1 f(x)dx=\int_0^1\ln(2+x)\,dx$$

令 $u=\ln(2+x)$，$dv=dx$ 则 $du=\frac{dx}{2+x}$，$v=x$，by integration by parts,

$$\therefore \int_0^1\ln(2+x)\,dx=x\ln(2+x)\big|_0^1-\int_0^1\frac{x}{2+x}dx=\ln 3-\int_0^1\frac{2+x-2}{2+x}dx$$

$$=\ln 3-\left(1-2\ln(2+x)\big|_0^1\right)=\ln 3-1+2\ln\frac{3}{2}$$

$$\therefore \lim_{n\to\infty}\sum_{k=1}^{n}\ln\sqrt[n]{\left(2+\frac{k}{n}\right)}=\ln 3-1+2\ln\frac{3}{2}$$

Example 5.

$$求 \lim_{n\to\infty}\frac{\sum_{k=1}^{n}\frac{1}{(k+3n)^2(k-4n)}}{\sum_{k=1}^{n}\frac{1}{(k+3n)(k-4n)^2}}=?$$

【解】

$$\because \frac{\sum_{k=1}^{n}\frac{1}{(k+3n)^2(k-4n)}}{\sum_{k=1}^{n}\frac{1}{(k+3n)(k-4n)^2}}=\frac{\frac{\sum_{k=1}^{n}\frac{1}{\left(\frac{k}{n}+3\right)^2(\frac{k}{n}-4)}}{n^3}}{\frac{\sum_{k=1}^{n}\frac{1}{(\frac{k}{n}+3)(\frac{k}{n}-4)^2}}{n^3}}=\frac{\frac{\sum_{k=1}^{n}\frac{1}{\left(\frac{k}{n}+3\right)^2(\frac{k}{n}-4)}}{n}}{\frac{\sum_{k=1}^{n}\frac{1}{(\frac{k}{n}+3)(\frac{k}{n}-4)^2}}{n}}$$

令 $f(x)=\frac{1}{(x+3)^2(x-4)}$, $g(x)=\frac{1}{(x+3)(x-4)^2}$

取 $P_n=\left\{x_i: x_i=\frac{i}{n}\ \ \forall\, 0\le i\le n\right\}$使得 $\Delta x=\frac{1}{n}$

$$\therefore \lim_{n\to\infty}\frac{\sum_{k=1}^{n}\frac{1}{(k+3n)^2(k-4n)}}{\sum_{k=1}^{n}\frac{1}{(k+3n)(k-4n)^2}}=\lim_{n\to\infty}\frac{\frac{1}{n}\sum_{k=1}^{n}\frac{1}{\left(\frac{k}{n}+3\right)^2(\frac{k}{n}-4)}}{\frac{1}{n}\sum_{k=1}^{n}\frac{1}{(\frac{k}{n}+3)(\frac{k}{n}-4)^2}}$$

$$=\frac{\lim\limits_{n\to\infty}\Delta x\sum_{k=1}^{n}f(x_k)}{\lim\limits_{n\to\infty}\Delta x\sum_{k=1}^{n}g(x_k)}=\frac{\int_0^1 f(x)dx}{\int_0^1 g(x)dx}=\frac{\int_0^1\frac{1}{(x+3)^2(x-4)}dx}{\int_0^1\frac{1}{(x+3)(x-4)^2}dx}$$

$$\because \frac{1}{(x+3)^2(x-4)}=\frac{-\frac{1}{7}}{(x+3)^2}+\frac{-\frac{1}{49}}{x+3}+\frac{\frac{1}{49}}{x-4}$$

且 $\dfrac{1}{(x+3)(x-4)^2}=\dfrac{\frac{1}{49}}{x+3}+\dfrac{-\frac{1}{49}}{x-4}+\dfrac{\frac{1}{7}}{(x-4)^2}$

$$\therefore \frac{\int_0^1 \frac{1}{(x+3)^2(x-4)}dx}{\int_0^1 \frac{1}{(x+3)(x-4)^2}dx}=\frac{\int_0^1 \frac{-\frac{1}{7}}{(x+3)^2}+\frac{-\frac{1}{49}}{x+3}+\frac{\frac{1}{49}}{x-4}dx}{\int_0^1 \frac{\frac{1}{49}}{x+3}+\frac{-\frac{1}{49}}{x-4}+\frac{\frac{1}{7}}{(x-4)^2}dx}$$

$$\because \int_0^1 \frac{\frac{1}{7}}{(x-4)^2}dx=\frac{-1}{7}(x-4)^{-1}|_0^1=\frac{-1}{7}(\frac{-1}{3}+\frac{1}{4})$$

$$\int_0^1 \frac{-\frac{1}{7}}{(x+3)^2}dx=\frac{1}{7}(x+3)^{-1}|_0^1=\frac{1}{7}(\frac{1}{4}-\frac{1}{3})$$

$$\therefore \int_0^1 \frac{-\frac{1}{7}}{(x+3)^2}+\frac{-\frac{1}{49}}{x+3}+\frac{\frac{1}{49}}{x-4}dx=-\int_0^1 \frac{\frac{1}{49}}{x+3}+\frac{-\frac{1}{49}}{x-4}+\frac{\frac{1}{7}}{(x-4)^2}dx$$

$$\therefore \frac{\int_0^1 \frac{1}{(x+3)^2(x-4)}dx}{\int_0^1 \frac{1}{(x+3)(x-4)^2}dx}=\frac{\int_0^1 \frac{-\frac{1}{7}}{(x+3)^2}+\frac{-\frac{1}{49}}{x+3}+\frac{\frac{1}{49}}{x-4}dx}{\int_0^1 \frac{\frac{1}{49}}{x+3}+\frac{-\frac{1}{49}}{x-4}+\frac{\frac{1}{7}}{(x-4)^2}dx}=-1$$

Example 6.

(1)求 $\lim\limits_{n\to\infty}\dfrac{1}{n^{p+1}}\sum\limits_{k=1}^{n}k^p=?,\ \ \forall\, p>-1$

(2)求 $\lim\limits_{n\to\infty}\dfrac{1}{n^{10}}\sum\limits_{k=1}^{n}k^8(k^2-(k-1)^2)=?$

【解】

(1)

令 $p > -1$, $\because \frac{1}{n^{p+1}}\sum_{k=1}^{n} k^p = \frac{1}{n}\sum_{k=1}^{n}\left(\frac{k}{n}\right)^p$

令$f(x) = x^p$ 取 $P_n = \left\{x_i : x_i = \frac{i}{n}, \forall\, 0 \le i \le n\right\}$ 使得 $\Delta x = \frac{1}{n}$

$\therefore \lim_{n\to\infty}\frac{1}{n^{p+1}}\sum_{k=1}^{n} k^p = \lim_{n\to\infty}\frac{1}{n}\sum_{k=1}^{n}\left(\frac{k}{n}\right)^p = \lim_{n\to\infty}\Delta x\sum_{k=1}^{n} f(x_k) = \int_0^1 f(x)dx = \int_0^1 x^p dx = \frac{1}{p+1}$

(2)

$\because \frac{1}{n^{10}}\sum_{k=1}^{n} k^8(k^2-(k-1)^2) = \frac{1}{n}\sum_{k=1}^{n}\left(\frac{k}{n}\right)^8\left(\frac{2k-1}{n}\right)$

令$f(x) = x^8 \cdot 2x$, $g(x) = x^8$ 取 $P_n = \left\{x_i : x_i = \frac{i}{n}\ \ \forall\, 0 \le i \le n\right\}$ 使得 $\Delta x = \frac{1}{n}$

Claim: $\lim_{n\to\infty}\frac{1}{n}\sum_{k=1}^{n}\left(\frac{k}{n}\right)^8\left(\frac{-1}{n}\right) = 0$

$\lim_{n\to\infty}\frac{1}{n}\sum_{k=1}^{n}\left(\frac{k}{n}\right)^8\left(\frac{-1}{n}\right) = -\lim_{n\to\infty}\Delta x\sum_{k=1}^{n} g(x_k)\frac{1}{n} = -\lim_{n\to\infty}\frac{1}{n}\cdot\int_0^1 g(x)dx = 0$

$\therefore \lim_{n\to\infty}\frac{1}{n}\sum_{k=1}^{n}\left(\frac{k}{n}\right)^8\left(\frac{2k-1}{n}\right) = \lim_{n\to\infty}\frac{1}{n}\sum_{k=1}^{n}\left(\frac{k}{n}\right)^8\left(\frac{2k}{n}\right) = \lim_{n\to\infty}\Delta x\sum_{k=1}^{n} f(x_k)$

$= \int_0^1 f(x)dx = 2\int_0^1 x^9 dx = \frac{1}{5}$

Example 7.

求 $\lim_{n\to\infty}\frac{1}{n}\left(\left(\frac{1}{n}\right)^9 + \left(\frac{2}{n}\right)^9 + \cdots + \left(\frac{n}{n}\right)^9\right) =?$

【解】

令$f(x) = x^9$ 取 $P_n = \left\{x_i : x_i = \frac{i}{n}, \forall\, 0 \le i \le n\right\}$使得 $\Delta x = \frac{1}{n}$

$$\therefore \lim_{n\to\infty}\frac{1}{n}\left(\left(\frac{1}{n}\right)^9+\left(\frac{2}{n}\right)^9+\cdots+\left(\frac{n}{n}\right)^9\right)=\lim_{n\to\infty}\frac{1}{n}\sum_{k=1}^{n}\left(\frac{k}{n}\right)^9=\lim_{n\to\infty}\Delta x\sum_{k=1}^{n}f(x_k)=\int_0^1 f(x)dx$$

$$=\int_0^1 x^9dx=\frac{1}{10}$$

Example 8.

$$求\ \lim_{n\to\infty}\frac{1}{n}\left(\sqrt{1-\cos\frac{2\pi}{n}}+\sqrt{1-\cos\frac{4\pi}{n}}+\cdots+\sqrt{1-\cos\frac{2n\pi}{n}}\right)=?$$

【解】

令$f(x)=(1-\cos 2x\pi)^{\frac{1}{2}}$ 取 $P_n=\left\{x_i\colon x_i=\frac{i}{n},\forall\, 0\le i\le n\right\}$使得 $\Delta x=\frac{1}{n}$

$$\therefore \lim_{n\to\infty}\frac{1}{n}\left(\sqrt{1-\cos\frac{2\pi}{n}}+\sqrt{1-\cos\frac{4\pi}{n}}+\cdots+\sqrt{1-\cos\frac{2n\pi}{n}}\right)$$

$$=\lim_{n\to\infty}\frac{1}{n}\sum_{k=1}^{n}\left(1-\cos\frac{2k\pi}{n}\right)^{\frac{1}{2}}=\lim_{n\to\infty}\Delta x\sum_{k=1}^{n}f(x_k)=\int_0^1 f(x)dx$$

$$=\int_0^1(1-\cos 2x\pi)^{\frac{1}{2}}dx=\sqrt{2}\int_0^1\sin(x\pi)\,dx=-\frac{\sqrt{2}}{\pi}\cos(x\pi)\Big|_0^1=\frac{2\sqrt{2}}{\pi}$$

Example 9.

$$求\ \lim_{n\to\infty}\sum_{k=1}^{n}\frac{\pi}{4n}\tan\frac{k\pi}{4n}=?$$

【解】

令$f(x)=\frac{\pi}{4}\tan\frac{\pi x}{4}$ 取 $P_n=\left\{x_i\colon x_i=\frac{i}{n},\forall\, 0\le i\le n\right\}$使得 $\Delta x=\frac{1}{n}$

$$\therefore \lim_{n\to\infty}\sum_{k=1}^{n}\frac{\pi}{4n}\tan\frac{k\pi}{4n}=\lim_{n\to\infty}\frac{1}{n}\sum_{k=1}^{n}\frac{\pi}{4}\tan\frac{k\pi}{4n}=\lim_{n\to\infty}\Delta x\sum_{k=1}^{n}f(x_k)=\int_0^1 f(x)dx$$

$$= \int_0^1 \frac{\pi}{4}\tan\frac{\pi x}{4}dx = -\ln\cos\frac{\pi x}{4}\Big|_0^1 = \ln\sqrt{2}$$

Example 10.

求 $\lim_{n\to\infty}\frac{\pi}{n}\left(\cos\frac{\pi}{6n}+\cos\frac{2\pi}{6n}+\cdots+\cos\frac{n\pi}{6n}\right)=?$

【解】

$$\because \frac{\pi}{n}\left(\cos\frac{\pi}{6n}+\cos\frac{2\pi}{6n}+\cdots+\cos\frac{n\pi}{6n}\right)=\frac{\pi}{n}\sum_{k=1}^{n}\cos\frac{\pi}{6}\cdot\frac{k}{n}$$

令 $f(x)=\pi\cos\frac{\pi x}{6}$ 取 $P_n=\left\{x_i: x_i=\frac{i}{n}\ \ \forall\, 0\le i\le n\right\}$ 使得 $\Delta x=\frac{1}{n}$

$$\therefore \lim_{n\to\infty}\frac{\pi}{n}\left(\cos\frac{\pi}{6n}+\cos\frac{2\pi}{6n}+\cdots+\cos\frac{n\pi}{6n}\right)=\lim_{n\to\infty}\frac{\pi}{n}\sum_{k=1}^{n}\cos\frac{\pi}{6}\cdot\frac{k}{n}$$

$$=\lim_{n\to\infty}\Delta x\sum_{k=1}^{n}f(x_k)=\int_0^1 f(x)dx=\int_0^1\pi\cos\frac{\pi x}{6}dx=6\sin\frac{\pi x}{6}\Big|_0^1=3$$

Example 11.

(1)求 $\lim_{n\to\infty}\frac{1}{n^{\frac{2}{3}}}\left(1+\frac{1}{\sqrt[3]{2}}+\cdots+\frac{1}{\sqrt[3]{n}}\right)=?$

(2)求 $\lim_{n\to\infty}\frac{1}{n^{1-\frac{1}{p}}}\left(1+\frac{1}{\sqrt[p]{2}}+\cdots+\frac{1}{\sqrt[p]{n}}\right)=?$, $\forall p>1$

【解】

(1)

$$\because \frac{1}{n^{\frac{2}{3}}}\left(1+\frac{1}{\sqrt[3]{2}}+\cdots+\frac{1}{\sqrt[3]{n}}\right)=\frac{1}{n}\left(\frac{1}{\sqrt[3]{\frac{1}{n}}}+\frac{1}{\sqrt[3]{\frac{2}{n}}}+\cdots+\frac{1}{\sqrt[3]{\frac{n}{n}}}\right)$$

令 $f(x)=\frac{1}{\sqrt[3]{x}}$ 取 $P_n=\left\{x_i: x_i=\frac{i}{n},\forall\, 0\le i\le n\right\}$使得 $\Delta x=\frac{1}{n}$

$$\therefore \lim_{n\to\infty}\frac{1}{n^{\frac{2}{3}}}\left(1+\frac{1}{\sqrt[3]{2}}+\cdots+\frac{1}{\sqrt[3]{n}}\right)=\lim_{n\to\infty}\frac{1}{n}\left(\frac{1}{\sqrt[3]{\frac{1}{n}}}+\frac{1}{\sqrt[3]{\frac{2}{n}}}+\cdots+\frac{1}{\sqrt[3]{\frac{n}{n}}}\right)$$

$$=\lim_{n\to\infty}\Delta x\sum_{k=1}^{n}f(x_k)=\int_0^1 f(x)dx=\int_0^1\frac{1}{\sqrt[3]{x}}dx=\left.\frac{3x^{\frac{2}{3}}}{2}\right|_{x=0}^{x=1}=\frac{3}{2}$$

(2)

$$令\ p>1,\quad \because \frac{1}{n^{1-\frac{1}{p}}}\left(1+\frac{1}{\sqrt[p]{2}}+\cdots+\frac{1}{\sqrt[p]{n}}\right)=\frac{1}{n}\left(\frac{1}{\sqrt[p]{\frac{1}{n}}}+\frac{1}{\sqrt[p]{\frac{2}{n}}}+\cdots+\frac{1}{\sqrt[p]{\frac{n}{n}}}\right)$$

令$f(x)=x^{-\frac{1}{p}}$ 取 $P_n=\left\{x_i: x_i=\frac{i}{n}, \forall\, 0\le i\le n\right\}$使得 $\Delta x=\frac{1}{n}$

$$\therefore \lim_{n\to\infty}\frac{1}{n^{1-\frac{1}{p}}}\left(1+\frac{1}{\sqrt[p]{2}}+\cdots+\frac{1}{\sqrt[p]{n}}\right)=\lim_{n\to\infty}\frac{1}{n}\left(\frac{1}{\sqrt[p]{\frac{1}{n}}}+\frac{1}{\sqrt[p]{\frac{2}{n}}}+\cdots+\frac{1}{\sqrt[p]{\frac{n}{n}}}\right)$$

$$=\lim_{n\to\infty}\Delta x\sum_{k=1}^{n}f(x_k)=\int_0^1 f(x)dx=\int_0^1 x^{-\frac{1}{p}}dx=\left.\frac{p}{p-1}x^{\frac{p-1}{p}}\right|_0^1=\frac{p}{p-1}$$

Example 12.

$$求\ \lim_{n\to\infty}\frac{1}{n^7}\sum_{k=1}^{n}k^5(k^2-(k-1)^2)=?$$

【解】

$$\because \frac{1}{n^7}\sum_{k=1}^{n}k^5(k^2-(k-1)^2)=\frac{1}{n^7}\sum_{k=1}^{n}k^5(2k-1)=\frac{2}{n}\sum_{k=1}^{n}\left(\frac{k}{n}\right)^6-\frac{1}{n}\sum_{k=1}^{n}\left(\frac{k}{n}\right)^5\cdot\frac{1}{n}$$

令 $f_1(x)=2x^6$, $f_2(x)=x^5$ 取 $P_n=\left\{x_i: x_i=\frac{i}{n}, \forall\, 0\le i\le n\right\}$ 使得 $\Delta x=\frac{1}{n}$

$$\therefore \lim_{n\to\infty}\frac{1}{n^7}\sum_{k=1}^{n}k^5(k^2-(k-1)^2)=\lim_{n\to\infty}\frac{2}{n}\sum_{k=1}^{n}\left(\frac{k}{n}\right)^6-\frac{1}{n}\sum_{k=1}^{n}\left(\frac{k}{n}\right)^5\cdot\frac{1}{n}$$

$$\because \lim_{n\to\infty}\frac{1}{n}\sum_{k=1}^{n}\left(\frac{k}{n}\right)^5\cdot\frac{1}{n}=\lim_{n\to\infty}\frac{1}{n}\left(\Delta x\sum_{k=1}^{n}f(x_k)\right)=\lim_{n\to\infty}\frac{1}{n}\left(\int_0^1 f_2(x)dx\right)=0$$

$$\therefore \lim_{n\to\infty}\frac{1}{n^7}\sum_{k=1}^{n}k^5(k^2-(k-1)^2)=\int_0^1 f_1(x)dx=2\int_0^1 x^6dx=\frac{2}{7}$$

Example 13.

求 $\lim_{n\to\infty}\frac{1}{n}\left(\tan\frac{1}{n}+\tan\frac{2}{n}+\cdots+\tan\frac{n}{n}\right)=?$

【解】

令 $f(x)=\tan x$ 取 $P_n=\left\{x_i: x_i=\frac{i}{n},\forall\, 0\le i\le n\right\}$ 使得 $\Delta x=\frac{1}{n}$

$$\therefore \lim_{n\to\infty}\frac{1}{n}\left(\tan\frac{1}{n}+\tan\frac{2}{n}+\cdots+\tan\frac{n}{n}\right)=\lim_{n\to\infty}\frac{1}{n}\sum_{k=1}^{n}\tan\frac{k}{n}=\lim_{n\to\infty}\Delta x\sum_{k=1}^{n}f(x_k)$$

$$=\int_0^1 f(x)dx=\int_0^1 \tan x\,dx$$

$\because \int \tan x\,dx=\int\frac{\sin x}{\cos x}dx$，令$u=\cos x$ 则 $du=-\sin x\,dx$，藉由变换代换法

$$\therefore \int \tan x\,dx=\int\frac{\sin x}{\cos x}dx=-\int\frac{du}{u}=-\ln|u|+c=-\ln|\cos x|+c$$

$$\therefore \lim_{n\to\infty}\frac{1}{n}\left(\tan\frac{1}{n}+\tan\frac{2}{n}+\cdots+\tan\frac{n}{n}\right)=\int_0^1 \tan x\,dx=-\ln\cos 1$$

Example 14.

求 $\lim_{n\to\infty}\frac{1}{\sqrt{n^2+1^2}}+\frac{1}{\sqrt{n^2+2^2}}+\cdots+\frac{1}{\sqrt{n^2+n^2}}=?$

【解】

$$\because \frac{1}{\sqrt{n^2+1^2}}+\frac{1}{\sqrt{n^2+2^2}}+\cdots+\frac{1}{\sqrt{n^2+n^2}}$$

$$=\frac{1}{n}\left(\frac{1}{\sqrt{1+\left(\frac{1}{n}\right)^2}}+\frac{1}{\sqrt{1+\left(\frac{2}{n}\right)^2}}+\cdots+\frac{1}{\sqrt{1+\left(\frac{n}{n}\right)^2}}\right)$$

令$f(x)=\dfrac{1}{\sqrt{1+x^2}}$ 取 $P_n=\left\{x_i: x_i=\dfrac{i}{n}\ \forall\, 0\le i\le n\right\}$ 使得 $\Delta x=\dfrac{1}{n}$

$$\therefore \lim_{n\to\infty}\frac{1}{\sqrt{n^2+1^2}}+\frac{1}{\sqrt{n^2+2^2}}+\cdots+\frac{1}{\sqrt{n^2+n^2}}$$

$$=\lim_{n\to\infty}\frac{1}{n}\left(\frac{1}{\sqrt{1+\left(\frac{1}{n}\right)^2}}+\frac{1}{\sqrt{1+\left(\frac{2}{n}\right)^2}}+\cdots+\frac{1}{\sqrt{1+\left(\frac{n}{n}\right)^2}}\right)$$

$$=\lim_{n\to\infty}\Delta x\sum_{k=1}^{n}f(x_k)=\int_0^1 f(x)dx=\int_0^1\frac{1}{\sqrt{1+x^2}}dx$$

令$x=\tan\theta$ 则 $dx=\sec^2\theta\, d\theta$，藉由变数代换法

$$\therefore \int_0^1\frac{1}{\sqrt{1+x^2}}dx=\int_0^{\frac{\pi}{4}}\frac{\sec^2\theta\, d\theta}{\sqrt{1+\tan^2\theta}}=\int_0^{\frac{\pi}{4}}\sec\theta d\theta=\ln(\sec\theta+\tan\theta)\Big|_0^{\frac{\pi}{4}}=\ln(1+\sqrt{2})$$

Example 15.

$$\text{求}\ \lim_{n\to\infty}\frac{1}{n}((2n+1)(2n+2)\cdots(2n+n))^{\frac{1}{n}}=?$$

【解】

$$\because \frac{1}{n}((2n+1)(2n+2)\cdots(2n+n))^{\frac{1}{n}}=\left(\frac{(2n+1)(2n+2)\cdots(2n+n)}{n^n}\right)^{\frac{1}{n}}$$

$$=\exp\left(\frac{1}{n}\ln\left(\frac{(2n+1)(2n+2)\cdots(2n+n)}{n^n}\right)\right)$$

$$=\exp\left(\frac{1}{n}\left(\ln\left(2+\frac{1}{n}\right)+\ln\left(2+\frac{2}{n}\right)+\cdots+\ln\left(2+\frac{n}{n}\right)\right)\right)$$

令$f(x)=\ln(2+x)$ 取 $P_n=\left\{x_i: x_i=\dfrac{i}{n},\forall\, 0\le i\le n\right\}$使得 $\Delta x=\dfrac{1}{n}$

$$\therefore \lim_{n\to\infty}\frac{1}{n}((2n+1)(2n+2)\cdots(2n+n))^{\frac{1}{n}}$$

$$= \lim_{n\to\infty} \exp\left(\frac{1}{n}\left(\ln\left(2+\frac{1}{n}\right)+\ln\left(2+\frac{2}{n}\right)+\cdots+\ln\left(2+\frac{n}{n}\right)\right)\right)$$

$$= \exp\left(\lim_{n\to\infty} \Delta x \sum_{k=1}^{n} f(x_k)\right) = \exp\left(\int_0^1 f(x)dx\right) = \exp\left(\int_0^1 \ln(2+x)\,dx\right)$$

令 $u = \ln(2+x)$，$dv = dx$ 则 $du = \frac{dx}{2+x}$，$v = x$，藉由分部积分法

$$\int_0^1 \ln(2+x)\,dx = x\ln(2+x)\big|_0^1 - \int_0^1 \frac{x}{2+x}dx = \ln 3 - \int_0^1 \frac{2+x-2}{2+x}dx$$

$$= \ln 3 - 1 + 2\int_0^1 \frac{1}{2+x}dx = \ln 3 - 1 + 2\ln(2+x)\big|_0^1 = \ln 3 - 1 + 2\ln\frac{3}{2}$$

$$\therefore \lim_{n\to\infty} \frac{1}{n}((2n+1)(2n+2)\cdots(2n+n))^{\frac{1}{n}} = \exp\left(\ln 3 - 1 + 2\ln\frac{3}{2}\right)$$

Example 16.

$$求\ \lim_{n\to\infty} \frac{1}{n}\left(\sqrt{1+\cos\frac{\pi}{n}}+\sqrt{1+\cos\frac{2\pi}{n}}+\cdots+\sqrt{1+\cos\frac{n\pi}{n}}\right) = ?$$

【解】

令$f(x) = (1+\cos x\pi)^{\frac{1}{2}}$ 取 $P_n = \left\{x_i : x_i = \frac{i}{n}, \forall\, 0 \le i \le n\right\}$使得 $\Delta x = \frac{1}{n}$

$$\therefore \lim_{n\to\infty} \frac{1}{n}\left(\sqrt{1+\cos\frac{\pi}{n}}+\sqrt{1+\cos\frac{2\pi}{n}}+\cdots+\sqrt{1+\cos\frac{n\pi}{n}}\right)$$

$$= \lim_{n\to\infty} \frac{1}{n}\sum_{k=1}^{n}\left(1+\cos\frac{k\pi}{n}\right)^{\frac{1}{2}} = \lim_{n\to\infty} \Delta x \sum_{k=1}^{n} f(x_k) = \int_0^1 f(x)dx = \int_0^1 (1+\cos x\pi)^{\frac{1}{2}}dx$$

$$\because \cos^2\frac{x\pi}{2} = \frac{1+\cos x\pi}{2}$$

$$\therefore \int_0^1 (1+\cos x\pi)^{\frac{1}{2}}dx = \sqrt{2}\int_0^1 \cos\frac{x\pi}{2}dx = \frac{2\sqrt{2}}{\pi}\sin\frac{x\pi}{2}\bigg|_0^1 = \frac{2\sqrt{2}}{\pi}$$

Example 17.

$$求\ \lim_{n\to\infty}\sum_{k=0}^{n-1}\frac{\sqrt{n^2-k^2}}{n^2}=?$$

【解】

$$\because \sum_{k=0}^{n-1}\frac{\sqrt{n^2-k^2}}{n^2}=\frac{1}{n}\sum_{k=0}^{n-1}\sqrt{1-\frac{k^2}{n^2}}$$

令$f(x)=(1-x^2)^{\frac{1}{2}}$ 取 $P_n=\left\{x_i: x_i=\frac{i}{n},\forall\, 0\le i\le n\right\}$使得 $\Delta x=\frac{1}{n}$

$$\therefore \lim_{n\to\infty}\frac{1}{n}\sum_{k=0}^{n-1}\sqrt{1-\frac{k^2}{n^2}}=\lim_{n\to\infty}\Delta x\sum_{k=1}^{n}f(x_k)=\int_0^1 f(x)dx=\int_0^1(1-x^2)^{\frac{1}{2}}dx$$

令$x=\sin\theta$ 则 $dx=\cos x\,d\theta$，藉由变换代换法

$$\int_0^1(1-x^2)^{\frac{1}{2}}dx=\int_0^{\frac{\pi}{2}}\cos^2\theta\,d\theta=\int_0^{\frac{\pi}{2}}\frac{1+\cos 2\theta}{2}d\theta=\frac{\pi}{4}$$

Example 18.

$$求\ \lim_{n\to\infty}\sum_{k=1}^{2n}\frac{\pi}{n}\sin\frac{k\pi}{4n}=?$$

【解】

$$\because \sum_{k=1}^{2n}\frac{\pi}{n}\sin\frac{k\pi}{4n}=\frac{1}{2n}\sum_{k=1}^{2n}2\pi\sin\left(\frac{k}{2n}\cdot\frac{\pi}{2}\right)$$

令 $f(x)=2\pi\sin\frac{\pi x}{2}$ 取 $P_n=\left\{x_i: x_i=\frac{i}{2n},\forall\, 0\le i\le 2n\right\}$使得 $\Delta x=\frac{1}{2n}$

$$\therefore \lim_{n\to\infty}\sum_{k=1}^{2n}\frac{\pi}{n}\sin\frac{k\pi}{4n}=\lim_{n\to\infty}\frac{1}{2n}\sum_{k=1}^{2n}2\pi\sin\left(\frac{k}{2n}\cdot\frac{\pi}{2}\right)=\lim_{n\to\infty}\Delta x\sum_{k=1}^{n}f(x_k)$$

$$=\int_0^1 f(x)dx=2\pi\int_0^1\sin\frac{\pi x}{2}dx=-4\cos\frac{\pi x}{2}\Big|_0^1=4$$

Example 19.

$$(1)\text{求} \lim_{n\to\infty}\left(\frac{(3n)!}{2n!\,n^n}\right)^{\frac{1}{n}}=? \qquad (2)\text{求} \lim_{n\to\infty}\frac{\sqrt[n]{n!}}{n}=?$$

【解】

(1)

$$\because \left(\frac{(3n)!}{2n!\,n^n}\right)^{\frac{1}{n}}=\left(\frac{1\cdot 2\cdot 3\cdot\cdots 2n(2n+1)\cdots 3n}{1\cdot 2\cdot 3\cdot\cdots 2n\cdot n^n}\right)^{\frac{1}{n}}=\left(\frac{(2n+1)\cdots(2n+n)}{n^n}\right)^{\frac{1}{n}}$$

$$=\exp\left(\frac{1}{n}\ln\left(\frac{(2n+1)\cdots(2n+n)}{n^n}\right)\right)=\exp\left(\frac{1}{n}\left(\ln\left(2+\frac{1}{n}\right)+\ln\left(2+\frac{2}{n}\right)+\cdots+\ln\left(2+\frac{n}{n}\right)\right)\right)$$

令$f(x)=\ln(2+x)$，取 $P_n=\left\{x_i: x_i=\frac{i}{n},\forall\, 0\le i\le n\right\}$使得 $\Delta x=\frac{1}{n}$

$$\therefore \lim_{n\to\infty}\left(\frac{(3n)!}{2n!\,n^n}\right)^{\frac{1}{n}}=\lim_{n\to\infty}\exp\left(\frac{1}{n}\left(\ln\left(2+\frac{1}{n}\right)+\ln\left(2+\frac{2}{n}\right)+\cdots+\ln\left(2+\frac{n}{n}\right)\right)\right)$$

$$=\exp\left(\lim_{n\to\infty}\Delta x\sum_{k=1}^{n}f(x_k)\right)=\exp\left(\int_0^1 f(x)dx\right)=\exp\left(\int_0^1\ln(2+x)\,dx\right)$$

$$=\exp\left(\ln 3-1+2\ln\frac{3}{2}\right)$$

(2)

$$\because \frac{\sqrt[n]{n!}}{n}=\left(\frac{1\cdot 2\cdot 3\cdot\cdots n}{n^n}\right)^{\frac{1}{n}}=\exp\left(\frac{1}{n}\ln\frac{1}{n}\cdot\frac{2}{n}\cdots\frac{n}{n}\right)=\exp\left(\frac{1}{n}\sum_{k=1}^{n}\ln\frac{k}{n}\right)$$

令$f(x)=\ln x$ 取 $P_n=\left\{x_i: x_i=\frac{i}{n},\forall\, 0\le i\le n\right\}$使得 $\Delta x=\frac{1}{n}$

$$\therefore \lim_{n\to\infty}\frac{\sqrt[n]{n!}}{n}=\lim_{n\to\infty}\exp\left(\frac{1}{n}\sum_{k=1}^{n}\ln\frac{k}{n}\right)=\exp\left(\lim_{n\to\infty}\Delta x\sum_{k=1}^{n}f(x_k)\right)$$

$$=\exp\left(\int_0^1 f(x)dx\right)=\exp\left(\int_0^1\ln x\,dx\right)=\exp(-1)$$

Example 20.

$$求\ \lim_{n\to\infty}\frac{\sqrt[n]{n!}}{pn}=?,\quad \forall p\in N$$

【解】

$$\because \frac{\sqrt[n]{n!}}{pn}=\left(\frac{1\cdot 2\cdot 3\cdot\cdots\cdot n}{(pn)^n}\right)^{\frac{1}{n}}=\exp\left(\frac{1}{n}\ln\frac{1}{pn}\cdot\frac{2}{pn}\cdot\cdots\cdot\frac{n}{pn}\right)=\exp\left(\frac{1}{n}\sum_{k=1}^{n}\ln\frac{k}{pn}\right)$$

令$f(x)=\ln\frac{x}{p}$ 取 $P_n=\left\{x_i: x_i=\frac{i}{n},\forall\, 0\le i\le n\right\}$使得 $\Delta x=\frac{1}{n}$

$$\therefore \lim_{n\to\infty}\frac{\sqrt[n]{n!}}{pn}=\lim_{n\to\infty}\exp\left(\frac{1}{n}\sum_{k=1}^{n}\ln\frac{k}{pn}\right)=\exp\left(\lim_{n\to\infty}\Delta x\sum_{k=1}^{n}f(x_k)\right)=\exp\left(\int_0^1 f(x)dx\right)$$

$$=\exp\left(\int_0^1\ln\left(\frac{x}{p}\right)dx\right)$$

令 $u=\ln\frac{x}{p}$，$dv=dx$ 则 $du=\frac{1}{x}dx$，$v=x$，藉由分部积分法

$$\therefore \int_0^1\ln\frac{x}{p}dx=x\ln\frac{x}{p}\Big|_0^1-\int_0^1 1dx=-1-\ln p\quad \therefore \lim_{n\to\infty}\frac{\sqrt[n]{n!}}{pn}=\exp(-1-\ln p)$$

Example 21.

$$求\ \lim_{n\to\infty}\frac{1}{n}\left(\tan^{-1}\frac{1}{n}+\tan^{-1}\frac{2}{n}+\cdots+\tan^{-1}\frac{n}{n}\right)=?$$

【解】

令$f(x)=\tan^{-1}x$ 取 $P_n=\left\{x_i: x_i=\frac{i}{n},\forall\, 0\le i\le n\right\}$使得 $\Delta x=\frac{1}{n}$

$$\therefore \lim_{n\to\infty}\frac{1}{n}\left(\tan^{-1}\frac{1}{n}+\tan^{-1}\frac{2}{n}+\cdots+\tan^{-1}\frac{n}{n}\right)=\lim_{n\to\infty}\frac{1}{n}\sum_{k=1}^{n}\tan^{-1}\frac{k}{n}$$

$$=\lim_{n\to\infty}\Delta x\sum_{k=1}^{n}f(x_k)=\int_0^1 f(x)dx=\int_0^1\tan^{-1}x\,dx$$

令 $u=\tan^{-1}x$，$dv=dx$ 则 $du=\frac{dx}{1+x^2}$，$v=x$，藉由分部积分法

则 $\int \tan^{-1}x\ dx = x\tan^{-1}x - \int \frac{xdx}{1+x^2} = x\tan^{-1}x - \frac{1}{2}\ln(1+x^2) + c$

$\therefore \lim_{n\to\infty}\frac{1}{n}\left(\tan^{-1}\frac{1}{n} + \tan^{-1}\frac{2}{n} + \cdots + \tan^{-1}\frac{n}{n}\right) = \int_0^1 \tan^{-1}x\,dx = \tan^{-1}1 - \frac{1}{2}\ln 2 = \frac{\pi}{4} - \frac{1}{2}\ln 2$

Example 22.

求 $\lim_{n\to\infty}\frac{1}{n}\left(\frac{1}{n}\ln\frac{1}{n} + \frac{2}{n}\ln\frac{2}{n} + \cdots + \frac{n}{n}\ln\frac{n}{n}\right) = ?$

【解】

令$f(x) = x\ln x$ 取 $P_n = \left\{x_i : x_i = \frac{i}{n}, \forall\, 0 \le i \le n\right\}$使得 $\Delta x = \frac{1}{n}$

$\therefore \lim_{n\to\infty}\frac{1}{n}\left(\frac{1}{n}\ln\frac{1}{n} + \frac{2}{n}\ln\frac{2}{n} + \cdots + \frac{n}{n}\ln\frac{n}{n}\right) = \lim_{n\to\infty}\frac{1}{n}\sum_{k=1}^{n}\frac{k}{n}\ln\frac{k}{n}$

$= \lim_{n\to\infty}\Delta x\sum_{k=1}^{n} f(x_k) = \int_0^1 f(x)dx = \int_0^1 x\ln x\,dx$

令 $u = \ln x$，$dv = xdx$ 则 $du = \frac{dx}{x}$，$v = \frac{x^2}{2}$，藉由分部积分法

则 $\int x\ln x\,dx = \frac{x^2\ln x}{2} - \int \frac{x}{2}dx = \frac{x^2\ln x}{2} - \frac{x^2}{4} + c$

$\therefore \lim_{n\to\infty}\frac{1}{n}\left(\frac{1}{n}\ln\frac{1}{n} + \frac{2}{n}\ln\frac{2}{n} + \cdots + \frac{n}{n}\ln\frac{n}{n}\right) = \int_0^1 x\ln x\,dx = -\frac{1}{4}$

Example 23.

(1)求 $\lim_{n\to\infty} n^{-\frac{4}{3}}\sum_{k=1}^{n}\sqrt[3]{k} = ?$

(2)求 $\lim_{n\to\infty}\frac{\sum_{k=1}^{n}k^3\sum_{k=1}^{n}k^6}{\sum_{k=1}^{n}k^4\sum_{k=1}^{n}k^5} = ?$

【解】

(1)

$$\because n^{-\frac{4}{3}}\sum_{k=1}^{n}\sqrt[3]{k}=n^{-1}\sum_{k=1}^{n}\sqrt[3]{\frac{k}{n}}$$

令$f(x)=\sqrt[3]{x}$ 取 $P_n=\left\{x_i: x_i=\frac{i}{n}, \forall\, 0\leq i\leq n\right\}$ 使得 $\Delta x=\frac{1}{n}$

$$\therefore \lim_{n\to\infty}\frac{\sum_{k=1}^{n}\sqrt[3]{k}}{n^{\frac{4}{3}}}=\lim_{n\to\infty}\frac{\sum_{k=1}^{n}\sqrt[3]{\frac{k}{n}}}{n}=\lim_{n\to\infty}\Delta x\sum_{k=1}^{n}f(x_k)=\int_0^1 f(x)dx=\int_0^1\sqrt[3]{x}dx=\frac{3}{4}$$

(2)

$$\because\ \frac{\sum_{k=1}^{n}k^3\sum_{k=1}^{n}k^6}{\sum_{k=1}^{n}k^4\sum_{k=1}^{n}k^5}=\frac{\frac{1}{n}\left(\sum_{k=1}^{n}\left(\frac{k}{n}\right)^3\right)\frac{1}{n}\left(\sum_{k=1}^{n}\left(\frac{k}{n}\right)^6\right)}{\frac{1}{n}\left(\sum_{k=1}^{n}\left(\frac{k}{n}\right)^4\right)\frac{1}{n}\left(\sum_{k=1}^{n}\left(\frac{k}{n}\right)^5\right)}$$

令$f_1(x)=x^3$，$f_2(x)=x^6$，$f_3(x)=x^4$，$f_4(x)=x^5$，

取 $P_n=\left\{x_i: x_i=\frac{i}{n}, \forall\, 0\leq i\leq n\right\}$使得 $\Delta x=\frac{1}{n}$

$$\therefore \lim_{n\to\infty}\frac{\sum_{k=1}^{n}k^3\sum_{k=1}^{n}k^6}{\sum_{k=1}^{n}k^4\sum_{k=1}^{n}k^5}=\lim_{n\to\infty}\frac{\frac{1}{n}\left(\sum_{k=1}^{n}\left(\frac{k}{n}\right)^3\right)\frac{1}{n}\left(\sum_{k=1}^{n}\left(\frac{k}{n}\right)^6\right)}{\frac{1}{n}\left(\sum_{k=1}^{n}\left(\frac{k}{n}\right)^4\right)\frac{1}{n}\left(\sum_{k=1}^{n}\left(\frac{k}{n}\right)^5\right)}$$

$$=\frac{\lim_{n\to\infty}\Delta x\sum_{k=1}^{n}f_1(x_k)\lim_{n\to\infty}\Delta x\sum_{k=1}^{n}f_2(x_k)}{\lim_{n\to\infty}\Delta x\sum_{k=1}^{n}f_3(x_k)\lim_{n\to\infty}\Delta x\sum_{k=1}^{n}f_4(x_k)}=\frac{\int_0^1 f_1(x)dx\int_0^1 f_2(x)dx}{\int_0^1 f_3(x)dx\int_0^1 f_4(x)dx}$$

$$=\frac{\int_0^1 x^3dx\int_0^1 x^6dx}{\int_0^1 x^4dx\int_0^1 x^5dx}=\frac{\frac{1}{4}\cdot\frac{1}{7}}{\frac{1}{5}\cdot\frac{1}{6}}=\frac{15}{14}$$

Example 24.

求 $\lim_{n\to\infty}\frac{\left(\sum_{k=1}^{n}k^{\alpha}\right)^{\beta+1}}{\left(\sum_{k=1}^{n}k^{\beta}\right)^{\alpha+1}}=?$，$\forall\,\alpha,\beta>0$

【解】

$$\because \frac{\left(\sum_{k=1}^{n} k^{\alpha}\right)^{\beta+1}}{\left(\sum_{k=1}^{n} k^{\beta}\right)^{\alpha+1}} = \frac{n^{(\beta+1)(-1-\alpha)}\left(\sum_{k=1}^{n} k^{\alpha}\right)^{\beta+1}}{n^{(\alpha+1)(-1-\beta)}\left(\sum_{k=1}^{n} k^{\beta}\right)^{\alpha+1}} = \frac{\left(\frac{1}{n}\sum_{k=1}^{n}\left(\frac{k}{n}\right)^{\alpha}\right)^{\beta+1}}{\left(\frac{1}{n}\sum_{k=1}^{n}\left(\frac{k}{n}\right)^{\beta}\right)^{\alpha+1}}$$

令$f(x) = x^{\alpha}$，$g(x) = x^{\beta}$ 取 $P_n = \left\{x_i : x_i = \frac{i}{n}, \forall\, 0 \le i \le n\right\}$使得 $\Delta x = \frac{1}{n}$

$$\therefore \lim_{n\to\infty} \frac{\left(\sum_{k=1}^{n} k^{\alpha}\right)^{\beta+1}}{\left(\sum_{k=1}^{n} k^{\beta}\right)^{\alpha+1}} = \lim_{n\to\infty} \frac{\left(\frac{1}{n}\sum_{k=1}^{n}\left(\frac{k}{n}\right)^{\alpha}\right)^{\beta+1}}{\left(\frac{1}{n}\sum_{k=1}^{n}\left(\frac{k}{n}\right)^{\beta}\right)^{\alpha+1}} = \frac{\left(\lim_{n\to\infty}\Delta x \sum_{k=1}^{n} f(x_k)\right)^{\beta+1}}{\left(\lim_{n\to\infty}\Delta x \sum_{k=1}^{n} g(x_k)\right)^{\alpha+1}}$$

$$= \frac{\left(\int_0^1 x^{\alpha}\, dx\right)^{\beta+1}}{\left(\int_0^1 x^{\beta}\, dx\right)^{\alpha+1}} = \frac{(\beta+1)^{\alpha+1}}{(\alpha+1)^{\beta+1}}$$

Example 25.

$$求\ \lim_{n\to\infty} \frac{(\frac{1}{3}+\frac{1}{3n})^p + (\frac{1}{3}+\frac{2}{3n})^p + \cdots + (\frac{1}{3}+\frac{n}{3n})^p}{(\frac{1}{3n})^p + (\frac{2}{3n})^p + \cdots + (\frac{n}{3n})^p} = ?,\ \ \forall\, p > -1$$

【解】

令 $p > -1$， $\because \frac{(\frac{1}{3}+\frac{1}{3n})^p + (\frac{1}{3}+\frac{2}{3n})^p + \cdots + (\frac{1}{3}+\frac{n}{3n})^p}{(\frac{1}{3n})^p + (\frac{2}{3n})^p + \cdots + (\frac{n}{3n})^p} = \frac{\frac{1}{n}\sum_{k=1}^{n}\left(\frac{1}{3}+\frac{k}{3n}\right)^p}{\frac{1}{n}\sum_{k=1}^{n}\left(\frac{k}{3n}\right)^p}$

令 $f_1(x) = \left(\frac{1}{3}+\frac{x}{3}\right)^p$， $f_2(x) = \left(\frac{x}{3}\right)^p$

取 $P_n = \left\{x_i : x_i = \frac{i}{n}, \forall\, 0 \le i \le n\right\}$使得 $\Delta x = \frac{1}{n}$

$$\therefore \lim_{n\to\infty} \frac{(\frac{1}{3}+\frac{1}{3n})^p + (\frac{1}{3}+\frac{2}{3n})^p + \cdots + (\frac{1}{3}+\frac{n}{3n})^p}{(\frac{1}{3n})^p + (\frac{2}{3n})^p + \cdots + (\frac{n}{3n})^p} = \lim_{n\to\infty} \frac{\frac{1}{n}\sum_{k=1}^{n}\left(\frac{1}{3}+\frac{k}{3n}\right)^p}{\frac{1}{n}\sum_{k=1}^{n}\left(\frac{k}{3n}\right)^p}$$

$$= \frac{\lim_{n\to\infty}\Delta x \sum_{k=1}^{n} f_1(x_k)}{\lim_{n\to\infty}\Delta x \sum_{k=1}^{n} f_2(x_k)} = \frac{\int_0^1 f_1(x)dx}{\int_0^1 f_2(x)dx} = \frac{\int_0^1 \left(\frac{1}{3}+\frac{x}{3}\right)^p dx}{\int_0^1 \left(\frac{x}{3}\right)^p dx} = \frac{(\frac{2}{3})^{p+1} - (\frac{1}{3})^{p+1}}{(\frac{1}{3})^{p+1}}$$

Example 26.

$$求\ \lim_{n\to\infty}\frac{(\frac{1}{q}+\frac{1}{q\cdot n})^p+(\frac{1}{q}+\frac{2}{q\cdot n})^p+\cdots+(\frac{1}{q}+\frac{n}{q\cdot n})^p}{(\frac{1}{q\cdot n})^p+(\frac{2}{q\cdot n})^p+\cdots+(\frac{n}{q\cdot n})^p}=?,\ \ \forall p>-1,q\in N$$

【解】

令 $p>-1,q\in N$

$$\because \frac{\left(\frac{1}{q}+\frac{1}{q\cdot n}\right)^p+\left(\frac{1}{q}+\frac{2}{q\cdot n}\right)^p+\cdots+\left(\frac{1}{q}+\frac{n}{q\cdot n}\right)^p}{\left(\frac{1}{q\cdot n}\right)^p+\left(\frac{2}{q\cdot n}\right)^p+\cdots+\left(\frac{n}{q\cdot n}\right)^p}=\frac{\frac{1}{n}\sum_{k=1}^{n}\left(\frac{1}{q}+\frac{k}{qn}\right)^p}{\frac{1}{n}\sum_{k=1}^{n}\left(\frac{k}{qn}\right)^p}$$

令 $f_1(x)=\left(\frac{1}{q}+\frac{x}{q}\right)^p$, $f_2(x)=\left(\frac{x}{q}\right)^p$ 取 $P_n=\left\{x_i: x_i=\frac{i}{n},\forall\, 0\le i\le n\right\}$ 使得 $\Delta x=\frac{1}{n}$

$$\therefore \lim_{n\to\infty}\frac{\left(\frac{1}{q}+\frac{1}{q\cdot n}\right)^p+\left(\frac{1}{q}+\frac{2}{q\cdot n}\right)^p+\cdots+\left(\frac{1}{q}+\frac{n}{q\cdot n}\right)^p}{\left(\frac{1}{q\cdot n}\right)^p+\left(\frac{2}{q\cdot n}\right)^p+\cdots+\left(\frac{n}{q\cdot n}\right)^p}=\lim_{n\to\infty}\frac{\frac{1}{n}\sum_{k=1}^{n}\left(\frac{1}{q}+\frac{k}{qn}\right)^p}{\frac{1}{n}\sum_{k=1}^{n}\left(\frac{k}{qn}\right)^p}$$

$$=\frac{\lim\limits_{n\to\infty}\Delta x\sum_{k=1}^{n}f_1(x_k)}{\lim\limits_{n\to\infty}\Delta x\sum_{k=1}^{n}f_2(x_k)}=\frac{\int_0^1 f_1(x)dx}{\int_0^1 f_2(x)dx}=\frac{\int_0^1\left(\frac{1}{q}+\frac{x}{q}\right)^p dx}{\int_0^1\left(\frac{x}{q}\right)^p dx}=\frac{\left(\frac{2}{q}\right)^{p+1}-\left(\frac{1}{q}\right)^{p+1}}{\left(\frac{1}{q}\right)^{p+1}}$$

Example 27.

$$求\ \lim_{n\to\infty}\frac{1}{n^2}((1^{\frac{1}{2}}+n^{\frac{1}{2}})^2+(2^{\frac{1}{2}}+n^{\frac{1}{2}})^2+\cdots+(n^{\frac{1}{2}}+n^{\frac{1}{2}})^2)=?$$

【解】

$$\because \frac{1}{n^2}((1^{\frac{1}{2}}+n^{\frac{1}{2}})^2+(2^{\frac{1}{2}}+n^{\frac{1}{2}})^2+\cdots+(n^{\frac{1}{2}}+n^{\frac{1}{2}})^2)$$

$$=\frac{1}{n}\left(\left(\sqrt{\frac{1}{n}}+1\right)^2+\left(\sqrt{\frac{2}{n}}+1\right)^2+\cdots+\left(\sqrt{\frac{n}{n}}+1\right)^2\right)$$

令 $f(x)=(1+x^{\frac{1}{2}})^2$ 取 $P_n=\left\{x_i: x_i=\frac{i}{n},\forall\, 0\le i\le n\right\}$ 使得 $\Delta x=\frac{1}{n}$

$$\therefore \lim_{n\to\infty}\frac{1}{n^2}((1^{\frac{1}{2}}+n^{\frac{1}{2}})^2+(2^{\frac{1}{2}}+n^{\frac{1}{2}})^2+\cdots+(n^{\frac{1}{2}}+n^{\frac{1}{2}})^2)=\lim_{n\to\infty}\frac{1}{n}\sum_{k=1}^{n}\left(\left(\frac{k}{n}\right)^{\frac{1}{2}}+1\right)^2$$

$$=\lim_{n\to\infty}\Delta x\sum_{k=1}^{n}f(x_k)=\int_0^1 f(x)dx=\int_0^1(1+x^{\frac{1}{2}})^2dx=\int_0^1 1+2x^{\frac{1}{2}}+xdx$$

$$=x+\frac{4x^{\frac{3}{2}}}{3}+\frac{x^2}{2}\Bigg|_0^1=\frac{17}{6}$$

Example 28.

求 $\lim_{n\to\infty}\frac{1}{n}\left(\sec\frac{1}{n}+\sec\frac{2}{n}+\cdots+\sec\frac{n}{n}\right)=?$

【解】

令$f(x)=\sec x$ 取 $P_n=\left\{x_i: x_i=\frac{i}{n},\forall\, 0\le i\le n\right\}$使得 $\Delta x=\frac{1}{n}$

$$\therefore \lim_{n\to\infty}\frac{1}{n}\left(\sec\frac{1}{n}+\sec\frac{2}{n}+\cdots+\sec\frac{n}{n}\right)=\lim_{n\to\infty}\frac{1}{n}\sum_{k=1}^{n}\sec\frac{k}{n}=\lim_{n\to\infty}\Delta x\sum_{k=1}^{n}f(x_k)$$

$$=\int_0^1 f(x)dx=\int_0^1\sec x\,dx$$

$\because (\sec x)'=\tan x\sec x$ 且 $(\tan x)'=\sec^2 x$ $\therefore (\tan x+\sec x)'=(\tan x+\sec x)\sec x$

令$u=\tan x+\sec x$ 则 $du=(\tan x+\sec x)\sec x\,dx$，藉由变换代换法

$$\therefore \int\sec x\,dx=\int\frac{(\tan x+\sec x)\sec x}{\tan x+\sec x}dx=\int\frac{du}{u}=\ln|u|=\ln|\tan x+\sec x|+c$$

$$\therefore \lim_{n\to\infty}\frac{1}{n}\left(\sec\frac{1}{n}+\sec\frac{2}{n}+\cdots+\sec\frac{n}{n}\right)=\int_0^1\sec x\,dx=\ln\tan 1+\sec 1$$

Example 29.

求 $\lim_{n\to\infty}\frac{1}{n}\left(\sin^3\frac{1}{n}+\sin^3\frac{2}{n}+\cdots+\sin^3\frac{n}{n}\right)=?$

【解】

令$f(x)=\sin^3 x$ 取 $P_n=\left\{x_i: x_i=\frac{i}{n},\forall\, 0\le i\le n\right\}$使得 $\Delta x=\frac{1}{n}$

$$\therefore \lim_{n\to\infty}\frac{1}{n}\left(\sin^3\frac{1}{n}+\sin^3\frac{2}{n}+\cdots+\sin^3\frac{n}{n}\right)=\lim_{n\to\infty}\frac{1}{n}\sum_{k=1}^{n}\sin^3\frac{k}{n}$$

$$=\lim_{n\to\infty}\Delta x\sum_{k=1}^{n}f(x_k)=\int_0^1 f(x)dx=\int_0^1\sin^3 x\,dx$$

$$\because \int\sin^3 x\,dx=\int\sin x\sin^2 x\,dx=\int\sin x\,(1-\cos^2 x)\,dx$$

令 $u=\cos x$ 则 $du=-\sin x\,dx$，藉由变换代换法

$$\therefore \int\sin x\,(1-\cos^2 x)\,dx=\int-(1-u^2)\,du=-u+\frac{u^3}{3}+c=-\cos x+\frac{\cos^3 x}{3}+c$$

$$\therefore \lim_{n\to\infty}\frac{1}{n}\left(\sin^3\frac{1}{n}+\sin^3\frac{2}{n}+\cdots+\sin^3\frac{n}{n}\right)=\int_0^1\sin^3 x\,dx$$

$$=-\cos 1+1+\frac{1}{3}(\cos^3 1-1)=-\cos 1+\frac{2}{3}+\frac{1}{3}\cos^3 1$$

Example 30.

求 $\lim_{n\to\infty}\frac{1}{n}\left(\tan^3\frac{1}{n}+\tan^3\frac{2}{n}+\cdots+\tan^3\frac{n}{n}\right)=?$

【解】

令$f(x)=\tan^3 x$ 取 $P_n=\left\{x_i: x_i=\frac{i}{n},\forall\, 0\le i\le n\right\}$使得 $\Delta x=\frac{1}{n}$

$$\therefore \lim_{n\to\infty}\frac{1}{n}\left(\tan^3\frac{1}{n}+\tan^3\frac{2}{n}+\cdots+\tan^3\frac{n}{n}\right)=\lim_{n\to\infty}\frac{1}{n}\sum_{k=1}^{n}\tan^3\frac{k}{n}$$

$$=\lim_{n\to\infty}\Delta x\sum_{k=1}^{n}f(x_k)=\int_0^1 f(x)dx=\int_0^1\tan^3 x\,dx$$

$$\because \int\tan^3 x\,dx=\int\frac{\tan^2 x\tan x\sec x}{\sec x}dx=\int\frac{(\sec^2 x-1)\tan x\sec x}{\sec x}dx$$

令$u=\sec x$ 则 $du=\tan x\sec x\,dx$，藉由变换代换法

$$\int\tan^3 x\,dx=\int\frac{(\sec^2 x-1)\tan x\sec x}{\sec x}dx=\int u-\frac{1}{u}du=\frac{u^2}{2}-\ln|u|+\mathrm{c}$$

$$= \frac{\sec^2 x}{2} - \ln|\sec x| + c$$

$$\therefore \lim_{n\to\infty} \frac{1}{n}\left(\tan^3\frac{1}{n} + \tan^3\frac{2}{n} + \cdots + \tan^3\frac{n}{n}\right) = \int_0^1 \tan^3 x\, dx = \frac{\sec^2 1}{2} - \ln\sec 1 - \frac{1}{2}$$

Example 31.

求 $\lim_{n\to\infty} \frac{1}{n}\left(\sin^4\frac{1}{n} + \sin^4\frac{2}{n} + \cdots + \sin^4\frac{n}{n}\right) =?$

【解】

令$f(x) = \sin^4 x$ 取 $P_n = \left\{x_i : x_i = \frac{i}{n}, \forall\, 0 \le i \le n\right\}$使得 $\Delta x = \frac{1}{n}$

$$\therefore \lim_{n\to\infty} \frac{1}{n}\left(\sin^4\frac{1}{n} + \sin^4\frac{2}{n} + \cdots + \sin^4\frac{n}{n}\right) = \lim_{n\to\infty} \frac{1}{n}\sum_{k=1}^{n} \sin^4\frac{k}{n} = \lim_{n\to\infty} \Delta x \sum_{k=1}^{n} f(x_k)$$

$$= \int_0^1 f(x)dx = \int_0^1 \sin^4 x\, dx$$

$$\because \int \sin^4 x\, dx = \int (\sin^2 x)^2 dx = \int \left(\frac{1-\cos 2x}{2}\right)^2 dx$$

$$= \int \frac{1 - 2\cos 2x + \cos^2 2x}{4} dx = \int \frac{1 - 2\cos 2x + \frac{1+\cos 4x}{2}}{4} dx$$

$$= \frac{1}{4}\int \frac{3}{2} - 2\cos 2x + \frac{\cos 4x}{2} dx = \frac{1}{4}\left(\frac{3x}{2} - \sin 2x + \frac{1}{8}\sin 4x\right) + c$$

$$\therefore \lim_{n\to\infty} \frac{1}{n}\left(\sin^4\frac{1}{n} + \sin^4\frac{2}{n} + \cdots + \sin^4\frac{n}{n}\right) = \int_0^1 \sin^4 x\, dx = \frac{1}{4}\left(\frac{3}{2} - \sin 2 + \frac{1}{8}\sin 4\right)$$

Example 32.

求 $\lim_{n\to\infty} \frac{1}{n}\left(\sin^5\frac{1}{n} + \sin^5\frac{2}{n} + \cdots + \sin^5\frac{n}{n}\right) =?$

【解】

令$f(x) = \sin^5 x$ 取 $P_n = \left\{x_i : x_i = \frac{i}{n}, \forall\, 0 \le i \le n\right\}$使得 $\Delta x = \frac{1}{n}$

$$\therefore \lim_{n\to\infty}\frac{1}{n}\left(\sin^5\frac{1}{n}+\sin^5\frac{2}{n}+\cdots+\sin^5\frac{n}{n}\right)=\lim_{n\to\infty}\frac{1}{n}\sum_{k=1}^{n}\sin^5\frac{k}{n}=\lim_{n\to\infty}\Delta x\sum_{k=1}^{n}f(x_k)$$

$$=\int_0^1 f(x)dx=\int_0^1\sin^5 x\,dx$$

$$\because \int\sin^5 x\,dx=\int\sin^4 x(\sin x)\,dx=\int(1-\cos^2 x)^2\sin x\,dx$$

令 $u=\cos x$ 则 $du=-\sin x\,dx$，藉由变换代换法

$$\therefore \int(1-\cos^2 x)^2\sin x\,dx=-\int(1-u^2)^2du=-\int u^4-2u^2+1du$$

$$=-\left(\frac{u^5}{5}-\frac{2}{3}u^3+u\right)+c=-\left(\frac{\cos^5 x}{5}-\frac{2}{3}\cos^3 x+\cos x\right)+c$$

$$\therefore \lim_{n\to\infty}\frac{1}{n}\left(\sin^5\frac{1}{n}+\sin^5\frac{2}{n}+\cdots+\sin^5\frac{n}{n}\right)=\int_0^1\sin^5 x\,dx$$

$$=-\left(\frac{\cos^5 1}{5}-\frac{2}{3}\cos^3 1+\cos 1-\left(\frac{1}{5}-\frac{2}{3}+1\right)\right)=-\left(\frac{\cos^5 1}{5}-\frac{2}{3}\cos^3 1+\cos 1-\frac{8}{15}\right)$$

Example 33.

求 $\lim_{n\to\infty}\frac{1}{n}\left(\frac{\left(\sin^{-1}\frac{1}{n}\right)^2}{\sqrt{1-\left(\frac{1}{n}\right)^2}}+\frac{\left(\sin^{-1}\frac{2}{n}\right)^2}{\sqrt{1-\left(\frac{2}{n}\right)^2}}+\cdots+\frac{\left(\sin^{-1}\frac{n}{n}\right)^2}{\sqrt{1-\left(\frac{n}{n}\right)^2}}\right)=?$

【解】

令 $f(x)=\frac{(\sin^{-1}x)^2}{\sqrt{1-x^2}}$ 取 $P_n=\left\{x_i:x_i=\frac{i}{n},\forall\,0\le i\le n\right\}$ 使得 $\Delta x=\frac{1}{n}$

$$\therefore \lim_{n\to\infty}\frac{1}{n}\left(\frac{\left(\sin^{-1}\frac{1}{n}\right)^2}{\sqrt{1-\left(\frac{1}{n}\right)^2}}+\frac{\left(\sin^{-1}\frac{2}{n}\right)^2}{\sqrt{1-\left(\frac{2}{n}\right)^2}}+\cdots+\frac{\left(\sin^{-1}\frac{n}{n}\right)^2}{\sqrt{1-\left(\frac{n}{n}\right)^2}}\right)=\lim_{n\to\infty}\frac{1}{n}\sum_{k=1}^{n}\frac{\left(\sin^{-1}\frac{k}{n}\right)^2}{\sqrt{1-\left(\frac{k}{n}\right)^2}}$$

$$=\lim_{n\to\infty}\Delta x\sum_{k=1}^{n}f(x_k)=\int_0^1 f(x)dx=\int_0^1\frac{(\sin^{-1}x)^2}{\sqrt{1-x^2}}dx$$

令 $u=\sin^{-1}x$ 则 $du=\dfrac{dx}{\sqrt{1-x^2}}$，藉由变数代换法

则 $\displaystyle\int\frac{(\sin^{-1}x)^2}{\sqrt{1-x^2}}dx=\int u^2du=\frac{u^3}{3}=\frac{(\sin^{-1}x)^3}{3}+\mathrm{c}$

$$\therefore\lim_{n\to\infty}\frac{1}{n}\left(\frac{\left(\sin^{-1}\frac{1}{n}\right)^2}{\sqrt{1-\left(\frac{1}{n}\right)^2}}+\frac{\left(\sin^{-1}\frac{2}{n}\right)^2}{\sqrt{1-\left(\frac{2}{n}\right)^2}}+\cdots+\frac{\left(\sin^{-1}\frac{n}{n}\right)^2}{\sqrt{1-\left(\frac{n}{n}\right)^2}}\right)=\int_0^1\frac{(\sin^{-1}x)^2}{\sqrt{1-x^2}}dx$$

$$=\frac{(\sin^{-1}1)^3}{3}=\frac{(\frac{\pi}{2})^3}{3}$$

Example 34.

求 $\displaystyle\lim_{n\to\infty}\frac{1}{n}\left(\ln\frac{1}{n}+\ln\frac{2}{n}+\cdots+\ln\frac{n}{n}\right)=?$

【解】

令 $f(x)=\ln x$ 取 $P_n=\left\{x_i: x_i=\dfrac{i}{n},\forall\, 0\le i\le n\right\}$ 使得 $\Delta x=\dfrac{1}{n}$

$$\therefore\lim_{n\to\infty}\frac{1}{n}\left(\ln\frac{1}{n}+\ln\frac{2}{n}+\cdots+\ln\frac{n}{n}\right)=\lim_{n\to\infty}\frac{1}{n}\sum_{k=1}^{n}\ln\frac{k}{n}=\lim_{n\to\infty}\Delta x\sum_{k=1}^{n}f(x_k)$$

$$=\int_0^1 f(x)dx=\int_0^1\ln x\,dx$$

令 $u=\ln x$，$dv=dx$ 则 $du=\dfrac{dx}{x}$，$v=x$，藉由分部积分法

则 $\displaystyle\int\ln x\,dx=x\ln x-\int x\frac{dx}{x}=x\ln x-x+c$

$$\therefore\lim_{n\to\infty}\frac{1}{n}\left(\ln\frac{1}{n}+\ln\frac{2}{n}+\cdots+\ln\frac{n}{n}\right)=\int_0^1\ln x\,dx=-1$$

Example 35.

求 $\displaystyle\lim_{n\to\infty}\frac{1}{n}\left(\frac{1}{n}\cos\frac{1}{n}+\frac{2}{n}\cos\frac{2}{n}+\cdots+\frac{n}{n}\cos\frac{n}{n}\right)=?$

【解】

令$f(x)=x\cos x$ 取 $P_n=\left\{x_i : x_i=\frac{i}{n}, \forall\, 0\le i\le n\right\}$使得 $\Delta x=\frac{1}{n}$

$$\therefore \lim_{n\to\infty}\frac{1}{n}\left(\frac{1}{n}\cos\frac{1}{n}+\frac{2}{n}\cos\frac{2}{n}+\cdots+\frac{n}{n}\cos\frac{n}{n}\right)=\lim_{n\to\infty}\frac{1}{n}\sum_{k=1}^{n}\frac{k}{n}\cos\frac{k}{n}$$

$$=\lim_{n\to\infty}\Delta x\sum_{k=1}^{n}f(x_k)=\int_0^1 f(x)dx=\int_0^1 x\cos x\,dx$$

令 $u=x$，$dv=\cos x\,dx$ 则 $du=dx$，$v=\sin x$，藉由分部积分法

则 $\int x\cos x\,dx=x\sin x-\int \sin x\,dx=x\sin x+\cos x+c$

$$\therefore \lim_{n\to\infty}\frac{1}{n}\left(\frac{1}{n}\cos\frac{1}{n}+\frac{2}{n}\cos\frac{2}{n}+\cdots+\frac{n}{n}\cos\frac{n}{n}\right)=\int_0^1 x\cos x\,dx=\sin 1+\cos 1-1$$

Example 36.

求 $\lim_{n\to\infty}\frac{1}{n}\left(\sin^{-1}\frac{1}{n}+\sin^{-1}\frac{2}{n}+\cdots+\sin^{-1}\frac{n}{n}\right)=?$

【解】

令$f(x)=\sin^{-1}x$ 取 $P_n=\left\{x_i : x_i=\frac{i}{n}, \forall\, 0\le i\le n\right\}$使得 $\Delta x=\frac{1}{n}$

$$\therefore \lim_{n\to\infty}\frac{1}{n}\left(\sin^{-1}\frac{1}{n}+\sin^{-1}\frac{2}{n}+\cdots+\sin^{-1}\frac{n}{n}\right)=\lim_{n\to\infty}\frac{1}{n}\sum_{k=1}^{n}\sin^{-1}\frac{k}{n}$$

$$=\lim_{n\to\infty}\Delta x\sum_{k=1}^{n}f(x_k)=\int_0^1 f(x)dx=\int_0^1 \sin^{-1}x\,dx$$

令 $u=\sin^{-1}x$，$dv=dx$，则 $du=\frac{dx}{\sqrt{1-x^2}}$，$v=x$，藉由分部积分法

则 $\int \sin^{-1}x\;dx=x\sin^{-1}x-\int\frac{xdx}{\sqrt{1-x^2}}$

令 $t=1-x^2$，则 $dt=-2xdx$，藉由变数代换法

则 $\int\frac{xdx}{\sqrt{1-x^2}}=-\int\frac{dt}{2\sqrt{t}}=-\sqrt{t}=-\sqrt{1-x^2}$

$$\therefore \int \sin^{-1} x \ dx = x\sin^{-1} x - \int \frac{xdx}{\sqrt{1-x^2}} = x\sin^{-1} x + \sqrt{1-x^2} + \mathrm{c}$$

$$\therefore \lim_{n\to\infty} \frac{1}{n}\left(\sin^{-1}\frac{1}{n} + \sin^{-1}\frac{2}{n} + \cdots + \sin^{-1}\frac{n}{n}\right) = \int_0^1 \sin^{-1} x\, dx = \sin^{-1} 1 - 1 = \frac{\pi}{2} - 1$$

Example 37.

求 $\lim_{n\to\infty} \frac{1}{n}\left(\frac{1}{n}\tan^{-1}\frac{1}{n} + \frac{2}{n}\tan^{-1}\frac{2}{n} + \cdots + \frac{n}{n}\tan^{-1}\frac{n}{n}\right) = ?$

【解】

令$f(x) = x\tan^{-1} x$ 取 $P_n = \left\{x_i : x_i = \frac{i}{n}, \forall\, 0 \le i \le n\right\}$使得 $\Delta x = \frac{1}{n}$

$$\therefore \lim_{n\to\infty} \frac{1}{n}\left(\frac{1}{n}\tan^{-1}\frac{1}{n} + \frac{2}{n}\tan^{-1}\frac{2}{n} + \cdots + \frac{n}{n}\tan^{-1}\frac{n}{n}\right) = \lim_{n\to\infty} \frac{1}{n}\sum_{k=1}^{n} \frac{k}{n}\tan^{-1}\frac{k}{n}$$

$$= \lim_{n\to\infty} \Delta x \sum_{k=1}^{n} f(x_k) = \int_0^1 f(x)dx = \int_0^1 x\tan^{-1} x\, dx$$

令 $u = \tan^{-1} x$，$dv = xdx$ 则 $du = \frac{dx}{1+x^2}$，$v = \frac{x^2}{2}$，藉由分部积分法

则 $\int x\tan^{-1} x \ dx = \frac{x^2}{2}\tan^{-1} x - \frac{1}{2}\int \frac{x^2dx}{1+x^2} = \frac{x^2}{2}\tan^{-1} x - \frac{1}{2}\int \frac{1+x^2-1dx}{1+x^2}$

$$= \frac{x^2}{2}\tan^{-1} x - \frac{x}{2} + \frac{1}{2}\tan^{-1} x + c$$

$$\therefore \lim_{n\to\infty} \frac{1}{n}\left(\frac{1}{n}\tan^{-1}\frac{1}{n} + \frac{2}{n}\tan^{-1}\frac{2}{n} + \cdots + \frac{n}{n}\tan^{-1}\frac{n}{n}\right) = \int_0^1 x\tan^{-1} x\, dx$$

$$= \frac{1}{2}\tan^{-1} 1 - \frac{1}{2} + \frac{1}{2}\tan^{-1} 1 = \frac{\pi}{4} - \frac{1}{2}$$

Example 38.

求 $\lim_{n\to\infty} \frac{1}{n}\left(\sin\ln\frac{1}{n} + \sin\ln\frac{2}{n} + \cdots + \sin\ln\frac{n}{n}\right) = ?$

【解】

令$f(x) = \sin\ln x$ 取 $P_n = \left\{x_i : x_i = \frac{i}{n}, \forall\, 0 \le i \le n\right\}$使得 $\Delta x = \frac{1}{n}$

$$\therefore \lim_{n\to\infty}\frac{1}{n}\left(\sin\ln\frac{1}{n}+\sin\ln\frac{2}{n}+\cdots+\sin\ln\frac{n}{n}\right)=\lim_{n\to\infty}\frac{1}{n}\sum_{k=1}^{n}\sin\ln\frac{k}{n}$$

$$=\lim_{n\to\infty}\Delta x\sum_{k=1}^{n}f(x_k)=\int_0^1 f(x)dx=\int_0^1\sin\ln x\,dx$$

令$u=\ln x$ 则 $e^u du=dx$，藉由变数代换法

$$\therefore \int\sin(\ln x)\ dx=\int e^u\sin u\,du=e^u\sin u-\int e^u\cos u\,du$$

$$=e^u\sin u-(e^u\cos u+\int e^u\sin u\,du)$$

$$\Rightarrow \int\sin(\ln x)\ dx=\int e^u\sin u\,du=\frac{e^u\sin u-e^u\cos u}{2}=\frac{(x\sin\ln x-x\cos\ln x)}{2}+c$$

$$\therefore \lim_{n\to\infty}\frac{1}{n}\left(\sin\ln\frac{1}{n}+\sin\ln\frac{2}{n}+\cdots+\sin\ln\frac{n}{n}\right)=\int_0^1\sin\ln x\,dx=\frac{\sin\ln 1-\cos\ln 1}{2}$$

5.3.3 Leibniz 微分公式的应用

【定理】Leibniz 微分公式

假设 $F(x,g(x),h(x))=\int_{h(x)}^{g(x)}f(x,t)dt$ 且 $f(x,t),g(x)$ 以及 $h(x)$ 皆可微

则 $F'(x)=\int_{h(x)}^{g(x)}\frac{\partial}{\partial x}f(x,t)dt+f(x,g(x))g'(x)-f(x,h(x))h'(x)$

Proof:

Let $F(x,g(x),h(x))=\int_{h(x)}^{g(x)}f(x,t)dt$ then $\frac{d}{dx}F(x,g(x),h(x))=\frac{\partial F}{\partial x}+\frac{\partial F}{\partial g}\cdot\frac{\partial g}{\partial x}+\frac{\partial F}{\partial h}\cdot\frac{\partial h}{\partial x}$

$\because \frac{\partial F}{\partial x}=\int_{h(x)}^{g(x)}\frac{\partial}{\partial x}f(x,t)dt$, $\frac{\partial F}{\partial g}\cdot\frac{\partial g}{\partial x}=f(x,g(x))g'(x)$ and $\frac{\partial F}{\partial h}\cdot\frac{\partial h}{\partial x}=-f(x,h(x))h'(x)$

$\therefore F'(x)=\int_{h(x)}^{g(x)}\frac{\partial}{\partial x}f(x,t)dt+f(x,g(x))g'(x)-f(x,h(x))h'(x)$

考试类型:

Type 1.

Assume $F(x)=\int_{h(x)}^{g(x)} f(x,t)dt$，求 $F'(x)=?$

解题流程:

$$F'(x)=\int_{h(x)}^{g(x)}\frac{\partial}{\partial x}f(x,t)dt+f\big(x,g(x)\big)g'(x)-f\big(x,h(x)\big)h'(x)$$

<u>范例说明:</u>

(I) 求 $\dfrac{d}{dx}\int_{\tan 2x}^{\cos x} e^t dt=?$

藉由 Leibniz 微分公式则 $\dfrac{d}{dx}\int_{\tan 2x}^{\cos x} e^t dt=e^{\cos x}(\cos x)'-e^{\tan 2x}(\tan 2x)'$

Type 2.

求 $\lim\limits_{x\to a}\dfrac{1}{p(x)}\int_{h(x)}^{g(x)} f(t)dt=?$ 其中 $\lim\limits_{x\to a}g(x)=\lim\limits_{x\to a}h(x)$ 且 $\lim\limits_{x\to a}p(x)=0$

使用 Leibniz 微分公式结合罗比达法则求极限的问题

解题流程:

Step1.

藉由罗比达法则 $\lim\limits_{x\to a}\dfrac{1}{p(x)}\int_{h(x)}^{g(x)} f(t)dt=\lim\limits_{x\to a}\dfrac{\left(\int_{h(x)}^{g(x)} f(t)dt\right)'}{p'(x)}$

Step2.

藉由 Leibniz 微分公式 $\lim\limits_{x\to a}\dfrac{\left(\int_{h(x)}^{g(x)} f(t)dt\right)'}{p'(x)}=\lim\limits_{x\to a}\dfrac{f\big(g(x)\big)g'(x)-f\big(h(x)\big)h'(x)}{p'(x)}$

Step3.

求 $\lim\limits_{x\to a}\dfrac{f\big(g(x)\big)g'(x)-f\big(h(x)\big)h'(x)}{p'(x)}=?$

<u>范例说明:</u>

(I) 求 $\lim\limits_{x\to 0}\dfrac{1}{x^8}\int_0^{x^2}\tan t^3 dt=?$

藉由罗比达法则 $\lim\limits_{x\to 0}\frac{1}{x^8}\int\limits_0^{x^2}\tan t^3 dt=\lim\limits_{x\to 0}\frac{\frac{\partial}{\partial x}(\int_0^{x^2}\tan t^3 dt)}{8x^7}$

藉由 Leibniz 微分公式则 $\lim\limits_{x\to 0}\frac{\frac{\partial}{\partial x}(\int_0^{x^2}\tan t^3 dt)}{8x^7}=\lim\limits_{x\to 0}\frac{2x\tan x^6}{8x^7}=\lim\limits_{x\to 0}\frac{\tan x^6}{4x^6}=\frac{1}{4}$

Type 3.

求 $\lim\limits_{x\to a}\frac{\int_{h_1(x)}^{g_1(x)}f_1(t)dt}{\int_{h_2(x)}^{g_2(x)}f_2(t)dt}$=? 其中 $\lim\limits_{x\to a}g_1(x)=\lim\limits_{x\to a}h_1(x)$ 且 $\lim\limits_{x\to a}g_2(x)=\lim\limits_{x\to a}h_2(x)$

使用 Leibniz 微分公式结合罗比达法则求极限的问题

解题流程:

Step1.

藉由罗比达法则 $\lim\limits_{x\to a}\frac{\int_{h_1(x)}^{g_1(x)}f_1(t)dt}{\int_{h_2(x)}^{g_2(x)}f_2(t)dt}=\lim\limits_{x\to a}\frac{\left(\int_{h_1(x)}^{g_1(x)}f_1(t)dt\right)'}{\left(\int_{h_2(x)}^{g_2(x)}f_2(t)dt\right)'}$

Step2.

藉由 Leibniz 微分公式 $\lim\limits_{x\to a}\frac{\left(\int_{h_1(x)}^{g_1(x)}f_1(t)dt\right)'}{\left(\int_{h_2(x)}^{g_2(x)}f_2(t)dt\right)'}=\lim\limits_{x\to a}\frac{f_1(g_1(x))g_1'(x)-f_1(h_1(x))h_1'(x)}{f_2(g_2(x))g_2'(x)-f_2(h_2(x))h_2'(x)}$

Step3.

求 $\lim\limits_{x\to a}\frac{f_1(g_1(x))g_1'(x)-f_1(h_1(x))h_1'(x)}{f_2(g_2(x))g_2'(x)-f_2(h_2(x))h_2'(x)}$=?

<u>范例说明:</u>

(I) 求 $\lim\limits_{x\to 0^+}\frac{\int_0^{\tan x}\sqrt[3]{\sin t}\,dt}{\int_0^{\sin x}\sqrt[3]{\tan t}\,dt}$

藉由罗比达法则 $\lim\limits_{x\to 0^+}\frac{\int_0^{\tan x}\sqrt[3]{\sin t}\,dt}{\int_0^{\sin x}\sqrt[3]{\tan t}\,dt}=\lim\limits_{x\to 0^+}\frac{\frac{\partial}{\partial x}\int_0^{\tan x}\sqrt[3]{\sin t}\,dt}{\frac{\partial}{\partial x}\int_0^{\sin x}\sqrt[3]{\tan t}\,dt}$

藉由 Leibniz 微分公式 $\lim\limits_{x\to 0^+}\frac{\frac{\partial}{\partial x}\int_0^{\tan x}\sqrt[3]{\sin t}\,dt}{\frac{\partial}{\partial x}\int_0^{\sin x}\sqrt[3]{\tan t}\,dt}=\lim\limits_{x\to 0^+}\frac{\sqrt[3]{\sin\tan x}\sec^2 x}{\sqrt[3]{\tan\sin x}\cos x}$

Type 4.

求 $\lim_{x\to\infty}\frac{\int_{h_1(x)}^{g_1(x)}f_1(t)dt}{\int_{h_2(x)}^{g_2(x)}f_2(t)dt}=?$ 其中 $\lim_{x\to\infty}\int_{h_1(x)}^{g_1(x)}f_1(t)dt=\lim_{x\to\infty}\int_{h_2(x)}^{g_2(x)}f_2(t)dt=\infty$

使用 Leibniz 微分公式结合罗比达法则求极限的问题

解题流程:

Step1.

藉由罗比达法则 $\lim_{x\to\infty}\frac{\int_{h_1(x)}^{g_1(x)}f_1(t)dt}{\int_{h_2(x)}^{g_2(x)}f_2(t)dt}=\lim_{x\to\infty}\frac{\left(\int_{h_1(x)}^{g_1(x)}f_1(t)dt\right)'}{\left(\int_{h_2(x)}^{g_2(x)}f_2(t)dt\right)'}$

Step2.

藉由 Leibniz 微分公式 $\lim_{x\to\infty}\frac{\left(\int_{h_1(x)}^{g_1(x)}f_1(t)dt\right)'}{\left(\int_{h_2(x)}^{g_2(x)}f_2(t)dt\right)'}=\lim_{x\to\infty}\frac{f_1\big(g_1(x)\big)g_1'(x)-f_1\big(h_1(x)\big)h_1'(x)}{f_2\big(g_2(x)\big)g_2'(x)-f_2\big(h_2(x)\big)h_2'(x)}$

Step3.

求 $\lim_{x\to\infty}\frac{f_1\big(g_1(x)\big)g_1'(x)-f_1\big(h_1(x)\big)h_1'(x)}{f_2\big(g_2(x)\big)g_2'(x)-f_2\big(h_2(x)\big)h_2'(x)}=?$

<u>范例说明:</u>

(I) 求 $\lim_{x\to\infty}\frac{\sqrt{x}\int_3^{\sqrt{x}}e^{t^2}dt}{e^x}=?$

藉由罗比达法则 $\lim_{x\to\infty}\frac{\sqrt{x}\int_3^{\sqrt{x}}e^{t^2}dt}{e^x}=\lim_{x\to\infty}\frac{\frac{\partial}{\partial x}\left(\sqrt{x}\int_3^{\sqrt{x}}e^{t^2}dt\right)}{\frac{\partial}{\partial x}e^x}$

藉由 Leibniz 微分公式 $\lim_{x\to\infty}\frac{\frac{\partial}{\partial x}\left(\sqrt{x}\int_3^{\sqrt{x}}e^{t^2}dt\right)}{\frac{\partial}{\partial x}e^x}=\lim_{x\to\infty}\frac{\frac{x^{-\frac{1}{2}}}{2}\int_3^{\sqrt{x}}e^{t^2}dt+\sqrt{x}e^x\left(\frac{1}{2}x^{-\frac{1}{2}}\right)}{e^x}$

Type 5.

假设 $f(x)=\int_0^{h(x)}g(t)dt$，求 $f(x)$ 的极值

解题流程:

Step1.

藉由 Leibniz 微分公式 $f'(x) = g(h(x))h'(x)$

Step2.

找c 使得 $f'(c) = 0$

Step3.

若$f''(c) > 0$ 则 $f(c)$ 为相对极小值且 若$f''(c) < 0$ 则$f(c)$ 为相对极大值

<u>范例说明:</u>

(I)假设 $f(x) = \int_0^{x^2} 2t - 1dt$，求 $f'(x) =?$，$f(x)$的极值

$\because f'(x) = (2x^2 - 1)2x = 4x^3 - 2x \Rightarrow f''(x) = 12x^2 - 2$

令$f'(x) = 0$ 则 $x = 0, \pm\sqrt{\frac{1}{2}}$

$\because f''(x) = 12x^2 - 2 \quad \therefore f''\left(\pm\sqrt{\frac{1}{2}}\right) = 4 > 0$ 且 $f''(0) = -2 < 0$

$f(0) = 0$ 为相对极大值 且 $f\left(\pm\sqrt{\frac{1}{2}}\right) = \int_0^{\frac{1}{2}}(2t - 1)dt = \frac{1}{4} - \frac{1}{2} = -\frac{1}{4}$为相对极小值

Type 6.

假设 $f(x) = \int_0^{x} g(t)dt$，求 $(f^{-1})'(c) = ?$

解题流程:

Step1.

藉由反函数的微分公式，$(f^{-1})'(y) = \frac{1}{f'(x)}$

Step2.

藉由 Leibniz 微分公式 $f'(x) = g(x)$

Step3.

找 a s.t. $f(a) = c$ 则 $(f^{-1})'(c) = \frac{1}{f'(a)} = \frac{1}{g(a)}$

<u>范例说明:</u>

(I)假设 $f(x) = \int_3^{x} \frac{1}{\sqrt{1 + t^3}}dt$，求 $(f^{-1})'(0) =?$

$\because (f^{-1})'(y) = \dfrac{1}{f'(x)}$，令 $f(x)=0$ 则 $x=3$

$\because f'(x) = \dfrac{1}{\sqrt{1+x^3}}$ $\quad\therefore (f^{-1})'(0) = \sqrt{1+x^3}\Big|_{x=3} = 2\sqrt{7}$

Example 1.

(1)求 $\dfrac{d}{dx}\displaystyle\int_{\tan 2x}^{\cos x} e^t dt = ?$ $\qquad$ (2)求 $\dfrac{\partial}{\partial x}\displaystyle\int_{2xy}^{e^x \tan y} te^{xy} dt = ?$

【解】

(1)

藉由 Leibniz 微分公式 则 $\dfrac{d}{dx}\displaystyle\int_{\tan 2x}^{\cos x} e^t dt$

$= e^{\cos x}(\cos x)' - e^{\tan 2x}(\tan 2x)' = -e^{\cos x}\sin x - 2e^{\tan 2x}\sec^2 2x$

(2)

藉由 Leibniz 微分公式

则 $\dfrac{\partial}{\partial x}\displaystyle\int_{2xy}^{e^x \tan y} te^{xy} dt = \int_{2xy}^{e^x \tan y} yte^{xy} dt + e^x \tan y\, e^{xy} \cdot e^x \tan y - 2xye^{xy} \cdot 2y$

$= \dfrac{ye^{xy}}{2}\left((e^x \tan y)^2 - (2xy)^2\right) + (e^x \tan y\, e^{xy} \cdot e^x \tan y - 4xye^{xy} \cdot y)$

Example 2.

假设 $F(x) = \displaystyle\int_0^x \frac{1}{t^2+9} dt$，求 $F'(0) = ?$，$F'\left(\dfrac{1}{2}\right) = ?$

【解】

藉由 Leibniz 微分公式 $F'(x) = \dfrac{1}{x^2+9} \Rightarrow$ $F'(0) = \dfrac{1}{9}$，$F'\left(\dfrac{1}{2}\right) = \dfrac{4}{37}$

Example 3.

假设 $F(x) = \displaystyle\int_x^1 t\sqrt{t^2+1} dt$，求 $F'(0) = ?$，$F'\left(\dfrac{1}{2}\right) = ?$

【解】

藉由 Leibniz 微分公式 $F'(x) = -x\sqrt{x^2+1} \Rightarrow$ $F'(0) = 0$，$F'\left(\dfrac{1}{2}\right) = -\dfrac{\sqrt{5}}{4}$

Example 4.

假设 $F(x)=\int_1^x \cos \pi t\, dt$，求 $F'(0)=?$，$F'\left(\frac{1}{2}\right)=?$

【解】

藉由 Leibniz 微分公式 $F'(x)=\cos \pi x \Rightarrow\ F'(0)=1,\ F'\left(\frac{1}{2}\right)=0$

Example 5.

假设 $F(x)=\int_0^{x^3} t\cos t\, dt$，求 $F'(x)=?$

【解】

藉由 Leibniz 微分公式 $F'(x)=(x^3\cos x^3)3x^2=3x^5\cos x^3$

Example 6.

假设 $F(x)=\int_{x^2}^1 t-\sin^2 t\, dt$，求 $F'(x)=?$

【解】

藉由 Leibniz 微分公式 $F'(x)=-2x(x^2-\sin^2 x^2)=-2x^3+2x\sin^2 x^2$

Example 7.

假设 $F(x)=2x+\int_0^x \frac{\sin 2t}{t^2+1} dt$，求 $F'(0)=?$

【解】

藉由 Leibniz 微分公式 $F'(x)=2+\frac{\sin 2x}{x^2+1} \Rightarrow\ F'(0)=2$

Example 8.

假设 $F(x)=\int_0^x \frac{t-1}{t^2+1} dt$，求$F(x)$的极值

【解】

藉由 Leibniz 微分公式 $F'(x)=\frac{x-1}{x^2+1}$，令 $F'(x)=0$ 则 $x=1$

$\because F'(1)=0$，$F'(x)<0$，$\forall x<1$ 且 $F'(x)>0$，$\forall x>1$ $\therefore F(x)$于 $x=1$ 有极小值

$\because F(1)=\int_0^1 \frac{t-1}{t^2+1}dt=\left.\frac{\ln(x^2+1)}{2}\right|_0^1-\tan^{-1}x|_0^1=\ln 2-\frac{\pi}{4}$ $\therefore F(x)$的极小值 $=\ln 2-\frac{\pi}{4}$

Example 9.

假设 f 为连续函数且 $\int_0^x f(t)dt=\frac{2x}{x^2+4}$，求 f 与 x 轴的交点?

【解】

藉由 Leibniz 微分公式 $f(x)=\left(\frac{2x}{x^2+4}\right)'=\frac{2(x^2+4)-2x\cdot 2x}{(x^2+4)^2}=\frac{-2x^2+8}{(x^2+4)^2}$

令 $f(x)=0$ 则 $x=\pm 2\Rightarrow f$ 与 x 轴的交点为 $(2,0),(-2,0)$

Example 10.

假设 $f(x)$ 为连续函数，$\lim_{x\to a}\frac{1}{x-a}\int_{a^2}^{x^2} f(t)dt=?$

【解】

藉由罗比达法则 $\lim_{x\to a}\frac{1}{x-a}\int_{a^2}^{x^2} f(t)dt=\lim_{x\to a}\frac{\left(\int_{a^2}^{x^2} f(t)dt\right)'}{(x-a)'}=\lim_{x\to a}\frac{\left(\int_{a^2}^{x^2} f(t)dt\right)'}{1}$

藉由 Leibniz 微分公式则 $\lim_{x\to a}\frac{\left(\int_{a^2}^{x^2} f(t)dt\right)'}{1}=\lim_{x\to a}\frac{f(x^2)2x}{1}=f(a^2)2a$

Example 11.

(1)求 $\lim_{x\to 0}\frac{1}{x}\int_0^x (1+\tan 3t)^{\frac{1}{t}}dt=?$

(2)求 $\lim_{h\to 0}\frac{\int_5^{5+h} e^{-x^2}dx}{h}=?$

【解】

(1)

藉由罗比达法则 $\lim\limits_{x\to 0}\frac{1}{x}\int\limits_0^x(1+\tan 3t)^{\frac{1}{t}}dt=\lim\limits_{x\to 0}\frac{\frac{\partial}{\partial x}(\int_0^x(1+\tan 3t)^{\frac{1}{t}}dt)}{1}$

藉由 Leibniz 微分公式

则 $\lim\limits_{x\to 0}\frac{\frac{\partial}{\partial x}(\int_0^x(1+\tan 3t)^{\frac{1}{t}}dt)}{1}=\lim\limits_{x\to 0}\frac{(1+\tan 3x)^{\frac{1}{x}}}{1}=\lim\limits_{x\to 0}\left(1+\frac{\tan 3x}{3x}\cdot 3x\right)^{\frac{1}{x}}=e^3$

(2)

藉由罗比达法则 $\lim\limits_{h\to 0}\frac{\int_5^{5+h}e^{-x^3}dx}{h}=\lim\limits_{h\to 0}\frac{\frac{\partial}{\partial h}(\int_5^{5+h}e^{-x^3}dx)}{1}$

藉由 Leibniz 微分公式 $\lim\limits_{h\to 0}\frac{\frac{\partial}{\partial h}(\int_5^{5+h}e^{-x^3}dx)}{1}=\lim\limits_{h\to 0}\frac{e^{-(5+h)^3}}{1}=e^{-125}$

Example 12.

求 $\frac{d}{dx}\int_{\frac{1}{x}}^{\frac{2}{x}}\frac{\sin xt}{t}dt\ =?$

【解】

$$\frac{d}{dx}\int_{\frac{1}{x}}^{\frac{2}{x}}\frac{\sin xt}{t}dt=\frac{\sin x\cdot\frac{2}{x}}{\frac{2}{x}}\left(-\frac{2}{x^2}\right)-\frac{\sin x\cdot\frac{1}{x}}{\frac{1}{x}}\left(-\frac{1}{x^2}\right)+\int_{\frac{1}{x}}^{\frac{2}{x}}\cos xt\,dt$$

$$=-\frac{\sin 2}{x}+\frac{\sin 1}{x}+\left.\frac{\sin xt}{x}\right|_{t=\frac{1}{x}}^{t=\frac{2}{x}}=0$$

Example 13.

(1)求 $\lim\limits_{x\to 0}\frac{1}{x^8}\int\limits_0^{x^2}\tan t^3dt\ =?$

(2)求 $\lim\limits_{x\to 0}\frac{1}{x^4}\int\limits_{x^4}^{x^5}\sqrt{4+t^4}dt=?$

(3)求 $\lim_{x\to 0}\frac{\int_0^{2x}\sin t\cos t\,dt}{x^2}=?$

【解】

(1)

藉由罗比达法则 $\lim_{x\to 0}\frac{1}{x^8}\int_0^{x^2}\tan t^3dt=\lim_{x\to 0}\frac{\frac{\partial}{\partial x}(\int_0^{x^2}\tan t^3dt)}{8x^7}$

藉由 Leibniz 微分公式则 $\lim_{x\to 0}\frac{\frac{\partial}{\partial x}(\int_0^{x^2}\tan t^3dt)}{8x^7}=\lim_{x\to 0}\frac{2x\tan x^6}{8x^7}=\lim_{x\to 0}\frac{\tan x^6}{4x^6}=\frac{1}{4}$

(2)

藉由罗比达法则 $\lim_{x\to 0}\frac{1}{x^4}\int_{x^4}^{x^5}\sqrt{4+t^4}dt=\lim_{x\to 0}\frac{\frac{\partial}{\partial x}\int_{x^4}^{x^5}\sqrt{4+t^4}dt}{4x^3}$

藉由 Leibniz 微分公式 则 $\lim_{x\to 0}\frac{\frac{\partial}{\partial x}\int_{x^4}^{x^5}\sqrt{4+t^4}dt}{4x^3}$

$=\lim_{x\to 0}\frac{\sqrt{4+x^{20}}(5x^4)-\sqrt{4+x^{16}}(4x^3)}{4x^3}=\lim_{x\to 0}\frac{5x}{4}\sqrt{4+x^{20}}-\sqrt{4+x^{16}}=-2$

(3)

藉由罗比达法则 $\lim_{x\to 0}\frac{\int_0^{2x}\sin t\cos t\,dt}{x^2}=\lim_{x\to 0}\frac{\frac{\partial}{\partial x}\int_0^{2x}\sin t\cos t\,dt}{2x}$

藉由 Leibniz 微分公式 $\lim_{x\to 0}\frac{\frac{\partial}{\partial x}\int_0^{2x}\sin t\cos t\,dt}{2x}=2\lim_{x\to 0}\frac{\sin 2x\cos 2x}{2x}=2$

Example 14.

(1)求 $\frac{d}{dx}\int_{x^4}^{x^5}e^{t^2}dt=?$

(2)求 $\frac{\partial}{\partial x}\int_{x^2y^2}^{x^3y^3}x^2te^{t^2}dt=?$

【解】

(1)

藉由 Leibniz 微分公式则 $\frac{d}{dx}\int_{x^4}^{x^5} e^{t^2}dt = e^{(x^5)^2}\cdot 5x^4 - e^{(x^4)^2}\cdot 4x^3$

(2)

$\because\ \frac{\partial}{\partial x}\int_{x^2y^2}^{x^3y^3} x^2te^{t^2}dt = \frac{\partial}{\partial x}\left(x^2\int_{x^2y^2}^{x^3y^3} te^{t^2}dt\right) = 2x\int_{x^2y^2}^{x^3y^3} te^{t^2}dt + x^2\frac{\partial}{\partial x}\int_{x^2y^2}^{x^3y^3} te^{t^2}dt$

$\because \int_{x^2y^2}^{x^3y^3} te^{t^2}dt = \left.\frac{e^{t^2}}{2}\right|_{x^2y^2}^{x^3y^3} = \frac{e^{x^6y^6}-e^{x^4y^4}}{2}$

$\therefore\ \frac{\partial}{\partial x}\left(\int_{x^2y^2}^{x^3y^3} te^{t^2}dt\right) = 3x^5y^6e^{x^6y^6} - 2x^3y^4e^{x^4y^4}$

$\therefore \frac{\partial}{\partial x}\int_{x^2y^2}^{x^3y^3} x^2te^{t^2}dt = 2x\left(\frac{e^{x^6y^6}-e^{x^4y^4}}{2}\right) + x^2\left(3x^5y^6e^{x^6y^6} - 2x^3y^4e^{x^4y^4}\right)$

Example 15.

(1)求 $\lim_{x\to 0}\frac{\int_0^{x^2}\tan t^3\,dt}{x^8} =?$

(2)求 $\lim_{x\to 0^+}\frac{\int_0^{\tan x}\sqrt[3]{t}dt}{\int_0^{\sin x}\sqrt[3]{t}dt} =?$

【解】

(1)

藉由罗比达法则 $\lim_{x\to 0}\frac{\int_0^{x^2}\tan t^2\,dt}{x^8} = \lim_{x\to 0}\frac{\frac{\partial}{\partial x}\int_0^{x^2}\tan t^3\,dt}{8x^7}$

藉由 Leibniz 微分公式 $\lim_{x\to 0}\frac{\frac{\partial}{\partial x}\int_0^{x^2}\tan t^3\,dt}{8x^7} = \lim_{x\to 0}\frac{2x\tan x^6}{8x^7} = \frac{1}{4}$

(2)

藉由罗比达法则 $\lim_{x\to 0^+}\frac{\int_0^{\tan x}\sqrt[3]{t}dt}{\int_0^{\sin x}\sqrt[3]{t}dt} = \lim_{x\to 0}\frac{\frac{\partial}{\partial x}\int_0^{\tan x}\sqrt[3]{t}dt}{\frac{\partial}{\partial x}\int_0^{\sin x}\sqrt[3]{t}dt}$

藉由 Leibniz 微分公式 $\lim_{x\to 0}\frac{\frac{\partial}{\partial x}\int_0^{\tan x}\sqrt[3]{t}dt}{\frac{\partial}{\partial x}\int_0^{\sin x}\sqrt[3]{t}dt} = \lim_{x\to 0}\frac{\sqrt[3]{\tan x}\sec^2 x}{\sqrt[3]{\sin x}\cos x} = 1$

Example 16.

$$求\ \lim_{x\to\infty}\sqrt{x}e^{-x}\int_3^{\sqrt{x}}e^{t^2}dt=?$$

【解】

藉由罗比达法则 $\lim\limits_{x\to\infty}\sqrt{x}e^{-x}\int_3^{\sqrt{x}}e^{t^2}dt=\lim\limits_{x\to\infty}\dfrac{\sqrt{x}\int_3^{\sqrt{x}}e^{t^2}dt}{e^x}=\lim\limits_{x\to\infty}\dfrac{\frac{\partial}{\partial x}\left(\sqrt{x}\int_3^{\sqrt{x}}e^{t^2}dt\right)}{\frac{\partial}{\partial x}e^x}$

藉由 Leibniz 微分公式

$$\lim_{x\to\infty}\frac{\frac{\partial}{\partial x}\left(\sqrt{x}\int_3^{\sqrt{x}}e^{t^2}dt\right)}{\frac{\partial}{\partial x}e^x}=\lim_{x\to\infty}\frac{\frac{x^{-\frac{1}{2}}}{2}\int_3^{\sqrt{x}}e^{t^2}dt+\sqrt{x}e^x\left(\frac{1}{2}x^{-\frac{1}{2}}\right)}{e^x}=\frac{1}{2}+\lim_{x\to\infty}\frac{\int_3^{\sqrt{x}}e^{t^2}dt}{2e^xx^{\frac{1}{2}}}$$

$$=\frac{1}{2}+\lim_{x\to\infty}\frac{e^x\left(\frac{1}{2}x^{-\frac{1}{2}}\right)}{2\left(e^xx^{\frac{1}{2}}+\frac{1}{2}e^xx^{-\frac{1}{2}}\right)}=\frac{1}{2}$$

Example 17.

(1)假设 $F(x)=\int_1^x f(t)dt$ 且 $f(t)=\int_1^{t^3}\dfrac{\sqrt{1+u^3}}{u}du$，求 $F''(2)=?$

(2)求 $\dfrac{d^2}{dx^2}\int_0^x\left(\int_1^{\sin t}\sqrt{3+u^5}\,du\right)dt=?$

【解】

(1)

$$\because F(x)=\int_1^x f(t)dt\quad\therefore F'(x)=f(x)=\int_1^{x^3}\frac{\sqrt{1+u^3}}{u}du$$

$$\therefore F''(x)=f'(x)=\frac{\sqrt{1+x^9}}{x^3}\cdot 3x^2=\frac{3\sqrt{1+x^9}}{x}\Rightarrow F''(2)=\frac{3\sqrt{513}}{2}$$

(2)

$$\frac{d^2}{dx^2}\int_0^x\left(\int_1^{\sin t}\sqrt{3+u^5}\,du\right)dt=\frac{d}{dx}\left(\frac{d}{dx}\int_0^x\left(\int_1^{\sin t}\sqrt{3+u^5}\,du\right)dt\right)$$

$$=\frac{d}{dx}\left(\int_1^{\sin x}\sqrt{3+u^5}\,du\right)=\cos x\sqrt{3+\sin^5 x}$$

Example 18.

$$(1)求\ \lim_{x\to 0}\frac{x-\int_0^x \cos t^2\,dt+x^5}{6\sin^{-1}x-6x-x^3}=?$$

$$(2)求\ \lim_{x\to 0^+}\frac{\int_0^{\tan x}\sqrt[3]{\sin t}\,dt}{\int_0^{\sin x}\sqrt[3]{\tan t}\,dt}=?$$

【解】

(1)

藉由罗比达法则 $\lim_{x\to 0}\frac{x-\int_0^x \cos t^2\,dt+x^5}{6\sin^{-1}x-6x-x^3}=\lim_{x\to 0}\frac{\frac{\partial}{\partial x}\left(x-\int_0^x \cos t^2\,dt+x^5\right)}{\frac{6}{\sqrt{1-x^2}}-6-3x^2}$

藉由 Leibniz 微分公式与罗比达法则

$$\lim_{x\to 0}\frac{\frac{\partial}{\partial x}\left(x-\int_0^x \cos t^2\,dt+x^5\right)}{\frac{6}{\sqrt{1-x^2}}-6-3x^2}=\lim_{x\to 0}\frac{1-\cos x^2+5x^4}{\frac{6}{\sqrt{1-x^2}}-6-3x^2}=\lim_{x\to 0}\frac{2x\sin x^2+20x^3}{6x(1-x^2)^{-\frac{3}{2}}-6x}$$

$$=\lim_{x\to 0}\frac{2\sin x^2+20x^2}{6(1-x^2)^{-\frac{3}{2}}-6}=\lim_{x\to 0}\frac{4x\cos x^2+40x}{18x(1-x^2)^{-\frac{5}{2}}}=\lim_{x\to 0}\frac{4\cos x^2+40}{18(1-x^2)^{-\frac{5}{2}}}=\frac{22}{9}$$

(2)

藉由罗比达法则 $\lim_{x\to 0^+}\frac{\int_0^{\tan x}\sqrt[3]{\sin t}\,dt}{\int_0^{\sin x}\sqrt[3]{\tan t}\,dt}=\lim_{x\to 0^+}\frac{\frac{\partial}{\partial x}\int_0^{\tan x}\sqrt[3]{\sin t}\,dt}{\frac{\partial}{\partial x}\int_0^{\sin x}\sqrt[3]{\tan t}\,dt}$

藉由 Leibniz 微分公式 $\lim_{x\to 0^+}\frac{\frac{\partial}{\partial x}\int_0^{\tan x}\sqrt[3]{\sin t}\,dt}{\frac{\partial}{\partial x}\int_0^{\sin x}\sqrt[3]{\tan t}\,dt}=\lim_{x\to 0^+}\frac{\sqrt[3]{\sin\tan x}\sec^2 x}{\sqrt[3]{\tan\sin x}\cos x}$

$$\because\ \lim_{x\to 0^+}\frac{\sqrt[3]{\sin\tan x}}{\sqrt[3]{\tan\sin x}}=\lim_{x\to 0^+}\sqrt[3]{\frac{\sin\tan x}{\tan x}}\cdot\sqrt[3]{\frac{\tan x}{\sin x}}\cdot\sqrt[3]{\frac{\sin x}{\tan\sin x}}=\lim_{x\to 0^+}\sqrt[3]{\frac{\tan x}{\sin x}}=1$$

$$\therefore\ \lim_{x\to 0^+}\frac{\sqrt[3]{\sin\tan x}\sec^2 x}{\sqrt[3]{\tan\sin x}\cos x}=\lim_{x\to 0^+}\frac{\sec^2 x}{\cos x}=1$$

Example 19.

求 $\lim_{x\to\infty}\frac{\int_0^{x^2} e^{t-x^2}(2t^2+3)dt}{x^4}=?$

【解】

$$\because \int_0^{x^2} e^{t-x^2}(2t^2+3)dt = e^{-x^2}\int_0^{x^2} e^t(2t^2+3)dt$$

令$u=2t^2+3$，$dv=e^t dt$ 则 $du=4t$，$v=e^t$，藉由分部积分法

$$则\ e^{-x^2}\int_0^{x^2} e^t(2t^2+3)dt = e^{-x^2}\left((2x^4+3)e^{x^2}-3-4\int_0^{x^2} te^t dt\right)$$

$$= e^{-x^2}\left((2x^4+3)e^{x^2}-3-4\left(x^2e^{x^2}-(e^{x^2}-1)\right)\right)$$

$$= (2x^4+3)-3e^{-x^2}-4\left(x^2-(1-e^{-x^2})\right)$$

$$\Rightarrow \lim_{x\to\infty}\frac{\int_0^{x^2} e^{t-x^2}(2t^2+1)dt}{x^4} = \lim_{x\to\infty}\frac{(2x^4+3)-3e^{-x^2}-4\left(x^2-(1-e^{-x^2})\right)}{x^4}=2$$

Example 20.

设 $f(x)$为连续函数 且 $\int_0^x f(u)du = -3+x^2+x\sin 2x + c\cos 2x$

求 (1) $c=?$ (2) $\int_{\frac{\pi}{4}}^{\frac{\pi}{2}} f(x)dx=?$ (3) $f'(\frac{\pi}{4})=?$

【解】

(1)

$$\because 0=\int_0^0 f(u)du = -3+c\cos 0 = -3+c \quad \therefore c=3$$

(2)

$$\int_{\frac{\pi}{4}}^{\frac{\pi}{2}} f(x)dx = \int_0^{\frac{\pi}{2}} f(x)dx - \int_0^{\frac{\pi}{4}} f(x)dx$$

$$= -3 + \frac{\pi^2}{4} + \frac{\pi}{2}\sin\pi + 3\cos\pi - (-3 + \frac{\pi^2}{16} + \frac{\pi}{4}\sin\frac{\pi}{2} + 3\cos\frac{\pi}{2}) = \frac{3\pi^2}{16} - \frac{\pi}{4} - 3$$

(3)

$\because f(x) = 2x + \sin 2x + 2x\cos 2x - 6\sin 2x = 2x - 5\sin 2x + 2x\cos 2x$

$\therefore\ f'(x) = 2 - 10\cos 2x + 2\cos 2x - 4x\sin 2x = 2 - 8\cos 2x - 4x\sin 2x$

$\therefore\ \ f'\left(\frac{\pi}{4}\right) = 2 - 8\cos\frac{\pi}{2} - \pi\sin\frac{\pi}{2} = 2 - \pi$

Example 21.

(1)假设 $F(x) = \int_{-\sqrt{x}}^{\sqrt{x}} e^{-\frac{t^2}{2}} dt$，求 $F'(2)$的值

(2)假设 $F(x) = \int_{2}^{x^2} \frac{\sqrt{3t^2+1}}{t^2+1} dt$，求 $F'(2)$的值

【解】

(1)

藉由 Leibniz 微分公式

则 $F'(x) = e^{-\frac{x}{2}}\left(\frac{1}{2}x^{-\frac{1}{2}}\right) - e^{-\frac{x}{2}}\left(-\frac{1}{2}x^{-\frac{1}{2}}\right) = e^{-\frac{x}{2}}\left(x^{-\frac{1}{2}}\right)$ $\quad\therefore\ F'(2) = e^{-1}2^{-\frac{1}{2}}$

(2)

藉由 Leibniz 微分公式则 $F'(x) = \frac{\sqrt{3x^4+1}}{x^4+1}\cdot 2x \quad \therefore\ F'(2) = \frac{28}{17}$

Example 22.

(1)假设 $f(x) = \int_0^x (x-t)\cos^3 t\, dt$，$\forall -\frac{\pi}{2} < x < \frac{3\pi}{2}$，求$f(x)$的极值

(2)假设 $f(x) = \int_0^{x^2} (2t-1) dt$，求 $f'(x) =?$，$f(x)$的极值

【解】

(1)

$\because f(x) = \int_0^x (x-t)\cos^3 t\, dt = x\int_0^x \cos^3 t\, dt - \int_0^x t\cos^3 t\, dt$

$\therefore f'(x) = \int_0^x \cos^3 t\, dt + x\left(\frac{\partial}{\partial x}\int_0^x \cos^3 t\, dt\right) - \frac{\partial}{\partial x}\int_0^x t\cos^3 t\, dt$

$$= \int_0^x \cos^3 t\,dt + x\cos^3 x - x\cos^3 x = \int_0^x \cos^3 t\,dt = \int_0^x (1-\sin^2 t)\cos t\,dt$$

$$= \sin x - \frac{\sin^3 x}{3} = \sin x\left(1 - \frac{\sin^2 x}{3}\right)$$

令$f'(x) = 0$ 则 $x = 0$ or π

$\because\ f''(x) = \cos^3 x \qquad \therefore f''(0) = 1 > 0$ 且 $f''(\pi) = -1 < 0$

$\therefore f(0) = 0$ 为相对极小值，$f(\pi)$ 为相对极大值

Claim: $f(\pi) = \dfrac{14}{9}$

$$\because f(\pi) = \pi\int_0^\pi \cos^3 t\,dt - \int_0^\pi t\cos^3 t\,dt \text{ 且 } \int_0^\pi \cos^3 t\,dt = \sin x\left(1 - \frac{\sin^2 x}{3}\right)\Big|_0^\pi = 0$$

$$\therefore f(\pi) = -\int_0^\pi t\cos^3 t\,dt$$

$$\because \int_0^\pi t\cos^3 t\,dt = \int_0^\pi t(1-\sin^2 t)\cos t\,dt = \int_0^\pi t\cos t\,dt - \int_0^\pi t\sin^2 t\cos t\,dt$$

藉由 Integration by parts 则 $\displaystyle\int_0^\pi t\cos t\,dt = t\sin t|_0^\pi - \int_0^\pi \sin t\,dt = -2$

藉由 Integration by parts

则 $\displaystyle -\int_0^\pi t\sin^2 t\cos t\,dt = -\frac{t}{3}\sin^3 t\Big|_0^\pi + \frac{1}{3}\int_0^\pi \sin^3 t\,dt = \frac{1}{3}\int_0^\pi \sin^3 t\,dt$

且 $\displaystyle \frac{1}{3}\int_0^\pi \sin^3 t\,dt = \frac{1}{3}\int_0^\pi (1-\cos^2 t)\sin t\,dt = \frac{1}{3}\left(-\cos t + \frac{\cos^3 t}{3}\Big|_0^\pi\right) = \frac{4}{9}$

$\displaystyle \therefore f(\pi) = -\int_0^\pi t\cos^3 t\,dt = \frac{14}{9} \qquad \therefore f(x)$ 于 $x = \pi$ 有最大值$\dfrac{14}{9}$

(2)

$\because f'(x) = (2x^2-1)2x = 4x^3 - 2x \Rightarrow f''(x) = 12x^2 - 2$

令$f'(x) = 0$ 则 $x = 0, \pm\sqrt{\dfrac{1}{2}}$

$\because f''(x) = 12x^2 - 2 \qquad \therefore f''\left(\pm\sqrt{\dfrac{1}{2}}\right) = 4 > 0$ 且 $f''(0) = -2 < 0$

$f(0)=0$ 为相对极大值 且 $f\left(\pm\sqrt{\frac{1}{2}}\right)=\int_0^{\frac{1}{2}}(2t-1)dt=\frac{1}{4}-\frac{1}{2}=-\frac{1}{4}$ 为相对极小值

Example 23.

假设 $f(x)=\left(\int\limits_0^x e^{-t^2}\,dt\right)^2$ ， $g(x)=\int\limits_0^1 \frac{e^{-x^2(t^2+1)}}{t^2+1}dt$

(1) Show that $f'(x)+\ g'(x)=0,\quad \forall\, x\in R$

(2) Use (1) to show that $f(x)+g(x)=\frac{\pi}{4},\quad \forall\, x\in R$

【解】

(1)

$\because\ f'(x)=2\int\limits_0^x e^{-t^2}\,dt\left(\frac{\partial}{\partial x}\int\limits_0^x e^{-t^2}\,dt\right)=2\left(\int\limits_0^x e^{-t^2}\,dt\right)e^{-x^2}$

$\because\ \ g'(x)=\int\limits_0^1 \frac{e^{-x^2(t^2+1)}}{t^2+1}(-2x(t^2+1))\,dt=e^{-x^2}\int\limits_0^1 -2xe^{-x^2t^2}\,dt$

令 $u=xt$ 则 $\frac{du}{x}=dt$ $\quad\therefore g'(x)=-2e^{-x^2}\int\limits_0^x e^{-u^2}\,du$

因此 $f'(x)+\ g'(x)=0,\quad \forall\, x\in R$

(2)

$\because\ f'(x)+\ g'(x)=0,\ \forall\, x\in R\quad \therefore f(x)+g(x)=constant,\ \forall\, x\in R$

$\therefore f(x)+g(x)=f(0)+g(0)=\left(\int\limits_0^0 e^{-t^2}\,dt\right)^2+\int\limits_0^1 \frac{1}{t^2+1}dt=\tan^{-1}t|_0^1=\frac{\pi}{4}$

Example 24.

假设 $f(x)$满足 $9+\int_a^x \frac{f(t)}{t^2}dt=3\sqrt[3]{x}$, 求 (1) $f(x)=?$ (2) $a=?$

【解】

$\because 9+\int_{a}^{x}\frac{f(t)}{t^{2}}dt=3\sqrt[3]{x}$

$\therefore \frac{d}{dx}\left(9+\int_{a}^{x}\frac{f(t)}{t^{2}}dt\right)=\frac{d}{dx}\left(3\sqrt[3]{x}\right)\Rightarrow\frac{f(x)}{x^{2}}=x^{-\frac{2}{3}}\Rightarrow f(x)=x^{\frac{4}{3}}$

令 $x=a$ 则 $9+\int_{a}^{a}\frac{f(t)}{t^{2}}dt=3\sqrt[3]{a}\Rightarrow a=27$

Example 25.

求 $\lim\limits_{n\to 0}\frac{1}{n}\int_{3}^{3+n}e^{-x^{3}}dx=?$

【解】

$$\lim_{n\to 0}\frac{\int_{3}^{3+n}e^{-x^{3}}dx}{n}=\lim_{n\to 0}\frac{e^{-(n+3)^{3}}}{1}=e^{-27}$$

Example 26.

假设 $x=\int_{0}^{y}\frac{1}{\sqrt{1+9t^{2}}}dt$，求 $\frac{1}{y}\frac{d^{2}y}{dx^{2}}=?$

【解】

$\because x=\int_{0}^{y}\frac{1}{\sqrt{1+9t^{2}}}dt\qquad\therefore 1=\frac{1}{\sqrt{1+9y^{2}}}\cdot\frac{dy}{dx}\Rightarrow\frac{dy}{dx}=\sqrt{1+9y^{2}}$

$\therefore\frac{d^{2}y}{dx^{2}}=\frac{1}{2}(1+9y^{2})^{-\frac{1}{2}}\cdot 18y\cdot\frac{dy}{dx}=9y\Rightarrow\frac{1}{y}\frac{d^{2}y}{dx^{2}}=9$

Example 27.

(1)假设 $f(x)=\int_{3}^{x}\frac{1}{\sqrt{1+t^{3}}}dt$，求 $(f^{-1})'(0)=?$

(2)假设 $f(x)=\int_{x^{2}}^{3}\sqrt{5+3^{t}}dt, x\geq 0$，求 $(f^{-1})'(0)=?$

【解】

(1)

$\because (f^{-1})'(y)=\frac{1}{f'(x)}$，令 $f(x)=0$ 则 $x=3$

$\because f'(x)=\frac{1}{\sqrt{1+x^{3}}}\qquad\therefore\ (f^{-1})'(0)=\sqrt{1+x^{3}}\Big|_{x=3}=2\sqrt{7}$

(2)

$$\because (f^{-1})'(y)=\frac{1}{f'(x)},\ \text{令}\ f(x)=0\ \text{则}\ x=\sqrt{3}$$

$$\because f'(x)=-2x\sqrt{5+3^{x^2}}\quad \therefore\ (f^{-1})'(0)=\left.\frac{-1}{2x\sqrt{5+3^{x^2}}}\right|_{x=\sqrt{3}}=\frac{-1}{8\sqrt{6}}$$

Example 28.

假设 $f(x)=\int_{2x}^{x^3+1}\frac{t^2}{\sqrt{10+t^2}}dt$，求 $f'(1)=?$

【解】

$$\because f(x)=\int_{2x}^{x^3+1}\frac{t^2}{\sqrt{10+t^2}}dt\ \therefore\ f'(x)=\frac{(x^3+1)^2 3x^2}{\sqrt{10+(x^3+1)^2}}-\frac{(2x)^2 2}{\sqrt{10+(2x)^2}}\Rightarrow f'(1)=\frac{4}{\sqrt{14}}$$

Example 29.

假设 $f(x)=\int_0^{|x|}\frac{e^{2t}}{t+3}dt$，求 $f'(-2)=?$

【解】

$$\because f(x)=\int_0^{-x}\frac{e^{2t}}{t+3}dt,\ \forall\, x<0\quad \therefore f'(x)=-\frac{e^{-2x}}{-x+3}\Rightarrow f'(-2)=-\frac{e^4}{5}$$

Example 30.

求 $\lim\limits_{x\to\infty}\frac{\int_1^x \ln t\,dt}{x\ln x}=?$

【解】

$$\text{藉由罗比达法则}\ \lim_{x\to\infty}\frac{\int_1^x \ln t\,dt}{x\ln x}=\lim_{x\to\infty}\frac{\frac{\partial}{\partial x}\int_1^x \ln t\,dt}{1+\ln x}$$

$$\text{藉由 Leibniz 微分公式}\ \ \frac{\partial}{\partial x}\int_1^x \ln t\,dt=\ln x\ \ \therefore\ \lim_{x\to\infty}\frac{\frac{\partial}{\partial x}\int_1^x \ln t\,dt}{1+\ln x}=\lim_{x\to\infty}\frac{\ln x}{1+\ln x}$$

$$\text{藉由罗比达法则}\ \lim_{x\to\infty}\frac{\ln x}{1+\ln x}=1\Rightarrow\lim_{x\to\infty}\frac{\int_1^x \ln t\,dt}{x\ln x}=1$$

Example 31.

求 $\int_0^1 \frac{x^\alpha - 1}{\ln x} dx$ =?, $\forall\, \alpha \geq 0$

【解】

令 $F(\alpha) = \int_0^1 \frac{x^\alpha - 1}{\ln x} dx$ 则 $F'(\alpha) = \int_0^1 \frac{\partial}{\partial \alpha}\left(\frac{x^\alpha - 1}{\ln x}\right) dx$

$\because\ \frac{\partial}{\partial \alpha}\left(\frac{x^\alpha - 1}{\ln x}\right) = \frac{x^\alpha \ln x}{\ln x} = x^\alpha\ \therefore\ F'(\alpha) = \int_0^1 \frac{\partial}{\partial \alpha}\left(\frac{x^\alpha - 1}{\ln x}\right) dx = \int_0^1 x^\alpha dx = \frac{1}{\alpha + 1}$

$\therefore F(\alpha) = \ln(\alpha + 1) + c,\quad \because F(0) = 0\quad \therefore c = 0 \Rightarrow F(\alpha) = \ln(\alpha + 1)$

Example 32.

求 $\int_0^\infty e^{-x^2} \cos \alpha x\, dx$ =?

【解】

令 $F(\alpha) = \int_0^\infty e^{-x^2} \cos \alpha x\, dx$ 则 $F'(\alpha) = \int_0^\infty \frac{\partial}{\partial \alpha}\left(e^{-x^2} \cos \alpha x\right) dx = -\int_0^\infty x e^{-x^2} \sin \alpha x\, dx$

令 $u = \sin \alpha x$, $dv = x e^{-x^2} dx$ 则 $du = \alpha \cos \alpha x\, dx$, $v = -\frac{e^{-x^2}}{2}$

藉由 Integration by parts

$$-\int_0^\infty x e^{-x^2} \sin \alpha x\, dx = \left.\frac{e^{-x^2} \sin \alpha x}{2}\right|_0^\infty - \int_0^\infty \frac{e^{-x^2} \alpha \cos \alpha x}{2} dx = -\frac{\alpha F(\alpha)}{2}$$

$\therefore\ F'(\alpha) = -\frac{\alpha F(\alpha)}{2} \Rightarrow F(\alpha) = c e^{-\frac{\alpha^2}{4}},\quad \because F(0) = \frac{\sqrt{\pi}}{2}\quad \therefore F(\alpha) = \frac{\sqrt{\pi}}{2} e^{-\frac{\alpha^2}{4}}$

5.4 瑕积分

5.4.1 瑕积分的定义与收敛

【定义】瑕积分的定义

$\int_a^b f(x)dx$ 为瑕积分 if any of the following hold:

(i) $a=-\infty$ or $b=\infty$

(ii) $\exists\, c\in[a,b]$ s.t. $\lim_{x\to c^-}|f(c)|=\infty$ or $\lim_{x\to c^+}|f(c)|=\infty$

【定义】瑕积分的类型定义

(i)a、b 至少有一個为 $\pm\infty$时，称 $\int_a^b f(x)dx$ 为第一类瑕积分

(ii)$\exists\, c\in[a,b]$ s.t. $f(c)=\pm\infty$ (c 为临界点)，称 $\int_a^b f(x)dx$ 为第二类瑕积分

(iii)同时为第一类与第二类瑕积分，称 $\int_a^b f(x)dx$ 为第三类瑕积分

【定义】瑕积分收敛与发散的定义

(i) $\int_a^\infty f(x)dx \coloneqq \lim_{b\to\infty}\int_a^b f(x)dx$ 且 $\lim_{b\to\infty}\int_a^b f(x)dx$ 存在 $\Leftrightarrow$ $\int_a^\infty f(x)dx$ 收敛

再者,若 $\int_a^\infty |f(x)|dx$ 收敛 则称 $\int_a^\infty f(x)dx$ 绝对收敛

若 $\int_a^\infty f(x)dx$ 收敛 且 $\int_a^\infty |f(x)|dx$ 发散 则称 $\int_a^\infty f(x)dx$ 条件收敛

(ii) $\int_{-\infty}^b f(x)dx \coloneqq \lim_{a\to-\infty}\int_a^b f(x)dx$ 且 $\lim_{a\to-\infty}\int_a^b f(x)dx$ 存在 $\Leftrightarrow$ $\int_{-\infty}^b f(x)dx$ 收敛

再者,若 $\int_{-\infty}^b |f(x)|dx$ 收敛 则称 $\int_{-\infty}^b f(x)dx$ 绝对收敛

若 $\int_{-\infty}^b f(x)dx$ 收敛 且 $\int_{-\infty}^b |f(x)|dx$ 发散 则称 $\int_{-\infty}^b f(x)dx$ 条件收敛

(iii) $\int_{-\infty}^\infty f(x)dx \coloneqq \lim_{a\to-\infty}\int_a^c f(x)dx + \lim_{b\to\infty}\int_c^b f(x)dx$ 且

$\lim_{a\to-\infty}\int_a^c f(x)dx$ 与 $\lim_{b\to\infty}\int_c^b f(x)dx$ 皆存在 $\Leftrightarrow$ $\int_{-\infty}^\infty f(x)dx$ 收敛

再者,若 $\int_{-\infty}^\infty |f(x)|dx$ 收敛 则称 $\int_{-\infty}^\infty f(x)dx$ 绝对收敛

若 $\int_{-\infty}^{\infty} f(x)dx$ 收敛且 $\int_{-\infty}^{\infty} |f(x)|dx$ 发散则称 $\int_{-\infty}^{\infty} f(x)dx$ 条件收敛

(iv)Assume $\exists\, c \in [a,b]$ s.t. $\lim_{x\to c^-} |f(c)| = \infty$ or $\lim_{x\to c^+} |f(c)| = \infty$. Then

$\int_a^b f(x)dx \coloneqq \lim_{s\to c^-} \int_a^s f(x)dx + \lim_{t\to c^+} \int_t^b f(x)dx$ 且

$\lim_{s\to c^-} \int_a^s f(x)dx$ 与 $\lim_{t\to c^+} \int_t^b f(x)dx$ 皆存在 $\Leftrightarrow$ $\int_a^b f(x)dx$ 收敛

再者,若 $\int_a^b |f(x)|dx$ 收敛则称 $\int_a^b f(x)dx$ 绝对收敛

若 $\int_a^b f(x)dx$ 收敛且 $\int_a^b |f(x)|dx$ 发散则称 $\int_a^b f(x)dx$ 条件收敛

5.4.2 瑕积分的考试类型与相关定理

瑕积分的考试类型，可区分为两大类：

(i) 求 $\int_a^b f(x)dx$ 瑕积分的值

从瑕积分收敛与发散的定义，可观察出求瑕积分的值等于先求定积分再取极限值的问题；之前定积分的考试类型大致可分为：使用变量代换法、使用分部积分法、求有理式函数的定积分、求无理式函数的定积分、使用半角代换法；再者，取极限值的问题，可分为直接带入型、消掉共同项再取极限的有理式型、把式子有理化再取极限的类型、x趋近于无穷大时求极限⋯等；因此，瑕积分的考试类型可思考成这两大类问题的所有组合。

求瑕积分的值 = 计算定积分的值 + 取极限值的问题

(ii)判断 $\int_a^b f(x)dx$ 瑕积分收敛或发散

底下介绍两个定理帮助判断瑕积分的收敛与发散，分别为 Comparison test 与 Quotient test，遇到第一类或第二类瑕积分时，读者应找出 Comparison test 或 Quotient test 当中的$g(x)$满足其定理的条件，以帮助判断 $\int_a^b f(x)dx$ 的收敛或发散，一般而言，$\int_a^b g(x)dx$的收敛或发散，相对应该较容易判断；当$\int_a^b f(x)dx$为第三类瑕积分时，先将瑕积分拆解为第一类

瑕积分与第二类瑕积分，接着设法找出 Comparison test 或 Quotient test 当中各自的$g(x)$满足其条件；如果无法找出适当的$g(x)$搭配这两定理检验，也可直接藉由计算瑕积分的值判断收敛或发散；此外，如果无法找出 Comparison test 或 Quotient test 当中的$g(x)$满足其定理的条件，也可尝试先将积分做转换，方法包含：变数代换法、分部积分法…等，之后再找适当的$g(x)$满足 Comparison test 或 Quotient test 的条件。

【Lemma】(Any bounded monotone function has finite one-sided limit)

Let $f(x)$ be an increasing function on (a,∞). Assume $\exists M>0$ s.t. $f(x)\le M, \forall x\in(a,\infty)$, then $\lim\limits_{x\to\infty} f(x)$ exists and $\lim\limits_{x\to\infty} f(x)\le M$

Proof:

Let $S=\{y: y=f(x) \text{ for } x>a\}$

$\because$ S is bounded by M and every bounded set has a least upper bound

Let s be the least upper bounded of S and let $\varepsilon>0$

then $\exists x_0>a$ s.t. $s-\varepsilon<f(x_0)\le f(x)\le s,\ \ \forall x>x_0$ $\therefore$ $\lim\limits_{x\to\infty} f(x)$ exists and $\lim\limits_{x\to\infty} f(x)=s$

【定理】Comparison test(第一类瑕积分)

当 $\int_a^\infty f(x)dx$ 与 $\int_a^\infty g(x)dx$ 皆为第一类瑕积分时,

若 $0\le f(x)\le g(x),\ \forall\, x>a$ 则

(i) $\int_a^\infty g(x)dx$ converges $\Rightarrow \int_a^\infty f(x)dx$ converges

(ii) $\int_a^\infty f(x)dx$ diverges $\Rightarrow \int_a^\infty g(x)dx$ diverges

Proof:

Claim: $\int_a^\infty g(x)dx$ converges $\Rightarrow \int_a^\infty f(x)dx$ converges

Let $F(t)=\int_a^t f(x)dx$ and $G(t)=\int_a^t g(x)dx$

$\because 0\le f(x)\le g(x),\ \forall\, a\le x\le b \therefore F(t)$ and $G(t)$ are increasing and $F(t)\le G(t),\ \ \forall\, t>a$

$\because \lim\limits_{t\to\infty} G(t)$ exists $\therefore$ Let $\mathrm{M}=\lim\limits_{t\to\infty} G(t)$ then $F(t)\le M,\ \ \forall t\in(a,\infty)$

$\because$ Any bounded monotone function has finite one-sided limit

$\therefore \lim_{t\to\infty} F(t)$ exists $\Rightarrow \int_a^{\infty} f(x)dx$ converges

$\therefore \int_a^{\infty} g(x)dx$ converges $\Rightarrow \int_a^{\infty} f(x)dx$ converges

$\therefore \int_a^{\infty} f(x)dx$ diverges $\Rightarrow \int_a^{\infty} g(x)dx$ diverges

【定理】 Comparison test（第二类瑕积分）

当 $\int_a^b f(x)dx$ 与 $\int_a^b g(x)dx$ 皆为第二类瑕积分时

Assume that $\lim_{x\to b} f(x) = \lim_{x\to b} g(x) = \infty$. 若 $0 \le f(x) \le g(x),\ \forall\, a \le x \le b$ 则

(i) $\int_a^b g(x)dx$ converges $\Rightarrow \int_a^b f(x)dx$ converges

(ii) $\int_a^b f(x)dx$ diverges $\Rightarrow \int_a^b g(x)dx$ diverges

<u>Proof:</u>

Claim: $\int_a^b g(x)dx$ converges $\Rightarrow \int_a^b f(x)dx$ converges

Let $F(t) = \int_a^t f(x)dx$ and $G(t) = \int_a^t g(x)dx$

$\because 0 \le f(x) \le g(x),\ \forall\, a \le x \le b$ and $\int_a^t f(x)dx \le \int_a^t g(x)dx$

$\therefore F(t)$ and $G(t)$ are increasing and $F(t) \le G(t),\ \forall\, a \le t \le b$

$\because \lim_{t\to b} G(t)$ exists $\quad \therefore$ Let $\mathrm{M} = \lim_{t\to b} \int_a^t g(x)dx$ then $F(t) \le M,\ \forall t \in (a,b)$

$\because$ Any bounded monotone function has finite one-sided limit

$\therefore \lim_{t\to b} F(t)$ exists $\Rightarrow \int_a^b f(x)dx$ converges

$\therefore \int_a^{\infty} g(x)dx$ converges $\Rightarrow \int_a^{\infty} f(x)dx$ converges

$\therefore \int_a^b f(x)dx$ diverges $\Rightarrow \int_a^b g(x)dx$ diverges

【定理】 Quotient test(第一类瑕积分)

当 $\int_a^{\infty} f(x)dx$ 与 $\int_a^{\infty} g(x)dx$ 皆为第一类瑕积分时

若 $f(x) \geq 0$，$g(x) \geq 0$ 且 $\lim_{x\to\infty} \frac{f(x)}{g(x)} = L$ 则

(i) As $0 < L < \infty$, $\int_a^{\infty} g(x)dx$ converges $\Leftrightarrow \int_a^{\infty} f(x)dx$ converges

(ii) As $L = 0$, $\int_a^{\infty} g(x)dx$ converges $\Rightarrow \int_a^{\infty} f(x)dx$ converges

(iii) As $L = \infty$, $\int_a^{\infty} g(x)dx$ diverges $\Rightarrow \int_a^{\infty} f(x)dx$ diverges

Proof:

(i)

Claim: As $0 < L < \infty$, $\int_a^{\infty} g(x)dx$ converges $\Leftrightarrow \int_a^{\infty} f(x)dx$ converges

$\because \lim_{x\to\infty} \frac{f(x)}{g(x)} = L$, choose $M_1 \in N$ s.t. $x > M_1 \Rightarrow \left|\frac{f(x)}{g(x)} - L\right| < \frac{L}{2}$

$\therefore \frac{L}{2} g(x) < f(x) < \frac{3L}{2} g(x)$, $\forall\, x > M_1$

Let $F(t) = \int_a^t f(x)dx$ and $G(t) = \int_a^t g(x)dx$,

Claim: $\int_a^{\infty} g(x)dx$ converges $\Rightarrow \int_a^{\infty} f(x)dx$ converges

$\because f(x) \geq 0$ and $g(x) \geq 0$ $\therefore F(t)$ and $G(t)$ are increasing

$\because f(x) < \frac{3L}{2} g(x)$, $\forall\, x > M_1$ $\therefore F(t) - F(M_1) < \frac{3L}{2}\big(G(t) - G(M_1)\big)$, $\forall\, t > M_1$

$\because \lim_{t\to\infty} G(t)$ exists $\therefore$ Let $\mathrm{M} = \lim_{t\to\infty} G(t)$ then $F(t) \leq \frac{3L}{2}\big(\mathrm{M} - G(M_1)\big) + F(M_1), \forall\, t > a$

$\because$ Any bounded monotone function has finite one-sided limit

$\therefore \lim_{t\to\infty} F(t)$ exists $\Rightarrow \int_a^{\infty} f(x)dx$ converges

$\therefore \int_a^{\infty} g(x)dx$ converges $\Rightarrow \int_a^{\infty} f(x)dx$ converges

Claim: $\int_a^{\infty} f(x)dx$ converges $\Rightarrow \int_a^{\infty} g(x)dx$ converges

$\because f(x) \geq 0$ and $g(x) \geq 0 \quad \therefore F(t)$ and $G(t)$ are increasing

$\because \frac{L}{2}g(x) < f(x),\ \forall\, x > M_1 \quad \therefore \frac{L}{2}\big(G(t) - G(M_1)\big) < F(t) - F(M_1),\ \forall\, t > M_1$

$\because \lim_{t\to\infty} F(t)$ exists $\quad \therefore$ Let $\mathrm{M} = \lim_{t\to\infty} F(t)$ then $G(t) \leq \frac{2}{L}\big(\mathrm{M} - F(M_1)\big) + G(M_1), \forall\, t > a$

$\because$ Any bounded monotone function has finite one-sided limit

$\therefore \lim_{t\to\infty} G(t)$ exists $\Rightarrow \int_a^{\infty} g(x)dx$ converges

$\therefore \int_a^{\infty} f(x)dx$ converges $\Rightarrow \int_a^{\infty} g(x)dx$ converges

(ii)

Claim: As $L = 0$, $\int_a^{\infty} g(x)dx$ converges $\Rightarrow \int_a^{\infty} f(x)dx$ converges

$\because \lim_{x\to\infty} \frac{f(x)}{g(x)} = 0$, choose $M_1 \in N$ s.t. $x > M_1 \Rightarrow \left|\frac{f(x)}{g(x)}\right| < 1 \quad \therefore f(x) < g(x),\ \forall x > M_1$

Let $F(t) = \int_a^{t} f(x)dx$ and $G(t) = \int_a^{t} g(x)dx$,

$\because f(x) \geq 0$ and $g(x) \geq 0 \quad \therefore F(t)$ and $G(t)$ are increasing

$\because f(x) < g(x),\ \forall x > M_1 \quad \therefore F(t) - F(M_1) \leq G(t) - G(M_1),\ \forall t > M_1$

$\because \lim_{t\to\infty} G(t)$ exists $\quad \therefore$ Let $\mathrm{M}_2 = \lim_{t\to\infty} G(t)$ then $F(t) \leq \mathrm{M}_2 - G(M_1) + F(\mathrm{M}_1),\ \forall t > a$

$\because$ Any bounded monotone function has finite one-sided limit

$\therefore \lim_{t\to\infty} F(t)$ exists $\Rightarrow \int_a^{\infty} f(x)dx$ converges

$\therefore$ As $L = 0$, $\int_a^{\infty} g(x)dx$ converges $\Rightarrow \int_a^{\infty} f(x)dx$ converges

(iii)

Claim: As $L = \infty$, $\int_a^{\infty} g(x)dx$ diverges $\Rightarrow \int_a^{\infty} f(x)dx$ diverges

$\because \lim_{x\to\infty} \frac{f(x)}{g(x)} = \infty$, choose $M \in N$ s.t. $x > M \Rightarrow 1 < \left|\frac{f(x)}{g(x)}\right| \quad \therefore f(x) > g(x),\ \forall x > M$

Let $F(t)=\int_a^t f(x)dx$ and $G(t)=\int_a^t g(x)dx$

$\because 0<g(x)<f(x), \forall\, x>M \quad \therefore G(t)-G(M)\le F(t)-F(M),\ \forall t>M$

$\because \lim_{t\to\infty} G(t)=\infty \quad \therefore \lim_{t\to\infty} F(t)=\infty \Rightarrow \int_a^\infty f(x)dx$ diverges

$\therefore$ As $L=\infty$, $\int_a^\infty g(x)dx$ diverges $\Rightarrow \int_a^\infty f(x)dx$ diverges

【定理】Quotient test（第二类瑕积分）

当 $\int_a^b f(x)dx$ 与 $\int_a^b g(x)dx$ 皆为第二类瑕积分时

假设 $\lim_{x\to b} f(x)=\lim_{x\to b} g(x)=\infty$，若$f(x)\ge 0$，$g(x)\ge 0$ 且 $\lim_{x\to b}\frac{f(x)}{g(x)}=L$ 则

(i)As $0<L<\infty$, $\int_a^b g(x)dx$ converges $\Leftrightarrow \int_a^b f(x)dx$ converges

(ii)As $L=0$, $\int_a^b g(x)dx$ converges $\Rightarrow \int_a^b f(x)dx$ converges

(iii)As $L=\infty$, $\int_a^b g(x)dx$ diverges $\Rightarrow \int_a^b f(x)dx$ diverges

Proof:

(i)

Claim: As $0<L<\infty$, $\int_a^b g(x)dx<\infty \Leftrightarrow \int_a^b f(x)dx<\infty$

$\because \lim_{x\to b}\frac{f(x)}{g(x)}=L$，choose $\delta>0$ s.t. $0<|x-b|<\delta \Rightarrow \left|\frac{f(x)}{g(x)}-L\right|<\frac{L}{2}$

$\therefore \frac{L}{2}g(x)<f(x)<\frac{3L}{2}g(x),\ \forall\, b-\delta<x<b$

Let $F(t)=\int_a^t f(x)dx$ and $G(t)=\int_a^t g(x)dx$

Claim: $\int_a^b g(x)dx$ converges $\Rightarrow \int_a^b f(x)dx$ converges

$\because f(x)\ge 0$ and $g(x)\ge 0 \quad \therefore F(t)$ and $G(t)$ are increasing

$\because \frac{L}{2}g(x)<f(x)<\frac{3L}{2}g(x),\ \forall\, b-\delta<x<b$

$\therefore F(t) - F(b-\delta) < \dfrac{3L}{2}\big(G(t) - G(b-\delta)\big),\ \ \forall b-\delta < t < b$

$\because \lim\limits_{t \to b} G(t)$ exists

Let $M = \lim\limits_{t \to b} G(t)$ then $F(t) \le \dfrac{3L}{2}\big(M - G(b-\delta)\big) + F(b-\delta),\ \ \forall t \in (a,b)$

$\because$ Any bounded monotone function has finite one-sided limit

$\therefore \lim\limits_{t \to b} F(t)$ exists $\Rightarrow \displaystyle\int_a^b f(x)dx$ converges $\therefore \displaystyle\int_a^b g(x)dx$ converges $\Rightarrow \displaystyle\int_a^b f(x)dx$ converges

Claim: $\displaystyle\int_a^b f(x)dx$ converges $\Rightarrow \displaystyle\int_a^b g(x)dx$ converges

$\because f(x) \ge 0$ and $g(x) \ge 0 \quad \therefore F(t)$ and $G(t)$ are increasing

$\because \dfrac{L}{2} g(x) < f(x) < \dfrac{3L}{2} g(x),\ \ \forall\, b-\delta < x < b$

$\therefore G(t) - G(b-\delta) < \dfrac{2}{L}\big(F(t) - F(b-\delta)\big),\ \ \forall b-\delta < t < b$

$\because \lim\limits_{t \to b} F(t)$ exists

Let $M = \lim\limits_{t \to b} F(t)$ then $G(t) \le \dfrac{2}{L}\big(M - F(b-\delta)\big) + G(b-\delta),\ \ \forall t \in (a,b)$

$\because$ Any bounded monotone function has finite one-sided limit

$\therefore \lim\limits_{t \to b} G(t)$ exists $\Rightarrow \displaystyle\int_a^b g(x)dx$ converges $\therefore \displaystyle\int_a^b f(x)dx$ converges $\Rightarrow \displaystyle\int_a^b g(x)dx$ converges

(ii)

Claim: As $L = 0$, $\displaystyle\int_a^b g(x)dx$ converges $\Rightarrow \displaystyle\int_a^b f(x)dx$ converges

$\because \lim\limits_{x \to b} \dfrac{f(x)}{g(x)} = 0$, choose $\delta > 0$ s.t. $0 < |x-b| < \delta \Rightarrow \left|\dfrac{f(x)}{g(x)}\right| < 1$

$\therefore f(x) < g(x),\ \ \forall\, b-\delta < x < b$

Let $F(t) = \displaystyle\int_a^t f(x)dx$ and $G(t) = \displaystyle\int_a^t g(x)dx$,

$\because f(x) \ge 0$ and $g(x) \ge 0 \quad \therefore F(t)$ and $G(t)$ are increasing

$\because f(x) < g(x),\ \ \forall\, b-\delta < x < b$

$\therefore F(t) - F(b-\delta) < G(t) - G(b-\delta),\ \ \forall b-\delta < t < b$

$\because \lim_{t\to b} G(t)$ exists

$\therefore$ Let $M = \lim_{t\to b} G(t)$ then $F(t) \le M - G(b-\delta) + F(b-\delta), \forall t \in (a,b)$

$\because$ Any bounded monotone function has finite one-sided limit

$\therefore \lim_{t\to b} F(t)$ exists $\Rightarrow \int_a^b f(x)dx$ converges

$\therefore$ As $L = 0$, $\int_a^b g(x)dx$ converges $\Rightarrow \int_a^b f(x)dx$ converges

(iii)

Claim: As $L = \infty$, $\int_a^b g(x)dx$ diverges $\Rightarrow \int_a^b f(x)dx$ diverges

$\because \lim_{x\to b} \frac{f(x)}{g(x)} = \infty$, choose $\delta > 0$ s.t. $0 < |x-b| < \delta \Rightarrow \left|\frac{f(x)}{g(x)}\right| > 1$

$\therefore 0 < g(x) < f(x), \ \forall\, b-\delta < x < b$

Let $F(t) = \int_a^t f(x)dx$ and $G(t) = \int_a^t g(x)dx$

$\because g(x) < f(x), \ \forall\, x \in (b-\delta, b)$ $\therefore G(t) - G(b-\delta) \le F(t) - F(b-\delta), \forall t \in (b-\delta, b)$

$\because \lim_{t\to b} G(t) = \infty$ $\therefore \lim_{t\to b} F(t) = \infty \Rightarrow \int_a^b f(x)dx$ diverges

$\therefore$ As $L = \infty$, $\int_a^b g(x)dx$ diverges $\Rightarrow \int_a^b f(x)dx$ diverges

5.4.3 求瑕积分的值

5.4.3.1 使用变量代换法求瑕积分的值

求第一类型瑕积分 $\int_0^\infty f(g(x))g'(x)\,dx = ?$ 或 求第二类型瑕积分 $\int_a^b f\big(g(x)\big)g'(x)\,dx = ?$

其中假设 $f\big(g(a)\big)g'(a) = \infty$ 或 $f\big(g(b)\big)g'(b) = \infty$

解题流程:

Step1.

令$u=g(x)$ 则 $du=g'(x)dx$ and $\int_a^b f(g(x))g'(x)\,dx=\int_{g(a)}^{g(b)} f(u)du$

Step2.

求第一类型瑕积分时

$\because \int_0^\infty f(g(x))g'(x)\,dx=\lim_{a\to 0,b\to\infty}\int_a^b f(g(x))g'(x)\,dx=\lim_{a\to 0,b\to\infty}\int_{g(a)}^{g(b)} f(u)du$

$\therefore$ 求 $\lim_{a\to 0,b\to\infty}\int_{g(a)}^{g(b)} f(u)du=?$

求第二类型瑕积分时

$\because \int_a^b f\big(g(x)\big)g'(x)\,dx=\int_{g(a)}^{g(b)} f(u)du \quad \therefore$ 求 $\int_{g(a)}^{g(b)} f(u)du=?$

<u>补充说明:</u>

求瑕积分的值等于先计算定积分再取极限值的问题，与使用变量代换法求定积分相同，当被积分函数较为复杂时，尝试使用变量代换法，将原函数化为较干净且能积分的样貌，例如当函数式带有$\sqrt{f(x)}$,先尝试令$u=f(x)$，接着观察是否能化为较简洁能够积分的函数式

考试类型:

Type 1. 根号里没有根号

求第一类型瑕积分

(i) $\int_0^\infty h\big(\alpha f(x)\pm\beta g(x)\sqrt[n]{cx+d}\big)\,dx=?$，$\forall\alpha,\beta\in R,c,d>0$

或求第二类型瑕积分

(ii) $\int_a^b h\big(\alpha f(x)\pm\beta g(x)\sqrt[n]{cx+d}\big)\,dx=?$，$\forall\alpha,\beta\in R,c,d>0$

其中 $h\big(\alpha f(a)\pm\beta g(a)\sqrt[n]{ca+d}\big)=\infty$ 或 $h\big(\alpha f(b)\pm\beta g(b)\sqrt[n]{cb+d}\big)=\infty$

解题流程:

Step1.

令$u=\sqrt[n]{cx+d}$ 则 $u^n=cx+d$，$x=\frac{u^n-d}{c}$ 且 $dx=\frac{nu^{n-1}}{c}du$

Step2.

$$\int_a^b h(\alpha f(x)\pm\beta g(x)\sqrt[n]{cx+d})dx=\int_{(ca+d)^{\frac{1}{n}}}^{(cb+d)^{\frac{1}{n}}}\frac{nu^{n-1}h\left(\alpha f(\frac{u^n-d}{c})\pm\beta g(\frac{u^n-d}{c})u\right)}{c}du$$

Step3.

求第一类型瑕积分时

$$\int_0^\infty h(\alpha f(x) \pm \beta g(x)\sqrt[n]{cx+d})\,dx$$

$$= \lim_{a\to 0,b\to\infty} \int_{(ca+d)^{\frac{1}{n}}}^{(cb+d)^{\frac{1}{n}}} \frac{nu^{n-1}h\left(\alpha f(\frac{u^n-d}{c}) \pm \beta g(\frac{u^n-d}{c})u\right)}{c} du$$

求 $\lim_{a\to 0,b\to\infty} \int_{(ca+d)^{\frac{1}{n}}}^{(cb+d)^{\frac{1}{n}}} \frac{nu^{n-1}h\left(\alpha f(\frac{u^n-d}{c}) \pm \beta g(\frac{u^n-d}{c})u\right)}{c} du = ?$

求第二类型瑕积分时

$$\int_a^b h(\alpha f(x) \pm \beta g(x)\sqrt[n]{cx+d})dx = \int_{(ca+d)^{\frac{1}{n}}}^{(cb+d)^{\frac{1}{n}}} \frac{nu^{n-1}h\left(\alpha f(\frac{u^n-d}{c}) \pm \beta g(\frac{u^n-d}{c})u\right)}{c} du$$

求 $\int_{(ca+d)^{\frac{1}{n}}}^{(cb+d)^{\frac{1}{n}}} \frac{nu^{n-1}h\left(\alpha f(\frac{u^n-d}{c}) \pm \beta g(\frac{u^n-d}{c})u\right)}{c} du = ?$

范例说明:

(I)As $h(x) = \frac{1}{x}$, $\int_0^\infty h\left(\alpha f(x) \pm \beta g(x)\sqrt[n]{cx+d}\right) dx$

$$= \lim_{a\to 0,b\to\infty} \int_{(ca+d)^{\frac{1}{n}}}^{(cb+d)^{\frac{1}{n}}} \frac{nu^{n-1}}{c\left(\alpha f(\frac{u^n-d}{c}) \pm \beta g(\frac{u^n-d}{c})u\right)} du$$

(II)As $h(x) = x$, $\int_0^\infty h\left(\alpha f(x) \pm \beta g(x)\sqrt[n]{cx+d}\right) dx$

$$= \lim_{a\to 0,b\to\infty} \int_{(ca+d)^{\frac{1}{n}}}^{(cb+d)^{\frac{1}{n}}} \frac{nu^{n-1}\left(\alpha f(\frac{u^n-d}{c}) \pm \beta g(\frac{u^n-d}{c})u\right) du}{c}$$

(III)As $h(x) = x$,

$$\int_a^b \alpha f(x) \pm \beta g(x)\sqrt[n]{cx+d}\,dx = \int_{(ca+d)^{\frac{1}{n}}}^{(cb+d)^{\frac{1}{n}}} \frac{nu^{n-1}\left(\alpha f(\frac{u^n-d}{c}) \pm \beta g(\frac{u^n-d}{c})u\right)}{c} du$$

补充说明:

由上式可观察出，如果$f(x)$、$g(x)$为常数，被积分函数会是多项式函数，如果$f(x)$、$g(x)$是多项式函数,则被积分函数为有理函数式，可利用比较系数法将其拆成数个分式相加再积分,详细作法请参照此章所介绍如何求有理式的瑕积分

Type 2.　根号裡有根号

求第二类型瑕积分$\int_a^b \frac{1}{\sqrt[n]{\alpha+\gamma\cdot\sqrt[n]{\beta+cx}}}dx=?$

其中$\frac{1}{\sqrt[n]{\alpha+\gamma\cdot\sqrt[n]{\beta+c\cdot a}}}=\infty$ 或 $\frac{1}{\sqrt[n]{\alpha+\gamma\cdot\sqrt[n]{\beta+c\cdot b}}}=\infty$

解题流程:

Step1.

令$u=\alpha+\gamma\cdot\sqrt[n]{\beta+cx}$ 则 $\frac{\gamma c}{n}(\beta+cx)^{\frac{1-n}{n}}dx=du\Rightarrow dx=\frac{n(\frac{u-\alpha}{\gamma})^{n-1}}{\gamma c}du$

Step2.

令$a'=\alpha+\gamma\sqrt[n]{\beta+ca}$，$b'=\alpha+\gamma\sqrt[n]{\beta+cb}$

则$\int_a^b \frac{1}{\sqrt[n]{\alpha+\gamma\cdot\sqrt[n]{\beta+cx}}}dx=\int_{a'}^{b'}\frac{n(u-\alpha)^{n-1}}{c\gamma^n\sqrt[n]{u}}du$，求$\int_{a'}^{b'}\frac{n(u-\alpha)^{n-1}}{c\gamma^n\sqrt[n]{u}}du=?$

Example 1.

$$求\int_0^{\infty}\frac{dx}{2+e^x}=?$$

【解】

令 $t=2+e^x$ 则 $dt=e^x dx$ 且 $dx=\frac{dt}{t-2}$，藉由变数代换法，令 $a>0$

则 $\int_{0}^{a}\frac{dx}{2+e^x}=\int_{3}^{2+e^a}\frac{dt}{t(t-2)}=\frac{1}{2}\int_{3}^{2+e^a}\left(\frac{1}{t-2}-\frac{1}{t}\right)dt=\ln\frac{t-2}{t}\Big|_3^{2+e^a}=\ln\frac{3e^a}{2+e^a}$

$\therefore\int_{0}^{\infty}\frac{dx}{1+e^x}=\lim_{a\to\infty}\int_{0}^{a}\frac{dx}{1+e^x}=\lim_{a\to\infty}\ln\frac{3e^a}{2+e^a}=\ln 3$

Example 2.

求 $\int_{0}^{\infty}\frac{2dx}{e^{-x}+e^x}=?$

【解】

令 $t=e^x$ 则 $\frac{dt}{t}=dx$，藉由变数代换法

$\because\int_{0}^{a}\frac{2dx}{e^{-x}+e^x}=\int_{1}^{a}\frac{2dt}{t(t^{-1}+t)}=2\tan^{-1}t|_1^a=2\tan^{-1}a-\frac{\pi}{2},\ \ \forall a>0$

$\therefore\int_{0}^{\infty}\frac{2dx}{e^{-x}+e^x}=\lim_{a\to\infty}\int_{0}^{a}\frac{2dx}{e^{-x}+e^x}=\lim_{a\to\infty}2\tan^{-1}a-\frac{\pi}{2}=\frac{\pi}{2}$

Example 3.

求 $\int_0^1\frac{1}{x+\sqrt{x}}dx=?$

【解】

令 $u=\sqrt{x}$ 则 $du=\frac{1}{2}x^{-\frac{1}{2}}dx$ 且 $2udu=dx$，藉由变数代换法

$\therefore\int_0^1\frac{1}{x+\sqrt{x}}dx=\int_0^1\frac{2u}{u^2+u}du=\int_0^1\frac{2}{u+1}du=2\ln(u+1)|_0^1=2\ln 2$

Example 4.

求 $\int_{0}^{1}\frac{1}{\sqrt{x}+\sqrt[3]{x}}dx=?$

【解】

令 $u=x^{\frac{1}{6}}$ 则 $du=\frac{1}{6}x^{-\frac{5}{6}}dx \Rightarrow 6u^5du=dx$，藉由变数代换法

$$\therefore \int_0^1 \frac{1}{\sqrt{x}+\sqrt[3]{x}}dx=\int_0^1 \frac{6u^5}{u^3+u^2}du=\int_0^1 \frac{6u^3}{u+1}du$$

$$=6\int_0^1 \frac{u^2(u+1)-u(u+1)+(u+1)-1}{u+1}du=6\int_0^1 u^2-u+1-\frac{1}{u+1}du$$

$$=6\left(\frac{u^3}{3}-\frac{u^2}{2}+u-\ln(u+1)\right)\Bigg|_0^1=6\left(\frac{1}{3}-\frac{1}{2}+1-\ln 2\right)=5-6\ln 2$$

Example 5.

$$\text{求} \int_1^\infty \frac{1}{x\sqrt{a+bx}}dx=?,\quad \forall a,b>0$$

【解】

令 $u=\sqrt{a+bx}$ 则 $du=\frac{b}{2}(a+bx)^{-\frac{1}{2}}dx$，藉由变数代换法

$\because u^2=a+bx \qquad \therefore \frac{1}{x}=\frac{b}{u^2-a}$

$$\therefore \int_1^\infty \frac{1}{x\sqrt{a+bx}}dx=\frac{2}{b}\int_{\sqrt{a+b}}^\infty \frac{b}{u^2-a}du=2\int_{\sqrt{a+b}}^\infty \frac{1}{u^2-a}du$$

$$=2\int_{\sqrt{a+b}}^\infty \frac{1}{(u-\sqrt{a})(u+\sqrt{a})}du=\int_{\sqrt{a+b}}^\infty \frac{1}{\sqrt{a}}\left(\frac{1}{u-\sqrt{a}}-\frac{1}{u+\sqrt{a}}\right)du$$

$$=\frac{1}{\sqrt{a}}\left(\ln\left|u-\sqrt{a}\right|-\ln\left|u+\sqrt{a}\right|\right)\Big|_{\sqrt{a+b}}^\infty=\frac{-1}{\sqrt{a}}\left(\ln\frac{\sqrt{a+b}-\sqrt{a}}{\sqrt{a+b}+\sqrt{a}}\right)$$

Example 6.

$$求\int_0^1 \frac{1}{\sqrt{1-\sqrt{x}}}dx=?$$

【解】

令 $u=1-\sqrt{x}$ 则 $du=\dfrac{-1}{2}x^{-\frac{1}{2}}dx$，藉由变数代换法

$$\int_0^1 \frac{1}{\sqrt{1-\sqrt{x}}}dx=2\int_1^0 \frac{u-1}{\sqrt{u}}du=2\int_1^0 u^{\frac{1}{2}}-u^{-\frac{1}{2}}du=2\left(\frac{2}{3}u^{\frac{3}{2}}-2u^{\frac{1}{2}}\right)\Big|_1^0=\frac{8}{3}$$

Example 7.

$$求\int_0^1 \frac{1}{\sqrt{x}(1+x)}dx=?$$

【解】

令 $u=\sqrt{x}$ 则 $du=\dfrac{x^{-\frac{1}{2}}}{2}dx\Rightarrow 2udu=dx$，藉由变数代换法

$$\therefore \int \frac{dx}{\sqrt{x}(1+x)}=\int \frac{2udu}{u(1+u^2)}=2\int \frac{du}{1+u^2}=2\tan^{-1}u+c=2\tan^{-1}\sqrt{x}+c$$

$$\therefore \int_0^1 \frac{1}{\sqrt{x}(1+x)}dx=2\left(\tan^{-1}\sqrt{1}-\tan^{-1}\sqrt{0}\right)=\frac{\pi}{2}$$

Example 8.

$$求\int_1^\infty \frac{(x-x^3)^{\frac{1}{3}}}{x^4}dx=?$$

【解】

$$\because \frac{(x-x^3)^{\frac{1}{3}}}{x^4}=\frac{\frac{1}{x}(x-x^3)^{\frac{1}{3}}}{x^3}=\frac{\left(\frac{1}{x^2}-1\right)^{\frac{1}{3}}}{x^3}$$

令 $u=\dfrac{1}{x^2}-1$ 则 $du=-2x^{-3}\,dx\Rightarrow\dfrac{-du}{2}=x^{-3}\,dx$，藉由变数代换法

$$\therefore \int \frac{(x-x^3)^{\frac{1}{3}}dx}{x^4}=\int \frac{\left(\frac{1}{x^2}-1\right)^{\frac{1}{3}}dx}{x^3}=-\int \frac{u^{\frac{1}{3}}du}{2}=-\frac{3u^{\frac{4}{3}}}{8}+c=-\frac{3\left(\frac{1}{x^2}-1\right)^{\frac{4}{3}}}{8}+c$$

$$\therefore \int_1^{\infty} \frac{(x-x^3)^{\frac{1}{3}}}{x^4}dx = -\frac{3}{8}$$

Example 9.

$$\text{求} \int_0^1 \frac{\sqrt{1+\sqrt{x}}}{\sqrt{x}}dx = ?$$

【解】

令 $u = 1+\sqrt{x}$ 则 $du = \frac{1}{2}x^{-\frac{1}{2}}dx$，藉由变数代换法

$$\therefore \int \frac{\sqrt{1+\sqrt{x}}}{\sqrt{x}}dx = 2\int \sqrt{u}du = \frac{4}{3}u^{\frac{3}{2}} + c = \frac{4}{3}(1+\sqrt{x})^{\frac{3}{2}} + c$$

$$\therefore \int_0^1 \frac{\sqrt{1+\sqrt{x}}}{\sqrt{x}}dx = \frac{4}{3}\left((1+1)^{\frac{3}{2}} - 1\right) = \frac{4}{3}(2\sqrt{2}-1)$$

Example 10.

$$\text{求} \int_0^1 \frac{\sqrt{1-\sqrt{x}}}{\sqrt{x}}dx = ?$$

【解】

令 $u = 1-\sqrt{x}$ 则 $du = \frac{-1}{2}x^{-\frac{1}{2}}dx$，藉由变数代换法

$$\therefore \int \frac{\sqrt{1-\sqrt{x}}}{\sqrt{x}}dx = -2\int \sqrt{u}du = -\frac{4}{3}u^{\frac{3}{2}} + \mathrm{c} = -\frac{4}{3}(1-\sqrt{x})^{\frac{3}{2}} + \mathrm{c}$$

$$\therefore \int_0^1 \frac{\sqrt{1-\sqrt{x}}}{\sqrt{x}}dx = -\frac{4}{3}\left(\left(1-\sqrt{1}\right)^{\frac{3}{2}} - \left(1-\sqrt{0}\right)^{\frac{3}{2}}\right) = \frac{4}{3}$$

Example 11.

$$\text{求} \int_{\sqrt{\frac{3}{2}}}^{\sqrt{3}} \frac{x}{\sqrt{9-x^4}}dx = ?$$

【解】

令 $u = x^2$ 则 $du = 2xdx$，藉由变数代换法

$$\therefore \int \frac{x}{\sqrt{9-x^4}}dx = \int \frac{du}{2\sqrt{9-u^2}} = \int \frac{du}{6\sqrt{1-\left(\frac{u}{3}\right)^2}} = \frac{1}{2}\sin^{-1}\frac{u}{3} + c = \frac{1}{2}\sin^{-1}\frac{x^2}{3} + c$$

$$\therefore \int_{\sqrt{\frac{3}{2}}}^{\sqrt{3}} \frac{x}{\sqrt{9-x^4}}dx = \frac{1}{2}\left(\sin^{-1}1 - \sin^{-1}\frac{1}{2}\right) = \frac{1}{2}\left(\frac{\pi}{2} - \frac{\pi}{6}\right) = \frac{\pi}{6}$$

Example 12.

$$求 \int_0^\infty \frac{x^3}{1+x^8}dx = ?$$

【解】

令 $u = x^4$ 则 $du = 4x^3dx$，藉由变数代换法

$$\therefore \int \frac{x^3}{1+x^8}dx = \frac{1}{4}\int \frac{du}{1+u^2} = \frac{1}{4}\tan^{-1}u + c = \frac{1}{4}\tan^{-1}x^4 + c$$

$$\therefore \int_a^b \frac{x^3}{1+x^8}dx = \frac{1}{4}(\tan^{-1}b^4 - \tan^{-1}a^4) \qquad \therefore \int_0^\infty \frac{x^3}{1+x^8}dx = \frac{1}{4}\left(\frac{\pi}{2} - 0\right) = \frac{\pi}{8}$$

Example 13.

$$求 \int_0^1 \frac{1}{\sqrt{x}+\sqrt[3]{x}}dx = ?$$

【解】

令 $u = x^{\frac{1}{6}}$ 则 $du = \frac{1}{6}x^{-\frac{5}{6}}dx \Rightarrow 6u^5du = dx$，藉由变数代换法

$$\therefore \int \frac{1}{\sqrt{x}+\sqrt[3]{x}}dx = \int \frac{6u^5du}{u^3+u^2} = \int \frac{6u^3du}{u+1} = 6\int \frac{u^2(u+1) - u(u+1) + (u+1) - 1}{u+1}du$$

$$= 6\int u^2 - u + 1 - \frac{1}{u+1}du = 6\left(\frac{u^3}{3} - \frac{u^2}{2} + u - \ln|u+1|\right) + c$$

$$= 2x^{\frac{1}{2}} - 3x^{\frac{1}{3}} + 6x^{\frac{1}{6}} - 6\ln\left|x^{\frac{1}{6}} + 1\right| + \mathrm{c}$$

$$\therefore \int_a^b \frac{1}{\sqrt{x}+\sqrt[3]{x}}dx = 2b^{\frac{1}{2}} - 3b^{\frac{1}{3}} + 6b^{\frac{1}{6}} - 6\ln\left(b^{\frac{1}{6}} + 1\right) - \left(2a^{\frac{1}{2}} - 3a^{\frac{1}{3}} + 6a^{\frac{1}{6}} - 6\ln\left(a^{\frac{1}{6}} + 1\right)\right)$$

$$\therefore \int_0^1 \frac{1}{\sqrt{x}+\sqrt[3]{x}}dx = 5-6\ln 2$$

Example 14.

求$\displaystyle\int_{-1}^{0} \frac{1}{\sqrt{1+x^{\frac{1}{3}}}}dx =?$

【解】

令 $u = 1 + x^{\frac{1}{3}}$ 则 $du = \frac{1}{3}x^{-\frac{2}{3}}dx$，藉由变数代换法

$$\therefore \int \frac{1}{\sqrt{1+x^{\frac{1}{3}}}}dx = 3\int \frac{(u-1)^2}{\sqrt{u}}du = 3\int u^{\frac{3}{2}} - 2u^{\frac{1}{2}} + u^{-\frac{1}{2}}\,du$$

$$= 3\left(\frac{2}{5}u^{\frac{5}{2}} - \frac{4}{3}u^{\frac{3}{2}} + 2u^{\frac{1}{2}}\right) + c = 3\left(\frac{2}{5}\left(1+x^{\frac{1}{3}}\right)^{\frac{5}{2}} - \frac{4}{3}\left(1+x^{\frac{1}{3}}\right)^{\frac{3}{2}} + 2\left(1+x^{\frac{1}{3}}\right)^{\frac{1}{2}}\right) + c$$

$$= \frac{6}{5}\left(1+x^{\frac{1}{3}}\right)^{\frac{5}{2}} - 4\left(1+x^{\frac{1}{3}}\right)^{\frac{3}{2}} + 6\left(1+x^{\frac{1}{3}}\right)^{\frac{1}{2}} + c$$

则 $\displaystyle\int_a^b \frac{1}{\sqrt{1+x^{\frac{1}{3}}}}dx = \frac{6}{5}\left(\left(1+b^{\frac{1}{3}}\right)^{\frac{5}{2}} - \left(1+a^{\frac{1}{3}}\right)^{\frac{5}{2}}\right)$

$$-4\left(\left(1+b^{\frac{1}{3}}\right)^{\frac{3}{2}} - \left(1+a^{\frac{1}{3}}\right)^{\frac{3}{2}}\right) + 6\left(\left(1+b^{\frac{1}{3}}\right)^{\frac{1}{2}} - \left(1+a^{\frac{1}{3}}\right)^{\frac{1}{2}}\right)$$

$$\therefore \int_{-1}^{0} \frac{1}{\sqrt{1+x^{\frac{1}{3}}}}dx = \frac{6}{5} - 4 + 6 = \frac{16}{5}$$

Example 15.

求$\displaystyle\int_0^1 \frac{1}{\sqrt{1-\sqrt{x}}}dx =?$

【解】

令$u = 1 - \sqrt{x}$ 则 $du = \frac{-1}{2}x^{-\frac{1}{2}}dx$，藉由变数代换法

$$\therefore \int \frac{1}{\sqrt{1-\sqrt{x}}} dx = 2\int \frac{u-1}{\sqrt{u}} du = 2\int u^{\frac{1}{2}} - u^{-\frac{1}{2}} du = 2\left(\frac{2}{3}u^{\frac{3}{2}} - 2u^{\frac{1}{2}}\right) + c$$

$$= \frac{4}{3}(1-\sqrt{x})^{\frac{3}{2}} - 4\sqrt{1-\sqrt{x}} + c$$

$$\therefore \int_0^1 \frac{1}{\sqrt{1-\sqrt{x}}} dx = \frac{4}{3}(-1) - 4(-1) = \frac{8}{3}$$

Example 16.

求 $\int_0^8 \frac{dx}{x+2\sqrt[3]{x}} =?$

【解】

令 $x = u^3$ 则 $dx = 3u^2\, du$，藉由变数代换法

$$\therefore \int_0^8 \frac{dx}{x+2\sqrt[3]{x}} = \int_0^2 \frac{3u^2}{u^3+2u} du = 3\int_0^2 \frac{u}{u^2+2} du = \frac{3}{2}\cdot \ln(u^2+2)\Big|_0^2 = \frac{3}{2}\ln 3$$

Example 17.

求 $\int_0^\infty \frac{\tan^{-1} x}{1+x^2} dx = ?$

【解】

令 $u = \tan^{-1} x$ 则 $du = \frac{dx}{1+x^2}$，藉由变数代换法

则 $\int \frac{\tan^{-1} x}{1+x^2} dx = \int u du = \frac{u^2}{2} + c = \frac{(\tan^{-1} x)^2}{2} + c$

$$\therefore \int_0^\infty \frac{\tan^{-1} x}{1+x^2} dx = \lim_{b\to\infty} \frac{(\tan^{-1} b)^2}{2} - \frac{(\tan^{-1} 0)^2}{2} = \frac{\left(\frac{\pi}{2}\right)^2}{2}$$

Example 18.

求 $\int_0^{\frac{1}{2}} \frac{1}{x(\ln x)^2} = ?$

【解】

令 $u = \ln x$ 则 $du = \frac{dx}{x}$，藉由变数代换法

则 $\int \frac{1}{x(\ln x)^2}dx = \int u^{-2}du = -u^{-1} + c = -\frac{1}{\ln x} + c$ $\quad \therefore \int_0^{\frac{1}{2}} \frac{1}{x(\ln x)^2} = \frac{1}{\ln 2}$

Example 19.

求 $\int_0^1 \frac{e^{\sqrt{x}}}{\sqrt{x}}dx = ?$

【解】

令 $u = \sqrt{x}$ 则 $du = \frac{dx}{2\sqrt{x}}$，藉由变数代换法

则 $\int \frac{e^{\sqrt{x}}}{\sqrt{x}}dx = 2\int e^u du = 2e^u + c = 2e^{\sqrt{x}} + c$ $\quad \therefore \int_0^1 \frac{e^{\sqrt{x}}}{\sqrt{x}}dx = 2(e-1)$

Example 20.

求 $\int_0^1 \frac{(\sin^{-1} x)^2}{\sqrt{1-x^2}}dx = ?$

【解】

令 $u = \sin^{-1} x$ 则 $du = \frac{dx}{\sqrt{1-x^2}}$，藉由变数代换法

则 $\int \frac{(\sin^{-1} x)^2}{\sqrt{1-x^2}}dx = \int u^2 du = \frac{u^3}{3} + c = \frac{(\sin^{-1} x)^3}{3} + \mathrm{c}$

$\therefore \int_0^1 \frac{(\sin^{-1} x)^2}{\sqrt{1-x^2}}dx = \frac{(\sin^{-1} 1)^3}{3} - \frac{(\sin^{-1} 0)^3}{3} = \frac{(\frac{\pi}{2})^3}{3}$

Example 21.

求 $\int_0^1 \frac{e^{\sqrt[3]{x}}}{\sqrt[3]{x^2}}dx = ?$

【解】

$\because \int \frac{e^{\sqrt[3]{x}}}{\sqrt[3]{x^2}}dx = \int x^{\frac{-2}{3}} e^{x^{\frac{1}{3}}}dx = 3e^{x^{\frac{1}{3}}} + c$ $\quad \therefore \int_0^1 \frac{e^{\sqrt[3]{x}}}{\sqrt[3]{x^2}}dx = 3(e-1)$

Example 22.

$$求\int_{-1}^{0}\frac{e^{2x}}{\sqrt{1-e^{4x}}}dx=?$$

【解】

令 $t=e^{2x}$ 则 $dt=2e^{2x}\,dx$，藉由变数代换法

$$则\int\frac{e^{2x}}{\sqrt{1-e^{4x}}}dx=\frac{1}{2}\int\frac{1}{\sqrt{1-t^2}}dt=\frac{1}{2}\sin^{-1}t+c=\frac{1}{2}\sin^{-1}e^{2x}+c$$

$$\therefore\int_{-1}^{0}\frac{e^{2x}}{\sqrt{1-e^{4x}}}dx=\frac{1}{2}(\sin^{-1}1-\sin^{-1}e^{-2})=\frac{1}{2}\left(\frac{\pi}{2}-\sin^{-1}e^{-2}\right)$$

Example 23.

$$求\int_{1}^{\infty}\frac{1}{x^2+2x+5}dx=?$$

【解】

$$\because\int\frac{1}{x^2+2x+5}dx=\int\frac{1}{(x+1)^2+4}dx=\frac{1}{4}\int\frac{1}{\left(\frac{x+1}{2}\right)^2+1}dx$$

令 $t=\dfrac{x+1}{2}$ 则 $dt=\dfrac{dx}{2}$，藉由变数代换法

$$则\frac{1}{4}\int\frac{1}{\left(\frac{x+1}{2}\right)^2+1}dx=\frac{1}{2}\int\frac{1}{t^2+1}dt=\frac{1}{2}\tan^{-1}t+c=\frac{1}{2}\tan^{-1}\frac{x+1}{2}+c$$

$$\therefore\int_{1}^{\infty}\frac{1}{x^2+2x+5}dx=\frac{1}{2}\left(\lim_{b\to\infty}\tan^{-1}\frac{b+1}{2}-\tan^{-1}\frac{1+1}{2}\right)=\frac{1}{2}\left(\frac{\pi}{2}-\frac{\pi}{4}\right)=\frac{\pi}{8}$$

Example 24.

$$求\int_{0}^{\infty}\frac{1}{1+e^x}dx=?$$

【解】

令 $t=1+e^x$ 则 $dt=e^x\,dx\Rightarrow dx=\dfrac{dt}{t-1}$，藉由变数代换法

$$则\int\frac{1}{1+e^x}dx=\int\frac{1}{t(t-1)}dt=\int\frac{1}{t-1}-\frac{1}{t}dt=\ln\frac{t-1}{t}+c=\ln\frac{e^x}{1+e^x}+c$$

$$\therefore\int_{0}^{\infty}\frac{1}{1+e^x}dx=\lim_{b\to\infty}\ln\frac{e^b}{1+e^b}-\ln\frac{1}{2}=\ln 2$$

Example 25.

$$求\int_1^{\infty}\frac{\tan^{-1}\sqrt{x}}{\sqrt{x}(1+x)}dx=?$$

【解】

令 $u=\sqrt{x}$ 则 $du=\frac{1}{2}x^{-\frac{1}{2}}dx\Rightarrow dx=2udu$，藉由变数代换法

则 $\int\frac{\tan^{-1}\sqrt{x}}{\sqrt{x}(1+x)}dx=\int\frac{(\tan^{-1}u)2u}{u(1+u^2)}du=2\int\frac{\tan^{-1}u}{1+u^2}du$

令 $t=\tan^{-1}u$ 则 $dt=\frac{du}{1+u^2}$，藉由变数代换法

则 $2\int\frac{\tan^{-1}u}{1+u^2}du=2\int tdt=t^2+c=(\tan^{-1}u)^2+c=\left(\tan^{-1}\sqrt{x}\right)^2+c$

$\therefore\int_1^{\infty}\frac{\tan^{-1}\sqrt{x}}{\sqrt{x}(1+x)}dx=\lim_{b\to\infty}\left(\tan^{-1}\sqrt{b}\right)^2-\left(\tan^{-1}\sqrt{1}\right)^2=\left(\frac{\pi}{2}\right)^2-\left(\frac{\pi}{4}\right)^2=\frac{3\pi^2}{16}$

Example 26.

$$求\int_1^{\infty}\frac{1}{x(1+x^3)}dx=?$$

【解】

令 $t=x^3$ 则 $dt=3x^2dx$，藉由变数代换法

则 $\int\frac{1}{x(1+x^3)}dx=\int\frac{x^2}{x^3(1+x^3)}dx=\frac{1}{3}\int\frac{1}{t(1+t)}dt=\frac{1}{3}\int\frac{1}{t}-\frac{1}{t+1}dt$

$=\frac{1}{3}\ln\frac{t}{t+1}+c=\frac{1}{3}\ln\frac{x^3}{x^3+1}+c$

$\therefore\int_1^{\infty}\frac{1}{x(1+x^3)}dx=\frac{1}{3}\left(\lim_{b\to\infty}\ln\frac{b^3}{b^3+1}-\ln\frac{1}{2}\right)=\frac{\ln 2}{3}$

Example 27.

$$求\int_1^{\infty}\frac{1}{x(1+x^2)}dx=?$$

【解】

令 $t=x^2$ 则 $dt=2xdx$，藉由变数代换法

则 $\int \frac{dx}{x(1+x^2)} = \int \frac{xdx}{x^2(1+x^2)} = \frac{1}{2}\int \frac{dt}{t(1+t)} = \frac{1}{2}\ln\frac{t}{t+1} + c = \frac{1}{2}\ln\frac{x^2}{x^2+1} + c$

$\therefore \int_1^{\infty} \frac{1}{x(1+x^2)} dx = \frac{1}{2}\left(\lim_{b\to\infty} \ln\frac{b^2}{b^2+1} - \ln\frac{1}{2}\right) = \frac{\ln 2}{2}$

Example 28.

求 $\int_0^{\infty} \frac{1}{\sqrt{1+e^x}} dx = ?$

【解】

令 $t = \sqrt{1+e^x}$ 则 $dt = \frac{e^x}{2\sqrt{1+e^x}} dx$，藉由变数代换法

则 $\int \frac{1}{\sqrt{1+e^x}} dx = \int \frac{e^x}{e^x\sqrt{1+e^x}} dx = 2\int \frac{1}{t^2-1} dt = \int \frac{1}{t-1} - \frac{1}{t+1} dt$

$= \ln\frac{t-1}{t+1} + c = \ln\frac{\sqrt{1+e^x}-1}{\sqrt{1+e^x}+1} + c$

$\therefore \int_0^{\infty} \frac{1}{\sqrt{1+e^x}} dx = \lim_{b\to\infty}\left(\ln\frac{\sqrt{1+e^b}-1}{\sqrt{1+e^b}+1}\right) - \ln\frac{\sqrt{1+1}-1}{\sqrt{1+1}+1} = \ln\frac{\sqrt{2}+1}{\sqrt{2}-1}$

Example 29.

求 $\int_1^{\infty} \frac{1}{x\sqrt{x^6-1}} dx = ?$

【解】

令 $u = \sqrt{x^6-1}$ 则 $du = 3x^5(x^6-1)^{-\frac{1}{2}} dx$ 且 $u^2 = x^6-1$，藉由变数代换法

则 $\int \frac{dx}{x\sqrt{x^6-1}} = \int \frac{x^5dx}{x^6\sqrt{x^6-1}} = \frac{1}{3}\int \frac{du}{u^2+1} = \frac{\tan^{-1}\left(\sqrt{x^6-1}\right)}{3} + c$

$\therefore \int_1^{\infty} \frac{1}{x\sqrt{x^6-1}} dx = \frac{1}{3}\left(\lim_{b\to\infty} \tan^{-1}\left(\sqrt{b^6-1}\right) - \tan^{-1}\left(\sqrt{1-1}\right)\right) = \frac{\pi}{6}$

Example 30.

求 $\int_1^{\infty} \frac{1}{x\sqrt{3x^2-2x-1}} dx = ?$

【解】

$$\because \int \frac{1}{x\sqrt{3x^2-2x-1}}dx = \int \frac{1}{x^2\sqrt{3-\frac{2}{x}-\frac{1}{x^2}}}dx$$

令 $u=\frac{1}{x}$ 则 $du = -x^{-2}\,dx$，藉由变数代换法

$$则 \int \frac{1}{x^2\sqrt{3-\frac{2}{x}-\frac{1}{x^2}}}dx = -\int \frac{1}{\sqrt{3-2u-u^2}}du = -\int \frac{1}{\sqrt{4-(u+1)^2}}du$$

$$= -\frac{1}{2}\int \frac{1}{\sqrt{1-\left(\frac{u+1}{2}\right)^2}}du = -\sin^{-1}\frac{u+1}{2}+c = -\sin^{-1}\left(\frac{\frac{1}{x}+1}{2}\right)+c$$

$$\therefore \int_1^{\infty} \frac{1}{x\sqrt{3x^2-2x-1}}dx = \sin^{-1}\left(\frac{\frac{1}{1}+1}{2}\right) - \lim_{b\to\infty}\sin^{-1}\left(\frac{\frac{1}{b}+1}{2}\right) = \frac{\pi}{2}-\frac{\pi}{6}=\frac{\pi}{3}$$

5.4.3.2 使用分部积分法求瑕积分的值

$$\int_a^b u(x)v'(x)dx = u(x)v(x)|_{x=a}^{x=b} - \int_a^b u'(x)v(x)dx$$

$$\int_0^{\infty} u(x)v'(x)dx = \lim_{a\to 0,b\to\infty}\left(u(x)v(x)|_{x=a}^{x=b} - \int_a^b u'(x)v(x)dx\right)$$

求瑕积分的值等于先计算定积分再取极限值的问题，与使用分部积分法求定积分相同，$u(x)$代表的是微分之后较容易计算积分，$v'(x)$代表的是积分式$v(x)$较容易积分；也可能与变量代换法合并解题，先做变量代换再作分部积分，也可能先做分部积分再作变量代换

(i)求第一类型瑕积分 $\int_0^{\infty} u(x)v'(x)dx =?$ 时

解题流程:

Step1.

$$\int_0^{\infty} u(x)v'(x)dx = \lim_{a\to 0,b\to\infty}\int_a^b u(x)v'(x)dx = \lim_{a\to 0,b\to\infty}\left(u(x)v(x)|_{x=a}^{x=b} - \int_a^b u'(x)v(x)dx\right)$$

Step2.

求 $\lim_{a\to 0,b\to\infty}\left(u(x)v(x)|_{x=a}^{x=b} - \int_a^b u'(x)v(x)dx\right) =?$

(ii)求第二类型瑕积分 $\int_a^b u(x)v'(x)dx =?$ 时，其中假设 $u(a)v'(a)=\infty$ 或 $u(b)v'(b)=\infty$

Step1.

$\because \int_a^b u(x)v'(x)dx = u(x)v(x)|_{x=a}^{x=b} - \int_a^b u'(x)v(x)dx$

Step2.

求 $u(x)v(x)|_{x=a}^{x=b} - \int_a^b u'(x)v(x)dx =?$

考试类型:

Type 1.

求第一类瑕积分 $\int_0^\infty x^n \cdot e^{\alpha x}dx =?$

解题流程:

Step1.

令$u = x^n$，$dv = e^{\alpha x}dx$ 则 $du = nx^{n-1}dx$，$v = \dfrac{e^{\alpha x}}{\alpha}$

藉由分部积分法则 $\int_a^b x^n \cdot e^{\alpha x}dx = x^n \cdot \dfrac{e^{\alpha x}}{\alpha}\Big|_{x=a}^{x=b} - \dfrac{n}{\alpha}\int_a^b x^{n-1} \cdot e^{\alpha x}dx$

Step2.

求第一类型瑕积分时

$$\int_0^\infty x^n \cdot e^{\alpha x}dx = \lim_{a\to 0,b\to\infty}\left(x^n \cdot \frac{e^{\alpha x}}{\alpha}\Big|_{x=a}^{x=b} - \frac{n}{\alpha}\int_a^b x^{n-1} \cdot e^{\alpha x}dx\right)$$

补充说明:

藉由分部积分法可对x^n作降序的动作，重复做n次将能求得积分值且当$\alpha < 0$时极限值存在

Type 2.

求第二类瑕积分 $\int_0^1 x^n \cdot \ln^m x\, dx =?$

解题流程:

Step1.

令$u=\ln^m x$，$dv=x^n dx$ 则 $du=\dfrac{m\ln^{m-1}x dx}{x}$，$v=\dfrac{x^{n+1}}{n+1}$

藉由分部积分法则 $\displaystyle\int_0^1 x^n\ln^m x\,dx=\left.\frac{x^{n+1}\ln^m x}{n+1}\right|_{x=0}^{x=1}-\frac{m}{n+1}\int_0^1 x^n\ln^{m-1}x\,dx$

Step2.

求 $\displaystyle\left.\frac{x^{n+1}\ln^m x}{n+1}\right|_{x=0}^{x=1}-\frac{m}{n+1}\int_0^1 x^n\ln^{m-1}x\,dx=?$

Type 3.

求第二类瑕积分$\displaystyle\int_a^b \ln P_n(x)\,dx=?$，其中假设 $\ln P_n(a)=\infty$ 或 $\ln P_n(b)=\infty$

解题流程:

Step1.

令$u=\ln P_n(x)$，$dv=dx$ 则 $du=\dfrac{P_n'(x)}{P_n(x)}dx$，$v=x$

藉由分部积分法则$\displaystyle\int_a^b \ln P_n(x)\,dx=x\ln P_n(x)|_a^b-\int_a^b\frac{xP_n'(x)}{P_n(x)}dx$

Step2.

求$\displaystyle\int_a^b\frac{xP_n'(x)}{P_n(x)}dx=?$

Example 1.

求$\displaystyle\int_0^1 \ln\frac{1}{1-x}dx=?$

【解】

$\because \displaystyle\int_0^1 \ln\frac{1}{1-x}dx=-\int_0^1 \ln(1-x)dx$

令 $u=\ln(1-x)$, $dv=dx$ 则 $du=\dfrac{-1\,dx}{1-x}$，$v=x$，藉由分部积分法

$$\int_0^1 \ln(1-x)dx = x\ln(1-x)|_0^a + \int_0^a \frac{xdx}{1-x} = x\ln(1-x)|_0^a + \int_0^a \frac{-1(1-x)+1dx}{1-x}$$

$$= x\ln(1-x)|_0^a - a - \ln(1-x)|_0^a = a\ln(1-a) - a - \ln(1-a)$$

$$\therefore \int_0^1 \ln\frac{1}{1-x}dx = -1\cdot\lim_{a\to1^-} a\ln(1-a) - a - \ln(1-a) = 1$$

Example 2.

$$求\int_0^2 \ln\frac{1}{2-x}dx = ?$$

【解】

$$\because \int_0^2 \ln\frac{1}{2-x}dx = -\int_0^2 \ln(2-x)dx$$

令 $u=\ln(2-x)$，$dv=dx$ 则 $du=\dfrac{-1\,dx}{2-x}$，$v=x$，藉由分部积分法

$$则\int_0^a \ln(2-x)dx = x\ln(2-x)|_0^a + \int_0^a \frac{x}{2-x}dx = x\ln(2-x)|_0^a + \int_0^a \frac{-1(2-x)+2}{2-x}dx$$

$$= x\ln(2-x)|_0^a - a - 2\ln(2-x)|_0^a = (a-2)\ln(2-a) - a + 2\ln2$$

$$\therefore \int_0^2 \ln\frac{1}{2-x}dx = -1\cdot\left(\lim_{a\to2^-}(a-2)\ln(2-a) - a + 2\ln2\right) = 2-2\ln2$$

Example 3.

$$求\int_0^1 x^n\ln xdx = ?,\quad \forall n\geq 0$$

【解】

令 $n \geq 0$, 令 $u = \ln x$, $dv = x^n dx$ 则 $du = \dfrac{dx}{x}$, $v = \dfrac{x^{n+1}}{n+1}$, 藉由分部积分法

则 $\displaystyle\int_a^1 x^n \ln x dx = \ln x \cdot \frac{x^{n+1}}{n+1}\bigg|_a^1 - \int_a^1 \frac{x^n dx}{n+1} = \ln x \cdot \frac{x^{n+1}}{n+1}\bigg|_a^1 - \frac{x^{n+1}}{(n+1)^2}\bigg|_a^1$

$\displaystyle = -\ln a \cdot \frac{a^{n+1}}{n+1} - \frac{1-a^{n+1}}{(n+1)^2}$

藉由罗比达法则 $\displaystyle\lim_{a\to 0^+} \ln a \cdot \frac{a^{n+1}}{n+1} = 0$ $\displaystyle\therefore \lim_{a\to 0^+} \int_a^1 x^n \ln x dx = -\lim_{a\to 0^+} \frac{1-a^{n+1}}{(n+1)^2} = -\frac{1}{(n+1)^2}$

Example 4.

求 $\displaystyle\int_0^\infty e^{-x} \cos x dx = ?$

【解】

令 $u = e^{-x}$, $dv = \cos x\, dx$ 则 $du = -e^{-x}dx$, $v = \sin x$, 藉由分部积分法

则 $\displaystyle\int_0^a e^{-x} \cos x dx = e^{-x} \sin x|_0^a + \int_0^a e^{-x} \sin x dx = e^{-a} \sin a + \int_0^a e^{-x} \sin x dx$

令 $s = e^{-x}$, $dt = \sin x\, dx$ 则 $ds = -e^{-x}dx$, $t = -\cos x$, 藉由分部积分法

则 $\displaystyle\int_0^a e^{-x} \sin x dx = -e^{-x} \cos x|_0^a - \int_0^a e^{-x} \cos x dx = -(e^{-a} \cos a - 1) - \int_0^a e^{-x} \cos x dx$

$\displaystyle\therefore \int_0^a e^{-x} \cos x dx = e^{-a} \sin a - (e^{-a} \cos a - 1) - \int_0^a e^{-x} \cos x dx$

$\displaystyle\therefore \int_0^\infty e^{-x} \cos x dx = \lim_{a\to\infty} \int_0^a e^{-x} \cos x dx = \lim_{a\to\infty} \frac{1}{2}\left(e^{-a} \sin a - (e^{-a} \cos a - 1)\right) = \frac{1}{2}$

Example 5.

求 $\displaystyle\int_0^1 \ln x\, dx = ?$

【解】

令 $u=\ln x$，$dv=dx$ 则 $du=\dfrac{dx}{x}$，$v=x$，藉由分部积分法

则 $\int \ln x\,dx = x\ln x - \int x\dfrac{dx}{x} = x\ln x - x + c$ $\quad\therefore \int_0^1 \ln x\,dx = -1$

Example 6.

求 $\int_0^1 x\ln x\,dx = ?$

【解】

令 $u=\ln x$，$dv=xdx$ 则 $du=\dfrac{dx}{x}$，$v=\dfrac{x^2}{2}$，藉由分部积分法

则 $\int x\ln x\,dx = \dfrac{x^2}{2}(\ln x) - \int \dfrac{x}{2}dx = \dfrac{x^2}{2}(\ln x) - \dfrac{x^2}{4} + c$

$\therefore \int_a^b x\ln x\,dx = \dfrac{b^2}{2}(\ln b) - \dfrac{b^2}{4} - \left(\dfrac{a^2}{2}(\ln a) - \dfrac{a^2}{4}\right)$ $\quad\therefore \int_0^1 x\ln x\,dx = -\dfrac{1}{4}$

Example 7.

求 $\int_{-\infty}^0 xe^x dx = ?$

【解】

令 $u=x$，$dv=e^x dx$ 则 $du=dx$，$v=e^x$，藉由分部积分法

则 $\int xe^x dx = xe^x - \int e^x dx = xe^x - e^x + c$

$\therefore \int_a^b xe^x dx = be^b - e^b - (ae^a - e^a)$ $\quad\therefore \int_{-\infty}^0 xe^x dx = -1$

Example 8.

求 $\int_0^\infty x^2e^{-x}dx = ?$

【解】

令 $u=x^2$，$dv=e^{-x}dx$ 则 $du=2xdx$，$v=-e^{-x}$，藉由分部积分法

则 $\int x^2e^{-x}dx = -x^2e^{-x} + \int 2x\,e^{-x}dx + c$

令 $s=x$，$dt=e^{-x}dx$ 则 $ds=dx$，$t=-e^{-x}$，藉由分部积分法

则 $\int xe^{-x}dx=-xe^{-x}+\int e^{-x}dx=-xe^{-x}-e^{-x}+c$

$\therefore \int x^2e^{-x}dx=-x^2e^{-x}+\int 2x\,e^{-x}dx=-x^2e^{-x}+2(-xe^{-x}-e^{-x})+c$

$\therefore \int_a^b x^2e^{-x}dx\ =-b^2e^{-b}+2(-be^{-b}-e^{-b})-\left(-a^2e^{-a}+2(-ae^{-a}-e^{-a})\right)$

$\therefore \int_0^\infty x^2e^{-x}dx\ =\lim\limits_{b\to\infty}-b^2e^{-b}+2(-be^{-b}-e^{-b})-\lim\limits_{a\to 0}\left(-a^2e^{-a}+2(-ae^{-a}-e^{-a})\right)=2$

Example 9.

求 $\int_0^1 x^3\ln^2 x\,dx=?$

【解】

令 $u=\ln^2 x$，$dv=x^3dx$ 则 $du=\frac{2}{x}\ln x\,dx$，$v=\frac{x^4}{4}$，藉由分部积分法

则 $\int x^3\ln^2 x\,dx=\frac{x^4}{4}\ln^2 x-\frac{1}{2}\int x^3\ln x\ dx$

令 $s=\ln x$，$dt=x^3dx$ 则 $ds=\frac{1}{x}dx$，$t=\frac{x^4}{4}$，藉由分部积分法

则 $\int x^3\ln x\ dx=\frac{x^4\ln x}{4}-\frac{1}{4}\int x^3dx=\frac{x^4\ln x}{4}-\frac{x^4}{16}$

$\therefore \int x^3\ln^2 x\,dx=\frac{x^4}{4}\ln^2 x-\frac{1}{2}\int x^3\ln x\ dx=\frac{x^4}{4}\ln^2 x-\frac{1}{2}\left(\frac{x^4\ln x}{4}-\frac{x^4}{16}\right)+c$

$\therefore \int_a^b x^3\ln^2 x\,dx=\frac{b^4}{4}\ln^2 b-\frac{1}{2}\left(\frac{b^4\ln b}{4}-\frac{b^4}{16}\right)-\left(\frac{a^4}{4}\ln^2 a-\frac{1}{2}\left(\frac{a^4\ln a}{4}-\frac{a^4}{16}\right)\right)$

$\therefore \int_0^1 x^3\ln^2 x\,dx=\lim\limits_{b\to 1}\frac{b^4}{4}\ln^2 b-\frac{1}{2}\left(\frac{b^4\ln b}{4}-\frac{b^4}{16}\right)-\lim\limits_{a\to 0}\left(\frac{a^4}{4}\ln^2 a-\frac{1}{2}\left(\frac{a^4\ln a}{4}-\frac{a^4}{16}\right)\right)=\frac{1}{32}$

Example 10.

求 $\int_0^1 x\ln^2 x\,dx=?$

【解】

令 $u=\ln^2 x$，$dv=xdx$ 则 $du=\dfrac{2}{x}\ln x\,dx$，$v=\dfrac{x^2}{2}$，藉由分部积分法

则 $\displaystyle\int x\ln^2 x\ dx=\frac{x^2}{2}\ln^2 x-\int x\ln x\,dx$

令 $s=\ln x$，$dt=xdx$ 则 $ds=\dfrac{1}{x}dx$，$t=\dfrac{x^2}{2}$，藉由分部积分法

则 $\displaystyle\int x\ln x\,dx=\frac{x^2}{2}\ln x-\frac{1}{2}\int x\,dx=\frac{x^2}{2}\ln x-\frac{x^2}{4}+c$

$$\therefore\int x\ln^2 x\ dx=\frac{x^2}{2}\ln^2 x-\int x\ln x\,dx=\frac{x^2}{2}\ln^2 x-\left(\frac{x^2}{2}\ln x-\frac{x^2}{4}\right)+c$$

$$\therefore\int_a^b x\ln^2 x\,dx=\frac{b^2}{2}\ln^2 b-\left(\frac{b^2}{2}\ln b-\frac{b^2}{4}\right)-\left(\frac{a^2}{2}\ln^2 a-\left(\frac{a^2}{2}\ln a-\frac{a^2}{4}\right)\right)$$

$$\therefore\int_0^1 x\ln^2 x\,dx=\lim_{b\to1}\frac{b^2\ln^2 b}{2}-\left(\frac{b^2\ln b}{2}-\frac{b^2}{4}\right)-\lim_{a\to0}\left(\frac{a^2\ln^2 a}{2}-\left(\frac{a^2\ln a}{2}-\frac{a^2}{4}\right)\right)=\frac{1}{4}$$

Example 11.

求 $\displaystyle\int_1^\infty\frac{\ln x}{x^3}dx=?$

【解】

令 $u=\ln x$，$dv=x^{-3}dx$ 则 $du=\dfrac{1}{x}dx$，$v=-\dfrac{x^{-2}}{2}$，藉由分部积分法

则 $\displaystyle\int\frac{\ln x}{x^3}dx=-\frac{x^{-2}\ln x}{2}+\frac{1}{2}\int x^{-3}dx=-\frac{\ln x}{2x^2}-\frac{1}{4}x^{-2}+c$

$$\therefore\int_1^\infty\frac{\ln x}{x^3}dx=\frac{\ln 1}{2}+\frac{1}{4}-\lim_{b\to\infty}\left(\frac{\ln b}{2b^2}+\frac{b^{-2}}{4}\right)=\frac{1}{4}$$

Example 12.

求 $\displaystyle\int_0^1 x\ln\sqrt{x}\,dx=?$

【解】

令 $u=\ln\sqrt{x}$，$dv=xdx$ 则 $du=\dfrac{1}{2x}dx$，$v=\dfrac{x^2}{2}$，藉由分部积分法

则 $\displaystyle\int x\ln\sqrt{x}\,dx=\frac{x^2\ln\sqrt{x}}{2}-\frac{1}{4}\int xdx=\frac{x^2\ln\sqrt{x}}{2}-\frac{x^2}{8}+c=\frac{x^2\ln x}{4}-\frac{x^2}{8}+c$

$\displaystyle\therefore\int_0^1 x\ln\sqrt{x}\,dx=\frac{\ln 1}{4}-\frac{1}{8}-\lim_{a\to 0}\left(\frac{a^2\ln a}{4}-\frac{a^2}{8}\right)=-\frac{1}{8}$

Example 13.

求 $\displaystyle\int_1^\infty\frac{\tan^{-1}x}{x^3}dx=?$

【解】

令 $u=\tan^{-1}x$，$dv=x^{-3}dx$ 则 $du=\dfrac{dx}{1+x^2}dx$，$v=-\dfrac{x^{-2}}{2}$，藉由分部积分法

则 $\displaystyle\int\frac{\tan^{-1}x}{x^3}dx=-\frac{x^{-2}\tan^{-1}x}{2}+\frac{1}{2}\int\frac{dx}{x^2(1+x^2)}$

$\displaystyle=-\frac{x^{-2}\tan^{-1}x}{2}+\frac{1}{2}\int\left(\frac{1}{x^2}-\frac{1}{1+x^2}\right)dx=-\frac{x^{-2}\tan^{-1}x}{2}+\frac{1}{2}(-x^{-1}-\tan^{-1}x)+c$

$\displaystyle\therefore\int_1^\infty\frac{\tan^{-1}x\,dx}{x^3}=\frac{\tan^{-1}1}{2}+\frac{1+\tan^{-1}1}{2}-\lim_{b\to\infty}\left(\frac{b^{-2}\tan^{-1}b}{2}+\frac{b^{-1}+\tan^{-1}b}{2}\right)$

$\displaystyle=\frac{\pi}{8}+\frac{1}{2}+\frac{\pi}{8}-\frac{\pi}{4}=\frac{1}{2}$

Example 14.

求 $\displaystyle\int_0^1\ln(x^3e^x)\,dx=?$

【解】

$\displaystyle\int\ln(x^3e^x)\,dx=\int x+3\ln x\,dx=\frac{x^2}{2}+3\int\ln x\,dx$

令 $u=\ln x$，$dv=dx$ 则 $du=\dfrac{1}{x}dx$，$v=x$，藉由分部积分法

则 $\displaystyle\int\ln x\,dx=x\ln x-\int dx=x\ln x-x+c$

$\displaystyle\therefore\int\ln(x^3e^x)\,dx=\frac{x^2}{2}+3(x\ln x-x)+c$

$$\therefore \int_0^1 \ln(x^3e^x)\,dx = \frac{1}{2} + 3(\ln 1 - 1) - \lim_{a\to 0}\left(\frac{a^2}{2} + 3(a\ln a - a)\right) = \frac{-5}{2}$$

Example 15.

求$\int_0^\infty x^2e^{-2x}dx = ?$

【解】

令 $u = x^2$，$dv = e^{-2x}dx$ 则 $du = 2xdx$，$v = -\frac{e^{-2x}}{2}$，藉由分部积分法

则$\int x^2e^{-2x}dx = -\frac{x^2e^{-2x}}{2} + \int xe^{-2x}dx$

令 $s = x$，$dt = e^{-2x}dx$ 则 $ds = dx$，$t = -\frac{e^{-2x}}{2}$，藉由分部积分法

则$\int xe^{-2x}dx = -\frac{xe^{-2x}}{2} + \frac{1}{2}\int e^{-2x}dx = -\frac{xe^{-2x}}{2} - \frac{1}{4}e^{-2x} + c$

$$\therefore \int x^2e^{-2x}dx = -\frac{x^2e^{-2x}}{2} + \int xe^{-2x}dx = -\frac{x^2e^{-2x}}{2} - \frac{xe^{-2x}}{2} - \frac{1}{4}e^{-2x} + c$$

$$\therefore \int_0^\infty x^2e^{-2x}dx = -\lim_{b\to\infty}\left(\frac{b^2e^{-2b}}{2} + \frac{be^{-2b}}{2} + \frac{1}{4}e^{-2b}\right) + \lim_{a\to 0}\left(\frac{a^2e^{-2a}}{2} + \frac{ae^{-2a}}{2} + \frac{1}{4}e^{-2a}\right) = \frac{1}{4}$$

Example 16.

求$\int_1^\infty \frac{\sin\frac{1}{x}}{x^3}dx = ?$

【解】

令 $u = \frac{1}{x}$ 则 $du = -x^{-2}dx$，藉由变数代换法 $\int \frac{\sin\frac{1}{x}}{x^3}dx = -\int u\sin u\,du$

令 $s = u$，$dt = \sin u\,du$ 则 $ds = du$，$t = -\cos u$，藉由分部积分法

则$\int u\sin u\,du = -u\cos u + \int \cos u\,du = -u\cos u + \sin u + c = -\frac{1}{x}\cos\frac{1}{x} + \sin\frac{1}{x} + c$

$$\therefore \int \frac{\sin\frac{1}{x}}{x^3}dx = \frac{1}{x}\cos\frac{1}{x} - \sin\frac{1}{x} + c$$

$$\therefore \int_1^{\infty} \frac{\sin\frac{1}{x}}{x^3}dx = \lim_{b\to\infty}\left(\frac{1}{b}\cos\frac{1}{b} - \sin\frac{1}{b}\right) - \lim_{a\to 1}\left(\frac{1}{a}\cos\frac{1}{a} - \sin\frac{1}{a}\right) = \sin 1 - \cos 1$$

Example 17.

求 $\int_0^1 x(\ln x)^3 dx = ?$

【解】

令 $u = \ln x$ 则 $du = \frac{dx}{x} \Rightarrow dx = e^u du$，藉由变数代换法则 $\int x(\ln x)^3 dx = \int u^3 e^{2u} du$，

藉由分部积分法则

$$\int u^3 e^{2u} du = \frac{u^3 e^{2u}}{2} - \frac{3}{2}\int u^2 e^{2u} du = \frac{u^3 e^{2u}}{2} - \frac{3}{2}\left(\frac{u^2 e^{2u}}{2} - \int u e^{2u} du\right)$$

$$= \frac{u^3 e^{2u}}{2} - \frac{3u^2 e^{2u}}{4} + \frac{3}{2}\left(\frac{u e^{2u}}{2} - \frac{e^{2u}}{4}\right) + c = \frac{x^2(\ln x)^3}{2} - \frac{3x^2(\ln x)^2}{4} + \frac{3}{2}\left(\frac{x^2\ln x}{2} - \frac{x^2}{4}\right) + c$$

$$\int x(\ln x)^3 dx = \frac{x^2(\ln x)^3}{2} - \frac{3x^2(\ln x)^2}{4} + \frac{3}{2}\left(\frac{x^2\ln x}{2} - \frac{x^2}{4}\right) + c$$

$$\therefore \int_0^1 x(\ln x)^3 dx = \lim_{b\to 1}\left(\frac{b^2(\ln b)^3}{2} - \frac{3b^2(\ln b)^2}{4} + \frac{3}{2}\left(\frac{b^2\ln b}{2} - \frac{b^2}{4}\right)\right)$$

$$- \lim_{a\to 0}\left(\frac{a^2(\ln a)^3}{2} - \frac{3a^2(\ln a)^2}{4} + \frac{3}{2}\left(\frac{a^2\ln a}{2} - \frac{a^2}{4}\right)\right) = -\frac{3}{8}$$

Example 18.

求 $\int_0^1 (\ln x)^2 dx = ?$

【解】

令 $u = \ln x$ 则 $du = \frac{dx}{x} \Rightarrow dx = e^u du$，藉由变数代换法则 $\int (\ln x)^2 dx = \int u^2 e^u du$，

藉由分部积分法

则 $\int u^2e^u du = u^2e^u - 2\int ue^u du = u^2e^u - 2\left(ue^u - \int e^u du\right)$

$= u^2e^u - 2(ue^u - e^u) = (\ln x)^2x - 2(x\ln x - x) + c$

$\therefore \int_0^1 (\ln x)^2 dx = (\ln 1)^2 - 2(\ln 1 - 1) - \lim_{a\to 0}\left((\ln a)^2a - 2(a\ln a - a)\right) = 2$

Example 19.

求 $\int_0^\infty \frac{\ln(1+x)}{(1+x)^2}dx = ?$

【解】

令 $u = \ln(1+x)$，$dv = \frac{1}{(1+x)^2}dx$ 则 $du = \frac{dx}{1+x}$，$v = -(1+x)^{-1}$

藉由分部积分法

则 $\int \frac{\ln(1+x)}{(1+x)^2}dx = -(1+x)^{-1}\ln(1+x) + \int \frac{1}{(1+x)^2}dx$

$= -(1+x)^{-1}\ln(1+x) - (1+x)^{-1} + c$

$\therefore \int_0^\infty \frac{\ln(1+x)}{(1+x)^2}dx = -\lim_{b\to\infty}\frac{\ln(1+b)+1}{1+b} + \lim_{a\to 0}\frac{\ln(1+a)+1}{1+a} = 1$

Example 20.

求 $\int_1^\infty \frac{\ln(\tan^{-1}x)}{1+x^2}dx = ?$

【解】

令 $u = \ln(\tan^{-1}x)$，$dv = \frac{dx}{1+x^2}$ 则 $du = \frac{dx}{(1+x^2)\tan^{-1}x}$，$v = \tan^{-1}x$

藉由分部积分法

$\int \frac{\ln(\tan^{-1}x)}{1+x^2}dx = (\tan^{-1}x)\ln(\tan^{-1}x) - \int \frac{1}{1+x^2}dx$

$= (\tan^{-1}x)\ln(\tan^{-1}x) - \tan^{-1}x + c$

$\therefore \int_1^\infty \frac{\ln(\tan^{-1}x)}{1+x^2}dx = \lim_{b\to\infty}\tan^{-1}b\,(\ln(\tan^{-1}b) - 1) - \lim_{a\to 1}\tan^{-1}a\,(\ln(\tan^{-1}a) - 1)$

$= \frac{\pi}{2}\left(\left(\ln\frac{\pi}{2}\right) - 1\right) - \frac{\pi}{4}\left(\left(\ln\frac{\pi}{4}\right) - 1\right)$

5.4.3.3 求有理式瑕积分的值

求第一类型瑕积分 $\int_0^\infty \frac{P(x)}{Q(x)}dx = ?$ 其中 $P(x)$、$Q(x)$为多项式函数

求瑕积分的值等于先计算定积分再取极限值的问题，与求有理式的定积分相同，当分子分母皆为多项式函数时，需先将被积分函数拆解为数个较易求得定积分的有理式函数

考试类型:

Type 1.

求 $\int_0^\infty \frac{P(x)}{Q(x)}dx = ?$，可直接使用比较系数，化为分式相加再积分

解题流程:

Step1.

找$Q(x)$的根,假设为x_0, x_1,即 $Q(x) = (x - x_0)(x - x_1)$

Step2.

令 $\frac{P(x)}{Q(x)} = \frac{\alpha}{x - x_0} + \frac{\beta}{x - x_1}$，$\because \frac{P(x)}{Q(x)} = \frac{\alpha}{x - x_0} + \frac{\beta}{x - x_1} = \frac{\alpha(x - x_1) + \beta(x - x_0)}{(x - x_0)(x - x_1)}$

$\therefore P(x) = \alpha(x - x_1) + \beta(x - x_0)$

$\because P(x)$、x_0、x_1已知，藉由比较系数找α, β的值使得 $P(x) = \alpha(x - x_1) + \beta(x - x_0)$

Step3.

$$\therefore \int_a^b \frac{P(x)}{Q(x)}dx = \int_a^b \frac{\alpha}{x - x_0} + \frac{\beta}{x - x_1}dx = \alpha \ln(x - x_0) + \beta \ln(x - x_1)\Big|_{x=a}^{x=b}$$

$$= \alpha \ln\frac{b - x_0}{a - x_0} + \beta \ln\frac{b - x_1}{a - x_1}$$

Step4.

$$\int_0^\infty \frac{P(x)}{Q(x)}dx = \lim_{a \to 0, b \to \infty} \alpha \ln\frac{b - x_0}{a - x_0} + \beta \ln\frac{b - x_1}{a - x_1}$$

Type 2.

求 $\int_0^\infty \frac{P(x)}{(x - \alpha)(x^2 + \beta x + \gamma)}dx = ?$，$\forall \beta^2 - 4\gamma < 0$

解题流程:

Step1.

令$\dfrac{P(x)}{(x-\alpha)(x^2+\beta x+\gamma)}=\dfrac{a}{x-\alpha}+\dfrac{bx+c}{x^2+\beta x+\gamma}$

则$P(x)=a(x^2+\beta x+\gamma)+(x-\alpha)(bx+c)$

找a、b、c 使得 $P(x)=a(x^2+\beta x+\gamma)+(x-\alpha)(bx+c)$

Step2.

因此$\displaystyle\int_{x_1}^{x_2}\frac{P(x)}{(x-\alpha)(x^2+\beta x+\gamma)}dx=\int_{x_1}^{x_2}\frac{a}{x-\alpha}+\frac{bx+c}{x^2+\beta x+\gamma}dx$

$\displaystyle=a\ln\frac{x_2-\alpha}{x_1-\alpha}+\int_{x_1}^{x_2}\frac{bx+c}{x^2+\beta x+\gamma}dx$

Step3.

因此$\displaystyle\int_{0}^{\infty}\frac{P(x)}{(x-\alpha)(x^2+\beta x+\gamma)}dx=\lim_{x_1\to 0,x_2\to\infty}a\ln\frac{x_2-\alpha}{x_1-\alpha}+\int_{x_1}^{x_2}\frac{bx+c}{x^2+\beta x+\gamma}dx$

Step4.

求$\displaystyle\lim_{x_1\to 0,x_2\to\infty}a\ln\frac{x_2-\alpha}{x_1-\alpha}+\int_{x_1}^{x_2}\frac{bx+c}{x^2+\beta x+\gamma}dx=?$

Type 3.

求$\displaystyle\int_{0}^{\infty}\frac{P(x)}{(x-\alpha)^2(x^2+\beta x+\gamma)}dx=?$, $\forall\beta^2-4\gamma<0$

解题流程:

Step1.

令$\dfrac{P(x)}{(x-\alpha)^2(x^2+\beta x+\gamma)}=\dfrac{a}{x-\alpha}+\dfrac{b}{(x-\alpha)^2}+\dfrac{cx+d}{x^2+\beta x+\gamma}$

则$P(x)=a(x-\alpha)(x^2+\beta x+\gamma)+b(x^2+\beta x+\gamma)+(x-\alpha)^2(cx+d)$

找a、b、c、d 使得 $P(x)=a(x-\alpha)(x^2+\beta x+\gamma)+b(x^2+\beta x+\gamma)+(x-\alpha)^2(cx+d)$

Step2.

因此$\displaystyle\int_{x_1}^{x_2}\frac{P(x)}{(x-\alpha)^2(x^2+\beta x+\gamma)}dx=\int_{x_1}^{x_2}\frac{a}{x-\alpha}+\frac{b}{(x-\alpha)^2}+\frac{cx+d}{x^2+\beta x+\gamma}dx$

Step3.

因此$\displaystyle\int_{0}^{\infty}\frac{P(x)}{(x-\alpha)^2(x^2+\beta x+\gamma)}dx=\lim_{x_1\to 0,x_2\to\infty}\int_{x_1}^{x_2}\frac{a}{x-\alpha}+\frac{b}{(x-\alpha)^2}+\frac{cx+d}{x^2+\beta x+\gamma}dx$

Step4.

求 $\lim_{x_1\to 0,x_2\to\infty}\int_{x_1}^{x_2}\frac{a}{x-\alpha}+\frac{b}{(x-\alpha)^2}+\frac{cx+d}{x^2+\beta x+\gamma}dx=?$

Type 4.

求 $\int_0^{\infty}\frac{P(x)}{(x-\alpha)(x-\beta)(x-\gamma)}dx=?$，$\forall\alpha\beta\gamma\neq 0$

解题流程:

Step1.

令 $\frac{P(x)}{(x-\alpha)(x-\beta)(x-\gamma)}=\frac{a}{x-\alpha}+\frac{b}{x-\beta}+\frac{c}{x-\gamma}$

则 $P(x)=a(x-\beta)(x-\gamma)+b(x-\alpha)(x-\gamma)+c(x-\alpha)(x-\beta)$

找 a、b、c 使得 $P(x)=a(x-\beta)(x-\gamma)+b(x-\alpha)(x-\gamma)+c(x-\alpha)(x-\beta)$

Step2.

因此 $\int_{x_1}^{x_2}\frac{P(x)}{(x-\alpha)(x-\beta)(x-\gamma)}dx=\int_{x_1}^{x_2}\frac{a}{x-\alpha}+\frac{b}{x-\beta}+\frac{c}{x-\gamma}dx$

$=a\ln\frac{x_2-\alpha}{x_1-\alpha}+b\ln\frac{x_2-\beta}{x_1-\beta}+c\ln\frac{x_2-\gamma}{x_1-\gamma}$

Step3.

$\int_0^{\infty}\frac{P(x)}{(x-\alpha)(x-\beta)(x-\gamma)}dx=\lim_{x_1\to 0,x_2\to\infty}a\ln\frac{x_2-\alpha}{x_1-\alpha}+b\ln\frac{x_2-\beta}{x_1-\beta}+c\ln\frac{x_2-\gamma}{x_1-\gamma}$

Step4.

求 $\lim_{x_1\to 0,x_2\to\infty}a\ln\frac{x_2-\alpha}{x_1-\alpha}+b\ln\frac{x_2-\beta}{x_1-\beta}+c\ln\frac{x_2-\gamma}{x_1-\gamma}=?$

Type 5.

求 $\int_0^{\infty}\frac{P(x)}{(x-\alpha)(x^2+\beta)^2}dx=?$，$\forall\alpha\beta\neq 0$

解题流程:

Step1.

令 $\frac{P(x)}{(x-\alpha)(x^2+\beta)^2}=\frac{a}{x-\alpha}+\frac{bx+c}{x^2+\beta}+\frac{dx+f}{(x^2+\beta)^2}$

则 $P(x)=a(x^2+\beta)^2+(bx+c)(x-\alpha)(x^2+\beta)+(dx+f)(x-\alpha)$

找 a、b、c 、d、f 使得 $P(x)=a(x^2+\beta)^2+(bx+c)(x-\alpha)(x^2+\beta)+(dx+f)(x-\alpha)$

Step2.

因此$\int_{x_1}^{x_2} \frac{P(x)}{(x-\alpha)(x^2+\beta)^2} dx = \int_{x_1}^{x_2} \frac{a}{x-\alpha} + \frac{bx+c}{x^2+\beta} + \frac{dx+f}{(x^2+\beta)^2} dx$

$= a\ln\frac{x_2-\alpha}{x_1-\alpha} + \int_{x_1}^{x_2} \frac{bx+c}{x^2+\beta} + \frac{dx+f}{(x^2+\beta)^2} dx$

Step3.

$$\int_0^{\infty} \frac{P(x)}{(x-\alpha)(x^2+\beta)^2} dx = \lim_{x_1\to 0, x_2\to\infty} a\ln\frac{x_2-\alpha}{x_1-\alpha} + \int_{x_1}^{x_2} \frac{bx+c}{x^2+\beta} + \frac{dx+f}{(x^2+\beta)^2} dx$$

Step4.

求$\lim_{x_1\to 0, x_2\to\infty} a\ln\frac{x_2-\alpha}{x_1-\alpha} + \int_{x_1}^{x_2} \frac{bx+c}{x^2+\beta} + \frac{dx+f}{(x^2+\beta)^2} dx = ?$

Type 6.

求$\int_0^{\infty} \frac{P(x)}{x^4-\alpha^4} dx = ?$，$\forall \alpha \neq 0$

解题流程:

Step1.

令$\frac{P(x)}{x^4-\alpha^4} = \frac{ax+b}{x^2-\alpha^2} + \frac{cx+d}{x^2+\alpha^2}$则 $P(x) = (ax+b)(x^2+\alpha^2) + (cx+d)(x^2-\alpha^2)$

找a、b、c 、d 使得$P(x) = (ax+b)(x^2+\alpha^2) + (cx+d)(x^2-\alpha^2)$

Step2.

因此$\int_{x_1}^{x_2} \frac{P(x)}{x^4-\alpha^4} dx = \int_{x_1}^{x_2} \frac{ax+b}{x^2-\alpha^2} + \frac{cx+d}{x^2+\alpha^2} dx$

$\therefore \int_0^{\infty} \frac{P(x)}{x^4-\alpha^4} dx = \lim_{x_1\to 0, x_2\to\infty} \int_{x_1}^{x_2} \frac{ax+b}{x^2-\alpha^2} + \frac{cx+d}{x^2+\alpha^2} dx$

Step3.

求$\lim_{x_1\to 0, x_2\to\infty} \int_{x_1}^{x_2} \frac{ax+b}{x^2-\alpha^2} + \frac{cx+d}{x^2+\alpha^2} dx = ?$

Type 7.

求$\int_0^{\infty} \frac{P(x)}{x^3-\gamma^3} dx = ?$，$\forall \gamma \neq 0$

解题流程:

Step1.

$\because x^3-\gamma^3=(x-\gamma)(x^2+\gamma x+\gamma^2)$，令 $\dfrac{P(x)}{x^3-\gamma^3}=\dfrac{a}{x-\gamma}+\dfrac{bx+c}{x^2+\gamma x+\gamma^2}$

则 $\dfrac{P(x)}{x^3-\gamma^3}=\dfrac{a(x^2+\gamma x+\gamma^2)+(bx+c)(x-\gamma)}{(x-\gamma)(x^2+\gamma x+\gamma^2)}$

找a、b、c 使得 $P(x)=a(x^2+\gamma x+\gamma^2)+(bx+c)(x-\gamma)$

Step2.

因此$\displaystyle\int_{x_1}^{x_2}\frac{P(x)}{x^3-\gamma^3}dx=\int_{x_1}^{x_2}\frac{a}{x-\gamma}+\frac{bx+c}{x^2+\gamma x+\gamma^2}dx$

$\displaystyle\therefore\int_0^{\infty}\frac{P(x)}{x^3-\gamma^3}dx=\lim_{x_1\to0,x_2\to\infty}\int_{x_1}^{x_2}\frac{a}{x-\gamma}+\frac{bx+c}{x^2+\gamma x+\gamma^2}dx$

Step3.

求$\displaystyle\lim_{x_1\to0,x_2\to\infty}\int_{x_1}^{x_2}\frac{a}{x-\gamma}+\frac{bx+c}{x^2+\gamma x+\gamma^2}dx=?$

Example 1.

求$\displaystyle\int_3^{\infty}\frac{dx}{x^4-16}=?$

【解】

$\because\dfrac{1}{x^4-16}=\dfrac{1}{(x^2+4)(x^2-4)}$，令 $\dfrac{1}{x^4-16}=\dfrac{ax+b}{x^2-4}+\dfrac{cx+d}{x^2+4}$

则$\dfrac{1}{x^4-16}=\dfrac{(ax+b)(x^2+4)+(cx+d)(x^2-4)}{(x^2+4)(x^2-4)}$

$\Rightarrow 1=(ax+b)(x^2+4)+(cx+d)(x^2-4)$

令$x=0$ 则 $1=4b-4d$

$\because\ (b+d)x^2=0,\ \forall x\in R\quad\therefore b=\dfrac{1}{8},\ d=-\dfrac{1}{8}$

$\because (a+c)x^3=0$ 且 $(a-c)x=0,\ \forall x\in R\qquad\therefore a=c=0$

$\therefore\dfrac{1}{x^4-16}=\dfrac{1}{8}\left(\dfrac{1}{x^2-4}-\dfrac{1}{x^2+4}\right)=\dfrac{1}{8}\left(\dfrac{1}{4}\left(\dfrac{1}{x-2}-\dfrac{1}{x+2}\right)-\dfrac{1}{x^2+4}\right)$

$=\dfrac{1}{32}\left(\dfrac{1}{x+2}-\dfrac{1}{x-2}\right)-\dfrac{1}{8}\cdot\dfrac{1}{4\left(\left(\frac{x}{2}\right)^2+1\right)}$

$$\therefore \int_3^{\infty} \frac{1}{x^4-16}dx = \int_3^{\infty} \frac{1}{32}\left(\frac{1}{x+2}-\frac{1}{x-2}\right)-\frac{1}{8}\cdot\frac{1}{4\left(\left(\frac{x}{2}\right)^2+1\right)}dx$$

$$= \frac{1}{32}\left(\ln\frac{|x+2|}{|x-2|}\right)\Bigg|_3^{\infty} - \frac{1}{16}\tan^{-1}\frac{x}{2}\Bigg|_3^{\infty} = \frac{1}{32}(-\ln 5) - \frac{1}{16}\left(\frac{\pi}{2}-\tan^{-1}\frac{3}{2}\right)$$

Example 2.

$$求\int_0^{\infty} \frac{x}{(x+1)^2(x^2+1)}dx = ?$$

【解】

令 $\frac{x}{(x+1)^2(x^2+1)} = \frac{ax+b}{(x+1)^2} + \frac{cx+d}{(x^2+1)}$

则 $\frac{x}{(x+1)^2(x^2+1)} = \frac{(ax+b)(x^2+1)+(cx+d)(x+1)^2}{(x+1)^2(x^2+1)}$

$\therefore x = (ax+b)(x^2+1)+(cx+d)(x+1)^2$

$\because 0 = (a+c)x^3,\ \forall x \in R$ $\qquad\therefore a+c=0$

$\because 0 = (b+d+2c)x^2,\ \forall x \in R$ $\qquad\therefore b+d+2c=0$

令$x=-1$ 则 $-1=-2a+2b$

令$x=0$ 则 $0=b+d$

$\therefore c=0 \Rightarrow a=0 \Rightarrow b=-\frac{1}{2} \Rightarrow d=\frac{1}{2}$

$\because \frac{x}{(x+1)^2(x^2+1)} = \frac{-1}{2(x+1)^2} + \frac{1}{2(x^2+1)}$

$$\therefore \int_0^{\infty} \frac{x}{(x+1)^2(x^2+1)}dx = \int_0^{\infty} \frac{-1}{2(x+1)^2} + \frac{1}{2(x^2+1)}dx = \frac{1}{2}(x+1)^{-1} + \frac{1}{2}\tan^{-1}x\Bigg|_0^{\infty}$$

$$= \frac{\pi}{4} - \frac{1}{2}$$

Example 3.

$$求\int_2^{\infty} \frac{1}{x^4-1}dx = ?$$

【解】

$$\because \frac{1}{x^4-1}=\frac{1}{(x^2+1)(x^2-1)}=\frac{1}{2}\left(\frac{1}{x^2-1}-\frac{1}{x^2+1}\right)$$

$$=\frac{1}{2}\left(\frac{1}{2}\left(\frac{1}{x-1}-\frac{1}{x+1}\right)-\frac{1}{x^2+1}\right)=\frac{1}{4}\left(\frac{1}{x-1}-\frac{1}{x+1}\right)-\frac{1}{2}\cdot\frac{1}{(x^2+1)}$$

$$\therefore \int_2^{\infty}\frac{1}{x^4-1}dx=\int_2^{\infty}\frac{1}{4}\left(\frac{1}{x-1}-\frac{1}{x+1}\right)-\frac{1}{2}\cdot\frac{1}{(x^2+1)}dx$$

$$=\frac{1}{4}(\ln|x-1|-\ln|x+1|)-\frac{1}{2}\tan^{-1}x\Big|_2^{\infty}=\frac{-1}{4}\left(\ln\frac{1}{3}\right)-\frac{1}{2}\left(\frac{\pi}{2}-\tan^{-1}2\right)$$

Example 4.

$$求\int_2^{\infty}\frac{x}{x^4-1}dx=?$$

【解】

$\because x^4-1=(x^2-1)(x^2+1)$，令 $\dfrac{x}{x^4-1}=\dfrac{ax+b}{x^2-1}+\dfrac{cx+d}{x^2+1}$

则 $\dfrac{x}{x^4-1}=\dfrac{(ax+b)(x^2+1)+(cx+d)(x^2-1)}{(x^2-1)(x^2+1)}$

$\therefore x=(ax+b)(x^2+1)+(cx+d)(x^2-1)$

令$x=0$ 则 $0=b+d$

令$x=1$ 则 $1=2(a+b)$

$\because (a+c)x^3=0,\ \forall x\in R \quad \therefore a+c=0$

$\because (a-c)x=x,\ \forall x\in R \quad \therefore a-c=1 \quad \therefore a=\dfrac{1}{2}\Rightarrow \mathrm{c}=-\dfrac{1}{2},b=0,d=0$

$$\therefore \frac{x}{x^4-1}=\frac{x}{2(x^2-1)}-\frac{x}{2(x^2+1)}$$

$$\therefore \int_2^{\infty}\frac{x}{x^4-1}dx=\int_2^{\infty}\frac{\frac{x}{2}}{x^2-1}-\frac{\frac{x}{2}}{x^2+1}dx=\frac{1}{4}\ln(x^2-1)-\frac{1}{4}\ln(x^2+1)\Big|_2^{\infty}=\frac{1}{4}\ln\frac{3}{5}$$

Example 5.

$$求\int_{2}^{\infty}\frac{x^2}{x^4-1}dx=?$$

【解】

$\because x^4-1=(x^2-1)(x^2+1)$，令 $\dfrac{x^2}{x^4-1}=\dfrac{ax+b}{x^2-1}+\dfrac{cx+d}{x^2+1}$

则 $\dfrac{x^2}{x^4-1}=\dfrac{(ax+b)(x^2+1)+(cx+d)(x^2-1)}{(x^2-1)(x^2+1)}$

$\therefore x^2=(ax+b)(x^2+1)+(cx+d)(x^2-1)$

令 $x=0$ 则 $0=b-d$

令 $x=1$ 则 $1=2(a+b)$

$\because (a+c)x^3=0,\ \forall x\in R \quad \therefore a+c=0$

$\because (a-c)x=0,\ \forall x\in R \quad \therefore a-c=0 \quad \therefore a=0\Rightarrow c=0, b=\dfrac{1}{2}, d=\dfrac{1}{2}$

$$\therefore \frac{x^2}{x^4-1}=\frac{1}{2}\left(\frac{1}{x^2-1}+\frac{1}{x^2+1}\right)=\frac{1}{2}\left(\frac{1}{2}\left(\frac{1}{x-1}-\frac{1}{x+1}\right)+\frac{1}{x^2+1}\right)$$

$$\therefore \int_{2}^{\infty}\frac{x^2}{x^4-1}dx=\int_{2}^{\infty}\frac{1}{2}\left(\frac{1}{2}\left(\frac{1}{x-1}-\frac{1}{x+1}\right)+\frac{1}{x^2+1}\right)dx$$

$$=\frac{1}{4}\ln(x-1)-\frac{1}{4}\ln(x+1)+\frac{1}{2}\tan^{-1}x\Big|_{2}^{\infty}=\frac{\ln 3}{4}+\frac{1}{2}\left(\frac{\pi}{2}-\tan^{-1}2\right)$$

Example 6.

$$求\int_{0}^{\infty}\frac{1}{x^4+1}dx=?$$

【解】

$\because x^4+1=(x^2+1)^2-2x^2=(x^2+1)^2-(\sqrt{2}x)^2$

$=(x^2+1+\sqrt{2}x)(x^2+1-\sqrt{2}x)$

令 $\dfrac{1}{x^4+1}=\dfrac{ax+b}{(x^2+1-\sqrt{2}x)}+\dfrac{cx+d}{(x^2+1+\sqrt{2}x)}$

则 $\dfrac{1}{x^4+1}=\dfrac{(ax+b)(x^2+1+\sqrt{2}x)+(cx+d)(x^2+1-\sqrt{2}x)}{(x^2+1-\sqrt{2}x)(x^2+1+\sqrt{2}x)}$

$\therefore 1 = (ax+b)(x^2+1+\sqrt{2}x) + (cx+d)(x^2+1-\sqrt{2}x)$

令$x = 0$ 则 $b + d = 1$

$\because (a+c)x^3 = 0,\ \forall x \in R \qquad \therefore a + c = 0$

$\because (\sqrt{2}a + b - \sqrt{2}c + d)x^2 = 0,\ \forall x \in R \qquad \therefore \sqrt{2}a + b - \sqrt{2}c + d = 0$

$\because \left(a + \sqrt{2}b + c - \sqrt{2}d\right)x = 0,\ \forall x \in R \qquad \therefore a + \sqrt{2}b + c - \sqrt{2}d = 0$

$\therefore b - d = 0 \Rightarrow b = d = \frac{1}{2}, a = \frac{-1}{2\sqrt{2}}, c = \frac{1}{2\sqrt{2}}$

$$\therefore \frac{1}{x^4+1} = \frac{-x+\sqrt{2}}{2\sqrt{2}(x^2+1-\sqrt{2}x)} + \frac{x+\sqrt{2}}{2\sqrt{2}(x^2+1+\sqrt{2}x)}$$

$$\therefore \int_0^\infty \frac{1}{x^4+1}dx = \frac{1}{2\sqrt{2}}\int_0^\infty -\frac{x-\sqrt{2}}{(x^2+1-\sqrt{2}x)} + \frac{x+\sqrt{2}}{(x^2+1+\sqrt{2}x)}dx$$

$$= \frac{1}{2\sqrt{2}}\int_0^\infty \left(-\frac{\frac{1}{2}(2x-\sqrt{2}) - \frac{\sqrt{2}}{2}}{(x^2+1-\sqrt{2}x)} + \frac{\frac{1}{2}(2x+\sqrt{2}) + \frac{\sqrt{2}}{2}}{(x^2+1+\sqrt{2}x)}\right)dx$$

$$= \frac{1}{4\sqrt{2}}\left(-\ln\left|x^2+1-\sqrt{2}x\right| + \ln\left|x^2+1+\sqrt{2}x\right|\right)\Big|_0^\infty$$

$$+\frac{1}{4}\int_0^\infty \frac{dx}{(x^2+1-\sqrt{2}x)} + \frac{1}{4}\int_0^\infty \frac{dx}{(x^2+1+\sqrt{2}x)}$$

$$\because \frac{1}{4\sqrt{2}}\left(-\ln\left|x^2+1-\sqrt{2}x\right| + \ln\left|x^2+1+\sqrt{2}x\right|\right)\Big|_0^\infty = 0$$

$$且 \int_0^\infty \frac{dx}{(x^2+1-\sqrt{2}x)} + \int_0^\infty \frac{dx}{(x^2+1+\sqrt{2}x)} = \int_0^\infty \frac{dx}{\left(x-\frac{1}{\sqrt{2}}\right)^2 + \left(\frac{1}{\sqrt{2}}\right)^2} + \int_0^\infty \frac{dx}{\left(x+\frac{1}{\sqrt{2}}\right)^2 + \left(\frac{1}{\sqrt{2}}\right)^2}$$

$$= \sqrt{2}\left(\tan^{-1}(\sqrt{2}x+1) + \tan^{-1}(\sqrt{2}x-1)\right)\Big|_0^\infty = \sqrt{2}\pi$$

$$\therefore \int_0^\infty \frac{1}{x^4+1}dx = \sqrt{2}\pi$$

Example 7.

$$求\int_0^\infty \frac{x}{x^4+1}dx=?$$

【解】

$\because \int_0^\infty \frac{x}{x^4+1}dx=\frac{1}{2}\int_0^\infty \frac{2x}{(x^2)^2+1}dx$，令 $t=x^2$ 则 $dt=2xdx$，藉由变数代换法

$$则\int_0^\infty \frac{x}{x^4+1}dx=\frac{1}{2}\int_0^\infty \frac{2x}{(x^2)^2+1}dx=\frac{1}{2}\int_0^\infty \frac{dt}{t^2+1}=\frac{1}{2}\tan^{-1}t\Big|_0^\infty=\frac{\pi}{4}$$

Example 8.

$$求\int_1^\infty \frac{1}{x(x^4+1)}dx=?$$

【解】

$\because \int \frac{1}{x(x^4+1)}dx=\int \frac{x^3}{x^4(x^4+1)}dx$，令 $t=x^4$则 $dt=4x^3dx$，藉由变数代换法

$$\therefore \int \frac{1}{x(x^4+1)}dx=\int \frac{x^3}{x^4(x^4+1)}dx=\frac{1}{4}\int \frac{1}{t(t+1)}dx$$

$$=\frac{1}{4}\int \frac{1}{t}-\frac{1}{(t+1)}dt=\frac{1}{4}(\ln|t|-\ln|t+1|)+c=\frac{1}{4}(\ln|x^4|-\ln|x^4+1|)+c$$

$$\therefore \int_\alpha^\beta \frac{1}{x(x^4+1)}dx=\frac{1}{4}\left(\ln\frac{\beta^4}{\alpha^4}-\ln\frac{\beta^4+1}{\alpha^4+1}\right)$$

$$\therefore \int_1^\infty \frac{1}{x(x^4+1)}dx=\frac{1}{4}\left(\lim_{\beta\to\infty}\ln\frac{\beta^4}{\beta^4+1}-\lim_{\alpha\to 1}\frac{\alpha^4}{\alpha^4+1}\right)=\frac{1}{4}\left(-\ln\frac{1}{2}\right)=\frac{1}{4}\ln 2$$

Example 9.

$$求\int_1^\infty \frac{1}{x^3+1}dx=?$$

【解】

$\because x^3+1=(x+1)(x^2-x+1)$

令 $\frac{1}{x^3+1}=\frac{a}{x+1}+\frac{bx+c}{x^2-x+1}$ 则 $\frac{1}{x^3+1}=\frac{a(x^2-x+1)+(bx+c)(x+1)}{(x+1)(x^2-x+1)}$

$\Rightarrow 1=a(x^2-x+1)+(bx+c)(x+1)$

令$x=-1$ 则 $1=3a \qquad \therefore a=\frac{1}{3}$

令$x=0$ 则 $1=\frac{1}{3}+c \qquad \therefore c=\frac{2}{3}$

令$x=1$ 则 $1=a+2(b+c) \qquad \therefore b=\frac{-1}{3}$

$$\therefore \frac{1}{x^3+1}=\frac{1}{3}\left(\frac{1}{x+1}-\frac{x-2}{x^2-x+1}\right)=\frac{1}{3}\left(\frac{1}{x+1}-\frac{\frac{1}{2}(2x-1)-\frac{3}{2}}{x^2-x+1}\right)$$

$$\therefore \int \frac{1}{x^3+1}dx=\frac{1}{3}\int \frac{1}{x+1}-\frac{\frac{1}{2}(2x-1)-\frac{3}{2}}{x^2-x+1}dx$$

$$=\frac{1}{3}\ln|x+1|-\frac{1}{6}\ln|x^2-x+1|+\frac{1}{2}\int \frac{dx}{x^2-x+1}$$

$$\because \int \frac{dx}{x^2-x+1}=\int \frac{dx}{(x-\frac{1}{2})^2+\frac{3}{4}}=\int \frac{dx}{\frac{3}{4}\left(\left(\frac{x-\frac{1}{2}}{\sqrt{\frac{3}{4}}}\right)^2+1\right)}=\frac{2}{\sqrt{3}}\tan^{-1}\frac{x-\frac{1}{2}}{\sqrt{\frac{3}{4}}}$$

$$\therefore \int \frac{1}{x^3+1}dx=\frac{1}{3}\ln|x+1|-\frac{1}{6}\ln|x^2-x+1|+\frac{1}{\sqrt{3}}\tan^{-1}\left(\frac{x-\frac{1}{2}}{\sqrt{\frac{3}{4}}}\right)+c$$

$$\therefore \int_\alpha^\beta \frac{1}{x^3+1}dx=\frac{\ln\frac{\beta+1}{\alpha+1}}{3}-\frac{1}{6}\ln\frac{\beta^2-\beta+1}{\alpha^2-\alpha+1}+\frac{\tan^{-1}\left(\frac{\beta-\frac{1}{2}}{\sqrt{\frac{3}{4}}}\right)-\tan^{-1}\left(\frac{\alpha-\frac{1}{2}}{\sqrt{\frac{3}{4}}}\right)}{\sqrt{3}}$$

$$\therefore \int_1^\infty \frac{1}{x^3+1}dx$$

$$= \lim_{\beta\to\infty}\frac{\ln\frac{(\beta+1)^2}{\beta^2-\beta+1}}{6}+\frac{\tan^{-1}\left(\frac{\beta-\frac{1}{2}}{\sqrt{\frac{3}{4}}}\right)}{\sqrt{3}}-\lim_{\alpha\to1}\frac{\ln\frac{(\alpha+1)^2}{\alpha^2-\alpha+1}}{6}-\frac{\tan^{-1}\left(\frac{\alpha-\frac{1}{2}}{\sqrt{\frac{3}{4}}}\right)}{\sqrt{3}}$$

$$=\frac{\pi}{2\sqrt{3}}-\frac{\ln 2}{3}-\frac{\pi}{6\sqrt{3}}=\frac{\pi}{3\sqrt{3}}-\frac{\ln 2}{3}$$

Example 10.

求 $\int_{\alpha}^{\infty}\frac{1}{x^3-1}dx=?,\ \ \forall\alpha>1$

【解】

$\because x^3-1=(x-1)(x^2+x+1)$

令 $\frac{1}{x^3-1}=\frac{a}{x-1}+\frac{bx+c}{x^2+x+1}$ 则 $\frac{1}{x^3-1}=\frac{a(x^2+x+1)+(bx+c)(x-1)}{(x-1)(x^2+x+1)}$

$\Rightarrow\ 1=a(x^2+x+1)+(bx+c)(x-1)$

令$x=1$ 则 $1=3a\qquad\therefore a=\frac{1}{3}$

令$x=0$ 则 $1=\frac{1}{3}-c\qquad\therefore c=\frac{-2}{3}$

令$x=-1$ 则 $1=a-2(-b+c)\qquad\therefore b=\frac{-1}{3}$

$$\therefore\frac{1}{x^3-1}=\frac{1}{3}\left(\frac{1}{x-1}-\frac{x+2}{x^2+x+1}\right)=\frac{1}{3}\left(\frac{1}{x-1}-\frac{\frac{1}{2}(2x+1)+\frac{3}{2}}{x^2+x+1}\right)$$

$$\therefore\int\frac{1}{x^3-1}dx=\frac{1}{3}\int\frac{1}{x-1}-\frac{\frac{1}{2}(2x+1)+\frac{3}{2}}{x^2+x+1}dx$$

$$=\frac{1}{3}\ln|x-1|-\frac{1}{6}\ln|x^2+x+1|-\frac{1}{2}\int\frac{dx}{x^2+x+1}$$

$$\because \int \frac{dx}{x^2+x+1} = \int \frac{dx}{\left(x+\frac{1}{2}\right)^2+\frac{3}{4}} = \int \frac{dx}{\frac{3}{4}\left(\left(\frac{x+\frac{1}{2}}{\sqrt{\frac{3}{4}}}\right)^2+1\right)} = \frac{2}{\sqrt{3}}\tan^{-1}\left(\frac{x+\frac{1}{2}}{\sqrt{\frac{3}{4}}}\right)$$

$$\therefore \int \frac{1}{x^3-1}dx = \frac{1}{3}\ln|x-1| - \frac{1}{6}\ln|x^2+x+1| - \frac{1}{\sqrt{3}}\tan^{-1}\left(\frac{x+\frac{1}{2}}{\sqrt{\frac{3}{4}}}\right)+c$$

令$\alpha,\beta>1$ 则 $\int_\alpha^\beta \frac{1}{x^3-1}dx$

$$= \frac{1}{3}\ln\frac{\beta-1}{\alpha-1} - \frac{1}{6}\ln\frac{\beta^2+\beta+1}{\alpha^2+\alpha+1} - \frac{1}{\sqrt{3}}\left(\tan^{-1}\left(\frac{\beta+\frac{1}{2}}{\sqrt{\frac{3}{4}}}\right) - \tan^{-1}\left(\frac{\alpha+\frac{1}{2}}{\sqrt{\frac{3}{4}}}\right)\right)$$

$$\therefore \int_\alpha^\infty \frac{1}{x^3-1}dx = \lim_{\beta\to\infty} \frac{\ln\frac{(\beta-1)^2}{\beta^2+\beta+1}}{6} - \frac{\tan^{-1}\left(\frac{\beta+\frac{1}{2}}{\sqrt{\frac{3}{4}}}\right)}{\sqrt{3}} - \frac{\ln\frac{(\alpha-1)^2}{\alpha^2+\alpha+1}}{6} + \frac{\tan^{-1}\left(\frac{\alpha+\frac{1}{2}}{\sqrt{\frac{3}{4}}}\right)}{\sqrt{3}}$$

$$= -\frac{\pi}{2\sqrt{3}} - \frac{1}{6}\ln\frac{(\alpha-1)^2}{\alpha^2+\alpha+1} + \frac{1}{\sqrt{3}}\tan^{-1}\left(\frac{\alpha+\frac{1}{2}}{\sqrt{\frac{3}{4}}}\right)$$

Example 11.

求$\int_\alpha^\infty \frac{7-x-2x^2}{(x-1)^2(x^2+x+2)}dx =?$, $\forall\alpha>1$

【解】

令 $\frac{7-x-2x^2}{(x-1)^2(x^2+x+2)} = \frac{a}{x-1} + \frac{b}{(x-1)^2} + \frac{cx+d}{x^2+x+2}$

则 $\frac{7-x-2x^2}{(x-1)^2(x^2+x+2)} = \frac{a(x-1)(x^2+x+2)+b(x^2+x+2)+(cx+d)(x-1)^2}{(x-1)^2(x^2+x+2)}$

$\therefore 7-x-2x^2 = a(x-1)(x^2+x+2)+b(x^2+x+2)+(cx+d)(x-1)^2$

令$x = 1$ 则 $4 = 4b \quad \therefore b = 1$

$\because 0 = (a + c)x^3$, $\forall x \in R \qquad \therefore a + c = 0$

$\because -2x^2 = (b - 2c + d)x^2$, $\forall x \in R \qquad \therefore b - 2c + d = -2 \qquad \therefore -2c + d = -3$

$\because -x = (a + b + c - 2d)x$, $\forall x \in R \qquad \therefore a + b + c - 2d = -1$

$\therefore\ b - 2d = -1 \Rightarrow d = 1 \Rightarrow c = 2\ \Rightarrow a = -2$

比较系数则 $a = -2, b = 1, c = 2, d = 1$

$$\therefore \frac{7 - x - 2x^2}{(x - 1)^2(x^2 + x + 2)} = \frac{-2}{x - 1} + \frac{1}{(x - 1)^2} + \frac{2x + 1}{x^2 + x + 2}$$

$$\therefore \int \frac{7 - x - 2x^2}{(x - 1)^2(x^2 + x + 2)} dx = \int \frac{-2}{x - 1} + \frac{1}{(x - 1)^2} + \frac{2x + 1}{x^2 + x + 2} dx$$

$$= -2\ln|x - 1| - (x - 1)^{-1} + \ln|x^2 + x + 2| + c$$

令 $\alpha, \beta > 1$ 则 $\displaystyle\int_\alpha^\beta \frac{7 - x - 2x^2}{(x - 1)^2(x^2 + x + 2)} dx$

$$= -2\ln\frac{\beta - 1}{\alpha - 1} - (\beta - 1)^{-1} + (\alpha - 1)^{-1} + \ln\frac{\beta^2 + \beta + 2}{\alpha^2 + \alpha + 2}$$

$$\therefore \int_\alpha^\infty \frac{7 - x - 2x^2}{(x - 1)^2(x^2 + x + 2)} dx$$

$$= \lim_{\beta \to \infty}\left(-(\beta - 1)^{-1} + \ln\frac{\beta^2 + \beta + 2}{(\beta - 1)^2}\right) + (\alpha - 1)^{-1} + \ln\frac{(\alpha - 1)^2}{\alpha^2 + \alpha + 2}$$

$$= (\alpha - 1)^{-1} + \ln\frac{(\alpha - 1)^2}{\alpha^2 + \alpha + 2}$$

Example 12.

求 $\displaystyle\int_\alpha^\infty \frac{1 - x + 2x^2 - x^3}{x(x^2 + 1)^2} = ?$, $\forall \alpha > 0$

【解】

令 $\displaystyle\frac{1 - x + 2x^2 - x^3}{x(x^2 + 1)^2} = \frac{a}{x} + \frac{bx + c}{x^2 + 1} + \frac{dx + e}{(x^2 + 1)^2}$

则 $\displaystyle\frac{1 - x + 2x^2 - x^3}{x(x^2 + 1)^2} = \frac{a(x^2 + 1)^2 + (bx + c)x(x^2 + 1) + x(dx + e)}{x(x^2 + 1)^2}$

$\therefore 1 - x + 2x^2 - x^3 = a(x^2 + 1)^2 + (bx + c)x(x^2 + 1) + dx^2 + ex$

令$x = 0$ 则 $a = 1$

令$x^2 + 1 = 0$ 则 $1 - x + 2x^2 - x^3 = 1 - x - 2 + x = -1$

且 $a(x^2+1)^2+(bx+c)x(x^2+1)+dx^2+ex=-d+ex \quad \therefore d=1, e=0$

$\because 0=(a+b)x^4,\ \forall x\in R, \qquad \because\ a=1 \qquad \therefore b=-1$

$\because -x^3=cx^3,\ \forall x\in R \qquad \therefore c=-1$

比较系数则 $a=\ 1, b=-1, c=-1, d=1, e=0$

$$\therefore \int \frac{1-x+2x^2-x^3}{x(x^2+1)^2}dx=\int \frac{1}{x}+\frac{-x-1}{x^2+1}+\frac{x}{(x^2+1)^2}dx$$

$$=\ln x-\frac{1}{2}\ln|x^2+1|-\tan^{-1}x-\frac{1}{2}(x^2+1)^{-1}+c$$

令$\alpha,\beta>0$ 则 $\displaystyle\int_\alpha^\beta \frac{1-x+2x^2-x^3}{x(x^2+1)^2}$

$$=-\frac{1}{2}\ln\frac{\beta^2+1}{\beta^2}-\tan^{-1}\beta-\frac{(\beta^2+1)^{-1}}{2}+\frac{1}{2}\ln\frac{\alpha^2+1}{\alpha^2}+\tan^{-1}\alpha+\frac{(\alpha^2+1)^{-1}}{2}$$

$$\therefore \int_\alpha^\infty \frac{1-x+2x^2-x^3}{x(x^2+1)^2}$$

$$=\lim_{\beta\to\infty}-\frac{\ln\frac{\beta^2+1}{\beta^2}}{2}-\tan^{-1}\beta-\frac{(\beta^2+1)^{-1}}{2}+\frac{\ln\frac{\alpha^2+1}{\alpha^2}}{2}+\tan^{-1}\alpha+\frac{(\alpha^2+1)^{-1}}{2}$$

$$=-\frac{\pi}{2}+\frac{1}{2}\ln\frac{\alpha^2+1}{\alpha^2}+\tan^{-1}\alpha+\frac{(\alpha^2+1)^{-1}}{2}$$

Example 13.

求 $\displaystyle\int_\alpha^\infty \frac{1}{x(x^4-1)}dx=?,\ \ \forall\alpha>1$

【解】

令 $\displaystyle\frac{1}{x(x^4-1)}=\frac{ax^3+bx^2+cx+d}{x^4-1}+\frac{e}{x}$

则 $1=x(ax^3+bx^2+cx+d)+e(x^4-1)$

$=(a+e)x^4+bx^3+cx^2+dx-e\Rightarrow e=-1, a=1, b=c=d=0$

$$\therefore \frac{1}{x(x^4-1)}=\frac{x^3}{x^4-1}-\frac{1}{x}$$

$$\therefore \int \frac{1}{x(x^4-1)}dx=\int \frac{x^3}{x^4-1}-\frac{1}{x}dx=\frac{1}{4}\ln|x^4-1|-\ln|x|+c$$

令 $\alpha,\beta>1$ 则 $\displaystyle\int_\alpha^\beta \frac{1}{x(x^4-1)}dx=\frac{1}{4}\ln\frac{\beta^4-1}{\alpha^4-1}-\ln\frac{\beta}{\alpha}$

$$\therefore \int_{\alpha}^{\infty} \frac{1}{x(x^4-1)} dx = \lim_{\beta\to\infty}\left(\frac{1}{4}\ln\frac{\beta^4-1}{\beta^4}\right) - \frac{1}{4}\ln\frac{\alpha^4}{\alpha^4-1} = -\frac{1}{4}\ln\frac{\alpha^4}{\alpha^4-1}$$

Example 14.

求 $\int_{\alpha}^{\infty} \frac{1}{x(x^2-5x-6)} dx = ?,\ \ \forall\alpha > 6$

【解】

令 $\frac{1}{x(x^2-5x-6)} = \frac{a}{x} + \frac{b}{x-6} + \frac{c}{x+1}$

则 $\frac{1}{x(x^2-5x-6)} = \frac{a(x-6)(x+1)+bx(x+1)+cx(x-6)}{x(x^2-5x-6)}$

$\therefore 1 = a(x-6)(x+1)+bx(x+1)+cx(x-6)$

令 $x=0$ 则 $1=-6a \quad \therefore a=-\frac{1}{6}$

令 $x=6$ 则 $1=42\mathrm{b} \quad \therefore b=\frac{1}{42}$

令 $x=-1$ 则 $1=7\mathrm{c} \quad \therefore c=\frac{1}{7}$

$$\therefore \frac{1}{x(x^2-5x-6)} = -\frac{1}{6x} + \frac{1}{42(x-6)} + \frac{1}{7(x+1)}$$

$$\therefore \int \frac{1}{x(x^2-5x-6)} dx = \int -\frac{1}{6x} + \frac{1}{42(x-6)} + \frac{1}{7(x+1)} dx$$

$$= -\frac{1}{6}\ln|x| + \frac{1}{42}\ln|x-6| + \frac{1}{7}\ln|x+1| + c$$

令 $\alpha,\beta > 6$ 则 $\int_{\alpha}^{\beta} \frac{1}{x(x^2-5x-6)} dx = -\frac{1}{6}\ln\frac{\beta}{\alpha} + \frac{1}{42}\ln\frac{\beta-6}{\alpha-6} + \frac{1}{7}\ln\frac{\beta+1}{\alpha+1}$

$$\therefore \int_{\alpha}^{\infty} \frac{1}{x(x^2-5x-6)} dx = \lim_{\beta\to\infty}\frac{1}{42}\ln\frac{(\beta-6)(\beta+1)^6}{\beta^7} - \frac{1}{42}\ln\frac{(\alpha-6)(\alpha+1)^6}{\alpha^7}$$

$$= -\frac{1}{42}\ln\frac{(\alpha-6)(\alpha+1)^6}{\alpha^7}$$

5.4.3.4 求无理式瑕积分的值

求 $\int_0^{\infty} f\left(\sqrt{g(x)}\right)dx\ =?$

求瑕积分的值等于先计算定积分再取极限值的问题，与求无理式的定积分相同，当被积分函数出现$\sqrt{\alpha^2-x^2}$, $\sqrt{\alpha^2+x^2}$,或 $\sqrt{x^2-\alpha^2}$ 时,需藉由三角函数结合变换代换法解题；此外，当分母为二次多项式时，也可尝试用三角函数结合变换代换法解题

考试类型:

Type 1.

求第二类瑕积分 $\int_a^b f\left(\sqrt{\alpha^2-x^2}\right)dx=?$，其中 $f\left(\sqrt{\alpha^2-a^2}\right)=\infty$

解题流程:

Step1.

令$x=\alpha\sin\theta$ 则 $\sqrt{\alpha^2-x^2}=\sqrt{\alpha^2-\alpha^2\sin^2\theta}=\alpha\cos\theta$ 且 $dx=\alpha\cos\theta d\theta$

Step2.

$$\int_a^b f\left(\sqrt{\alpha^2-x^2}\right)dx=\int_{\sin^{-1}\frac{a}{\alpha}}^{\sin^{-1}\frac{b}{\alpha}} f(\alpha\cos\theta)\,\alpha\cos\theta d\theta,$$

求 $\int_{\sin^{-1}\frac{a}{\alpha}}^{\sin^{-1}\frac{b}{\alpha}} f(\alpha\cos\theta)\,\alpha\cos\theta d\theta\ =?$

Type 2.

求第一类瑕积分 $\int_0^{\infty} f\left(\sqrt{\alpha^2+x^2}\right)dx=?$

解题流程:

Step1.

令$x=\alpha\tan\theta$ 则 $\sqrt{\alpha^2+x^2}=\sqrt{\alpha^2+(\alpha\tan\theta\,)^2}=\alpha\sec\theta$ 且 $dx=\alpha\sec^2\theta d\theta$

Step2.

$$\because \int_a^b f\left(\sqrt{\alpha^2+x^2}\right)dx=\int_{\tan^{-1}\frac{a}{\alpha}}^{\tan^{-1}\frac{b}{\alpha}} f(\alpha\sec\theta)\alpha\sec^2 d\theta$$

$$\therefore \int_0^{\infty} f\left(\sqrt{\alpha^2+x^2}\right)dx = \lim_{a\to 0, b\to\infty}\int_a^b f\left(\sqrt{\alpha^2+x^2}\right)dx$$

$$= \lim_{a\to 0, b\to\infty}\int_{\tan^{-1}\frac{a}{\alpha}}^{\tan^{-1}\frac{b}{\alpha}} f(\alpha\sec\theta)\alpha\sec^2 d\theta = \int_0^{\frac{\pi}{2}} f(\alpha\sec\theta)\alpha\sec^2 d\theta$$

求 $\int_0^{\frac{\pi}{2}} f(\alpha\sec\theta)\alpha\sec^2 d\theta = ?$

Type 3.

求第一类瑕积分 $\int_{\alpha}^{\infty} f\left(\sqrt{x^2-\alpha^2}\right)dx = ?$

解题流程:

Step1.

令 $x=\alpha\sec\theta$ 则 $\sqrt{x^2-\alpha^2}=\sqrt{\alpha^2\sec^2\theta-\alpha^2}=\alpha\tan\theta$ 且 $dx=\alpha\sec\theta\tan\theta\, d\theta$

Step2.

$$\because \int_a^b f\left(\sqrt{x^2-\alpha^2}\right)dx = \int_{\sec^{-1}\frac{a}{\alpha}}^{\sec^{-1}\frac{b}{\alpha}} f(\alpha\tan\theta)\alpha\sec\theta\tan\theta d\theta$$

$$\therefore \int_{\alpha}^{\infty} f\left(\sqrt{x^2-\alpha^2}\right)dx = \lim_{a\to\alpha, b\to\infty}\int_a^b f\left(\sqrt{x^2-\alpha^2}\right)dx$$

$$= \lim_{a\to\alpha, b\to\infty}\int_{\sec^{-1}\frac{a}{\alpha}}^{\sec^{-1}\frac{b}{\alpha}} f(\alpha\tan\theta)\alpha\sec\theta\tan\theta d\theta = \int_0^{\frac{\pi}{2}} f(\alpha\tan\theta)\alpha\sec\theta\tan\theta d\theta$$

求 $\int_0^{\frac{\pi}{2}} f(\alpha\tan\theta)\alpha\sec\theta\tan\theta d\theta = ?$

Type 4.

求 $\int_0^{\infty}\frac{1}{(ax^2+bx+c)^2}dx = ?$ 其中 $b^2-4ac<0$ and $a>0$

解题流程:

$$\because \frac{1}{ax^2+bx+c}=\frac{1}{a\left(x+\frac{b}{2a}\right)^2+c-\frac{b^2}{4a}}=\frac{1}{c-\frac{b^2}{4a}}\cdot\frac{1}{a\left(\frac{x+\frac{b}{2a}}{\sqrt{c-\frac{b^2}{4a}}}\right)^2+1}$$

$$=\frac{1}{c-\frac{b^2}{4a}}\cdot\frac{1}{\left(\frac{\sqrt{a}x+\frac{b}{2\sqrt{a}}}{\sqrt{c-\frac{b^2}{4a}}}\right)^2+1}$$

令 $t=\frac{\sqrt{a}x+\frac{b}{2\sqrt{a}}}{\sqrt{c-\frac{b^2}{4a}}}$ 则 $dt=\frac{\sqrt{a}}{\sqrt{c-\frac{b^2}{4a}}}dx$，令 $\alpha'=\frac{\sqrt{a}\alpha+\frac{b}{2\sqrt{a}}}{\sqrt{c-\frac{b^2}{4a}}}$ and $\beta'=\frac{\sqrt{a}\beta+\frac{b}{2\sqrt{a}}}{\sqrt{c-\frac{b^2}{4a}}}$

藉由变数代换法

则 $$\int_\alpha^\beta\frac{1}{(ax^2+bx+c)^2}dx=\frac{1}{\left(c-\frac{b^2}{4a}\right)^2}\int_\alpha^\beta\frac{1}{\left(\left(\frac{\sqrt{a}x+\frac{b}{2\sqrt{a}}}{\sqrt{c-\frac{b^2}{4a}}}\right)^2+1\right)^2}dx$$

$$=\frac{1}{\left(c-\frac{b^2}{4a}\right)^2}\cdot\frac{\sqrt{c-\frac{b^2}{4a}}}{\sqrt{a}}\int_{\alpha'}^{\beta'}\frac{1}{(t^2+1)^2}dt=\frac{1}{\left(c-\frac{b^2}{4a}\right)^{\frac{3}{2}}\sqrt{a}}\int_{\alpha'}^{\beta'}\frac{1}{(t^2+1)^2}dt$$

令 $t=\tan\theta$ 则 $dt=\sec^2\theta\,d\theta$

$$\therefore \frac{1}{\left(c-\frac{b^2}{4a}\right)^{\frac{3}{2}}\sqrt{a}}\int_{\tan^{-1}\alpha'}^{\tan^{-1}\beta'}\frac{\sec^2\theta}{\sec^4\theta}d\theta=\frac{1}{\left(c-\frac{b^2}{4a}\right)^{\frac{3}{2}}\sqrt{a}}\int_{\tan^{-1}\alpha'}^{\tan^{-1}\beta'}\cos^2\theta\,d\theta$$

$$=\frac{1}{\left(c-\frac{b^2}{4a}\right)^{\frac{3}{2}}\sqrt{a}}\left(\frac{\theta}{2}+\frac{\sin 2\theta}{4}\right)\Bigg|_{\tan^{-1}\alpha'}^{\tan^{-1}\beta'}=\frac{1}{\left(c-\frac{b^2}{4a}\right)^{\frac{3}{2}}\sqrt{a}}\left(\frac{\tan^{-1}t}{2}+\frac{t}{2(t^2+1)}\right)\Bigg|_{\alpha'}^{\beta'}$$

$$=\frac{1}{\left(c-\frac{b^2}{4a}\right)^{\frac{3}{2}}\sqrt{a}}\left(\frac{\tan^{-1}\beta'}{2}-\frac{\tan^{-1}\alpha'}{2}+\frac{\beta'}{2((\beta')^2+1)}-\frac{\alpha'}{2((\alpha')^2+1)}\right)$$

$$\therefore \int_0^\infty \frac{1}{(ax^2+bx+c)^2}dx$$

$$=\frac{1}{\left(c-\frac{b^2}{4a}\right)^{\frac{3}{2}}\sqrt{a}}\left(\frac{\pi}{4}-\frac{\tan^{-1}\frac{\frac{b}{2\sqrt{a}}}{\sqrt{c-\frac{b^2}{4a}}}}{2}-\frac{\frac{\frac{b}{2\sqrt{a}}}{\sqrt{c-\frac{b^2}{4a}}}}{2\left(\left(\frac{\frac{b}{2\sqrt{a}}}{\sqrt{c-\frac{b^2}{4a}}}\right)^2+1\right)}\right)$$

Example 1.

$$求\int_{\frac{1}{2}}^{1}\sqrt{\frac{1+x}{1-x}}\,dx=?$$

【解】

$\because \sqrt{\frac{1+x}{1-x}}=\sqrt{\frac{(1+x)^2}{1-x^2}}$，令 $x=\cos\theta$ 则 $dx=\sin\theta\,d\theta$，藉由变数代换法

$$\because \sqrt{\frac{(1+x)^2}{1-x^2}}=\frac{1+\cos\theta}{\sin\theta}$$

$$\therefore \int_{\frac{1}{2}}^{1}\sqrt{\frac{1+x}{1-x}}\,dx=\int_{-\frac{\pi}{3}}^{0}\frac{(1+\cos\theta)\sin\theta\,d\theta}{\sin\theta}=\theta|_{-\frac{\pi}{3}}^{0}+\sin\theta|_{-\frac{\pi}{3}}^{0}=\frac{2\pi+3\sqrt{3}}{6}$$

Example 2.

$$求\int_0^\infty \frac{dx}{(x^2+1)^4}=?$$

【解】

令 $x=\tan\theta$ 则 $dx=\sec^2\theta\,d\theta$，藉由变数代换法

$$\therefore \int_0^{\infty}\frac{dx}{(x^2+1)^4}=\int_0^{\frac{\pi}{2}}\frac{\sec^2\theta\,d\theta}{(\tan^2\theta+1)^4}=\int_0^{\frac{\pi}{2}}\frac{\sec^2\theta\,d\theta}{\sec^8\theta}=\int_0^{\frac{\pi}{2}}\cos^6\theta\,d\theta$$

$$\because \cos^6\theta=\left(\frac{\cos 3\theta+3\cos\theta}{4}\right)^2=\frac{\cos^2 3\theta+6\cos 3\theta\cos\theta+9\cos^2\theta}{16}$$

$$=\frac{\frac{1+\cos 6\theta}{2}+6\cos 3\theta\cos\theta+\frac{9+9\cos 2\theta}{2}}{16}$$

$$=\frac{1}{16}\left(5+\frac{\cos 6\theta}{2}+2\cos 4\theta+2\cos 2\theta+\frac{9\cos 2\theta}{2}\right)$$

$$\therefore \int_0^{\infty}\frac{dx}{(x^2+1)^4}=\frac{1}{16}\int_0^{\frac{\pi}{2}}5+\frac{\cos 6\theta}{2}+2\cos 4\theta+2\cos 2\theta+\frac{9\cos 2\theta}{2}d\theta=\frac{5\theta}{16}\bigg|_0^{\frac{\pi}{2}}=\frac{5\pi}{32}$$

Example 3.

试求当a为何值时，瑕积分 $\int_{\sqrt{2}}^{\infty}\left(\frac{a}{\sqrt{x^2-1}}-\frac{x}{x^2+1}\right)dx$ 收敛

【解】

令 $x=\sec\theta$ 则 $dx=\sec\theta\tan\theta\ d\theta$，藉由变数代换法

$$\therefore \int_{\sqrt{2}}^{\infty}\frac{a}{\sqrt{x^2-1}}dx=a\int_{\frac{\pi}{4}}^{\frac{\pi}{2}}\frac{\sec\theta\tan\theta\ d\theta}{\sqrt{\sec^2\theta\ -1}}$$

$$=\ a\int_{\frac{\pi}{4}}^{\frac{\pi}{2}}\sec\theta d\theta=a\ln(\tan\theta+\sec\theta)\Big|_{\frac{\pi}{4}}^{\frac{\pi}{2}}=a\ln(\sqrt{x^2-1}+x)\Big|_{\sqrt{2}}^{\infty}$$

令 $x=\tan\theta$ 则 $dx=\sec^2\theta\ d\theta$，藉由变数代换法

$$\therefore \int_{\sqrt{2}}^{\infty} \frac{x}{x^2+1} dx = \int_{\tan^{-1}\sqrt{2}}^{\frac{\pi}{2}} \frac{\tan\theta \ \sec^2\theta \ d\theta}{\tan^2\theta \ +1} d\theta = \int_{\tan^{-1}\sqrt{2}}^{\frac{\pi}{2}} \frac{\tan\theta \ \sec^2\theta \ d\theta}{\sec^2\theta} d\theta$$

$$= \int_{\tan^{-1}\sqrt{2}}^{\frac{\pi}{2}} \tan\theta \, d\theta = \ln\sec\theta\Big|_{\tan^{-1}\sqrt{2}}^{\frac{\pi}{2}} = \ln\sqrt{\ x^2+1}\Big|_{\sqrt{2}}^{\infty}$$

$$\because \int_{\sqrt{2}}^{\infty} \left(\frac{a}{\sqrt{x^2-1}} - \frac{x}{x^2+1}\right) dx = \ln\frac{(\sqrt{x^2-1}+x)^a}{\sqrt{(x^2+1)}}\Bigg|_{\sqrt{2}}^{\infty} \qquad \therefore a=1 \text{ 瑕积分收敛}$$

Example 4.

$$\text{求} \int_a^b \frac{dx}{\sqrt{b^2-x^2}} = ?,\ \ \forall b > a > 0$$

【解】

令$b > a > 0$，令 $x = b\sin\theta$ 则 $dx = b\cos\theta d\theta$，藉由变数代换法

$$\therefore \int \frac{dx}{\sqrt{b^2-x^2}} = \int \frac{b\cos\theta d\theta}{\sqrt{b^2-(b\sin\theta)^{\ 2}}} = \int \frac{b\cos\theta d\theta}{b\cos\theta} = \theta + c = \sin^{-1}\frac{x}{b} + c$$

$$\therefore \int_a^b \frac{dx}{\sqrt{b^2-x^2}} = \sin^{-1}\frac{b}{b} - \sin^{-1}\frac{a}{b} = \sin^{-1}1 - \sin^{-1}\frac{a}{b}$$

Example 5.

$$\text{求} \int_a^b \frac{1}{x\sqrt{b^2-x^2}} dx = ?,\ \ \forall b > a > 0$$

【解】

令$b > a > 0$，令 $x = b\sin\theta$ 则 $dx = b\cos\theta d\theta$，藉由变数代换法

$$\therefore \int \frac{1}{x\sqrt{b^2-x^2}} dx = \int \frac{b\cos\theta d\theta}{b\sin\theta\sqrt{b^2-(b\sin\theta\ )^2}} = \int \frac{b\cos\theta d\theta}{b\sin\theta\, b\cos\theta}$$

$$= \int \frac{d\theta}{b\sin\theta} = \frac{1}{b}\ln|\csc\theta - \cot\theta| + c = \frac{1}{b}\ln\left|\frac{b}{x} - \frac{\sqrt{b^2-x^2}}{x}\right| + c$$

$$\text{则} \int_a^b \frac{1}{x\sqrt{b^2-x^2}} dx = \frac{1}{b}\ln\frac{\frac{b-\sqrt{b^2-b^2}}{b}}{\frac{b-\sqrt{b^2-a^2}}{a}} = \frac{1}{b}\ln\frac{a}{b-\sqrt{b^2-a^2}}$$

Example 6.

$$\text{求}\int_a^b \frac{1}{\sqrt{x^2-a^2}}dx=?,\ \forall b>a>0$$

【解】

令$b>a>0$，令 $x=a\sec\theta$ 则 $dx=a\sec\theta\tan\theta\ d\theta$，藉由变数代换法

$$\text{则}\int \frac{1}{\sqrt{x^2-\alpha^2}}dx=\int \frac{\alpha\sec\theta\tan\theta}{\sqrt{(\alpha\sec\theta)^2-\alpha^2}}d\theta=\int \frac{\alpha\sec\theta\tan\theta}{\sqrt{(\alpha\tan\theta)^2}}d\theta=\int \sec\theta d\theta$$

$$=\ln|\tan\theta+\sec\theta|+c=\ln\left|\frac{x}{a}+\frac{\sqrt{x^2-a^2}}{a}\right|+c$$

$$\therefore \int_a^b \frac{1}{\sqrt{x^2-a^2}}dx=\ln\frac{b+\sqrt{b^2-a^2}}{a+\sqrt{a^2-a^2}}=\ln\frac{b+\sqrt{b^2-a^2}}{a}$$

Example 7.

$$\text{求}\int_a^b \frac{1}{x\sqrt{x^2-a^2}}dx=?,\ \forall b>a>0$$

【解】

令$b>a>0$，令$x=a\sec\theta$ 则 $dx=a\sec\theta\tan\theta\ d\theta$，藉由变数代换法

$$\int \frac{dx}{x\sqrt{x^2-a^2}}=\int \frac{a\sec\theta\tan\theta\ d\theta}{a\sec\theta\sqrt{(a\sec\theta)^2-a^2}}=\frac{\theta}{a}+c=\frac{\sec^{-1}\frac{x}{a}}{a}+c$$

$$\therefore \int_a^b \frac{1}{x\sqrt{x^2-a^2}}dx=\frac{1}{a}\left(\sec^{-1}\frac{b}{a}-\sec^{-1}\frac{a}{a}\right)$$

Example 8.

$$\text{求}\int_1^2 \frac{dx}{\sqrt{x^2-1}}=?$$

【解】

令$x=\sec\theta$ 则 $dx=\sec\theta\tan\theta\ d\theta$，藉由变数代换法

$$\therefore \int_1^2 \frac{dx}{\sqrt{x^2-1}}=\int_0^{\frac{\pi}{3}} \frac{\sec\theta\tan\theta\ d\theta}{\sqrt{(\sec\theta)^2-1}}=\int_0^{\frac{\pi}{3}} \frac{\sec\theta\tan\theta\ d\theta}{\sqrt{\tan^2\theta}}=\int_0^{\frac{\pi}{3}} \sec\theta d\theta$$

$$= \ln|\tan\theta + \sec\theta|_0^{\frac{\pi}{3}} = \ln(2+\sqrt{3})$$

Example 9.

$$求 \int_0^4 \frac{x^2}{\sqrt{16-x^2}}dx = ?$$

【解】

令 $x = 4\sin\theta$ 则 $dx = 4\cos\theta d\theta$，藉由变数代换法

$$\therefore \int_0^4 \frac{x^2}{\sqrt{16-x^2}}dx = \int_0^{\frac{\pi}{2}} \frac{16\sin^2\theta \cdot 4\cos\theta d\theta}{\sqrt{16-16\sin^2\theta}} = 16\int_0^{\frac{\pi}{2}} \sin^2\theta\, d\theta$$

$$= 16\int_0^{\frac{\pi}{2}} \frac{1-\cos 2\theta}{2} d\theta = 16\left(\frac{1}{2}\cdot\frac{\pi}{2} - \frac{\sin 2\theta}{4}\Big|_0^{\frac{\pi}{2}}\right) = 4\pi$$

Example 10.

$$求 \int_{-b}^{b} \frac{x^4}{\sqrt{b^2-x^2}}dx = ?,\ \ \forall b \neq 0$$

【解】

令$b \neq 0$, 令$x = b\sin\theta$ 则 $dx = b\cos\theta\, d\theta$，藉由变数代换法

$$\therefore \int_{-b}^{b} \frac{x^4}{\sqrt{b^2-x^2}}dx = \int_{\frac{-\pi}{2}}^{\frac{\pi}{2}} \frac{(b\sin\theta)^4\, b\cos\theta\, d\theta}{\sqrt{b^2-(b\sin\theta)^2}} = \int_{\frac{-\pi}{2}}^{\frac{\pi}{2}} (b\sin\theta)^4 d\theta$$

$$= b^4 \int_{\frac{-\pi}{2}}^{\frac{\pi}{2}} \left(\frac{1-\cos 2\theta}{2}\right)^2 d\theta = b^4 \int_{\frac{-\pi}{2}}^{\frac{\pi}{2}} \frac{1 - 2\cos 2\theta + \frac{1+\cos 4\theta}{2}}{4} d\theta$$

$$= \frac{b^4}{4}\left(\frac{3\pi}{2} - \sin 2\theta|_{\frac{-\pi}{2}}^{\frac{\pi}{2}} + \frac{1}{8}\sin 4\theta|_{\frac{-\pi}{2}}^{\frac{\pi}{2}}\right) = \frac{3\pi b^4}{8}$$

Example 11.

$$求 \int_1^{\infty} \frac{1}{(x^2+2x+5)^2}dx = ?$$

【解】

$$\because \frac{1}{(x^2+2x+5)^2} = \frac{1}{((x+1)^2+4)^2} = \frac{1}{16\left(\left(\frac{x+1}{2}\right)^2+1\right)^2}$$

令 $t = \dfrac{x+1}{2}$ 则 $dt = \dfrac{dx}{2}$，藉由变数代换法

$$\therefore \int \frac{1}{(x^2+2x+5)^2}dx = \int \frac{1}{16\left(\left(\frac{x+1}{2}\right)^2+1\right)^2}dx = \frac{1}{8}\int \frac{1}{(t^2+1)^2}dt$$

令$t = \tan\theta$ 则 $dt = \sec^2\theta\, d\theta$，藉由变数代换法

$$\therefore \frac{1}{8}\int \frac{1}{(t^2+1)^2}dt = \frac{1}{8}\int \frac{\sec^2\theta}{\sec^4\theta}d\theta = \frac{1}{8}\int \cos^2\theta\, d\theta = \frac{1}{8}\int \frac{1+\cos 2\theta}{2}d\theta$$

$$= \frac{1}{8}\left(\frac{\theta}{2} + \frac{\sin 2\theta}{4}\right) = \frac{1}{8}\left(\frac{\tan^{-1} t}{2} + \frac{\sin\theta\cos\theta}{2}\right) = \frac{1}{8}\left(\frac{\tan^{-1} t}{2} + \frac{t}{2(t^2+1)}\right)$$

$$= \frac{1}{8}\left(\frac{\tan^{-1}\left(\frac{x+1}{2}\right)}{2} + \frac{\frac{x+1}{2}}{2\left(\left(\frac{x+1}{2}\right)^2+1\right)}\right)$$

$$\therefore \int_1^\infty \frac{1}{(x^2+2x+5)^2}dx$$

$$= \frac{1}{8}\left(\lim_{b\to\infty}\left(\frac{\tan^{-1}\left(\frac{b+1}{2}\right)}{2} + \frac{\frac{b+1}{2}}{2\left(\left(\frac{b+1}{2}\right)^2+1\right)}\right) - \lim_{a\to 1}\left(\frac{\tan^{-1}\left(\frac{a+1}{2}\right)}{2} + \frac{\frac{a+1}{2}}{2\left(\left(\frac{a+1}{2}\right)^2+1\right)}\right)\right)$$

$$= \frac{1}{8}\left(\frac{\pi}{4} - \frac{\pi}{8} - \frac{1}{4}\right) = \frac{1}{8}\left(\frac{\pi}{8} - \frac{1}{4}\right)$$

Example 12.

求 $\displaystyle\int_0^\infty \frac{1}{e^x\sqrt{e^{2x}+4}}dx = ?$

【解】

令$t=e^x$ 则 $dx=\frac{dt}{t}$，藉由变数代换法 则 $\int\frac{1}{e^x\sqrt{e^{2x}+4}}dx=\int\frac{1}{t^2\sqrt{t^2+4}}dt$

令$t=2\tan\theta$ 则 $dt=2\sec^2\theta\,d\theta$，藉由变数代换法

则 $\int\frac{1}{t^2\sqrt{t^2+4}}dt=\int\frac{2\sec^2\theta\,d\theta}{4\tan^2\theta\sqrt{4\tan^2\theta+4}}=\frac{1}{4}\int\frac{\sec\theta\,d\theta}{\tan^2\theta}=\frac{1}{4}\int\frac{\cos\theta\,d\theta}{\sin^2\theta}$

$=\frac{1}{4}\int\cot\theta\csc\theta\,d\theta=\frac{-\csc\theta}{4}+c=\frac{-\sqrt{t^2+4}}{4t}+c=\frac{-\sqrt{e^{2x}+4}}{4e^x}+c$

令 $a,b\in R$ 则 $\int_a^b\frac{1}{e^x\sqrt{e^{2x}+4}}dx=\frac{\sqrt{e^{2a}+4}}{4e^a}-\frac{\sqrt{e^{2b}+4}}{4e^b}$

$\therefore\int_0^\infty\frac{1}{e^x\sqrt{e^{2x}+4}}dx=\lim_{a\to0}\frac{\sqrt{e^{2a}+4}}{4e^a}-\lim_{b\to\infty}\frac{\sqrt{e^{2b}+4}}{4e^b}=\frac{\sqrt{5}}{4}$

Example 13.

求 $\int_{\frac{1}{2}}^{\infty}\frac{1}{(4x^2+4x+5)^2}dx=?$

【解】

$\because\frac{1}{(4x^2+4x+5)^2}=\frac{1}{16\left(x^2+x+\frac{5}{4}\right)^2}=\frac{1}{16\left(\left(x+\frac{1}{2}\right)^2+1\right)^2}$

令 $t=x+\frac{1}{2}$ 则 $dt=dx$，藉由变数代换法

$\therefore\int\frac{1}{(4x^2+4x+5)^2}dx=\int\frac{1}{16\left(\left(x+\frac{1}{2}\right)^2+1\right)^2}dx=\int\frac{1}{16(t^2+1)^2}dx$

令 $t=\tan\theta$ 则 $dt=\sec^2\theta\,d\theta$，藉由变数代换法

$\therefore\frac{1}{16}\int\frac{1}{(t^2+1)^2}dt=\frac{1}{16}\int\frac{\sec^2\theta}{\sec^4\theta}d\theta=\frac{1}{16}\int\cos^2\theta\,d\theta=\frac{1}{16}\int\frac{1+\cos2\theta}{2}d\theta$

$=\frac{1}{16}\left(\frac{\theta}{2}+\frac{\sin2\theta}{4}\right)=\frac{1}{16}\left(\frac{\tan^{-1}t}{2}+\frac{\sin\theta\cos\theta}{2}\right)=\frac{1}{16}\left(\frac{\tan^{-1}t}{2}+\frac{t}{2(t^2+1)}\right)$

$=\frac{1}{16}\left(\frac{\tan^{-1}\left(x+\frac{1}{2}\right)}{2}+\frac{x+\frac{1}{2}}{2\left(\left(x+\frac{1}{2}\right)^2+1\right)}\right)+c$

$$\therefore \int_{\frac{1}{2}}^{\infty} \frac{1}{(4x^2+4x+5)^2} dx$$

$$= \frac{1}{16}\left(\lim_{b\to\infty}\left(\frac{\tan^{-1}\left(b+\frac{1}{2}\right)}{2} + \frac{b+\frac{1}{2}}{2\left(\left(b+\frac{1}{2}\right)^2+1\right)}\right) - \lim_{a\to\frac{1}{2}}\left(\frac{\tan^{-1}\left(a+\frac{1}{2}\right)}{2} + \frac{a+\frac{1}{2}}{2\left(\left(a+\frac{1}{2}\right)^2+1\right)}\right)\right)$$

$$= \frac{1}{16}\left(\frac{\pi}{4} - \frac{\pi}{8} - \frac{1}{4}\right) = \frac{1}{16}\left(\frac{\pi}{8} - \frac{1}{4}\right)$$

5.4.3.5 其它

Example 1.

求 $\int_{-\infty}^{\infty} \frac{dx}{1+x^2} = ?$

【解】

$$\because \int_{-a}^{a} \frac{dx}{1+x^2} = 2\int_{0}^{a} \frac{dx}{1+x^2} = 2\tan^{-1} x|_0^a = 2\tan^{-1} a$$

$$\therefore \lim_{a\to\infty} \int_{-a}^{a} \frac{dx}{1+x^2} = \lim_{a\to\infty} 2\tan^{-1} a = 2 \cdot \frac{\pi}{2} \Rightarrow \int_{-\infty}^{\infty} \frac{dx}{1+x^2} = \pi$$

Example 2.

求 $\int_{0}^{3} \frac{dx}{\sqrt[3]{(x-1)^2}} = ?$

【解】

$$\because \int_0^a \frac{dx}{\sqrt[3]{(x-1)^2}} = -3(1-x)^{\frac{1}{3}}\Big|_0^a = -3((1-a)^{\frac{1}{3}}-1),\ \forall 0<a<1$$

$$\therefore \lim_{a\to 1^-}\int_0^a \frac{dx}{\sqrt[3]{(x-1)^2}} = \lim_{a\to 1^-} -3\left((1-a)^{\frac{1}{3}}-1\right) = 3$$

$$\because \int_b^3 \frac{dx}{\sqrt[3]{(x-1)^2}} = 3(x-1)^{\frac{1}{3}}\Big|_b^3 = 3(2^{\frac{1}{3}}-(1-b)^{\frac{1}{3}}),\ \forall 1<b<3$$

$$\therefore \lim_{b\to 1^+}\int_b^3 \frac{dx}{\sqrt[3]{(x-1)^2}} = \lim_{b\to 1^+} 3(2^{\frac{1}{3}}-(1-b)^{\frac{1}{3}}) = 3\cdot 2^{\frac{1}{3}}$$

$$\therefore \int_0^3 \frac{dx}{\sqrt[3]{(x-1)^2}} = \lim_{a\to 1^-}\int_0^a \frac{dx}{\sqrt[3]{(x-1)^2}} + \lim_{b\to 1^+}\int_b^3 \frac{dx}{\sqrt[3]{(x-1)^2}} = 3+3\cdot 2^{\frac{1}{3}}$$

Example 3.

$$\text{证明}\int_1^\infty x^{-p}dx = \begin{cases} \text{发散}, & \text{if } 0<p\le 1 \\ \dfrac{1}{p-1}, & \text{if } \quad p>1 \end{cases}$$

【解】

(1)

$$\text{As } p=1,\quad \because \int_1^\infty x^{-p}dx = \int_1^\infty x^{-1}dx = \ln x|_1^\infty = \infty \qquad \therefore \int_1^\infty x^{-p}dx \text{ 发散, for } p=1$$

(2)

$$\text{As } p\ne 1,\quad \because \int_1^\infty x^{-p}dx = \frac{x^{-p+1}}{1-p}\Big|_1^\infty = \begin{cases} \infty, & \text{if } 0<p<1 \\ \dfrac{1}{p-1}, & \text{if } \quad p>1 \end{cases}$$

$$\therefore \int_1^\infty x^{-p}dx = \begin{cases} \text{发散}, & \text{if } 0<p\le 1 \\ \dfrac{1}{p-1}, & \text{if } \quad p>1 \end{cases}$$

Example 4.

$$\text{证明} \int_0^1 x^{-p} dx = \begin{cases} \dfrac{1}{1-p}, & \text{if } 0 < p < 1 \\ \text{发散}, & \text{if } \quad p \geq 1 \end{cases}$$

【解】

(1)

As $p = 1$, $\because \int_0^1 x^{-p} dx = \int_0^1 x^{-1} dx = \ln x|_0^1 = \infty$ $\quad \therefore \int_0^1 x^{-p} dx$ 发散，for $p = 1$

(2)

As $p \neq 1$, $\because \int_0^1 x^{-p} dx = \left.\dfrac{x^{-p+1}}{1-p}\right|_0^1 = \begin{cases} \dfrac{1}{1-p}, & \text{if } 0 < p < 1 \\ \text{发散}, & \text{if } \quad p > 1 \end{cases}$

$$\therefore \int_0^1 x^{-p} dx = \left.\frac{x^{-p+1}}{1-p}\right|_0^1 = \begin{cases} \dfrac{1}{1-p}, & \text{if } 0 < p < 1 \\ \text{发散}, & \text{if } \quad p \geq 1 \end{cases}$$

Example 5.

$$\text{证明} \int_1^\infty x^{-p} \ln x \, dx = \begin{cases} \dfrac{1}{(p-1)^2}, & \text{if } p > 1 \\ \text{发散}, & \text{if } 0 < p \leq 1 \end{cases}$$

【解】

(1)

As $p = 1$, $\because \int_1^\infty x^{-p} \ln x \, dx = \left.\dfrac{(\ln x)^2}{2}\right|_1^\infty$ $\quad \therefore \int_1^\infty x^{-p} \ln x \, dx$ 发散，for $p = 1$

(2)

As $p \neq 1$，令 $u = \ln x$，$dv = x^{-p} dx$ 则 $du = \dfrac{dx}{x}$，$v = \dfrac{x^{1-p}}{1-p}$，藉由分部积分法

$$\text{则} \int_1^\infty x^{-p} \ln x \, dx = \left.\frac{x^{1-p}(\ln x)}{1-p}\right|_1^\infty - \int_1^\infty \frac{x^{-p} dx}{1-p} = \left.\frac{x^{1-p}(\ln x)}{1-p}\right|_1^\infty - \frac{x^{-p+1}|_1^\infty}{(p-1)^2}$$

As $p > 1$,

$$\because \left.\frac{x^{1-p}(\ln x)}{1-p}\right|_1^{\infty}=0 \text{ 且 } \frac{x^{-p+1}|_1^{\infty}}{(p-1)^2}=\frac{-1}{(p-1)^2} \qquad \therefore \int_1^{\infty} x^{-p}\ln x\,dx=\frac{1}{(p-1)^2}$$

As $0<p<1$,

$$\because \left.\frac{x^{1-p}(\ln x)}{1-p}\right|_1^{\infty}=\infty \text{ 且 } \frac{x^{-p+1}|_1^{\infty}}{(p-1)^2}=\infty \qquad \therefore \int_1^{\infty} x^{-p}\ln x\,dx \text{ 发散, } \forall 0<p<1$$

$$\therefore \int_1^{\infty} x^{-p}\ln x\,dx=\begin{cases}\dfrac{1}{(p-1)^2}, & \text{if } p>1\\ \text{发散}, & \text{if } 0<p\le 1\end{cases}$$

Example 6.

$$\int_1^{\infty}\frac{1}{x(\ln x)^p}dx=\begin{cases}\dfrac{1}{p-1}, & \text{if } p>1\\ \text{发散}, & \text{if } 0<p\le 1\end{cases}$$

【解】

(1)

As $p=1$, $\because \int_1^{\infty}\frac{1}{x(\ln x)^p}dx=\ln(\ln x)|_1^{\infty}$ $\therefore \int_1^{\infty}\frac{1}{x(\ln x)^p}dx$ 发散, for $p=1$

(2)

As $p\neq 1$, $\because \int_1^{\infty}\frac{1}{x(\ln x)^p}dx=\left.\frac{(\ln x)^{1-p}}{1-p}\right|_1^{\infty}=\begin{cases}\dfrac{1}{p-1}, & \text{if } p>1\\ \text{发散}, & \text{if } 0<p<1\end{cases}$

$$\therefore \int_1^{\infty}\frac{1}{x(\ln x)^p}dx=\begin{cases}\dfrac{1}{p-1}, & \text{if } p>1\\ \text{发散}, & \text{if } 0<p\le 1\end{cases}$$

5.4.4 判断瑕积分是收敛或发散

5.4.4.1 直接使用 Comparison Test

考试类型:

Type 1.

说明第一类瑕积分 $\int_0^\infty f(x)dx$ 收敛，其中 $f(x) \geq 0$，$\forall x \geq 0$

解题流程:

Step1.

找 $g(x)$ 使得 $0 \leq f(x) \leq g(x)$，$\forall x > 0$

Step2.

藉由 Comparison Test 若 $\int_0^\infty g(x)dx$ 收敛 则 $\int_0^\infty f(x)dx$ 收敛

Type 2.

说明第一类瑕积分 $\int_0^\infty f(x)dx$ 发散，其中 $f(x) \geq 0$，$\forall x \geq 0$

解题流程:

Step1.

找 $g(x)$ 使得 $0 \leq g(x) \leq f(x)$，$\forall x > 0$

Step2.

藉由 Comparison Test 若 $\int_0^\infty g(x)dx$ 发散 则 $\int_0^\infty f(x)dx$ 发散

Type 3.

说明第二类瑕积分 $\int_a^b f(x)dx$ 收敛，其中 $f(x) \geq 0$，$\forall x \geq 0$

解题流程:

Step1.

找 $g(x)$ 使得 $0 \leq f(x) \leq g(x)$，$\forall x \in (a,b)$

Step2.

藉由 Comparison Test 若 $\int_a^b g(x)dx$ 收敛 则 $\int_a^b f(x)dx$ 收敛

Type 4.

说明第二类瑕积分 $\int_a^b f(x)dx$ 发散，其中 $f(x) \geq 0$，$\forall x \geq 0$

解题流程:

Step1.

找 $g(x)$ 使得 $0 \le g(x) \le f(x)$，$\forall x \in (a,b)$

Step2.

藉由 Comparison Test 若 $\int_a^b g(x)dx$ 发散 则 $\int_a^b f(x)dx$ 发散

Example 1.

$$判断 \int_1^{\infty} \frac{x}{2x^4+5x^2+1}dx 收敛或发散?$$

【解】

$\because 0 < \dfrac{x}{2x^4+5x^2+1} < \dfrac{1}{2x^3}$，$\forall x > 1$ 且 $\displaystyle\int_1^a \frac{dx}{2x^3} = -\frac{1}{4}x^{-2}\Big|_1^a = -\frac{1}{4}(a^{-2}-1)$

$\therefore \displaystyle\int_1^{\infty} \frac{dx}{2x^3} = \lim_{a\to\infty} -\frac{1}{4}(a^{-2}-1) = \frac{1}{4} \Rightarrow \int_1^{\infty} \frac{dx}{2x^3}$ 收敛

藉由 Comparison Test 则 $\displaystyle\int_1^{\infty} \frac{xdx}{3x^4+5x^2+1}$ 收敛

Example 2.

$$证明 \int_1^{\infty} \frac{\sin 2x}{x^p}dx 绝对收敛，\forall p > 1$$

【解】

令 $p > 1$，$\because 0 \le \left|\dfrac{\sin 2x\, dx}{x^p}\right| \le \dfrac{1}{x^p}$，$\forall x > 1$ 且 $\displaystyle\int_1^{\infty} \frac{dx}{x^p} = \frac{x^{1-p}}{1-p}\Big|_1^{\infty} = \frac{1}{p-1} < \infty$

$\therefore \displaystyle\int_1^{\infty} \frac{dx}{x^p}$ 收敛，藉由 Comparison Test 则 $\displaystyle\int_1^{\infty} \left|\frac{\sin 2x}{x^p}\right| dx$ 收敛

$$\therefore \int_1^\infty \frac{\sin 2x\,dx}{x^p} \text{ 绝对收敛，} \quad \forall p > 1$$

Example 3.

$$\text{Prove} \int_1^\infty \frac{\cos x}{x^p} dx \text{ converges absolutely,} \quad \forall p > 1$$

【解】

$$\text{令 } p > 1, \quad \because \left|\frac{\cos x}{x^p}\right| < \frac{1}{x^p}, \quad \forall\, x > 1 \text{ 且 } \int_1^\infty \frac{1}{x^p} dx = \left.\frac{x^{1-p}}{1-p}\right|_1^\infty = \frac{1}{p-1} < \infty$$

$$\therefore \int_1^\infty \frac{dx}{x^p} \text{ 收敛，藉由 Comparison Test 则 } \int_1^\infty \left|\frac{\cos x}{x^p}\right| dx \text{ 收敛}$$

$$\Rightarrow \int_1^\infty \frac{\cos x}{x^p} dx \text{ converges absolutely,} \quad \forall p > 1$$

Example 4.

$$\text{Prove} \int_0^\infty \frac{\sin x}{x} dx \text{ conditionally converges}$$

【解】

$$\text{Claim: } \int_0^\infty \left|\frac{\sin x}{x}\right| dx = \infty$$

$$\because \int_0^\infty \left|\frac{\sin x}{x}\right| dx = \sum_{n=0}^\infty \int_{n\pi}^{(n+1)\pi} \left|\frac{\sin x}{x}\right| dx$$

$$\because \sum_{n=0}^\infty \int_{n\pi}^{(n+1)\pi} \left|\frac{\sin x}{x}\right| dx > \sum_{n=0}^\infty \int_{n\pi+\frac{\pi}{4}}^{(n+1)\pi-\frac{\pi}{4}} \left|\frac{\sin x}{x}\right| dx > \sum_{n=0}^\infty \frac{1}{\sqrt{2}}\left(\frac{1}{(n+1)\pi-\frac{\pi}{4}}\right)\frac{\pi}{2} = \infty$$

$$\therefore \int_0^{\infty} \left|\frac{\sin x}{x}\right| dx = \infty,\quad \because \int_0^{\infty} \frac{\sin x}{x} dx \text{收敛} \quad \therefore \int_0^{\infty} \frac{\sin x}{x} dx \text{ 条件收敛}$$

Example 5.

$$\text{判断} \int_1^{\infty} \frac{\ln x}{(x+a)^p} dx \text{ 收敛或发散，} \forall p < 1$$

【解】

$$\text{令 } p < 1,\quad \because \int_1^{\infty} \frac{\ln x\, dx}{(x+a)^p} > \int_e^{\infty} \frac{\ln x\, dx}{(x+a)^p} > \int_e^{\infty} \frac{dx}{(x+a)^p} = \left.\frac{(x+a)^{1-p}}{1-p}\right|_e^{\infty} = \infty$$

$$\text{藉由 Comparison Test 则 } \int_1^{\infty} \frac{\ln x}{(x+a)^p} \text{ 发散}$$

Example 6.

$$\text{判断} \int_0^{\infty} \frac{1-\cos x}{x^2} dx \text{ 收敛或发散}$$

【解】

$$\because \int_0^{\infty} \frac{1-\cos x}{x^2} dx = \int_0^{1} \frac{1-\cos x}{x^2} dx + \int_1^{\infty} \frac{1-\cos x}{x^2} dx$$

$$\text{Claim: } \int_0^{1} \frac{1-\cos x}{x^2} dx \text{ 收敛}$$

$$\because \lim_{x\to 0} \frac{1-\cos x}{x^2} = \lim_{x\to 0} \frac{\sin x}{2x} = \frac{1}{2},\ \text{令 } f(x) = \frac{1-\cos x}{x^2},\ \forall x \in (0,1] \text{ 且 } f(0) = \frac{1}{2}$$

$$\text{则 } f(x) \text{ 于 } [0,1] \text{连续} \Rightarrow \int_0^{1} \frac{1-\cos x}{x^2} dx \text{ 收敛}$$

Claim: $\int_{1}^{\infty} \frac{1-\cos x}{x^2}\, dx$ 收敛

$\because 0 < \left|\frac{1-\cos x\, dx}{x^2}\right| < \frac{2}{x^2}$，$\forall x > 1$ 且 $\int_{0}^{\infty} \frac{2}{x^2} dx$ 收敛

藉由 Comparison Test 则 $\int_{1}^{\infty} \frac{1-\cos x\, dx}{x^2}$ 收敛 $\therefore \int_{0}^{\infty} \frac{1-\cos x}{x^2}\, dx$ 收敛

Example 7.

判断 $\int_{0}^{\infty} \frac{2dx}{e^{-x}+e^{x}}$ 收敛或发散

【解】

$\because \frac{2}{e^{-x}+e^{x}} < \frac{2}{e^{x}}$，$\forall x > 0$ 且 $\int_{0}^{\infty} \frac{2}{e^{x}}\, dx$ 收敛，藉由 Comparison Test 则 $\int_{0}^{\infty} \frac{2dx}{e^{-x}+e^{x}}$ 收敛

Example 8.

判断 $\int_{e}^{\infty} \frac{\ln x}{x-\sqrt{x}} dx$ 收敛或发散

【解】

$\because \frac{1}{x} < \frac{\ln x}{x} < \frac{\ln x}{x-\sqrt{x}}$，$\forall x > e$ 且 $\int_{e}^{\infty} \frac{1}{x} dx$ 发散

藉由 Comparison Test 则 $\int_{e}^{\infty} \frac{\ln x}{x-\sqrt{x}} dx$ 发散

Example 9.

$$判断 \int_{1}^{\infty} \frac{1}{x^4+x^2+1} dx \text{ 收斂或发散}$$

【解】

$$\because \frac{1}{x^4+x^2+1} < \frac{1}{x^2},\ \ \forall x > 1 \text{ 且 } \int_{1}^{\infty} \frac{1}{x^2} dx \text{ 收斂}$$

藉由 Comparison Test 则 $\int_{1}^{\infty} \frac{1}{x^4+x^2+1} dx$ 收斂

Example 10.

$$判断 \int_{0}^{1} \frac{1}{\sqrt{x}+\sin x} dx \text{ 收斂或发散}$$

【解】

$$\because \frac{1}{\sqrt{x}+\sin x} < \frac{1}{\sqrt{x}},\ \ \forall 0 < x < 1 \text{ 且 } \int_{0}^{1} \frac{1}{\sqrt{x}} dx \text{ 收斂}$$

藉由 Comparison Test 则 $\int_{0}^{1} \frac{1}{\sqrt{x}+\sin x} dx$ 收斂

Example 11.

$$判断 \int_{0}^{1} \frac{1}{\sqrt[3]{x^2}+\tan x} dx \text{ 收斂或发散}$$

【解】

$$\because \frac{1}{\sqrt[3]{x^2}+\tan x} < x^{-\frac{2}{3}},\ \ \forall 0 < x < 1 \text{ 且 } \int_{0}^{1} x^{-\frac{2}{3}} dx \text{ 收斂}$$

藉由 Comparison Test 则 $\int_{0}^{1} \frac{1}{\sqrt[3]{x^2}+\tan x} dx$ 收斂

Example 12.

$$判断 \int_{1}^{\infty} xe^{-x}dx \text{ 收敛或发散}$$

【解】

$\because \lim_{x\to\infty} xe^{-\frac{x}{2}} = 0$ $\therefore$ 令 $\varepsilon = 1$，取 $\mathrm{M} \in \mathrm{N}$ 使得 $x \geq \mathrm{M}$ 则 $\left|xe^{-\frac{x}{2}}\right| \leq 1$

$$\because \int_{1}^{\infty} xe^{-x}dx = \int_{1}^{M} xe^{-x}dx + \int_{M}^{\infty} xe^{-x}dx$$

$\because xe^{-x}$ 于 $[1, M]$ 连续 $\therefore xe^{-x}$ 于 $[1, M]$ 黎曼可积分 $\therefore \int_{1}^{M} xe^{-x}dx$ 存在

$\because |xe^{-x}| = \left|e^{-\frac{x}{2}}xe^{-\frac{x}{2}}\right| \leq e^{-\frac{x}{2}}$，$\forall x > M$ 且 $\int_{M}^{\infty} e^{-\frac{x}{2}}dx$ 收敛

藉由 Comparison Test 则 $\int_{M}^{\infty} xe^{-x}dx$ 收敛 $\therefore \int_{1}^{\infty} xe^{-x}dx$ 收敛

Example 13.

$$判断 \int_{1}^{\infty} xe^{-x}\cos x\, dx \text{ 收敛或发散}$$

【解】

$\because \lim_{x\to\infty} xe^{-\frac{x}{2}}\cos x = 0$ $\therefore$ 令 $\varepsilon = 1$，取 $\mathrm{M} \in \mathrm{N}$ 使得 $x \geq \mathrm{M}$ 则 $\left|xe^{-\frac{x}{2}}\cos x\right| \leq 1$

$$\because \int_{1}^{\infty} xe^{-x}\cos x\, dx = \int_{1}^{M} xe^{-x}\cos x\, dx + \int_{M}^{\infty} xe^{-x}\cos x\, dx$$

$\because xe^{-x}\cos x$ 于 $[1, M]$ 连续 $\therefore xe^{-x}\cos x$ 于 $[1, M]$ 黎曼可积分

$\therefore \int_{1}^{M} xe^{-x}\cos x\, dx$ 存在

$\because |xe^{-x}\cos x| = \left|e^{-\frac{x}{2}}xe^{-\frac{x}{2}}\cos x\right| \le e^{-\frac{x}{2}}$, $\forall x > M$ 且 $\int_M^\infty e^{-\frac{x}{2}}dx$ 收敛

藉由 Comparison Test 则 $\int\limits_M^\infty xe^{-x}\cos x\,dx$ 收敛 $\therefore \int\limits_1^\infty xe^{-x}\cos x\,dx$ 收敛

Example 14.

判断 $\int\limits_1^\infty e^{-x}\ln x\,dx$ 收敛或发散

【解】

$\because \lim\limits_{x\to\infty} \ln x\, e^{-\frac{x}{2}} = 0$ $\therefore$ 令 $\varepsilon = 1$，取 $\mathrm{M} \in \mathrm{N}$ 使得 $x \ge \mathrm{M}$ 则 $\left|\ln x\, e^{-\frac{x}{2}}\right| \le 1$

$\because \int\limits_1^\infty e^{-x}\ln x\,dx = \int\limits_1^M e^{-x}\ln x\,dx + \int\limits_M^\infty e^{-x}\ln x\,dx$

$\because e^{-x}\ln x$ 于 $[1, M]$ 连续 $\therefore e^{-x}\ln x$ 于 $[1, M]$ 黎曼可积分 $\therefore \int\limits_1^M e^{-x}\ln x\,dx$ 存在

$\because |e^{-x}\ln x| = \left|e^{-\frac{x}{2}}\ln x\, e^{-\frac{x}{2}}\right| \le e^{-\frac{x}{2}}$, $\forall x > M$ 且 $\int_M^\infty e^{-\frac{x}{2}}dx$ 收敛

藉由 Comparison Test 则 $\int\limits_M^\infty e^{-x}\ln x\,dx$ 收敛 $\therefore \int\limits_1^\infty e^{-x}\ln x\,dx$ 收敛

Example 15.

判断 $\int\limits_1^\infty \ln x\, e^{-x}\sin x\,dx$ 收敛或发散

【解】

$\because \lim\limits_{x\to\infty} \ln x\, e^{-\frac{x}{2}}\sin x = 0$ $\therefore$ 令 $\varepsilon = 1$，取 $\mathrm{M} \in \mathrm{N}$ 使得 $x \ge \mathrm{M}$ 则 $\left|\ln x\, e^{-\frac{x}{2}}\sin x\right| \le 1$

$\because \int_1^{\infty} \ln x\, e^{-x} \sin x\, dx = \int_1^{M} \ln x\, e^{-x} \sin x\, dx + \int_M^{\infty} \ln x\, e^{-x} \sin x\, dx$

$\because \ln x\, e^{-x} \sin x$ 于 $[1, M]$ 连续　　$\therefore \ln x\, e^{-x} \sin x$ 于 $[1, M]$ 黎曼可积分

$\therefore \int_1^{M} \ln x\, e^{-x} \sin x\, dx$ 存在

$\because |\ln x\, e^{-x} \sin x| = \left|e^{-\frac{x}{2}} \ln x\, e^{-\frac{x}{2}} \sin x\right| \le e^{-\frac{x}{2}},\ \forall x > M$ 且 $\int_M^{\infty} e^{-\frac{x}{2}} dx$ 收敛

藉由 Comparison Test 则 $\int_M^{\infty} \ln x\, e^{-x} \sin x\, dx$ 收敛　$\therefore \int_1^{\infty} \ln x\, e^{-x} \sin x\, dx$ 收敛

Example 16.

判断 $\int_1^{\infty} e^{-x} \sinh^{-1} x\, dx$ 收敛或发散

【解】

$\because \lim_{x \to \infty} \sinh^{-1} x\, e^{-\frac{x}{2}} = 0$　$\therefore$ 令 $\varepsilon = 1$，取 $M \in N$ 使得 $x \ge M$ 则 $\left|\sinh^{-1} x\, e^{-\frac{x}{2}}\right| \le 1$

$\because \int_1^{\infty} e^{-x} \sinh^{-1} x\, dx = \int_1^{M} e^{-x} \sinh^{-1} x\, dx + \int_M^{\infty} e^{-x} \sinh^{-1} x\, dx$

$\because e^{-x} \sinh^{-1} x$ 于 $[1, M]$ 连续　　$\therefore e^{-x} \sinh^{-1} x$ 于 $[1, M]$黎曼可积分

$\therefore \int_1^{M} e^{-x} \sinh^{-1} x\, dx$ 存在

$\because |e^{-x} \sinh^{-1} x| = \left|e^{-\frac{x}{2}} \sinh^{-1} x\, e^{-\frac{x}{2}}\right| \le e^{-\frac{x}{2}},\ \forall x > M$ 且 $\int_M^{\infty} e^{-\frac{x}{2}} dx$ 收敛

藉由 Comparison Test 则 $\int_M^{\infty} e^{-x} \sinh^{-1} x\, dx$ 收敛　$\therefore \int_1^{\infty} e^{-x} \sinh^{-1} x\, dx$ 收敛

Example 17.

$$\text{判断} \int_1^{\infty} \frac{\ln x}{x^{2+p}} dx \text{ 收敛或发散，} \forall p > 0$$

【解】

令 $p > 0$， $\because \lim_{x\to\infty} \frac{\ln x}{x^p} = 0$ $\therefore$ 令 $\varepsilon = 1$，取 $\mathrm{M} \in \mathrm{N}$ 使得 $x \geq \mathrm{M}$ 则 $\left|\frac{\ln x}{x^p}\right| \leq 1$

$$\because \int_1^{\infty} \frac{\ln x}{x^{2+p}} dx = \int_1^{M} \frac{\ln x}{x^{2+p}} dx + \int_M^{\infty} \frac{\ln x}{x^{2+p}} dx$$

$\because \frac{\ln x}{x^{2+p}}$ 于 $[1, M]$连续 $\therefore \frac{\ln x}{x^{2+p}}$ 于 $[1, M]$ 黎曼可积分 $\Rightarrow \int_1^{M} \frac{\ln x}{x^{2+p}} dx$ 存在

$\because \left|\frac{\ln x}{x^{2+p}}\right| = \left|\frac{1}{x^2} \cdot \frac{\ln x}{x^p}\right| \leq \frac{1}{x^2}$，$\forall x > M$ 且 $\int_M^{\infty} \frac{1}{x^2} dx$ 收敛

藉由 Comparison Test 则 $\int_M^{\infty} \frac{\ln x}{x^{2+p}} dx$ 收敛 $\therefore \int_1^{\infty} \frac{\ln x}{x^{2+p}} dx$ 收敛

Example 18.

$$\text{判断} \int_1^{\infty} \frac{\sin x \ln x}{x^{2+p}} dx \text{ 收敛或发散，} \forall p > 0$$

【解】

令 $p > 0$， $\because \lim_{x\to\infty} \frac{\sin x \ln x}{x^p} = 0$ $\therefore$ 令 $\varepsilon = 1$，取 $\mathrm{M} \in \mathrm{N}$ 使得 $x \geq \mathrm{M}$ 则 $\left|\frac{\sin x \ln x}{x^p}\right| \leq 1$

$$\because \int_1^{\infty} \frac{\sin x \ln x}{x^{2+p}} dx = \int_1^{M} \frac{\sin x \ln x}{x^{2+p}} dx + \int_M^{\infty} \frac{\sin x \ln x}{x^{2+p}} dx$$

$\because \frac{\sin x \ln x}{x^{2+p}}$ 于 $[1, M]$连续 $\therefore \frac{\sin x \ln x}{x^{2+p}}$ 于 $[1, M]$ 黎曼可积分 $\therefore \int_1^{M} \frac{\sin x \ln x dx}{x^{2+p}}$ 存在

$\because \left|\frac{\sin x \ln x}{x^{2+p}}\right| = \left|\frac{1}{x^2} \cdot \frac{\sin x \ln x}{x^p}\right| \leq \frac{1}{x^2}$，$\forall x > M$ 且 $\int_M^{\infty} \frac{1}{x^2} dx$ 收敛

藉由 Comparison Test 则 $\int_M^\infty \frac{\sin x \ln x}{x^{2+p}} dx$ 收敛 $\therefore \int_1^\infty \frac{\sin x \ln x}{x^{2+p}} dx$ 收敛

Example 19.

判断 $\int_1^\infty \left(\sqrt[n]{x^n + x^{n-1} + 1} - x\right) x^{-p} dx$ 收敛或发散，$\forall p > 1$，$n \geq 2$

【解】

令 $n \geq 2$，$p > 1$，claim: $\lim_{x\to\infty} \sqrt[n]{x^n + x^{n-1} + 1} - x = \frac{1}{n}$

藉由罗比达法则 $\lim_{x\to\infty} \sqrt[n]{x^n + x^{n-1} + 1} - x$

$$= \lim_{x\to\infty} x\left(\sqrt[n]{1 + x^{-1} + x^{-n}} - 1\right) = \lim_{x\to\infty} \frac{\sqrt[n]{1 + x^{-1} + x^{-n}} - 1}{\frac{1}{x}}$$

$$= \lim_{u\to 0} \frac{\sqrt[n]{1 + u + u^n} - 1}{u} = \lim_{u\to 0} \frac{\frac{1}{n} \cdot (1 + u + u^n)^{\frac{1}{n}-1}(1 + n \cdot u^{n-1})}{1} = \frac{1}{n}$$

$\therefore$ 令 $\varepsilon = \frac{1}{n}$，取 $\mathrm{M} \in \mathrm{N}$ 使得 $x \geq \mathrm{M}$ 则 $\left|\sqrt[n]{x^n + x^{n-1} + 1} - \frac{1}{n}\right| \leq \frac{1}{n}$

$\therefore x \geq \mathrm{M}$ 则 $\left|\sqrt[n]{x^n + x^{n-1} + 1}\right| \leq \frac{2}{n}$

$$\because \int_1^\infty \left(\sqrt[n]{x^n + x^{n-1} + 1} - x\right) x^{-p} dx$$

$$= \int_1^M \left(\sqrt[n]{x^n + x^{n-1} + 1} - x\right) x^{-p} dx + \int_M^\infty \left(\sqrt[n]{x^n + x^{n-1} + 1} - x\right) x^{-p} dx$$

$\because \left(\sqrt[n]{x^n + x^{n-1} + 1} - x\right) x^{-p}$ 于 $[1, M]$ 连续

$\therefore \left(\sqrt[n]{x^n + x^{n-1} + 1} - x\right) x^{-p}$ 于 $[1, M]$黎曼可积分

$$\therefore \int_1^M \left(\sqrt[n]{x^n + x^{n-1} + 1} - x\right) x^{-p} dx \text{ 存在}$$

$$\because \left|\left(\sqrt[n]{x^n + x^{n-1} + 1} - x\right) x^{-p}\right| \le \left|\frac{2x^{-p}}{n}\right|, \ \forall x > M \text{ 且} \int_M^\infty \frac{2x^{-p}}{n} dx \text{ 收敛}, \ \forall p > 1$$

藉由 Comparison Test 则 $\int_M^\infty \left(\sqrt[n]{x^n + x^{n-1} + 1} - x\right) x^{-p} dx$ 收敛

$$\therefore \int_1^\infty \left(\sqrt[n]{x^n + x^{n-1} + 1} - x\right) x^{-p} dx \text{ 收敛}$$

Example 20.

$$\text{判断} \int_1^\infty \left(\sqrt[n]{x^n + x^{n-1} + 1} - x\right) x^{-p} \sin x \ dx \text{ 收敛或发散}, \ \forall p > 1, n \ge 2$$

【解】

令 $n \ge 2$，$p > 1$，claim: $\lim_{x\to\infty} \sqrt[n]{x^n + x^{n-1} + 1} - x = \frac{1}{n}$

藉由罗比达法则 $\lim_{x\to\infty} \sqrt[n]{x^n + x^{n-1} + 1} - x$

$$= \lim_{x\to\infty} x\left(\sqrt[n]{1 + x^{-1} + x^{-n}} - 1\right) = \lim_{x\to\infty} \frac{\sqrt[n]{1 + x^{-1} + x^{-n}} - 1}{\frac{1}{x}}$$

$$= \lim_{u\to 0} \frac{\sqrt[n]{1 + u + u^n} - 1}{u} = \lim_{u\to 0} \frac{\frac{1}{n} \cdot (1 + u + u^n)^{\frac{1}{n}-1}(1 + n \cdot u^{n-1})}{1} = \frac{1}{n}$$

$\therefore$ 令 $\varepsilon = \frac{1}{n}$，取 $\mathrm{M} \in \mathrm{N}$ 使得 $x \ge \mathrm{M}$ 则 $\left|\sqrt[n]{x^n + x^{n-1} + 1} - \frac{1}{n}\right| \le \frac{1}{n}$

$\therefore x \ge \mathrm{M}$ 则 $\left|\sqrt[n]{x^n + x^{n-1} + 1}\right| \le \frac{2}{n}$

$$\because \int_1^\infty \left(\sqrt[n]{x^n + x^{n-1} + 1} - x\right) x^{-p} \sin x \, dx$$

$$= \int_1^M \left(\sqrt[n]{x^n + x^{n-1} + 1} - x\right) x^{-p} \sin x\, dx + \int_M^\infty \left(\sqrt[n]{x^n + x^{n-1} + 1} - x\right) x^{-p} \sin x\, dx$$

$\because \left(\sqrt[n]{x^n + x^{n-1} + 1} - x\right) x^{-p} \sin x$ 于 $[1, M]$ 连续

$\therefore \left(\sqrt[n]{x^n + x^{n-1} + 1} - x\right) x^{-p} \sin x$ 于 $[1, M]$黎曼可积分

$\therefore \int_1^M \left(\sqrt[n]{x^n + x^{n-1} + 1} - x\right) x^{-p} \sin x\, dx$ 存在

$\because \left|\left(\sqrt[n]{x^n + x^{n-1} + 1} - x\right) x^{-p} \sin x\right| \leq \left|\frac{2x^{-p}}{n}\right|, \forall x > M$ 且 $\int_M^\infty \frac{2x^{-p}}{n} dx$ 收敛，$\forall p > 1$

藉由 Comparison Test 则 $\int_M^\infty \left(\sqrt[n]{x^n + x^{n-1} + 1} - x\right) x^{-p} \sin x\, dx$ 收敛

$\therefore \int_1^\infty \left(\sqrt[n]{x^n + x^{n-1} + 1} - x\right) x^{-p} \sin x\, dx$ 收敛

Example 21.

判断 $\int_1^\infty x^{\frac{1}{x}} e^{-x} dx$ 收敛或发散

【解】

Claim: $\lim_{x\to\infty} x^{\frac{1}{x}} = 1$

$\because x^{\frac{1}{x}} = e^{\frac{1}{x}\cdot \ln x}$ $\therefore \lim_{x\to\infty} x^{\frac{1}{x}} = \exp\left(\lim_{x\to\infty} \frac{\ln x}{x}\right)$，藉由罗比达法则 $\lim_{x\to\infty} \frac{\ln x}{x} = \lim_{x\to\infty} \frac{\frac{1}{x}}{1} = 0$

$\therefore \lim_{x\to\infty} x^{\frac{1}{x}} = \exp\left(\lim_{x\to\infty} \frac{1}{x} \cdot \ln x\right) = \exp(0) = 1$

令 $\varepsilon = 1$，取 $\mathrm{M} \in \mathrm{N}$ 使得 $x \geq \mathrm{M}$ 则 $\left|x^{\frac{1}{x}} - 1\right| \leq 1$ $\quad \therefore x \geq \mathrm{M}$ 则 $\left|x^{\frac{1}{x}}\right| \leq 2$

$$\because \int_1^{\infty} x^{\frac{1}{x}} e^{-x} dx = \int_1^{M} x^{\frac{1}{x}} e^{-x} dx + \int_M^{\infty} x^{\frac{1}{x}} e^{-x} dx$$

$\because x^{\frac{1}{x}} e^{-x}$ 于 $[1, M]$连续 $\therefore x^{\frac{1}{x}} e^{-x}$ 于 $[1, M]$黎曼可积分 $\therefore \int_1^{M} x^{\frac{1}{x}} e^{-x} dx$ 存在

$\because \left| x^{\frac{1}{x}} e^{-x} \right| \leq 2e^{-x}$，$\forall x > M$ 且 $\int_M^{\infty} 2e^{-x} dx$ 收敛，$\forall p > 1$

藉由 Comparison Test 则 $\int_M^{\infty} x^{\frac{1}{x}} e^{-x} dx$ 收敛 $\therefore \int_1^{\infty} x^{\frac{1}{x}} e^{-x} dx$ 收敛

Example 22.

判断 $\int_1^{\infty} x^{\frac{1}{x}} e^{-x} \tan^{-1} x \, dx$ 收敛或发散

【解】

Claim: $\lim_{x \to \infty} x^{\frac{1}{x}} = 1$

$\because x^{\frac{1}{x}} = e^{\frac{1}{x} \cdot \ln x}$ $\therefore \lim_{x \to \infty} x^{\frac{1}{x}} = \exp\left(\lim_{x \to \infty} \frac{\ln x}{x} \right)$，藉由罗比达法则 $\lim_{x \to \infty} \frac{\ln x}{x} = \lim_{x \to \infty} \frac{\frac{1}{x}}{1} = 0$

$\therefore \lim_{x \to \infty} x^{\frac{1}{x}} = \exp\left(\lim_{x \to \infty} \frac{1}{x} \cdot \ln x \right) = \exp(0) = 1$

令 $\varepsilon = 1$，取 $M \in N$ 使得 $x \geq M$ 则 $\left| x^{\frac{1}{x}} - 1 \right| \leq 1$ $\therefore x \geq M$ 则 $\left| x^{\frac{1}{x}} \right| \leq 2$

$$\because \int_1^{\infty} x^{\frac{1}{x}} e^{-x} \tan^{-1} x \, dx = \int_1^{M} x^{\frac{1}{x}} e^{-x} \tan^{-1} x \, dx + \int_M^{\infty} x^{\frac{1}{x}} e^{-x} \tan^{-1} x \, dx$$

$\because x^{\frac{1}{x}} e^{-x} \tan^{-1} x$ 于 $[1, M]$连续 $\therefore x^{\frac{1}{x}} e^{-x} \tan^{-1} x$ 于 $[1, M]$黎曼可积分

$\therefore \int_1^{M} x^{\frac{1}{x}} e^{-x} \tan^{-1} x \, dx$ 存在

$\because \left|x^{\frac{1}{x}}e^{-x}\tan^{-1}x\right| \le 2\cdot\frac{\pi}{2}\cdot e^{-x}$，$\forall x > M$ 且 $\int_M^{\infty}\pi e^{-x}dx$ 收敛，$\forall p > 1$

藉由 Comparison Test 则 $\int\limits_M^{\infty} x^{\frac{1}{x}}e^{-x}\tan^{-1}x\,dx$ 收敛 $\therefore \int\limits_1^{\infty} x^{\frac{1}{x}}e^{-x}\tan^{-1}x\,dx$ 收敛

Example 23.

判断 $\int\limits_1^{\infty} e^{-x}(2+3x)^{\frac{1}{5x}}dx$ 收敛或发散

【解】

Claim: $\lim\limits_{x\to\infty}(2+3x)^{\frac{1}{5x}} = 1$

$\because (2+3x)^{\frac{1}{5x}} = e^{\frac{1}{5x}\cdot\ln(2+3x)}$ $\therefore \lim\limits_{x\to\infty}(2+3x)^{\frac{1}{5x}} = \exp\left(\lim\limits_{x\to\infty}\frac{1}{5x}\cdot\ln(2+3x)\right)$

藉由罗比达法则 $\lim\limits_{x\to\infty}\frac{1}{5x}\cdot\ln(2+3x) = \lim\limits_{x\to\infty}\frac{\frac{3}{2+3x}}{5} = 0$

$\therefore \lim\limits_{x\to\infty}(2+3x)^{\frac{1}{5x}} = \exp\left(\lim\limits_{x\to\infty}\frac{1}{5x}\cdot\ln(2+3x)\right) = \exp(0) = 1$

令 $\varepsilon = 1$，取 $\mathrm{M} \in \mathrm{N}$ 使得 $x \ge \mathrm{M}$ 则 $\left|(2+3x)^{\frac{1}{5x}} - 1\right| \le 1$ $\therefore x \ge \mathrm{M}$ 则 $\left|(2+3x)^{\frac{1}{5x}}\right| \le 2$

$\because \int\limits_1^{\infty} e^{-x}(2+3x)^{\frac{1}{5x}}dx = \int\limits_1^{M} e^{-x}(2+3x)^{\frac{1}{5x}}dx + \int\limits_M^{\infty} e^{-x}(2+3x)^{\frac{1}{5x}}dx$

$\because e^{-x}(2+3x)^{\frac{1}{5x}}$ 于 $[1,M]$ 连续 $\therefore e^{-x}(2+3x)^{\frac{1}{5x}}$ 于 $[1,M]$ 黎曼可积分

$\therefore \int\limits_1^{M} e^{-x}(2+3x)^{\frac{1}{5x}}dx$ 存在

$\because \left|e^{-x}(2+3x)^{\frac{1}{5x}}\right| \le 2e^{-x}$，$\forall x > M$ 且 $\int_M^{\infty} e^{-x}dx$ 收敛，$\forall p > 1$

藉由 Comparison Test 则 $\int_{M}^{\infty} e^{-x}(2+3x)^{\frac{1}{5x}}dx$ 收敛 $\therefore \int_{1}^{\infty} e^{-x}(2+3x)^{\frac{1}{5x}}dx$ 收敛

Example 24.

$$\text{判断} \int_{b}^{\infty} \left(\frac{x+a}{x-a}\right)^{x} e^{-x}dx \text{ 收敛或发散，} \forall b > a$$

【解】

令$b > a$，claim: $\lim\limits_{x\to\infty}\left(\frac{x+a}{x-a}\right)^{x} = \exp(2a)$

$\because \left(\frac{x+a}{x-a}\right)^{x} = e^{x\ln\frac{x+a}{x-a}}$ $\quad\therefore \lim\limits_{x\to\infty}\left(\frac{x+a}{x-a}\right)^{x} = \exp\left(\lim\limits_{x\to\infty} x\ln\frac{x+a}{x-a}\right)$

藉由罗比达法则

$$\text{则} \lim_{x\to\infty} x\ln\frac{x+a}{x-a} = \lim_{x\to\infty}\frac{\ln\frac{x+a}{x-a}}{x^{-1}} = \lim_{x\to\infty}\frac{\frac{x-a}{x+a}\cdot\frac{(x-a-(x+a))}{(x-a)^2}}{-x^{-2}}$$

$$= \lim_{x\to\infty}\frac{\frac{x-a}{x+a}\cdot\frac{2a}{(x-a)^2}}{x^{-2}} = 2a\lim_{x\to\infty}\frac{1-\frac{a}{x}}{1+\frac{a}{x}}\cdot\frac{1}{\left(1-\frac{a}{x}\right)^2} = 2a$$

$$\therefore \lim_{x\to\infty}\left(\frac{x+a}{x-a}\right)^{x} = \exp\left(\lim_{x\to\infty} x\ln\frac{x+a}{x-a}\right) = \exp(2a)$$

令 $\varepsilon = \exp(2a)$，取 $M \in N$ 使得 $x \geq M$ 则 $\left|\left(\frac{x+a}{x-a}\right)^{x} - \exp(2a)\right| \leq \exp(2a)$

$\therefore x \geq M$ 则 $\left|\left(\frac{x+a}{x-a}\right)^{x}\right| \leq 2\exp(2a)$

$$\because \int_{b}^{\infty}\left(\frac{x+a}{x-a}\right)^{x} e^{-x}dx = \int_{b}^{M}\left(\frac{x+a}{x-a}\right)^{x} e^{-x}dx + \int_{M}^{\infty}\left(\frac{x+a}{x-a}\right)^{x} e^{-x}dx$$

$\because \left(\frac{x+a}{x-a}\right)^{x} e^{-x}$ 于 $[b,M]$连续 $\quad\therefore \left(\frac{x+a}{x-a}\right)^{x} e^{-x}$ 于 $[b,M]$ 黎曼可积分

$\therefore \int_{b}^{M}\left(\frac{x+a}{x-a}\right)^{x} e^{-x}dx$ 存在

$\because \left|\left(\frac{x+a}{x-a}\right)^x e^{-x}\right| \le 2e^{2a}e^{-x}$，$\forall x > M$ 且 $\int_M^{\infty} 2e^{2a}e^{-x}dx$ 收敛，$\forall p > 1$

藉由 Comparison Test 则 $\int_M^{\infty} \left(\frac{x+a}{x-a}\right)^x e^{-x}dx$ 收敛 $\therefore \int_b^{\infty} \left(\frac{x+a}{x-a}\right)^x e^{-x}dx$ 收敛

Example 25.

判断 $\int_b^{\infty} \left(\frac{x+a}{x-a}\right)^x e^{-x}\cos x\, dx$ 收敛或发散，$\forall b > a$

【解】

令 $b > a$，claim: $\lim_{x\to\infty}\left(\frac{x+a}{x-a}\right)^x = \exp(2a)$

$\because \left(\frac{x+a}{x-a}\right)^x = e^{x\ln\frac{x+a}{x-a}}$ $\therefore \lim_{x\to\infty}\left(\frac{x+a}{x-a}\right)^x = \exp\left(\lim_{x\to\infty} x\ln\frac{x+a}{x-a}\right)$

藉由罗比达法则

$$\text{则} \lim_{x\to\infty} x\ln\frac{x+a}{x-a} = \lim_{x\to\infty}\frac{\ln\frac{x+a}{x-a}}{x^{-1}} = \lim_{x\to\infty}\frac{\frac{x-a}{x+a}\cdot\frac{(x-a-(x+a))}{(x-a)^2}}{-x^{-2}}$$

$$= \lim_{x\to\infty}\frac{\frac{x-a}{x+a}\cdot\frac{2a}{(x-a)^2}}{x^{-2}} = 2a\lim_{x\to\infty}\frac{1-\frac{a}{x}}{1+\frac{a}{x}}\cdot\frac{1}{\left(1-\frac{a}{x}\right)^2} = 2a$$

$$\therefore \lim_{x\to\infty}\left(\frac{x+a}{x-a}\right)^x = \exp\left(\lim_{x\to\infty} x\ln\frac{x+a}{x-a}\right) = \exp(2a)$$

令 $\varepsilon = \exp(2a)$，取 $\mathrm{M} \in \mathrm{N}$ 使得 $x \ge \mathrm{M}$ 则 $\left|\left(\frac{x+a}{x-a}\right)^x - \exp(2a)\right| \le \exp(2a)$

$\therefore x \ge \mathrm{M}$ 则 $\left|\left(\frac{x+a}{x-a}\right)^x\right| \le 2\exp(2a)$

$$\because \int_b^{\infty}\left(\frac{x+a}{x-a}\right)^x e^{-x}\cos x\, dx = \int_b^{M}\left(\frac{x+a}{x-a}\right)^x e^{-x}\cos x\, dx + \int_M^{\infty}\left(\frac{x+a}{x-a}\right)^x e^{-x}\cos x\, dx$$

$\because \left(\frac{x+a}{x-a}\right)^x e^{-x}\cos x$ 于 $[b,M]$连续 $\therefore \left(\frac{x+a}{x-a}\right)^x e^{-x}\cos x$ 于 $[b,M]$ 黎曼可积分

$$\therefore \int_b^M \left(\frac{x+a}{x-a}\right)^x e^{-x}\cos x\,dx \text{ 存在}$$

$$\because \left|\left(\frac{x+a}{x-a}\right)^x e^{-x}\cos x\right| \le 2e^{2a}e^{-x},\ \forall x > M \text{ 且} \int_M^\infty 2e^{2a}e^{-x}dx \text{ 收敛}, \forall p > 1$$

藉由 Comparison Test 则 $\int_M^\infty \left(\frac{x+a}{x-a}\right)^x e^{-x}\cos x\,dx$ 收敛

$$\therefore \int_b^\infty \left(\frac{x+a}{x-a}\right)^x e^{-x}\cos x\,dx \text{ 收敛}$$

5.4.4.2 直接使用 Quotient Test

考试类型:

Type 1.

判断第一类瑕积分 $\int_0^\infty f(x)dx$ 收敛或发散,其中 $f(x) \ge 0,\ \forall x > 0$

解题流程:

Step1.

找 $g(x) \ge 0$ 使得 $\lim_{x\to\infty} \frac{f(x)}{g(x)} = L \in (0,\infty)$

Step2.

藉由 Quotient Test, $\int_0^\infty g(x)dx$ 收敛(发散) $\Rightarrow \int_0^\infty f(x)dx$ 收敛(发散)

Type 2.

判断第二类瑕积分 $\int_a^b f(x)dx$ 收敛或发散,其中 $f(x) \ge 0,\ \forall x \in (a,b)$ 且 $f(a) = \infty$

解题流程:

Step1.

找 $g(x) \ge 0$ 使得 $\lim_{x\to a} \frac{f(x)}{g(x)} = L \in (0,\infty)$

Step2.

藉由 Quotient Test, $\int_a^b g(x)dx$ 收敛(发散) $\Rightarrow \int_a^b f(x)dx$ 收敛(发散)

Example 1.

判断 $\int_2^\infty \frac{x^2-1}{\sqrt{x^6+15}}dx$ 收敛或发散

【解】

$\because \lim_{x\to\infty}\frac{\frac{x^2-1}{\sqrt{x^6+15}}}{\frac{1}{x}} = \lim_{x\to\infty}\frac{x^3-x}{\sqrt{x^6+15}} = \lim_{x\to\infty}\frac{1-\frac{x}{x^3}}{\sqrt{1+\frac{15}{x^6}}} = 1$ 且 $\int_2^\infty \frac{1}{x}dx$ 发散

藉由 Quotient Test 则 $\int_2^\infty \frac{x^2-1dx}{\sqrt{x^6+15}}$ 发散

Example 2.

判断 $\int_{-2}^{2} \frac{2\sin^{-1}\frac{x}{2}}{2-x}\,dx$ 收敛或发散

【解】

$\because \lim_{x\to 2}\frac{\frac{2\sin^{-1}\frac{x}{2}}{2-x}}{\frac{\pi}{2-x}} = \lim_{x\to 2}\frac{2\sin^{-1}\frac{x}{2}}{\pi} = \lim_{x\to 2}\frac{2\cdot\frac{\pi}{2}}{\pi} = 1$

$\because \int_{-2}^{2}\frac{\pi}{2-x}dx = -\pi\ln(2-x)|_{-2}^{2} = \infty \quad \therefore \int_{-2}^{2}\frac{\pi}{2-x}dx$ 发散

藉由 Quotient Test 则 $\int_{-2}^{2} \frac{2\sin^{-1}\frac{x}{2}}{2-x}\,dx$ 发散

Example 3.

判断 $\int_0^{\frac{\pi}{2}} \frac{dx}{(\cos x)^{\frac{1}{n}}}$ 收敛或发散，$\forall n > 1$

【解】

令 $n > 1$，藉由罗比达法则

则 $\lim_{x\to\frac{\pi}{2}^-} \frac{(\cos x)^{-\frac{1}{n}}}{(\frac{\pi}{2}-x)^{-\frac{1}{n}}} = \left(\lim_{x\to\frac{\pi}{2}^-} \frac{\cos x}{\frac{\pi}{2}-x}\right)^{-\frac{1}{n}} = \left(\lim_{x\to\frac{\pi}{2}^-} \frac{\sin x}{1}\right)^{-\frac{1}{n}} = 1$

$\because \int_0^{\frac{\pi}{2}} (\frac{\pi}{2}-x)^{-\frac{1}{n}}dx = \left.\frac{(\frac{\pi}{2}-x)^{-\frac{1}{n}+1}}{\frac{1}{n}-1}\right|_0^{\frac{\pi}{2}} < \infty \quad \therefore \int_0^{\frac{\pi}{2}} (\frac{\pi}{2}-x)^{-\frac{1}{n}}dx$ 收敛

藉由 Quotient test 则 $\int_{-1}^{1} \frac{dx}{(\cos x)^{\frac{1}{n}}}$ 收敛

Example 4.

判断 $\int_0^{\frac{\pi}{2}} \frac{dx}{(\sin x)^{\frac{1}{n}}}$ 收敛或发散，$\forall n > 1$

【解】

令 $n > 1$，藉由罗比达法则 $\lim_{x\to 0^+} \frac{(\sin x)^{-\frac{1}{n}}}{x^{-\frac{1}{n}}} = \left(\lim_{x\to 0^+} \frac{\sin x}{x}\right)^{-\frac{1}{n}} = \left(\lim_{x\to 0^+} \frac{\sin x}{1}\right)^{-\frac{1}{n}} = 1$

$\because \int_0^{\frac{\pi}{2}} x^{-\frac{1}{n}}dx = \left.\frac{x^{-\frac{1}{n}+1}}{-\frac{1}{n}+1}\right|_0^{\frac{\pi}{2}} < \infty \quad \therefore \int_0^{\frac{\pi}{2}} x^{-\frac{1}{n}}dx$ 收敛

藉由 Quotient test 则 $\int_0^{\frac{\pi}{2}} \frac{dx}{(\sin x)^{\frac{1}{n}}}$ 收敛

Example 5.

判断 $\displaystyle\int_0^{\frac{\pi}{4}} \frac{dx}{(\tan x)^{\frac{1}{n}}}$ 收敛或发散，$\forall n > 1$

【解】

令 $n > 1$，藉由罗比达法则 $\displaystyle\lim_{x\to 0^+} \frac{(\tan x)^{-\frac{1}{n}}}{x^{-\frac{1}{n}}} = \left(\lim_{x\to 0^+} \frac{\tan x}{x}\right)^{-\frac{1}{n}} = \left(\lim_{x\to 0^+} \frac{\sec^2 x}{1}\right)^{-\frac{1}{n}} = 1$

$\because \displaystyle\int_0^{\frac{\pi}{4}} x^{-\frac{1}{n}} dx = \left.\frac{x^{-\frac{1}{n}+1}}{-\frac{1}{n}+1}\right|_0^{\frac{\pi}{4}} < \infty \quad \therefore \int_0^{\frac{\pi}{4}} x^{-\frac{1}{n}} dx$ 收敛

藉由 Quotient test 则 $\displaystyle\int_0^{\frac{\pi}{4}} \frac{dx}{(\tan x)^{\frac{1}{n}}}$ 收敛

Example 6.

判断 $\displaystyle\int_1^{\frac{\pi}{2}} \frac{dx}{(\cot x)^{\frac{1}{n}}}$ 收敛或发散

【解】

令 $n > 1$，藉由罗比达法则 $\displaystyle\lim_{x\to \frac{\pi}{2}^-} \frac{(\cot x)^{-\frac{1}{n}}}{(\frac{\pi}{2} - x)^{-\frac{1}{n}}} = \left(\lim_{x\to \frac{\pi}{2}^-} \frac{\cot x}{\frac{\pi}{2} - x}\right)^{-\frac{1}{n}} = \left(\lim_{x\to \frac{\pi}{2}^-} \frac{-\csc^2 x}{-1}\right)^{-\frac{1}{n}} = 1$

$\because \displaystyle\int_0^{\frac{\pi}{2}} (\frac{\pi}{2} - x)^{-\frac{1}{n}} dx = \left.\frac{(\frac{\pi}{2} - x)^{-\frac{1}{n}+1}}{-\frac{1}{n}+1}\right|_0^{\frac{\pi}{2}} < \infty \quad \therefore \int_0^{\frac{\pi}{2}} (\frac{\pi}{2} - x)^{-\frac{1}{n}} dx$ 收敛

藉由 Quotient test 则 $\displaystyle\int_1^{\frac{\pi}{2}} \frac{dx}{(\cot x)^{\frac{1}{n}}}$ 收敛

Example 7.

$$判断 \int_0^{\pi} \frac{\sin x}{x^4} dx \text{ 收敛或发散}$$

【解】

$$\because \lim_{x\to 0} \frac{\frac{\sin x}{x^4}}{\frac{1}{x^3}} = \lim_{x\to 0} \frac{\sin x}{x} = 1 \text{ 且 } \int_0^{\pi} \frac{1}{x^3} dx = \left. \frac{-x^{-2}}{2} \right|_0^{\pi} = \infty \quad \therefore \int_0^{\pi} \frac{1}{x^3} dx \text{ 发散}$$

藉由 Quotient test 则 $\int_0^{\pi} \frac{\sin x\, dx}{x^4}$ 发散

Example 8.

$$判断 \int_0^{1} \frac{1}{x^3 + x^2 + x} dx \text{ 收敛或发散}$$

【解】

$$\because \lim_{x\to 0} \frac{\frac{1}{x^3 + x^2 + x}}{\frac{1}{x}} = \lim_{x\to 0} \frac{x}{x^3 + x^2 + x} = \lim_{x\to 0} \frac{1}{x^2 + x + 1} = 1 \text{ 且 } \int_0^{1} \frac{1}{x} dx \text{ 发散}$$

藉由 Quotient Test 则 $\int_0^{1} \frac{1}{x^3 + x^2 + x} dx$ 发散

Example 9.

$$判断 \int_0^{1} \frac{1}{x - \sin x} dx \text{ 收敛或发散}$$

【解】

藉由罗比达法则 $\lim_{x\to 0} \frac{\frac{1}{x - \sin x}}{\frac{1}{x^3}} = \lim_{x\to 0} \frac{x^3}{x - \sin x} = \lim_{x\to 0} \frac{3x^2}{1 - \cos x} = \lim_{x\to 0} \frac{6x}{\sin x} = 6$

$\because \int_0^1 \frac{1}{x^3}dx$ 发散，藉由 Quotient Test 则 $\int_0^1 \frac{1}{x-\sin x}dx$ 发散

Example 10.

判断 $\int_1^\infty \frac{\ln x}{x+1}dx$ 收敛或发散

【解】

藉由罗比达法则 $\lim_{x\to\infty}\frac{\frac{\ln x}{x+1}}{\frac{1}{(x+1)^{\frac{1}{2}}}} = \lim_{x\to\infty}\frac{\ln x}{(x+1)^{\frac{1}{2}}} = \lim_{x\to\infty}\frac{2}{x(x+1)^{\frac{-1}{2}}} = \lim_{x\to\infty}\frac{2\sqrt{x+1}}{x} = 0$

$\because \int_1^\infty \frac{1}{(x+1)^{\frac{1}{2}}}dx$ 发散，藉由 Quotient Test 则 $\int_1^\infty \frac{\ln x}{x+1}dx$ 发散

Example 11.

判断 $\int_0^1 \frac{1}{x+\sin x}dx$ 收敛或发散

【解】

藉由罗比达法则

$\because \lim_{x\to 0}\frac{\frac{1}{x+\sin x}}{\frac{1}{x^3}} = \lim_{x\to 0}\frac{x^3}{x+\sin x} = \lim_{x\to 0}\frac{3x^2}{1+\cos x} = 0$ 且 $\int_0^1 \frac{1}{x^3}dx$ 发散

藉由 Quotient Test 则 $\int_0^1 \frac{1}{x+\sin x}dx$ 发散

Example 12.

判断 $\int_1^\infty xe^{-x}dx$ 收敛或发散

【解】

$\because \lim\limits_{x\to\infty} \dfrac{xe^{-x}}{e^{-\frac{x}{2}}} = 0$ 且 $\int_1^\infty e^{-\frac{x}{2}}dx$ 收斂，藉由 Quotient test 则 $\int\limits_1^\infty xe^{-x}dx$ 收斂

Example 13.

判断 $\int\limits_1^\infty xe^{-x}\sin x\,dx$ 收斂或发散

【解】

$\because \lim\limits_{x\to\infty} \dfrac{|xe^{-x}\sin x|}{e^{-\frac{x}{2}}} = 0$ 且 $\int_1^\infty e^{-\frac{x}{2}}dx$ 收斂

藉由 Quotient test 则 $\int\limits_1^\infty |xe^{-x}\sin x|dx$ 收斂 $\therefore \int\limits_1^\infty xe^{-x}\sin x\,dx$ 收斂

Example 14.

判断 $\int\limits_1^\infty e^{-x}\ln x\,dx$ 收斂或发散

【解】

$\because \lim\limits_{x\to\infty} \dfrac{e^{-x}\ln x}{e^{-\frac{x}{2}}} = 0$ 且 $\int_1^\infty e^{-\frac{x}{2}}dx$ 收斂，藉由 Quotient test 则 $\int\limits_1^\infty e^{-x}\ln x\,dx$ 收斂

Example 15.

判断 $\int\limits_1^\infty \cos x\, e^{-x}\ln x\,dx$ 收斂或发散

【解】

$\because \lim\limits_{x\to\infty} \dfrac{|\cos x\, e^{-x}\ln x|}{e^{-\frac{x}{2}}} = 0$ 且 $\int_1^\infty e^{-\frac{x}{2}}dx$ 收斂

藉由 Quotient test 则 $\int_1^{\infty} |\cos x\, e^{-x} \ln x| dx$ 收敛 $\therefore \int_1^{\infty} \cos x\, e^{-x} \ln x\, dx$ 收敛

Example 16.

判断 $\int_1^{\infty} \sinh^{-1} x\, e^{-x} dx$ 收敛或发散

【解】

$\because \lim_{x\to\infty} \frac{|e^{-x} \sinh^{-1} x|}{e^{-\frac{x}{2}}} = 0$ 且 $\int_1^{\infty} e^{-\frac{x}{2}} dx$ 收敛

藉由 Quotient test 则 $\int_1^{\infty} |e^{-x} \sinh^{-1} x| dx$ 收敛 $\therefore \int_1^{\infty} e^{-x} \sinh^{-1} x\, dx$ 收敛

Example 17.

判断 $\int_1^{\infty} \tan^{-1} x\, e^{-x} \sinh^{-1} x\, dx$ 收敛或发散

【解】

$\because \lim_{x\to\infty} \frac{|\tan^{-1} x\, e^{-x} \sinh^{-1} x|}{e^{-\frac{x}{2}}} = 0$ 且 $\int_1^{\infty} e^{-\frac{x}{2}} dx$ 收敛

藉由 Quotient test 则 $\int_1^{\infty} |\tan^{-1} x\, e^{-x} \sinh^{-1} x| dx$ 收敛

$\therefore \int_1^{\infty} \tan^{-1} x\, e^{-x} \sinh^{-1} x\, dx$ 收敛

Example 18.

判断 $\int_1^{\infty} \frac{\ln x}{x^{2+p}} dx$ 收敛或发散，$\forall p > 0$

【解】

令$p>0$, $\because \lim_{x\to\infty}\frac{\frac{\ln x}{x^{2+p}}}{\frac{1}{x^2}}=0$ 且 $\int_1^\infty \frac{1}{x^2}dx$ 收敛

藉由 Quotient test 则 $\int_1^\infty \frac{\ln x}{x^{2+p}}dx$ 收敛 $\therefore \int_1^\infty \frac{\ln x}{x^{2+p}}dx$ 收敛

Example 19.

$$判断 \int_1^\infty \frac{\cos x\ln x}{x^{2+p}}dx \text{ 收敛或发散}, \forall p>0$$

【解】

令$p>0$, $\because \lim_{x\to\infty}\frac{\left|\frac{\cos x\ln x}{x^{2+p}}\right|}{\frac{1}{x^2}}=0$ 且 $\int_1^\infty \frac{1}{x^2}dx$ 收敛

藉由 Quotient test 则 $\int_1^\infty \left|\frac{\cos x\ln x}{x^{2+p}}\right|dx$ 收敛 $\therefore \int_1^\infty \frac{\cos x\ln x}{x^{2+p}}dx$ 收敛

Example 20.

$$判断 \int_1^\infty \left(\sqrt[n]{x^n+x^{n-1}+1}-x\right)x^{-p}dx \text{ 收敛或发散}, \forall p>1, n\ge 2$$

【解】

令 $n\ge 2$, claim: $\lim_{x\to\infty}\sqrt[n]{x^n+x^{n-1}+1}-x=\frac{1}{n}$

藉由罗比达法则 $\lim_{x\to\infty}\sqrt[n]{x^n+x^{n-1}+1}-x$

$$=\lim_{x\to\infty}x\left(\sqrt[n]{1+x^{-1}+x^{-n}}-1\right)=\lim_{x\to\infty}\frac{\sqrt[n]{1+x^{-1}+x^{-n}}-1}{\frac{1}{x}}$$

$$=\lim_{u\to 0}\frac{\sqrt[n]{1+u+u^n}-1}{u}=\lim_{u\to 0}\frac{\frac{1}{n}\cdot(1+u+u^n)^{\frac{1}{n}-1}(1+n\cdot u^{n-1})}{1}=\frac{1}{n}$$

$\because \lim_{x\to\infty}\frac{\left(\sqrt[n]{x^n+x^{n-1}+1}-x\right)x^{-p}}{x^{-p}}=\frac{1}{n}$ 且 $\int_1^\infty x^{-p}dx$ 收敛，$\forall p>1$

藉由 Quotient test 则 $\int\limits_1^\infty \left(\sqrt[n]{x^n+x^{n-1}+1}-x\right)x^{-p}dx$ 收敛

Example 21.

判断 $\int\limits_1^\infty \left(\sqrt[n]{x^n+x^{n-1}+1}-x\right)x^{-p}\sin x\,dx$ 收敛或发散，$\forall p>1, n\geq 2$

【解】

令 $n\geq 2$，claim: $\lim_{x\to\infty}\sqrt[n]{x^n+x^{n-1}+1}-x=\frac{1}{n}$

藉由罗比达法则 $\lim_{x\to\infty}\sqrt[n]{x^n+x^{n-1}+1}-x$

$$=\lim_{x\to\infty}x\left(\sqrt[n]{1+x^{-1}+x^{-n}}-1\right)=\lim_{x\to\infty}\frac{\sqrt[n]{1+x^{-1}+x^{-n}}-1}{\frac{1}{x}}$$

$$=\lim_{u\to 0}\frac{\sqrt[n]{1+u+u^n}-1}{u}=\lim_{u\to 0}\frac{\frac{1}{n}\cdot(1+u+u^n)^{\frac{1}{n}-1}(1+n\cdot u^{n-1})}{1}=\frac{1}{n}$$

$\because \lim_{x\to\infty}\frac{\left|\left(\sqrt[n]{x^n+x^{n-1}+1}-x\right)x^{-p}\sin x\right|}{|x^{-p}\sin x|}=\frac{1}{n}$ 且 $\int_1^\infty |x^{-p}\sin x|dx$ 收敛，$\forall p>1$

藉由 Quotient test 则 $\int\limits_1^\infty \left|\left(\sqrt[n]{x^n+x^{n-1}+1}-x\right)x^{-p}\sin x\right|dx$ 收敛

$\therefore \int\limits_1^\infty \left(\sqrt[n]{x^n+x^{n-1}+1}-x\right)x^{-p}\sin x\,dx$ 收敛

Example 22.

$$\text{判断} \int_{1}^{\infty} x^{\frac{1}{x}} e^{-x} dx \text{ 收敛或发散}$$

【解】

Claim: $\lim_{x\to\infty} x^{\frac{1}{x}} = 1$

$\because x^{\frac{1}{x}} = e^{\frac{1}{x}\cdot\ln x}$ $\therefore \lim_{x\to\infty} x^{\frac{1}{x}} = \exp\left(\lim_{x\to\infty} \frac{\ln x}{x}\right)$ 藉由罗比达法则 $\lim_{x\to\infty} \frac{\ln x}{x} = \lim_{x\to\infty} \frac{\frac{1}{x}}{1} = 0$

$\therefore \lim_{x\to\infty} x^{\frac{1}{x}} = \exp\left(\lim_{x\to\infty} \frac{1}{x} \cdot \ln x\right) = \exp(0) = 1$

$\because \lim_{x\to\infty} \frac{x^{\frac{1}{x}} e^{-x}}{e^{-\frac{x}{2}}} = 0$ 且 $\int_1^{\infty} e^{-\frac{x}{2}} dx$ 收敛，藉由 Quotient test 则 $\int_{1}^{\infty} x^{\frac{1}{x}} e^{-x} dx$ 收敛

Example 23.

$$\text{判断} \int_{1}^{\infty} x^{\frac{1}{x}} e^{-x} \tan^{-1} x \, dx \text{ 收敛或发散}$$

【解】

Claim: $\lim_{x\to\infty} x^{\frac{1}{x}} = 1$

$\because x^{\frac{1}{x}} = e^{\frac{1}{x}\cdot\ln x}$ $\therefore \lim_{x\to\infty} x^{\frac{1}{x}} = \exp\left(\lim_{x\to\infty} \frac{\ln x}{x}\right)$ 藉由罗比达法则 $\lim_{x\to\infty} \frac{\ln x}{x} = \lim_{x\to\infty} \frac{\frac{1}{x}}{1} = 0$

$\therefore \lim_{x\to\infty} x^{\frac{1}{x}} = \exp\left(\lim_{x\to\infty} \frac{\ln x}{x}\right) = \exp(0) = 1$

$\because \lim_{x\to\infty} \frac{\left|x^{\frac{1}{x}} e^{-x} \tan^{-1} x\right|}{e^{-\frac{x}{2}}} = 0$ 且 $\int_1^{\infty} e^{-\frac{x}{2}} dx$ 收敛

藉由 Quotient test 则 $\int_{1}^{\infty} \left|x^{\frac{1}{x}} e^{-x} \tan^{-1} x\right| dx$ 收敛 $\therefore \int_{1}^{\infty} x^{\frac{1}{x}} e^{-x} \tan^{-1} x \, dx$ 收敛

Example 24.

判断 $\int_1^\infty e^{-x}(2+3x)^{\frac{1}{5x}}dx$ 收敛或发散

【解】

Claim: $\lim_{x\to\infty}(2+3x)^{\frac{1}{5x}}=1$

$\because (2+3x)^{\frac{1}{5x}}=e^{\frac{1}{5x}\cdot\ln(2+3x)}$ $\therefore \lim_{x\to\infty}(2+3x)^{\frac{1}{5x}}=\exp\left(\lim_{x\to\infty}\frac{1}{5x}\cdot\ln(2+3x)\right)$

藉由罗比达法则 $\lim_{x\to\infty}\frac{1}{5x}\cdot\ln(2+3x)=\lim_{x\to\infty}\frac{\frac{3}{2+3x}}{5}=0$

$\therefore \lim_{x\to\infty}(2+3x)^{\frac{1}{5x}}=\exp\left(\lim_{x\to\infty}\frac{1}{5x}\cdot\ln(2+3x)\right)=\exp(0)=1$

$\because \lim_{x\to\infty}\frac{e^{-x}(2+3x)^{\frac{1}{5x}}}{e^{-\frac{x}{2}}}=0$ 且 $\int_1^\infty e^{-\frac{x}{2}}dx$ 收敛

藉由 Quotient test 则 $\int_1^\infty e^{-x}(2+3x)^{\frac{1}{5x}}dx$ 收敛

Example 25.

判断 $\int_b^\infty\left(\frac{x+a}{x-a}\right)^x e^{-x}dx$ 收敛或发散，$\forall b>a$

【解】

令 $b>a$，claim: $\lim_{x\to\infty}\left(\frac{x+a}{x-a}\right)^x=\exp(2a)$

$\because \left(\frac{x+a}{x-a}\right)^x=e^{x\ln\frac{x+a}{x-a}}$ $\therefore \lim_{x\to\infty}\left(\frac{x+a}{x-a}\right)^x=\exp\left(\lim_{x\to\infty}x\ln\frac{x+a}{x-a}\right)$

藉由罗比达法则

$$\lim_{x\to\infty} x\ln\frac{x+a}{x-a} = \lim_{x\to\infty}\frac{\ln\frac{x+a}{x-a}}{x^{-1}} = \lim_{x\to\infty}\frac{\frac{x-a}{x+a}\cdot\frac{(x-a-(x+a))}{(x-a)^2}}{-x^{-2}} = \lim_{x\to\infty}\frac{\frac{x-a}{x+a}\cdot\frac{2a}{(x-a)^2}}{x^{-2}}$$

$$= 2a\lim_{x\to\infty}\frac{1-\frac{a}{x}}{1+\frac{a}{x}}\cdot\frac{1}{\left(1-\frac{a}{x}\right)^2} = 2a$$

$$\therefore \lim_{x\to\infty}\left(\frac{x+a}{x-a}\right)^x = \exp\left(\lim_{x\to\infty} x\ln\frac{x+a}{x-a}\right) = \exp(2a)$$

$$\because \lim_{x\to\infty}\frac{\left(\frac{x+a}{x-a}\right)^x e^{-x}}{e^{-\frac{x}{2}}} = 0 \text{ 且 } \int_1^\infty e^{-\frac{x}{2}}dx \text{ 收敛}$$

藉由 Quotient test 则 $\int_1^\infty \left(\frac{x+a}{x-a}\right)^x e^{-x}dx$ 收敛

5.4.4.3 先作变数代换再用 Comparison Test

考试类型:

Type 1.

判断第一类瑕积分 $\int_0^\infty f(g(x))g'(x)\,dx$ 收敛或发散，其中 $f(x)\geq 0$，$g'(x)\geq 0$，$\forall x\geq 0$

解题流程:

Step1.

令 $u=g(x)$ 则 $du=g'(x)dx$，藉由变换变数则 $\int_a^b f(g(x))g'(x)\,dx = \int_{g(a)}^{g(b)} f(u)du$

Step2.

$$\therefore \int_0^\infty f(g(x))g'(x)\,dx = \lim_{a\to 0,b\to\infty}\int_a^b f(g(x))g'(x)\,dx = \lim_{a\to 0,b\to\infty}\int_{g(a)}^{g(b)} f(u)du$$

Step3.

说明 $\int_0^\infty f(g(x))g'(x)\,dx$ 收敛时

令 $g(\infty)=\lim_{x\to\infty} g(x)$，找 $h(u)$ 使得 $0\leq f(u)\leq h(u)$，$\forall u\in(g(0),g(\infty))$

藉由 Comparison Test

若 $\lim_{a\to 0,b\to\infty}\int_{g(a)}^{g(b)} h(u)du$ 收敛 则 $\lim_{a\to 0,b\to\infty}\int_{g(a)}^{g(b)} f(u)du$ 收敛 $\Rightarrow \int_0^{\infty} f(g(x))g'(x)\,dx$ 收敛

Step4.

说明 $\int_0^{\infty} f(g(x))g'(x)\,dx$ 发散时，找 $h(u)$ 使得 $0 \le h(u) \le f(u)$，$\forall u \in (g(0), g(\infty))$

藉由 Comparison Test

若 $\lim_{a\to 0,b\to\infty}\int_{g(a)}^{g(b)} h(u)du$ 发散 则 $\lim_{a\to 0,b\to\infty}\int_{g(a)}^{g(b)} f(u)du$ 发散 $\Rightarrow \int_0^{\infty} f(g(x))g'(x)\,dx$ 发散

Type 2.

判断第二类瑕积分 $\int_a^b f\big(g(x)\big)g'(x)\,dx$ 收敛或发散，其中 $f(x) \ge 0$，$g'(x) \ge 0$，$\forall x \ge 0$

且 $f\big(g(a)\big)g'(a) = \infty$

解题流程:

Step1.

令$u = g(x)$ 则 $du = g'(x)dx$，藉由变换变数则 $\int_a^b f(g(x))g'(x)\,dx = \int_{g(a)}^{g(b)} f(u)du$

Step2.

说明 $\int_a^b f\big(g(x)\big)g'(x)\,dx$ 收敛时，找 $h(u)$ 使得 $0 \le f(u) \le h(u)$，$\forall u \in (g(a), g(b))$

藉由 Comparison Test，若 $\int_{g(a)}^{g(b)} h(u)du$ 收敛 则 $\int_{g(a)}^{g(b)} f(u)du$ 收敛

$\Rightarrow \int_a^b f\big(g(x)\big)g'(x)\,dx$ 收敛

Step3.

说明 $\int_a^b f\big(g(x)\big)g'(x)\,dx$ 发散时，找 $h(u)$ 使得 $0 \le h(u) \le f(u)$，$\forall u \in (g(a), g(b))$

藉由 Comparison Test，若 $\int_{g(a)}^{g(b)} h(u)du$ 发散 则 $\int_{g(a)}^{g(b)} f(u)du$ 发散

$\Rightarrow \int_a^b f\big(g(x)\big)g'(x)\,dx$ 发散

Example 1.

$$\text{判断} \int_3^4 \frac{1}{x^2(x^3-27)^{\frac{2}{3}}}dx \text{ 收敛或发散}$$

【解】

$$\because \frac{1}{x^2(x^3-27)^{\frac{2}{3}}} < \frac{1}{9(x^3-27)^{\frac{2}{3}}},\ \forall\, 3 \le x \le 4 \quad \therefore \int_3^4 \frac{dx}{x^2(x^3-27)^{\frac{2}{3}}} < \int_3^4 \frac{dx}{9(x^3-27)^{\frac{2}{3}}}$$

$$\text{Claim: } \int_3^4 \frac{dx}{9(x^3-27)^{\frac{2}{3}}} \text{ 收敛}$$

$$\text{令} t^3 = x^3 - 27 \text{ 则 } 3t^2dt = 3x^2dx \Rightarrow dx = \frac{t^2dt}{(t^3+27)^{\frac{2}{3}}}$$

$$\because \int_3^4 \frac{dx}{9(x^3-27)^{\frac{2}{3}}} = \int_0^{\sqrt[3]{37}} \frac{t^2dt}{9t^2(t^3+27)^{\frac{2}{3}}} = \int_0^{\sqrt[3]{37}} \frac{dt}{9(t^3+27)^{\frac{2}{3}}} < \int_0^{\sqrt[3]{37}} \frac{dt}{9(0+27)^{\frac{2}{3}}} < \infty$$

$$\therefore \int_3^4 \frac{dx}{9(x^3-27)^{\frac{2}{3}}} \text{ 收敛，藉由 Comparison Test 则 } \int_3^4 \frac{dx}{x^2(x^3-27)^{\frac{2}{3}}} \text{ 收敛}$$

Example 2.

$$\text{判断} \int_{-\infty}^{\frac{-1}{2}} \frac{e^{2x}}{2x}dx \text{ 收敛或发散}$$

【解】

$$\text{令 } 2x = -u \text{ 则 } 2dx = -du \text{ 则 } \int_{-\infty}^{\frac{-1}{2}} \frac{e^{2x}}{2x}dx = \frac{-1}{2}\int_{\infty}^{1} \frac{e^{-u}}{-u}du = \frac{-1}{2}\int_{1}^{\infty} \frac{e^{-u}}{u}du$$

$$\because \frac{e^{-u}}{u} < e^{-u},\ \forall\, u > 1 \text{ and } \int_1^{\infty} e^{-u}du \text{ 收敛}$$

藉由 Comparison Test, 则 $\int_1^{\infty} \frac{e^{-u}}{u} du$ 收敛 $\therefore \int_{-\infty}^{\frac{-1}{2}} \frac{e^{2x}}{2x} dx$ 收敛

Example 3.

判断 $\int_{\frac{b}{a}}^{\infty} \frac{1}{x\sqrt{bx-a}} dx$ 收敛或发散，$\forall a, b > 0$

【解】

令$u = \sqrt{bx-a}$ 则 $du = \frac{b}{2}(bx-a)^{-\frac{1}{2}} dx$ $\because u^2 = bx - a$ $\therefore \frac{1}{x} = \frac{b}{u^2+a}$

$$\therefore \int_{\frac{b}{a}}^{\infty} \frac{dx}{x\sqrt{bx-a}} = \frac{2}{b}\int_0^{\infty} \frac{bdu}{u^2+a} = 2\int_0^{\infty} \frac{du}{u^2+a} = 2\int_0^{1} \frac{du}{u^2+a} + 2\int_1^{\infty} \frac{du}{u^2+a}$$

$\because \frac{1}{u^2+a}$ 于 [0,1]连续 $\therefore \frac{1}{u^2+a}$ 于 [0,1]黎曼可积分 $\therefore \int_0^1 \frac{1}{u^2+a} du$ 存在

$\because \frac{1}{u^2+a} \le \frac{1}{u^2}, \forall\, u > 1$ 且 $\int_1^{\infty} \frac{du}{u^2} du$ 收敛,

藉由 Comparison Test 则 $\int_1^{\infty} \frac{du}{u^2+a}$ 收敛 $\therefore \int_0^{\infty} \frac{1}{u^2+a} du$ 收敛 $\Rightarrow \int_{\frac{b}{a}}^{\infty} \frac{1}{x\sqrt{bx-a}} dx$ 收敛

Example 4.

判断 $\int_{-\infty}^{-2} \frac{e^x}{x^2} dx$ 收敛或发散

【解】

令$u = -x$ 则 $du = -dx$，藉由变数代换法 $\int_{-\infty}^{-2} \frac{e^x}{x^2} dx = -\int_{\infty}^{2} \frac{e^{-u}}{u^2} du = \int_2^{\infty} \frac{e^{-u}}{u^2} du$

$\because \dfrac{e^{-u}}{u^2} < \dfrac{1}{u^2}$， $\forall x > 2$ 且 $\displaystyle\int_{2}^{\infty} \frac{1}{u^2} du$ 收敛

藉由 Comparison Test 则 $\displaystyle\int_{2}^{\infty} \frac{e^{-u}}{u^2} du$ 收敛 $\quad \therefore \displaystyle\int_{-\infty}^{-2} \frac{e^{x}}{x^2} dx$ 收敛

Example 5.

判断 $\displaystyle\int_{-1}^{-\infty} \frac{e^{-x}}{x} dx$ 收敛或发散

【解】

令$u = -x$ 则 $du = -dx$，藉由变数代换法 $\displaystyle\int_{-1}^{-\infty} \frac{e^{-x}dx}{x} = -\int_{1}^{\infty} \frac{e^{u}du}{-u} = \int_{1}^{\infty} \frac{e^{u}du}{u}$

$\because \dfrac{e}{u} < \dfrac{e^{u}}{u}$， $\forall x > 1$ 且 $\displaystyle\int_{1}^{\infty} \frac{e}{u} du$ 发散

藉由 Comparison Test 则 $\displaystyle\int_{1}^{\infty} \frac{e^{u}}{u} du$ 发散 $\quad \therefore \displaystyle\int_{-1}^{-\infty} \frac{e^{-x}}{x} dx$ 发散

Example 6.

判断 $\displaystyle\int_{0}^{e} \sin(\ln x) \ln x \, dx$ 收敛或发散

【解】

令 $u = \ln x$ 则 $\dfrac{dx}{x} = du \Rightarrow dx = e^{u} du$

藉由变数代换法 $\displaystyle\int_{0}^{e} \sin(\ln x) \ln x \, dx = \int_{-\infty}^{1} u\, e^{u} \sin u \, du$

令 $u = -v$ 则 $du = -dv$，藉由变数代换法

则 $\displaystyle\int_{-\infty}^{1} u\, e^{u} \sin u \, du = -\int_{\infty}^{-1} (-v) e^{-v} \sin(-v) \, dv = -\int_{-1}^{\infty} v e^{-v} \sin(-v) \, dv$

$\because \lim_{v\to\infty} ve^{-\frac{v}{2}}=0$， $\therefore$ 令 $\varepsilon=1$，取 $\mathrm{M}\in\mathrm{N}$ 使得 $v\geq\mathrm{M}$ 则 $\left|ve^{-\frac{v}{2}}\right|\leq 1$

$\because \int_{-1}^{\infty} ve^{-v}\sin(-v)\,dv=\int_{-1}^{M} ve^{-v}\sin(-v)\,dv+\int_{M}^{\infty} ve^{-v}\sin(-v)\,dv$

$\because ve^{-v}\sin(-v)$ 于 $[-1,M]$ 连续　$\therefore ve^{-v}\sin(-v)$ 于 $[-1,M]$ 黎曼可积分

$\therefore \int_{-1}^{M} ve^{-v}\sin(-v)\,dv$ 存在

$\because \int_{M}^{\infty} |ve^{-v}\sin(-v)|dv\leq\int_{M}^{\infty} e^{-\frac{v}{2}}dv$ 且 $\int_{M}^{\infty} e^{-\frac{v}{2}}dv$ 收敛

藉由 Comparison Test 则 $\int_{M}^{\infty} ve^{-v}\sin(-v)\,dv$ 收敛　$\therefore \int_{-1}^{\infty} ve^{-v}\sin(-v)\,dv$ 收敛

$\therefore \int_{0}^{e} \sin(\ln x)\ln x\,dx$ 收敛

Example 7.

判断 $\int_{0}^{e} \cos(\ln x)\ln x\,dx$ 收敛或发散

【解】

令 $u=\ln x$ 则 $\frac{dx}{x}=du\Rightarrow dx=e^{u}du$，藉由变数代换法

$\int_{0}^{e} \cos(\ln x)\ln x\,dx=\int_{-\infty}^{1} u\,e^{u}\cos u\,du$

令 $u=-v$ 则 $du=-dv$，藉由变数代换法

则 $\int_{-\infty}^{1} u\,e^{u}\cos u\,du=-\int_{\infty}^{-1} (-v)e^{-v}\cos(-v)\,dv=-\int_{-1}^{\infty} ve^{-v}\cos(-v)\,dv$

$\because \lim_{v\to\infty} ve^{-\frac{v}{2}}=0$　$\therefore$ 令 $\varepsilon=1$，取 $\mathrm{M}\in\mathrm{N}$ 使得 $v\geq\mathrm{M}$ 则 $\left|ve^{-\frac{v}{2}}\right|\leq 1$

$\because \int_{-1}^{\infty} ve^{-v}\cos(-v)\,dv=\int_{-1}^{M} ve^{-v}\cos(-v)\,dv+\int_{M}^{\infty} ve^{-v}\cos(-v)\,dv$

$\because ve^{-v}\cos(-v)$ 于 $[-1,M]$连续　$\therefore ve^{-v}\cos(-v)$ 于 $[-1,M]$黎曼可积分

$\therefore \int_{-1}^{M} ve^{-v}\cos(-v)\,dv$ 存在

$\because \int_{M}^{\infty} |ve^{-v}\cos(-v)|dv\leq\int_{M}^{\infty} e^{-\frac{v}{2}}dv$ 且 $\int_{M}^{\infty} e^{-\frac{v}{2}}dv$ 收敛

藉由 Comparison Test 则 $\int_{M}^{\infty} ve^{-v}\cos(-v)\,dv$ 收敛 $\therefore \int_{-1}^{\infty} ve^{-v}\cos(-v)\,dv$ 收敛

$\therefore \int_{0}^{e} \cos(\ln x)\ln x\,dx$ 收敛

Example 8.

判断 $\int_{0}^{e} \ln x \tan^{-1}(\ln x)\,dx$ 收敛或发散

【解】

令 $u = \ln x$ 则 $\dfrac{dx}{x} = du \Rightarrow dx = e^{u}du$

藉由变数代换法 $\int_{0}^{e} \ln x \tan^{-1}(\ln x)\,dx = \int_{-\infty}^{1} u\,e^{u}\tan^{-1}u\,du$

令 $u = -v$ 则 $du = -dv$，藉由变数代换法

则 $\int_{-\infty}^{1} u\,e^{u}\tan^{-1}u\,du = -\int_{\infty}^{-1} (-v)e^{-v}\tan^{-1}(-v)\,dv = -\int_{-1}^{\infty} ve^{-v}\tan^{-1}(-v)\,dv$

$\because \lim\limits_{v\to\infty} ve^{-\frac{v}{2}} = 0$ $\therefore$ 令 $\varepsilon = 1$，取 $M \in N$ 使得 $v \geq M$ 则 $\left|ve^{-\frac{v}{2}}\right| \leq 1$

$\because \int_{-1}^{\infty} ve^{-v}\tan^{-1}(-v)\,dv = \int_{-1}^{M} ve^{-v}\tan^{-1}(-v)\,dv + \int_{M}^{\infty} ve^{-v}\tan^{-1}(-v)\,dv$

$\because ve^{-v}\tan^{-1}(-v)$ 于 $[-1, M]$连续 $\therefore ve^{-v}\tan^{-1}(-v)$ 于 $[-1, M]$黎曼可积分

$\therefore \int_{-1}^{M} ve^{-v}\tan^{-1}(-v)\,dv$ 存在

$\because \int_{M}^{\infty} |ve^{-v}\tan^{-1}(-v)|dv \leq \dfrac{\pi}{2}\int_{M}^{\infty} e^{-\frac{v}{2}}dv$ 且 $\int_{M}^{\infty} e^{-\frac{v}{2}}dv$ 收敛

藉由 Comparison Test 则 $\int_{M}^{\infty} ve^{-v}\tan^{-1}(-v)\,dv$ 收敛

$\therefore \int_{-1}^{\infty} ve^{-v}\tan^{-1}(-v)\,dv$ 收敛 $\therefore \int_{0}^{e} \ln x \tan^{-1}(\ln x)\,dx$ 收敛

Example 9.

判断 $\displaystyle\int_{0}^{e^{-1}} \ln(u^{-1})\,du$ 收敛或发散

【解】

令 $u = e^{-x}$ 则 $du = -e^{-x}dx$，藉由变数代换法

$$\therefore \int_0^{e^{-1}} \ln(u^{-1})\,du = -\int_\infty^1 xe^{-x}dx = \int_1^\infty xe^{-x}dx$$

$\because \lim_{x\to\infty} xe^{-\frac{x}{2}} = 0$ $\therefore$ 令 $\varepsilon = 1$，取 $\mathrm{M} \in \mathrm{N}$ 使得 $x \geq \mathrm{M}$ 则 $\left|xe^{-\frac{x}{2}}\right| \leq 1$

$$\because \int_1^\infty xe^{-x}dx = \int_1^M xe^{-x}dx + \int_M^\infty xe^{-x}dx$$

$\because xe^{-x}$ 于 $[1, M]$ 连续 $\therefore xe^{-x}$ 于 $[1, M]$ 黎曼可积分 $\therefore \int_1^M xe^{-x}dx$ 存在

$\because |xe^{-x}| = \left|e^{-\frac{x}{2}}xe^{-\frac{x}{2}}\right| \leq e^{-\frac{x}{2}}$，$\forall x > M$ 且 $\int_M^\infty e^{-\frac{x}{2}}dx$ 收敛

藉由 Comparison Test 则 $\int_M^\infty xe^{-x}dx$ 收敛 $\therefore \int_0^{e^{-1}} \ln(u^{-1})\,du$ 收敛

Example 10.

判断 $\int_0^{e^{-1}} \ln(u^{-1})\cos\ln(u^{-1})\,du$ 收敛或发散

【解】

令 $u = e^{-x}$ 则 $du = -e^{-x}dx$，藉由变数代换法

$$\therefore \int_0^{e^{-1}} \ln(u^{-1})\cos\ln(u^{-1})\,du = -\int_\infty^1 xe^{-x}\cos x\,dx = \int_1^\infty xe^{-x}\cos x\,dx$$

$$\because \lim_{x\to\infty} xe^{-\frac{x}{2}}\cos x = 0$$

$\therefore$ 令 $\varepsilon = 1$，取 $\mathrm{M} \in \mathrm{N}$ 使得 $x \geq \mathrm{M}$ 则 $\left|xe^{-\frac{x}{2}}\cos x\right| \leq 1$

$$\because \int_1^{\infty} xe^{-x}\cos x\,dx = \int_1^{M} xe^{-x}\cos x\,dx + \int_M^{\infty} xe^{-x}\cos x\,dx$$

$\because xe^{-x}\cos x$ 于 $[1,M]$ 连续 $\therefore xe^{-x}\cos x$ 于 $[1,M]$ 黎曼可积分 $\therefore \int_1^{M} xe^{-x}\cos x\,dx$ 存在

$\because |xe^{-x}\cos x| = \left|e^{-\frac{x}{2}}xe^{-\frac{x}{2}}\cos x\right| \le e^{-\frac{x}{2}}, \forall x > M$ 且 $\int_M^{\infty} e^{-\frac{x}{2}}dx$ 收敛

藉由 Comparison Test 则 $\int_M^{\infty} xe^{-x}\cos x\,dx$ 收敛 $\therefore \int_0^{e^{-1}} \ln(u^{-1})\cos\ln(u^{-1})\,du$ 收敛

Example 11.

判断 $\int_0^{e^{-1}} \ln\ln(u^{-1})\,du$ 收敛或发散

【解】

令 $u = e^{-x}$ 则 $du = -e^{-x}dx$，藉由变数代换法

$$\therefore \int_0^{e^{-1}} \ln\ln(u^{-1})\,du = -\int_{\infty}^{1} e^{-x}\ln x dx = \int_1^{\infty} e^{-x}\ln x dx$$

$\because \lim\limits_{x\to\infty} \ln x\, e^{-\frac{x}{2}} = 0$ $\therefore$ 令 $\varepsilon = 1$，取 $\mathrm{M} \in \mathrm{N}$ 使得 $x \ge \mathrm{M}$ 则 $\left|\ln x\, e^{-\frac{x}{2}}\right| \le 1$

$$\because \int_1^{\infty} e^{-x}\ln x\,dx = \int_1^{M} e^{-x}\ln x\,dx + \int_M^{\infty} e^{-x}\ln x\,dx$$

$\because e^{-x}\ln x$ 于 $[1,M]$ 连续 $\therefore e^{-x}\ln x$ 于 $[1,M]$ 黎曼可积分 $\therefore \int_1^{M} e^{-x}\ln x\,dx$ 存在

$\because |e^{-x}\ln x| = \left|e^{-\frac{x}{2}}\ln x\, e^{-\frac{x}{2}}\right| \le e^{-\frac{x}{2}}$，$\forall x > M$ 且 $\int_M^{\infty} e^{-\frac{x}{2}}dx$ 收敛

藉由 Comparison Test 则 $\int_M^{\infty} e^{-x}\ln x\,dx$ 收敛 $\therefore \int_0^{e^{-1}} \ln\ln(u^{-1})\,du$ 收敛

Example 12.

$$判断\int_0^{e^{-1}} \sin\ln(u^{-1})\ln\ln(u^{-1})\,du \text{ 收敛或发散}$$

【解】

令 $u = e^{-x}$ 则 $du = -e^{-x}dx$，藉由变数代换法

$$\therefore \int_0^{e^{-1}} \sin\ln(u^{-1})\ln\ln(u^{-1})\,du = -\int_\infty^1 \sin x\, e^{-x}\ln x dx = \int_1^\infty \sin x\, e^{-x}\ln x dx$$

$\because \lim\limits_{x\to\infty} \ln x\, e^{-\frac{x}{2}}\sin x = 0$ $\therefore$ 令 $\varepsilon = 1$，取 $\mathrm{M} \in \mathrm{N}$ 使得 $x \geq \mathrm{M}$ 则 $\left|\ln x\, e^{-\frac{x}{2}}\sin x\right| \leq 1$

$$\because \int_1^\infty \ln x\, e^{-x}\sin x\,dx = \int_1^M \ln x\, e^{-x}\sin x\,dx + \int_M^\infty \ln x\, e^{-x}\sin x\,dx$$

$\because \ln x\, e^{-x}\sin x$ 于 $[1, M]$ 连续 $\quad\therefore \ln x\, e^{-x}\sin x$ 于 $[1, M]$ 黎曼可积分

$$\therefore \int_1^M \ln x\, e^{-x}\sin x\,dx \text{ 存在}$$

$\because |\ln x\, e^{-x}\sin x| = \left|e^{-\frac{x}{2}}\ln x\, e^{-\frac{x}{2}}\sin x\right| \leq e^{-\frac{x}{2}}$，$\forall x > M$ 且 $\int_M^\infty e^{-\frac{x}{2}}dx$ 收敛

藉由 Comparison Test 则 $\int_M^\infty \ln x\, e^{-x}\sin x\,dx$ 收敛 $\therefore \int_0^{e^{-1}} \sin\ln(u^{-1})\ln\ln(u^{-1})\,du$ 收敛

Example 13.

$$判断\int_0^{e^{-1}} \sinh^{-1}(\ln u^{-1})\,du \text{ 收敛或发散}$$

【解】

令 $u = e^{-x}$ 则 $du = -e^{-x}dx$，藉由变数代换法

$$\therefore \int_0^{e^{-1}} \sinh^{-1}(\ln u^{-1})\,du = -\int_\infty^1 e^{-x}\sinh^{-1} x\,dx = \int_1^\infty e^{-x}\sinh^{-1} x\,dx$$

$\because \lim_{x\to\infty} \sinh^{-1} x\, e^{-\frac{x}{2}} = 0$ $\therefore$ 令 $\varepsilon = 1$，取 $M \in N$ 使得 $x \geq M$ 则 $\left|\sinh^{-1} x\, e^{-\frac{x}{2}}\right| \leq 1$

$$\because \int_1^\infty e^{-x} \sinh^{-1} x\, dx = \int_1^M e^{-x} \sinh^{-1} x\, dx + \int_M^\infty e^{-x} \sinh^{-1} x\, dx$$

$\because e^{-x} \sinh^{-1} x$ 于 $[1, M]$ 连续　$\therefore e^{-x} \sinh^{-1} x$ 于 $[1, M]$黎曼可积分

$\therefore \int_1^M e^{-x} \sinh^{-1} x\, dx$ 存在

$\because |e^{-x} \sinh^{-1} x| = \left|e^{-\frac{x}{2}} \sinh^{-1} x\, e^{-\frac{x}{2}}\right| \leq e^{-\frac{x}{2}}$，$\forall x > M$ 且 $\int_M^\infty e^{-\frac{x}{2}} dx$ 收敛

藉由 Comparison Test 则 $\int_M^\infty e^{-x} \sinh^{-1} x\, dx$ 收敛　$\therefore \int_0^{e^{-1}} \sinh^{-1}(\ln u^{-1})\, du$ 收敛

5.4.4.4 先作变数代换再用 Quotient Test

考试类型:

Type 1.

判断第一类瑕积分 $\int_0^\infty f(g(x))g'(x)\, dx$ 收敛或发散，其中 $f(x) \geq 0$，$g'(x) \geq 0$，$\forall x \geq 0$

解题流程:

Step1.

令$u = g(x)$ 则 $du = g'(x)dx$，藉由变换变数则 $\int_a^b f(g(x))g'(x)\, dx = \int_{g(a)}^{g(b)} f(u)du$

Step2.

$$\therefore \int_0^\infty f(g(x))g'(x)\, dx = \lim_{a\to 0, b\to\infty} \int_a^b f(g(x))g'(x)\, dx = \lim_{a\to 0, b\to\infty} \int_{g(a)}^{g(b)} f(u)du$$

Step3.

令 $g(\infty) = \lim_{x\to\infty} g(x)$，找 $h(u) \geq 0$ 使得 $\lim_{u\to g(\infty)} \frac{f(u)}{h(u)} = L \in (0, \infty)$

Step4.

藉由 Quotient Test

若 $\lim\limits_{a\to 0,b\to\infty}\int_{g(a)}^{g(b)} h(u)du$ 收敛(发散) 则 $\lim\limits_{a\to 0,b\to\infty}\int_{g(a)}^{g(b)} f(u)du$ 收敛(发散)

$\Rightarrow \int_0^{\infty} f(g(x))g'(x)\,dx$ 收敛(发散)

Type 2.

判断第二类瑕积分 $\int_a^b f\big(g(x)\big)g'(x)\,dx$ 收敛或发散，其中 $f(x)\geq 0$，$g'(x)\geq 0$，$\forall x\geq 0$

且 $f\big(g(a)\big)g'(a)=\infty$

解题流程:

Step1.

令 $u=g(x)$ 则 $du=g'(x)dx$，藉由变换变数则 $\int_a^b f(g(x))g'(x)\,dx=\int_{g(a)}^{g(b)} f(u)du$

Step2.

找 $h(u)\geq 0$ 使得 $\lim\limits_{u\to g(a)}\dfrac{f(u)}{h(u)}=L\in(0,\infty)$

Step3.

藉由 Quotient Test

若 $\int_{g(a)}^{g(b)} h(u)du$ 收敛则 $\int_{g(a)}^{g(b)} f(u)du$ 收敛 $\Rightarrow \int_a^b f\big(g(x)\big)g'(x)\,dx$ 收敛

若 $\int_{g(a)}^{g(b)} h(u)du$ 发散则 $\int_{g(a)}^{g(b)} f(u)du$ 发散 $\Rightarrow \int_a^b f\big(g(x)\big)g'(x)\,dx$ 发散

Example 1.

判断 $\displaystyle\int_{-\infty}^{\frac{-1}{2}} \frac{e^{2x}}{2x}dx$ 收敛或发散

【解】

令 $2x=-u$ 则 $2dx=-du$，藉由变数代换法

则 $\int_{-\infty}^{\frac{-1}{2}} \frac{e^{2x}}{2x} dx = \frac{-1}{2} \int_{\infty}^{1} \frac{e^{-u}}{-u} du = \frac{-1}{2} \int_{1}^{\infty} \frac{e^{-u}}{u} du$

$\because \lim_{u\to\infty} \frac{\frac{e^{-u}}{u}}{\frac{1}{u^2}} = \lim_{u\to\infty} \frac{u}{e^u} = \lim_{u\to\infty} \frac{1}{e^u} = 0$ and $\int_{1}^{\infty} \frac{1}{u^2} du$ 收敛

藉由 Quotient test 则 $\int_{1}^{\infty} \frac{e^{-u}}{u} du$ 收敛 $\therefore \int_{-\infty}^{\frac{-1}{2}} \frac{e^{2x}}{2x} dx$ 收敛

Example 2.

判断 $\int_{1}^{\infty} \frac{1}{x\sqrt{a+bx}} dx$ 收敛或发散，$\forall a, b > 0$

【解】

令 $u = \sqrt{a+bx}$ 则 $du = \frac{b}{2}(a+bx)^{-\frac{1}{2}} dx$，藉由变数代换法

$\because u^2 = a + bx \quad \therefore \frac{1}{x} = \frac{b}{u^2 - a} \quad \therefore \int_{1}^{\infty} \frac{dx}{x\sqrt{a+bx}} = \frac{2}{b} \int_{\sqrt{a+b}}^{\infty} \frac{b du}{u^2 - a} = 2 \int_{\sqrt{a+b}}^{\infty} \frac{du}{u^2 - a}$

$\because \lim_{u\to\infty} \frac{\frac{1}{u^2-a}}{\frac{1}{u^2}} = 1$ and $\int_{\sqrt{a+b}}^{\infty} \frac{1}{u^2} du$ 收敛

藉由 Quotient test 则 $\int_{\sqrt{a+b}}^{\infty} \frac{1}{u^2 - a} du$ 收敛 $\therefore \int_{1}^{\infty} \frac{1}{x\sqrt{a+bx}} dx$ 收敛

Example 3.

判断 $\int_0^{\frac{1}{2}} \frac{1-u^2}{\sqrt{u^2 + 15u^8}} du$ 收敛或发散

【解】

令 $\frac{1}{u} = x$ 则 $-u^{-2} du = dx$，藉由变数代换法

$$\int_0^{\frac{1}{2}} \frac{1-u^2}{\sqrt{u^2+15u^8}}du = -\int_\infty^2 \frac{(1-x^{-2})x^{-2}}{\sqrt{x^{-2}+15x^{-8}}}dx = \int_2^\infty \frac{x^2-1}{\sqrt{x^6+15}}dx$$

$$\because \lim_{x\to\infty} \frac{\frac{x^2-1}{\sqrt{x^6+15}}}{\frac{1}{x}} = \lim_{x\to\infty} \frac{x^3-x}{\sqrt{x^6+15}} = \lim_{x\to\infty} \frac{1-\frac{x}{x^3}}{\sqrt{1+\frac{15}{x^6}}} = 1 \text{ 且 } \int_2^\infty \frac{1}{x}dx \text{ 发散}$$

藉由 Quotient Test 则 $\int_2^\infty \frac{x^2-1dx}{\sqrt{x^6+15}}$ 发散 $\quad\therefore \int_0^{\frac{1}{2}} \frac{1-u^2}{\sqrt{u^2+15u^8}}du$ 发散

Example 4.

判断 $\int_{-\frac{1}{2}}^{\frac{1}{2}} \frac{\sin^{-1}\frac{1}{2u}}{2u^2-u}du$ 收敛或发散

【解】

令 $\frac{1}{u}=x$ 则 $-u^{-2}du=dx$，藉由变数代换法

$$\int_{-\frac{1}{2}}^{\frac{1}{2}} \frac{\sin^{-1}\frac{1}{2u}}{2u^2-u}du = -\int_{-2}^{2} \frac{x^{-2}\sin^{-1}\frac{x}{2}}{2x^{-2}-x^{-1}}dx = -\int_{-2}^{2} \frac{\sin^{-1}\frac{x}{2}}{2-x}dx$$

$$\because \lim_{x\to 2} \frac{\frac{2\sin^{-1}\frac{x}{2}}{2-x}}{\frac{\pi}{2-x}} = \lim_{x\to 2} \frac{2\sin^{-1}\frac{x}{2}}{\pi} = \lim_{x\to 2} \frac{2\cdot\frac{\pi}{2}}{\pi} = 1$$

$$\because \int_{-2}^{2} \frac{\pi}{2-x}dx = -\pi\ln(2-x)|_{-2}^{2} = \infty \quad \therefore \int_{-2}^{2} \frac{\pi}{2-x}dx \text{ 发散}$$

藉由 Quotient Test 则 $\int_{-2}^{2} \frac{2\sin^{-1}\frac{x}{2}}{2-x}dx$ 发散 $\quad\therefore \int_{-\frac{1}{2}}^{\frac{1}{2}} \frac{\sin^{-1}\frac{1}{2u}}{2u^2-u}du$ 发散

Example 5.

$$\text{判断}\int_{\frac{2}{\pi}}^{\infty}\frac{u^{-2}}{\left(\cos\frac{1}{u}\right)^{n}}du \text{ 收敛或发散，}\forall n>1$$

【解】

令 $\frac{1}{u}=x$ 则 $-u^{-2}du=dx$，藉由变数代换法

$$\int_{\frac{2}{\pi}}^{\infty}\frac{u^{-2}}{\left(\cos\frac{1}{u}\right)^{n}}du=-\int_{\frac{\pi}{2}}^{0}\frac{x^{2}\cdot x^{-2}}{(\cos x)^{n}}dx=\int_{0}^{\frac{\pi}{2}}\frac{1}{(\cos x)^{n}}dx$$

令 $n>1$ 藉由罗比达法则

$$\text{则}\lim_{x\to\frac{\pi}{2}^{-}}\frac{(\cos x)^{-\frac{1}{n}}}{(\frac{\pi}{2}-x)^{-\frac{1}{n}}}=\left(\lim_{x\to\frac{\pi}{2}^{-}}\frac{\cos x}{\frac{\pi}{2}-x}\right)^{-\frac{1}{n}}=\left(\lim_{x\to\frac{\pi}{2}^{-}}\frac{\sin x}{1}\right)^{-\frac{1}{n}}=1$$

$$\because\int_{0}^{\frac{\pi}{2}}(\frac{\pi}{2}-x)^{-\frac{1}{n}}dx=\left.\frac{(\frac{\pi}{2}-x)^{-\frac{1}{n}+1}}{-\frac{1}{n}+1}\right|_{0}^{\frac{\pi}{2}}<\infty\quad\therefore\int_{0}^{\frac{\pi}{2}}(\frac{\pi}{2}-x)^{-\frac{1}{n}}dx\text{ 收敛}$$

$$\text{藉由 Quotient test 则}\int_{-1}^{1}\frac{dx}{(\cos x)^{\frac{1}{n}}}\text{ 收敛}\Rightarrow\int_{\frac{2}{\pi}}^{\infty}\frac{u^{-2}}{\left(\cos\frac{1}{u}\right)^{n}}du\text{ 收敛}$$

Example 6.

$$\text{判断}\int_{\frac{2}{\pi}}^{\infty}\frac{u^{-2}}{\left(\sin\frac{1}{u}\right)^{n}}du \text{ 收敛或发散，}\forall n>1$$

【解】

令 $\frac{1}{u}=x$ 则 $-u^{-2}du=dx$，藉由变数代换法

$$\int_{\frac{2}{\pi}}^{\infty}\frac{u^{-2}}{\left(\sin\frac{1}{u}\right)^{n}}du=-\int_{\frac{\pi}{2}}^{0}\frac{x^{2}\cdot x^{-2}}{(\sin x)^{n}}dx=\int_{0}^{\frac{\pi}{2}}\frac{1}{(\sin x)^{n}}dx$$

令 $n>1$，藉由罗比达法则

$$\lim_{x\to 0^+}\frac{(\sin x)^{-\frac{1}{n}}}{x^{-\frac{1}{n}}}=\left(\lim_{x\to 0^+}\frac{\sin x}{x}\right)^{-\frac{1}{n}}=\left(\lim_{x\to 0^+}\frac{\sin x}{1}\right)^{-\frac{1}{n}}=1$$

$$\because\int_0^{\frac{\pi}{2}} x^{-\frac{1}{n}}dx=\left.\frac{x^{-\frac{1}{n}+1}}{-\frac{1}{n}+1}\right|_0^{\frac{\pi}{2}}=\left.\frac{x^{\frac{n-1}{n}}}{-\frac{1}{n}+1}\right|_0^{\frac{\pi}{2}}<\infty \qquad \therefore\int_0^{\frac{\pi}{2}} x^{-\frac{1}{n}}dx \text{ 收敛}$$

藉由 Quotient test 则 $\int_0^{\frac{\pi}{2}}\frac{dx}{(\sin x)^{\frac{1}{n}}}$ 收敛 $\therefore\int_{\frac{2}{\pi}}^{\infty}\frac{u^{-2}}{\left(\sin\frac{1}{u}\right)^n}du$ 收敛

Example 7.

判断 $\int_{\frac{4}{\pi}}^{\infty}\frac{u^{-2}}{\left(\tan\frac{1}{u}\right)^n}du$ 收敛或发散，$\forall n>1$

【解】

令 $\frac{1}{u}=x$ 则 $-u^{-2}du=dx$，藉由变数代换法

$$\int_{\frac{4}{\pi}}^{\infty}\frac{u^{-2}}{\left(\tan\frac{1}{u}\right)^n}du=-\int_{\frac{\pi}{4}}^{0}\frac{x^2\cdot x^{-2}}{(\tan x)^n}dx=\int_0^{\frac{\pi}{4}}\frac{1}{(\tan x)^n}dx$$

令 $n>1$，藉由罗比达法则

则 $\lim_{x\to 0^+}\frac{(\tan x)^{-\frac{1}{n}}}{x^{-\frac{1}{n}}}=\left(\lim_{x\to 0^+}\frac{\tan x}{x}\right)^{-\frac{1}{n}}=\left(\lim_{x\to 0^+}\frac{\sec^2 x}{1}\right)^{-\frac{1}{n}}=1$

$$\because\int_0^{\frac{\pi}{4}} x^{-\frac{1}{n}}dx=\left.\frac{x^{-\frac{1}{n}+1}}{-\frac{1}{n}+1}\right|_0^{\frac{\pi}{4}}=\left.\frac{x^{\frac{n-1}{n}}}{-\frac{1}{n}+1}\right|_0^{\frac{\pi}{4}}<\infty \qquad \therefore\int_0^{\frac{\pi}{4}} x^{-\frac{1}{n}}dx \text{ 收敛}$$

藉由 Quotient test 则 $\int_0^{\frac{\pi}{4}}\frac{dx}{(\tan x)^{\frac{1}{n}}}$ 收敛 $\therefore\int_{\frac{4}{\pi}}^{\infty}\frac{u^{-2}}{\left(\tan\frac{1}{u}\right)^n}du$ 收敛

Example 8.

$$\text{判断} \int_{\frac{2}{\pi}}^{1} \frac{u^{-2}}{\left(\cot\frac{1}{u}\right)^{n}} du \ \text{收敛或发,} \ \forall n > 1$$

【解】

令 $\dfrac{1}{u} = x$ 则 $-u^{-2}du = dx$，藉由变数代换法

$$\int_{\frac{2}{\pi}}^{1} \frac{u^{-2}}{\left(\cot\frac{1}{u}\right)^{n}} du = -\int_{\frac{\pi}{2}}^{1} \frac{x^2 \cdot x^{-2}}{(\cot x)^n} dx = \int_{1}^{\frac{\pi}{2}} \frac{1}{(\cot x)^n} dx$$

令 $n > 1$，藉由罗比达法则

$$\text{则} \lim_{x\to\frac{\pi}{2}^-} \frac{(\cot x)^{-\frac{1}{n}}}{(\frac{\pi}{2} - x)^{-\frac{1}{n}}} = \left(\lim_{x\to\frac{\pi}{2}^-} \frac{\cot x}{\frac{\pi}{2} - x}\right)^{-\frac{1}{n}} = \left(\lim_{x\to\frac{\pi}{2}^-} \frac{-\csc^2 x}{-1}\right)^{-\frac{1}{n}} = 1$$

$$\because \int_{1}^{\frac{\pi}{2}} (\frac{\pi}{2} - x)^{-\frac{1}{n}} dx = \left.\frac{(\frac{\pi}{2} - x)^{-\frac{1}{n}+1}}{-\frac{1}{n} + 1}\right|_{\frac{\pi}{2}}^{1} = \left.\frac{(\frac{\pi}{2} - x)^{\frac{n-1}{n}}}{-\frac{1}{n} + 1}\right|_{\frac{\pi}{2}}^{1} < \infty \quad \therefore \int_{\frac{\pi}{2}}^{1} (\frac{\pi}{2} - x)^{-\frac{1}{n}} dx \ \text{收敛}$$

藉由 Quotient test 则 $\displaystyle\int_{\frac{\pi}{2}}^{1} \frac{1}{(\cot x)^n} dx$ 收敛 $\quad \therefore \displaystyle\int_{\frac{2}{\pi}}^{1} \frac{u^{-2}}{\left(\cot\frac{1}{u}\right)^{n}} du$ 收敛

Example 9.

$$\text{判断} \int_{0}^{e} \sin(\ln x) \ln x \, dx \ \text{收敛或发散}$$

【解】

令 $u = \ln x$ 则 $\dfrac{dx}{x} = du \Rightarrow dx = e^u du$，藉由变数代换法

$$\int_{0}^{e} \sin(\ln x) \ln x \, dx = \int_{-\infty}^{1} u \, e^u \sin u \, du$$

令 $u = -v$ 则 $du = -dv$，藉由变数代换法

则 $\int_{-\infty}^{1} u\, e^{u} \sin u\, du = -\int_{\infty}^{-1} (-v) e^{-v} \sin(-v)\, dv = -\int_{-1}^{\infty} v e^{-v} \sin(-v)\, dv$

$\because \lim\limits_{v\to\infty} \dfrac{|ve^{-v}\sin(-v)|}{e^{-\frac{v}{2}}} = \lim\limits_{v\to\infty} \left|ve^{-\frac{v}{2}}\sin(-v)\right| = 0$ 且 $\int_{-1}^{\infty} e^{-\frac{v}{2}} dv$ 收敛

藉由 Quotient test 则 $\int_{-1}^{\infty} |ve^{-v}\sin(-v)| dv$ 收敛 $\therefore \int_{0}^{e} \sin(\ln x) \ln x\, dx$ 收敛

Example 10.

判断 $\int_{0}^{e} \cos(\ln x) \ln x\, dx$ 收敛或发散

【解】

令 $u = \ln x$ 则 $\dfrac{dx}{x} = du \Rightarrow dx = e^{u} du$，藉由变数代换法

$\int_{0}^{e} \cos(\ln x) \ln x\, dx = \int_{-\infty}^{1} u\, e^{u} \cos u\, du$

令 $u = -v$ 则 $du = -dv$，藉由变数代换法

则 $\int_{-\infty}^{1} u\, e^{u} \cos u\, du = -\int_{\infty}^{-1} (-v) e^{-v} \cos(-v)\, dv = -\int_{-1}^{\infty} v e^{-v} \cos(-v)\, dv$

$\because \lim\limits_{v\to\infty} \dfrac{|ve^{-v}\cos(-v)|}{e^{-\frac{v}{2}}} \lim\limits_{v\to\infty} \left|ve^{-\frac{v}{2}}\cos(-v)\right| = 0$ 且 $\int_{-1}^{\infty} e^{-\frac{v}{2}} dv$ 收敛

藉由 Quotient test 则 $\int_{-1}^{\infty} |ve^{-v}\cos(-v)| dv$ 收敛 $\therefore \int_{0}^{e} \cos(\ln x) \ln x\, dx$ 收敛

Example 11.

判断 $\int_{0}^{e} \ln x \tan^{-1}(\ln x)\, dx$ 收敛或发散

【解】

令 $u = \ln x$ 则 $\dfrac{dx}{x} = du \Rightarrow dx = e^{u} du$，藉由变数代换法

$\int_{0}^{e} \tan^{-1}(\ln x) \ln x\, dx = \int_{-\infty}^{1} u\, e^{u} \tan^{-1} u\, du$

令 $u = -v$ 则 $du = -dv$，藉由变数代换法

则 $\int_{-\infty}^{1} u\, e^{u} \tan^{-1} u\, du = -\int_{\infty}^{-1} (-v) e^{-v} \tan^{-1}(-v)\, dv = -\int_{-1}^{\infty} v e^{-v} \tan^{-1}(-v)\, dv$

$\because \lim\limits_{v\to\infty}\dfrac{|ve^{-v}\tan^{-1}(-v)|}{e^{-\frac{v}{2}}}\lim\limits_{v\to\infty}\left|ve^{-\frac{v}{2}}\tan^{-1}(-v)\right| = 0$ 且 $\int_{-1}^{\infty} e^{-\frac{v}{2}}dv$ 收敛

藉由 Quotient test 则 $\int_{-1}^{\infty}|ve^{-v}\tan^{-1}(-v)|dv$ 收敛 $\therefore \int_{0}^{e}\ln x\tan^{-1}(\ln x)\,dx$ 收敛

Example 12.

$$\text{判断} \int_0^{e^{-1}} \ln(u^{-1})\,du \text{ 收敛或发散}$$

【解】

令 $u = e^{-x}$ 则 $du = -e^{-x}dx$，藉由变数代换法

$\therefore \int_0^{e^{-1}} \ln(u^{-1})\,du = -\int_\infty^1 xe^{-x}dx = \int_1^\infty xe^{-x}dx$

$\because \lim\limits_{x\to\infty}\dfrac{xe^{-x}}{e^{-\frac{x}{2}}} = 0$ 且 $\int_1^\infty e^{-\frac{x}{2}}dx$ 收敛

藉由 Quotient test 则 $\int_1^\infty xe^{-x}dx$ 收敛 $\therefore \int_0^{e^{-1}} \ln(u^{-1})\,du$ 收敛

Example 13.

$$\text{判断} \int_0^{e^{-1}} \ln(u^{-1})\sin\ln(u^{-1})\,du \text{ 收敛或发散}$$

【解】

令 $u = e^{-x}$ 则 $du = -e^{-x}dx$，藉由变数代换法

$\therefore \int_0^{e^{-1}} \ln(u^{-1})\sin\ln(u^{-1})\,du = -\int_\infty^1 xe^{-x}\sin x\,dx = \int_1^\infty xe^{-x}\sin x\,dx$

$\because \lim\limits_{x\to\infty}\dfrac{|xe^{-x}\sin x|}{e^{-\frac{x}{2}}} = 0$ 且 $\int_1^\infty e^{-\frac{x}{2}}dx$ 收敛

藉由 Quotient test 则 $\int_1^\infty |xe^{-x}\sin x|dx$ 收敛 $\therefore \int_0^{e^{-1}} \ln(u^{-1})\sin\ln(u^{-1})\,du$ 收敛

Example 14.

$$判断\int_0^{e^{-1}} \ln\ln(u^{-1})\,du \text{ 收敛或发散}$$

【解】

令 $u = e^{-x}$ 则 $du = -e^{-x}dx$，藉由变数代换法

$$\therefore \int_0^{e^{-1}} \ln\ln(u^{-1})\,du = -\int_\infty^1 e^{-x}\ln x dx = \int_1^\infty e^{-x}\ln x dx$$

$$\because \lim_{x\to\infty}\frac{|e^{-x}\ln x|}{e^{-\frac{x}{2}}} = 0 \text{ 且 } \int_1^\infty e^{-\frac{x}{2}}dx \text{ 收敛}$$

藉由 Quotient test 则 $\int_1^\infty |e^{-x}\ln x|dx$ 收敛 $\therefore \int_0^{e^{-1}} \ln\ln(u^{-1})\,du$ 收敛

Example 15.

$$判断\int_0^{e^{-1}} \cos\ln(u^{-1})\ln\ln(u^{-1})\,du \text{ 收敛或发散}$$

【解】

令 $u = e^{-x}$ 则 $du = -e^{-x}dx$，藉由变数代换法

$$\therefore \int_0^{e^{-1}} \cos\ln(u^{-1})\ln\ln(u^{-1})\,du = -\int_\infty^1 \cos x\, e^{-x}\ln x dx = \int_1^\infty \cos x\, e^{-x}\ln x dx$$

$$\because \lim_{x\to\infty}\frac{|\cos x\, e^{-x}\ln x|}{e^{-\frac{x}{2}}} = 0 \text{ 且 } \int_1^\infty e^{-\frac{x}{2}}dx \text{ 收敛}$$

藉由 Quotient test $\int_1^\infty |\cos x\, e^{-x}\ln x|dx$ 收敛 $\therefore \int_0^{e^{-1}} \cos\ln(u^{-1})\ln\ln(u^{-1})\,du$ 收敛

Example 16.

判断 $\displaystyle\int_0^{e^{-1}} \sinh^{-1}(\ln u^{-1})\,du$ 收敛或发散

【解】

令 $u = e^{-x}$ 则 $du = -e^{-x}dx$，藉由变数代换法

$$\therefore \int_0^{e^{-1}} \sinh^{-1}(\ln u^{-1})\,du = -\int_\infty^1 e^{-x}\sinh^{-1}x\,dx = \int_1^\infty e^{-x}\sinh^{-1}x\,dx$$

$\because \displaystyle\lim_{x\to\infty}\frac{|e^{-x}\sinh^{-1}x|}{e^{-\frac{x}{2}}} = 0$ 且 $\displaystyle\int_1^\infty e^{-\frac{x}{2}}dx$ 收敛

藉由 Quotient test 则 $\displaystyle\int_1^\infty |e^{-x}\sinh^{-1}x|dx$ 收敛 $\quad\therefore \displaystyle\int_0^{e^{-1}} \sinh^{-1}(\ln u^{-1})\,du$ 收敛

5.4.4.5 先用分部积分法再用 Comparison Test

考试类型:

Type 1.

判断第一类型瑕积分 $\displaystyle\int_0^\infty u(x)v'(x)dx$ 收敛或发散

解题流程:

Step1.

藉由分部积分 $\displaystyle\int_a^b u(x)v'(x)dx = u(x)v(x)|_{x=a}^{x=b} - \int_a^b u'(x)v(x)dx$

Step2.

$$\therefore \int_0^\infty u(x)v'(x)dx = \lim_{a\to0,b\to\infty}\int_a^b u(x)v'(x)dx = \lim_{a\to0,b\to\infty}\left(u(x)v(x)|_{x=a}^{x=b} - \int_a^b u'(x)v(x)dx\right)$$

Step3.

假设 $\displaystyle\lim_{a\to0,b\to\infty} u(x)v(x)|_{x=a}^{x=b}$ 存在且 $u'(x)v(x) \ge 0,\ \forall x > 0$

Step4.

说明 $\displaystyle\int_0^\infty u(x)v'(x)dx$ 收敛时,找 $h(x)$ 使得 $0 \le u'(x)v(x) \le h(x), \forall x \in (0,\infty)$

藉由 Comparison Test, $\lim_{a\to 0,b\to\infty}\int_a^b h(x)dx$ 收敛 $\Rightarrow \int_0^\infty u(x)v'(x)dx$ 收敛

Step5.

说明 $\int_0^\infty u(x)v'(x)dx$ 发散时,找 $h(x)$ 使得 $0\le h(x)\le u'(x)v(x)$, $\forall x\in(0,\infty)$

藉由 Comparison Test, $\lim_{a\to 0,b\to\infty}\int_a^b h(x)dx$ 发散 $\Rightarrow \int_0^\infty u(x)v'(x)dx$ 发散

Type 2.

判断第二类型瑕积分 $\int_a^b u(x)v'(x)dx$ 收敛或发散,其中 $u(a)v'(a)=\infty$ 或 $u(b)v'(b)=\infty$

解题流程:

Step1.

藉由分部积分则 $\int_a^b u(x)v'(x)dx = u(x)v(x)|_{x=a}^{x=b} - \int_a^b u'(x)v(x)dx$

Step2.

假设 $u(x)v(x)|_{x=a}^{x=b}$ 存在且 $u'(x)v(x)\ge 0$, $\forall x>0$

Step3.

说明 $\int_a^b u(x)v'(x)dx$ 收敛时,找 $h(x)$ 使得 $0\le u'(x)v(x)\le h(x)$, $\forall x\in(a,b)$

藉由 Comparison Test, $\int_a^b h(x)dx$ 收敛 $\Rightarrow \int_a^b u(x)v'(x)dx$ 收敛

Step4.

说明 $\int_a^b u(x)v'(x)dx$ 发散时,找 $h(x)$ 使得 $0\le h(x)\le u'(x)v(x)$, $\forall x\in(a,b)$

藉由 Comparison Test, $\int_a^b h(x)dx$ 发散 $\Rightarrow \int_a^b u(x)v'(x)dx$ 发散

Example 1.

Prove $\int_0^\infty \frac{\sin x}{x}dx$ converges

【解】

令 $g(x)=\dfrac{\sin x}{x}$, $\forall x\in(0,1]$ 且 $g(0)=1$ 则 $g(x)$ is continuous on $(0,1]$

$\because \lim\limits_{x\to 0^+} g(x)=\lim\limits_{x\to 0^+}\dfrac{\sin x}{x}=1$ $\therefore g(x)$ is continuous at $x=0$

$\Rightarrow g(x)=\dfrac{\sin x}{x}$ is continuous on $[0,1]$ $\therefore \displaystyle\int_0^1 \frac{\sin x}{x}dx$ 收敛

Claim: $\displaystyle\int_1^\infty \frac{\sin x}{x}dx$收敛

令$u=\dfrac{1}{x}$, $dv=\sin x\,dx$ 则 $du=-\dfrac{dx}{x^2}$, $v=-\cos x$, 藉由 Integration by parts

$$\therefore \int_1^a \frac{\sin x}{x}dx=\frac{-\cos x}{x}\bigg|_1^a-\int_1^a \frac{\cos x}{x^2}dx=-\left(\frac{\cos a}{a}-\cos 1\right)-\int_1^a \frac{\cos x}{x^2}dx$$

$$\therefore \lim_{a\to\infty}\int_1^a \frac{\sin x}{x}dx=\lim_{a\to\infty}-\left(\frac{\cos a}{a}-\cos 1\right)-\int_1^a \frac{\cos x}{x^2}dx=\cos 1-\int_1^\infty \frac{\cos x}{x^2}dx$$

$\because \left|\dfrac{\cos x}{x^2}\right|<\dfrac{1}{x^2}$, $\forall x>1$ 且 $\displaystyle\int_1^\infty \frac{1}{x^2}dx$ 收敛

藉由 Comparison Test 则 $\displaystyle\int_1^\infty \left|\frac{\cos x}{x^2}\right|dx$ 收敛 $\therefore \displaystyle\int_1^\infty \frac{\cos x}{x^2}dx$ 收敛 $\Rightarrow \displaystyle\int_1^\infty \frac{\sin x}{x}dx$收敛

Example 2.

判断 $\displaystyle\int_1^\infty e^{-x}\ln x\,dx$ 收敛或发散

【解】

令 $u=\ln x$, $dv=e^{-x}dx$ 则 $du=x^{-1}dx$, $v=-e^{-x}$, 藉由 Integration by parts

则 $\int_1^\infty e^{-x}\ln x\,dx = -e^{-x}\ln x|_1^\infty + \int_1^\infty e^{-x}x^{-1}dx = \int_1^\infty e^{-x}x^{-1}dx$

$\because e^{-x}x^{-1} < e^{-x}$，$\forall x > 1$ 且 $\int_1^\infty e^{-x}dx$ 收敛

藉由 Comparison Test 则 $\int_1^\infty e^{-x}x^{-1}dx$ 收敛 $\therefore \int_1^\infty e^{-x}\ln x\,dx$ 收敛

Example 3.

判断 $\int_1^\infty e^{-x}\ln(2+e^x)\,dx$ 收敛或发散

【解】

令$u = \ln(2+e^x)$，$dv = e^{-x}dx$ 则 $du = \dfrac{e^x dx}{2+e^x}$，$v = -e^{-x}$

藉由 Integration by parts 则 $\int_1^\infty e^{-x}\ln(2+e^x)\,dx$

$$= -e^{-x}\ln(2+e^x)|_1^\infty + \int_1^\infty \frac{1}{2+e^x}dx = e^{-1}\ln(2+e) + \int_1^\infty \frac{1}{2+e^x}dx$$

$\because \dfrac{1}{2+e^x} < \dfrac{1}{e^x}$，$\forall x > 1$ 且 $\int_1^\infty e^{-x}dx < \infty$

$\therefore$ 藉由 Comparison Test 则 $\int_1^\infty \dfrac{1}{2+e^x}dx$ 收敛 $\therefore \int_1^\infty e^{-x}\ln(2+e^x)\,dx$ 收敛

Example 4.

判断 $\int_1^\infty \dfrac{\cos x}{\sqrt{x}}dx$ 收敛或发散

【解】

令$s = \frac{1}{\sqrt{x}}$, $dt = \cos x dx$ 则 $ds = \frac{-x^{-\frac{3}{2}}}{2}dx$, $t = \sin x$，藉由 Integration by parts

则 $\int_1^\infty \frac{\cos x}{\sqrt{x}}dx = \frac{\sin x}{\sqrt{x}}\Big|_1^\infty + \frac{1}{2}\int_1^\infty x^{-\frac{3}{2}}\sin x\, dx = -\sin 1 + \frac{1}{2}\int_1^\infty x^{-\frac{3}{2}}\sin x\, dx$

$\because \left|x^{-\frac{3}{2}}\sin x\right| < x^{-\frac{3}{2}}, \ \forall x > 1$ 且 $\int_1^\infty x^{-\frac{3}{2}}du$ 收敛

藉由 Comparison Test 则 $\int_1^\infty x^{-\frac{3}{2}}\sin x\, dx$ 收敛 $\therefore \int_1^\infty \frac{\cos x}{\sqrt{x}}dx$ 收敛

Example 5.

判断 $\int_1^\infty \frac{\cos x}{x}dx$ 收敛或发散

【解】

令$s = x^{-1}$, $dt = \cos x dx$ 则 $ds = -\frac{dx}{x^2}$, $t = \sin x$，藉由 Integration by parts

则 $\int_1^\infty x^{-1}\cos x\, dx = x^{-1}\sin x|_1^\infty + \int_1^\infty x^{-2}\sin x\, dx = -\sin 1 + \int_1^\infty x^{-2}\sin x\, dx$

$\because |x^{-2}\sin x| < x^{-2}, \ \forall x > 1$ 且 $\int_1^\infty x^{-2}du$ 收敛

藉由 Comparison Test 则 $\int_1^\infty x^{-2}\sin x\, dx$ 收敛 $\therefore \int_1^\infty \frac{\cos x}{x}dx$ 收敛

Example 6.

判断 $\int_{1}^{\infty} e^{-x}\operatorname{csch}^{-1} x\, dx$ 收敛或发散

【解】

令$s = \operatorname{csch}^{-1} x$，$dt = e^{-x}dx$ 则 $ds = \dfrac{-dx}{x\sqrt{1+x^2}}$，$t = -e^{-x}$

藉由 Integration by parts,

$$\text{则} \int_{1}^{\infty} e^{-x}\operatorname{csch}^{-1} x\, dx = -e^{-x}\cdot\operatorname{csch}^{-1} x\Big|_1^{\infty} - \int_{1}^{\infty} \frac{e^{-x}}{x\sqrt{1+x^2}}dx$$

$$= -e^{-x}\ln\left(\frac{1+\sqrt{1+x^2}}{x}\right)\Bigg|_1^{\infty} - \int_{1}^{\infty} \frac{e^{-x}dx}{x\sqrt{1+x^2}} = e^{-1}\ln\left(1+\sqrt{2}\right) - \int_{1}^{\infty} \frac{e^{-x}dx}{x\sqrt{1+x^2}}$$

$\because \dfrac{e^{-x}}{x\sqrt{1+x^2}} < e^{-x}$，$\forall x > 1$ 且 $\int_{1}^{\infty} e^{-x}dx$ 收敛

藉由 Comparison Test 则 $\int_{1}^{\infty} \dfrac{e^{-x}}{x\sqrt{1+x^2}}dx$ 收敛 $\therefore \int_{1}^{\infty} e^{-x}\operatorname{csch}^{-1} x\, dx$ 收敛

Example 7.

判断 $\int_{1}^{\infty} x^{-p}\operatorname{csch}^{-1} x\, dx$ 收敛或发散，$\forall p > 1$

【解】

令$p > 1$，$s = \operatorname{csch}^{-1} x$，$dt = x^{-p}dx$ 则 $ds = \dfrac{-1}{x\sqrt{1+x^2}}dx$，$t = \dfrac{x^{1-p}}{1-p}$

藉由 Integration by parts,

$$\text{则} \int_{1}^{\infty} x^{-p}\operatorname{csch}^{-1} x\, dx = \frac{x^{1-p}\operatorname{csch}^{-1} x}{1-p}\Bigg|_1^{\infty} + \frac{1}{(1-p)}\int_{1}^{\infty} \frac{x^{-p}}{\sqrt{1+x^2}}dx$$

$$= \left.\frac{x^{1-p}\ln\left(\frac{1+\sqrt{1+x^2}}{x}\right)}{1-p}\right|_1^{\infty} + \frac{1}{(1-p)}\int_1^{\infty}\frac{x^{-p}}{\sqrt{1+x^2}}dx = \frac{\ln 1+\sqrt{2}}{p-1} + \frac{1}{(1-p)}\int_1^{\infty}\frac{x^{-p}}{\sqrt{1+x^2}}dx$$

$\because \frac{x^{-p}}{\sqrt{1+x^2}} < x^{-p}$, $\forall x > 1$ 且 $\int_1^{\infty} x^{-p}dx$ 收敛, $\forall p > 1$

藉由 Comparison Test 则 $\int_1^{\infty}\frac{x^{-p}}{\sqrt{1+x^2}}dx$ 收敛 $\therefore \int_1^{\infty} x^{-p}\operatorname{csch}^{-1}x\,dx$ 收敛

Example 8.

判断 $\int_1^{\infty} e^{-x}\sinh^{-1}x\,dx$ 收敛或发散

【解】

令$s = \sinh^{-1}x$，$dt = e^{-x}dx$ 则 $ds = \frac{1}{\sqrt{1+x^2}}dx$, $t = -e^{-x}$

藉由 Integration by parts,

则 $\int_1^{\infty} e^{-x}\sinh^{-1}x\,dx = -\left.\frac{\sinh^{-1}x}{e^x}\right|_1^{\infty} + \int_1^{\infty}\frac{e^{-x}dx}{\sqrt{1+x^2}} = \frac{\sinh^{-1}1}{e} + \int_1^{\infty}\frac{e^{-x}dx}{\sqrt{1+x^2}}$

$\because \frac{e^{-x}}{\sqrt{1+x^2}} < e^{-x}$, $\forall x > 1$ 且 $\int_1^{\infty} e^{-x}dx$ 收敛

藉由 Comparison Test 则 $\int_1^{\infty}\frac{e^{-x}}{\sqrt{1+x^2}}dx$ 收敛 $\therefore \int_1^{\infty} e^{-x}\sinh^{-1}x\,dx$ 收敛

Example 9.

判断 $\int_1^{\infty} x^{-p}\sinh^{-1}x\,dx$ 收敛或发散, $\forall p > 1$

【解】

令$p>1$，$s=\sinh^{-1}x$，$dt=x^{-p}dx$ 则 $ds=\dfrac{1}{\sqrt{1+x^2}}dx$，$t=\dfrac{x^{1-p}}{1-p}$

藉由 Integration by parts,

$$\text{则}\int_1^{\infty} x^{-p}\sinh^{-1}x\,dx=\left.\frac{x^{1-p}\sinh^{-1}x}{1-p}\right|_1^{\infty}+\frac{1}{1-p}\int_1^{\infty}\frac{x^{1-p}}{\sqrt{1+x^2}}dx$$

$$=\frac{\sinh^{-1}1}{p-1}+\frac{1}{1-p}\int_1^{\infty}\frac{x^{1-p}}{\sqrt{1+x^2}}dx$$

$\because \dfrac{x^{1-p}}{\sqrt{1+x^2}}<x^{-p}$，$\forall x>1$ 且 $\displaystyle\int_1^{\infty}x^{-p}dx$ 收敛，$\forall p>1$

藉由 Comparison Test 则 $\displaystyle\int_1^{\infty}\frac{x^{1-p}}{\sqrt{1+x^2}}dx$ 收敛 $\therefore \displaystyle\int_1^{\infty}x^{-p}\sinh^{-1}x\,dx$ 收敛

Example 10.

判断 $\displaystyle\int_1^{\infty}(3+x)^{-p}\ln x\,dx$ 收敛或发散，$\forall p>1$

【解】

令$s=\ln x$，$dt=(3+x)^{-p}dx$ 则 $ds=\dfrac{dx}{x}$，$t=\dfrac{(3+x)^{1-p}}{1-p}$

藉由 Integration by parts,

$$\text{则}\int_1^{\infty}(3+x)^{-p}\ln x\,dx=\left.\frac{(3+x)^{1-p}\ln x}{1-p}\right|_1^{\infty}-\int_1^{\infty}\frac{(3+x)^{-p}}{(1-p)x}dx=-\int_1^{\infty}\frac{(3+x)^{-p}}{(1-p)x}dx$$

$\because \dfrac{(3+x)^{-p}}{x}<x^{-p-1}$，$\forall x>1$ 且 $\displaystyle\int_1^{\infty}x^{-p-1}dx$ 收敛，$\forall p>1$

藉由 Comparison Test 则 $\int_1^\infty \frac{(3+x)^{-p}}{(1-p)x}dx$ 收敛 $\therefore \int_1^\infty (3+x)^{-p}\ln x\,dx$ 收敛

5.4.4.6 先用分部积分法再用 Quotient Test

考试类型:

Type 1.

判断第一类型瑕积分 $\int_0^\infty u(x)v'(x)dx$ 收敛或发散

解题流程:

Step1.

藉由分部积分法 $\int_a^b u(x)v'(x)dx = u(x)v(x)|_{x=a}^{x=b} - \int_a^b u'(x)v(x)dx$

Step2.

$\therefore \int_0^\infty u(x)v'(x)dx = \lim\limits_{a\to 0,b\to\infty}\int_a^b u(x)v'(x)dx = \lim\limits_{a\to 0,b\to\infty}\left(u(x)v(x)|_{x=a}^{x=b} - \int_a^b u'(x)v(x)dx\right)$

Step3.

假设 $\lim\limits_{a\to 0,b\to\infty} u(x)v(x)|_{x=a}^{x=b}$ 存在且 $u'(x)v(x)\geq 0,\ \forall x>0$

Step4.

找 $h(x)\geq 0$ 使得 $\lim\limits_{x\to\infty}\frac{u'(x)v(x)}{h(x)} = L\in(0,\infty)$

藉由 Quotient Test 若 $\lim\limits_{a\to 0,b\to\infty}\int_a^b h(x)dx$ 收敛(发散) 则 $\int_0^\infty u(x)v'(x)dx$ 收敛(发散)

Type 2.

判断第二类型瑕积分 $\int_a^b u(x)v'(x)dx$ 收敛或发散, 其中 $u(a)v'(a)=\infty$

解题流程:

Step1.

藉由分部积分法则 $\int_a^b u(x)v'(x)dx = u(x)v(x)|_{x=a}^{x=b} - \int_a^b u'(x)v(x)dx$

Step2.

假设$u(x)v(x)|_{x=a}^{x=b}$ 存在 且 $u'(x)v(x) \geq 0,\ \ \forall x \in (a,b)$

Step3.

找 $h(x) \geq 0$ 使得 $\lim\limits_{x\to a}\dfrac{u'(x)v(x)}{h(x)} = L \in (0,\infty)$

藉由 Quotient Test, 若 $\int_a^b h(x)dx$ 收敛(发散) 则 $\int_a^b u(x)v'(x)dx$ 收敛(发散)

Example 1.

$$\text{Prove } \int_0^\infty \frac{\sin x}{x}dx \ \text{ converges}$$

【解】

令 $g(x) = \dfrac{\sin x}{x}$ 且 $g(0) = 1$ 则 $g(x)$ is continuous on$(0,1]$

$\because \lim\limits_{x\to 0^+} g(x) = \lim\limits_{x\to 0^+}\dfrac{\sin x}{x} = 1 \qquad \therefore g(x)$ is continuous at $x = 0$

$\Rightarrow g(x) = \dfrac{\sin x}{x}$ is continuous on $[0,1] \qquad \therefore \int_0^1 \dfrac{\sin x}{x}dx$ 收敛

Claim: $\int_1^\infty \dfrac{\sin x}{x}dx$ 收敛

令$u = \dfrac{1}{x},\ \ dv = \sin x\, dx$ 则 $du = -x^{-2}dx,\ \ v = -\cos x$

藉由 Integration by parts,

$$\therefore \int_1^a \frac{\sin x}{x}dx = \frac{-\cos x}{x}\Big|_1^a - \int_1^a \frac{\cos x}{x^2}dx = -\left(\frac{\cos a}{a} - \cos 1\right) - \int_1^a \frac{\cos x}{x^2}dx$$

$$\therefore \lim_{a\to\infty}\int_1^a \frac{\sin x}{x}dx = \lim_{a\to\infty} -\left(\frac{\cos a}{a} - \cos 1\right) - \int_1^a \frac{\cos x}{x^2}dx = \cos 1 - \int_1^\infty \frac{\cos x}{x^2}dx$$

$$\because \lim_{x\to\infty}\frac{\frac{\cos x}{x^2}}{\frac{1}{x^{\frac{3}{2}}}}=\lim_{x\to\infty}\frac{\cos x}{x^{\frac{1}{2}}}=0 \text{ and } \int_1^\infty x^{-\frac{3}{2}}dx \text{ 收斂}$$

藉由 Quotient Test 則 $\int_1^\infty \frac{\cos x}{x^2}dx$ 收斂 $\therefore \int_1^\infty \frac{\sin x}{x}dx$收斂 $\Rightarrow \int_0^\infty \frac{\sin x}{x}dx$ 收斂

Example 2.

判斷$\int_1^\infty e^{-x}\ln x\,dx$ 收斂或發散

【解】

令 $u=\ln x$，$dv=e^{-x}dx$ 則 $du=\frac{dx}{x}$，$v=-e^{-x}$，藉由 Integration by parts

則 $\int_1^\infty e^{-x}\ln x\,dx=-e^{-x}\ln x|_1^\infty+\int_1^\infty e^{-x}x^{-1}dx=\int_1^\infty e^{-x}x^{-1}dx$

$$\because \lim_{x\to\infty}\frac{e^{-x}x^{-1}}{e^{-x}}=0 \text{ and } \int_1^\infty e^{-x}dx \text{ 收斂}$$

藉由 Quotient Test 則 $\int_1^\infty e^{-x}x^{-1}dx$ 收斂 $\therefore \int_1^\infty e^{-x}\ln x\,dx$ 收斂

Example 3.

判斷$\int_1^\infty e^{-x}\ln(2+e^x)\,dx$ 收斂或發散

【解】

令$u=\ln(2+e^x)$，$dv=e^{-x}dx$ 則 $du=\frac{e^x}{2+e^x}dx$，$v=-e^{-x}$

藉由 Integration by parts,

则 $\int_1^\infty e^{-x}\ln(2+e^x)\,dx = -\frac{\ln(2+e^x)}{e^x}\Big|_1^\infty + \int_1^\infty \frac{dx}{2+e^x} = \frac{\ln(2+e)}{e} + \int_1^\infty \frac{dx}{2+e^x}$

$\because \lim_{x\to\infty} \frac{\frac{1}{2+e^x}}{\frac{1}{e^x}} = 0$ and $\int_1^\infty e^{-x}dx$ 收敛

藉由 Quotient Test 则 $\int_1^\infty \frac{1}{2+e^x}dx$ 收敛 $\therefore \int_1^\infty e^{-x}\ln(2+e^x)\,dx$ 收敛

Example 4.

判断 $\int_1^\infty \frac{\cos x}{\sqrt{x}}dx$ 收敛或发散

【解】

令$s = \frac{1}{\sqrt{x}}$，$dt = \cos x dx$ 则 $ds = \frac{-x^{-\frac{3}{2}}dx}{2}$，$t = \sin x$，藉由分部积分法

则 $\int_1^\infty \frac{\cos x}{\sqrt{x}}dx = \frac{\sin x}{\sqrt{x}}\Big|_1^\infty + \frac{1}{2}\int_1^\infty x^{-\frac{3}{2}}\sin x\,dx = -\sin 1 + \frac{1}{2}\int_1^\infty x^{-\frac{3}{2}}\sin x\,dx$

$\because \lim_{x\to\infty} \frac{x^{-\frac{3}{2}}\sin x}{x^{-\frac{5}{4}}} = \lim_{x\to\infty} x^{-\frac{1}{4}}\sin x = 0$ and $\int_1^\infty x^{-\frac{5}{4}}dx$ 收敛

藉由 Quotient Test 则 $\int_1^\infty x^{-\frac{3}{2}}\sin x\,dx$ 收敛 $\therefore \int_1^\infty \frac{\cos x}{\sqrt{x}}dx$ 收敛

Example 5.

判断 $\int_1^\infty \frac{\cos x}{x}dx$ 收敛或发散

【解】

令$s = x^{-1}$，$dt = \cos x dx$ 则 $ds = -\dfrac{dx}{x^2}$，$t = \sin x$，藉由分部积分法

则 $\int_1^\infty x^{-1}\cos x\,dx = x^{-1}\sin x|_1^\infty + \int_1^\infty x^{-2}\sin x\,dx = -\sin 1 + \int_1^\infty x^{-2}\sin x\,dx$

$\because \lim_{x\to\infty}\dfrac{x^{-2}\sin x}{x^{-\frac{5}{4}}} = \lim_{x\to\infty} x^{-\frac{3}{4}}\sin x = 0$ and $\int_1^\infty x^{-\frac{5}{4}}dx$ 收敛

藉由 Quotient Test 则 $\int_1^\infty x^{-2}\sin x\,dx$ 收敛 $\therefore \int_1^\infty \dfrac{\cos x}{x}dx$ 收敛

Example 6.

判断 $\int_1^\infty e^{-x}\operatorname{csch}^{-1}x\,dx$ 收敛或发散

【解】

令$s = \operatorname{csch}^{-1}x$，$dt = \dfrac{dx}{e^x}$ 则 $ds = \dfrac{-dx}{x\sqrt{1+x^2}}$，$t = -e^{-x}$，藉由分部积分法

则 $\int_1^\infty e^{-x}\operatorname{csch}^{-1}x\,dx = -e^{-x}\cdot\operatorname{csch}^{-1}x|_1^\infty - \int_1^\infty \dfrac{e^{-x}}{x\sqrt{1+x^2}}dx$

$= -e^{-x}\cdot\ln\left(\dfrac{1+\sqrt{1+x^2}}{x}\right)\Bigg|_1^\infty - \int_1^\infty \dfrac{e^{-x}dx}{x\sqrt{1+x^2}} = e^{-1}\ln(1+\sqrt{2}) - \int_1^\infty \dfrac{e^{-x}dx}{x\sqrt{1+x^2}}$

$\because \lim_{x\to\infty}\dfrac{\frac{e^{-x}}{x\sqrt{1+x^2}}}{e^{-x}} = \lim_{x\to\infty}\dfrac{1}{x\sqrt{1+x^2}} = 0$ and $\int_1^\infty e^{-x}dx$ 收敛

藉由 Quotient Test 则 $\int_1^\infty \dfrac{e^{-x}}{x\sqrt{1+x^2}}dx$ 收敛 $\therefore \int_1^\infty e^{-x}\operatorname{csch}^{-1}x\,dx$ 收敛

Example 7.

判断 $\int_1^\infty x^{-p}\operatorname{csch}^{-1}x\,dx$ 收敛或发散，$\forall p>1$

【解】

令$p>1$，$s=\operatorname{csch}^{-1}x$，$dt=x^{-p}dx$ 则 $ds=\dfrac{-1}{x\sqrt{1+x^2}}dx$，$t=\dfrac{x^{1-p}}{1-p}$

藉由 Integration by parts,

$$\text{则}\int_1^\infty x^{-p}\operatorname{csch}^{-1}x\,dx=\left.\frac{x^{1-p}\operatorname{csch}^{-1}x}{1-p}\right|_1^\infty+\frac{1}{(1-p)}\int_1^\infty\frac{x^{-p}}{\sqrt{1+x^2}}dx$$

$$=\left.\frac{x^{1-p}\ln\left(\frac{1+\sqrt{1+x^2}}{x}\right)}{1-p}\right|_1^\infty+\frac{1}{(1-p)}\int_1^\infty\frac{x^{-p}}{\sqrt{1+x^2}}dx=\frac{\ln(1+\sqrt{2})}{p-1}+\frac{1}{(1-p)}\int_1^\infty\frac{x^{-p}}{\sqrt{1+x^2}}dx$$

$$\because\lim_{x\to\infty}\frac{\frac{x^{-p}}{\sqrt{1+x^2}}}{x^{-p}}=\lim_{x\to\infty}\frac{1}{\sqrt{1+x^2}}=0\quad\text{and}\quad\int_1^\infty x^{-p}dx\ \text{收敛，}\forall p>1$$

藉由 Quotient Test 则 $\int_1^\infty\frac{x^{-p}}{\sqrt{1+x^2}}dx$ 收敛 $\therefore\int_1^\infty x^{-p}\operatorname{csch}^{-1}x\,dx$ 收敛

Example 8.

判断 $\int_1^\infty e^{-x}\sinh^{-1}x\,dx$ 收敛或发散

【解】

令$s=\sinh^{-1}x$，$dt=\dfrac{dx}{e^x}$ 则 $ds=\dfrac{dx}{\sqrt{1+x^2}}$，$t=-e^{-x}$，藉由分部积分法

$$\text{则}\int_1^\infty e^{-x}\sinh^{-1}x\,dx=-\left.\frac{\sinh^{-1}x}{e^x}\right|_1^\infty+\int_1^\infty\frac{e^{-x}dx}{\sqrt{1+x^2}}=\frac{\sinh^{-1}1}{e}+\int_1^\infty\frac{e^{-x}dx}{\sqrt{1+x^2}}$$

$$\because\lim_{x\to\infty}\frac{\frac{e^{-x}}{\sqrt{1+x^2}}}{e^{-x}}=\lim_{x\to\infty}\frac{1}{\sqrt{1+x^2}}=0\quad\text{and}\quad\int_1^\infty e^{-x}dx\ \text{收敛}$$

藉由 Quotient Test 则 $\int_1^{\infty} \frac{e^{-x}}{\sqrt{1+x^2}} dx$ 收敛 $\therefore \int_1^{\infty} e^{-x} \sinh^{-1} x \, dx$ 收敛

Example 9.

判断 $\int_1^{\infty} x^{-p} \sinh^{-1} x \, dx$ 收敛或发散，$\forall p > 1$

【解】

令$p > 1$，$s = \sinh^{-1} x$，$dt = x^{-p} dx$ 则 $ds = \frac{1}{\sqrt{1+x^2}} dx$，$t = \frac{x^{1-p}}{1-p}$

藉由 Integration by parts,

$$\text{则} \int_1^{\infty} x^{-p} \sinh^{-1} x \, dx = \left. \frac{x^{1-p} \sinh^{-1} x}{1-p} \right|_1^{\infty} - \frac{1}{1-p} \int_1^{\infty} \frac{x^{1-p}}{\sqrt{1+x^2}} dx$$

$$= \frac{\sinh^{-1} 1}{p-1} - \frac{1}{1-p} \int_1^{\infty} \frac{x^{1-p}}{\sqrt{1+x^2}} dx$$

$$\because \lim_{x \to \infty} \frac{\frac{x^{1-p}}{\sqrt{1+x^2}}}{x^{-p}} = \lim_{x \to \infty} \frac{x}{\sqrt{1+x^2}} = 1 \text{ and } \int_1^{\infty} x^{-p} dx \text{ 收敛，} \forall p > 1$$

藉由 Quotient Test 则 $\int_1^{\infty} \frac{x^{1-p}}{\sqrt{1+x^2}} dx$ 收敛 $\therefore \int_1^{\infty} x^{-p} \sinh^{-1} x \, dx$ 收敛

Example 10.

判断 $\int_1^{\infty} (3+x)^{-p} \ln x \, dx$ 收敛或发散，$\forall p > 1$

【解】

令$p > 1$，$s = \ln x$，$dt = (3+x)^{-p} dx$ 则 $ds = \frac{1}{x} dx$，$t = \frac{(3+x)^{1-p}}{1-p}$

藉由 Integration by parts,

则 $\int_1^{\infty}(3+x)^{-p}\ln x\,dx=\left.\frac{(3+x)^{1-p}\ln x}{1-p}\right|_1^{\infty}-\int_1^{\infty}\frac{(3+x)^{-p}dx}{x(1-p)}=-\int_1^{\infty}\frac{(3+x)^{-p}dx}{x(1-p)}$

$\because \lim_{x\to\infty}\frac{\frac{(3+x)^{-p}}{x(1-p)}}{\frac{x^{-p}}{1-p}}=0$ and $\frac{1}{1-p}\int_1^{\infty}x^{-p}dx$ 收敛，$\forall p>1$

藉由 Quotient Test 则 $\int_1^{\infty}\frac{(3+x)^{-p}dx}{x(1-p)}$ 收敛 $\quad\therefore \int_1^{\infty}(3+x)^{-p}\ln x\,dx$ 收敛

5.4.4.7 先作变数代换再用分部积分法+Comparison Test

考试类型:

Type 1.

判断第一类瑕积分 $\int_0^{\infty}f(g(x))g'(x)\,dx$ 收敛或发散，其中 $f(x)\geq$，$g'(x)\geq 0$，$\forall x\geq 0$

解题流程:

Step1.

令$u=g(x)$ 则 $du=g'(x)dx$，藉由变换变数法则 $\int_a^b f(g(x))g'(x)\,dx=\int_{g(a)}^{g(b)}f(u)du$

Step2.

$\therefore \int_0^{\infty}f(g(x))g'(x)\,dx=\lim_{a\to 0,b\to\infty}\int_a^b f(g(x))g'(x)\,dx=\lim_{a\to 0,b\to\infty}\int_{g(a)}^{g(b)}f(u)du$

Step3.

假设 $\exists\, u(x),v(x)$ 使得 $\lim_{a\to 0,b\to\infty}\int_{g(a)}^{g(b)}f(u)du=\lim_{a\to 0,b\to\infty}\int_{g(a)}^{g(b)}u(x)v'(x)dx$

Step4.

藉由 Integration by parts,

$$\lim_{a\to 0,b\to\infty}\int_{g(a)}^{g(b)}u(x)v'(x)dx=\lim_{a\to 0,b\to\infty}\left(u(x)v(x)|_{x=g(a)}^{x=g(b)}-\int_{g(a)}^{g(b)}u'(x)v(x)dx\right)$$

Step5.

假设 $\lim_{a\to 0,b\to\infty} u(x)v(x)|_{x=g(a)}^{x=g(b)}$ 存在且 $u'(x)v(x)\geq 0$, $\forall x\in(g(a),g(b))$

Step6.

说明 $\lim_{a\to 0,b\to\infty}\int_{g(a)}^{g(b)} u(x)v'(x)dx$ 收敛时

$g(\infty)\coloneqq\lim_{x\to\infty} g(x)$, 找 $h(x)$ 使得 $0\leq u'(x)v(x)\leq h(x)$, $\forall x\in(g(0),g(\infty))$

藉由 Comparison Test, 若 $\lim_{a\to 0,b\to\infty}\int_{g(a)}^{g(b)} h(x)dx$ 收敛则 $\lim_{a\to 0,b\to\infty}\int_{g(a)}^{g(b)} u'(x)v(x)dx$ 收敛

$\Rightarrow\int_0^\infty f(g(x))g'(x)\,dx$ 收敛

Step7.

说明 $\lim_{a\to 0,b\to\infty}\int_{g(a)}^{g(b)} u(x)v'(x)dx$ 发散时

$g(\infty)\coloneqq\lim_{x\to\infty} g(x)$, 找 $h(x)$ 使得 $0\leq h(x)\leq u'(x)v(x)$, $\forall x\in(g(0),g(\infty))$

藉由 Comparison Test, 若 $\lim_{a\to 0,b\to\infty}\int_{g(a)}^{g(b)} h(x)dx$ 发散则 $\lim_{a\to 0,b\to\infty}\int_{g(a)}^{g(b)} u'(x)v(x)dx$ 发散

$\Rightarrow\int_0^\infty f(g(x))g'(x)\,dx$ 发散

Type 2.

判断第二类瑕积分 $\int_a^b f(g(x))g'(x)\,dx$ 收敛或发散, 其中 $f(x)\geq 0$, $g'(x)\geq 0$, $\forall x\geq 0$

且 $f\big(g(a)\big)g'(a)=\infty$

解题流程:

Step1.

令$u=g(x)$ 则 $du=g'(x)dx$,藉由变换变数法则 $\int_a^b f(g(x))g'(x)\,dx=\int_{g(a)}^{g(b)} f(u)du$

Step2.

假设 $\exists\, u(x),v(x)$ 使得 $\int_{g(a)}^{g(b)} f(u)du=\int_{g(a)}^{g(b)} u(x)v'(x)dx$, 其中 $u(g(a))v'(g(a))=\infty$

Step3.

藉由 Integration by parts, $\int_{g(a)}^{g(b)} u(x)v'(x)dx = u(x)v(x)|_{x=g(a)}^{x=g(b)} - \int_{g(a)}^{g(b)} u'(x)v(x)dx$

Step4.

假设 $u(x)v(x)|_{x=g(a)}^{x=g(b)}$ 存在且 $u'(x)v(x) \geq 0$, $\forall x \in (g(a), g(b))$

Step5.

说明 $\int_{g(a)}^{g(b)} u'(x)v(x)dx$ 收敛时

找 $h(x)$ 使得 $0 \leq u'(x)v(x) \leq h(x)\ \forall x \in (g(a), g(b))$

说明 $\int_{g(a)}^{g(b)} u'(x)v(x)dx$ 发散时

找 $h(x)$ 使得 $0 \leq h(x) \leq u'(x)v(x)\ \forall x \in \big(g(a), g(b)\big)$

藉由 Comparison Test, 若 $\int_{g(a)}^{g(b)} h(x)dx$ 收敛(发散) 则 $\int_{g(a)}^{g(b)} u'(x)v(x)dx$ 收敛(发散)

$\Rightarrow \int_a^b f(g(x))g'(x)\,dx$ 收敛(发散)

Example 1.

判断 $\int_0^1 \frac{1}{x}\cos\frac{1}{x}dx$ 为绝对收敛或条件收敛

【解】

令$u = \frac{1}{x}$ 则 $du = -x^{-2}dx$ 且 $-u^{-2}du = dx$, 藉由变换代换法

$$\int_0^1 \frac{1}{x}\cos\frac{1}{x}dx = -\int_\infty^1 u\cos u\,(u^{-2})du = \int_1^\infty u^{-1}\cos u\,du$$

令$s = u^{-1}$, $dt = \cos u du$ 则 $ds = -\frac{du}{u^2}$, $t = \sin u$, 藉由 Integration by parts

则 $\int_1^\infty u^{-1}\cos u\,du = \frac{\sin u}{u}\Big|_1^\infty + \int_1^\infty u^{-2}\sin u\,du = -\sin 1 + \int_1^\infty u^{-2}\sin u\,du$

$\because |u^{-2}\sin u| < u^{-2},\ \forall u > 1$ and $\int_1^\infty u^{-2}du$ 收敛

藉由 Comparison Test 则 $\int_1^\infty |u^{-2}\sin u|du$ 收敛

$\therefore \int_1^\infty u^{-1}\cos u\, du$ 收敛 $\Rightarrow \int_0^1 \frac{1}{x}\cos\frac{1}{x}dx$ 收敛

Claim: $\int_0^1 \left|\frac{1}{x}\cos\frac{1}{x}\right| dx$ 发散

令 $u = \frac{1}{x}$ 则 $\int_0^1 \left|\frac{1}{x}\cos\frac{1}{x}\right| dx = -\int_\infty^1 u|\cos u|\,(u^{-2})du = \int_1^\infty u^{-1}|\cos u|\,du$

$\because \int_1^\infty \frac{|\cos u|}{u}du > \sum_{n=1}^\infty \int_{n\pi+\frac{3\pi}{4}}^{(n+1)\pi} \left|\frac{\cos u}{u}\right| du > \sum_{n=1}^\infty \frac{1}{\sqrt{2}}\left(\frac{1}{(n+1)\pi}\right)\frac{\pi}{4} = \infty$

$\therefore \int_1^\infty u^{-1}|\cos u|\,du$ 发散 $\Rightarrow \int_0^1 \left|\frac{1}{x}\cos\frac{1}{x}\right| dx$ 发散 $\quad \therefore \int_0^1 \frac{1}{x}\cos\frac{1}{x}dx$ 条件收敛

Example 2.

判断 $\int_0^\infty \cos x^2\, dx$ 收敛或发散

【解】

令 $u = x^2$ 则 $du = 2xdx \Rightarrow \frac{du}{2\sqrt{u}} = dx$，藉由变换代换法

$\because \int_0^\infty \cos x^2\, dx = \int_0^\infty \frac{\cos u}{2\sqrt{u}}du = \int_0^1 \frac{\cos u}{2\sqrt{u}}du + \int_1^\infty \frac{\cos u}{2\sqrt{u}}du$

Claim: $\int_0^1 \frac{\cos u}{2\sqrt{u}} du$ 收敛

$\because \left|\frac{\cos u}{2\sqrt{u}}\right| < \frac{1}{2\sqrt{u}},\ \forall\, 0 < u < 1$ and $\int_0^1 \frac{1}{2\sqrt{u}} du$ 收敛

藉由 Comparison Test 则 $\int_0^1 \frac{\cos u}{2\sqrt{u}} du$ 收敛

Claim: $\int_1^\infty \frac{\cos u}{2\sqrt{u}} du$ 收敛

令 $s = u^{-\frac{1}{2}}$，$dt = \cos u\ du$ 则 $ds = -\frac{1}{2}u^{-\frac{3}{2}}du$，$t = \sin u$，藉由分部积分法

则 $\int_1^\infty \frac{\cos u\, du}{\sqrt{u}} = \left.\frac{\sin u}{u^{\frac{1}{2}}}\right|_1^\infty + \int_1^\infty \frac{1}{2}u^{-\frac{3}{2}}\sin u\, du = -\sin 1 + \int_1^\infty \frac{1}{2}u^{-\frac{3}{2}}\sin u\, du$

$\because \left|u^{-\frac{3}{2}}\sin u\right| < u^{-\frac{3}{2}},\ \forall\, u > 1$ and $\int_1^\infty u^{-\frac{3}{2}} du$ 收敛

藉由 Comparison Test 则 $\int_1^\infty u^{-\frac{3}{2}}\sin u\, du$ 收敛 $\therefore \int_1^\infty \frac{\cos u}{2\sqrt{u}} du$ 收敛

因此 $\int_0^\infty \frac{\cos u}{2\sqrt{u}} du$ 收敛 $\Rightarrow \int_0^\infty \cos x^2\, dx$ 收敛

Example 3.

判断 $\int_0^1 \frac{\cos u^{-2}}{u^2} du$ 收敛或发散

【解】

令 $u^{-2} = x$ 则 $-2u^{-3}du = dx \Rightarrow du = -\frac{x^{-\frac{3}{2}}}{2}dx$，藉由变换代换法

$$\int_0^1 \frac{\cos u^{-2}}{u^2} du = \int_\infty^1 x \cos x \left(-\frac{x^{-\frac{3}{2}}}{2}\right) dx = \frac{1}{2}\int_1^\infty x^{-\frac{1}{2}} \cos x\, dx$$

令$s = \frac{1}{\sqrt{x}}$，$dt = \cos x dx$ 则 $ds = \frac{-x^{-\frac{3}{2}}}{2} dx$，$t = \sin x$，藉由 Integration by parts

则 $\int_1^\infty \frac{\cos x}{\sqrt{x}} dx = \frac{\sin x}{\sqrt{x}}\Big|_1^\infty + \frac{1}{2}\int_1^\infty x^{-\frac{3}{2}} \sin x\, dx = -\sin 1 + \frac{1}{2}\int_1^\infty x^{-\frac{3}{2}} \sin x\, dx$

$\because \left|x^{-\frac{3}{2}} \sin x\right| < x^{-\frac{3}{2}}$，$\forall x > 1$ 且 $\int_1^\infty x^{-\frac{3}{2}} dx$ 收敛

藉由 Comparison Test 则 $\int_1^\infty x^{-\frac{3}{2}} \sin x\, dx$ 收敛 $\therefore \int_1^\infty \frac{\cos x}{\sqrt{x}} dx$ 收敛 $\Rightarrow \int_0^1 \frac{\cos u^{-2}}{u^2} du$ 收敛

Example 4.

判断 $\int_0^1 \frac{\cos u^{-1}}{u} du$ 收敛或发散

【解】

令$u^{-1} = x$ 则 $-u^{-2} du = dx \Rightarrow du = -x^{-2} dx$，藉由变换代换法

$$\int_0^1 \frac{\cos u^{-1}}{u} du = \int_\infty^1 x \cos x\,(-x^{-2}) dx = \int_1^\infty x^{-1} \cos x\, dx$$

令$s = x^{-1}$，$dt = \cos x dx$ 则 $ds = -\frac{dx}{x^2}$，$t = \sin x$，藉由 Integration by parts

则 $\int_1^\infty x^{-1} \cos x\, dx = \frac{\sin x}{x}\Big|_1^\infty + \int_1^\infty x^{-2} \sin x\, dx = -\sin 1 + \int_1^\infty x^{-2} \sin x\, dx$

$\because |x^{-2} \sin x| < x^{-2}$，$\forall x > 1$ 且 $\int_1^\infty x^{-2} dx$ 收敛

藉由 Comparison Test 则 $\int_{1}^{\infty} x^{-2}\sin x\,du$ 收敛 ∴ $\int_{1}^{\infty} x^{-1}\cos x\,dx$ 收敛 ⇒ $\int_{0}^{1}\frac{\cos u^{-1}}{u}du$ 收敛

Example 5.

$$判断\int_{0}^{1}\frac{e^{-\frac{1}{u}}\operatorname{csch}^{-1}\frac{1}{u}}{u^2}du\ 收敛或发散$$

【解】

令 $u^{-1}=x$ 则 $-u^{-2}du=dx$，藉由变换代换法

$$\int_{0}^{1}\frac{e^{-\frac{1}{u}}\operatorname{csch}^{-1}\frac{1}{u}}{u^2}du=-\int_{\infty}^{1}e^{-x}\operatorname{csch}^{-1}x\,dx=\int_{1}^{\infty}e^{-x}\operatorname{csch}^{-1}x\,dx$$

令$s=\operatorname{csch}^{-1}x$，$dt=\frac{dx}{e^x}$ 则 $ds=\frac{-dx,}{x\sqrt{1+x^2}}$ $t=-e^{-x}$，藉由分部积分法

$$\int_{1}^{\infty}e^{-x}\operatorname{csch}^{-1}x\,dx=-e^{-x}\cdot\operatorname{csch}^{-1}x\big|_{1}^{\infty}-\int_{1}^{\infty}\frac{e^{-x}}{x\sqrt{1+x^2}}dx$$

$$=-e^{-x}\ln\left(\frac{1+\sqrt{1+x^2}}{x}\right)\Bigg|_{1}^{\infty}-\int_{1}^{\infty}\frac{e^{-x}dx}{x\sqrt{1+x^2}}=e^{-1}\ln(1+\sqrt{2})-\int_{1}^{\infty}\frac{e^{-x}dx}{x\sqrt{1+x^2}}$$

$\because \frac{e^{-x}}{x\sqrt{1+x^2}}<e^{-x}$，$\forall\, x>1$ 且 $\int_{1}^{\infty}e^{-x}dx$ 收敛

藉由 Comparison Test 则 $\int_{1}^{\infty}\frac{e^{-x}}{x\sqrt{1+x^2}}dx$ 收敛

∴ $\int_{1}^{\infty}e^{-x}\operatorname{csch}^{-1}x\,dx$ 收敛 ⇒ $\int_{0}^{1}\frac{e^{-\frac{1}{u}}\operatorname{csch}^{-1}\frac{1}{u}}{u^2}du$ 收敛

Example 6.

判断 $\int_0^1 u^{p-2}\operatorname{csch}^{-1}\frac{1}{u}du$ 收敛或发散，$\forall p>1$

【解】

令$p>1$，$u^{-1}=x$ 则 $-u^{-2}du=dx \Rightarrow du=-x^{-2}dx$，藉由变换代换法

$$\int_0^1 u^{p-2}\operatorname{csch}^{-1}\frac{1}{u}du=\int_\infty^1 x^{2-p}\operatorname{csch}^{-1}x\,(-x^{-2})dx=\int_1^\infty x^{-p}\operatorname{csch}^{-1}x\,dx$$

令$s=\operatorname{csch}^{-1}x$，$dt=\dfrac{dx}{x^p}$ 则 $ds=\dfrac{-dx}{x\sqrt{1+x^2}}$，$t=\dfrac{x^{1-p}}{1-p}$，藉由分部积分法

$$\int_1^\infty x^{-p}\operatorname{csch}^{-1}x\,dx=\left.\frac{x^{1-p}\operatorname{csch}^{-1}x}{1-p}\right|_1^\infty+\frac{1}{1-p}\int_1^\infty\frac{x^{-p}}{\sqrt{1+x^2}}dx$$

$$=\left.\frac{x^{1-p}\ln\left(\frac{1+\sqrt{1+x^2}}{x}\right)}{1-p}\right|_1^\infty+\frac{1}{1-p}\int_1^\infty\frac{x^{-p}dx}{\sqrt{1+x^2}}=\frac{\ln(1+\sqrt{2})}{p-1}+\frac{1}{1-p}\int_1^\infty\frac{x^{-p}dx}{\sqrt{1+x^2}}$$

$\because \dfrac{x^{-p}}{\sqrt{1+x^2}}<x^{-p}$，$\forall\, x>1$ 且 $\int_1^\infty x^{-p}dx$ 收敛，$\forall p>1$

藉由 Comparison Test 则 $\int_1^\infty \dfrac{x^{-p}}{\sqrt{1+x^2}}dx$ 收敛

$\therefore \int_1^\infty x^{-p}\operatorname{csch}^{-1}x\,dx$ 收敛 $\Rightarrow \int_0^1 u^{p-2}\operatorname{csch}^{-1}\frac{1}{u}du$ 收敛

Example 7.

判断 $\int_0^1 \dfrac{e^{-\frac{1}{u}}\sinh^{-1}\frac{1}{u}}{u^2}du$ 收敛或发散

【解】

令 $u^{-1}=x$ 则 $-u^{-2}du=dx$，藉由变换代换法

$$\int_0^1 \frac{e^{-\frac{1}{u}}\sinh^{-1}\frac{1}{u}}{u^2}du = -\int_\infty^1 e^{-x}\sinh^{-1}x\,dx = \int_1^\infty e^{-x}\sinh^{-1}x\,dx$$

令$s = \sinh^{-1}x$，$dt = \dfrac{dx}{e^x}$ 则 $ds = \dfrac{dx}{\sqrt{1+x^2}}$，$t = -e^{-x}$，藉由分部积分法

$$\int_1^\infty e^{-x}\sinh^{-1}x\,dx = -\frac{\sinh^{-1}x}{e^x}\Bigg|_1^\infty + \int_1^\infty \frac{e^{-x}dx}{\sqrt{1+x^2}} = \frac{\sinh^{-1}1}{e} + \int_1^\infty \frac{e^{-x}dx}{\sqrt{1+x^2}}$$

$\because \dfrac{e^{-x}}{\sqrt{1+x^2}} < e^{-x}$，$\forall\, x > 1$ 且 $\displaystyle\int_1^\infty e^{-x}dx$ 收敛

藉由 Comparison Test 则 $\displaystyle\int_1^\infty \frac{e^{-x}}{\sqrt{1+x^2}}dx$ 收敛

$\therefore \displaystyle\int_1^\infty e^{-x}\sinh^{-1}x\,dx$ 收敛 $\Rightarrow \displaystyle\int_0^1 \frac{e^{-\frac{1}{u}}\sinh^{-1}\frac{1}{u}}{u^2}du$ 收敛

Example 8.

判断$\displaystyle\int_0^1 u^{p-2}\sinh^{-1}\frac{1}{u}du$ 收敛或发散，$\forall p > 1$

【解】

令$p > 1$，$u^{-1} = x$ 则 $-u^{-2}du = dx \Rightarrow du = -x^{-2}dx$，藉由变换代换法

$$\int_0^1 u^{p-2}\sinh^{-1}\frac{1}{u}du = \int_\infty^1 x^{2-p}\sinh^{-1}x\,(-x^{-2})du = \int_1^\infty x^{-p}\sinh^{-1}x\,du$$

令$s = \sinh^{-1}x$，$dt = \dfrac{dx}{x^p}$ 则 $ds = \dfrac{dx}{\sqrt{1+x^2}}$，$t = \dfrac{x^{1-p}}{1-p}$，藉由分部积分法

$$\int_1^\infty x^{-p}\sinh^{-1}x\,dx = \frac{x^{1-p}\sinh^{-1}x}{1-p}\Bigg|_1^\infty + \frac{1}{1-p}\int_1^\infty \frac{x^{1-p}}{\sqrt{1+x^2}}dx$$

$$=\frac{\sinh^{-1}1}{p-1}+\frac{1}{1-p}\int_1^{\infty}\frac{x^{1-p}}{\sqrt{1+x^2}}dx$$

$\because \dfrac{x^{1-p}}{\sqrt{1+x^2}}<x^{-p}$，$\forall x>1$ 且 $\displaystyle\int_1^{\infty}x^{-p}dx$ 收敛，$\forall p>1$

藉由 Comparison Test 则 $\displaystyle\int_1^{\infty}\frac{x^{1-p}}{\sqrt{1+x^2}}dx$ 收敛

$\therefore \displaystyle\int_1^{\infty}x^{-p}\sinh^{-1}x\,dx$ 收敛 $\Rightarrow \displaystyle\int_0^{1}u^{p-2}\sinh^{-1}\frac{1}{u}du$ 收敛

Example 9.

判断 $\displaystyle\int_0^{e^{-1}}\ln\ln(u^{-1})\,du$ 收敛或发散

【解】

令 $u=e^{-x}$ 则 $du=-e^{-x}dx$，藉由变换代换法

$$\therefore \int_0^{e^{-1}}\ln\ln(u^{-1})\,du=-\int_{\infty}^{1}e^{-x}\ln x dx=\int_1^{\infty}e^{-x}\ln x dx$$

令 $u=\ln x$，$dv=e^{-x}dx$ 则 $du=x^{-1}dx$，$v=-e^{-x}$，藉由 Integration by parts

则 $\displaystyle\int_1^{\infty}e^{-x}\ln x\,dx=-e^{-x}\ln x|_1^{\infty}+\int_1^{\infty}e^{-x}x^{-1}dx=\int_1^{\infty}e^{-x}x^{-1}dx$

$\because e^{-x}x^{-1}<e^{-x}$，$\forall x>1$ 且 $\displaystyle\int_1^{\infty}e^{-x}dx$ 收敛

藉由 Comparison Test 则 $\displaystyle\int_1^{\infty}e^{-x}x^{-1}dx$ 收敛 $\therefore \displaystyle\int_0^{e^{-1}}\ln\ln(u^{-1})\,du$ 收敛

Example 10.

$$\text{判断} \int_0^{e^{-1}} \operatorname{csch}^{-1}(\ln u^{-1})\, du \text{ 收敛或发散}$$

【解】

令 $u = e^{-x}$ 则 $du = -e^{-x}dx$，藉由变换代换法

$$\therefore \int_0^{e^{-1}} \operatorname{csch}^{-1}(\ln u^{-1})\, du = -\int_\infty^1 e^{-x}\operatorname{csch}^{-1} x\, dx = \int_1^\infty e^{-x}\operatorname{csch}^{-1} x\, dx$$

令$s = \operatorname{csch}^{-1} x$，$dt = \dfrac{dx}{e^x}$ 则 $ds = \dfrac{-dx}{x\sqrt{1+x^2}}$，$t = -e^{-x}$，藉由分部积分法

$$\text{则} \int_1^\infty e^{-x} \operatorname{csch}^{-1} x\, dx = -e^{-x} \cdot \operatorname{csch}^{-1} x\Big|_1^\infty - \int_1^\infty \frac{e^{-x}}{x\sqrt{1+x^2}} dx$$

$$= -e^{-x} \cdot \ln\left(\frac{1+\sqrt{1+x^2}}{x}\right)\Bigg|_1^\infty - \int_1^\infty \frac{e^{-x}dx}{x\sqrt{1+x^2}} = \frac{\ln\left(1+\sqrt{2}\right)}{e} - \int_1^\infty \frac{e^{-x}dx}{x\sqrt{1+x^2}}$$

$$\because \frac{e^{-x}}{x\sqrt{1+x^2}} < e^{-x},\ \forall x > 1 \text{ 且 } \int_1^\infty e^{-x}dx \text{ 收敛}$$

藉由 Comparison Test 则 $\displaystyle\int_1^\infty \frac{e^{-x}}{x\sqrt{1+x^2}} dx$ 收敛　$\therefore \displaystyle\int_0^{e^{-1}} \operatorname{csch}^{-1}(\ln u^{-1})\, du$ 收敛

Example 11.

$$\text{判断} \int_0^{e^{-1}} \sinh^{-1}(\ln u^{-1})\, du \text{ 收敛或发散}$$

【解】

令 $u = e^{-x}$ 则 $du = -e^{-x}dx$，藉由变换代换法

$$\therefore \int_0^{e^{-1}} \sinh^{-1}(\ln u^{-1})\,du = -\int_\infty^1 e^{-x}\sinh^{-1}x\,dx = \int_1^\infty e^{-x}\sinh^{-1}x\,dx$$

令$s=\sinh^{-1}x$，$dt=\dfrac{dx}{e^x}$ 则 $ds=\dfrac{dx}{\sqrt{1+x^2}}$，$t=-e^{-x}$，藉由分部积分法

则$\displaystyle\int_1^\infty e^{-x}\sinh^{-1}x\,dx = -e^{-x}\sinh^{-1}x|_1^\infty + \int_1^\infty \frac{e^{-x}dx}{\sqrt{1+x^2}} = \frac{\sinh^{-1}1}{e} + \int_1^\infty \frac{e^{-x}dx}{\sqrt{1+x^2}}$

$\because \dfrac{e^{-x}}{\sqrt{1+x^2}} < e^{-x}$，$\forall x>1$ 且 $\displaystyle\int_1^\infty e^{-x}dx$ 收敛

藉由 Comparison Test 则 $\displaystyle\int_1^\infty \frac{e^{-x}}{\sqrt{1+x^2}}dx$ 收敛 $\therefore \displaystyle\int_0^{e^{-1}} \sinh^{-1}(\ln u^{-1})\,du$ 收敛

5.4.4.8 先作变数代换再用分部积分法+Quotient Test

考试类型:

Type 1.

判断第一类瑕积分$\displaystyle\int_0^\infty f(g(x))g'(x)\,dx$ 收敛或发散，其中 $f(x)\ge 0$，$g'(x)\ge 0$，$\forall x\ge 0$

解题流程:

Step1.

令$u=g(x)$ 则 $du=g'(x)dx$，藉由变换变数法则 $\displaystyle\int_a^b f(g(x))g'(x)\,dx = \int_{g(a)}^{g(b)} f(u)du$

Step2.

$$\therefore \int_0^\infty f(g(x))g'(x)\,dx = \lim_{a\to 0,b\to\infty}\int_a^b f(g(x))g'(x)\,dx = \lim_{a\to 0,b\to\infty}\int_{g(a)}^{g(b)} f(u)du$$

Step3.

假设∃ $u(x), v(x)$ 使得 $\displaystyle\lim_{a\to 0,b\to\infty}\int_{g(a)}^{g(b)} f(u)du = \lim_{a\to 0,b\to\infty}\int_{g(a)}^{g(b)} u(x)v'(x)dx$

Step4.

藉由 Integration by parts,

$$\lim_{a\to 0,b\to\infty}\int_{g(a)}^{g(b)}u(x)v'(x)dx=\lim_{a\to 0,b\to\infty}\left(u(x)v(x)|_{x=g(a)}^{x=g(b)}-\int_{g(a)}^{g(b)}u'(x)v(x)dx\right)$$

Step5.

令 $g(\infty)=\lim_{x\to\infty}g(x)$，假设$u(x)v(x)|_{x=g(0)}^{x=g(\infty)}$ 存在且 $u'(x)v(x)\geq 0$，$\forall x\in(g(0),g(\infty))$

Step6.

说明 $\lim_{a\to 0,b\to\infty}\int_{g(a)}^{g(b)}u(x)v'(x)dx$ 收敛发散时，找 $h(x)\geq 0$ s.t. $\lim_{x\to\infty}\frac{u'(x)v(x)}{h(x)}=L\in(0,\infty)$

藉由 Quotient Test

若 $\lim_{a\to 0,b\to\infty}\int_{g(a)}^{g(b)}h(x)dx$ 收敛则 $\lim_{a\to 0,b\to\infty}\int_{g(a)}^{g(b)}u'(x)v(x)dx$ 收敛

$\Rightarrow\int_0^\infty f(g(x))g'(x)\,dx$ 收敛

若 $\lim_{a\to 0,b\to\infty}\int_{g(a)}^{g(b)}h(x)dx$ 发散则 $\lim_{a\to 0,b\to\infty}\int_{g(a)}^{g(b)}u'(x)v(x)dx$ 发散

$\Rightarrow\int_0^\infty f(g(x))g'(x)\,dx$ 发散

Type 2.

判断第二类瑕积分 $\int_a^b f(g(x))g'(x)\,dx$ 收敛或发散，其中 $f(x)\geq 0$，$g'(x)\geq 0$，$\forall x\geq 0$

且 $f\big(g(a)\big)g'(a)=\infty$

解题流程:

Step1.

令$u=g(x)$ 则 $du=g'(x)dx$，藉由变换变数法则 $\int_a^b f(g(x))g'(x)\,dx=\int_{g(a)}^{g(b)}f(u)du$

Step2.

假设$\exists\, u(x),v(x)$ 使得 $\int_{g(a)}^{g(b)}f(u)du=\int_{g(a)}^{g(b)}u(x)v'(x)dx$ 其中 $u(g(a))v'(g(a))=\infty$

Step3.

藉由 Integration by parts, $\int_{g(a)}^{g(b)}u(x)v'(x)dx=u(x)v(x)|_{x=g(a)}^{x=g(b)}-\int_{g(a)}^{g(b)}u'(x)v(x)dx$

Step4.

假设 $u(x)v(x)|_{x=g(a)}^{x=g(b)}$ 存在且 $u'(x)v(x) \geq 0,\ \forall x \in (g(a), g(b))$

Step5.

找 $h(x) \geq 0$ 使得 $\lim\limits_{x \to g(a)} \dfrac{u'(x)v(x)}{h(x)} = L \in (0, \infty)$

藉由 Quotient Test

若 $\displaystyle\int_{g(a)}^{g(b)} h(x)dx$ 收敛(发散) 则 $\displaystyle\int_{g(a)}^{g(b)} u'(x)v(x)dx$ 收敛(发散)

$\Rightarrow \displaystyle\int_a^b f(g(x))g'(x)\,dx$ 收敛(发散)

Example 1.

$$判断 \int_0^{\infty} \cos x^2\,dx \text{ 收敛或发散}$$

【解】

令$u = x^2$ 则 $du = 2xdx \Rightarrow \dfrac{du}{2\sqrt{u}} = dx$，藉由变换代换法

$$\because \int_0^{\infty} \cos x^2\,dx = \int_0^{\infty} \frac{\cos u}{2\sqrt{u}} du = \int_0^{1} \frac{\cos u}{2\sqrt{u}} du + \int_1^{\infty} \frac{\cos u}{2\sqrt{u}} du$$

Claim: $\displaystyle\int_0^{1} \frac{\cos u}{\sqrt{u}} du$ 收敛

$$\because \lim_{u \to 0} \frac{\frac{\cos u}{\sqrt{u}}}{\frac{1}{u^{\frac{2}{3}}}} = \lim_{u \to 0} u^{\frac{1}{6}} \cos u = 0 \text{ and } \int_0^1 u^{-\frac{2}{3}} du \text{ 收敛}$$

藉由 Quotient Test 则 $\displaystyle\int_0^{1} \frac{\cos u}{2\sqrt{u}} du$ 收敛

Claim: $\int_1^{\infty} \frac{\cos u}{2\sqrt{u}} du$ 收敛

令 $s = u^{-\frac{1}{2}}$，$dt = \cos u\, du$ 则 $ds = -\frac{1}{2}u^{-\frac{3}{2}}du$，$t = \sin u$，藉由分部积分法

则 $\int_1^{\infty} \frac{\cos u}{\sqrt{u}} du = u^{-\frac{1}{2}} \sin u \Big|_1^{\infty} + \int_1^{\infty} \frac{1}{2} u^{-\frac{3}{2}} \sin u\, du - \sin 1 + \int_1^{\infty} \frac{1}{2} u^{-\frac{3}{2}} \sin u\, du$

$\because \lim_{u\to\infty} \frac{u^{-\frac{3}{2}} \sin u}{u^{-\frac{5}{4}}} = \lim_{u\to\infty} u^{\frac{-1}{4}} \sin u = 0$ and $\int_1^{\infty} u^{-\frac{5}{4}} du$ 收敛

藉由 Quotient Test 则 $\int_1^{\infty} u^{-\frac{3}{2}} \sin u\, du$ 收敛 $\therefore \int_1^{\infty} \frac{\cos u}{2\sqrt{u}} du$ 收敛

因此 $\int_0^{\infty} \frac{\cos u}{2\sqrt{u}} du$ 收敛 $\Rightarrow \int_0^{\infty} \cos x^2\, dx$ 收敛

Example 2.

判断 $\int_0^{1} \frac{\cos u^{-2}}{u^2} du$ 收敛或发散

【解】

令 $u^{-2} = x$ 则 $-2u^{-3}du = dx \Rightarrow du = -\frac{x^{-\frac{3}{2}}}{2} dx$，藉由变换代换法

$$\int_0^{1} \frac{\cos u^{-2}}{u^2} du = \int_{\infty}^{1} x \cos x \left(-\frac{x^{-\frac{3}{2}}}{2}\right) dx = \frac{1}{2}\int_1^{\infty} x^{-\frac{1}{2}} \cos x\, dx$$

令$s = \frac{1}{\sqrt{x}}$，$dt = \cos x dx$ 则 $ds = \frac{-x^{-\frac{3}{2}}}{2} dx$，$t = \sin x$，藉由分部积分法

则 $\int_1^{\infty} \frac{\cos x}{\sqrt{x}} dx = \frac{\sin x}{\sqrt{x}}\Big|_1^{\infty} + \frac{1}{2}\int_1^{\infty} x^{-\frac{3}{2}} \sin x\, dx = -\sin 1 + \frac{1}{2}\int_1^{\infty} x^{-\frac{3}{2}} \sin x\, dx$

$$\because \lim_{x\to\infty}\frac{x^{-\frac{3}{2}}\sin x}{x^{-\frac{5}{4}}}=\lim_{x\to\infty}x^{-\frac{1}{4}}\sin x=0 \text{ and } \int_1^\infty x^{-\frac{5}{4}}dx \text{ 收敛}$$

藉由 Quotient Test 则 $\int_1^\infty x^{-\frac{3}{2}}\sin x\,dx$ 收敛 $\therefore \int_1^\infty \frac{\cos x}{\sqrt{x}}dx$ 收敛 $\Rightarrow \int_0^1 \frac{\cos u^{-2}}{u^2}du$ 收敛

Example 3.

判断 $\int_0^1 \frac{\cos u^{-1}}{u}du$ 收敛或发散

【解】

令 $u^{-1}=x$ 则 $-u^{-2}du=dx \Rightarrow du=-x^{-2}dx$，藉由变换代换法

$$\int_0^1 \frac{\cos u^{-1}}{u}du=\int_\infty^1 x\cos x\,(-x^{-2})dx=\int_1^\infty x^{-1}\cos x\,dx$$

令 $s=x^{-1}$，$dt=\cos x dx$ 则 $ds=-\frac{dx}{x^2}$，$t=\sin x$，藉由分部积分法

$$\text{则}\int_1^\infty x^{-1}\cos x\,dx=\frac{\sin x}{x}\Big|_1^\infty+\int_1^\infty x^{-2}\sin x\,dx=-\sin 1+\int_1^\infty x^{-2}\sin x\,dx$$

$$\because \lim_{x\to\infty}\frac{x^{-2}\sin x}{x^{-\frac{5}{4}}}=\lim_{x\to\infty}x^{-\frac{3}{4}}\sin x=0 \text{ and } \int_1^\infty x^{-\frac{5}{4}}dx \text{ 收敛}$$

藉由 Quotient Test 则 $\int_1^\infty x^{-2}\sin x\,dx$ 收敛 $\therefore \int_1^\infty x^{-1}\cos x\,dx$ 收敛 $\Rightarrow \int_0^1 \frac{\cos u^{-1}}{u}du$ 收敛

Example 4.

判断 $\int_0^1 \frac{e^{-\frac{1}{u}}\operatorname{csch}^{-1}\frac{1}{u}}{u^2}du$ 收敛或发散

【解】

令 $u^{-1}=x$ 则 $-u^{-2}du=dx$，藉由变换代换法

$$\int_0^1 \frac{e^{-\frac{1}{u}}\operatorname{csch}^{-1}\frac{1}{u}}{u^2}du=-\int_\infty^1 e^{-x}\operatorname{csch}^{-1}x\,dx=\int_1^\infty e^{-x}\operatorname{csch}^{-1}x\,dx$$

令$s=\operatorname{csch}^{-1}x$，$dt=\dfrac{dx}{e^x}$ 则 $ds=\dfrac{-dx}{x\sqrt{1+x^2}}$，$t=-e^{-x}$，藉由分部积分法

$$\text{则}\int_1^\infty e^{-x}\operatorname{csch}^{-1}x\,dx=-e^{-x}\cdot\operatorname{csch}^{-1}x|_1^\infty-\int_1^\infty\frac{e^{-x}}{x\sqrt{1+x^2}}dx$$

$$=-\left.\frac{\ln\left(\frac{1+\sqrt{1+x^2}}{x}\right)}{e^x}\right|_1^\infty-\int_1^\infty\frac{e^{-x}dx}{x\sqrt{1+x^2}}=\frac{\left(\ln 1+\sqrt{2}\right)}{e}-\int_1^\infty\frac{e^{-x}dx}{x\sqrt{1+x^2}}$$

$$\because \lim_{x\to\infty}\frac{\frac{e^{-x}}{x\sqrt{1+x^2}}}{e^{-x}}=\lim_{x\to\infty}\frac{1}{x\sqrt{1+x^2}}=0\quad\text{and}\quad\int_1^\infty e^{-x}dx\ \text{收敛}$$

藉由 Quotient Test 则 $\displaystyle\int_1^\infty\frac{e^{-x}}{x\sqrt{1+x^2}}dx$ 收敛

$$\therefore\int_1^\infty e^{-x}\operatorname{csch}^{-1}x\,dx\ \text{收敛}\Rightarrow\int_0^1\frac{e^{-\frac{1}{u}}\operatorname{csch}^{-1}\frac{1}{u}}{u^2}du\ \text{收敛}$$

Example 5.

判断 $\displaystyle\int_0^1 u^{p-2}\operatorname{csch}^{-1}\frac{1}{u}du$ 收敛或发散，$\forall p>1$

【解】

令$p>1$，$u^{-1}=x$ 则 $-u^{-2}du=dx\Rightarrow du=-x^{-2}dx$，藉由变换代换法

$$\int_0^1 u^{p-2}\operatorname{csch}^{-1}\frac{1}{u}du=\int_\infty^1 x^{2-p}\operatorname{csch}^{-1}x\,(-x^{-2})du=\int_1^\infty x^{-p}\operatorname{csch}^{-1}x\,du$$

令$s=\operatorname{csch}^{-1}x$，$dt=\dfrac{dx}{x^p}$ 则 $ds=\dfrac{-dx}{x\sqrt{1+x^2}}$，$t=\dfrac{x^{1-p}}{1-p}$，藉由分部积分法

$$\int_1^\infty x^{-p}\operatorname{csch}^{-1}x\,dx=\left.\frac{x^{1-p}\operatorname{csch}^{-1}x}{1-p}\right|_1^\infty+\frac{1}{1-p}\int_1^\infty \frac{x^{-p}}{\sqrt{1+x^2}}dx$$

$$=\left.\frac{x^{1-p}\ln\left(\dfrac{1+\sqrt{1+x^2}}{x}\right)}{1-p}\right|_1^\infty+\frac{1}{1-p}\int_1^\infty\frac{x^{-p}dx}{\sqrt{1+x^2}}=\frac{\ln\left(1+\sqrt{2}\right)}{p-1}+\frac{1}{1-p}\int_1^\infty\frac{x^{-p}dx}{\sqrt{1+x^2}}$$

$$\because \lim_{x\to\infty}\frac{\dfrac{x^{-p}}{\sqrt{1+x^2}}}{x^{-p}}=\lim_{x\to\infty}\frac{1}{\sqrt{1+x^2}}=0\ \text{ and }\int_1^\infty x^{-p}dx\ \text{收敛},\ \forall p>1$$

藉由 Quotient Test 则 $\int_1^\infty \frac{x^{-p}}{\sqrt{1+x^2}}dx$ 收敛

$$\therefore \int_1^\infty x^{-p}\operatorname{csch}^{-1}x\,dx\ \text{收敛}\Rightarrow\int_0^1 u^{p-2}\operatorname{csch}^{-1}\frac{1}{u}du\ \text{收敛}$$

Example 6.

判断 $\int_0^1 \frac{e^{-\frac{1}{u}}\sinh^{-1}\frac{1}{u}}{u^2}du$ 收敛或发散

【解】

令 $u^{-1}=x$ 则 $-u^{-2}du=dx$，藉由变换代换法

$$\int_0^1\frac{e^{-\frac{1}{u}}\sinh^{-1}\frac{1}{u}}{u^2}du=-\int_\infty^1 e^{-x}\sinh^{-1}x\,dx=\int_1^\infty e^{-x}\sinh^{-1}x\,dx$$

令 $s=\sinh^{-1}x$，$dt=\frac{dx}{e^x}$ 则 $ds=\frac{dx}{\sqrt{1+x^2}}$，$t=-e^{-x}$，藉由分部积分法

$$\int_1^\infty e^{-x}\sinh^{-1}x\,dx=-\left.\frac{\sinh^{-1}x}{e^x}\right|_1^\infty+\int_1^\infty\frac{e^{-x}dx}{\sqrt{1+x^2}}=\frac{\sinh^{-1}1}{e}+\int_1^\infty\frac{e^{-x}dx}{\sqrt{1+x^2}}$$

$$\because \lim_{x\to\infty}\frac{\dfrac{e^{-x}}{\sqrt{1+x^2}}}{e^{-x}}=\lim_{x\to\infty}\frac{1}{\sqrt{1+x^2}}=0\ \text{ and }\int_1^\infty e^{-x}dx\ \text{收敛}$$

藉由 Quotient Test 则 $\int_1^{\infty} \frac{e^{-x}}{\sqrt{1+x^2}} dx$ 收敛

$\therefore \int_1^{\infty} e^{-x} \sinh^{-1} x \, dx$ 收敛 $\Rightarrow \int_0^1 \frac{e^{-\frac{1}{u}} \sinh^{-1} \frac{1}{u}}{u^2} du$ 收敛

Example 7.

判断 $\int_0^1 u^{p-2} \sinh^{-1} \frac{1}{u} du$ 收敛或发散，$\forall p > 1$

【解】

令$p > 1$，$u^{-1} = x$ 则 $-u^{-2} du = dx \Rightarrow du = -x^{-2} dx$，藉由变换代换法

$$\int_0^1 u^{p-2} \sinh^{-1} \frac{1}{u} du = \int_{\infty}^1 x^{2-p} \sinh^{-1} x \, (-x^{-2}) dx = \int_1^{\infty} x^{-p} \sinh^{-1} x \, dx$$

令$s = \sinh^{-1} x$，$dt = \frac{dx}{x^p}$ 则 $ds = \frac{dx}{\sqrt{1+x^2}}$，$t = \frac{x^{1-p}}{1-p}$，藉由分部积分法

$$\int_1^{\infty} x^{-p} \sinh^{-1} x \, dx = \left. \frac{x^{1-p} \sinh^{-1} x}{1-p} \right|_1^{\infty} - \frac{1}{1-p} \int_1^{\infty} \frac{x^{1-p}}{\sqrt{1+x^2}} dx$$

$$= \frac{\sinh^{-1} 1}{p-1} - \frac{1}{1-p} \int_1^{\infty} \frac{x^{1-p}}{\sqrt{1+x^2}} dx$$

$\because \lim_{x \to \infty} \frac{\frac{x^{1-p}}{\sqrt{1+x^2}}}{x^{-p}} = \lim_{x \to \infty} \frac{x}{\sqrt{1+x^2}} = 1$ and $\int_1^{\infty} x^{-p} dx$ 收敛，$\forall p > 1$

藉由 Quotient Test 则 $\int_1^{\infty} \frac{x^{1-p}}{\sqrt{1+x^2}} dx$ 收敛

$\therefore \int_1^{\infty} x^{-p} \sinh^{-1} x \, dx$ 收敛 $\Rightarrow \int_0^1 u^{p-2} \sinh^{-1} \frac{1}{u} du$ 收敛

Example 8.

$$判断\int_0^{e^{-1}} \ln\ln(u^{-1})\,du \text{ 收敛或发散}$$

【解】

令 $u = e^{-x}$ 则 $du = -e^{-x}dx$，藉由变换代换法

$$\therefore \int_0^{e^{-1}} \ln\ln(u^{-1})\,du = -\int_\infty^1 e^{-x}\ln x dx = \int_1^\infty e^{-x}\ln x dx$$

令 $u = \ln x$，$dv = e^{-x}dx$ 则 $du = x^{-1}dx$，$v = -e^{-x}$，藉由 Integration by parts

$$则 \int_1^\infty e^{-x}\ln x\,dx = -e^{-x}\ln x|_1^\infty + \int_1^\infty e^{-x}x^{-1}dx = \int_1^\infty e^{-x}x^{-1}dx$$

$$\because \lim_{x\to\infty}\frac{e^{-x}x^{-1}}{e^{-x}} = 0 \text{ and } \int_0^1 e^{-x}dx \text{ 收敛}$$

藉由 Quotient Test 则 $\int_1^\infty e^{-x}x^{-1}dx$ 收敛 $\therefore \int_0^{e^{-1}} \ln\ln(u^{-1})\,du$ 收敛

Example 9.

$$判断\int_0^{e^{-1}} \operatorname{csch}^{-1}(\ln u^{-1})\,du \text{ 收敛或发散}$$

【解】

令 $u = e^{-x}$ 则 $du = -e^{-x}dx$，藉由变换代换法

$$\therefore \int_0^{e^{-1}} \operatorname{csch}^{-1}(\ln u^{-1})\,du = -\int_\infty^1 e^{-x}\operatorname{csch}^{-1}x\,dx = \int_1^\infty e^{-x}\operatorname{csch}^{-1}x\,dx$$

令$s = \operatorname{csch}^{-1}x$，$dt = \frac{dx}{e^x}$ 则 $ds = \frac{-dx}{x\sqrt{1+x^2}}$，$t = -e^{-x}$，藉由分部积分法

$$\text{则}\int_1^{\infty} e^{-x}\operatorname{csch}^{-1}x\,dx = -e^{-x}\cdot\operatorname{csch}^{-1}x\Big|_1^{\infty} - \int_1^{\infty}\frac{e^{-x}}{x\sqrt{1+x^2}}dx$$

$$= -\left.\frac{\ln\left(\dfrac{1+\sqrt{1+x^2}}{x}\right)}{e^x}\right|_1^{\infty} - \int_1^{\infty}\frac{e^{-x}}{x\sqrt{1+x^2}}dx = \frac{\ln(1+\sqrt{2})}{e} - \int_1^{\infty}\frac{e^{-x}}{x\sqrt{1+x^2}}dx$$

$$\because \lim_{x\to\infty}\frac{\dfrac{e^{-x}}{x\sqrt{1+x^2}}}{e^{-x}} = \lim_{x\to\infty}\frac{1}{x\sqrt{1+x^2}} = 0 \text{ and } \int_1^{\infty} e^{-x}dx \text{ 收敛}$$

$$\text{藉由 Quotient Test 则}\int_1^{\infty}\frac{e^{-x}}{x\sqrt{1+x^2}}dx \text{ 收敛} \quad \therefore \int_0^{e^{-1}} \operatorname{csch}^{-1}(\ln u^{-1})\,du \text{ 收敛}$$

Example 10.

$$\text{判断}\int_0^{e^{-1}} \sinh^{-1}(\ln u^{-1})\,du \text{ 收敛或发散}$$

【解】

令 $u = e^{-x}$ 则 $du = -e^{-x}dx$，藉由变换代换法

$$\therefore \int_0^{e^{-1}} \sinh^{-1}(\ln u^{-1})\,du = -\int_{\infty}^{1} e^{-x}\sinh^{-1}x\,dx = \int_1^{\infty} e^{-x}\sinh^{-1}x\,dx$$

令 $s = \sinh^{-1}x$，$dt = \dfrac{dx}{e^x}$ 则 $ds = \dfrac{dx}{\sqrt{1+x^2}}$，$t = -e^{-x}$，藉由分部积分法

$$\text{则}\int_1^{\infty} e^{-x}\sinh^{-1}x\,dx = -\left.\frac{\sinh^{-1}x}{e^x}\right|_1^{\infty} + \int_1^{\infty}\frac{e^{-x}}{\sqrt{1+x^2}}dx = \frac{\sinh^{-1}1}{e} + \int_1^{\infty}\frac{e^{-x}dx}{\sqrt{1+x^2}}$$

$$\because \lim_{x\to\infty}\frac{\dfrac{e^{-x}}{\sqrt{1+x^2}}}{e^{-x}} = \lim_{x\to\infty}\frac{1}{\sqrt{1+x^2}} = 0 \text{ and } \int_1^{\infty} e^{-x}dx \text{ 收敛}$$

藉由 Quotient Test 则 $\int_1^{\infty} \frac{e^{-x}}{\sqrt{1+x^2}} dx$ 收敛 $\therefore \int_0^{e^{-1}} \sinh^{-1}(\ln u^{-1})\, du$ 收敛

5.4.4.9 其它

Example 1.

判断 $\int_1^5 \frac{1}{\sqrt{(5-x)(x-1)}} dx$ 收敛或发散

【解】

$$\because \frac{1}{\sqrt{(5-x)(x-1)}} = \frac{1}{\sqrt{-x^2+6x-5}} = \frac{1}{\sqrt{-(x-3)^2+4}} = \frac{1}{2\sqrt{-\left(\frac{x-3}{2}\right)^2+1}}$$

令$t = \frac{x-3}{2}$ 则 $\int_1^5 \frac{dx}{\sqrt{(5-x)(x-1)}} = \int_{-1}^{1} \frac{dx}{2\sqrt{-\left(\frac{x-3}{2}\right)^2+1}} = \int_{-1}^{1} \frac{dt}{\sqrt{1-t^2}}$

令$t = \sin\theta$ 则 $dt = \cos\theta d\theta$，藉由变换代换法 $\therefore \int_{-1}^{1} \frac{dx}{\sqrt{1-t^2}} = \int_{-\frac{\pi}{2}}^{\frac{\pi}{2}} \frac{\cos\theta\, dx}{\cos\theta} = \pi$

$\therefore \int_1^5 \frac{1}{\sqrt{(5-x)(x-1)}} dx$ 收敛

Example 2.

假设 p为实数 证明

(1) $p > 0$, $\int_0^{\infty} x^{p-1}e^{-x}dx$ 收敛 (2) $p \le 0$, $\int_0^{\infty} x^{p-1}e^{-x}dx$ 发散

【解】

(1)

$$\because \int_0^{\infty} x^{p-1}e^{-x}dx = \int_0^{1} x^{p-1}e^{-x}dx + \int_1^{\infty} x^{p-1}e^{-x}dx$$

Claim: $\int_1^\infty x^{p-1}e^{-x}dx$ 收敛，$\forall p>0$

令$p>0$，$\because \lim_{x\to\infty}\frac{x^{p-1}e^{-x}}{x^{-2}}=\lim_{x\to\infty}\frac{x^{1+p}}{e^x}=0$ 且 $\int_1^\infty x^{-2}dx$ 收敛

藉由 Comparison Test 则 $\int_1^\infty x^{p-1}e^{-x}dx$ 收敛

Claim: $\int_0^1 x^{p-1}e^{-x}dx$ 收敛，$\forall p>0$

令 $p\geq 1$ 则 $\int_0^1 x^{p-1}e^{-x}dx\leq\int_0^1 e^{-x}dx<\infty$ $\therefore \int_0^1 x^{p-1}e^{-x}dx$ 收敛，$\forall p\geq 1$

令 $0<p<1$ 则 $\lim_{x\to 0}\frac{x^{p-1}e^{-x}}{x^{p-1}}=1$ 且 $\int_0^1 x^{p-1}dx<\infty$

藉由 comparison test 则 $\int_0^1 x^{p-1}e^{-x}dx$ 收敛，$\forall\, 0<p<1$

因此 $\int_0^1 x^{p-1}e^{-x}dx$ 收敛，$\forall p>0$ $\therefore \int_0^\infty x^{p-1}e^{-x}dx$ 收敛, $\forall\, p>0$

(2)

$\because \int_0^\infty x^{p-1}e^{-x}dx=\int_0^1 x^{p-1}e^{-x}dx+\int_1^\infty x^{p-1}e^{-x}dx\geq\int_0^1 x^{p-1}e^{-x}dx$

Claim: $\int_0^\infty x^{p-1}e^{-x}dx$ 发散

$$\because \int_a^1 x^{p-1}e^{-x}dx>\int_a^1 x^{p-1}dx=\begin{cases}\dfrac{1-a^p}{p}, & p<0\\ -\ln a, & p=0\end{cases}$$

$\therefore \lim_{a\to 0^+}\int_a^1 x^{p-1}dx=\infty$，$\forall\, p\leq 0\Rightarrow\int_0^\infty x^{p-1}e^{-x}dx$ 发散

Example 3.

Prove (1) $\int_0^\infty e^{-\alpha x}\cos\beta x\,dx=\frac{\alpha}{\alpha^2+\beta^2}$ (2) $\int_0^\infty e^{-\alpha x}\sin\beta x\,dx=\frac{\beta}{\alpha^2+\beta^2}$

where $\alpha>0$ and β 为实数

【解】

(1)

令$u = e^{-\alpha x}$，$dv = \cos\beta x\,dx$ 则 $du = -\alpha e^{-\alpha x}dx$，$v = \dfrac{1}{\beta}\sin\beta x$

藉由 Integration by parts,

则 $\displaystyle\int_0^a e^{-\alpha x}\cos\beta x\,dx = \frac{1}{\beta}e^{-\alpha x}\sin\beta x|_0^a + \int_0^a \frac{\alpha}{\beta}e^{-\alpha x}\sin\beta x\,dx$

$\displaystyle= \frac{1}{\beta}e^{-\alpha a}\sin\beta a + \int_0^a \frac{\alpha}{\beta}e^{-\alpha x}\sin\beta x\,dx$

$\displaystyle\because \int_0^a e^{-\alpha x}\sin\beta x\,dx = \frac{-1}{\beta}e^{-\alpha x}\cos\beta x\Big|_0^a - \int_0^a \frac{\alpha}{\beta}e^{-\alpha x}\cos\beta x\,dx$

$\displaystyle= \frac{-1}{\beta}e^{-\alpha a}\cos\beta a + \frac{1}{\beta} - \int_0^a \frac{\alpha}{\beta}e^{-\alpha x}\cos\beta x\,dx$

令 $a \to \infty$ 则 $\displaystyle\int_0^\infty e^{-\alpha x}\cos\beta x\,dx = \frac{\alpha}{\beta}\left(\frac{1}{\beta} - \int_0^\infty \frac{\alpha}{\beta}e^{-\alpha x}\cos\beta x\,dx\right)$

$\displaystyle\therefore \int_0^\infty e^{-\alpha x}\cos\beta x\,dx = \frac{\alpha}{\alpha^2+\beta^2}$

(2)

令$u = e^{-\alpha x}$，$dv = \sin\beta x\,dx$ 则 $du = -\alpha e^{-\alpha x}dx$，$v = \dfrac{-1}{\beta}\cos\beta x$

藉由 Integration by parts,

则 $\displaystyle\int_0^a e^{-\alpha x}\sin\beta x\,dx = \frac{-1}{\beta}e^{-\alpha x}\cos\beta x\Big|_0^a - \int_0^a \frac{\alpha}{\beta}e^{-\alpha x}\cos\beta x\,dx$

$\displaystyle= \frac{-1}{\beta}e^{-\alpha a}\cos\beta a + \frac{1}{\beta} - \int_0^a \frac{\alpha}{\beta}e^{-\alpha x}\cos\beta x\,dx$

藉由 Integration by parts,

则 $\int_0^a e^{-\alpha x}\cos\beta x\,dx = \frac{1}{\beta}e^{-\alpha x}\sin\beta x|_0^a + \int_0^a \frac{\alpha}{\beta}e^{-\alpha x}\sin\beta x\,dx$

$= \frac{1}{\beta}e^{-\alpha a}\sin\beta a + \int_0^a \frac{\alpha}{\beta}e^{-\alpha x}\sin\beta x\,dx$

令 $a\to\infty$ 则 $\int_0^\infty e^{-\alpha x}\sin\beta x\,dx = \frac{1}{\beta} - \int_0^\infty \left(\frac{\alpha}{\beta}\right)^2 e^{-\alpha x}\sin\beta x\,dx$

$\Rightarrow \int_0^\infty e^{-\alpha x}\sin\beta x\,dx = \frac{\beta}{\alpha^2+\beta^2}$

Example 4.

判断 $\int_0^1 \frac{1}{x^2}\cos\frac{1}{x}dx$ 收敛或发散

【解】

令$u = x^{-1}$则 $du = -x^{-2}dx$ 且 $-u^{-2}du = dx$，藉由变换代换法

$\because \int_a^1 \frac{1}{x^2}\cos\frac{1}{x}dx = \int_{\frac{1}{a}}^1 (-u^{-2})u^2\cos u\,du = \int_1^{\frac{1}{a}} \cos u\,du = \sin u|_1^{\frac{1}{a}} = \sin\frac{1}{a} - \sin 1$

$\therefore \int_0^1 \frac{1}{x^2}\cos\frac{1}{x}dx = \lim_{a\to 0^+}\int_a^1 \frac{1}{x^2}\cos\frac{1}{x}dx = \lim_{a\to 0^+}\sin\frac{1}{a} - 1$ 不存在 $\therefore \int_0^1 \frac{1}{x^2}\cos\frac{1}{x}dx$ 发散

Example 5.

判断 $\int_1^\infty \frac{(\ln x)^3}{(x+2)^2}dx$ 收敛或发散

【解】

令 $\ln x = y$ 则 $x = e^y$ 且 $dx = e^y dy$，藉由变换代换法

$$\int_1^{\infty} \frac{(\ln x)^3}{(x+2)^2} dx = \int_0^{\infty} \frac{y^3 e^y}{(e^y+2)^2} dy < \int_0^{\infty} \frac{y^3 e^y}{e^{2y}} dy = \int_0^{\infty} y^3 e^{-y} dy$$

Claim: $\int_0^{\infty} y^3 e^{-y} dy < \infty$

藉由 Integration by parts 则 $\int_0^{\infty} y^3 e^{-y} dy = -y^3 e^{-y}|_0^{\infty} + 3\int_0^{\infty} y^2 e^{-y} dy = 3\int_0^{\infty} y^2 e^{-y} dy,$

藉由 Integration by parts 则 $\int_0^{\infty} y^2 e^{-y} dy = -y^2 e^{-y}|_0^{\infty} + 2\int_0^{\infty} y e^{-y} dy = 2\int_0^{\infty} y e^{-y} dy$

藉由 Integration by parts 则 $\int_0^{\infty} y e^{-y} dy = -y e^{-y}|_0^{\infty} + \int_0^{\infty} e^{-y} dy = \int_0^{\infty} e^{-y} dy < \infty$

$\therefore \int_0^{\infty} y^3 e^{-y} dy$ 收敛，藉由 Comparison Test 则 $\int_1^{\infty} \frac{(\ln x)^3}{(x+2)^2} dx$ 收敛

5.5 积分的几何应用

5.5.1 给函数求面积

5.5.1.1 给显函数求面积

考试类型:
Type 1.
给函数 $f(x)$，$g(x)$求两曲线所围区域的面积
解题流程:
Step1.
求 $f(x)$，$g(x)$两曲线交点，假设为(x_0, y_0)、(x_1, y_1)
Step2.

若 $f(x) \geq g(x)$，$\forall x \in (x_0, x_1)$ 则面积 $= \int_{x_0}^{x_1} f(x) - g(x)dx$

范例说明:

(I) 设 $f(x) = \sin\sqrt{x}\pi$，$0 \leq x \leq 9$，求与x轴所围面积

面积 $= \int_0^1 \sin\sqrt{x}\pi dx - \int_1^4 \sin\sqrt{x}\pi dx + \int_4^9 \sin\sqrt{x}\pi dx$

(II)求 $y = x^2 - 5x + 9$，$y = 3x - 6$ 所围的区域面积

面积 $= \int_3^5 3x - 6 - (x^2 - 5x + 9)dx$

(III)求$y = \sin x$，$y = \cos x$ 所围的区域面积，$0 \leq x \leq \frac{\pi}{2}$

面积 $= \int_0^{\frac{\pi}{4}} \cos x - \sin x\, dx + \int_{\frac{\pi}{4}}^{\frac{\pi}{2}} \sin x - \cos x\, dx$

Type 2.

給函数 $x = f(y)$，$x = g(y)$ 求两曲线所围区域的面积

解题流程:

Step1.

求 $x = f(y)$，$x = g(y)$两曲线交点，假设为(x_0, y_0)、(x_1, y_1)

Step2.

假设$f(y) \geq g(y)$，$\forall y \in (y_0, y_1)$ 则面积 $= \int_{y_0}^{y_1} f(y) - g(y)dy$

范例说明:

(I)求 $x = 3y - y^2 - 1$ 与 $2y = x + 3$ 所围区域的面积

面积 $= \int_{-1}^{2} 3y - y^2 - 1 - (2y - 3)dy$

(II)求 $x+2y=0$ 与 $y^2+2y=x$ 所围区域的面积

$$\text{面积}=\int_{-4}^{0}-2y-(y^2+2y)dx$$

Example 1.

设 $f(x)=\sin\sqrt{x}\pi$, $\forall\, 0\le x\le 9$,求与x轴所围面积

【解】

$\because \sin\sqrt{x}\pi\ge 0,\ \forall\, x\in(0,1)\cup(4,9)$ 且 $\sin\sqrt{x}\pi\le 0,\ \forall\, 1\le x\le 4$

$\therefore$ 面积 $=\int_0^1\sin\sqrt{x}\pi dx-\int_1^4\sin\sqrt{x}\pi dx+\int_4^9\sin\sqrt{x}\pi dx$

令$u=\sqrt{x}$ 则 $du=\frac{1}{2}x^{-\frac{1}{2}}dx\Rightarrow 2udu=dx$, 藉由变换代换法

$$\int_0^1\sin\sqrt{x}\pi dx-\int_1^4\sin\sqrt{x}\pi dx+\int_4^9\sin\sqrt{x}\pi dx$$

$$=2\left(\int_0^1 u\sin u\pi du-\int_1^2 u\sin u\pi du+\int_2^3 u\sin u\pi du\right)$$

令 $s=u$, $dt=\sin u\pi du$ 则 $ds=du$, $t=-\frac{\cos u\pi}{\pi}$, 藉由 Integration by parts,

则 $\int_0^1 u\sin u\pi du=-\frac{u\cos u\pi}{\pi}\Big|_0^1+\int_0^1\frac{\cos u\pi}{\pi}du=\frac{1}{\pi}$

$\int_1^2 u\sin u\pi du=-\frac{u\cos u\pi}{\pi}\Big|_1^2+\int_1^2\frac{\cos u\pi}{\pi}du=-\frac{3}{\pi}$

且 $\int_2^3 u\sin u\pi du=-\frac{u\cos u\pi}{\pi}\Big|_2^3+\int_2^3\frac{\cos u\pi}{\pi}du=\frac{5}{\pi}$

$\therefore \int_0^1\sin\sqrt{x}\pi dx-\int_1^4\sin\sqrt{x}\pi dx+\int_4^9\sin\sqrt{x}\pi dx$

$$=2\left(\int_0^1 u\sin u\pi du-\int_1^2 u\sin u\pi du+\int_2^3 u\sin u\pi du\right)=\frac{18}{\pi}$$

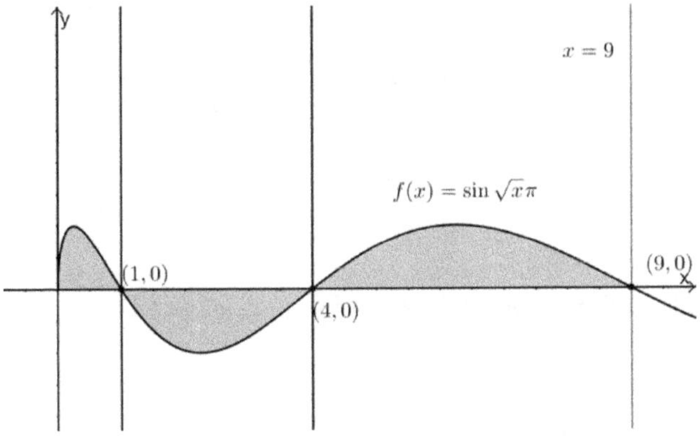

Example 2.

设抛物线 $y = ax^2 + bx + 4c$ 并且过 $(2,4)$、$(-2,4)$ 求与x轴所围的最小面积

【解】

$\because$ 抛物线 $y = ax^2 + bx + 4c$ 过$(2,4)$，$(-2,4)$

$\therefore 4 = 4a + 2b + 4c$ 且 $4 = 4a - 2b + 4c \Rightarrow b = 0$ 且 $a + c = 1$

$\because$ 抛物线与x轴交点为 $\left(2\sqrt{-\frac{c}{a}}, 0\right), \left(-2\sqrt{-\frac{c}{a}}, 0\right)$

$\therefore$ 抛物线 $y = ax^2 + 4c$ 与 x轴所围面积

$$= \int_{-2\sqrt{-\frac{c}{a}}}^{2\sqrt{-\frac{c}{a}}} (ax^2 + 4c)\, dx = \frac{ax^3}{3}\Bigg|_{-2\sqrt{-\frac{c}{a}}}^{2\sqrt{-\frac{c}{a}}} + 4cx\Big|_{-2\sqrt{-\frac{c}{a}}}^{2\sqrt{-\frac{c}{a}}} = \frac{32c}{3}\sqrt{-\frac{c}{a}} = \frac{32}{3}\sqrt{-\frac{(1-a)^3}{a}}$$

令$f(x) = -\dfrac{(1-x)^3}{x}$ 则 $f'(x) = -\dfrac{-3x(1-x)^2 - (1-x)^3}{x^2}$

$\because f'\left(-\frac{1}{2}\right) = 0$ and $f''\left(-\frac{1}{2}\right) > 0$

$\therefore f\left(-\frac{1}{2}\right) = \frac{27}{4}$ 为最小值 $\Rightarrow$ 面积最小值 $= \frac{32}{3}\sqrt{\frac{27}{4}} = 16\sqrt{3}$

Example 3.

设抛物线$x = ay^2 + b$ 过 $(0,-1)$、$(0,1)$并且与y轴所围的区域面积为 2，求a、b =?

【解】

$\because$ 抛物线过 $(0,-1), (0,1)$ $\quad \therefore 0 = a + b \Rightarrow a = -b$

$$\because \text{面积} = 2 \qquad \therefore 2 = \left| \int_{-1}^{1} -b\,y^2 + b dy \right| = \left|\frac{4b}{3}\right| \Rightarrow b = \pm\frac{3}{2} \quad \therefore (a,b) = \left(-\frac{3}{2},\frac{3}{2}\right),\left(\frac{3}{2},-\frac{3}{2}\right)$$

Example 4.

求抛物线$y = -x^2 + 4x - 3$，与过$(0,-3)$、$(4,-3)$的两切线所围区域的面积

【解】

切线斜率：$\left.\frac{dy}{dx}\right|_{x=0} = -2x + 4|_{x=0} = 4$，$\left.\frac{dy}{dx}\right|_{x=4} = -2x + 4|_{x=4} = -4$

过$(0,-3)$、$(4,-3)$的两切线：$y = 4x - 3, y = -4x + 13$

$\because 4x - 3 \geq -x^2 + 4x - 3$，$\forall 0 \leq x \leq 2, -4x + 13 \geq -x^2 + 4x - 3$，$\forall 2 \leq x \leq 4$

$$\text{面积} = \int_0^2 4x - 3 - (-x^2 + 4x - 3)dx + \int_2^4 -4x + 13 - (-x^2 + 4x - 3)dx = \frac{16}{3}$$

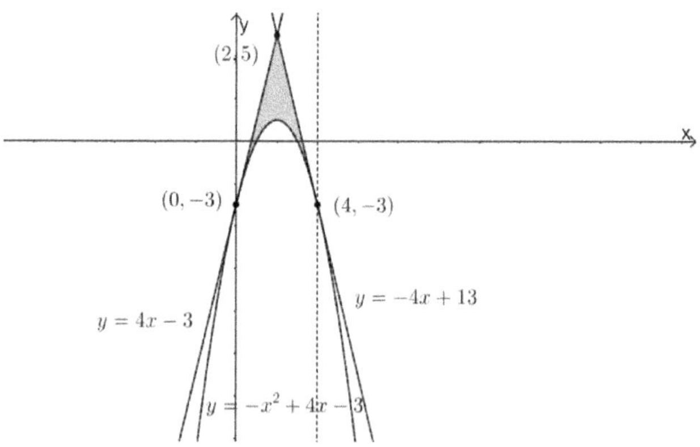

Example 5.

求$y = x^4 + x^3 + 17x - 7$，$y = x^4 + 6x^2 + 9x - 7$ 所围的区域面积

【解】

令 $x^4 + x^3 + 17x - 7 = x^4 + 6x^2 + 9x - 7$ 则 $x^3 - 6x^2 + 8x = 0 \Rightarrow x = 0,2,4$

$\because x^4 + x^3 + 17x - 7 \geq x^4 + 6x^2 + 9x - 7$，$\forall\, 0 \leq x \leq 2$

且 $x^4 + x^3 + 17x - 7 \leq x^4 + 6x^2 + 9x - 7$，$\forall\, 2 \leq x \leq 4$

$$\text{面积} = \int_0^2 x^3 - 6x^2 + 8xdx - \int_2^4 x^3 - 6x^2 + 8xdx$$

$$=\left(\frac{x^4}{4}-2x^3+4x^2\right)\Bigg|_0^2-\left(\frac{x^4}{4}-2x^3+4x^2\right)\Bigg|_2^4=8$$

Example 6.

求$y=\sin x$，$y=\sin 2x$，$\forall 0\le x\le\frac{\pi}{2}$ 所围的区域面积

【解】

$\because \sin 2x\ge\sin x$，$\forall\ 0\le x\le\frac{\pi}{3}$ 且 $\sin 2x\le\sin x$，$\forall\ \frac{\pi}{3}\le x\le\frac{\pi}{2}$

$$面积=\int_0^{\frac{\pi}{3}}\sin 2x-\sin x\,dx+\int_{\frac{\pi}{3}}^{\frac{\pi}{2}}\sin x-\sin 2x\,dx$$

$$=\left(-\frac{\cos 2x}{2}+\cos x\right)\Bigg|_0^{\frac{\pi}{3}}+\left(-\cos x+\frac{\cos 2x}{2}\right)\Bigg|_{\frac{\pi}{3}}^{\frac{\pi}{2}}=\frac{1}{4}+\frac{1}{2}+\frac{1}{2}-1-\frac{1}{2}+\frac{1}{2}+\frac{1}{4}=\frac{1}{2}$$

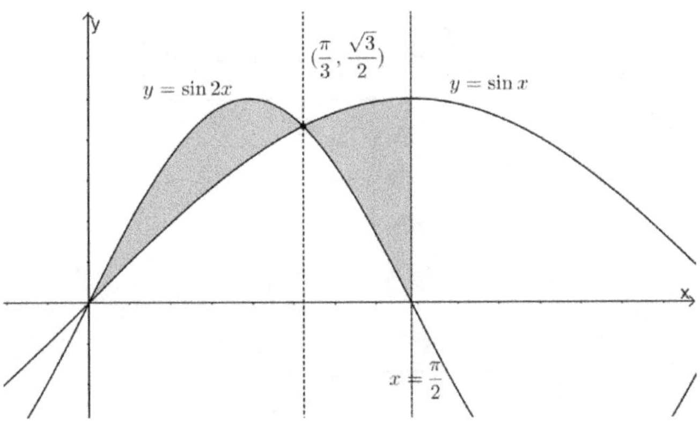

Example 7.

假设$y=ax^2+bx+c$ 过点$(1,1)$、$(-1,1)$, $a<0$ 求与x轴所围区域的最小面积

【解】

$\because\ y=ax^2+bx+c$ 过点$(1,1)$，$(-1,1)$

$\therefore 1=a+b+c=a-b+c\Rightarrow b=0, a+c=1\ \ \therefore y=ax^2+1-a$

令$ax^2+1-a=0$ 则$x=\pm\sqrt{\dfrac{a-1}{a}}$

$$面积=\int_{-\sqrt{\frac{a-1}{a}}}^{\sqrt{\frac{a-1}{a}}} ax^2+1-adx=\frac{ax^3}{3}+(1-a)x\Bigg|_{-\sqrt{\frac{a-1}{a}}}^{\sqrt{\frac{a-1}{a}}}$$

令 $s=\sqrt{\dfrac{a-1}{a}}$ 则 $\dfrac{ax^3}{3}+(1-a)x\Bigg|_{-\sqrt{\frac{a-1}{a}}}^{\sqrt{\frac{a-1}{a}}}=\dfrac{ax^3}{3}+(1-a)x\Bigg|_{-s}^{s}$

$$=\frac{2as^3}{3}+2s(1-a)=\frac{2a}{3}\cdot\frac{a-1}{a}\cdot\sqrt{\frac{a-1}{a}}+2(1-a)\sqrt{\frac{a-1}{a}}$$

$$=\frac{4(1-a)}{3}\sqrt{\frac{a-1}{a}}=\frac{4}{3}\sqrt{\frac{(a-1)^3}{a}}$$

令$f(x)=\dfrac{(x-1)^3}{x}$，$\forall x<0$

则$f'(x)=\dfrac{3(x-1)^2x-(x-1)^3}{x^2}=\dfrac{(x-1)^2(2x+1)}{x^2}=\dfrac{2\left((x-1)^{\frac{3}{2}}-(x-1)^{\frac{5}{2}}\right)}{x^{\frac{3}{2}}}$

$$=\frac{2(x-1)^{\frac{3}{2}}(1-2-x)}{x^{\frac{3}{2}}}$$

令$f'(x)=0$ 则$x=1,-\dfrac{1}{2}\Rightarrow f\left(-\dfrac{1}{2}\right)=\dfrac{27}{4}$ 有最小值 $\therefore$ 最小面积 $=2\sqrt{3}$

Example 8.

(1)设 R 为抛物线 $x=y^2$ 与 $x=2$ 所围区域的面积，若直线$x=c$將此区域分割成面积相等的两部分，求 $c=?$

(2)设 R 为抛物线 $y=x^2$ 与 $y=9$ 所围区域的面积，若直线$y=c$將此区域分割成面积相等的两部分，求$c=?$

【解】

(1)

$$面积 = \int_{-\sqrt{2}}^{\sqrt{2}} 2 - y^2 dy = \frac{8\sqrt{2}}{3}$$

$$令\ \frac{4\sqrt{2}}{3} = \int_{-\sqrt{c}}^{\sqrt{c}} c - y^2 dy \quad 则\ \frac{4\sqrt{2}}{3} = 2c^{\frac{3}{2}} - \frac{2c^{\frac{3}{2}}}{3} = \frac{4c^{\frac{3}{2}}}{3} \Rightarrow c = 2^{\frac{1}{3}}$$

(2)

$$面积 = \int_{-3}^{3} 9 - x^2 dx = 54 - \frac{x^3}{3}\Big|_{-3}^{3} = 36$$

$$令\ 18 = \int_{-\sqrt{c}}^{\sqrt{c}} c - x^2 dx \quad 则\ 18 = 2c^{\frac{3}{2}} - \frac{2c^{\frac{3}{2}}}{3} = \frac{4c^{\frac{3}{2}}}{3} \Rightarrow \frac{27}{2} = c^{\frac{3}{2}} \Rightarrow c = \frac{9}{2^{\frac{2}{3}}}$$

Example 9.

求两抛物线 $y^2 = 9x$，$y^2 = x + 8$ 所围的区域面积

【解】

令 $9x = x + 8$ 则 $x = 1$ $\quad\therefore$ 两抛物线交点为 $(1,3)$，$(1,-3)$

$$\therefore 面积 = \int_{-3}^{3} \frac{y^2}{9} - (y^2 - 8)dy = \frac{-8y^3}{27}\Big|_{-3}^{3} + 8y|_{-3}^{3} = \frac{-8}{27}\cdot 54 + 8\cdot 6 = 32$$

Example 10.

求$y = x^2 - 5x + 9$，$y = 3x - 6$ 所围的区域面积

【解】

令 $x^2 - 5x + 9 = 3x - 6$ 则 $x^2 - 8x + 15 = 0 \Rightarrow x = 3$，$5$

$$\therefore 面积 = \int_{3}^{5} 3x - 6 - (x^2 - 5x + 9)dx = \int_{3}^{5} -x^2 + 8x - 15dx = \left(\frac{-x^3}{3} + 4x^2 - 15x\right)\Big|_{3}^{5}$$

$$= \frac{4}{3}$$

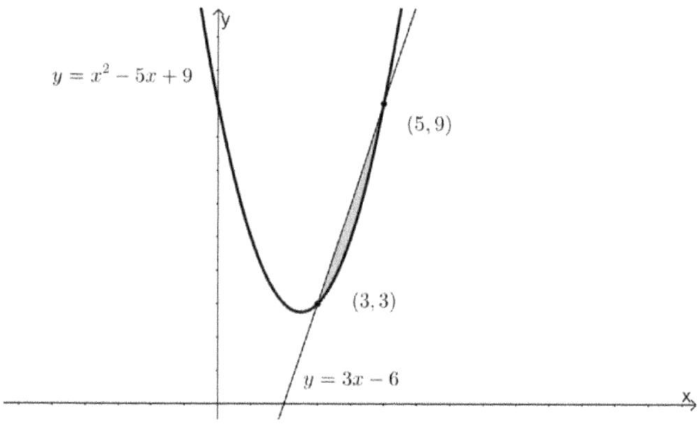

Example 11.

$$求y = \sin x，y = \cos x 所围的区域面积，\forall 0 \le x \le \frac{\pi}{2}$$

【解】

$\because \cos x \ge \sin x, 0 \le x \le \frac{\pi}{4}$ 且 $\sin x \ge \cos x，\forall \frac{\pi}{4} \le x \le \frac{\pi}{2}$

$$面积 = \int_0^{\frac{\pi}{4}} \cos x - \sin x \, dx + \int_{\frac{\pi}{4}}^{\frac{\pi}{2}} \sin x - \cos x \, dx = (\sin x + \cos x)|_0^{\frac{\pi}{4}} + (-\cos x - \sin x)|_{\frac{\pi}{4}}^{\frac{\pi}{2}}$$

$$= 2\sqrt{2} - 2$$

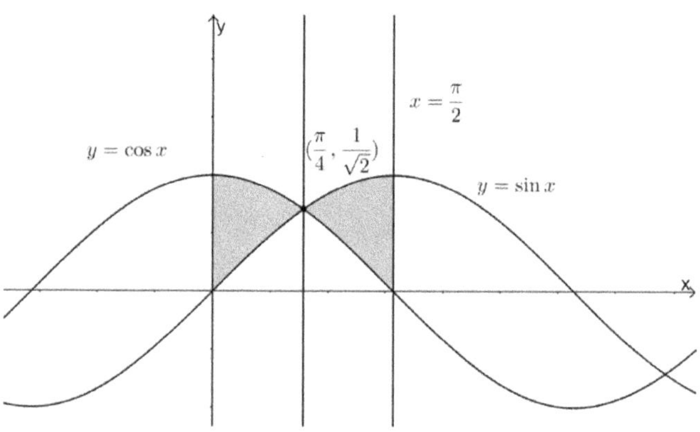

Example 12.

$$求y = \tanh x，y = 1 于第一象限所围区域的面积$$

【解】

$$面积=\int_0^{\infty} 1-\tanh x\,dx=\int_0^{\infty} 1-\frac{e^x-e^{-x}}{e^x+e^{-x}}dx=2\int_0^{\infty}\frac{e^{-x}dx}{e^x+e^{-x}}=2\int_0^{\infty}\frac{dx}{e^{2x}+1}$$

令$u=e^x$ 则 $2\int_0^{\infty}\frac{1}{e^{2x}+1}dx=2\int_1^{\infty}\frac{1}{u(u^2+1)}du=\ln 2$

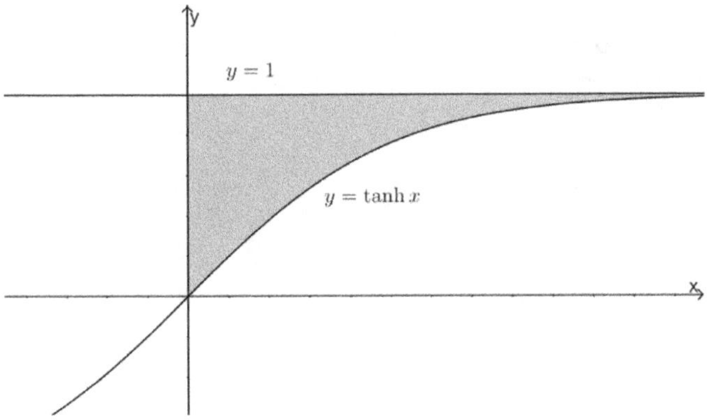

Example 13.

求$y=\ x^2+1, y=x+3$ 所围的区域面积

【解】

令 $x^2+1=x+3$ 则 $x^2-x-2=0\Rightarrow x=-1,2$

$$面积=\int_{-1}^{2} x+3-\ x^2-1dx=\int_{-1}^{2} x+2-\ x^2dx=\left(\frac{x^2}{2}+2x-\frac{x^3}{3}\right)\Bigg|_{-1}^{2}$$

$$=2+4-\frac{8}{3}-\frac{1}{2}+2-\frac{1}{3}=\frac{9}{2}$$

Example 14.

(1)假设$f(x)=x^3-3x$，$g(x)=x^2-x$ 求两曲线所围区域的面积

(2)求 $x=3y-y^2-1$ 与 $2y=x+3$ 所围区域的面积

(3)求 $x+2y=0$ 与 $y^2+2y=x$ 所围区域的面积

【解】

(1)

令$x^3-3x=x^2-x$ 则 $x=-1,0,2$

$\because f(x)\le g(x)$，$\forall 0\le x\le 2$，$f(x)\ge g(x)$，$\forall -1\le x\le 0$

$$面积 = \int_{-1}^{0} x^3 - 3x - (x^2 - x)dx + \int_{0}^{2} x^2 - x - (x^3 - 3x)dx$$

$$= \int_{-1}^{0} x^3 - 2x - x^2dx + \int_{0}^{2} x^2 - x^3 + 2xdx$$

$$= \frac{x^4}{4} - x^2 - \frac{x^3}{3}\Big|_{-1}^{0} + \frac{x^3}{3} - \frac{x^4}{4} + x^2\Big|_{0}^{2} = \frac{5}{12} + \frac{8}{3} = \frac{37}{12}$$

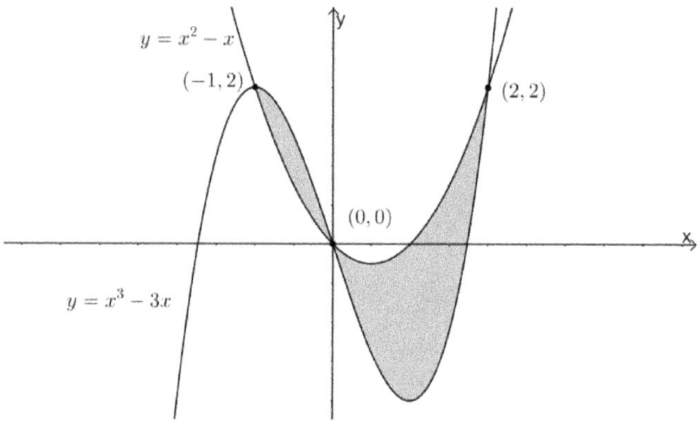

(2)

令 $3y - y^2 - 1 = 2y - 3$ 则 $y = -1$，2，$\because$ $3y - y^2 - 1 \geq 2y - 3$，$\forall -1 \leq y \leq 2$

$$面积 = \int_{-1}^{2} 3y - y^2 - 1 - (2y - 3)dy = \int_{-1}^{2} -y^2 + y + 2dy = \frac{9}{2}$$

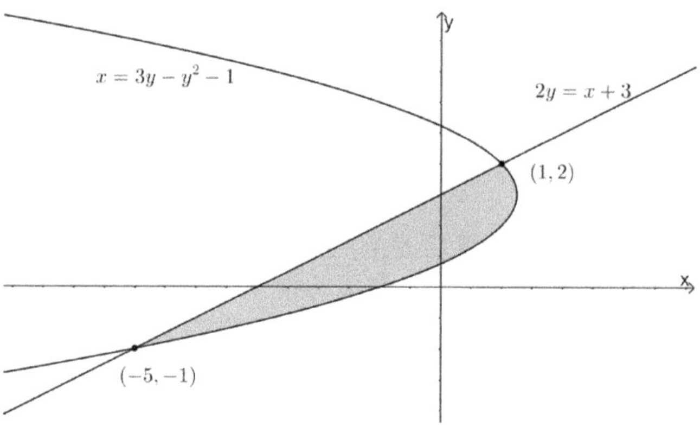

(3)

令$y^2 + 2y = -2y$ 则 $y = -4, 0$ $\quad\because -2y \geq y^2 + 2y$，$\forall -4 \leq y \leq 0$

$$\text{面积} = \int_{-4}^{0} -2\mathrm{y} - (y^2 + 2y)dx = \int_{-4}^{0} -y^2 - 4ydy = \frac{32}{3}$$

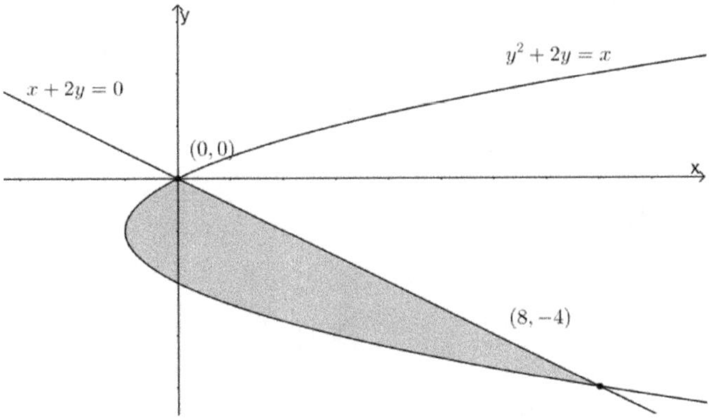

Example 15.

$$\text{求}y = \frac{1}{x^4 + 1}\text{ 与}x\text{轴 所围区域的面积}$$

【解】

$$\text{面积} = 2\int_{0}^{\infty} \frac{1}{x^4 + 1}dx$$

$\because x^4 + 1 = (x^2 + 1)^2 - 2x^2 = (x^2 + 1)^2 - (\sqrt{2}x)^2 = (x^2 + 1 + \sqrt{2}x)(x^2 + 1 - \sqrt{2}x)$

令 $\dfrac{1}{x^4 + 1} = \dfrac{ax + b}{(x^2 + 1 - \sqrt{2}x)} + \dfrac{cx + d}{(x^2 + 1 + \sqrt{2}x)}$

则 $\dfrac{1}{x^4 + 1} = \dfrac{(ax + b)(x^2 + 1 + \sqrt{2}x) + (cx + d)(x^2 + 1 - \sqrt{2}x)}{(x^2 + 1 - \sqrt{2}x)(x^2 + 1 + \sqrt{2}x)}$

$\therefore 1 = (ax + b)(x^2 + 1 + \sqrt{2}x) + (cx + d)(x^2 + 1 - \sqrt{2}x)$

令$x = 0$ 则 $b + d = 1$, $\because (a + c)x^3 = 0,\ \forall x \in R \quad \therefore a + c = 0$

$\because (\sqrt{2}a + b - \sqrt{2}c + d)x^2 = 0,\ \forall x \in R \quad \therefore \sqrt{2}a + b - \sqrt{2}c + d = 0$

$\because (a + \sqrt{2}b + c - \sqrt{2}d)x = 0,\ \forall x \in R \quad \therefore a + \sqrt{2}b + c - \sqrt{2}d = 0$

$\therefore b - d = 0 \Rightarrow b = d = \dfrac{1}{2}, a = \dfrac{-1}{2\sqrt{2}}, c = \dfrac{1}{2\sqrt{2}}$

$\therefore \dfrac{1}{x^4 + 1} = \dfrac{-x + \sqrt{2}}{2\sqrt{2}(x^2 + 1 - \sqrt{2}x)} + \dfrac{x + \sqrt{2}}{2\sqrt{2}(x^2 + 1 + \sqrt{2}x)}$

$$\therefore \int \frac{1}{x^4+1}dx = \frac{1}{2\sqrt{2}}\left(\int -\frac{x-\sqrt{2}}{(x^2+1-\sqrt{2}x)} + \frac{x+\sqrt{2}}{(x^2+1+\sqrt{2}x)}\right)dx$$

$$= \frac{1}{2\sqrt{2}}\left(-\int \frac{\frac{1}{2}(2x-\sqrt{2})-\frac{\sqrt{2}}{2}}{(x^2+1-\sqrt{2}x)} + \frac{\frac{1}{2}\left(2x+\sqrt{2}\right)+\frac{\sqrt{2}}{2}}{(x^2+1+\sqrt{2}x)}\right)dx$$

$$= \frac{1}{4\sqrt{2}}\left(-\ln\left|x^2+1-\sqrt{2}x\right| + \ln\left|x^2+1+\sqrt{2}x\right|\right)$$

$$+\frac{1}{4}\int \frac{dx}{(x^2+1-\sqrt{2}x)} + \frac{1}{4}\int \frac{dx}{(x^2+1+\sqrt{2}x)}$$

$$\because \int \frac{dx}{(x^2+1-\sqrt{2}x)} + \frac{dx}{(x^2+1+\sqrt{2}x)}$$

$$= \int \frac{dx}{\left(x-\frac{1}{\sqrt{2}}\right)^2+\left(\frac{1}{\sqrt{2}}\right)^2} + \int \frac{dx}{\left(x+\frac{1}{\sqrt{2}}\right)^2+\left(\frac{1}{\sqrt{2}}\right)^2} = \sqrt{2}\left(\tan^{-1}\left(\sqrt{2}x-1\right)+\tan^{-1}(\sqrt{2}x+1)\right)$$

$$\therefore \int \frac{1}{x^4+1}dx = \frac{1}{4\sqrt{2}}\left(-\ln\left|x^2+1-\sqrt{2}x\right| + \ln\left|x^2+1+\sqrt{2}x\right|\right)$$

$$+\frac{\sqrt{2}}{4}\left(\tan^{-1}\left(\sqrt{2}x+1\right)+\tan^{-1}\left(\sqrt{2}x-1\right)\right)+c$$

$$\therefore \int_0^\infty \frac{1}{x^4+1}dx = \frac{1}{4\sqrt{2}}\left(-\ln\left|x^2+1-\sqrt{2}x\right| + \ln\left|x^2+1+\sqrt{2}x\right|\right)\Big|_0^\infty$$

$$+\frac{\sqrt{2}}{4}\left(\tan^{-1}\left(\sqrt{2}x+1\right)+\tan^{-1}\left(\sqrt{2}x-1\right)\right)\Big|_0^\infty = \frac{\sqrt{2}\pi}{4}$$

$\Rightarrow$ 所围区域的面积 $= \dfrac{\pi}{\sqrt{2}}$

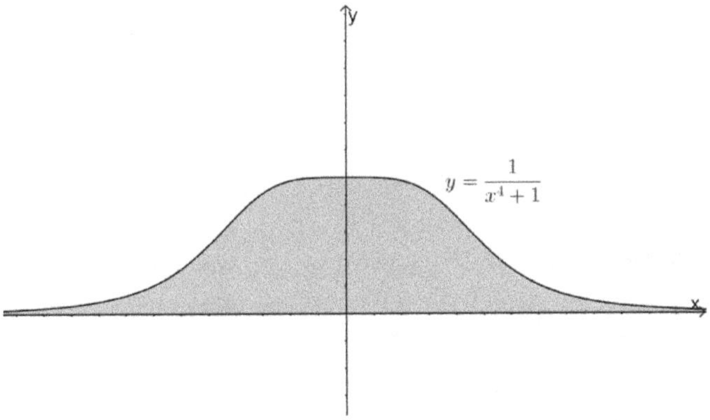

5.5.1.2 给隐函数求面积

考试类型:

Type 1.

给函数 $f(x,y)=0$ 求曲线所围区域的面积

解题流程:

Step1.

找 $y=g(x)$使得 $f(x,y)=0$ 或找 $x=g(y)$使得 $f(x,y)=0$

Step2.

若 $y=g(x)$则找(x_0,x_1)使得$g(x)\geq 0,\ \forall x\in(x_0,x_1)$

若 $x=g(y)$则找(y_0,y_1)使得$g(y)\geq 0,\ \forall y\in(y_0,y_1)$

Step3.

若 $y=g(x)$ 则求 $\int_{x_0}^{x_1} g(x)dx$

若 $x=g(y)$ 则求 $\int_{y_0}^{y_1} g(y)dy$

范例说明:

(I)求曲线 $2\sqrt{x}+\sqrt{y}=\sqrt{a}$ 与坐标轴所围的区域面积

$\because 2\sqrt{x}+\sqrt{y}=\sqrt{a}\quad \therefore y=a+4x-4\sqrt{ax}\quad \therefore$ 面积 $=\int_0^{\frac{a}{4}} a+4x-4\sqrt{ax}\,dx$

(II)求曲线 $x^2+xy+y^2=1$ 所围的区域面积

$\because x^2+xy+y^2=1 \quad \therefore y=\dfrac{-x\pm\sqrt{4-3x^2}}{2}$

$$面积=\int_{-\frac{2}{\sqrt{3}}}^{\frac{2}{\sqrt{3}}}\frac{-x+\sqrt{4-3x^2}}{2}-\frac{-x-\sqrt{4-3x^2}}{2}dx$$

Example 1.

求椭圆 $\dfrac{x^2}{a^2}+\dfrac{y^2}{b^2}=1\ (a>0,b>0)$与$x$轴所围的区域面积

【解】

$\because \dfrac{x^2}{a^2}+\dfrac{y^2}{b^2}=1 \quad \therefore y=b\sqrt{1-\dfrac{x^2}{a^2}}$

$\because$ 面积 = 4 倍 × 第一象限与坐标轴所围面积

$$\therefore 面积=4b\int_0^a\sqrt{1-\frac{x^2}{a^2}}\,dx=\frac{4b}{a}\int_0^a\sqrt{a^2-x^2}\,dx$$

令$x=a\sin\theta$ 则 $dx=a\cos\theta\,d\theta$，藉由变换代换法

$$\therefore 面积=\frac{4b}{a}\int_0^a\sqrt{a^2-x^2}\,dx=\frac{4b}{a}\int_0^{\frac{\pi}{2}}\sqrt{a^2-(a\sin\theta)^2}\cdot a\cos\theta\,d\theta$$

$$=4ab\int_0^{\frac{\pi}{2}}\cos^2\theta\,d\theta=4ab\int_0^{\frac{\pi}{2}}\frac{1+\cos 2\theta\,d\theta}{2}=4ab\cdot\frac{\pi}{4}=\pi ab$$

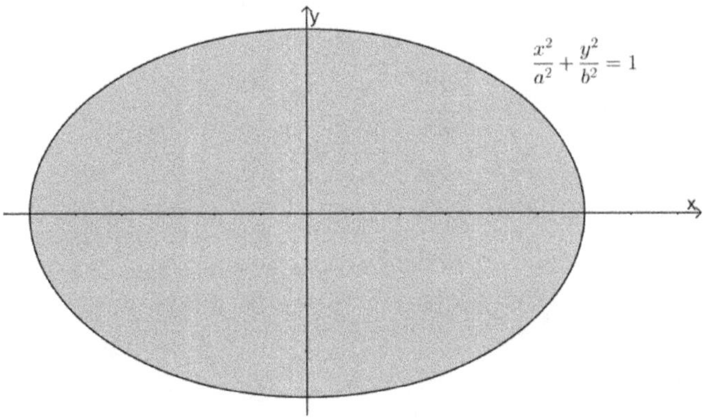

Example 2.

求曲线 $y=a^x$，$y=a^{-x}(a>1)$ 与x轴所围的区域面积

【解】

$$\text{面积}=2\int_0^{\infty} a^{-x}\,dx=-\frac{2a^{-x}}{\ln a}\bigg|_0^{\infty}=\frac{2}{\ln a}$$

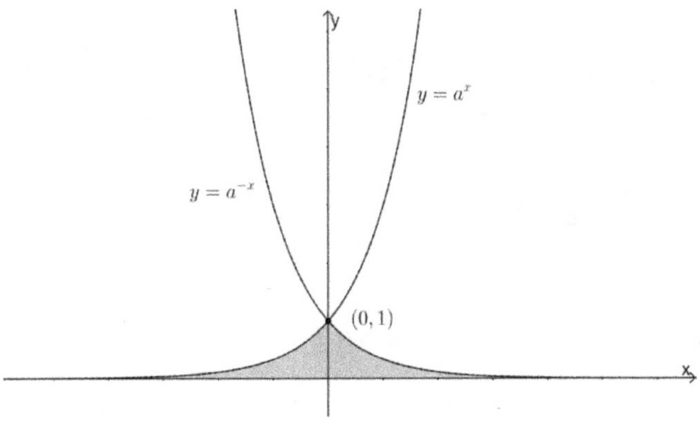

Example 3.

求曲线 $2\sqrt{x}+\sqrt{y}=\sqrt{a}$ 与坐标轴所围的区域面积

【解】

$\because 2\sqrt{x}+\sqrt{y}=\sqrt{a}\quad \therefore y=a+4x-4\sqrt{ax}$

$$\therefore \text{面积}=\int_0^{\frac{a}{4}} a+4x-4\sqrt{ax}\,dx=ax+2x^2-\frac{8\sqrt{a}x^{\frac{3}{2}}}{3}\Bigg|_0^{\frac{a}{4}}$$

$$=\frac{a^2}{4}+\frac{a^2}{8}-\frac{8\sqrt{a}\left(\frac{a}{4}\right)^{\frac{3}{2}}}{3}=\frac{a^2}{4}+\frac{a^2}{8}-\frac{a^2}{3}=a^2\left(\frac{6+3-8}{24}\right)=\frac{a^2}{24}$$

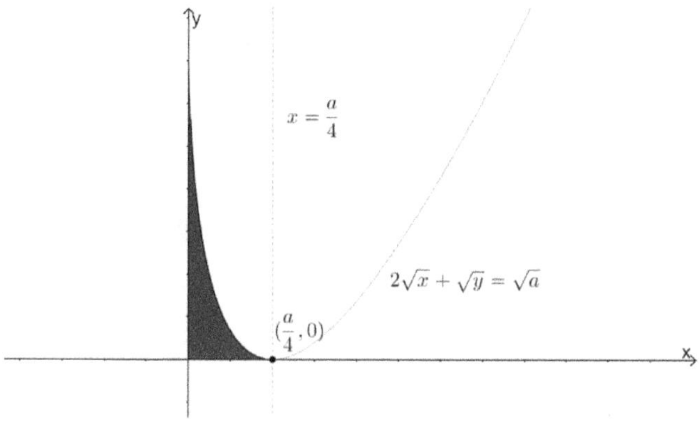

Example 4.

求由曲线 $y^2=x^4(3x+1)$ 所围的区域面积

【解】

$\because y^2=x^4(3x+1)\quad \therefore y=\pm x^2\sqrt{3x+1}\quad \therefore$ 面积 $=2\int_{-\frac{1}{3}}^{0}x^2\sqrt{3x+1}\,dx$

令 $u=3x+1$ 则 $x=\dfrac{u-1}{3}$，$du=3dx$，藉由变换代换法

$$\therefore 2\int_{-\frac{1}{3}}^{0}x^2\sqrt{3x+1}\,dx=\frac{2}{3}\int_{0}^{1}\left(\frac{u-1}{3}\right)^2\sqrt{u}\,du=\frac{2}{27}\int_{0}^{1}u^{\frac{5}{2}}-2u^{\frac{3}{2}}+u^{\frac{1}{2}}\,du$$

$$=\frac{2}{27}\left(\frac{2u^{\frac{7}{2}}}{7}-\frac{4u^{\frac{5}{2}}}{5}+\frac{2u^{\frac{3}{2}}}{3}\right)\Bigg|_{0}^{1}=\frac{2}{27}\cdot\frac{16}{105}=\frac{32}{2835}$$

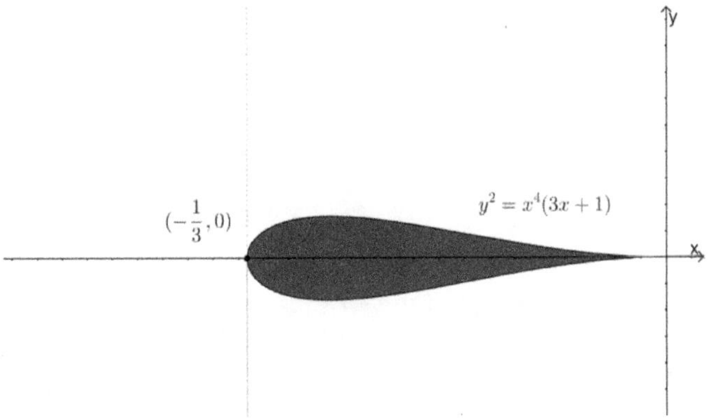

Example 5.

设两曲线为 $C_1: y = \ln x$, $C_2: y = ax$, a为实数，并且两曲线相切，求两曲线与 x 轴所围面积

【解】

$\because$ 两曲线于切点的斜率相同 $\therefore \dfrac{dy}{dx} = \dfrac{1}{x} = a \Rightarrow x = \dfrac{1}{a}$

$\because$ 两曲线相切 $\therefore \ln x = ax = 1 \Rightarrow x = e$ $\therefore$ 切点 $= (e,1) \Rightarrow x = e = \dfrac{1}{a}$

$\because C_2$为过(0,0)的直线 $\therefore$ 与x轴、$x = e$ 所围面积 $= \dfrac{e}{2}$

$$\therefore \text{面积} = \frac{e}{2} - \int_1^e \ln x \; dx = \frac{e}{2} - \left(x \ln x|_1^e - \int_1^e 1\, dx\right) = \frac{e}{2} - 1$$

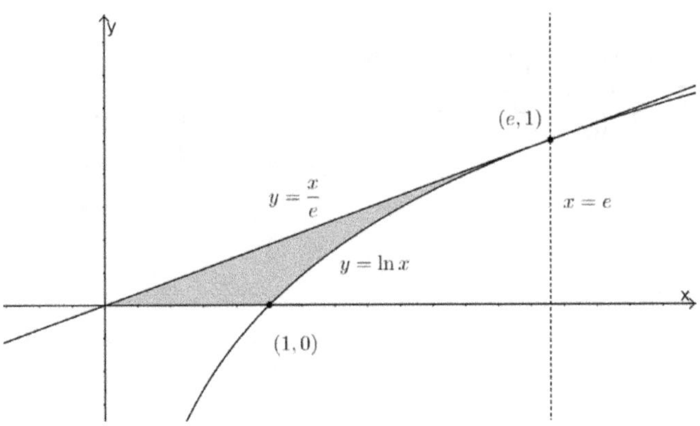

Example 6.

求曲线 $xy = 1$, $xy = 9$, $x = 1$, $x = 9$ 所围的区域面积

【解】

$$面积 = \int_1^9 \frac{9}{x} - \frac{1}{x} dx = \int_1^9 \frac{8}{x} dx = 8 \ln x|_1^9 = 16 \ln 3$$

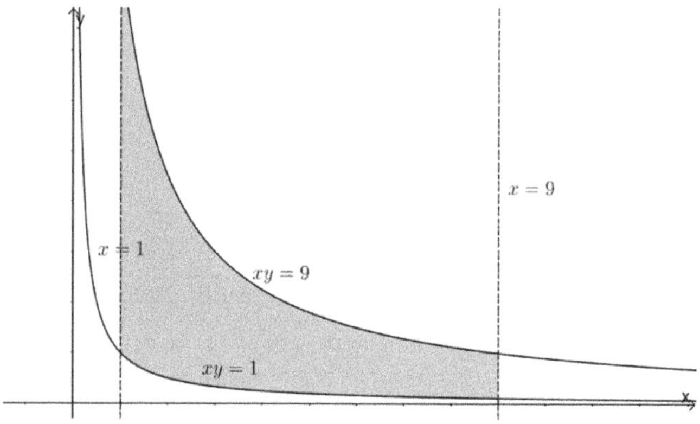

Example 7.

假设抛物线$y = -x^2 + 4x - 4$，求抛物线与过两切点$(0, -4)$、$(4, -4)$的切线所围的面积

【解】

$\because$ 过$(0, -4)$的切线斜率 $= \frac{dy}{dx} = -2x + 4|_{x=0} = 4$ $\therefore$ 切线: $y = 4x - 4$

$\because$ 过$(4, -4)$的切线斜率 $= \frac{dy}{dx} = -2x + 4|_{x=4} = -4$ $\therefore$ 切线: $y = -4x + 12$

$$\therefore 面积 = 2\int_0^2 4x - 4 - (-x^2 + 4x - 4)dx = \frac{2x^3}{3}\Big|_0^2 = \frac{16}{3}$$

Example 8.

求曲线 $x^2 + xy + y^2 = 1$ 所围的区域面积

【解】

$\because x^2 + xy + y^2 = 1$ $\therefore y^2 + xy + x^2 - 1 = 0$

$$\therefore y = \frac{-x \pm \sqrt{x^2 - 4(x^2 - 1)}}{2} = \frac{-x \pm \sqrt{4 - 3x^2}}{2} \Rightarrow 4 - 3x^2 \geq 0 \quad \therefore -\frac{2}{\sqrt{3}} \leq x \leq \frac{2}{\sqrt{3}}$$

$$面积 = \int_{-\frac{2}{\sqrt{3}}}^{\frac{2}{\sqrt{3}}} \frac{-x+\sqrt{4-3x^2}}{2} - \frac{-x-\sqrt{4-3x^2}}{2} dx = \int_{-\frac{2}{\sqrt{3}}}^{\frac{2}{\sqrt{3}}} \sqrt{4-3x^2}\, dx$$

令 $x = \frac{2}{\sqrt{3}}\sin\theta$ 则 $dx = \frac{2}{\sqrt{3}}\cos\theta\, d\theta$，藉由变换代换法

$$\int_{-\frac{2}{\sqrt{3}}}^{\frac{2}{\sqrt{3}}} \sqrt{4-3x^2}\, dx = \frac{4}{\sqrt{3}} \int_{-\frac{\pi}{2}}^{\frac{\pi}{2}} \cos\theta \sqrt{1-\sin^2\theta}\, d\theta = \frac{4}{\sqrt{3}} \int_{-\frac{\pi}{2}}^{\frac{\pi}{2}} \frac{1+\cos 2\theta}{2} d\theta = \frac{2\pi}{\sqrt{3}}$$

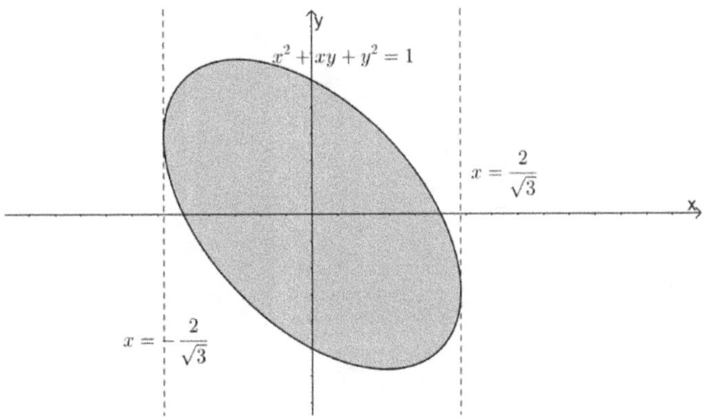

Example 9.

求 $x^2+y^2=a^2, x^2+(y-a)^2=a^2$的交集面积

【解】

面积 $= 4\int_{\frac{a}{2}}^{a} \sqrt{a^2-y^2}\, dy$，令$y = a\sin\theta$ 则 $dy = a\cos\theta\, d\theta$，藉由变换代换法

$$4\int_{\frac{a}{2}}^{a} \sqrt{a^2-y^2}\, dy = 4a^2 \int_{\frac{\pi}{6}}^{\frac{\pi}{2}} \cos\theta \sqrt{1-\sin^2\theta}\, d\theta = 4a^2 \int_{\frac{\pi}{6}}^{\frac{\pi}{2}} \frac{1+\cos 2\theta}{2} d\theta = 4a^2\left(\frac{\pi}{6} - \frac{\sqrt{3}}{8}\right)$$

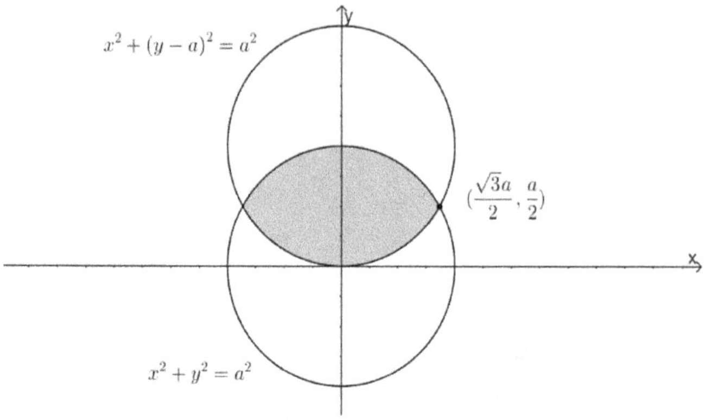

5.5.1.3 给参数式求面积

考试类型:

Type 1.

給函数 $x^2+y^2=f(x,y)$求曲线所围区域的面积

解题流程:

Step1.

令$x=r\cos\theta$，$y=r\sin\theta$ 则 $r^2=f(r\cos\theta,r\sin\theta)$

Step2.

面积 $=\frac{1}{2}\int r^2 d\theta=\frac{1}{2}\int f(r\cos\theta,r\sin\theta)d\theta$

范例说明:

(I)求双扭线$(x^2+y^2)^2=a(x^2-y^2)$所围的封閉区域面积，$a>0$

$\because r^2=a\cos 2\theta\quad\therefore$ 面积 $=\frac{1}{2}\cdot 4\int_0^{\frac{\pi}{4}} a\cos 2\theta\ d\theta$

(II)求曲线 $(x^2+y^2)^2=4a^2xy$ 所围的区域面积

$\because\ r^2=2a^2\sin 2\theta\quad\therefore$ 面积 $=\int_0^{\frac{\pi}{2}} a^2\sin 2\theta\ d\theta+\int_{\pi}^{\frac{3\pi}{2}} a^2\sin 2\theta\ d\theta$

(III)求曲线$x^4+y^4=2(x^2+y^2)$ 所围的区域面积

$\because\cos^4\theta+\sin^4\theta=\frac{2}{r^2}=\frac{3}{4}+\frac{\cos 4\theta}{4}\quad\therefore$ 面积 $=8\cdot\frac{1}{2}\int_0^{\frac{\pi}{4}}\frac{8}{3+\cos 4\theta}d\theta$

Example 1.

求双扭线$(x^2+y^2)^2=a(x^2-y^2)$所围的封閉区域面积，$a>0$

【解】

令 $a>0$，令$x=r\cos\theta$，$y=r\sin\theta$ 则 $r^4=a(r^2\cos^2\theta-r^2\sin^2\theta)$

$$\Rightarrow r^2=a\left(\frac{1+\cos 2\theta}{2}-\frac{1-\cos 2\theta}{2}\right)=a\cos 2\theta$$

$$面积=\frac{1}{2}\int r^2 d\theta=\frac{1}{2}\cdot 4\int_0^{\frac{\pi}{4}} a\cos 2\theta\ d\theta=a\ (\sin 2\theta)\Big|_0^{\frac{\pi}{4}}=a$$

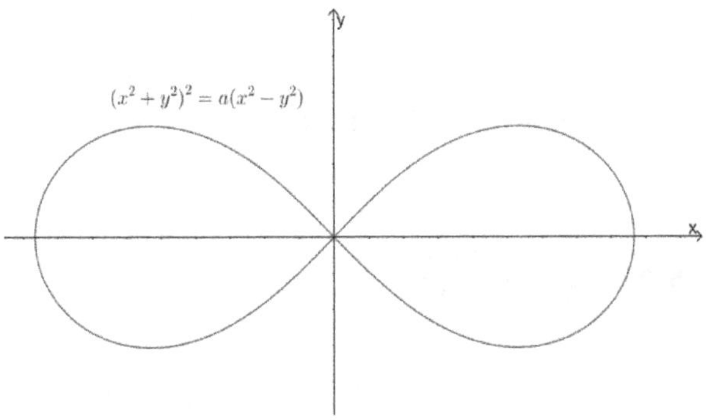

Example 2.

求曲线 $(x^2+y^2)^2=4a^2xy$ 所围的区域面积

【解】

令 $x=r\cos\theta$，$y=r\sin\theta$，$\forall\ 0\le 2\theta\le 4\pi$

则 $(r^2\cos^2\theta+r^2\sin^2\theta)^2=4a^2r^2\cos\theta\sin\theta\Rightarrow r^2=2a^2\sin 2\theta$

$\because r^2\ge 0\quad\therefore \sin 2\theta\ge 0\Rightarrow\ 2n\pi\le 2\theta\le 2n\pi+\pi, n\in N\cup\{0\}$

$\therefore\ \theta\in\{\theta: 0\le 2\theta\le 4\pi\}\cap\{\theta: 2n\pi\le 2\theta\le 2n\pi+\pi, n\in N\cup\{0\}\}$

$$\Rightarrow 0\le\theta\le\frac{\pi}{2}\ \text{ or }\ \pi\le\theta\le\frac{\pi}{2}+\pi$$

$$\therefore 面积=\int_0^{\frac{\pi}{2}} a^2\sin 2\theta\, d\theta+\int_{\pi}^{\frac{3\pi}{2}} a^2\sin 2\theta\, d\theta=a^2\left(\frac{-\cos 2\theta}{2}\Big|_0^{\frac{\pi}{2}}+\frac{-\cos 2\theta}{2}\Big|_{\pi}^{\frac{3\pi}{2}}\right)=2a^2$$

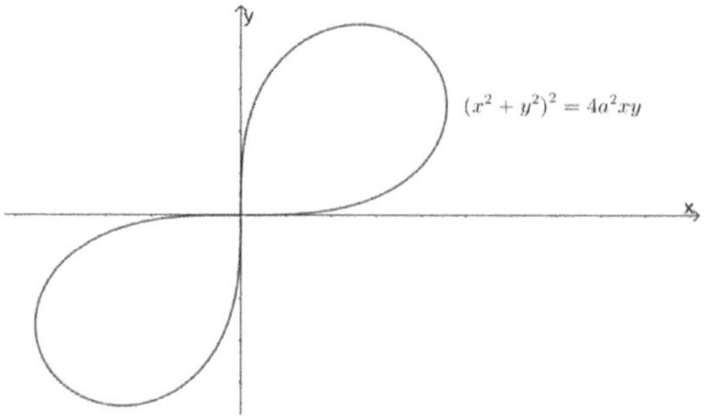

Example 3.

$$\text{求}\begin{cases}x=a\cos^3 t\\ y=a\sin^3 t\end{cases},\ a>0\ \text{所围的区域面积}$$

【解】

$$\text{面积}=4\int_0^a y(x)dx=4\int_{\frac{\pi}{2}}^0 y(t)x'(t)dt=4\int_{\frac{\pi}{2}}^0 a\sin^3 t\,(-3a\cos^2 t\sin t)dt$$

$$=12a^2\int_0^{\frac{\pi}{2}}\sin^4 t\cos^2 t\,dt=12a^2\int_0^{\frac{\pi}{2}}\sin^4 t\,(1-\sin^2 t)dt=\frac{3\pi a^2}{8}$$

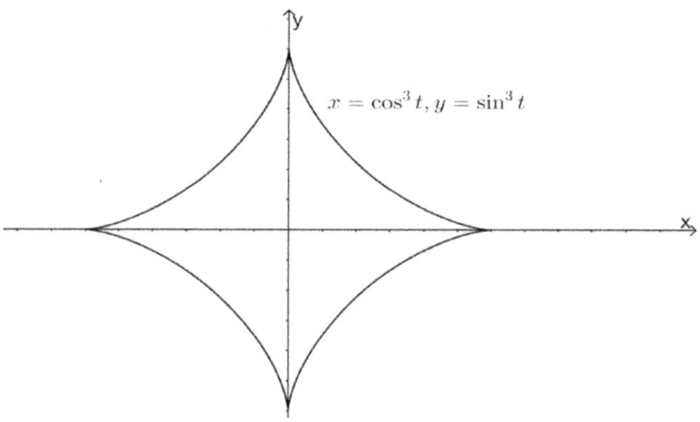

Example 4.

$$\text{求}\begin{cases}x=t^3+t^2\\ y=t^2+t\end{cases},\ 0\le t\le 1,\ y=x\ \text{所围的区域面积}$$

【解】

$$\text{面积}=\int_0^2 y(x)-xdx=\int_0^1 y(t)x'(t)dt-\int_0^2 xdx=\int_0^1 (t^2+t)(3t^2+2t)dt-\int_0^2 xdx$$

$$=\int_0^1 3t^4+5t^3+2t^2dt-\int_0^2 xdx=\frac{3t^5}{5}+\frac{5t^4}{4}+\frac{2t^3}{3}\Bigg|_0^1-\frac{x^2}{2}\Bigg|_0^2=\frac{31}{60}$$

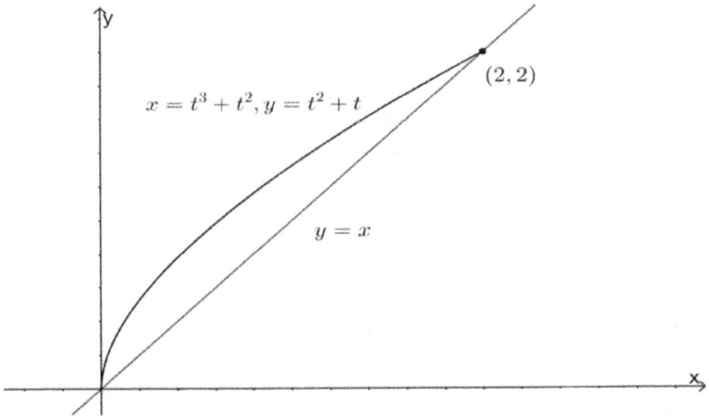

Example 5.

求$\begin{cases}x=a(\theta-\sin\theta)\\ y=a(1-\cos\theta)\end{cases}$，$a>0$与$x$轴所围的区域面积

【解】

$$面积=\int_0^a y(x)dx=\int_0^{2\pi}a(1-\cos\theta)a(1-\cos\theta)d\theta$$

$$=a^2\int_0^{2\pi}(1-\cos\theta)^2d\theta=a^2\int_0^{2\pi}1-2\cos\theta+\cos^2\theta\,d\theta$$

$$=a^2\int_0^{2\pi}\frac{3}{2}-2\cos\theta+\frac{\cos 2\theta}{2}d\theta=a^2\left(\frac{3\theta}{2}-2\sin\theta+\frac{\sin 2\theta}{4}\right)\Bigg|_0^{2\pi}=3\pi a^2$$

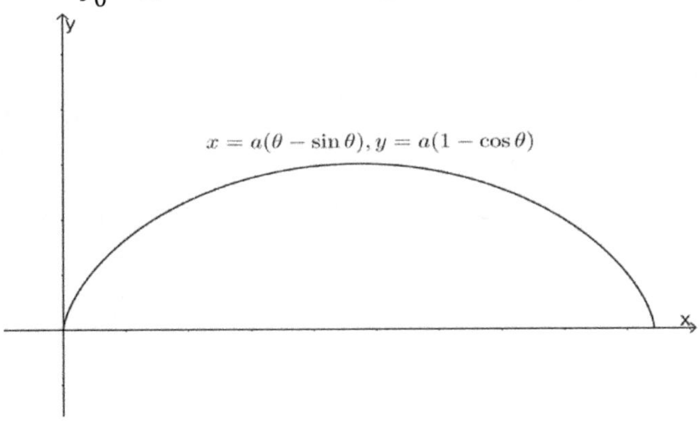

Example 6.

求曲线$x^4+y^4=2(x^2+y^2)$所围的区域面积

【解】

令$x = r\cos\theta$，$y = r\sin\theta$，$\forall\, 0 \le \theta \le 2\pi$

则 $r^4\cos^4\theta + r^4\sin^4\theta = 2r^2\cos^2\theta + 2r^2\sin^2\theta = 2r^2$

$\because \cos^4\theta + \sin^4\theta = (\cos^2\theta + \sin^2\theta)^2 - 2\sin^2\theta\cos^2\theta$

$$= 1 - 2\left(\frac{1-\cos 2\theta}{2}\right)\left(\frac{1+\cos 2\theta}{2}\right) = 1 - \frac{1-\cos^2 2\theta}{2} = \frac{1}{2} + \frac{\frac{1+\cos 4\theta}{2}}{2} = \frac{3}{4} + \frac{\cos 4\theta}{4}$$

$$\therefore r^2 = \frac{8}{3+\cos 4\theta} \qquad \therefore \text{面积} = 8\cdot\frac{1}{2}\int_0^{\frac{\pi}{4}} \frac{8}{3+\cos 4\theta}\,d\theta = 8\int_0^{\pi}\frac{1}{3+\cos t}\,dt$$

令$u = \tan\frac{t}{2}$ 则 $du = \frac{1}{2}\sec^2\frac{t}{2}\,dt$，藉由变换代换法

$$\Rightarrow\ dt = \frac{2}{(1+u^2)}du \text{ 且 } \cos t = \frac{1-u^2}{1+u^2}$$

$$\therefore \int_0^{\pi}\frac{1}{3+\cos t}dt = \int_0^{\infty}\frac{1}{3+\frac{1-u^2}{1+u^2}}\cdot\frac{2du}{(1+u^2)} = \int_0^{\infty}\frac{du}{2+u^2} = \left.\frac{\tan^{-1}\left(\frac{u}{\sqrt{2}}\right)}{\sqrt{2}}\right|_0^{\infty} = \frac{\pi}{2\sqrt{2}}$$

$$\therefore \text{面积} = 8\int_0^{\pi}\frac{1}{3+\cos t}dt = 8\left(\frac{\pi}{2\sqrt{2}}\right) = 2\sqrt{2}\pi$$

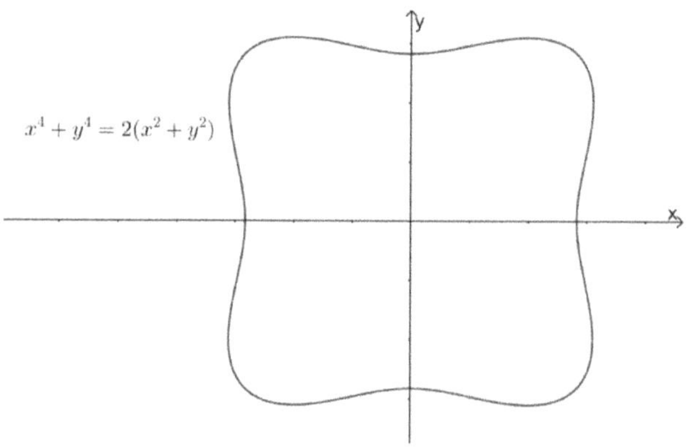

Example 7.

求两椭圆$\frac{x^2}{a^2} + \frac{y^2}{b^2} \le 1$，$\frac{x^2}{b^2} + \frac{y^2}{a^2} \le 1$ 的交集面积$(a > b > 0)$

【解】

令 $x = r\cos\theta$，$y = r\sin\theta$，　$\because \dfrac{x^2}{b^2}+\dfrac{y^2}{a^2}=1$　$\therefore r^2 = \dfrac{a^2b^2}{a^2\cos^2\theta + b^2\sin^2\theta}$

$$\therefore \text{面积} = 8\int_0^{\frac{\pi}{4}} \frac{1}{2}\cdot\frac{a^2b^2}{a^2\cos^2\theta+b^2\sin^2\theta}d\theta = 4\int_0^{\frac{\pi}{4}}\frac{a^2b^2}{\cos^2\theta\left(a^2+\dfrac{b^2\sin^2\theta}{\cos^2\theta}\right)}d\theta$$

$$= 4\int_0^{\frac{\pi}{4}}\frac{a^2b^2\sec^2\theta}{(a^2+b^2\tan^2\theta)}d\theta = 4\int_0^{\frac{\pi}{4}}\frac{b^2\sec^2\theta}{1+\dfrac{b^2\tan^2\theta}{a^2}}d\theta$$

令$u = \tan\theta$ 则 $du = \sec^2\theta d\theta$，藉由变换代换法

$$\therefore 4\int_0^{\frac{\pi}{4}}\frac{b^2\sec^2\theta}{1+\dfrac{b^2\tan^2\theta}{a^2}}d\theta = 4\int_0^1\frac{b^2du}{1+\dfrac{b^2u^2}{a^2}} = 4b^2\frac{a}{b}\cdot\tan^{-1}\left(\frac{b}{a}\cdot u\right)\Big|_0^1 = 4ab\tan^{-1}\frac{b}{a}$$

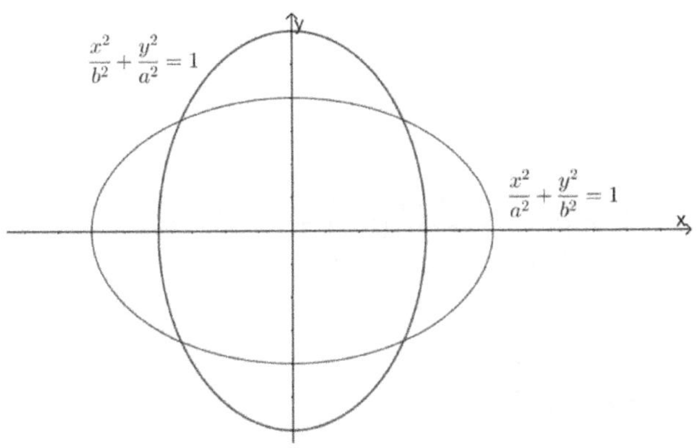

Example 8.

求$x^{\frac{2}{3}}+y^{\frac{2}{3}}=a^{\frac{2}{3}}$所围的区域面积

【解】

令$x = a\cos^3\theta, y = a\sin^3\theta$

$$\text{面积} = 4\int_0^a y(x)dx = 4\int_{\frac{\pi}{2}}^0 y(\theta)x'(\theta)d\theta = 4\int_{\frac{\pi}{2}}^0 a\sin^3\theta\,(-3a\cos^2\theta\sin\theta)d\theta$$

$$= 12a^2\int_0^{\frac{\pi}{2}}\sin^4\theta\cos^2\theta\,d\theta = 12a^2\int_0^{\frac{\pi}{2}}\sin^4\theta\,(1-\sin^2\theta)d\theta = \frac{3\pi a^2}{8}$$

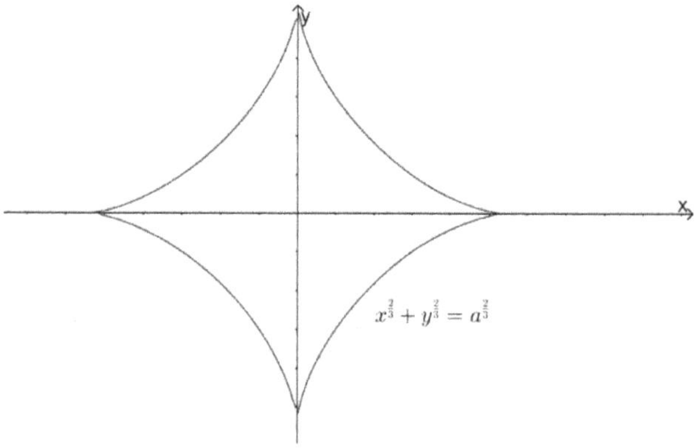

5.5.1.4 给极坐标求面积

考试类型:

Type 1.

給定 $r=f(\theta)$, $\theta\in[0,2\pi]$ 求曲线所围区域的面积

解题流程:

Step1.

找n、$\theta_1<\theta_2$ 使得所围面积 $=n\int_{\theta_1}^{\theta_2}\frac{f^2(\theta)}{2}d\theta$, 求 $n\left(\int_{\theta_1}^{\theta_2}\frac{f^2(\theta)}{2}d\theta\right)=?$

<u>范例说明:</u>

(I)若$f(\theta)=a(1\pm\sin\theta)$则 求 $2\left(\int_{\frac{\pi}{2}}^{\frac{3\pi}{2}}\frac{a^2(1\pm\sin\theta)^2}{2}d\theta\right)=?$

(II)若$f(\theta)=a(1\pm\cos\theta)$则 求 $2\left(\int_{0}^{\pi}\frac{a^2(1\pm\cos\theta)^2}{2}d\theta\right)=?$

(III)若$f(\theta)=a\pm b\sin\theta$ 则 求 $2\left(\int_{\frac{\pi}{2}}^{\frac{3\pi}{2}}\frac{(a\pm b\sin\theta)^2}{2}d\theta\right)=?$

(IV)若$f(\theta)=a\pm b\cos\theta$ 则 求 $2\left(\int_{0}^{\pi}\frac{(a\pm b\cos\theta)^2}{2}d\theta\right)=?$

(V)若$f(\theta)=a\sin n\theta$(n为偶数) 则求 $4n\int_{0}^{\frac{\pi}{2n}}\frac{(a\sin n\theta)^2}{2}d\theta=?$

(VI)若$f(\theta)=a\sin n\theta$(n为奇数) 则求 $2n\int_{0}^{\frac{\pi}{2n}}\frac{(a\sin n\theta)^2}{2}d\theta=?$

(VII)若$f(\theta)=a\cos n\theta$(n为偶数)则求 $4n\int_0^{\frac{\pi}{2n}}\frac{(a\cos n\theta)^2}{2}d\theta=?$

(VIII)若$f(\theta)=a\cos n\theta$(n为奇数)则求 $2n\int_0^{\frac{\pi}{2n}}\frac{(a\cos n\theta)^2}{2}d\theta=?$

Type 2.

求曲线$r=f(\theta)$ 的外部与曲线$r=g(\theta)$ 内部的交集面积

解题流程:

Step1.

令$f(\theta)=g(\theta)$找 $\theta_1<\theta_2$使得 $f(\theta_1)=g(\theta_1)$、$f(\theta_2)=g(\theta_2)$

则交集面积 $=\frac{1}{2}\int_{\theta_1}^{\theta_2} g^2(\theta)-f^2(\theta)d\theta$

Step2.

求$\frac{1}{2}\int_{\theta_1}^{\theta_2} g^2(\theta)-f^2(\theta)d\theta=?$

<u>范例说明:</u>

(I)求心脏线$r=\sqrt{3}+\cos\theta$ 的外部与圆 $r=\sqrt{3}\sin\theta$ 内部的交集面积

面积 $=\frac{1}{2}\int_{\frac{\pi}{2}}^{\frac{5\pi}{6}}(\sqrt{3}\sin\theta)^2-(\sqrt{3}+\cos\theta)^2d\theta$

(II)求心脏线$r=1+\cos\theta$ 的外部与圆 $r=\sqrt{3}\sin\theta$ 内部的交集面积

面积 $=\frac{1}{2}\int_{\frac{\pi}{3}}^{\pi}(\sqrt{3}\sin\theta)^2-(1+\cos\theta)^2d\theta$

Example 1.

求两曲线$y=\sin x$ 与 $y=\sin 2x$,$\forall\, 0\le x\le\frac{\pi}{2}$ 所围面积

【解】

令 $y=\sin x=\sin 2x$, $\because \sin 2x=2\sin x\cos x$

$\therefore 2\sin x\cos x=\sin x\Rightarrow \sin x=0$ or $\cos x=\frac{1}{2}$ $\therefore$ 两曲线于 $\left(\frac{\pi}{3},\frac{\sqrt{3}}{2}\right)$ 相交

$$\therefore \text{面积}=\int_0^{\frac{\pi}{3}}(\sin 2x-\sin x)dx+\int_{\frac{\pi}{3}}^{\frac{\pi}{2}}(\sin x-\sin 2x)dx$$

$$=-\frac{\cos 2x}{2}\Big|_0^{\frac{\pi}{3}}+\cos x\Big|_0^{\frac{\pi}{3}}-\cos x\Big|_{\frac{\pi}{3}}^{\frac{\pi}{2}}+\frac{\cos 2x}{2}\Big|_{\frac{\pi}{3}}^{\frac{\pi}{2}}$$

$$=\frac{-1}{2}\left(\cos\frac{2\pi}{3}-1\right)+\left(\cos\frac{\pi}{3}-1\right)-\left(0-\cos\frac{\pi}{3}\right)+\frac{1}{2}\left(-1-\cos\frac{2\pi}{3}\right)=\frac{1}{2}$$

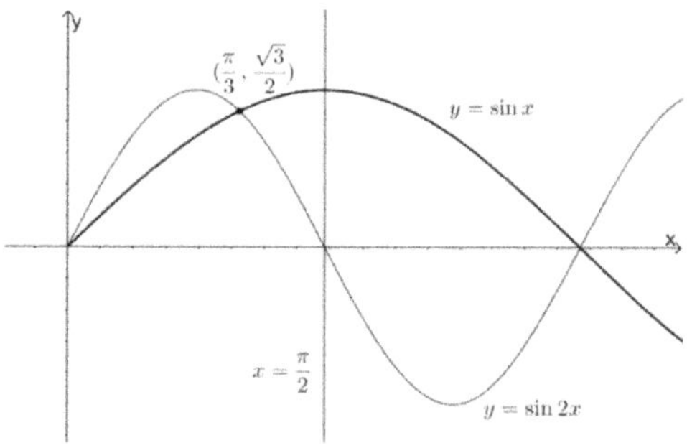

Example 2.

(1) 求心脏线 $r=\sqrt{3}+\cos\theta$ 的外部与圆 $r=\sqrt{3}\sin\theta$ 内部的交集面积

(2) 求心脏线 $r=1+\cos\theta$ 的外部与圆 $r=\sqrt{3}\sin\theta$ 内部的交集面积

【解】

(1)

令 $\sqrt{3}+\cos\theta=\sqrt{3}\sin\theta$ 则 $\frac{\sqrt{3}}{2}\sin\theta-\frac{1}{2}\cos\theta=\sin(\theta-\frac{\pi}{6})=\frac{\sqrt{3}}{2}$

$\therefore \theta-\frac{\pi}{6}=\frac{\pi}{3}$ or $\frac{2\pi}{3}\Rightarrow\theta=\frac{\pi}{2}$ or $\frac{5\pi}{6}$ $\therefore$ 两线交点为 $\left(\frac{\pi}{2},\sqrt{3}\right),\left(\frac{5\pi}{6},\frac{\sqrt{3}}{2}\right)$

$$\therefore \text{面积}=\frac{1}{2}\int_{\frac{\pi}{2}}^{\frac{5\pi}{6}}(\sqrt{3}\sin\theta)^2-(\sqrt{3}+\cos\theta)^2d\theta=\frac{1}{2}\int_{\frac{\pi}{2}}^{\frac{5\pi}{6}}3\sin^2\theta-(3+2\sqrt{3}\cos\theta+\cos^2\theta)d\theta$$

$$=\frac{1}{2}\int_{\frac{\pi}{2}}^{\frac{5\pi}{6}}\frac{3(1-\cos 2\theta)}{2}-\left(3+2\sqrt{3}\cos\theta+\frac{1+\cos 2\theta}{2}\right)d\theta$$

$$=\frac{1}{2}\int_{\frac{\pi}{2}}^{\frac{5\pi}{6}}-2-\cos 2\theta-2\sqrt{3}\cos\theta\,d\theta=\frac{1}{2}\left(-2\cdot\theta-\frac{\sin 2\theta}{2}-2\sqrt{3}\sin\theta\right)\Big|_{\frac{\pi}{2}}^{\frac{5\pi}{6}}$$

$$=\frac{1}{2}\left(-2\cdot\frac{2\pi}{6}-\frac{\sin\frac{5\pi}{3}-\sin\pi}{2}-2\sqrt{3}\left(\sin\frac{5\pi}{6}-\sin\frac{\pi}{2}\right)\right)$$

$$=\frac{1}{2}\left(-\frac{2\pi}{3}+\frac{\sqrt{3}}{4}-2\sqrt{3}(\frac{-1}{2})\right)=\frac{1}{2}\left(\frac{\sqrt{3}}{4}+\sqrt{3}-\frac{2\pi}{3}\right)$$

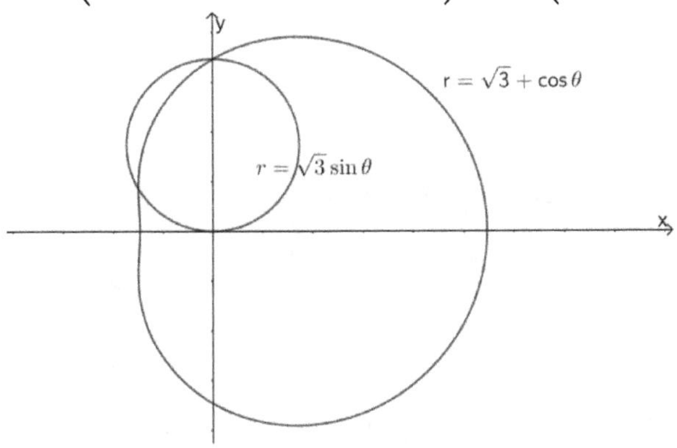

(2)

令 $1+\cos\theta=\sqrt{3}\sin\theta$ 则 $\frac{\sqrt{3}}{2}\sin\theta-\frac{1}{2}\cos\theta=\sin(\theta-\frac{\pi}{6})=\frac{1}{2}$

$\therefore \theta-\frac{\pi}{6}=\frac{\pi}{6}$ or $\frac{5\pi}{6}\Rightarrow\theta=\frac{\pi}{3}$ or π $\quad\therefore$ 两线交点为 $\left(\frac{\pi}{3},\frac{3}{2}\right),(\pi,0)$

$$\therefore \text{面积}=\frac{1}{2}\int_{\frac{\pi}{3}}^{\pi}(\sqrt{3}\sin\theta)^2-(1+\cos\theta)^2d\theta$$

$$=\frac{1}{2}\int_{\frac{\pi}{3}}^{\pi}3\sin^2\theta-(1+2\cos\theta+\cos^2\theta)d\theta$$

$$=\frac{1}{2}\int_{\frac{\pi}{3}}^{\pi}\frac{3(1-\cos 2\theta)}{2}-\left(1+2\cos\theta+\frac{1+\cos 2\theta}{2}\right)d\theta$$

$$=\frac{1}{2}\int_{\frac{\pi}{3}}^{\pi}-2\cos 2\theta-2\cos\theta\,d\theta=\frac{1}{2}(-\sin 2\theta-2\sin\theta)\Big|_{\frac{\pi}{3}}^{\pi}=\frac{3\sqrt{3}}{4}$$

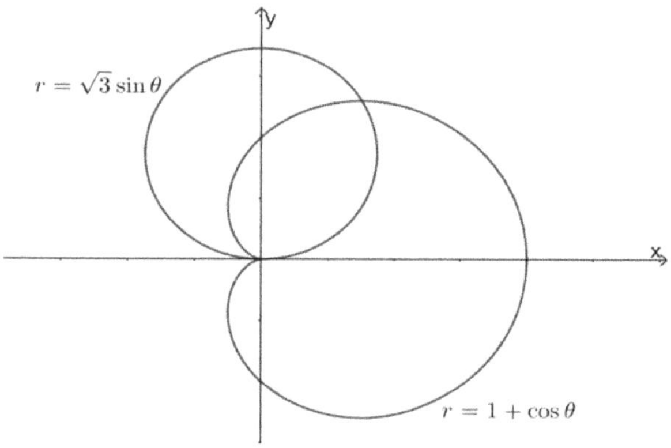

Example 3.

(1)求心脏线$r=3-3\cos\theta$ 的外部与圆 $r=3\cos\theta$ 内部的交集面积

(2)求心脏线$r=3+3\cos\theta$ 的外部与圆 $r=9\cos\theta$ 内部的交集面积

【解】

(1)

令 $3-3\cos\theta=3\cos\theta$ 则 $\cos\theta=\frac{1}{2}\Rightarrow\theta=\frac{\pi}{3},-\frac{\pi}{3}$ ∴ 两线交点为 $\left(\frac{\pi}{3},\frac{3}{2}\right),\left(-\frac{\pi}{3},\frac{3}{2}\right)$

$$\therefore \text{面积}=\frac{1}{2}\int_{-\frac{\pi}{3}}^{\frac{\pi}{3}}(3\cos\theta)^2-(3-3\cos\theta)^2d\theta=\frac{1}{2}\int_{-\frac{\pi}{3}}^{\frac{\pi}{3}}-9+18\cos\theta\,d\theta=9\sqrt{3}-3\pi$$

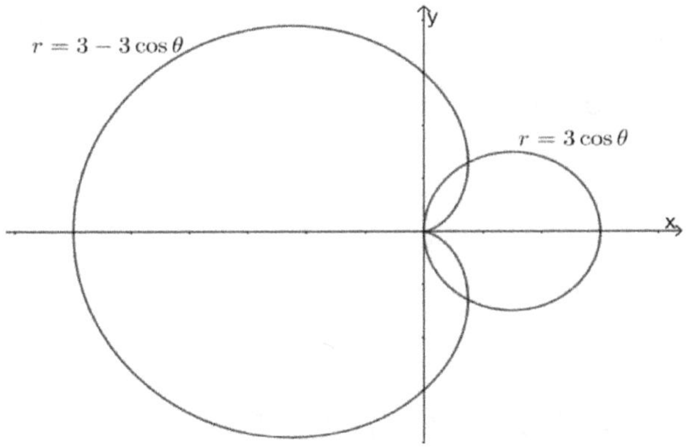

(2)

令 $3 + 3\cos\theta = 9\cos\theta$ 则 $\cos\theta = \frac{1}{2} \Rightarrow \theta = \frac{\pi}{3}, -\frac{\pi}{3}$ ∴ 两线交点为 $\left(\frac{\pi}{3}, \frac{9}{2}\right), \left(-\frac{\pi}{3}, \frac{9}{2}\right)$

$$\therefore \text{面积} = \frac{1}{2}\int_{-\frac{\pi}{3}}^{\frac{\pi}{3}} (9\cos\theta)^2 - (3 + 3\cos\theta)^2 d\theta = \frac{1}{2}\int_{-\frac{\pi}{3}}^{\frac{\pi}{3}} 72\cos^2\theta - 18\cos\theta - 9\,d\theta$$

$$= \frac{1}{2}\int_{-\frac{\pi}{3}}^{\frac{\pi}{3}} 72\left(\frac{1 + \cos 2\theta}{2}\right) - 18\cos\theta - 9\,d\theta = 9\pi + 9\sin 2\theta\Big|_{-\frac{\pi}{3}}^{\frac{\pi}{3}} - 9\sin\theta\Big|_{-\frac{\pi}{3}}^{\frac{\pi}{3}} = 9\pi$$

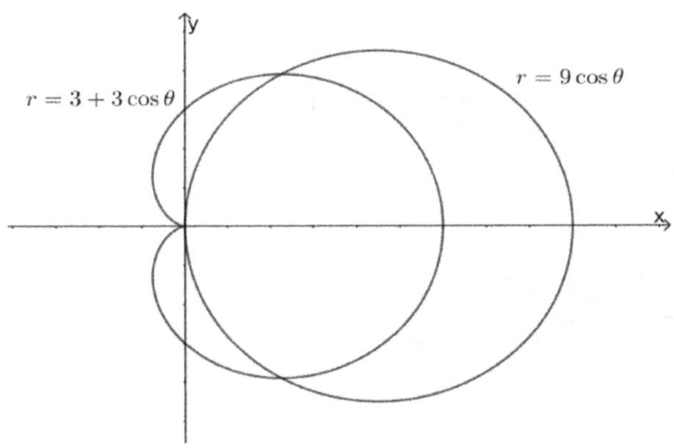

Example 4.

求$r = a$ 的外部与 $r^2 = 2a^2\cos 2\theta$ 内部的交集面积

【解】

令 $2a^2\cos 2\theta = a^2$则 $\cos 2\theta = \frac{1}{2} \Rightarrow \theta = \frac{\pi}{6}$

$$\therefore \text{面积} = 4\cdot\frac{1}{2}\int_0^{\frac{\pi}{6}} 2a^2\cos 2\theta - a^2 d\theta = 2a^2\int_0^{\frac{\pi}{6}} 2\cos 2\theta - 1 d\theta$$

$$= 2a^2(\sin 2\theta - \theta)\Big|_0^{\frac{\pi}{6}} = a^2\left(\sqrt{3} - \frac{\pi}{3}\right)$$

Example 5.

(1)求心脏线$r = \sqrt{3} + \sin\theta$ 的外部与圆 $r = 3\sin\theta$ 內部的交集面积

(2)求心脏线$r = 1 + \sin\theta$ 的外部与圆 $r = 3\sin\theta$ 內部的交集面积

【解】

(1)

令 $\sqrt{3} + \sin\theta = 3\sin\theta$ 则 $2\sin\theta = \sqrt{3}$ $\quad \therefore \theta = \frac{\pi}{3}$ or $\frac{2\pi}{3}$

$\therefore$ 两线交点为 $\left(\frac{\pi}{3}, \frac{3\sqrt{3}}{2}\right), \left(\frac{2\pi}{3}, \frac{3\sqrt{3}}{2}\right)$

$$\therefore \text{面积} = \frac{1}{2}\int_{\frac{\pi}{3}}^{\frac{2\pi}{3}} (3\sin\theta)^2 - (\sqrt{3} + \sin\theta)^2 d\theta = \int_{\frac{\pi}{3}}^{\frac{2\pi}{3}} \frac{9\sin^2\theta - (3 + 2\sqrt{3}\sin\theta + \sin^2\theta)}{2} d\theta$$

$$= \int_{\frac{\pi}{3}}^{\frac{2\pi}{3}} \frac{4(1 - \cos 2\theta) - 3 - 2\sqrt{3}\sin\theta}{2} d\theta = \int_{\frac{\pi}{3}}^{\frac{2\pi}{3}} \frac{1 - 4\cos 2\theta - 2\sqrt{3}\sin\theta}{2} d\theta$$

$$= \frac{\theta - 2\sin 2\theta + 2\sqrt{3}\cos\theta}{2}\Bigg|_{\frac{\pi}{3}}^{\frac{2\pi}{3}} = \frac{\frac{\pi}{3} + 2\sqrt{3} - 2\sqrt{3}}{2} = \frac{\pi}{6}$$

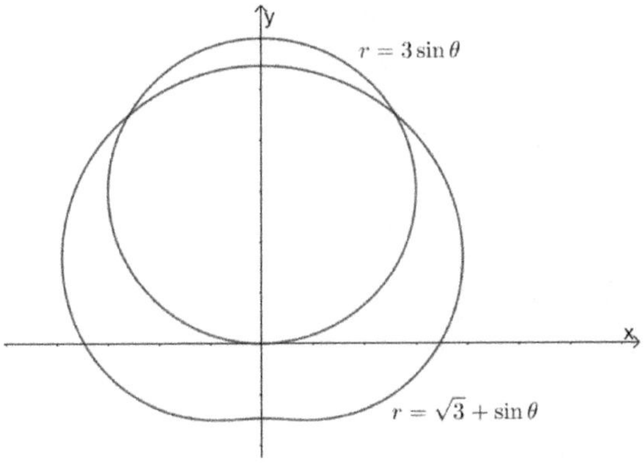

(2)

令 $1 + \sin\theta = 3\sin\theta$ 则 $2\sin\theta = 1$ $\therefore \theta = \frac{\pi}{6}$ or $\frac{5\pi}{6}$ $\therefore$ 两线交点为 $\left(\frac{\pi}{6}, \frac{3}{2}\right), \left(\frac{5\pi}{6}, \frac{3}{2}\right)$

$$\therefore \text{面积} = \frac{1}{2}\int_{\frac{\pi}{6}}^{\frac{5\pi}{6}} (3\sin\theta)^2 - (1 + \sin\theta)^2 d\theta$$

$$= \int_{\frac{\pi}{6}}^{\frac{5\pi}{6}} \frac{9\sin^2\theta - (1 + 2\sin\theta + \sin^2\theta)}{2} d\theta = \int_{\frac{\pi}{6}}^{\frac{5\pi}{6}} \frac{4(1 - \cos 2\theta) - (1 + 2\sin\theta)}{2} d\theta$$

$$= \frac{1}{2}\int_{\frac{\pi}{6}}^{\frac{5\pi}{6}} 3 - 4\cos 2\theta - 2\sin\theta\, d\theta = \frac{1}{2}(3\theta - 2\sin 2\theta + 2\cos\theta)\Big|_{\frac{\pi}{6}}^{\frac{5\pi}{6}} = \pi$$

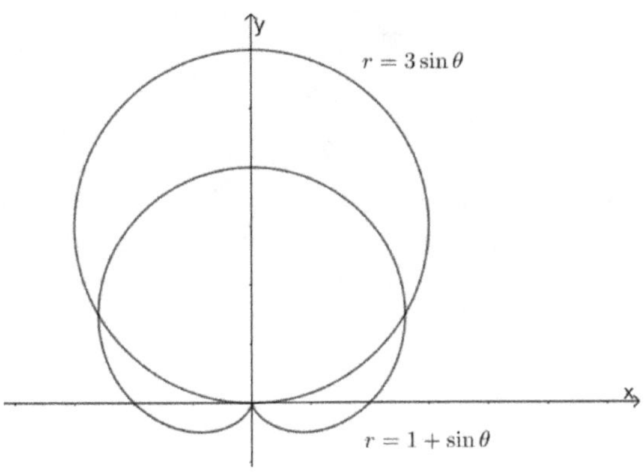

Example 6.

求曲线$r=2(1+\cos\theta)$ 的內部与曲线 $r=\dfrac{2}{1+\cos\theta}$ 的交集面积

【解】

令 $2(1+\cos\theta)=\dfrac{2}{1+\cos\theta}$ 则 $(\cos\theta+1)^2=1\Rightarrow\theta=\dfrac{\pi}{2},\dfrac{3\pi}{2}$

$\therefore$ 两曲线交点为 $\left(\dfrac{\pi}{2},2\right),\left(\dfrac{3\pi}{2},2\right)$

$$\therefore \text{面积}=2\cdot\frac{1}{2}\int_0^{\frac{\pi}{2}}\left(4(1+\cos\theta)^2-\frac{4}{(1+\cos\theta)^2}\right)d\theta$$

$$=\int_0^{\frac{\pi}{2}}4(1+2\cos\theta+\cos^2\theta)-\frac{4}{\left(2\cos^2\frac{\theta}{2}\right)^2}d\theta=\int_0^{\frac{\pi}{2}}4+8\cos\theta+2+2\cos2\theta-\sec^4\frac{\theta}{2}d\theta$$

令$u=\tan\dfrac{\theta}{2}$ 则 $du=\dfrac{1}{2}\sec^2\dfrac{\theta}{2}d\theta$，藉由变换代换法

$$\therefore\int_0^{\frac{\pi}{2}}\sec^4\frac{\theta}{2}d\theta=\int_0^{\frac{\pi}{2}}\left(1+\tan^2\frac{\theta}{2}\right)\cdot\sec^2\frac{\theta}{2}d\theta=2\int_0^1 1+u^2\,du=\frac{8}{3}$$

$$\therefore\int_0^{\frac{\pi}{2}}4+8\cos\theta+2+2\cos2\theta-\sec^4\frac{\theta}{2}d\theta=(6\theta+8\sin\theta+\sin2\theta)\Big|_0^{\frac{\pi}{2}}-\frac{8}{3}=3\pi+\frac{16}{3}$$

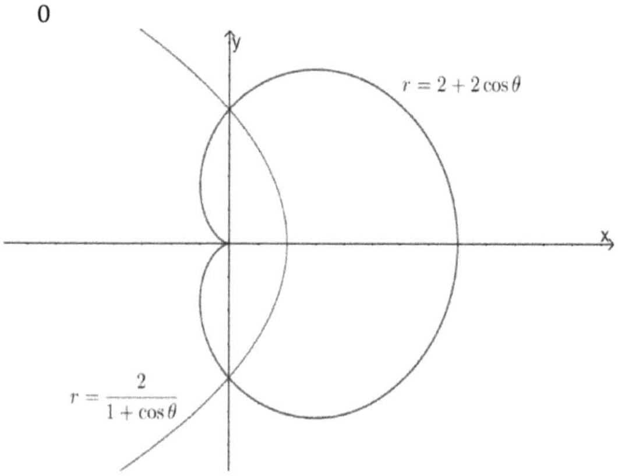

Example 7.

(1) 求$r = 2a\cos\theta$ 所围的区域面积$(a > 0)$

(2) 求$r = 2a\sin\theta$ 所围的区域面积$(a > 0)$

【解】

(1)

$\because r = 2a\cos\theta \qquad \therefore r^2 = 2ar\cos\theta \Rightarrow x^2 + y^2 = 2ax$

$\therefore (x-a)^2 + y^2 = a^2 \Rightarrow$ 区域面积 $= \pi a^2$

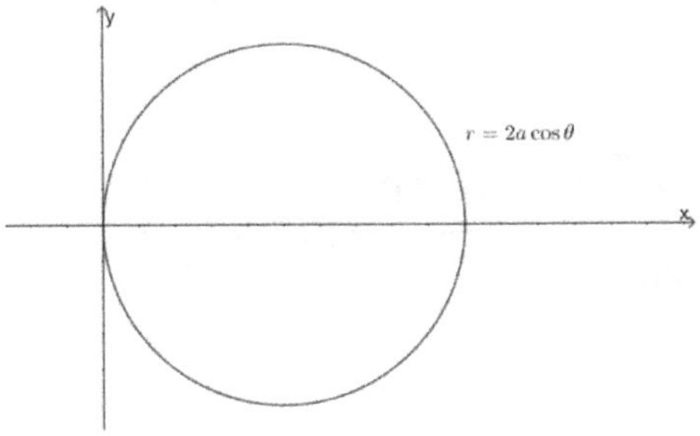

(2)

$\because r = 2a\sin\theta \qquad \therefore r^2 = 2ar\sin\theta \Rightarrow x^2 + y^2 = 2ay$

$\therefore x^2 + (y-a)^2 = a^2 \Rightarrow$ 区域面积 $= \pi a^2$

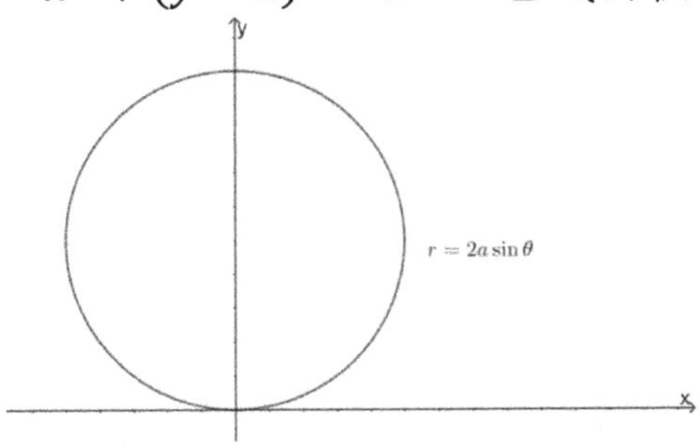

Example 8.

(1) 求$r = a\sin 2\theta$ 所围的区域面积$(a > 0)$

(2) 求$r = a\sin 5\theta$ 所围的区域面积$(a > 0)$

【解】

(1)

$$面积 = 8\int_0^{\frac{\pi}{4}} \frac{(a\sin 2\theta)^2}{2} d\theta = 4a^2 \int_0^{\frac{\pi}{4}} \sin^2 2\theta \, d\theta = 4a^2 \int_0^{\frac{\pi}{4}} \frac{1-\cos 4\theta}{2} d\theta = \frac{\pi a^2}{2}$$

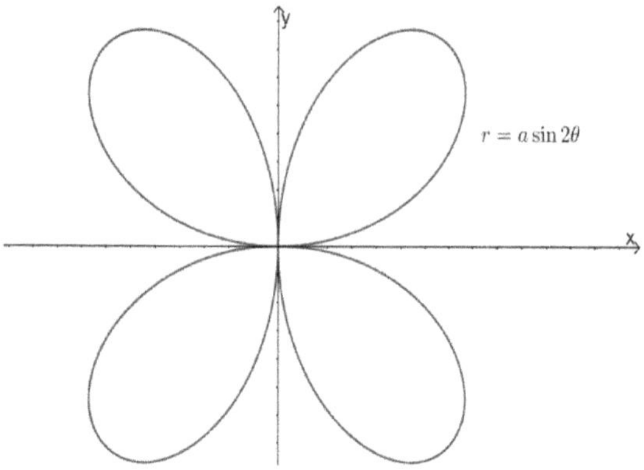

(2)

$$面积 = 10\int_0^{\frac{\pi}{10}}\frac{(a\sin 5\theta)^2}{2}d\theta = 5a^2\int_0^{\frac{\pi}{10}}\sin^2 5\theta\, d\theta = 5a^2\int_0^{\frac{\pi}{10}}\frac{1-\cos 10\theta}{2}d\theta = \frac{\pi a^2}{4}$$

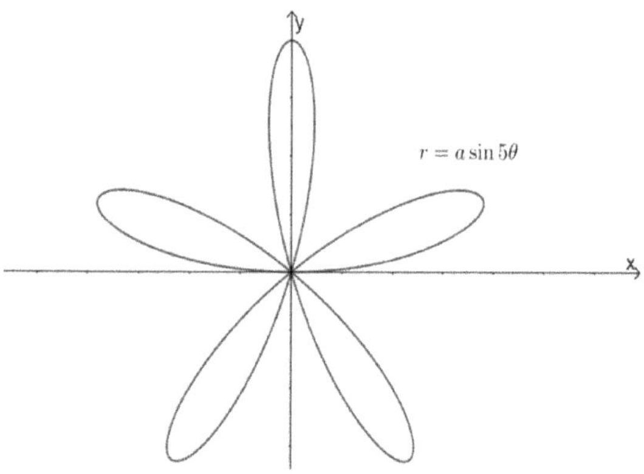

Example 9.

(1) 求$r = a\cos 3\theta, (a > 0)$ 所围的区域面积

(2) 求$r = a\cos 4\theta, (a > 0)$ 所围的区域面积

【解】

(1)

$$面积 = 6\int_0^{\frac{\pi}{6}}\frac{(a\cos 3\theta)^2}{2}d\theta = 3a^2\int_0^{\frac{\pi}{6}}\cos^2 3\theta\, d\theta = 3a^2\int_0^{\frac{\pi}{6}}\frac{1+\cos 6\theta}{2}d\theta = \frac{\pi a^2}{4}$$

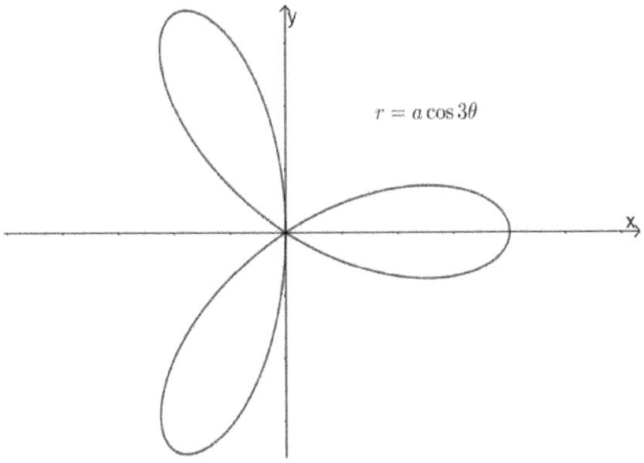

(2)

$$面积 = 16\int_0^{\frac{\pi}{8}} \frac{(a\cos 4\theta)^2}{2} d\theta = 8a^2 \int_0^{\frac{\pi}{8}} \cos^2 4\theta \, d\theta = 8a^2 \int_0^{\frac{\pi}{8}} \frac{1+\cos 8\theta}{2} d\theta = \frac{\pi a^2}{2}$$

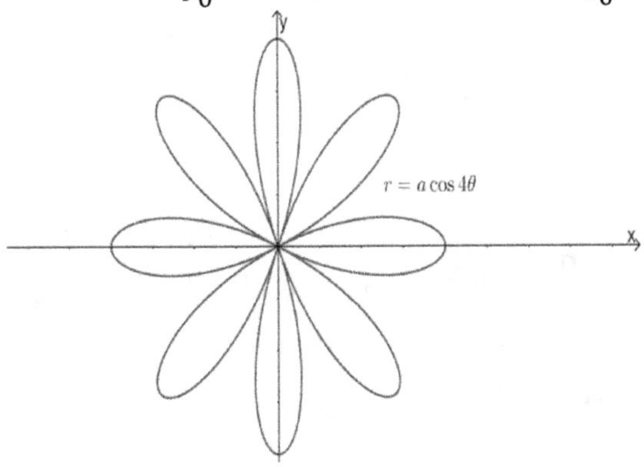

Example 10.

求$r = 1 + 2\sin\theta$ 所围的内循环面积, $\theta \in [0,2\pi]$

【解】

$$面积 = 2\left(\int_{\frac{7\pi}{6}}^{\frac{3\pi}{2}} \frac{(1+2\sin\theta)^2}{2} d\theta\right) = \int_{\frac{7\pi}{6}}^{\frac{3\pi}{2}} 1 + 4\sin\theta + 4\sin^2\theta \, d\theta$$

$$= \int_{\frac{7\pi}{6}}^{\frac{3\pi}{2}} 3 + 4\sin\theta - 2\cos 2\theta \, d\theta = (3\theta - 4\cos\theta - \sin 2\theta)\Big|_{\frac{7\pi}{6}}^{\frac{3\pi}{2}} = \pi - \frac{3\sqrt{3}}{2}$$

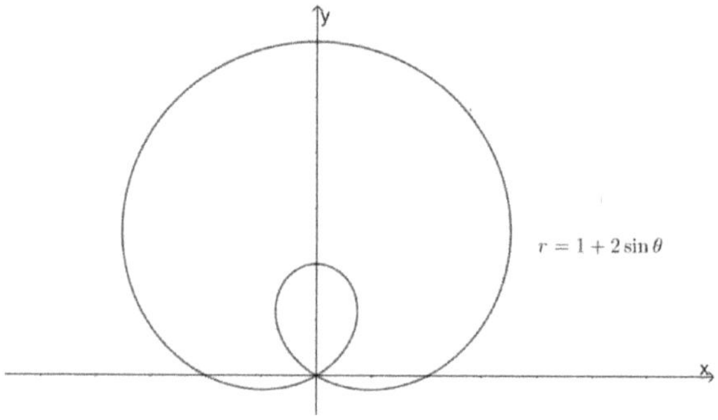

Example 11.

求$r = 2 - 4\cos\theta$ 所围的内循环面积,$\theta \in [0,2\pi]$

【解】

$$面积 = 2\left(\int_{\frac{5\pi}{3}}^{2\pi} \frac{(2-4\cos\theta)^2}{2} d\theta\right) = 4\int_{\frac{5\pi}{3}}^{2\pi} 1 - 4\cos\theta + 4\cos^2\theta\, d\theta$$

$$= 4\int_{\frac{5\pi}{3}}^{2\pi} 3 - 4\cos\theta + 2\cos 2\theta\, d\theta = 4(3\theta - 4\sin\theta + \sin 2\theta)|_{\frac{5\pi}{3}}^{2\pi} = 4\left(\pi - \frac{3\sqrt{3}}{2}\right)$$

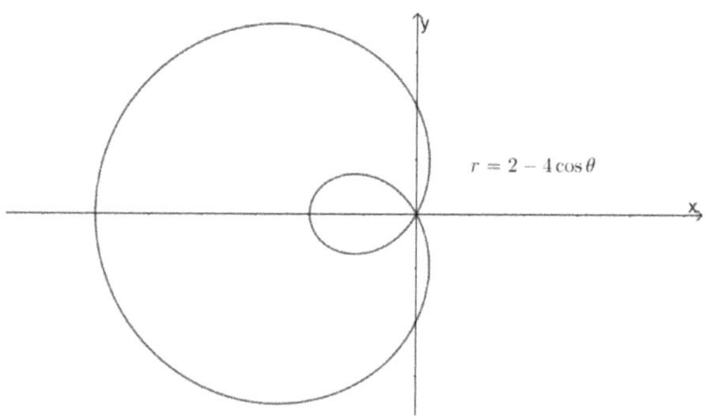

Example 12.

求$r = 2 + 4\cos\theta$ 所围的内循环面积,$\theta \in [0,2\pi]$

【解】

$$面积 = 2\left(\int_{\frac{2\pi}{3}}^{\pi} \frac{(2+4\cos\theta)^2}{2} d\theta\right) = 4\int_{\frac{2\pi}{3}}^{\pi} 1 + 4\cos\theta + 4\cos^2\theta\, d\theta$$

$$= 4\int_{\frac{2\pi}{3}}^{\pi} 3 + 4\cos\theta + 2\cos 2\theta\, d\theta = 4(3\theta + 4\sin\theta + \sin 2\theta)|_{\frac{2\pi}{3}}^{\pi} = 4\left(\pi - \frac{3\sqrt{3}}{2}\right)$$

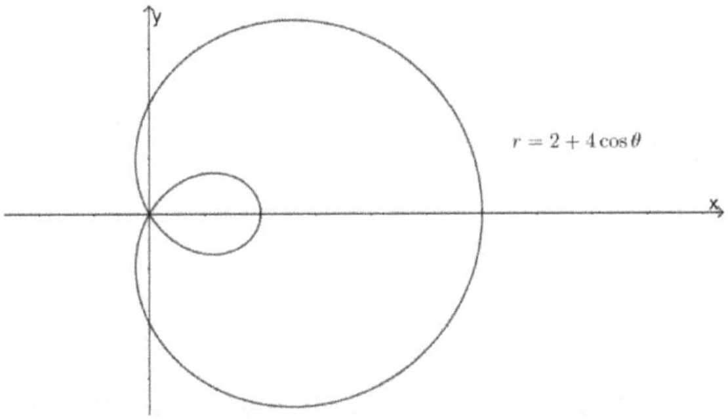

Example 13.

求$r = 2 - 4\sin\theta$ 所围的内外循环面积,$\theta \in [0,2\pi]$

【解】

$$内循环面积 = 2\left(\int_{\frac{\pi}{6}}^{\frac{3\pi}{6}} \frac{(2-4\sin\theta)^2}{2} d\theta\right) = \int_{\frac{\pi}{6}}^{\frac{3\pi}{6}} 4 - 16\sin\theta + 16\sin^2\theta\, d\theta$$

$$= \int_{\frac{\pi}{6}}^{\frac{3\pi}{6}} 12 - 16\sin\theta - 8\cos 2\theta\, d\theta = (12\theta + 16\cos\theta - 4\sin 2\theta)|_{\frac{\pi}{6}}^{\frac{3\pi}{6}} = 4\pi - 6\sqrt{3}$$

$$外循环面积 = 2\left(\int_{\frac{5\pi}{6}}^{\frac{3\pi}{2}} \frac{(2-4\sin\theta)^2}{2} d\theta\right) = \int_{\frac{5\pi}{6}}^{\frac{3\pi}{2}} 4 - 16\sin\theta + 16\sin^2\theta\, d\theta$$

$$= \int_{\frac{5\pi}{6}}^{\frac{3\pi}{2}} 12 - 16\sin\theta - 8\cos 2\theta\, d\theta = (12\theta + 16\cos\theta - 4\sin 2\theta)|_{\frac{5\pi}{6}}^{\frac{3\pi}{2}} = 8\pi + 6\sqrt{3}$$

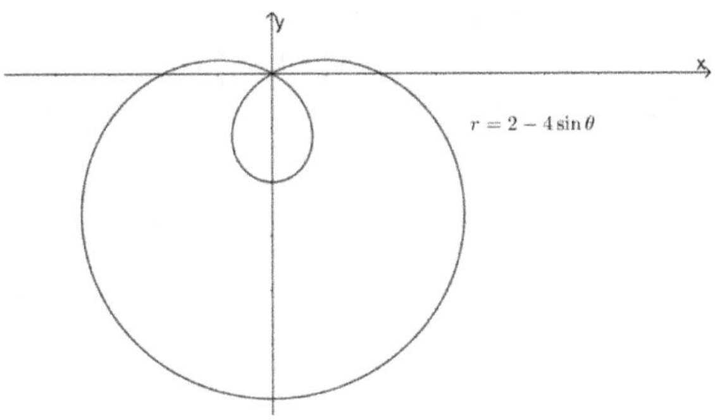

Example 14.

(1)求$r = a(1+\sin\theta)$ 所围的区域面积,$\theta \in [0,2\pi]$

(2)求$r = a(1-\sin\theta)$ 所围的区域面积,$\theta \in [0,2\pi]$

【解】

(1)

$$\text{面积} = 2\left(\int_{\frac{\pi}{2}}^{\frac{3\pi}{2}} \frac{a^2(1+\sin\theta)^2}{2} d\theta\right) = \int_{\frac{\pi}{2}}^{\frac{3\pi}{2}} a^2(1+\sin\theta)^2\, d\theta = a^2\int_{\frac{\pi}{2}}^{\frac{3\pi}{2}} 1 + 2\sin\theta + \sin^2\theta\, d\theta$$

$$= a^2\int_{\frac{\pi}{2}}^{\frac{3\pi}{2}} \frac{3}{2} + 2\sin\theta - \frac{\cos 2\theta}{2} d\theta = a^2\left(\frac{3\theta}{2} - 2\cos\theta - \frac{\sin 2\theta}{4}\right)\Bigg|_{\frac{\pi}{2}}^{\frac{3\pi}{2}} = \frac{3\pi a^2}{2}$$

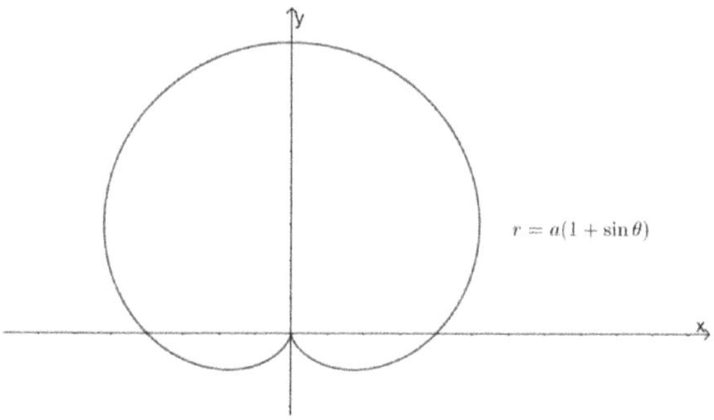

(2)

$$\text{面积} = 2\left(\int_{\frac{\pi}{2}}^{\frac{3\pi}{2}} \frac{a^2(1-\sin\theta)^2}{2} d\theta\right) = \int_{\frac{\pi}{2}}^{\frac{3\pi}{2}} a^2(1-\sin\theta)^2\, d\theta = a^2\int_{\frac{\pi}{2}}^{\frac{3\pi}{2}} 1 - 2\sin\theta + \sin^2\theta\, d\theta$$

$$= a^2\int_{\frac{\pi}{2}}^{\frac{3\pi}{2}} \frac{3}{2} - 2\sin\theta - \frac{\cos 2\theta}{2} d\theta = a^2\left(\frac{3\theta}{2} + 2\cos\theta - \frac{\sin 2\theta}{4}\right)\Bigg|_{\frac{\pi}{2}}^{\frac{3\pi}{2}} = \frac{3\pi a^2}{2}$$

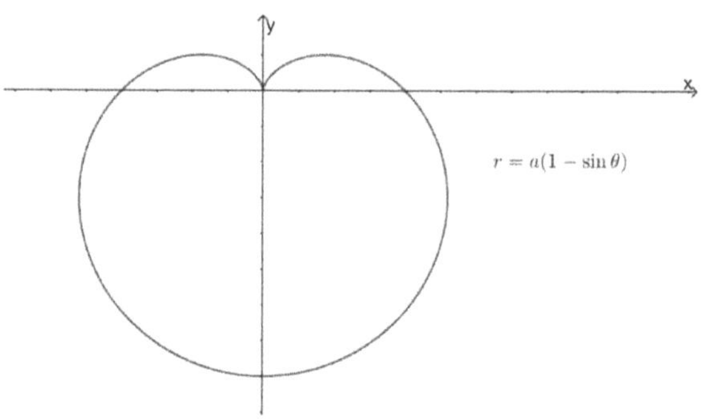

Example 15.

(1) 求$r = a(1+\cos\theta)$ 所围的区域面积, $\theta \in [0,2\pi]$

(2) 求$r = a(1-\cos\theta)$ 所围的区域面积, $\theta \in [0,2\pi]$

【解】

(1)

$$面积 = 2\left(\int_0^{\pi} \frac{a^2(1+\cos\theta)^2}{2} d\theta\right) = a^2\int_0^{\pi}(1+\cos\theta)^2\, d\theta = a^2\int_0^{\pi} 1+2\cos\theta+\cos^2\theta\, d\theta$$

$$= a^2\int_0^{\pi}\frac{3}{2}+2\cos\theta+\frac{\cos 2\theta}{2}d\theta = a^2\left(\frac{3\theta}{2}+2\sin\theta+\frac{\sin 2\theta}{4}\right)\Big|_0^{\pi} = \frac{3\pi a^2}{2}$$

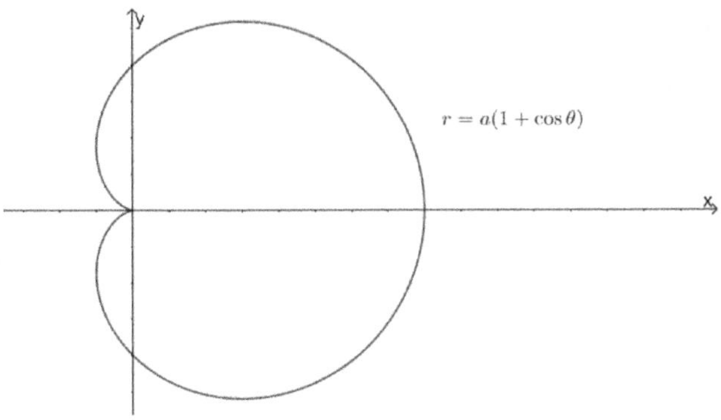

(2)

$$面积 = 2\left(\int_0^{\pi} \frac{a^2(1-\cos\theta)^2}{2} d\theta\right) = a^2\int_0^{\pi}(1-\cos\theta)^2\, d\theta = a^2\int_0^{\pi} 1-2\cos\theta+\cos^2\theta\, d\theta$$

$$= a^2\int_0^{\pi}\frac{3}{2}-2\cos\theta+\frac{\cos 2\theta}{2}d\theta = a^2\left(\frac{3\theta}{2}-2\sin\theta+\frac{\sin 2\theta}{4}\right)\Big|_0^{\pi} = \frac{3\pi a^2}{2}$$

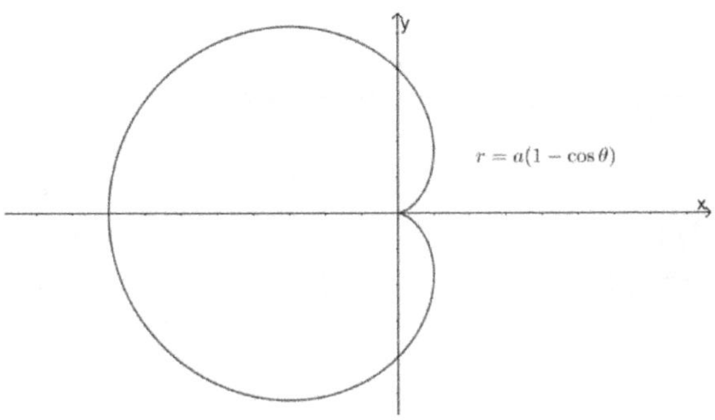

Example 16.

(1) 求$r = a + b\sin\theta$ 所围的区域面积, $a > b > 0, \theta \in [0,2\pi]$

(2) 求$r = a - b\sin\theta$ 所围的区域面积, $a > b > 0, \theta \in [0,2\pi]$

【解】

(1)

$$面积 = 2\left(\int_{\frac{\pi}{2}}^{\frac{3\pi}{2}} \frac{(a + b\sin\theta)^2}{2} d\theta\right) = \int_{\frac{\pi}{2}}^{\frac{3\pi}{2}} (a + b\sin\theta)^2\, d\theta$$

$$= \int_{\frac{\pi}{2}}^{\frac{3\pi}{2}} a^2 + 2ab\sin\theta + b^2\sin^2\theta\, d\theta = \int_{\frac{\pi}{2}}^{\frac{3\pi}{2}} a^2 + \frac{b^2}{2} + 2ab\sin\theta - \frac{b^2\cos 2\theta}{2} d\theta$$

$$= \left(a^2 + \frac{b^2}{2}\right)\theta - 2ab\cos\theta - \frac{b^2\sin 2\theta}{4}\Bigg|_{\frac{\pi}{2}}^{\frac{3\pi}{2}} = \left(a^2 + \frac{b^2}{2}\right)\pi$$

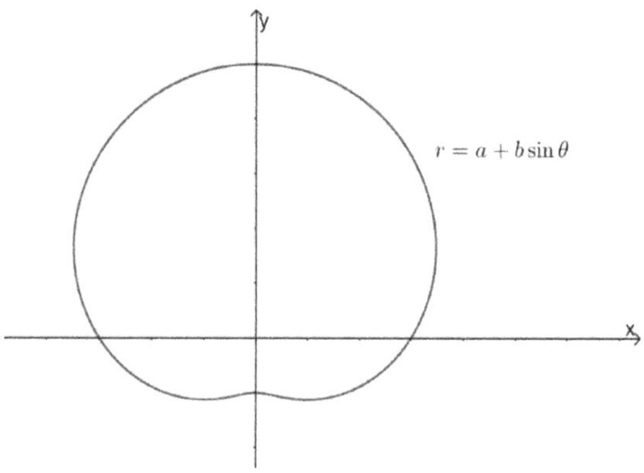

(2)

$$面积 = 2\left(\int_{\frac{\pi}{2}}^{\frac{3\pi}{2}} \frac{(a - b\sin\theta)^2}{2} d\theta\right) = \int_{\frac{\pi}{2}}^{\frac{3\pi}{2}} (a - b\sin\theta)^2\, d\theta$$

$$= \int_{\frac{\pi}{2}}^{\frac{3\pi}{2}} a^2 - 2ab\sin\theta + b^2\sin^2\theta\, d\theta = \int_{\frac{\pi}{2}}^{\frac{3\pi}{2}} a^2 + \frac{b^2}{2} - 2ab\sin\theta - \frac{b^2\cos 2\theta}{2} d\theta$$

$$= \left(a^2 + \frac{b^2}{2}\right)\theta + 2ab\cos\theta - \frac{b^2\sin 2\theta}{4}\Bigg|_{\frac{\pi}{2}}^{\frac{3\pi}{2}} = \left(a^2 + \frac{b^2}{2}\right)\pi$$

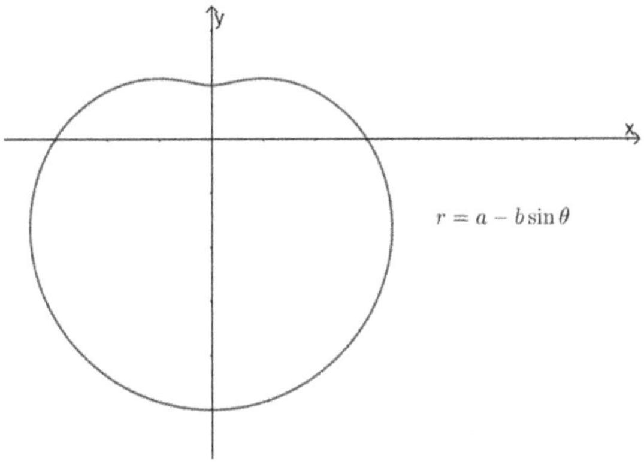

Example 17.

(1)求$r = a + b\cos\theta$ 所围的区域面积,$a > b > 0, \theta \in [0,2\pi]$

(2)求$r = a - b\cos\theta$ 所围的区域面积,$a > b > 0, \theta \in [0,2\pi]$

【解】

(1)

$$面积 = 2\left(\int_0^\pi \frac{(a + b\cos\theta)^2}{2} d\theta\right) = \int_0^\pi (a + b\cos\theta)^2\, d\theta$$

$$= \int_0^\pi a^2 + 2ab\cos\theta + b^2\cos^2\theta\, d\theta = \int_0^\pi a^2 + \frac{b^2}{2} + 2ab\cos\theta + \frac{b^2\cos 2\theta}{2} d\theta$$

$$= \left(\left(a^2 + \frac{b^2}{2}\right)\theta + 2ab\sin\theta + \frac{b^2\sin 2\theta}{4}\right)\Bigg|_0^\pi = \left(a^2 + \frac{b^2}{2}\right)\pi$$

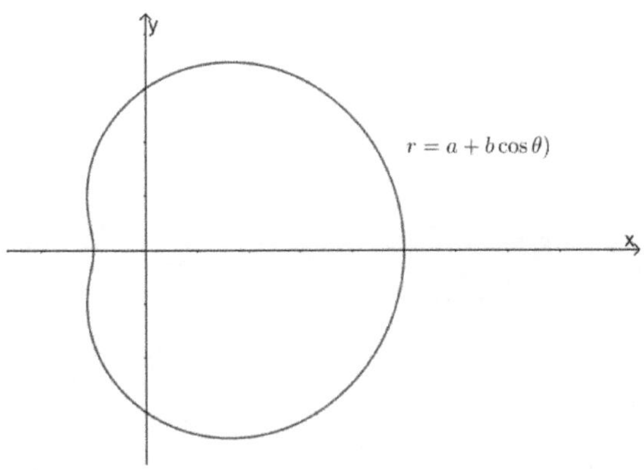

(2)

$$面积 = 2\left(\int_0^\pi \frac{(a - b\cos\theta)^2}{2} d\theta\right) = \int_0^\pi (a - b\cos\theta)^2\, d\theta$$

$$= \int_0^\pi a^2 - 2ab\cos\theta + b^2\cos^2\theta\, d\theta = \int_0^\pi a^2 + \frac{b^2}{2} - 2ab\cos\theta + \frac{b^2\cos 2\theta}{2} d\theta$$

$$= \left(\left(a^2 + \frac{b^2}{2} \right) \theta - 2ab\sin\theta + \frac{b^2 \sin 2\theta}{4} \right) \Bigg|_0^\pi = \left(a^2 + \frac{b^2}{2} \right) \pi$$

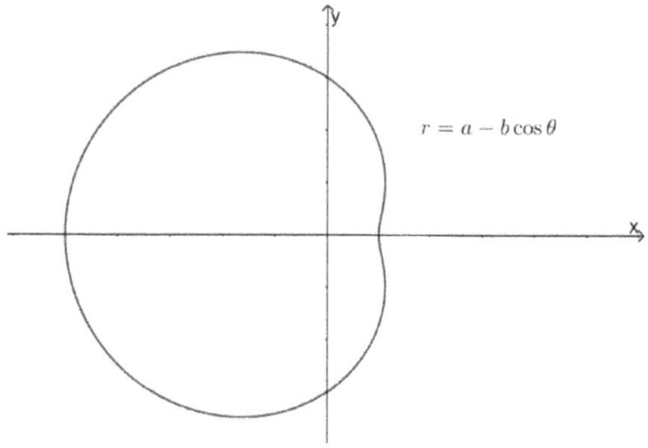

Example 18.

(1) 求$r^2 = a^2 \cos 2\theta$ 所围的区域面积

(2) 求$r^2 = a^2 \sin 2\theta$ 所围的区域面积

【解】

(1)

$$面积 = 4\left(\int_0^{\frac{\pi}{4}} \frac{a^2 \cos 2\theta}{2} d\theta \right) = 2a^2 \int_0^{\frac{\pi}{4}} \cos 2\theta \, d\theta = a^2 \sin 2\theta |_0^{\frac{\pi}{4}} = a^2$$

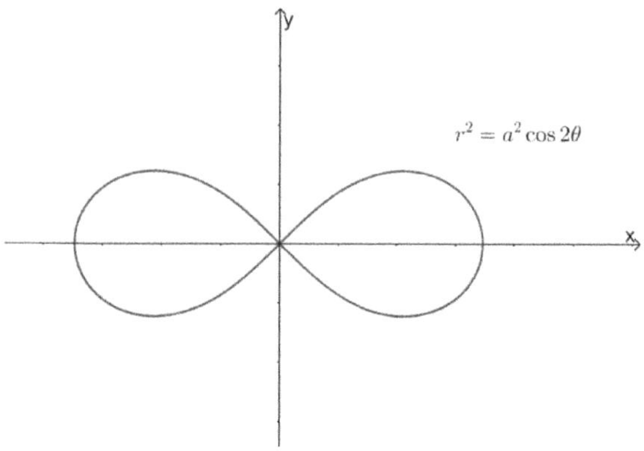

(2)

$$面积 = 4\left(\int_0^{\frac{\pi}{4}} \frac{a^2 \sin 2\theta}{2} d\theta \right) = 2a^2 \int_0^{\frac{\pi}{4}} \sin 2\theta \, d\theta = -a^2 \cos 2\theta |_0^{\frac{\pi}{4}} = a^2$$

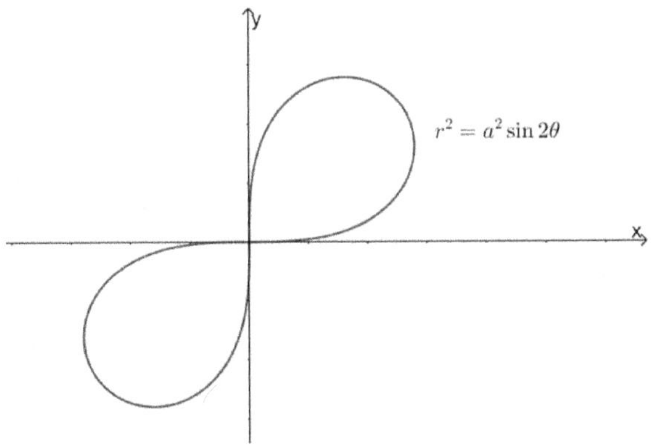

Example 19.

(1) 求$r^2 = a^2 \cos\theta$ 所围的区域面积

(2) 求$r^2 = a^2 \sin\theta$ 所围的区域面积

【解】

(1)

$$面积 = 4\left(\int_0^{\frac{\pi}{2}} \frac{a^2\cos\theta}{2} d\theta\right) = 2a^2\int_0^{\frac{\pi}{2}} \cos\theta\, d\theta = 2a^2 \sin\theta|_0^{\frac{\pi}{2}} = 2a^2$$

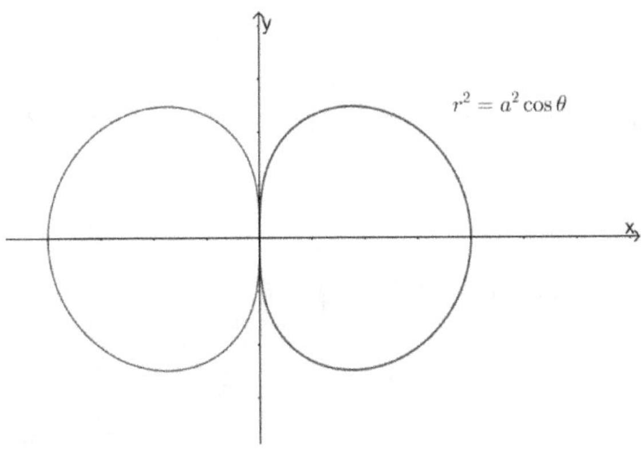

(2)

$$面积 = 4\left(\int_0^{\frac{\pi}{2}} \frac{a^2\sin\theta}{2} d\theta\right) = 2a^2\int_0^{\frac{\pi}{2}} \sin\theta\, d\theta = -2a^2 \cos\theta|_0^{\frac{\pi}{2}} = 2a^2$$

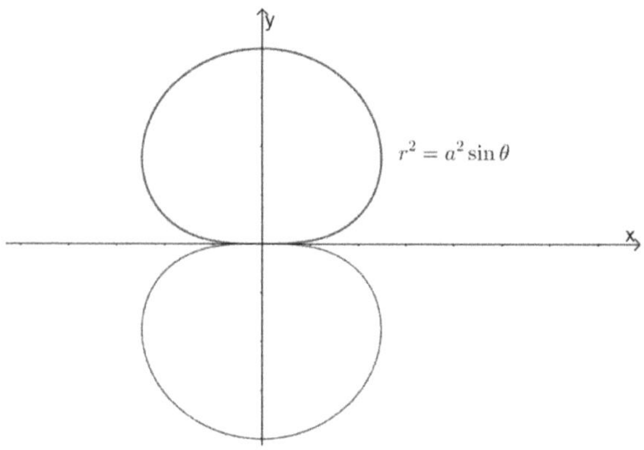

5.5.2 给函数求体积

假设曲线为$y = f(x)$，绕x轴($y = 0$)旋转后所得的体积V等于将体积切成无穷多个垂直x轴的薄片之后，再將其薄片截面积积分,假设 $a \le x \le b$, 因为截面积 $V'(x) = \pi f^2(x)$，所以

体积 $= \mathrm{V} = \int_a^b V'(x)dx = \int_a^b \pi f^2(x)dx$

考试类型:

Type 1.

假设曲线为 $y = f(x)$，绕 $y = c$ 旋转 且 $a \le x \le b$ 则 体积 $= \mathrm{V} = \int_a^b \pi(f(x) - c)^2 dx$

<u>范例说明:</u>

$y = mx$ $(0 \le x \le \mathrm{b})$与 x 轴所围的区域绕x轴旋转所形成的体积 $= \pi \int_0^b (mx)^2 dx$

Type 2.

求曲线 $f(x)$、$g(x)$ 所围的区域，绕x轴旋转所形成的体积

假设 $a \le x \le b$ 则体积 $= \mathrm{V} = \int_a^b \pi(f^2(x) - g^2(x))dx$

<u>范例说明:</u>

$y = 3x^2$与 $y = |x| + 2$ 所围的区域绕 x 轴旋转所形成的体积

$= \pi \int_0^1 (x+2)^2 - (3x^2)^2 dx + \pi \int_{-1}^0 (-x+2)^2 - (3x^2)^2 dx$

Type 3.

假设曲线为$x = f(y)$，绕 $x = c$ 旋转且$a \leq y \leq b$则体积 $= \mathrm{V} = \int_a^b \pi(f(y) - c)^2 dy$

<u>范例说明：</u>

$y = x$、 $y = \sqrt{x}$ 所围的区域绕 $x = 3$ 旋转围成的体积

$= \pi \int_0^1 (3 - y^2)^2 - (3 - y)^2\, dy$

Type 4.

求曲线 $f(y)$、$g(y)$ 所围的区域，绕y轴旋转所形成的体积

假设 $a \leq y \leq b$ 则体积 $= \mathrm{V} = \int_a^b \pi(f^2(y) - g^2(y))dy$

<u>范例说明：</u>

$y = x^3$、 y 轴与 $y = 8$ 所围的区域绕 y 轴旋转围成的体积 $= \pi \int_0^8 (y^{\frac{1}{3}})^2 dy$

Type 5.

假设曲线为 $x = f(t)$、$y = g(t)$, 绕x轴旋转且 $a \leq t \leq b$

则体积 $= \mathrm{V} = \int \pi y^2 dx = \int_a^b \pi g^2(t) f'(t) dt$

<u>范例说明：</u>

假设 $x = a(t - \sin t)$，$y = a(1 - \cos t)$，$0 \leq t \leq 2\pi$，求绕x轴旋转的体积

体积 $= \int_0^{2\pi} \pi y^2(t) x'(t) dt = \int_0^{2\pi} \pi a^2 (1 - \cos t)^2 a(t - \sin t)' dt$

Example 1.

求 $y = 2 - x^2$、$y = x^2$、$x = 0$ 所围的区域绕 y轴旋转围成的体积

【解】

体积 $= 2\pi \int_0^1 x\left((2 - x^2) - x^2\right) dx = 2\pi \int_0^1 2x - 2x^3 dx = 2\pi \left(x^2 - \frac{x^4}{2}\right)\Big|_0^1 = \pi$

Example 2.

求$y = mx$ $(0 \le x \le \mathrm{b})$与 x 轴所围的区域绕x轴旋转所形成的体积

【解】

$$体积 = \pi \int_0^b (mx)^2 dx = \frac{\pi m^2 x^3}{3}\bigg|_0^b = \frac{\pi m^2 b^3}{3}$$

Example 3.

求$y = \sin x$ $(0 \le x \le \pi)$ 、 y 轴与 $y = 1$ 所围的区域绕 $y = 1$ 旋转围成的体积

【解】

$$体积 = \pi \int_0^\pi (1 - \sin x)^2\, dx = \pi \int_0^\pi 1 - 2\sin x + \sin^2 x\, dx$$

$$= \pi \int_0^\pi 1 - 2\sin x + \left(\frac{1 - \cos 2x}{2}\right) dx = \pi \int_0^\pi \frac{3}{2} - 2\sin x - \frac{\cos 2x}{2} dx$$

$$= \pi \left(\frac{3\pi}{2} + 2\cos x|_0^\pi - \frac{\sin 2x}{4}\bigg|_0^\pi\right) = \pi\left(\frac{3\pi}{2} - 4\right)$$

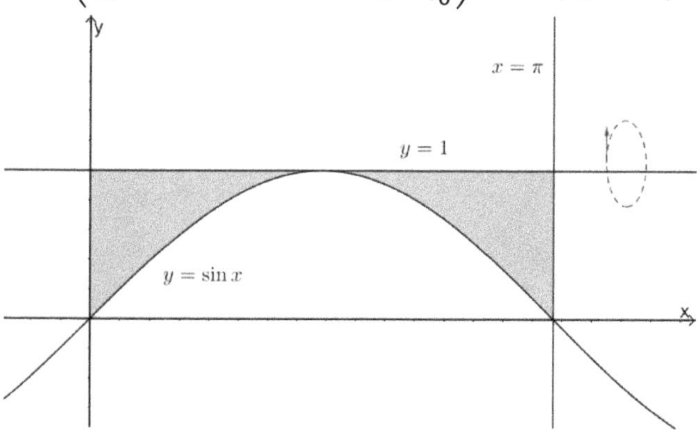

Example 4.

(1) 求$y^2 = x^3$ 、 y 轴与 $y = 8$ 所围的区域绕 $y = 8$ 旋转围成的体积

(2) 求$y^2 = x^3$ 、x 轴与 $x = 4$ 所围的区域绕$y = 8$ 旋转围成的体积

【解】

(1)

令 $y^2 = x^3$ 且 $y = 8$ 则两线交点为 $(4,8)$

令 $y^2 = x^3$ 且 $x = 0$ 则两线交点为 $(0,0)$

$$\therefore 体积=\pi\int_0^4\left(x^{\frac{3}{2}}-8\right)^2dx=\pi\int_0^4 x^3-16x^{\frac{3}{2}}+64\,dx=\pi\left(\frac{x^4}{4}\bigg|_0^4-\frac{32x^{\frac{5}{2}}}{5}\bigg|_0^4+64x|_0^4\right)$$

$$=\frac{576\pi}{5}$$

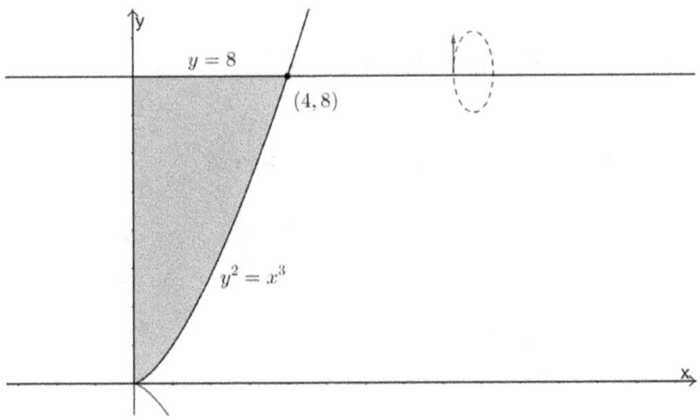

(2)

∵ 两线交点为(0,0)、(4,8)

$$\therefore 体积=\pi\int_0^4 8^2-\left(8-x^{\frac{3}{2}}\right)^2dx=\pi\int_0^4 16x^{\frac{3}{2}}-x^3dx=\pi\left(\frac{32x^{\frac{5}{2}}}{5}-\frac{x^4}{4}\right)\bigg|_0^4=\frac{704\pi}{5}$$

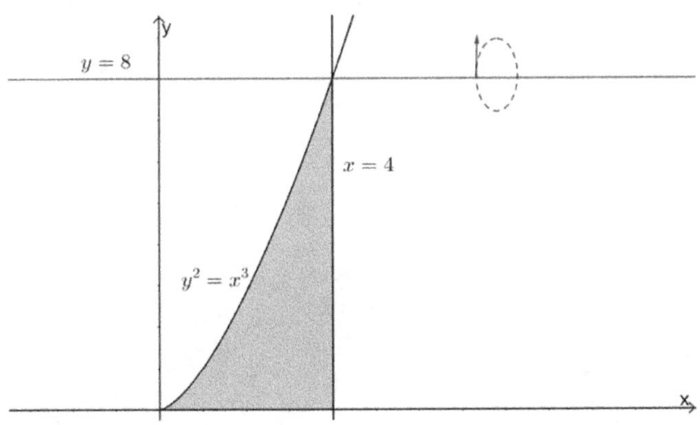

Example 5.

求 (1,1)、(4,1)、(3,2)三点所围的三角形区域绕 x轴旋转围成的体积

【解】

$$体积=\pi\int_1^3\left(\frac{x+1}{2}\right)^2dx+\pi\int_3^4(5-x)^2dx-\pi\int_1^4 1dx=\frac{\pi(x+1)^3}{12}\bigg|_1^3-\frac{\pi(5-x)^3}{3}-3\pi$$

$$=4\pi$$

Example 6.

求 $x=\theta-\sin\theta$ 、$y=1-\cos\theta$ 、$y=0\ (0\le\theta\le 2\pi)$所围的区域绕 y轴旋转围成的体积

【解】

$$体积 = 2\pi\int\ xydx = 2\pi\int_0^{2\pi}(\theta-\sin\theta)(1-\cos\theta)(1-\cos\theta)d\theta$$

$$= 2\pi\int_0^{2\pi}\left(\frac{3\theta}{2}-2\theta\cos\theta+\frac{\theta\cos 2\theta}{2}-\sin\theta+\sin 2\theta-\cos^2\theta\sin\theta\right)d\theta = 6\pi^3$$

Example 7.

求$y=3x^2$与 $y=|x|+2$ 所围的区域绕 x 轴旋转所形成的体积

【解】

∵ 两线交点为$(1,3)$ 、$(-1,3)$

$$\therefore 体积 = \pi\int_0^1 (x+2)^2-(3x^2)^2dx+\pi\int_{-1}^0(-x+2)^2-(3x^2)^2dx$$

$$= 2\pi\int_0^1 (x+2)^2-(3x^2)^2dx = 2\pi\int_0^1 x^2+4x+4-9x^4dx = 2\pi\left(\frac{x^3}{3}+2x^2+4x-\frac{9x^5}{5}\right)\Bigg|_0^1$$

$$= \frac{136\pi}{15}$$

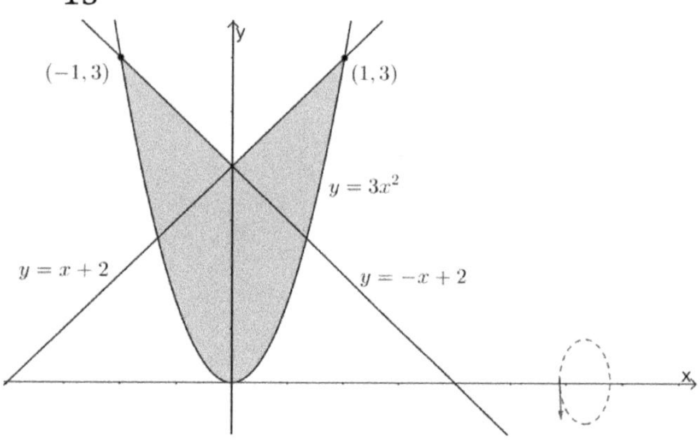

Example 8.

求曲线$x^{\frac{2}{3}}+\ y^{\frac{2}{3}}=\ a^{\frac{2}{3}}$所围的区域绕 x 轴旋转形成的体积

【解】

令 $x = a\cos^3\theta$，$y = a\sin^3\theta$，则 $dx = -3a\cos^2\theta\sin\theta\,d\theta$

$\therefore$ 体积 $= 2\pi\int_{\frac{\pi}{2}}^{0} a^2\sin^6\theta\,(-3a\cos^2\theta\sin\theta)\,d\theta$

$$= 6\pi a^3\int_0^{\frac{\pi}{2}}\sin^7\theta\cos^2\theta d\theta = 6\pi a^3\int_0^{\frac{\pi}{2}}\sin\theta\sin^6\theta\ \cos^2\theta d\theta$$

$$= 6\pi a^3\int_0^{\frac{\pi}{2}}\sin\theta\,(\sin^2\theta)^3\cos^2\theta d\theta = 6\pi a^3\int_0^{\frac{\pi}{2}}\sin\theta\,(1-\cos^2\theta)^3\ \cos^2\theta d\theta$$

$$= 6\pi a^3\int_0^{\frac{\pi}{2}}\sin\theta\ (1-3\cos^2\theta+3\cos^4\theta-\cos^6\theta)\cos^2\theta d\theta$$

$$= 6\pi a^3\int_0^{\frac{\pi}{2}}\sin\theta\ (\cos^2\theta-3\cos^4\theta+3\cos^6\theta-\cos^8\theta)\ d\theta$$

令$t = \cos\theta$ 则 $dt = -\sin\theta\,d\theta$，藉由变数代换法

$$\text{体积} = -6\pi a^3\int_1^0 t^2-3t^4+3t^6-t^8dt = -6\pi a^3\left(\frac{t^3}{3}-\frac{3t^5}{5}+\frac{3t^7}{7}-\frac{t^9}{9}\right)\Bigg|_1^0 = \frac{32\pi a^3}{105}$$

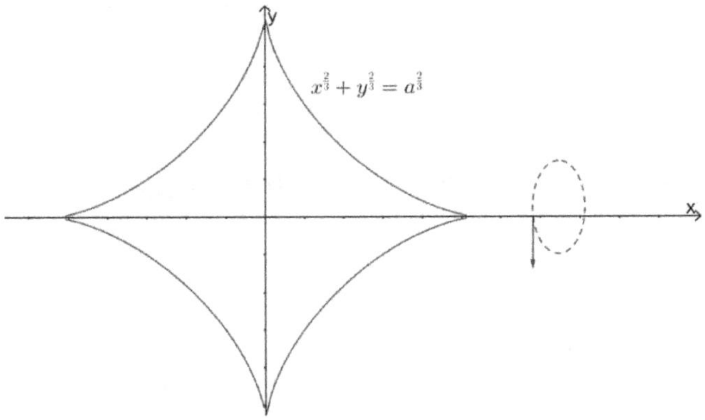

Example 9.

(1)求半径为a的球体体积

(2)从半径为a的球体，沿某直径打一圆孔，孔的半径为b，求球体剩余体积

【解】

(1)

$\because x^2+y^2=a^2\quad\therefore$ 体积 $= 2\pi\int_0^a(a^2-x^2)dx = 2\pi\left(a^3-\frac{a^3}{3}\right) = \frac{4\pi a^3}{3}$

(2)

$$体积 = \pi\int_{-\sqrt{a^2-b^2}}^{\sqrt{a^2-b^2}}\left(\sqrt{a^2-x^2}\right)^2 - b^2\,dx = \pi\int_{-\sqrt{a^2-b^2}}^{\sqrt{a^2-b^2}} a^2 - x^2 - b^2\,dx$$

$$= \pi\left(2(a^2-b^2)\sqrt{a^2-b^2} - \frac{x^3}{3}\Bigg|_{-\sqrt{a^2-b^2}}^{\sqrt{a^2-b^2}}\right) = \pi\left(2(a^2-b^2)^{\frac{3}{2}} - \frac{2(a^2-b^2)^{\frac{3}{2}}}{3}\right)$$

$$= \frac{4\pi(a^2-b^2)^{\frac{3}{2}}}{3}$$

Example 10.

求 $y = x - \frac{x^2}{2}$、$y = \sqrt{1-(x-1)^2}$ 所围的区域绕x轴旋转围成的体积

【解】

$$体积 = \pi\int_0^2\left(\sqrt{1-(x-1)^2}\right)^2 - \left(x - \frac{x^2}{2}\right)^2 dx = \pi\int_0^2 2x - 2x^2 + x^3 - \frac{x^4}{4}dx$$

$$= \pi\left(x^2 - \frac{2x^3}{3} + \frac{x^4}{4} - \frac{x^5}{20}\right)\Bigg|_0^2 = \frac{16\pi}{15}$$

Example 11.

假设曲线 $y = f(x)$与x轴、y轴、直线$x = a$ 所围区域绕 x 轴体积为 $a^2 + a$,
求$f(x) =?$

【解】

$$\because V = \pi\int_0^a f^2(x)\,dx = a^2 + a$$

藉由 Leibniz 微分公式则 $\frac{dV}{da} = \pi f^2(a) = 2a + 1 \quad \therefore\ f(x) = \pm\sqrt{\frac{2x+1}{\pi}}$

Example 12.

求 $\sqrt{x} + \sqrt{y} = 1$、$x + y = 1$ 所围的区域绕x轴旋转围成的体积

【解】

$$体积 = \pi\int_0^1 (1-x)^2 - \left(1-\sqrt{x}\right)^4 dx = \pi\int_0^1 -8x + 4x^{\frac{1}{2}} + 4x^{\frac{3}{2}}dx = \frac{4\pi}{15}$$

Example 13.

假设 $y=a^2-x^2$、$ax+y=a^2$所围的区域为 R, $(a>0)$

(1)求 R 绕x轴旋转围成的体积 =? (2)求 R 绕y轴旋转围成的体积 =?

(3)假设(1)、(2)的体积相同则a =?

【解】

(1)

$$体积=\pi\int_0^a (a^2-x^2)^2-(a^2-ax)^2dx=\pi\int_0^a 2a^3x-3a^2x^2+x^4dx=\frac{\pi a^5}{5}$$

(2)

$$体积=\pi\int_0^{a^2}(a^2-y)-\left(a-\frac{y}{a}\right)^2dy=\pi\int_0^{a^2}y-\frac{y^2}{a^2}dy=\frac{\pi a^4}{6}$$

(3)

令 $\frac{\pi a^5}{5}=\frac{\pi a^4}{6}$ 则 $a=\frac{5}{6}$

Example 14.

求圆$x^2+(y-3)^2=1$绕 x 轴旋转所形成的体积

【解】

$\because x^2+(y-3)^2=1 \qquad \therefore y=3\pm\sqrt{1-x^2}$

$$\therefore 体积=\pi\int_{-1}^{1}(3+\sqrt{1-x^2})^2-(3-\sqrt{1-x^2})^2\,dx=\pi\int_{-1}^{1}12\sqrt{1-x^2}\,dx$$

令$x=\sin\theta$ 则 $dx=\cos\theta\,d\theta$，藉由变数代换法

$$体积=12\pi\int_{-1}^{1}\sqrt{1-x^2}\,dx=12\pi\int_{-\frac{\pi}{2}}^{\frac{\pi}{2}}\cos^2\theta d\theta=12\pi\int_{-\frac{\pi}{2}}^{\frac{\pi}{2}}\frac{1+\cos 2\theta}{2}d\theta=6\pi^2$$

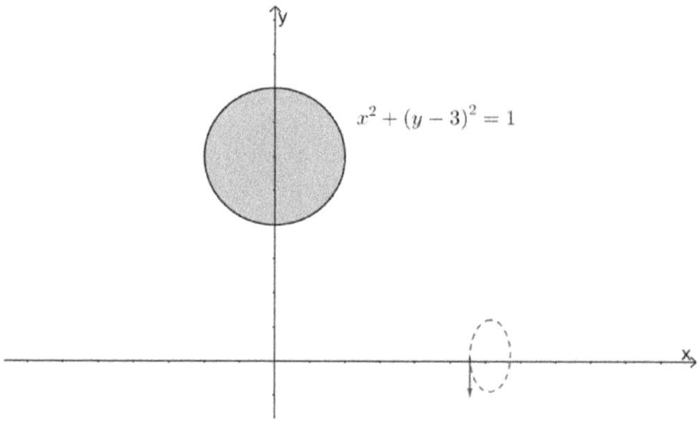

Example 15.

求圆$x^2+(y-a)^2=1,(a>1)$绕 x 轴旋转所形成的体积

【解】

$\because x^2+(y-a)^2=1 \quad \therefore y=a\pm\sqrt{1-x^2}$

$\therefore$ 体积 $=\pi\int_{-1}^{1}(a+\sqrt{1-x^2})^2-(a-\sqrt{1-x^2})^2\,dx=4a\pi\int_{-1}^{1}\sqrt{1-x^2}\,dx$

令$x=\sin\theta$ 则 $dx=\cos\theta\,d\theta$，藉由变数代换法

$$\text{体积}=4a\pi\int_{-1}^{1}\sqrt{1-x^2}\,dx=4a\pi\int_{-\frac{\pi}{2}}^{\frac{\pi}{2}}\cos^2\theta d\theta=4a\pi\int_{-\frac{\pi}{2}}^{\frac{\pi}{2}}\frac{1+\cos 2\theta}{2}d\theta=2a\pi^2$$

Example 16.

求$\sqrt{x}+\sqrt{y}=2$ 对 x轴旋转围成的体积

【解】

$\because \sqrt{x}+\sqrt{y}=2 \quad \therefore y=(2-\sqrt{x})^2$

$\therefore$ 体积 $=\pi\int_{0}^{4}(2-\sqrt{x})^4\,dx=\pi\int_{0}^{4}(4+x-4\sqrt{x})^2\,dx$

$$=\pi\int_{0}^{4}(4+x)^2-8\sqrt{x}(4+x)+16x\,dx=\pi\left(\frac{(4+x)^3}{3}-\frac{64x^{\frac{3}{2}}}{3}-\frac{16x^{\frac{5}{2}}}{5}+8x^2\right)\Bigg|_0^4=\frac{128\pi}{5}$$

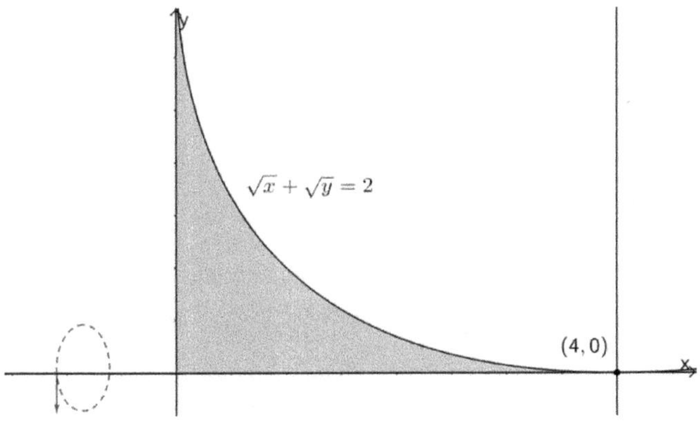

Example 17.

求$\sqrt{x}+\sqrt{y}=a,(a>0)$对$x$轴旋转围成的体积

【解】

$\because \sqrt{x}+\sqrt{y}=a \quad \therefore y=(a-\sqrt{x})^2$

$\therefore$ 体积 $=\pi\int_0^{a^2}(a-\sqrt{x})^4\,dx=\pi\int_0^{a^2}(a^2+x-2a\sqrt{x})^2\,dx$

$=\pi\int_0^{a^2}(a^2+x)^2-4a\sqrt{x}(4+x)+4a^2x\,dx$

$=\pi\left(\frac{(a^2+x)^3}{3}-\frac{32ax^{\frac{3}{2}}}{3}-\frac{8ax^{\frac{5}{2}}}{5}+2a^2x^2\right)\Bigg|_0^{a^2}=\pi\left(\frac{46a^6}{15}-\frac{32a^4}{3}\right)$

Example 18.

求椭圆$\frac{x^2}{a^2}+\frac{y^2}{b^2}=1$对$x$轴旋转围成的体积$(a>b>0)$

【解】

$\because \frac{x^2}{a^2}+\frac{y^2}{b^2}=1 \quad \therefore y^2=b^2(1-\frac{x^2}{a^2})$

$\therefore$ 体积 $=\pi\int_{-a}^{a}y^2\,dx=\pi\int_{-a}^{a}b^2\left(1-\frac{x^2}{a^2}\right)dx=\pi b^2\left(2a-\frac{2a^3}{3a^2}\right)=\frac{4ab^2\pi}{3}$

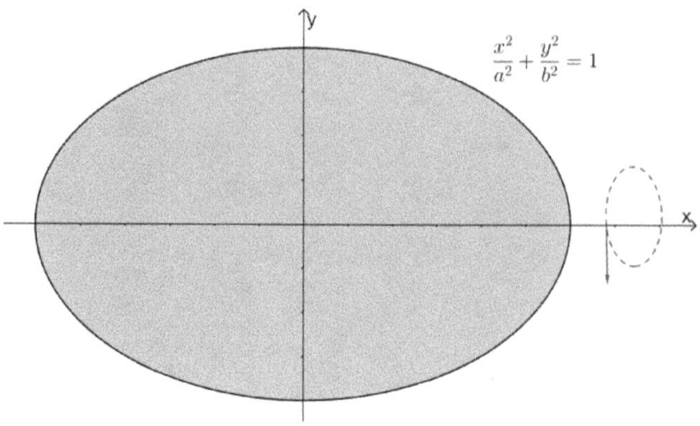

Example 19.

假设 $x=a(t-\sin t)$，$y=a(1-\cos t),0\le t\le 2\pi$，求绕$x$轴旋转的体积

【解】

体积 $=\int_0^{2\pi}\pi y^2(t)x'(t)dt=\int_0^{2\pi}\pi a^2(1-\cos t)^2 a(t-\sin t)'dt$

$=\int_0^{2\pi}\pi a^2(1-\cos t)^2 a(1-\cos t)dt=\pi a^3\int_0^{2\pi}1-3\cos t+3\cos^2 t-\cos^3 t\,dt$

$=\pi a^3\int_0^{2\pi}1-3\cos t+3\cdot\frac{1+\cos 2t}{2}-\cos t\,(1-\sin^2 t)dt=\pi a^3\left(2\pi+3\pi+\left.\frac{\sin^3 t}{3}\right|_0^{2\pi}\right)$

$=5a^3\pi^2$

Example 20.

求 $y=x^3$、y 轴与 $y=8$ 所围的区域绕 y 轴旋转围成的体积

【解】

体积 $=\pi\int_0^8(y^{\frac{1}{3}})^2dy=\pi\cdot\left.\frac{3y^{\frac{5}{3}}}{5}\right|_0^8=\frac{96\pi}{5}$

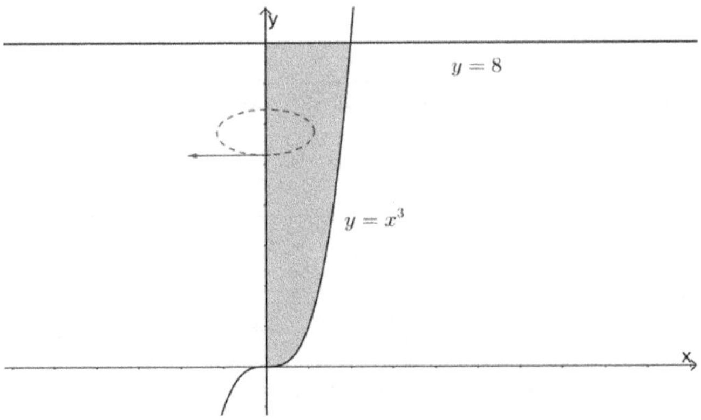

Example 21.

求$y = x^3$、y轴与$y = k^3(k \in N)$所围的区域绕y轴旋转围成的体积

【解】

$$体积 = \pi\int_0^{k^3}(y^{\frac{1}{3}})^2 dy = \pi \cdot \frac{3y^{\frac{5}{3}}}{5}\Bigg|_0^{k^3} = \frac{3k^5\pi}{5}$$

Example 22.

求 $y^2 = 27x$、$y = x^2$ 所围的区域绕 x 轴旋转围成的体积

【解】

$$体积 = \pi\int_0^3 27x - (x^2)^2 dx = \pi\left(\frac{27}{2}x^2 - \frac{x^5}{5}\Bigg|_0^3\right) = \pi\left(\frac{243}{2} - \frac{243}{5}\right)$$

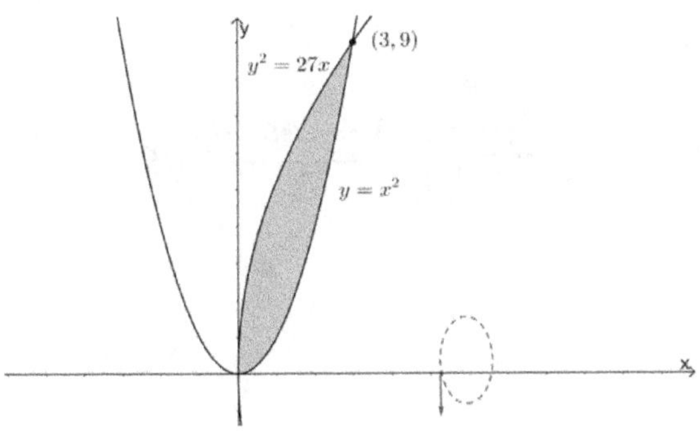

Example 23.

求圆$x^2 + (y - 4)^2 = 9$ 绕 x 轴旋转所形成的体积

【解】

$\because x^2+(y-4)^2=9 \qquad \therefore y=4\pm\sqrt{9-x^2}$

$\therefore$ 体积 $=\pi\int_{-3}^{3}(4+\sqrt{9-x^2})^2-(4-\sqrt{9-x^2})^2\,dx=\pi\int_{-3}^{3}16\sqrt{9-x^2}\,dx$

令$x=3\sin\theta$ 则 $dx=3\cos\theta\,d\theta$，藉由变数代换法

$\therefore$ 体积 $=\pi\int_{-3}^{3}16\sqrt{9-x^2}\,dx=144\pi\int_{-\frac{\pi}{2}}^{\frac{\pi}{2}}\cos^2\theta\,d\theta=144\pi\int_{-\frac{\pi}{2}}^{\frac{\pi}{2}}\frac{1+\cos 2\theta}{2}d\theta=72\pi^2$

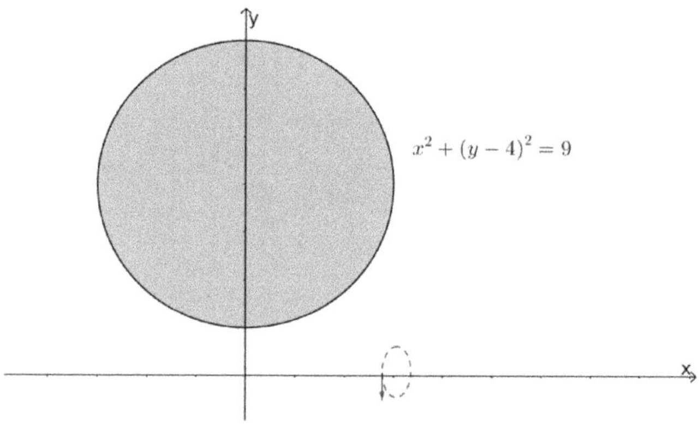

Example 24.

求圆$x^2+(y-a)^2=r^2,(\,a>0,r>0)$绕 x 轴旋转所形成的体积

【解】

$\because x^2+(y-a)^2=r^2 \qquad \therefore y=a\pm\sqrt{r^2-x^2}$

$\therefore$ 体积 $=\pi\int_{-3}^{3}(a+\sqrt{r^2-x^2})^2-(a-\sqrt{r^2-x^2})^2\,dx=4a\pi\int_{-3}^{3}\sqrt{r^2-x^2}\,dx$

令$x=r\sin\theta$ 则 $dx=r\cos\theta\,d\theta$，藉由变数代换法

$\therefore$ 体积 $=4a\pi\int_{-3}^{3}\sqrt{r^2-x^2}\,dx=4ar^2\pi\int_{-\frac{\pi}{2}}^{\frac{\pi}{2}}\cos^2\theta\,d\theta=4ar^2\pi\int_{-\frac{\pi}{2}}^{\frac{\pi}{2}}\frac{(1+\cos 2\theta)}{2}d\theta$

$=2ar^2\pi^2$

Example 25.

(1)求$y=x$、$y=\sqrt{x}$所围的区域绕 $y=2$ 旋转围成的体积

(2)求$y=x$、$y=\sqrt{x}$所围的区域绕 $x=3$ 旋转围成的体积

【解】

(1)

$$体积 = \pi\int_0^1 (2-x)^2 - (2-\sqrt{x})^2\,dx = \pi\int_0^1 -4x + x^2 + 4\sqrt{x} - x\,dx$$

$$= \pi\int_0^1 x^2 - 5x + 4\sqrt{x}\,dx = \pi\left(\frac{x^3}{3} - \frac{5x^2}{2} + \frac{8x^{\frac{3}{2}}}{3}\Bigg|_0^1\right) = \frac{\pi}{2}$$

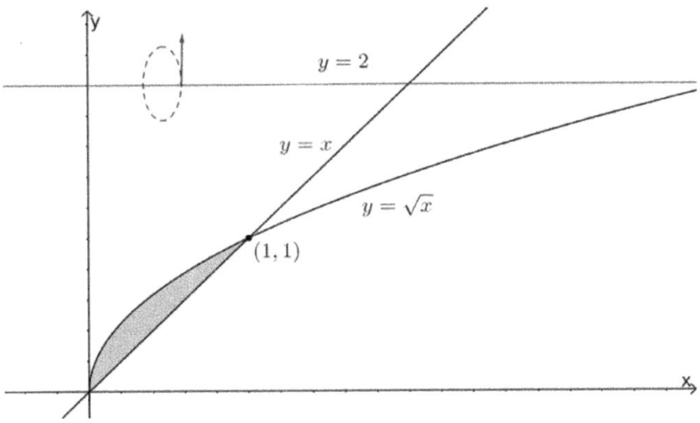

(2)

$$体积 = \pi\int_0^1 (3-y^2)^2 - (3-y)^2\,dy = \pi\int_0^1 -6y^2 + y^4 + 6y - y^2\,dy$$

$$= \pi\int_0^1 y^4 - 7y^2 + 6y\,dy = \pi\left(\frac{y^5}{5} - \frac{7y^3}{3} + 3y^2\Bigg|_0^1\right) = \frac{13\pi}{15}$$

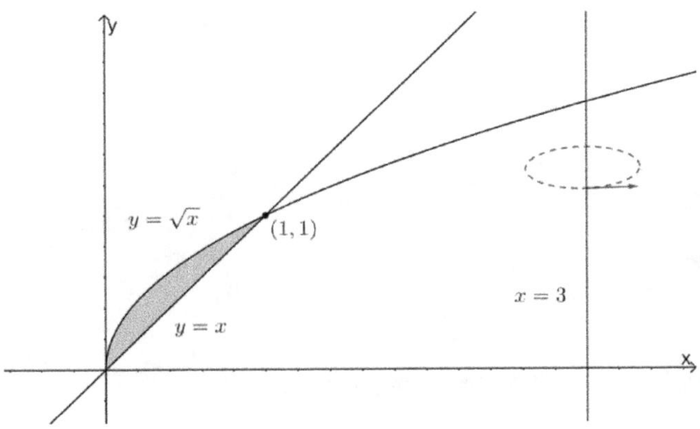

Example 26.

(1) 求 $y = \sin x$ 在, $0 \le x \le \pi$ 所围区域绕 $y = 2$ 旋转的体积

(2) 求 $y = \sin x$ 在, $0 \le x \le \pi$ 所围区域绕 $y = -1$ 旋转的体积

【解】

(1)

$$体积 = \pi\int_0^{\pi}(2-0)^2-(2-\sin x)^2dx = \pi\int_0^{\pi}4\sin x-\sin^2 x\,dx$$

$$= \pi\int_0^{\pi}4\sin x-\left(\frac{1-\cos 2x}{2}\right)dx = \pi\left(-4\cos x-\frac{x}{2}+\frac{\sin 2x}{4}\right)\Bigg|_0^{\pi} = \pi\left(8-\frac{\pi}{2}\right)$$

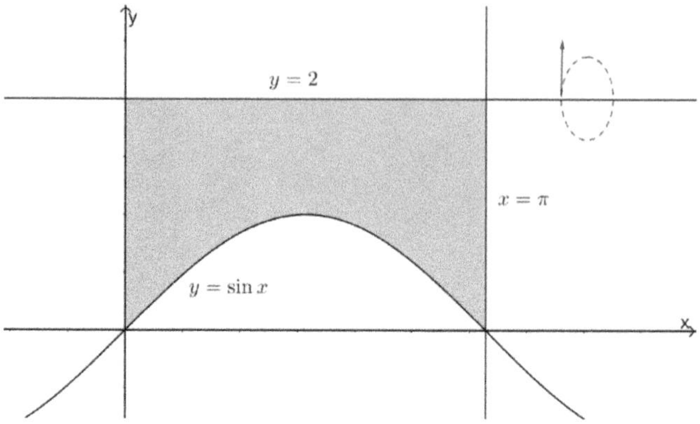

(2)

$$体积 = \pi\int_0^{\pi}(\sin x-(-1))^2dx = \pi\int_0^{\pi}1+2\sin x+\sin^2 x\,dx$$

$$= \pi\int_0^{\pi}1+2\sin x+\left(\frac{1-\cos 2x}{2}\right)dx = \pi\left(x-2\cos x+\frac{x}{2}-\frac{\sin 2x}{4}\right)\Bigg|_0^{\pi} = \pi\left(4+\frac{3\pi}{2}\right)$$

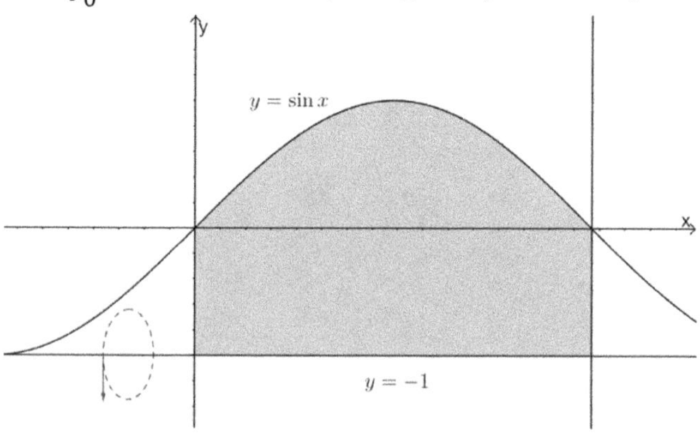

Example 27.

求$y=x^{\frac{1}{5}}$、$y=0$、$x=32$所围的区域绕$x=48$旋转围成的体积

【解】

$$体积 = 2\pi\int_0^{32}(48-x)x^{\frac{1}{5}}dx = 2\pi\int_0^{32}48x^{\frac{1}{5}}-x^{\frac{6}{5}}dx = 2\pi\left(48\cdot\frac{5x^{\frac{6}{5}}}{6}\Bigg|_0^{32}-\frac{5x^{\frac{11}{5}}}{11}\Bigg|_0^{32}\right)$$

$$= 2\pi\left(40\cdot 2^6-\frac{5}{11}\cdot 2^{11}\right) = 3258\pi+\frac{2\pi}{11}$$

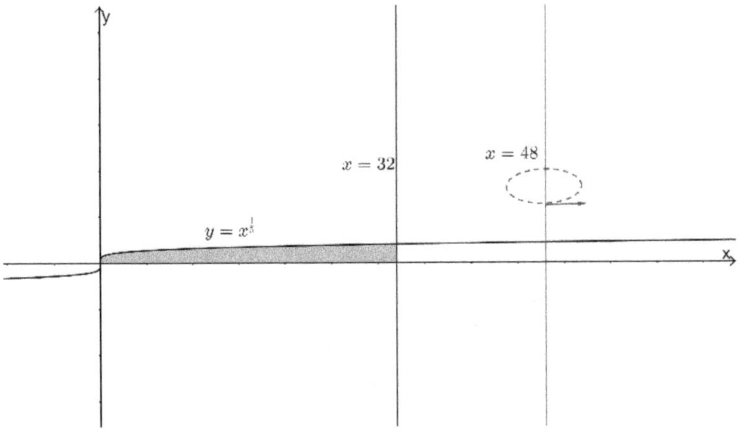

Example 28.

求$y = x - x^2$、$y = 0$ 所围的区域绕 $x = 3$ 旋转围成的体积

【解】

$$体积 = \pi\int_0^{\frac{1}{4}}\left(-\sqrt{\frac{1}{4}-y}+\frac{1}{2}-3\right)^2-\left(\sqrt{\frac{1}{4}-y}+\frac{1}{2}-3\right)^2 dy$$

$$= \pi\int_0^{\frac{1}{4}}\left(-\sqrt{\frac{1}{4}-y}-\frac{5}{2}\right)^2-\left(\sqrt{\frac{1}{4}-y}-\frac{5}{2}\right)^2 dy$$

$$= \pi\int_0^{\frac{1}{4}}\left(\sqrt{\frac{1}{4}-y}+\frac{5}{2}\right)^2-\left(\sqrt{\frac{1}{4}-y}-\frac{5}{2}\right)^2 dy = 10\pi\int_0^{\frac{1}{4}}\sqrt{\frac{1}{4}-y}dy$$

$$= -\frac{2}{3}\left(\frac{1}{4}-y\right)^{\frac{3}{2}}\Bigg|_0^{\frac{1}{4}}\cdot 10\pi = \frac{20\pi}{3}\cdot 2^{-3} = \frac{5\pi}{6}$$

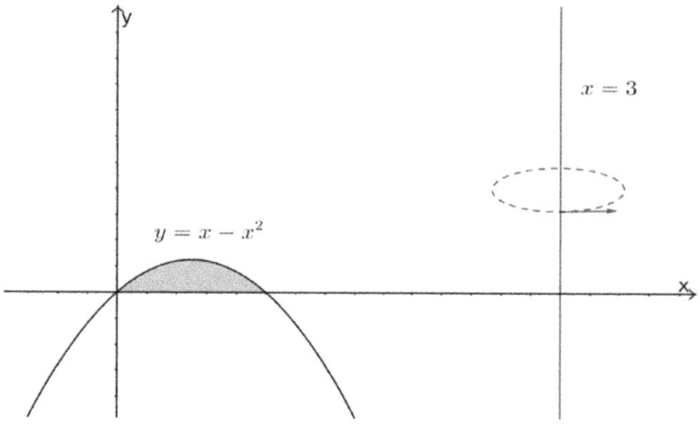

Example 29.

(1)求$y=x^2$、$y=3x$所围的区域绕x轴旋转围成的体积

(2)求$y=e^{-x}$、$x=2$、$y=1$所围的区域绕$y=3$旋转围成的体积

【解】

(1)

$$体积=\pi\int_0^3 9x^2-x^4dx=\frac{162\pi}{5}$$

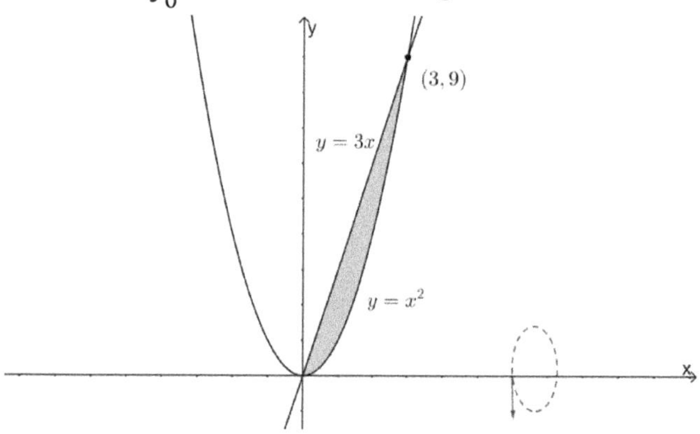

(2)

$$体积=\pi\int_0^2(3-e^{-x})^2-(3-1)^2dx=\pi\int_0^2 5-6e^{-x}+e^{-2x}dx$$

$$=\pi\left(5x+6e^{-x}-\frac{e^{-2x}}{2}\right)\bigg|_0^2=\frac{9}{2}+6e^{-2}-\frac{e^{-4}}{2}$$

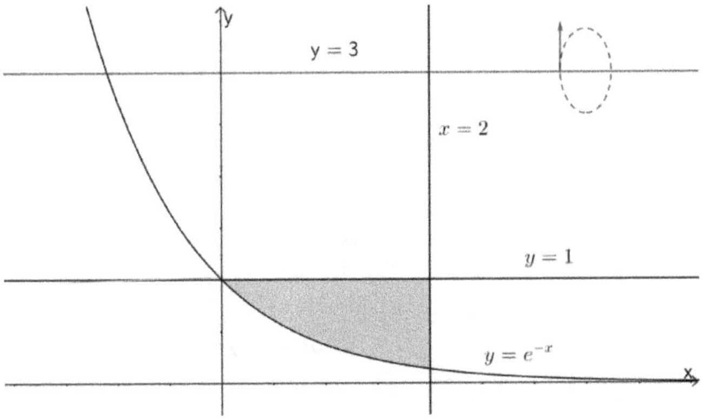

Example 30.

求 $0 \leq y \leq \frac{1}{x}$ 、$1 \leq x \leq 3$ 所围的区域绕 $y=-1$ 旋转围成的体积

【解】

体积 $= \pi \int_1^3 (\frac{1}{x} - (-1))^2 - (1)^2 dx = 2\pi\left(\frac{1}{3} + \ln 3\right)$

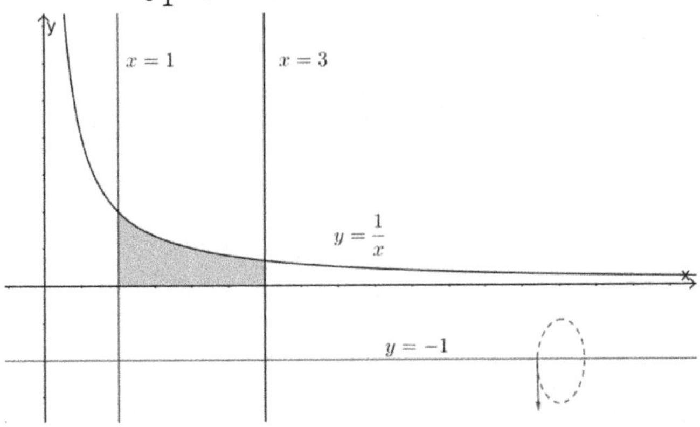

Example 31.

求 $y=0$ 、$y=x^5$ 、$x=1$ 所围的区域

(1) 绕 x轴旋转围成的体积

(2) 绕 y轴旋转围成的体积

(3) 绕$x=1$ 旋转围成的体积

(4) 绕$y=1$ 旋转围成的体积

【解】

(1)

体积 $= \pi \int_0^1 x^{10} dx = \frac{\pi}{11}$

(2)

$$\text{体积} = \pi \int_0^1 1^2 - y^{\frac{2}{5}} dy = \frac{2\pi}{7}$$

(3)

$$\text{体积} = \pi \int_0^1 \left(1 - y^{\frac{1}{5}}\right)^2 dy = \pi \left(\int_0^1 1 - 2y^{\frac{1}{5}} + y^{\frac{2}{5}} dy\right) = \pi \left(y - \frac{5y^{\frac{6}{5}}}{3} + \frac{5y^{\frac{7}{5}}}{7}\right)\Bigg|_0^1$$

$$= \frac{\pi}{21}$$

(4)

$$\text{体积} = \pi \int_0^1 1^2 - (1 - x^5)^2 dx = \pi \int_0^1 2x^5 - x^{10} dx = \pi \left(\frac{x^6}{3} - \frac{x^{11}}{11}\right)\Bigg|_0^1 = \frac{8\pi}{33}$$

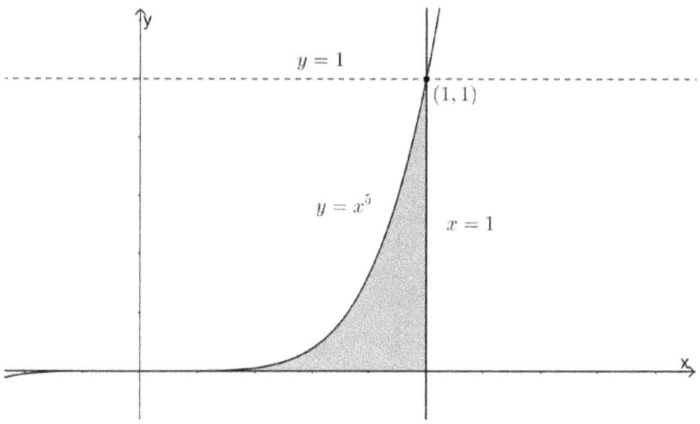

Example 32.

求 $y = 1$、$y = \sqrt{x}$、$x = 0$ 所围的区域

(1) 绕 x轴旋转围成的体积

(2) 绕 y轴旋转围成的体积

(3) 绕$x = 1$ 旋转围成的体积

(4) 绕$y = 1$ 旋转围成的体积

【解】

(1)

$$\text{体积} = \pi \int_0^1 1^2 - \left(\sqrt{x}\right)^2 dx = \frac{\pi}{2}$$

(2)

体积 $= \pi \int_0^1 y^4 dy = \frac{\pi}{5}$

(3)

体积 $= \pi \int_0^1 1^2 - (1-y^2)^2 dy = \frac{7\pi}{15}$

(4)

体积 $= \pi \int_0^1 \left(1-\sqrt{x}\right)^2 dx = \frac{\pi}{6}$

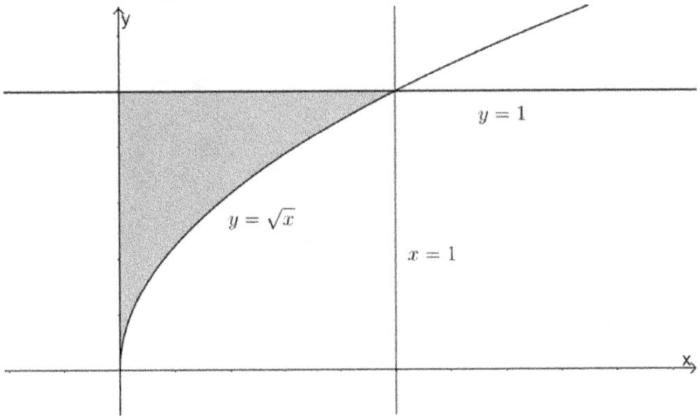

Example 33.

求 $y = \sqrt{x}$、$y = x^3$ 所围的区域

(1) 绕 x轴旋转围成的体积

(2) 绕 y轴旋转围成的体积

(3) 绕$x = 1$ 旋转围成的体积

(4) 绕$y = 1$ 旋转围成的体积

【解】

(1)

体积 $= \pi \int_0^1 \left(\sqrt{x}\right)^2 - (x^3)^2 dx = \frac{5\pi}{14}$

(2)

体积 $= \pi \int_0^1 (\sqrt[3]{y})^2 - (y^2)^2 dy = \frac{2\pi}{5}$

(3)

体积 $= \pi \int_0^1 (1-y^2)^2 - \left(1-\sqrt[3]{y}\right)^2 dy = \frac{13\pi}{30}$

(4)

$$体积 = \pi\int_0^1 (1-x^3)^2 - \left(1-\sqrt{x}\right)^2 dx = \frac{10\pi}{21}$$

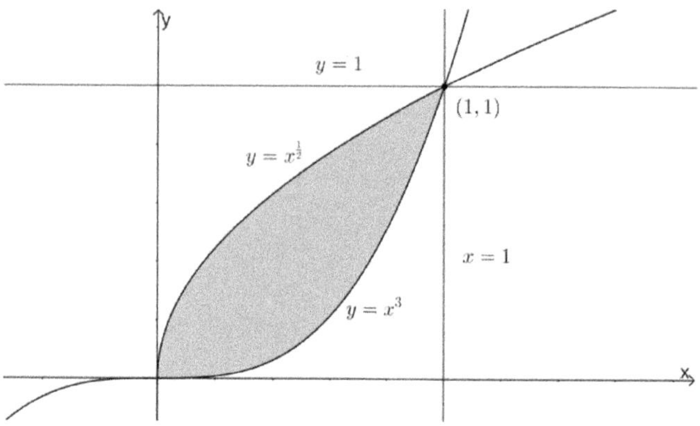

Example 34.

求$y = x^{\frac{3}{2}}$、$0 \le x \le 4$ 所围的区域绕 x轴旋转围成的体积

【解】

$$体积 = \pi\int_0^4 x^3 dx = 64\pi$$

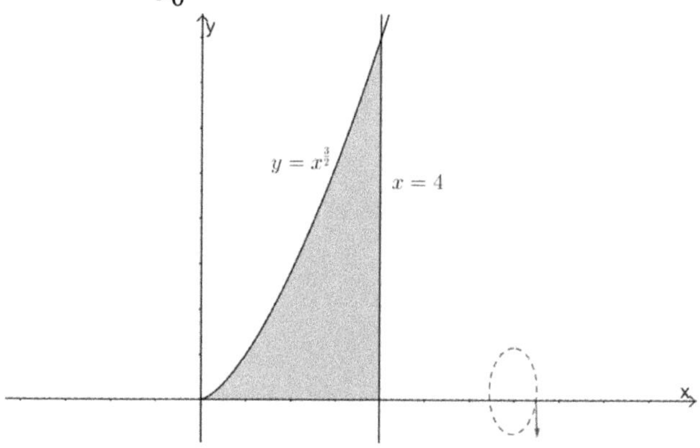

5.5.3 给函数求弧长

假设曲线为 $y = f(x)$，介于(x_0, y_0)、(x_1, y_1) 的弧长，等于将弧长切成任意无穷小的片段再积分，假设切成m個小段，且这小段的左、右端点坐标为(x, y)、$(x + dx, y + dy)$ 则

$$d_s = \sqrt{(x-(x+dx))^2 + (y-(y+dy))^2} = \sqrt{(dx)^2 + (dy)^2}$$

$$= \sqrt{1 + (\frac{dy}{dx})^2} dx = \sqrt{1 + (\frac{df}{dx})^2} dx$$

$$\Rightarrow \text{弧长} = s = \int d_s = \int_{x_0}^{x_1} \sqrt{1 + (\frac{df}{dx})^2} dx$$

考试类型:

Type 1.

假设曲线为$x = f(t)$，$y = g(t)$则弧长 $= \int d_s = \int \sqrt{(dx)^2 + (dy)^2} = \int \sqrt{(\frac{dx}{dt})^2 + (\frac{dy}{dt})^2}\, dt$

<u>范例说明:</u>

求 $x = a(t - \sin t)$，$y = a(1 - \cos t)$，$0 \le t \le \frac{\pi}{2}$ 的弧长

$$\therefore \text{弧长} = \int_0^{\frac{\pi}{2}} \sqrt{\left(\frac{dx}{dt}\right)^2 + \left(\frac{dy}{dt}\right)^2}\, dt = \int_0^{\frac{\pi}{2}} \sqrt{(a(1-\cos t))^2 + (a\sin t)^2}\, dt$$

Type 2.

假设曲线为 $r = r(\theta)$ 则弧长 $= \int d_s = \int \sqrt{(rd\theta)^2 + (dr)^2} = \int \sqrt{r^2 + (\frac{dr}{d\theta})^2} d\theta$

<u>范例说明:</u>

求 $r = a(1 - \cos\theta)$，$a > 0$ 之弧长

$$\text{弧长} = 2\int_0^{\pi} \sqrt{r^2 + \left(\frac{dr}{d\theta}\right)^2}\, d\theta = 2\int_0^{\pi} \sqrt{(a - a\cos\theta)^2 + (a\sin\theta)^2}\, d\theta$$

求 $r = a(1 - \sin\theta)$，$a > 0$ 之弧长

$$\text{弧长} = 2\int_{-\frac{\pi}{2}}^{\frac{\pi}{2}} \sqrt{r^2 + \left(\frac{dr}{d\theta}\right)^2}\, d\theta = 2\int_0^{\pi} \sqrt{(a - a\sin\theta)^2 + (a\cos\theta)^2}\, d\theta$$

Example 1.

求曲线 $y = \ln\cos x$，$0 \le x \le \dfrac{\pi}{3}$ 的弧长

【解】

$\because y'(x) = -\dfrac{\sin x}{\cos x} = -\tan x$

$\therefore$ 弧长 $= \displaystyle\int_0^{\frac{\pi}{3}} \sqrt{1 + (y'(x))^2}\, dx = \int_0^{\frac{\pi}{3}} \sqrt{1 + \tan^2 x}\, dx = \int_0^{\frac{\pi}{3}} \sec x\, dx$

$= \ln(\sec x + \tan x)\Big|_0^{\frac{\pi}{3}} = \ln(2 + \sqrt{3})$

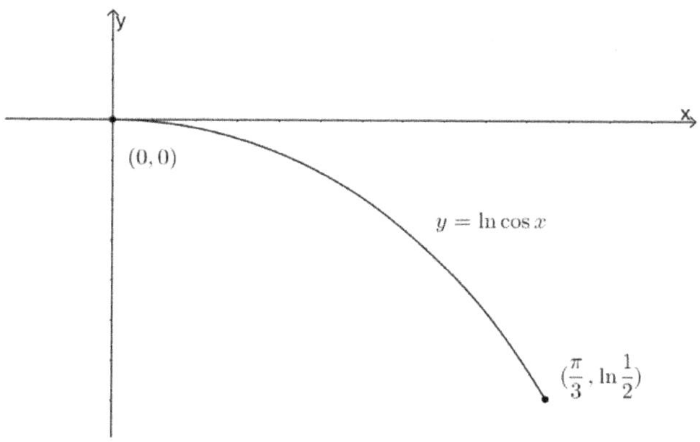

Example 2.

假设曲线为 $9y^2 = 4x^3$，计算曲线從两端点 $\left(4, -\dfrac{16}{3}\right)$ 、$\left(4, \dfrac{16}{3}\right)$ 所形成的弧长

【解】

$\because 9y^2 = 4x^3 \qquad \therefore y = \dfrac{2}{3}x^{\frac{3}{2}} \Rightarrow y' = x^{\frac{1}{2}}$

$\therefore$ 弧长 $= 2\displaystyle\int_0^4 \sqrt{1 + (y'(x))^2}\, dx = 2\int_0^4 \sqrt{1 + (x^{\frac{1}{2}})^2}\, dx = \left.\dfrac{4(1+x)^{\frac{3}{2}}}{3}\right|_0^4 = \dfrac{4(5\sqrt{5} - 1)}{3}$

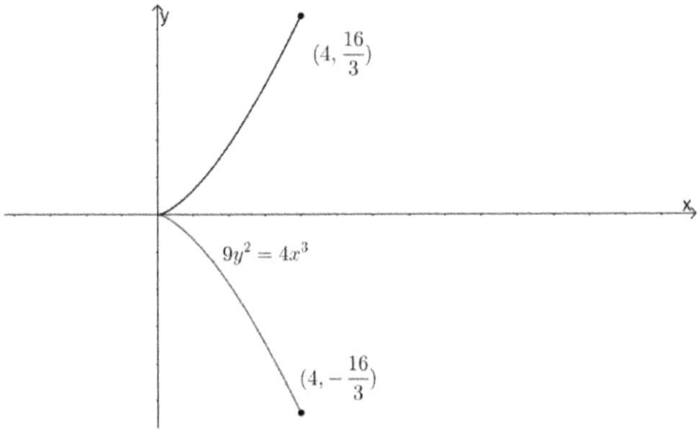

Example 3.

求曲线 $y = \int_{\frac{\pi}{6}}^{x} \sqrt{64\sin^2 t\cos^4 t - 1}dt$，$\frac{\pi}{6} \leq x \leq \frac{\pi}{3}$之弧长

【解】

$$弧长 = \int_{\frac{\pi}{6}}^{\frac{\pi}{3}} \sqrt{1 + (y'(x))^2}\,dx = 8\int_{\frac{\pi}{6}}^{\frac{\pi}{3}} \sin x\cos^2 x\,dx = -\frac{8\cos^3 x}{3}\Big|_{\frac{\pi}{6}}^{\frac{\pi}{3}} = \sqrt{3} - \frac{1}{3}$$

Example 4.

假设曲线$y = f(x)$，$x = 0$ 至 $x = a$ 的弧长为 $\frac{2}{3}\left((1 + a)^{\frac{3}{2}} - 1\right)$, 求 $f(x) =?$

【解】

$$\because 弧长 = \int_0^a \sqrt{1 + (f'(x))^2}\,dx = \frac{2}{3}\left((1 + a)^{\frac{3}{2}} - 1\right)$$

藉由 Leibniz 微分公式则 $\sqrt{1 + (f'(a))^2} = (1 + a)^{\frac{1}{2}}$ $\quad\therefore f'(x) = x^{\frac{1}{2}}$ $\therefore f(x) = \frac{2x^{\frac{3}{2}}}{3} + c$

Example 5.

求曲线 $9ay^2 = x(x - 3a)^2$ 所围之弧长

【解】

$$\because 9ay^2 = x(x - 3a)^2 \quad \therefore y'(x) = \frac{a - x}{2\sqrt{ax}}$$

$$弧长 = 2\int_0^{3a} \sqrt{1 + (y'(x))^2}\,dx = 2\int_0^{3a} \sqrt{1 + \left(\frac{a - x}{2\sqrt{ax}}\right)^2}\,dx$$

$$= 2\int_0^{3a} \sqrt{a}x^{-\frac{1}{2}} + a^{-\frac{1}{2}}x^{\frac{1}{2}}\,dx = 4\sqrt{3}a$$

Example 6.

求曲线 $x^{\frac{2}{3}} + y^{\frac{2}{3}} = a^{\frac{2}{3}}$，试求從 $x = -a$ 至 $x = -\frac{a}{8}$ 的弧长 =? $(a > 0)$

【解】

$\because x^{\frac{2}{3}} + y^{\frac{2}{3}} = a^{\frac{2}{3}} \quad \therefore\ y'(x) = -x^{-\frac{1}{3}}y^{\frac{1}{3}}$

$$弧长 = \int_{-a}^{-\frac{a}{8}} \sqrt{1 + (y'(x))^2}\,dx = \int_{-a}^{-\frac{a}{8}} \sqrt{1 + \left(-x^{-\frac{1}{3}}y^{\frac{1}{3}}\right)^2}\,dx = \int_{-a}^{-\frac{a}{8}} \sqrt{\frac{x^{\frac{2}{3}} + y^{\frac{2}{3}}}{x^{\frac{2}{3}}}}\,dx$$

$$= \int_{-a}^{-\frac{a}{8}} \sqrt{\frac{a^{\frac{2}{3}}}{x^{\frac{2}{3}}}}\,dx = \left.\frac{3a^{\frac{1}{3}}x^{\frac{2}{3}}}{2}\right|_{-a}^{-\frac{a}{8}} = \frac{9a}{8}$$

Example 7.

求曲线 $9y^2 = 4x^3$，试求從 $(3, -2\sqrt{3})$ 至 $(3, 2\sqrt{3})$ 的弧长 =?

【解】

$\because 9y^2 = 4x^3$，$y = \pm\frac{2}{3}x^{\frac{3}{2}} \quad \therefore\ y'(x) = \frac{2x^2}{3y} = \pm x^{\frac{1}{2}}$

$$弧长 = 2\int_0^3 \sqrt{1 + (y'(x))^2}\,dx = 2\int_0^3 \sqrt{1 + \left(x^{\frac{1}{2}}\right)^2}\,dx = \left.\frac{4}{3}(1 + x)^{\frac{3}{2}}\right|_0^3 = \frac{28}{3}$$

Example 8.

求 $y = a\cosh\frac{x}{a}$，$a > 0$ 在 $-a \le x \le a$ 之弧长

【解】

$\because y = a\cosh\frac{x}{a} \quad \therefore y' = \sinh\frac{x}{a}$

$$\therefore \text{弧长} = 2\int_0^a \sqrt{1+(y'(x))^2}\,dx = 2\int_0^a \sqrt{1+\left(\sinh\frac{x}{a}\right)^2}\,dx = 2\int_0^a \sqrt{\left(\cosh\frac{x}{a}\right)^2}\,dx$$

$$= 2a\sinh\frac{x}{a}\Big|_0^a = 2a\sinh 1$$

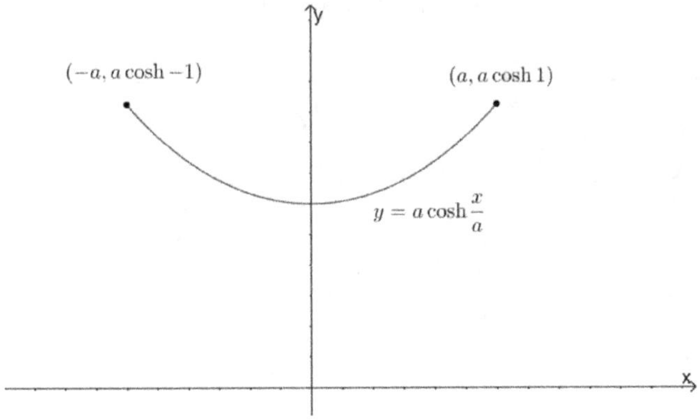

Example 9.

求曲线 $f(x) = x^{\frac{3}{2}}$, $0 \le x \le 4$ 之弧长

【解】

$$\text{弧长} = \int_0^4 \sqrt{1+(y'(x))^2}\,dx = \int_0^4 \sqrt{1+\left(\frac{3x^{\frac{1}{2}}}{2}\right)^2}\,dx = \int_0^4 \sqrt{1+\frac{9x}{4}}\,dx = \frac{8\left(1+\frac{9x}{4}\right)^{\frac{3}{2}}}{27}\Bigg|_0^4$$

$$= \frac{8}{27}\left(10\sqrt{10}-1\right)$$

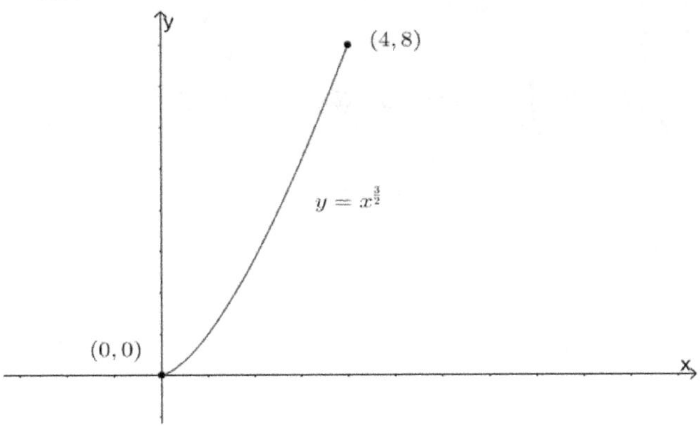

Example 10.

求曲线$x=\dfrac{\sqrt{y}(y-3)}{3}$，$1\le y\le 9$之弧长

【解】

弧长$=\displaystyle\int_1^9\sqrt{1+(x'(y))^2}\,dy,\quad \because x=\frac{\sqrt{y}(y-3)}{3}\quad \therefore \frac{dx}{dy}=\frac{1}{2}\left(y^{\frac{1}{2}}-y^{-\frac{1}{2}}\right)$

$\therefore$ 弧长$=\displaystyle\int_1^9\sqrt{1+(x'(y))^2}\,dy=\int_1^9\sqrt{1+\frac{1}{4}\left(y^{\frac{1}{2}}-y^{-\frac{1}{2}}\right)^2}\,dy=\frac{1}{2}\int_1^9\sqrt{\left(y^{\frac{1}{2}}+y^{-\frac{1}{2}}\right)^2}\,dy$

$$=\frac{1}{2}\left(\frac{2}{3}y^{\frac{3}{2}}+2y^{\frac{1}{2}}\right)\Big|_1^9=\frac{32}{3}$$

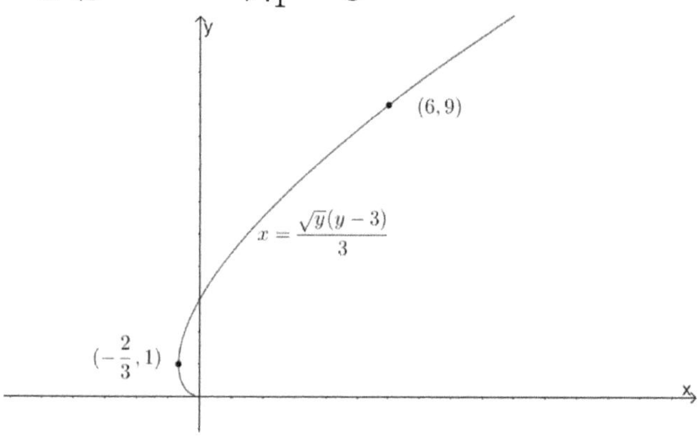

Example 11.

求曲线 $y=4x^{\frac{3}{2}}$，從(0,0)至(1,4) 之弧长

【解】

弧长$=\displaystyle\int_0^1\sqrt{1+(y'(x))^2}\,dx=\int_0^1\sqrt{1+\left(6x^{\frac{1}{2}}\right)^2}\,dx=\int_0^1\sqrt{1+36x}\,dx$

$$=\frac{(1+36x)^{\frac{3}{2}}}{54}\Bigg|_0^1=\frac{1}{54}\left(37\sqrt{37}-1\right)$$

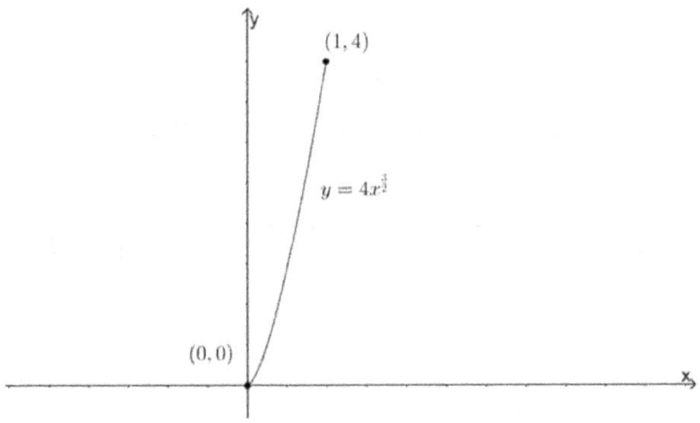

Example 12.

求 $y = \sqrt{x - x^2} + \sin^{-1}\sqrt{x}$，$0 \le x \le \frac{1}{2}$ 之弧长

【解】

$\because y = \sqrt{x - x^2} + \sin^{-1}\sqrt{x}$

$$\therefore y' = \frac{1 - 2x}{2\sqrt{x - x^2}} + \frac{1}{\sqrt{1 - x}}\left(\frac{x^{-\frac{1}{2}}}{2}\right) = \frac{1 - x}{\sqrt{x}\sqrt{1 - x}} = \sqrt{\frac{1 - x}{x}}$$

$$弧长 = \int_0^{\frac{1}{2}} \sqrt{1 + (y'(x))^2}\, dx = \int_0^{\frac{1}{2}} \sqrt{1 + \frac{1 - x}{x}}\, dx = \int_0^{\frac{1}{2}} \sqrt{\frac{1}{x}}\, dx = 2\sqrt{x}\Big|_0^{\frac{1}{2}} = \sqrt{2}$$

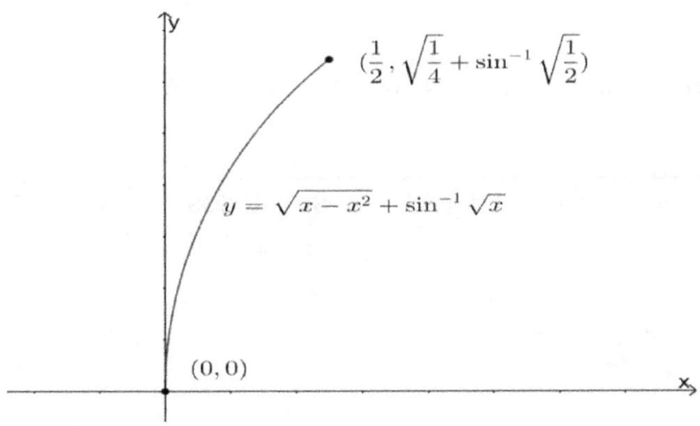

Example 13.

(1)求 $x^{\frac{2}{3}} + y^{\frac{2}{3}} = a^{\frac{2}{3}}$ 之周长

(2)求 $\left(\frac{x}{a}\right)^{\frac{2}{3}} + \left(\frac{y}{b}\right)^{\frac{2}{3}} = 1$，$(a > b > 0)$ 之周长

【解】

(1)

令$x = a\cos^3\theta$， $y = a\sin^3\theta$ 则 $dx = -3a\cos^2\theta\sin\theta d\theta$, $dy = 3a\sin^2\theta\cos\theta d\theta$

$$\therefore \text{弧长} = 4\int_0^{\frac{\pi}{2}}\sqrt{\left(\frac{dx}{d\theta}\right)^2 + \left(\frac{dy}{d\theta}\right)^2}\,d\theta = 4\int_0^{\frac{\pi}{2}}\sqrt{(3a\cos^2\theta\sin\theta)^2 + (3a\sin^2\theta\cos\theta)^2}\,d\theta$$

$$= 4\int_0^{\frac{\pi}{2}}\sqrt{9a^2\cos^4\theta\sin^2\theta + 9a^2\sin^4\theta\cos^2\theta}\,d\theta$$

$$= 12a\int_0^{\frac{\pi}{2}}\sqrt{\cos^2\theta\sin^2\theta(\sin^2\theta + \cos^2\theta)}\,d\theta = 12a\int_0^{\frac{\pi}{2}}\sin\theta\cos\theta\,d\theta$$

$$= 6a\int_0^{\frac{\pi}{2}}\sin 2\theta\,d\theta = -3a\cos 2\theta\Big|_0^{\frac{\pi}{2}} = 6a$$

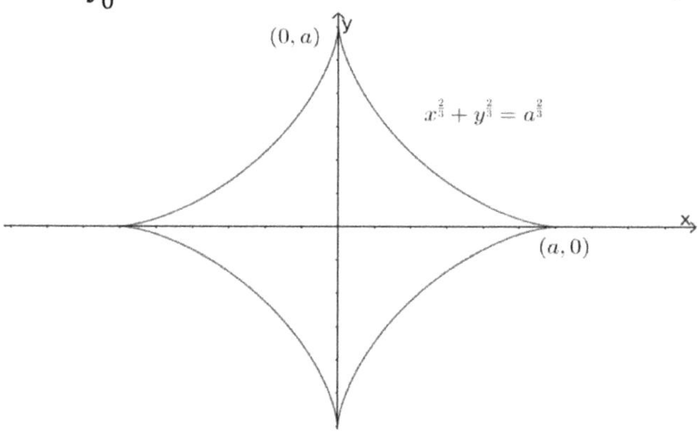

(2)

令$x = a\cos^3\theta$, $y = b\sin^3\theta$ 则$dx = -3a\cos^2\theta\sin\theta d\theta$, $dy = 3b\sin^2\theta\cos\theta d\theta$

$$\text{弧长} = 4\int_0^{\frac{\pi}{2}}\sqrt{\left(\frac{dx}{d\theta}\right)^2 + \left(\frac{dy}{d\theta}\right)^2}\,d\theta = 4\int_0^{\frac{\pi}{2}}\sqrt{(3a\cos^2\theta\sin\theta)^2 + (3b\sin^2\theta\cos\theta)^2}\,d\theta$$

$$= 12\int_0^{\frac{\pi}{2}}\sqrt{(\sin\theta\cos\theta)^2(a^2\cos^2\theta + b^2\sin^2\theta)}\,d\theta$$

$$= 12\int_0^{\frac{\pi}{2}}\sin\theta\cos\theta\sqrt{\frac{a^2(1+\cos 2\theta)}{2} + \frac{b^2(1-\cos 2\theta)}{2}}\,d\theta$$

$$= 6\sqrt{2}\int_0^{\frac{\pi}{2}}\frac{\sin 2\theta}{2}\sqrt{a^2(1+\cos 2\theta) + b^2(1-\cos 2\theta)}\,d\theta$$

令 $t = \cos 2\theta$ 则 $dt = -2\sin 2\theta\,d\theta \Rightarrow \dfrac{\sin 2\theta d\theta}{2} = \dfrac{-dt}{4}$

$$弧长 = 6\sqrt{2}\int_{1}^{-1}\frac{(-1)\sqrt{a^2(1+t)+b^2(1-t)}}{4}dt$$

$$= \frac{3\sqrt{2}}{2}\int_{-1}^{1}\sqrt{a^2+b^2+(a^2-b^2)t}\,dt = \frac{3\sqrt{2}}{2}\cdot\frac{2(a^2+b^2+(a^2-b^2)t)^{\frac{3}{2}}}{3(a^2-b^2)}\Bigg|_{-1}^{1}$$

$$= \sqrt{2}\left(\frac{(2a^2)^{\frac{3}{2}}-(2b^2)^{\frac{3}{2}}}{a^2-b^2}\right) = \frac{4(a^2+ab+b^2)}{a+b}$$

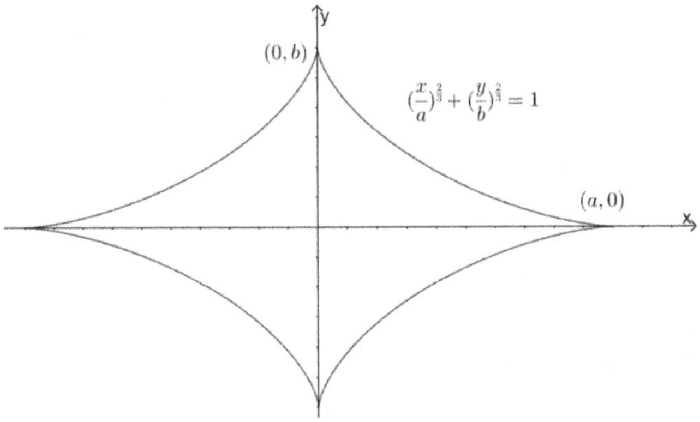

Example 14.

求$x = a(t-\sin t)$，$y = a(1-\cos t)$，$0 \le t \le \frac{\pi}{2}$ 的弧长

【解】

$\because dx = a(1-\cos t)dt$，$dy = a\sin t dt$

$$\therefore 弧长 = \int_0^{\frac{\pi}{2}}\sqrt{\left(\frac{dx}{dt}\right)^2+\left(\frac{dy}{dt}\right)^2}\,dt = \int_0^{\frac{\pi}{2}}\sqrt{(a(1-\cos t))^2+(a\sin t)^2}\,dt$$

$$= a\int_0^{\pi}\sqrt{(\cos t)^2+(\sin t)^2+1-2\cos t}\,dt = a\int_0^{\frac{\pi}{2}}\sqrt{2-2\cos t}\,dt = 2a\int_0^{\frac{\pi}{2}}\sqrt{\frac{1-\cos t}{2}}dt$$

$$= 2a\int_0^{\frac{\pi}{2}}\sqrt{\sin^2\frac{t}{2}}dt = -4a\cos\frac{t}{2}\Big|_0^{\frac{\pi}{2}} = 4a(1-\frac{1}{\sqrt{2}})$$

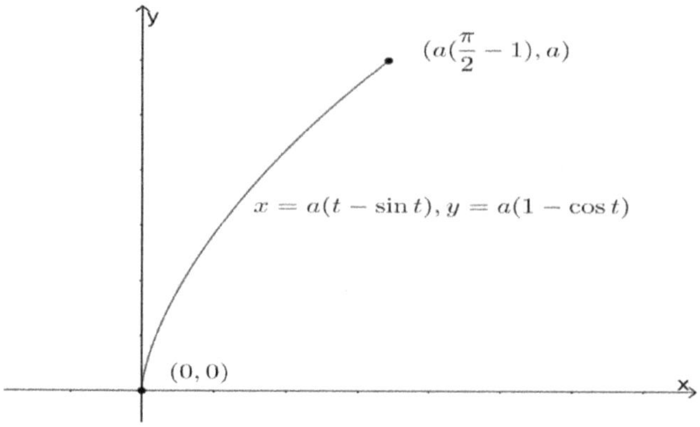

Example 15.

求$x=\tan^{-1}t$，$y=\frac{1}{2}\ln(t^2+1)$，$0\le t\le 2$ 的弧长

【解】

$$\because 弧长=\int_0^2\sqrt{\left(\frac{dx}{dt}\right)^2+\left(\frac{dy}{dt}\right)^2}\,dt,\ \ \frac{dx}{dt}=\frac{1}{1+t^2}\ 且\ \frac{dy}{dt}=\frac{t}{1+t^2}$$

$$\therefore\ 弧长=\int_0^2\sqrt{\left(\frac{1}{1+t^2}\right)^2+\left(\frac{t}{1+t^2}\right)^2}\,dt=\int_0^2\sqrt{\frac{1+t^2}{(1+t^2)^2}}\,dt$$

$$=\int_0^2\frac{1}{\sqrt{1+t^2}}\,dt=\ln\left|t+\sqrt{1+t^2}\right|\Big|_0^2=\ln(2+\sqrt{5})$$

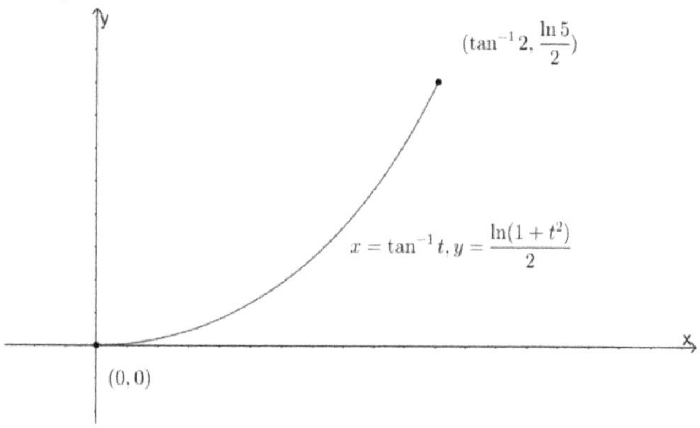

Example 16.

求$x=\sin^{-1}t$，$y=\frac{1}{2}\ln(1-t^2)$，$0\le t\le\frac{1}{2}$ 的弧长

【解】

$$\because \text{弧长} = \int_0^{\frac{1}{2}} \sqrt{\left(\frac{dx}{dt}\right)^2 + \left(\frac{dy}{dt}\right)^2}\, dt,\ \ \frac{dx}{dt} = \frac{1}{\sqrt{1-t^2}} \ \text{且}\ \frac{dy}{dt} = \frac{-t}{1-t^2}$$

$$\therefore\ \text{弧长} = \int_0^{\frac{1}{2}} \sqrt{\left(\frac{1}{\sqrt{1-t^2}}\right)^2 + \left(\frac{t}{1-t^2}\right)^2}\, dt = \int_0^{\frac{1}{2}} \sqrt{\frac{1}{(1-t^2)^2}}\, dt = \int_0^{\frac{1}{2}} \frac{1}{1-t^2}\, dt$$

$$= \frac{1}{2}\int_0^{\frac{1}{2}} \frac{1}{1-t} + \frac{1}{1+t}\, dt = \frac{-1}{2}\ln(1-t)\Big|_0^{\frac{1}{2}} + \frac{1}{2}\ln(1+t)\Big|_0^{\frac{1}{2}} = \frac{-1}{2}\ln\frac{1}{2} + \frac{1}{2}\ln\frac{3}{2} = \frac{1}{2}\ln 3$$

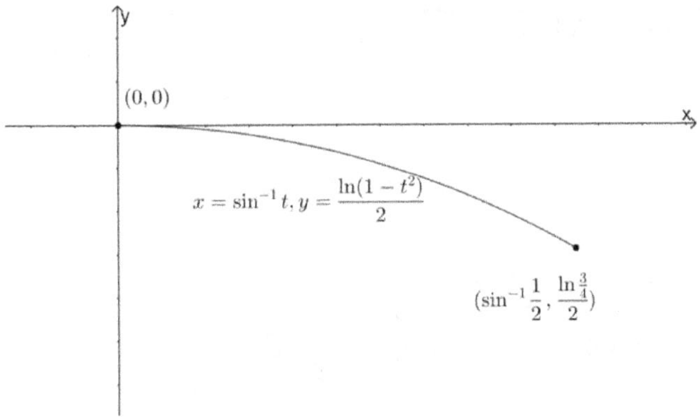

Example 17.

(1) 求 $r = a(1-\cos\theta)$, $a > 0$ 之弧长

(2) 求 $r = a(1-\sin\theta)$, $a > 0$ 之弧长

【解】

(1)

$$\text{弧长} = 2\int_0^{\pi} \sqrt{r^2 + \left(\frac{dr}{d\theta}\right)^2}\, d\theta = 2\int_0^{\pi} \sqrt{(a - a\cos\theta)^2 + (a\sin\theta)^2}\, d\theta$$

$$= 2a\int_0^{\pi} \sqrt{\cos^2\theta + \sin^2\theta + 1 - 2\cos\theta}\, d\theta = 2a\int_0^{\pi} \sqrt{2-2\cos\theta}\, dt$$

$$= 4a\int_0^{\pi} \sqrt{\frac{1-\cos\theta}{2}}\, d\theta = 4a\int_0^{\pi} \sqrt{\sin^2\frac{\theta}{2}}\, d\theta = 4a\int_0^{\pi} \sin\frac{\theta}{2}\, d\theta = -8\,a\cos\frac{\theta}{2}\Big|_0^{\pi} = 8a$$

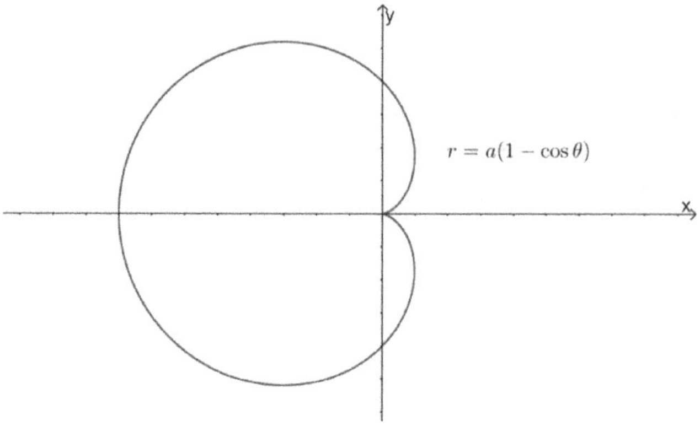

(2)

$$\text{弧长} = 2\int_{-\frac{\pi}{2}}^{\frac{\pi}{2}} \sqrt{r^2 + \left(\frac{dr}{d\theta}\right)^2}\, d\theta = 2\int_{-\frac{\pi}{2}}^{\frac{\pi}{2}} \sqrt{(a - a\sin\theta)^2 + (a\cos\theta)^2}\, d\theta$$

$$= 2a\int_{-\frac{\pi}{2}}^{\frac{\pi}{2}} \sqrt{\cos^2\theta + \sin^2\theta + 1 - 2\sin\theta}\, d\theta = 2a\int_{-\frac{\pi}{2}}^{\frac{\pi}{2}} \sqrt{2 - 2\sin\theta}\, d\theta$$

$$= 2\sqrt{2}a\int_{-\frac{\pi}{2}}^{\frac{\pi}{2}} \sqrt{1 - \sin\theta}\, d\theta = 2\sqrt{2}a\int_{-\frac{\pi}{2}}^{\frac{\pi}{2}} \sqrt{\sin^2\frac{\theta}{2} + \cos^2\frac{\theta}{2} - 2\sin\frac{\theta}{2}\cos\frac{\theta}{2}}\, d\theta$$

$$= 2\sqrt{2}a\int_{-\frac{\pi}{2}}^{\frac{\pi}{2}} \cos\frac{\theta}{2} - \sin\frac{\theta}{2}\, d\theta = 4\sqrt{2}a\left(\sin\frac{\theta}{2} + \cos\frac{\theta}{2}\right)\Bigg|_{-\frac{\pi}{2}}^{\frac{\pi}{2}} = 4\sqrt{2}a(\sqrt{2}) = 8a$$

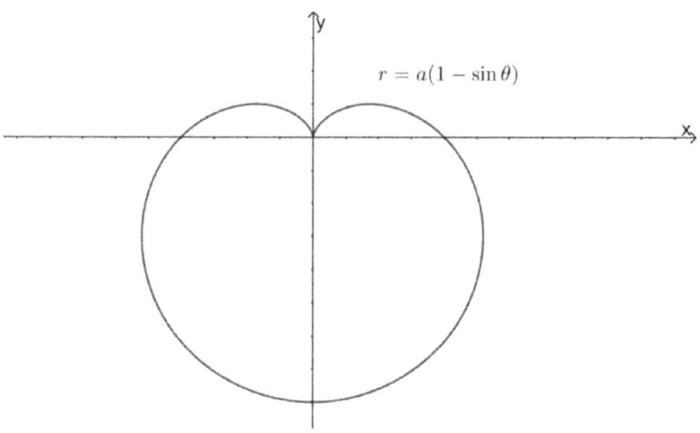

Example 18.

设 $C = \{(x, y): 1 \le x \le e^2, 0 \le y \le \ln x\}$ 求 C 的周长

【解】

$$\because 弧长 = \int_1^{e^2} \sqrt{1+(y')^2}\,dx = \int_1^{e^2} \sqrt{1+\frac{1}{x^2}}\,dx = \int_1^{e^2} \sqrt{\frac{x^2+1}{x^2}}\,dx$$

令$x = \tan\theta$ 则 $dx = \sec^2\theta d\theta$ $\therefore \int \sqrt{\frac{x^2+1}{x^2}}\,dx = \int \sqrt{\frac{\sec^2\theta}{\tan^2\theta}}\sec^2\theta d\theta = \int \csc\theta\sec^2\theta d\theta$

令$u = \csc\theta$，$dv = \sec^2\theta d\theta$ 则 $du = -\csc\theta\cot\theta\,d\theta$，$v = \tan\theta$
藉由分部积分法，

则 $\int \csc\theta\sec^2\theta d\theta = \csc\theta\tan\theta + \int \csc\theta\,d\theta$

$$= \csc\theta\tan\theta + \ln|\csc\theta - \cot\theta| = \sqrt{x^2+1} + \ln\left|\frac{\sqrt{x^2+1}-1}{x}\right|$$

$$\therefore 弧长 = \int_1^{e^2} \sqrt{\frac{x^2+1}{x^2}}\,dx = \sqrt{x^2+1} + \ln\left|\frac{\sqrt{x^2+1}-1}{x}\right|\Bigg|_1^{e^2}$$

$$= \sqrt{1+e^4} - \sqrt{2} + \ln\frac{\sqrt{1+e^4}-1}{e^2(\sqrt{2}-1)}$$

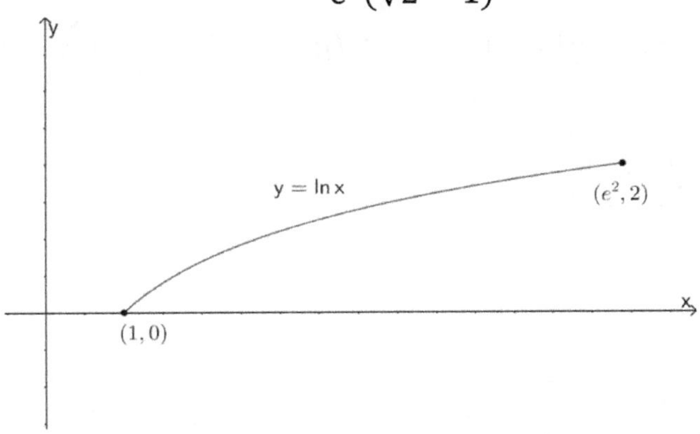

Example 19.

求曲线 $\sqrt{x}+\sqrt{y}=\sqrt{a}$ 之弧长

【解】

$\because 弧长 = \int_0^{\frac{\pi}{2}} \sqrt{\left(\frac{dx}{d\theta}\right)^2 + \left(\frac{dy}{d\theta}\right)^2}\,d\theta$，令$x = a\cos^4\theta$，$y = a\sin^4\theta$

则 $dx = -4a\cos^3\theta\sin\theta d\theta$，$dy = 4a\sin^3\theta\cos\theta d\theta$

$$\because \sqrt{\left(\frac{dx}{d\theta}\right)^2+\left(\frac{dy}{d\theta}\right)^2}=\sqrt{(-4a\cos^3\theta\sin\theta)^2+(4a\sin^3\theta\cos\theta)^2}$$

$$=4a\sin\theta\cos\theta\sqrt{\cos^4\theta+\sin^4\theta}=2a\sin 2\theta\sqrt{(\cos^2\theta+\sin^2\theta\,)^2-2\cos^2\theta\sin^2\theta}$$

$$=2a\sin 2\theta\sqrt{1-2\left(\frac{\sin 2\theta}{2}\right)^2}=2a\sin 2\theta\sqrt{\frac{1}{2}+\frac{\cos^2 2\theta}{2}}$$

令$u=\cos 2\theta$ 则 $du=-2\sin 2\theta\, d\theta$

$$\therefore 弧长=\int_0^{\frac{\pi}{2}}\sqrt{\left(\frac{dx}{d\theta}\right)^2+\left(\frac{dy}{d\theta}\right)^2}\,d\theta=\int_0^{\frac{\pi}{2}}2a\sin 2\theta\sqrt{\frac{1}{2}+\frac{\cos^2 2\theta}{2}}\,d\theta$$

$$=(-1)\int_1^{-1}a\sqrt{\frac{1}{2}+\frac{u^2}{2}}\,du=\int_{-1}^{1}a\sqrt{\frac{1}{2}+\frac{u^2}{2}}\,du$$

令 $u=\tan\theta$ 则 $du=\sec^2\theta\, d\theta$

$$\therefore \int_{-1}^{1}\sqrt{1+u^2}du=\int_{-\frac{\pi}{4}}^{\frac{\pi}{4}}\sec^3\theta\, d\theta=\frac{1}{2}\sec\theta\tan\theta+\frac{1}{2}\ln|\sec\theta+\tan\theta|\Big|_{-\frac{\pi}{4}}^{\frac{\pi}{4}}=\sqrt{2}+\frac{1}{2}\ln\frac{\sqrt{2}+1}{\sqrt{2}-1}$$

$$\therefore 弧长=\int_{-1}^{1}a\sqrt{\frac{1}{2}+\frac{u^2}{2}}\,du=\frac{a}{\sqrt{2}}\left(\sqrt{2}+\frac{1}{2}\ln\frac{\sqrt{2}+1}{\sqrt{2}-1}\right)$$

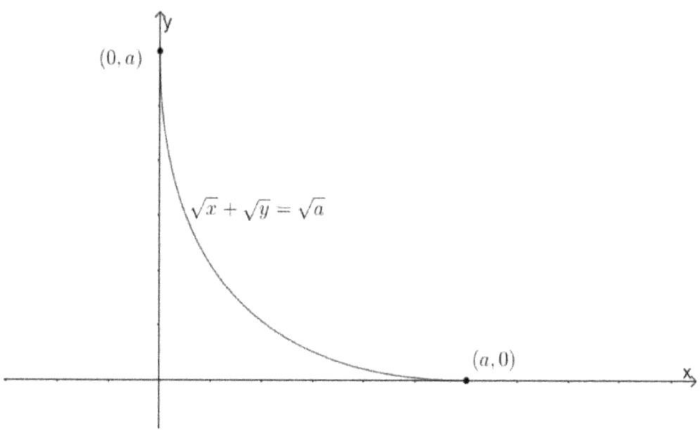

Example 20.

求曲线$r=a\sin^3\frac{\theta}{3}$，$a>0$ 之全长

【解】

$$\text{弧长}=\int_0^{3\pi}\sqrt{r^2+\left(\frac{dr}{d\theta}\right)^2}\,d\theta,\qquad \because \frac{dr}{d\theta}=a\sin^2\frac{\theta}{3}\cos\frac{\theta}{3}$$

$$\therefore \sqrt{r^2+\left(\frac{dr}{d\theta}\right)^2}=\sqrt{\left(a\sin^3\frac{\theta}{3}\right)^2+\left(a\sin^2\frac{\theta}{3}\cos\frac{\theta}{3}\right)^2}=a\sin^2\frac{\theta}{3}\sqrt{\sin^2\frac{\theta}{3}+\cos^2\frac{\theta}{3}}$$

$$=a\sin^2\frac{\theta}{3},\ \ \forall 0\le\theta\le 3\pi$$

$$\text{弧长}=\int_0^{3\pi}\sqrt{r^2+\left(\frac{dr}{d\theta}\right)^2}\,d\theta=\int_0^{3\pi}a\sin^2\frac{\theta}{3}\,d\theta=a\int_0^{3\pi}\frac{1-\cos\frac{2\theta}{3}}{2}\,d\theta=\frac{3\pi a}{2}$$

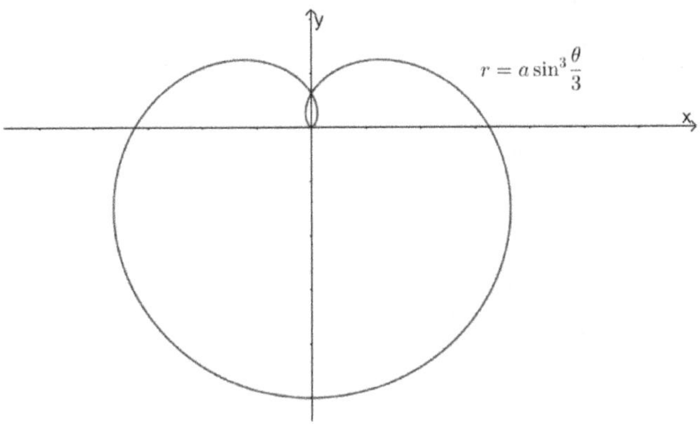

Example 21.

求曲线 $r=\dfrac{a}{1+\cos\theta}$，$a>0$，$-\dfrac{\pi}{2}\le\theta\le\dfrac{\pi}{2}$ 之弧长

【解】

$$\text{弧长}=\int_{-\frac{\pi}{2}}^{\frac{\pi}{2}}\sqrt{r^2+\left(\frac{dr}{d\theta}\right)^2}\,d\theta,\qquad \because \frac{dr}{d\theta}=\frac{a\sin\theta}{(1+\cos\theta)^2}$$

$$\therefore \sqrt{r^2+\left(\frac{dr}{d\theta}\right)^2}=\sqrt{\left(\frac{a}{1+\cos\theta}\right)^2+\left(\frac{a\sin\theta}{(1+\cos\theta)^2}\right)^2}$$

$$=\frac{a}{1+\cos\theta}\sqrt{1+\frac{\sin^2\theta}{(1+\cos\theta)^2}}=\frac{a}{1+\cos\theta}\sqrt{\frac{2+2\cos\theta}{(1+\cos\theta)^2}}=\frac{\sqrt{2}a}{(1+\cos\theta)^{\frac{3}{2}}}$$

$$= \frac{\sqrt{2}a}{2\sqrt{2}\left(\frac{1+\cos\theta}{2}\right)^{\frac{3}{2}}} = \frac{\sqrt{2}a}{2\sqrt{2}\left(\cos^2\frac{\theta}{2}\right)^{\frac{3}{2}}} = \frac{a}{2}\csc^3\frac{\theta}{2},\ \ \forall -\frac{\pi}{2} \le \theta \le \frac{\pi}{2}$$

$$\therefore \text{弧长} = \int_{-\frac{\pi}{2}}^{\frac{\pi}{2}} \sqrt{r^2 + \left(\frac{dr}{d\theta}\right)^2}\, d\theta = \frac{a}{2}\int_{-\frac{\pi}{2}}^{\frac{\pi}{2}} \csc^3\frac{\theta}{2}\, d\theta$$

令$u = \frac{\theta}{2}$ 则 $d\theta = 2du$

$$\therefore \text{弧长} = \frac{a}{2}\int_{-\frac{\pi}{2}}^{\frac{\pi}{2}} \csc^3\frac{\theta}{2}\, d\theta = a\int_{-\frac{\pi}{4}}^{\frac{\pi}{4}} \csc^3 u\, du$$

$$= a\left(-\frac{1}{2}\csc x\cot x + \frac{1}{2}\ln|\csc x - \cot x|\right)\Bigg|_{-\frac{\pi}{4}}^{\frac{\pi}{4}} = a(\sqrt{2} + \ln(1+\sqrt{2}))$$

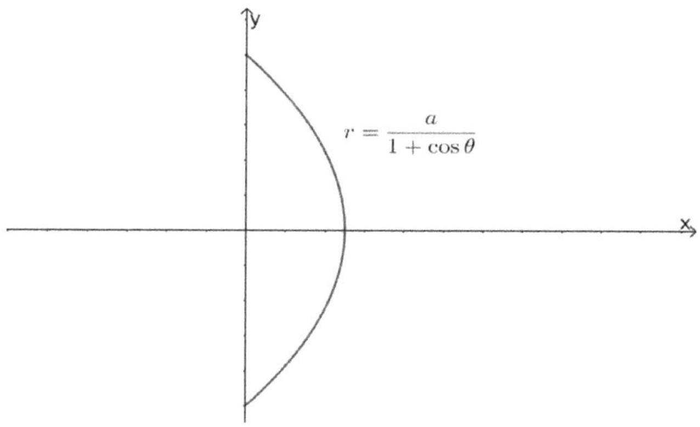

Example 22.

求曲线 $y = \int_0^x \tan t\, dt$，$0 \le x \le 1$ 之弧长

【解】

$$\text{弧长} = \int_0^1 \sqrt{1+(y'(x))^2}\, dx = \int_0^1 \sqrt{1+\tan^2 x}\, dx = \int_0^1 \sec x\, dx$$

$\because (\sec x)' = \tan x \sec x$ 且 $(\tan x)' = \sec^2 x$ $\therefore (\tan x + \sec x)' = (\tan x + \sec x)\sec x$

令$u = \tan x + \sec x$ 则 $du = (\tan x + \sec x)\sec x\, dx$，藉由变数代换法

$$\therefore \int \sec x\, dx = \int \frac{(\tan x + \sec x)\sec x}{\tan x + \sec x}dx = \int \frac{du}{u} = \ln|u| = \ln|\tan x + \sec x| + c$$

$$\therefore \int_0^1 \sec x\,dx = \ln\frac{\tan 1 + \sec 1}{\tan 0 + \sec 0} = \ln \tan 1 + \sec 1$$

Example 23.

求曲线 $y = \int_0^x \sin 2t\,dt$，$0 \le x \le 1$ 之弧长

【解】

$$弧长 = \int_0^1 \sqrt{1 + (y'(x))^2}\,dx = \int_0^1 \sqrt{1 + \sin 2x}\,dx = \int_0^1 \sin x + \cos x\,dx$$

$$= -\cos x + \sin x|_0^1 = -\cos 1 + \sin 1 - (-1) = 1 - \cos 1 + \sin 1$$

Example 24.

求曲线 $y = \int_1^x \sqrt{t^3 - 1}dt$，$1 \le x \le 9$ 之弧长

【解】

$$弧长 = \int_1^9 \sqrt{1 + (y'(x))^2}\,dx = \int_1^9 \sqrt{1 + \left(\sqrt{x^3 - 1}\right)^2}\,dx = \int_1^9 x^{\frac{3}{2}}\,dx = \left.\frac{2x^{\frac{5}{2}}}{5}\right|_1^9$$

$$= \frac{2}{5}(243 - 1) = \frac{484}{5}$$

Example 25.

求曲线 $y = \int_{\frac{\pi}{4}}^x \sqrt{\tan^2 t - 1}dt$，$\frac{\pi}{4} \le x \le \frac{\pi}{3}$ 之弧长

【解】

$$弧长 = \int_{\frac{\pi}{4}}^{\frac{\pi}{3}} \sqrt{1 + (y'(x))^2}\,dx = \int_{\frac{\pi}{4}}^{\frac{\pi}{3}} \sqrt{1 + \left(\sqrt{\tan^2 x - 1}\right)^2}\,dx = \int_{\frac{\pi}{4}}^{\frac{\pi}{3}} \tan x\,dx$$

$$\because \int \tan x\,dx = \int \frac{\sin x}{\cos x}dx = \int \frac{\sin x}{\cos x}dx = -\ln|\cos x| + c$$

$$\therefore \int_{\frac{\pi}{4}}^{\frac{\pi}{3}} \tan x\,dx = -\ln\frac{\cos\frac{\pi}{3}}{\cos\frac{\pi}{4}} = -\ln\frac{\frac{1}{2}}{\frac{1}{\sqrt{2}}} = \ln\sqrt{2}$$

Example 26.

求曲线 $y=\int_{0}^{x}\sqrt{\cot^{2}t-1}dt$，$\frac{\pi}{6}\leq x\leq\frac{\pi}{4}$之弧长

【解】

$$弧长=\int_{\frac{\pi}{6}}^{\frac{\pi}{4}}\sqrt{1+(y'(x))^{2}}\,dx=\int_{\frac{\pi}{6}}^{\frac{\pi}{4}}\sqrt{1+\left(\sqrt{\cot^{2}x-1}\right)^{2}}\,dx=\int_{\frac{\pi}{6}}^{\frac{\pi}{4}}\cot x\,dx$$

$$\because\int\cot x\,dx=\int\frac{\cos x}{\sin x}dx=\ln|\sin x|+c$$

令 $0<a,b<\pi$ 则 $\int_{a}^{b}\cot x\,dx=\ln\frac{\sin b}{\sin a}$ $\quad\therefore\int_{\frac{\pi}{6}}^{\frac{\pi}{4}}\cot x\,dx=\ln\frac{\sin\frac{\pi}{4}}{\sin\frac{\pi}{6}}=\ln\frac{\frac{1}{\sqrt{2}}}{\frac{1}{2}}=\ln\sqrt{2}$

Example 27.

求曲线 $y=\int_{\frac{\pi}{4}}^{x}\sqrt{\tan^{6}t-1}dt$，$\frac{\pi}{4}\leq x\leq\frac{\pi}{3}$之弧长

【解】

$$弧长=\int_{\frac{\pi}{4}}^{\frac{\pi}{3}}\sqrt{1+(y'(x))^{2}}\,dx=\int_{\frac{\pi}{4}}^{\frac{\pi}{3}}\sqrt{1+\left(\sqrt{\tan^{6}x-1}\right)^{2}}\,dx=\int_{\frac{\pi}{4}}^{\frac{\pi}{3}}\tan^{3}x\,dx$$

$$\int\tan^{3}x\,dx=\int\frac{\tan^{2}x\tan x\sec x}{\sec x}dx=\int\frac{(\sec^{2}x-1)\tan x\sec x}{\sec x}dx$$

令$u=\sec x$ 则$du=\tan x\sec x\,dx$，藉由变数代换法

$$\int\tan^{3}x\,dx=\int\frac{(\sec^{2}x-1)\tan x\sec x}{\sec x}dx=\int u-\frac{1}{u}du=\frac{u^{2}}{2}-\ln|u|+\mathrm{c}$$

$$=\frac{\sec^{2}x}{2}-\ln|\sec x|+\mathrm{c}$$

$$\therefore\int_{\frac{\pi}{4}}^{\frac{\pi}{3}}\tan^{3}x\,dx=\frac{\sec^{2}\frac{\pi}{3}}{2}-\ln\sec\frac{\pi}{3}-\left(\frac{\sec^{2}\frac{\pi}{4}}{2}-\ln\sec\frac{\pi}{4}\right)=\frac{4}{2}-\ln 2-\left(\frac{2}{2}-\ln\sqrt{2}\right)$$

$$=1-\frac{\ln 2}{2}$$

Example 28.

求曲线 $y=\int_0^x \sqrt{\sec^2 t-1}dt$，$0\le x\le \frac{\pi}{4}$ 之弧长

【解】

$$\text{弧长}=\int_0^{\frac{\pi}{4}}\sqrt{1+(y'(x))^2}\,dx=\int_0^{\frac{\pi}{4}}\sqrt{1+\left(\sqrt{\sec^2 x-1}\right)^2}\,dx=\int_0^{\frac{\pi}{4}}\sec x\,dx$$

令 $u=\tan x+\sec x$ 则 $du=(\tan x+\sec x)\sec x\,dx$，藉由变数代换法

$$\therefore \int \sec x\,dx=\int\frac{(\tan x+\sec x)\sec x}{\tan x+\sec x}dx=\int\frac{du}{u}=\ln|u|=\ln|\tan x+\sec x|+c$$

$$\therefore \int_0^{\frac{\pi}{4}}\sec x\,dx=\ln\frac{\tan\frac{\pi}{4}+\sec\frac{\pi}{4}}{\tan 0+\sec 0}=\ln\left(1+\sqrt{2}\right)$$

Example 29.

求曲线 $y=\int_0^x \sqrt{\sec^4 t-1}dt$，$0\le x\le \frac{\pi}{4}$ 之弧长

【解】

$$\text{弧长}=\int_0^{\frac{\pi}{4}}\sqrt{1+(y'(x))^2}\,dx=\int_0^{\frac{\pi}{4}}\sqrt{1+\left(\sqrt{\sec^4 x-1}\right)^2}\,dx=\int_0^{\frac{\pi}{4}}\sec^2 x\,dx=\tan x|_0^{\frac{\pi}{4}}=1$$

Example 30.

求曲线 $y=\int_{\frac{\pi}{4}}^x \sqrt{\sec^2 t\tan^2 t-1}dt$，$\frac{\pi}{4}\le x\le \frac{\pi}{3}$ 之弧长

【解】

$$\text{弧长}=\int_{\frac{\pi}{4}}^{\frac{\pi}{3}}\sqrt{1+(y'(x))^2}\,dx=\int_{\frac{\pi}{4}}^{\frac{\pi}{3}}\sqrt{1+\left(\sqrt{\sec^2 x\tan^2 x-1}\right)^2}\,dx$$

$$=\int_{\frac{\pi}{4}}^{\frac{\pi}{3}}\sec x\tan x\,dx=\sec x|_{\frac{\pi}{4}}^{\frac{\pi}{3}}=2-\sqrt{2}$$

Example 31.

求曲线 $y=\int_e^x \sqrt{\ln^4 t-1}dt$，$e\le x\le e^2$之弧长

【解】

弧长 $=\int_e^{e^2}\sqrt{1+(y'(x))^2}\,dx=\int_e^{e^2}\sqrt{1+\left(\sqrt{\ln^4 x-1}\right)^2}\,dx=\int_e^{e^2}\ln^2 x\,dx$

令 $u=\ln x$ 则 $du=\dfrac{dx}{x}\Rightarrow dx=e^u du$，藉由分部积分法

则 $\int(\ln x)^2dx=\int u^2e^u du=u^2e^u-2\int ue^u du=u^2e^u-2\left(ue^u-\int e^u du\right)$

$=u^2e^u-2(ue^u-e^u)=(\ln x)^2x-2(x\ln x-x)+c$

令$a,b>0$ 则 $\int_a^b(\ln x)^2dx=(\ln b)^2b-2(b\ln b-b)-(\ln a)^2a+2(a\ln a-a)$

$\therefore\int_e^{e^2}\ln^2 x\,dx=(\ln e^2)^2e^2-2(e^2\ln e^2-e^2)-(\ln e)^2e+2(e\ln e-e)$

$=4e^2-2e^2-e=2e^2-e$

Example 32.

求曲线 $y=\int_1^x\sqrt{\ln^2(t^3e^t)-1}dt$，$1\le x\le e$之弧长

【解】

弧长 $=\int_1^e\sqrt{1+(y'(x))^2}\,dx=\int_1^e\sqrt{1+\left(\sqrt{\ln^2(x^3e^x)-1}\right)^2}\,dx=\int_1^e\ln x^3e^x\,dx$

$\because\int\ln(x^3e^x)\,dx=\int x+3\ln x\,dx=\dfrac{x^2}{2}+3\int\ln x\,dx$

令 $u=\ln x$，$dv=dx$ 则 $du=\dfrac{1}{x}dx$，$v=x$，藉由分部积分法

则 $\int\ln x\,dx=x\ln x-\int dx=x\ln x-x$

$\therefore\int\ln(x^3e^x)\,dx=\dfrac{x^2}{2}+3(x\ln x-x)+c$

令$a,b>0$ 则 $\int_a^b\ln(x^3e^x)\,dx=\dfrac{b^2}{2}+3(b\ln b-b)-\dfrac{a^2}{2}-3(a\ln a-a)$

$\therefore \int_1^e \ln x^3 e^x\, dx = \frac{e^2}{2} + 3(e\ln e - e) - \frac{1}{2} - 3(\ln 1 - 1) = \frac{e^2}{2} + \frac{5}{2}$

Example 33.

假设曲线为$y^3 = x^2$且其某切线与x轴夹角为$\frac{\pi}{4}$，求切点与(0,0)间的弧长

【解】

$\because y^3 = x^2 \quad \therefore y = x^{\frac{2}{3}} \Rightarrow y'(x) = \frac{2}{3}x^{-\frac{1}{3}}$

$\because$ 切线与x轴夹角为$\frac{\pi}{4}$ $\quad \therefore \tan\frac{\pi}{4} = y'(x) = \frac{2}{3}x^{-\frac{1}{3}} \Rightarrow x = \frac{8}{27}$，$y = \frac{4}{9}$

弧长 $= \int_0^{\frac{4}{9}} \sqrt{1 + (x'(y))^2}\, dy = \int_0^{\frac{4}{9}} \sqrt{1 + \left(\frac{3y^{\frac{1}{2}}}{2}\right)^2}\, dy = \int_0^{\frac{4}{9}} \sqrt{1 + \frac{9y}{4}} dy = \frac{8}{27}(2\sqrt{2} - 1)$

5.5.4 给函数求表面积

假设某圆锥体斜面长为s，底的半径为r，圆锥体的表面积等于将其剪开成为扇形的面积，

假设剪开后的扇形角度为θ,则 表面积 $= \frac{s^2\theta}{2}$

$\because$ 锥体底部的周长 = 剪开后的扇形弧长

$\therefore 2\pi r = s\theta \Rightarrow$ 表面积 $= S = \frac{s^2\theta}{2} = \frac{s^2}{2}\cdot\frac{2\pi r}{s} = \pi s r$

当圆锥体体积有微幅增加,假设斜面长增加为$s + ds$，底的半径为$r + dr$，则增加的表面积

$= d_{表面积} = \pi(s + ds)(r + dr) - \pi s r = \pi s dr + \pi r ds$

$\because \frac{s}{r} = \frac{s + ds}{r + dr} \quad \therefore s dr = r ds \Rightarrow d_{表面积} = 2\pi r d_s \Rightarrow$ 表面积 $= \int 2\pi r d_s$

$\because ds = \sqrt{1 + (y')^2} dx$

$\therefore$ 曲线为 $y = f(x)$ 绕 x 轴旋转，介于 $x = a$至 $x = b$的表面积 $= \int_a^b 2\pi y \sqrt{1 + (y')^2} dx$

考试类型:

Type 1.

若曲线为 $y=f(x)$绕 $y=d$ 旋转且 $a\le x\le b$ 则表面积 $=\int_a^b 2\pi|y-d|\sqrt{1+(y')^2}dx$

<u>范例说明:</u>

求曲线 $y=\sqrt{x}$ 介于 y 轴与 $x=1$ 之间绕 x 轴旋转所得表面积

$$\text{表面积}=2\pi\int_0^1 y\sqrt{1+(\frac{dy}{dx})^2}\,dx=2\pi\int_0^1\sqrt{x}\sqrt{1+(\frac{1}{2\sqrt{x}})^2}\,dx$$

Type 2.

若曲线为 $y=f(x)$绕 $x=d$ 旋转且 $a\le x\le b$ 则表面积 $=\int_a^b 2\pi|x-d|\sqrt{1+(y')^2}dx$

<u>范例说明:</u>

曲线 $y=\ln x$ 介于 $x=1$ 与 $x=2$ 之间绕 y 轴旋转所得表面积

$$\text{表面积}=2\pi\int_1^2 x\sqrt{1+\left(\frac{dy}{dx}\right)^2}\,dx=2\pi\int_1^2 x\sqrt{1+x^{-2}}\,dx$$

Type 3.

若曲线为 $x=f(t)$、$y=g(t)$绕 x 轴旋转则表面积 $=\int 2\pi g(t)\sqrt{(f'(t))^2+(g'(t))^2}\,dt$

<u>范例说明:</u>

求 $x=a\cos^3 t$，$y=a\sin^3 t$ 绕 x 轴旋转所得表面积

$$\text{表面积}=2\cdot 2\pi\int_0^{\frac{\pi}{2}} y(t)\sqrt{x'(t)^2+y'(t)^2}\,dt$$

$$=4\pi\int_0^{\frac{\pi}{2}} a\sin^3 t\sqrt{(-3a\cos^2 t\sin t)^2+(3a\sin^2 t\cos t)^2}\,dt$$

Type 4.

若曲线为 $x=f(t)$、$y=g(t)$绕 y 轴旋转则表面积 $=\int 2\pi f(t)\sqrt{(f'(t))^2+(g'(t))^2}\,dt$

Type 5.

若曲线为 $r=f(\theta)$绕 $\theta=0$ 旋转则表面积 $=\int 2\pi r\sin\theta\sqrt{r^2+(\frac{dr}{d\theta})^2}\,d\theta$

<u>范例说明:</u>

求曲线 $r=a(1-\cos\theta)$绕 $\theta=0$ 旋转所得表面积

表面积 $=2\pi\int_0^{\pi} r\sin\theta\sqrt{r^2+(r')^2}\,d\theta$

$=2\pi\int_0^{\pi} a(1-\cos\theta)\sin\theta\sqrt{(a-a\cos\theta)^2+(a\sin\theta)^2}\,d\theta$

Type 6.

若曲线为 $r=f(\theta)$绕 $\theta=\frac{\pi}{2}$旋转则表面积 $=\int 2\pi r\cos\theta\sqrt{r^2+(\frac{dr}{d\theta})^2}\,d\theta$

<u>范例说明:</u>

求曲线 $r=a(1-\sin\theta)$绕 $\theta=\frac{\pi}{2}$ 旋转所得表面积

表面积 $=2\pi\int_{-\frac{\pi}{2}}^{\frac{\pi}{2}} r\cos\theta\sqrt{r^2+(r')^2}\,d\theta$

$=2\pi\int_{-\frac{\pi}{2}}^{\frac{\pi}{2}} a(1-\sin\theta)\cos\theta\sqrt{(a-a\sin\theta)^2+(a\cos\theta)^2}\,d\theta$

Example 1.

试求曲线 $y=\frac{x^3}{3}$, $x\in[1,\sqrt{7}]$绕 x 轴旋转所得表面积

【解】

表面积 $=2\pi\int_1^{\sqrt{7}} y\sqrt{1+(\frac{dy}{dx})^2}\,dx$, $\because\ \frac{dy}{dx}=x^2$

$$\therefore \text{表面积} = 2\pi\int_{1}^{\sqrt{7}}\frac{x^3}{3}\sqrt{1+(x^2)^2}\,dx = 2\pi\cdot\frac{(1+x^4)^{\frac{3}{2}}}{18}\Bigg|_{1}^{\sqrt{7}} = \frac{248\sqrt{2}\pi}{9}$$

Example 2.

求曲线 $y=\sqrt{x}$ 介于 y 轴与 $x=1$ 之间绕 x 轴旋转所得表面积

【解】

$$\text{表面积} = 2\pi\int_{0}^{1} y\sqrt{1+(\frac{dy}{dx})^2}\,dx, \quad \because \frac{dy}{dx} = \frac{1}{2}x^{-\frac{1}{2}}$$

$$\therefore \text{表面积} = 2\pi\int_{0}^{1}\sqrt{x}\sqrt{1+\left(\frac{1}{2}x^{-\frac{1}{2}}\right)^2}\,dx = 2\pi\int_{0}^{1}\sqrt{x}\sqrt{1+\frac{1}{4}x^{-1}}\,dx$$

$$= 2\pi\int_{0}^{1}\sqrt{x+\frac{1}{4}}\,dx = \frac{4\pi}{3}\left(x+\frac{1}{4}\right)^{\frac{3}{2}}\Bigg|_{0}^{1} = \frac{4\pi}{3}\left(\frac{5\sqrt{5}}{8}-\frac{1}{8}\right) = \pi\left(\frac{5\sqrt{5}-1}{6}\right)$$

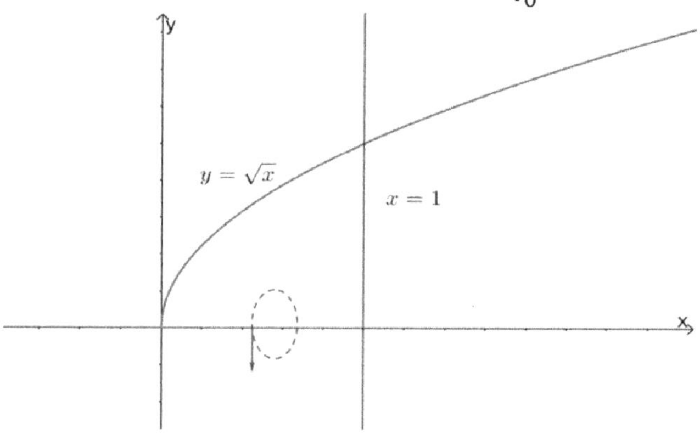

Example 3.

求曲线 $6xy = x^4+3$ 介于$x=1$ 与 $x=2$ 之间绕 x 轴旋转所得表面积

【解】

$$\text{表面积} = 2\pi\int_{1}^{2} y\sqrt{1+\left(\frac{dy}{dx}\right)^2}\,dx, \quad \because \frac{dy}{dx} = \frac{1}{2}x^2-\frac{1}{2}x^{-2}$$

$$\therefore \text{表面积} = 2\pi\int_{1}^{2}\left(\frac{x^3}{6}+\frac{1}{2x}\right)\sqrt{1+\left(\frac{1}{2}x^2-\frac{1}{2}x^{-2}\right)^2}\,dx$$

$$= 2\pi\int_1^2\left(\frac{x^3}{6}+\frac{1}{2x}\right)\sqrt{\frac{1}{2}+\frac{1}{4}x^4+\frac{1}{4}x^{-4}}\,dx = 2\pi\int_1^2\left(\frac{x^3}{6}+\frac{1}{2x}\right)\left(\frac{1}{2}x^2+\frac{1}{2}x^{-2}\right)dx$$

$$= 2\pi\int_1^2\frac{x^5}{12}+\frac{x}{12}+\frac{x}{4}+\frac{1}{4x^3}\,dx = \pi\left(\frac{x^6}{36}+\frac{x^2}{3}-\frac{x^{-2}}{4}\right)\Bigg|_1^2 = \frac{47\pi}{16}$$

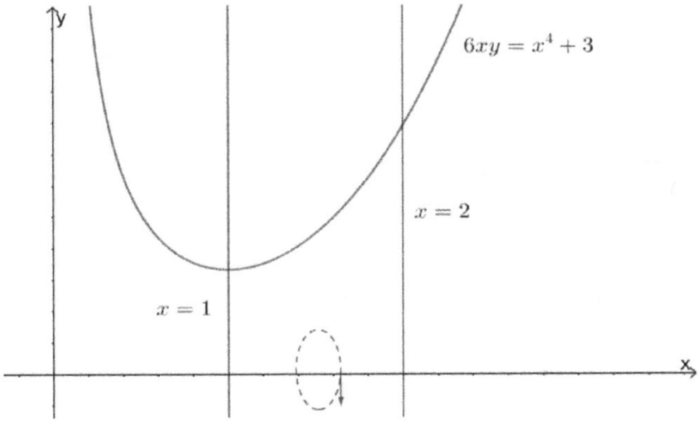

Example 4.

求曲线 $y = \dfrac{ax^3}{6}+\dfrac{1}{2ax}(a>0)$ 介于 $x=1$ 与 $x=2$ 之间绕 x 轴旋转所得表面积

【解】

$$表面积 = 2\pi\int_1^2 y\sqrt{1+\left(\frac{dy}{dx}\right)^2}\,dx,\quad \because \frac{dy}{dx}=\frac{a}{2}x^2-\frac{1}{2a}x^{-2}$$

$$\therefore 表面积 = 2\pi\int_1^2\left(\frac{x^3}{6}+\frac{1}{2x}\right)\sqrt{1+\left(\frac{a}{2}x^2-\frac{1}{2a}x^{-2}\right)^2}\,dx$$

$$= 2\pi\int_1^2\left(\frac{x^3}{6}+\frac{1}{2x}\right)\sqrt{\frac{1}{2}+\frac{a^2x^4}{4}+\frac{1}{4a^2}x^{-4}}\,dx$$

$$= 2\pi\int_1^2\left(\frac{x^3}{6}+\frac{1}{2x}\right)\sqrt{\left(\frac{ax^2}{2}+\frac{1}{2ax^2}\right)^2}\,dx = 2\pi\int_1^2\left(\frac{x^3}{6}+\frac{1}{2x}\right)\left(\frac{ax^2}{2}+\frac{1}{2ax^2}\right)dx$$

$$= 2\pi\int_1^2 \frac{ax^5}{12}+\frac{x}{12a}+\frac{ax}{4}+\frac{1}{4ax^3}\,dx = \pi\left(\frac{ax^6}{36}+\frac{(1+3a^2)x^2}{12}-\frac{x^{-2}}{4a}\right)\Bigg|_1^2$$

$$= \pi\left(\frac{63a}{36}+\frac{3(1+3a^2)}{12}+\frac{3}{16a}\right) = \pi\left(\frac{7a}{4}+\frac{1+3a^2}{4}+\frac{3}{16a}\right)$$

Example 5.

试求曲线 $y = e^x$，$x \in \left[0, \ln\sqrt{3}\right]$ 绕 x 轴旋转所得表面积

【解】

$$表面积 = 2\pi\int_0^{\ln\sqrt{3}} y\sqrt{1+\left(\frac{dy}{dx}\right)^2}\,dx = 2\pi\int_0^{\ln\sqrt{3}} e^x\sqrt{1+e^{2x}}\,dx$$

令 $t = e^x$ 则 $dt = e^x dx$，藉由变数代换法

$$= 2\pi\int_0^{\ln\sqrt{3}} e^x\sqrt{1+e^{2x}}\,dx = 2\pi\int_1^{\sqrt{3}} \frac{t\sqrt{1+t^2}}{t}\,dt = 2\pi\int_1^{\sqrt{3}} \sqrt{1+t^2}\,dt$$

令 $t = \tan\theta$ 则 $dt = \sec^2\theta\,d\theta$

$$2\pi\int_1^{\sqrt{3}} \sqrt{1+t^2}\,dt = 2\pi\int_{\frac{\pi}{4}}^{\frac{\pi}{3}} \sqrt{1+\tan^2\theta}\sec^2\theta\,d\theta = 2\pi\int_{\frac{\pi}{4}}^{\frac{\pi}{3}} \sec^3\theta\,d\theta$$

$$= \pi(\sec\theta\tan\theta + \ln(\sec\theta+\tan\theta))\Big|_{\frac{\pi}{4}}^{\frac{\pi}{3}} = \pi\left(2\sqrt{3}-\sqrt{2}+\ln\frac{2+\sqrt{3}}{1+\sqrt{2}}\right)$$

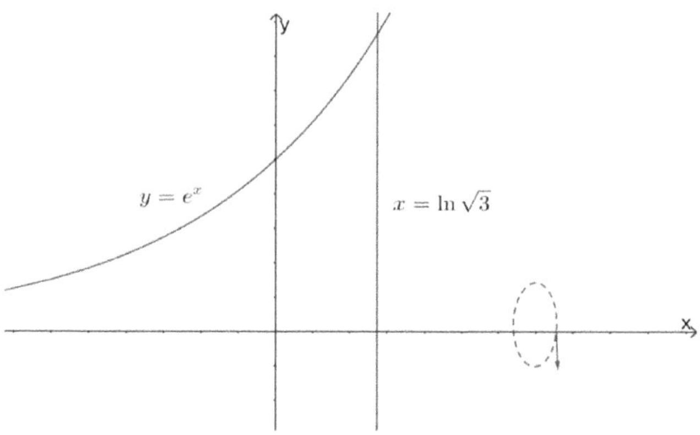

Example 6.

试求曲线 $y = x^2, x \in [1,2]$ 绕 y 轴旋转所得表面积

【解】

$$表面积 = 2\pi\int_1^2 x\sqrt{1+\left(\frac{dy}{dx}\right)^2}\,dx = 2\pi\int_1^2 x\sqrt{1+(2x)^2}\,dx$$

$$= 2\pi\int_1^2 x\sqrt{1+4x^2}\,dx = 2\pi\cdot\frac{1}{12}\cdot(1+4x^2)^{\frac{3}{2}}\Big|_1^2 = \frac{\pi}{6}\left(17\sqrt{17}-5\sqrt{5}\right)$$

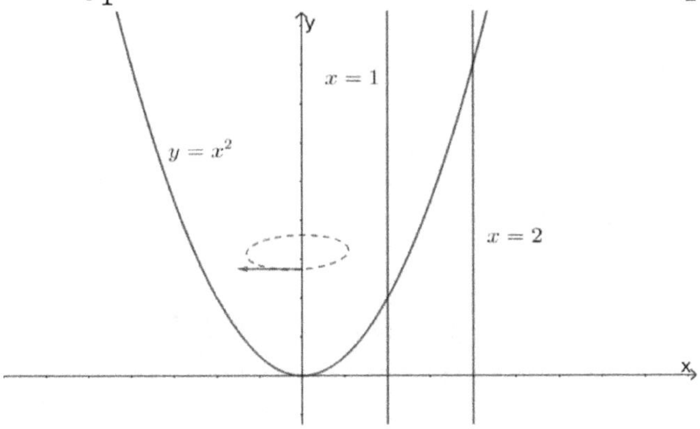

Example 7.

求曲线$y = \ln x$ 介于$x = 1$ 与 $x = 2$ 之间绕 y 轴旋转所得表面积

【解】

$$表面积 = 2\pi\int_1^2 x\sqrt{1+\left(\frac{dy}{dx}\right)^2}\,dx,\quad \because \frac{dy}{dx} = x^{-1}$$

$$\therefore 表面积 = 2\pi\int_1^2 x\sqrt{1+x^{-2}}\,dx = 2\pi\int_1^2 \sqrt{1+x^2}\,dx$$

令$x = \tan\theta$ 则 $dx = \sec^2\theta\,d\theta$，藉由变数代换法

$$\therefore \int\sqrt{1+x^2}\,dx = \int\sqrt{1+\tan^2\theta}\sec^2\theta\,d\theta = \int\sec^3\theta\,d\theta$$

$$= \frac{1}{2}\sec\theta\tan\theta + \frac{1}{2}\ln|\sec\theta+\tan\theta| = \frac{1}{2}x\sqrt{1+x^2} + \frac{1}{2}\ln\left|\sqrt{1+x^2}+x\right|$$

$$\therefore 表面积 = 2\pi\left(\frac{1}{2}x\sqrt{1+x^2}+\frac{1}{2}\ln|\sqrt{1+x^2}+x|\right)\Big|_1^2 = \pi\left(2\sqrt{5}-\sqrt{2}+\ln\frac{\sqrt{5}+2}{\sqrt{2}+1}\right)$$

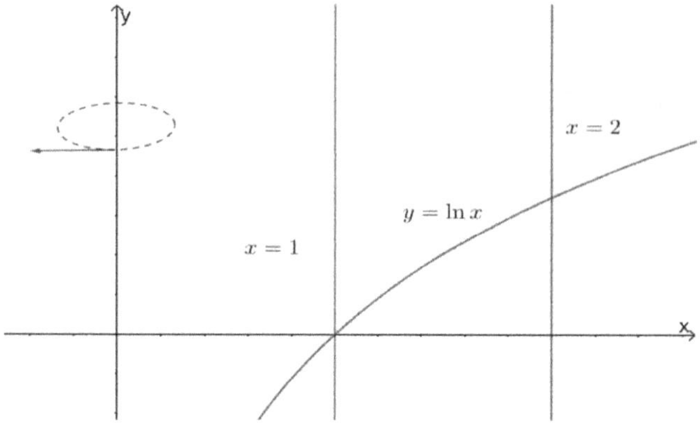

Example 8.

求曲线$y=\frac{1}{4}(x^2-2\ln x)$ 介于 $x=1$ 与 $x=3$ 之间绕 y 轴旋转所得表面积

【解】

表面积 $=2\pi\int_1^3 x\sqrt{1+\left(\frac{dy}{dx}\right)^2}\,dx,\quad \because \frac{dy}{dx}=\frac{x}{2}-\frac{1}{2x}$

$\therefore$ 表面积 $=2\pi\int_1^3 x\sqrt{1+\left(\frac{x}{2}-\frac{1}{2x}\right)^2}\,dx=2\pi\int_1^3 x\sqrt{\frac{1}{2}+\frac{x^2}{4}+\frac{1}{4x^2}}\,dx$

$=\pi\int_1^3 x\sqrt{\left(x+\frac{1}{x}\right)^2}\,dx=\pi\int_1^3 x^2+1\,dx=\pi\left(\frac{x^3}{3}+x\right)\Big|_1^3=\frac{32\pi}{3}$

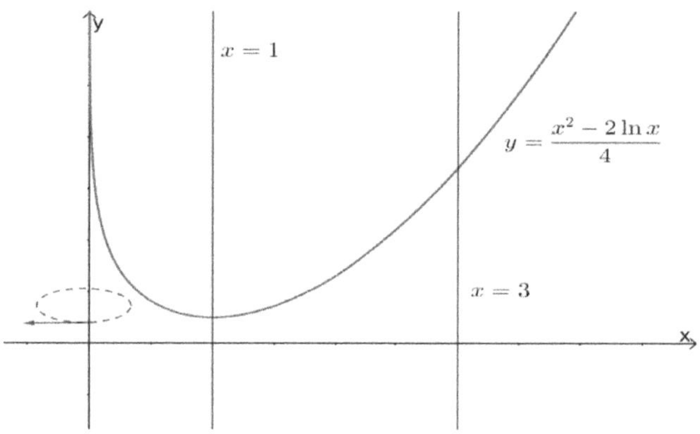

Example 9.

试求曲线 $(x^2+y^2)^2=a^2(x^2-y^2)$，绕 x 轴旋转所得表面积

【解】

令$x=r\cos\theta, y=r\sin\theta$ 则 $r^2=a^2\cos 2\theta$ $\therefore \dfrac{dr}{d\theta}=-\dfrac{a^2\sin 2\theta}{r}=-\dfrac{a^2\sin 2\theta}{\sqrt{a^2\cos 2\theta}}$

$$\therefore \text{表面积}=2\int_0^{\frac{\pi}{4}}2\pi r\sin\theta\sqrt{r^2+\left(\frac{dr}{d\theta}\right)^2}\,d\theta$$

$$=2\int_0^{\frac{\pi}{4}}2\pi\sqrt{a^2\cos 2\theta}\sin\theta\sqrt{a^2\cos 2\theta+\left(\frac{a^2\sin 2\theta}{\sqrt{a^2\cos 2\theta}}\right)^2}\,d\theta$$

$$=4\pi\int_0^{\frac{\pi}{4}}\sqrt{a^2\cos 2\theta}\sin\theta\frac{a^2}{\sqrt{a^2\cos 2\theta}}d\theta=4a^2\pi\int_0^{\frac{\pi}{4}}\sin\theta\,d\theta=2a^2\pi(2-\sqrt{2})$$

Example 10.

半径为a的球体，若自北极至南极穿一半径为b的小孔，求剩余部分的表面积

【解】

$$\text{表面积}=4\pi\int_b^a x\sqrt{1+\left(\frac{dy}{dx}\right)^2}\,dx=4\pi\int_b^a x\sqrt{1+\left(\frac{-x}{\sqrt{a^2-x^2}}\right)^2}\,dx$$

$$=4\pi a\int_b^a\frac{x}{\sqrt{a^2-x^2}}dx=-4\pi a(a^2-x^2)^{\frac{1}{2}}\Big|_b^a=4\pi a(a^2-b^2)^{\frac{1}{2}}$$

Example 11.

试求曲线 $(x-2)^2+y^2=1$ 绕 y轴旋转所得表面积

【解】

$$\text{表面积}=2\cdot 2\pi\int_1^3 x\sqrt{1+\left(\frac{dy}{dx}\right)^2}\,dx$$

$$\because (x-2)^2+y^2=1 \quad \therefore y=\pm\sqrt{-x^2+4x-3}\Rightarrow \frac{dy}{dx}=\pm\frac{2-x}{\sqrt{-x^2+4x-3}}$$

$$\therefore \text{表面积}=4\pi\int_1^3 x\sqrt{1+\left(\frac{2-x}{\sqrt{-x^2+4x-3}}\right)^2}\,dx=4\pi\int_1^3 x\sqrt{\frac{1}{1-(x-2)^2}}dx$$

令 $t=x-2$ 则 $4\pi\int_1^3 x\sqrt{\frac{1}{1-(x-2)^2}}dx=4\pi\int_{-1}^1(t+2)\sqrt{\frac{1}{1-t^2}}dt$

令 $g(t)=t\sqrt{\frac{1}{1-t^2}}$ $\because g(t)$是奇函数 $\therefore \int_{-1}^1 g(t)dt=0$

$\therefore$ 表面积 $=4\pi\int_{-1}^1(t+2)\sqrt{\frac{1}{1-t^2}}dt=4\pi\int_{-1}^1 2\sqrt{\frac{1}{1-t^2}}dt=8\pi\sin^{-1}t|_{-1}^1=8\pi^2$

Example 12.

试求曲线 $x=a\cos t$，$y=a\sin t$ 绕 $x=b\ (0<a<b)$旋转所得表面积

【解】

$\because x'(t)=-a\sin t$，$y'(t)=a\cos t$

表面积 $=2\pi\int_0^{2\pi}(b-a\cos t)\sqrt{(-a\sin t)^2+(a\cos t)^2}\,dt$

$=2\pi\int_0^{2\pi}(b-a\cos t)a\,dt=4\pi^2ab$

Example 13.

求曲线$y=\frac{ax^2}{4}-\frac{\ln x}{2a}(a>0)$介于 $x=1$ 与 $x=3$ 之间绕 y 轴旋转所得表面积

【解】

表面积 $=2\pi\int_1^3 x\sqrt{1+\left(\frac{dy}{dx}\right)^2}\,dx$，$\because \frac{dy}{dx}=\frac{ax}{2}-\frac{1}{2ax}$

$\therefore$ 表面积 $=2\pi\int_1^3 x\sqrt{1+\left(\frac{ax}{2}-\frac{1}{2ax}\right)^2}\,dx=2\pi\int_1^3 x\sqrt{\frac{1}{2}+\frac{a^2x^2}{4}+\frac{1}{4a^2x^2}}dx$

$=\pi\int_1^3 x\sqrt{\left(ax+\frac{1}{ax}\right)^2}\,dx=\pi\int_1^3 ax^2+\frac{1}{a}dx=\pi\left(\frac{ax^3}{3}+\frac{x}{a}\right)\Big|_1^3=\pi\left(\frac{26a}{3}+\frac{2}{a}\right)$

Example 14.

求半径为 a 的球体表面积

【解】

$$表面积 = 2\cdot 2\pi\int_0^a y\sqrt{1+\left(\frac{dy}{dx}\right)^2}\,dx$$

$$\because y=\sqrt{a^2-x^2}\qquad \therefore y'=\frac{1}{2}(a^2-x^2)^{-\frac{1}{2}}(-2x)=-x(a^2-x^2)^{-\frac{1}{2}}$$

$$\therefore 表面积 = 4\pi\int_0^a y\sqrt{1+\left(-x(a^2-x^2)^{-\frac{1}{2}}\right)^2}\,dx = 4\pi\int_0^a \sqrt{a^2-x^2}\sqrt{1+\frac{x^2}{a^2-x^2}}\,dx$$

$$= 4\pi\int_0^a \sqrt{a^2-x^2+x^2}\,dx = 4\pi\int_0^a a\,dx = 4\pi a^2$$

Example 15.

求椭圆 $\frac{x^2}{a^2}+\frac{y^2}{b^2}=1\ (a<b)$ 绕 x 轴旋转所得表面积

【解】

$$\because \frac{x^2}{a^2}+\frac{y^2}{b^2}=1\qquad \therefore y=b\sqrt{1-\frac{x^2}{a^2}}$$

$$\Rightarrow y'=-\frac{b}{2}\left(1-\frac{x^2}{a^2}\right)^{-\frac{1}{2}}\left(-\frac{2x}{a^2}\right)=-\frac{bx}{a\sqrt{a^2-x^2}}$$

$$\therefore 表面积 = 2\cdot 2\pi\int_0^a y\sqrt{1+\left(\frac{dy}{dx}\right)^2}\,dx = 2\cdot 2\pi\int_0^a b\sqrt{1-\frac{x^2}{a^2}}\sqrt{1+\left(-\frac{bx}{a\sqrt{a^2-x^2}}\right)^2}\,dx$$

$$= 4\pi\int_0^a b\sqrt{1-\frac{x^2}{a^2}}\sqrt{1+\frac{b^2x^2}{a^2(a^2-x^2)}}\,dx = 4\pi\int_0^a \frac{b}{a}\sqrt{a^2-x^2}\sqrt{1+\frac{b^2x^2}{a^2(a^2-x^2)}}\,dx$$

$$= \frac{4\pi b}{a}\int_0^a \sqrt{a^2-x^2+\frac{b^2x^2}{a^2}}\,dx = \frac{4\pi b}{a}\int_0^a \sqrt{a^2+\left(\frac{b^2-a^2}{a^2}\right)x^2}\,dx$$

$$= 4\pi b\int_0^a \sqrt{1+\left(\sqrt{\frac{b^2-a^2}{a^4}}x\right)^2}\,dx$$

$$令\ t=\sqrt{\frac{b^2-a^2}{a^4}}x\ \ 则\ \frac{1}{\sqrt{\frac{b^2-a^2}{a^4}}}dt=dx\quad \therefore 表面积=\frac{4\pi ba^2}{\sqrt{b^2-a^2}}\int_0^{\frac{\sqrt{b^2-a^2}}{a}}\sqrt{1+t^2}\,dt$$

$$\because \int\sqrt{1+t^2}\,dt=\frac{1}{2}t\sqrt{1+t^2}+\frac{1}{2}\ln\left|\sqrt{1+t^2}+t\right|$$

$$\therefore 表面积=\frac{4\pi ba^2}{\sqrt{b^2-a^2}}\left(\frac{1}{2}t\sqrt{1+t^2}+\frac{1}{2}\ln\left|\sqrt{1+t^2}+t\right|\right)\Bigg|_0^{\frac{\sqrt{b^2-a^2}}{a}}$$

$$=2\pi b\left(b+\frac{a^2}{\sqrt{b^2-a^2}}\ln\frac{b+\sqrt{b^2-a^2}}{a}\right)$$

Example 16.

(1)求$r=a(1-\sin\theta)$绕 $\theta=\frac{\pi}{2}$ 旋转所得表面积

(2)求$r=a(1-\cos\theta)$绕 $\theta=0$ 旋转所得表面积

(3)求$r^2=a^2\cos 2\theta$ 绕 $\theta=0$ 旋转所得表面积

【解】

(1)

$$表面积=2\pi\int_{-\frac{\pi}{2}}^{\frac{\pi}{2}} r\cos\theta\sqrt{r^2+(r')^2}\,d\theta$$

$$=2\pi\int_{-\frac{\pi}{2}}^{\frac{\pi}{2}} a(1-\sin\theta)\cos\theta\sqrt{(a-a\sin\theta)^2+(a\cos\theta)^2}\,d\theta$$

$$=2\pi\int_{-\frac{\pi}{2}}^{\frac{\pi}{2}} a^2(1-\sin\theta)\cos\theta\sqrt{(1-\sin\theta)^2+(\cos\theta)^2}\,d\theta$$

$$= 2\pi\int_{-\frac{\pi}{2}}^{\frac{\pi}{2}} a^2(1-\sin\theta)\cos\theta\sqrt{2-2\sin\theta}\,d\theta$$

$$= 2\sqrt{2}\pi a^2\int_{-\frac{\pi}{2}}^{\frac{\pi}{2}}\cos\theta\,(1-\sin\theta)^{\frac{3}{2}}\,d\theta = -2\sqrt{2}\pi a^2\cdot\frac{2(1-\sin\theta)^{\frac{5}{2}}}{5}\Bigg|_{-\frac{\pi}{2}}^{\frac{\pi}{2}} = \frac{32\pi a^2}{5}$$

(2)

$$表面积 = 2\pi\int_0^{\pi} r\sin\theta\sqrt{r^2+(r')^2}\,d\theta$$

$$= 2\pi\int_0^{\pi} a(1-\cos\theta)\sin\theta\sqrt{(a-a\cos\theta)^2+(a\sin\theta)^2}\,d\theta$$

$$= 2\pi\int_0^{\pi} a^2(1-\cos\theta)\sin\theta\sqrt{(1-\cos\theta)^2+(\sin\theta)^2}\,d\theta$$

$$= 2\pi\int_0^{\pi} a^2(1-\cos\theta)\sin\theta\sqrt{2-2\cos\theta}\,d\theta$$

$$= 2\sqrt{2}a^2\pi\int_0^{\pi}(1-\cos\theta)^{\frac{3}{2}}\sin\theta\,d\theta = 2\sqrt{2}a^2\pi\cdot\frac{2(1-\cos\theta)^{\frac{5}{2}}}{5}\Bigg|_0^{\pi} = \frac{32a^2\pi}{5}$$

(3)

$$表面积 = 2\cdot 2\pi\int_0^{\frac{\pi}{4}} r\sin\theta\sqrt{r^2+(r')^2}\,d\theta$$

$$\because\ r^2 = a^2\cos 2\theta \qquad \therefore r = a\sqrt{\cos 2\theta} \Rightarrow r' = \frac{-a\sin 2\theta}{\sqrt{\cos 2\theta}}$$

$$\therefore 表面积 = 2\cdot 2\pi\int_0^{\frac{\pi}{4}} a\sqrt{\cos 2\theta}\sin\theta\sqrt{a^2\cos 2\theta+\left(\frac{-a\sin 2\theta}{\sqrt{\cos 2\theta}}\right)^2}\,d\theta$$

$$= 4\pi a^2\int_0^{\frac{\pi}{4}}\sqrt{\cos 2\theta}\sin\theta\sqrt{\cos 2\theta+\frac{\sin^2 2\theta}{\cos 2\theta}}\,d\theta$$

$$= 4\pi a^2\int_0^{\frac{\pi}{4}}\sin\theta\sqrt{\cos^2 2\theta+\sin^2 2\theta}\,d\theta = 4\pi a^2\int_0^{\frac{\pi}{4}}\sin\theta\,d\theta = (4-2\sqrt{2})\pi a^2$$

Example 17.

(1)求$x=a\cos^3 t, y=a\sin^3 t$ 绕 x 轴旋转所得表面积

(2)求 $x=a(t-\sin t), y=a(1-\cos t), 0\le t\le\pi$绕 x 轴旋转的表面积

【解】

(1)

$$表面积=2\cdot 2\pi\int_0^{\frac{\pi}{2}} y(t)\sqrt{x'(t)^2+y'(t)^2}\,dt$$

$$\because x'(t)=-3a\cos^2 t\sin t,\quad y'(t)=3a\sin^2 t\cos t$$

$$\therefore 表面积=4\pi\int_0^{\frac{\pi}{2}} a\sin^3 t\sqrt{(-3a\cos^2 t\sin t)^2+(3a\sin^2 t\cos t)^2}\,dt$$

$$=4\pi\int_0^{\frac{\pi}{2}} 3a^2\sin^3 t\sqrt{(\cos^2 t\sin t)^2+(\sin^2 t\cos t)^2}\,dt$$

$$=12\pi a^2\int_0^{\frac{\pi}{2}} \sin^4 t\cos t\sqrt{\cos^2 t+\sin^2 t}\,dt$$

$$=12\pi a^2\int_0^{\frac{\pi}{2}} \sin^4 t\cos t\,dt=12\pi a^2\left(\frac{\sin^5 t}{5}\right)\Bigg|_0^{\frac{\pi}{2}}=\frac{12\pi a^2}{5}$$

(2)

$$表面积=2\pi\int_0^{\pi} y(t)\sqrt{x'(t)^2+y'(t)^2}\,dt$$

$$\because x'(t)=a-a\cos t,\quad y'(t)=a\sin t$$

$$\therefore 表面积=2\pi\int_0^{\pi} a(1-\cos t)\sqrt{(a-a\cos t\,)^2+(a\sin t)^2}\,dt$$

$$=2\pi a^2\int_0^{\pi}(1-\cos t)\sqrt{(1-\cos t)^2+(\sin t)^2}\,dt$$

$$=2\pi a^2\int_0^{\pi}(1-\cos t)\sqrt{2-2\cos t}\,dt=2\sqrt{2}\pi a^2\int_0^{\pi}(1-\cos t)^{\frac{3}{2}}\,dt$$

$$=2\sqrt{2}\pi a^2\int_0^{\pi}2\sqrt{2}\left(\sin^2\frac{t}{2}\right)^{\frac{3}{2}}dt=8\pi a^2\int_0^{\pi}\sin^3\frac{t}{2}\,dt=8\pi a^2\int_0^{\pi}\left(1-\cos^2\frac{t}{2}\right)\sin\frac{t}{2}\,dt$$

令$u=\cos\frac{t}{2}$ 则 $-2du=\sin\frac{t}{2}dt$

$$\therefore \text{表面积} = -16\pi a^2 \int_1^0 (1-u^2)\,du = 16\pi a^2 \int_0^1 (1-u^2)\,du \ = 16\pi a^2 \left(u - \frac{u^3}{3}\right)\Big|_0^1 = \frac{32\pi a^2}{3}$$

Example 18.

求圆 $x^2+y^2=9$ 绕 $x=4$ 旋转所得表面积

【解】

$$\text{表面积} = 2\cdot 2\pi \int_{-3}^{3} |x-4| \sqrt{1+\left(\frac{dy}{dx}\right)^2}\,dx$$

$$\because x^2+y^2=9 \qquad \therefore y=\sqrt{9-x^2} \Rightarrow \frac{dy}{dx}=(-x)(9-x^2)^{-\frac{1}{2}}$$

$$\therefore \text{表面积} = 4\pi \int_{-3}^{3} (4-x) \sqrt{1+\left((-x)(9-x^2)^{-\frac{1}{2}}\right)^2}\,dx$$

$$= 4\pi \int_{-3}^{3} (4-x) \sqrt{1+\frac{x^2}{9-x^2}}\,dx = 4\pi \int_{-3}^{3} (4-x) \sqrt{\frac{9}{9-x^2}}\,dx = 12\pi \int_{-3}^{3} (4-x) \sqrt{\frac{1}{9-x^2}}\,dx$$

$$\text{令 } g(x) = x\sqrt{\frac{1}{9-x^2}} \qquad \because g(x)\text{是奇函数} \qquad \therefore \int_{-3}^{3} g(x)dx = 0$$

$$\therefore \text{表面积} = 48\pi \int_{-3}^{3} \sqrt{\frac{1}{9-x^2}}\,dx = 16\pi \int_{-3}^{3} \sqrt{\frac{1}{1-\left(\frac{x}{3}\right)^2}}\,dx = 48\pi \int_{-1}^{1} \sqrt{\frac{1}{1-t^2}}\,dt$$

$$= 48\pi \cdot \sin^{-1} t|_{-1}^{1} = 48\pi^2$$

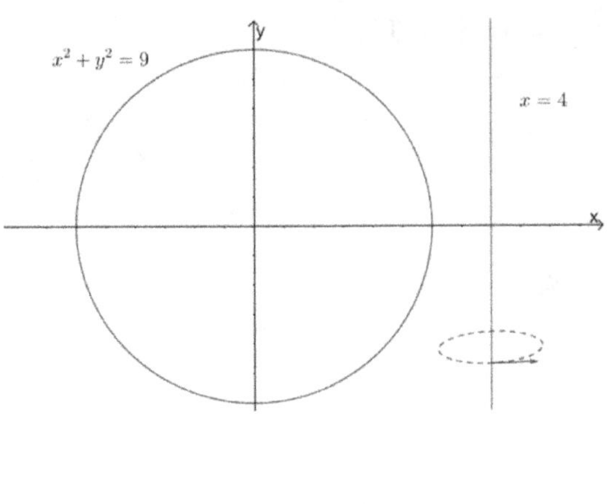

Example 19.

求圆 $x^2+y^2=r^2$ 绕 $x=r+1$ 旋转所得表面积

【解】

$$表面积=2\cdot 2\pi\int_{-r}^{r}|x-(r+1)|\sqrt{1+\left(\frac{dy}{dx}\right)^2}\,dx$$

$$\because x^2+y^2=r^2 \quad \therefore y=\sqrt{r^2-x^2}\Rightarrow\frac{dy}{dx}=(-x)(r^2-x^2)^{-\frac{1}{2}}$$

$$\therefore 表面积=4\pi\int_{-r}^{r}(r+1-x)\sqrt{1+\left((-x)(r^2-x^2)^{-\frac{1}{2}}\right)^2}\,dx$$

$$=4\pi\int_{-r}^{r}(r+1-x)\sqrt{1+\frac{x^2}{r^2-x^2}}\,dx=4\pi\int_{-r}^{r}(r+1-x)\sqrt{\frac{r^2}{r^2-x^2}}\,dx$$

$$=4r\pi\int_{-r}^{r}(r+1-x)\sqrt{\frac{1}{r^2-x^2}}\,dx$$

$$令 g(x)=x\sqrt{\frac{1}{r^2-x^2}} \quad \because g(x)是奇函数 \quad \therefore \int_{-r}^{r}g(x)dx=0$$

$$\therefore 表面积=4r(r+1)\pi\int_{-r}^{r}\sqrt{\frac{1}{r^2-x^2}}\,dx=4(r+1)\pi\int_{-r}^{r}\sqrt{\frac{1}{1-\left(\frac{x}{r}\right)^2}}\,dx$$

$$=4r(r+1)\pi\int_{-1}^{1}\sqrt{\frac{1}{1-t^2}}\,dt=4r(r+1)\pi\cdot\sin^{-1}t|_{-1}^{1}=4r(r+1)\pi^2$$

Example 20.

试求曲线 $y=\frac{2x^{\frac{3}{2}}}{3}, x\in[0,3]$ 绕 y 轴旋转所得表面积

【解】

$$表面积 = 2\pi\int_0^3 x\sqrt{1+\left(\frac{dy}{dx}\right)^2}\,dx = 2\pi\int_0^3 x\sqrt{1+\left(x^{\frac{1}{2}}\right)^2}\,dx = 2\pi\int_0^3 x\sqrt{1+x}\,dx$$

令 $1+x=t$ 则 $2\pi\int_0^3 x\sqrt{1+x}\,dx = 2\pi\int_1^4 (t-1)\sqrt{t}\,dt = 2\pi\left(\frac{2}{5}t^{\frac{5}{2}} - \frac{2}{3}t^{\frac{3}{2}}\right)\Big|_1^4 = \frac{232\pi}{15}$

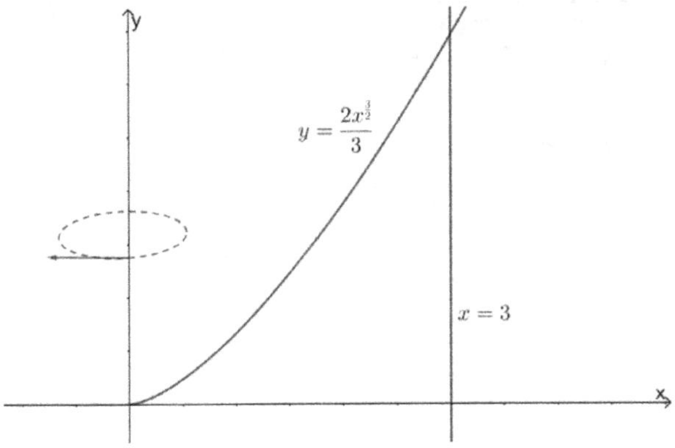

Example 21.

试求曲线 $y = \int_e^x \sqrt{\ln^2 t - 1}dt$，$x \in [e, e^2]$绕 y 轴旋转所得表面积

【解】

$$表面积 = 2\pi\int_e^{e^2} x\sqrt{1+\left(\frac{dy}{dx}\right)^2}\,dx = 2\pi\int_e^{e^2} x\sqrt{1+\left(\sqrt{\ln^2 x - 1}\right)^2}\,dx = 2\pi\int_e^{e^2} x\ln x\,dx$$

令 $u=\ln x$，$dv = xdx$ 则 $du = \frac{dx}{x}$，$v = \frac{x^2}{2}$，藉由分部积分法

则 $\int x\ln x\,dx = \frac{x^2}{2}(\ln x) - \int \frac{x}{2}dx = \frac{x^2}{2}(\ln x) - \frac{x^2}{4} + c$

令$a, b > 0$ 则 $\int_a^b x\ln x\,dx = \frac{b^2}{2}(\ln b) - \frac{b^2}{4} - \left(\frac{a^2}{2}(\ln a) - \frac{a^2}{4}\right)$

$$\therefore 表面积 = 2\pi\int_e^{e^2} x\ln x\,dx = 2\pi\left(\frac{e^4}{2}(\ln e^2) - \frac{e^4}{4} - \left(\frac{e^2}{2}(\ln e) - \frac{e^2}{4}\right)\right)$$

$$= 2\pi\left(e^4 - \frac{e^4}{4} - \left(\frac{e^2}{2} - \frac{e^2}{4}\right)\right) = 2\pi\left(\frac{3e^4}{4} - \frac{e^2}{4}\right)$$

Example 22.

试求曲线 $y=\int_0^x \sqrt{e^{2t}-1}dt$，$x\in[0,1]$绕 y 轴旋转所得表面积

【解】

$$表面积=2\pi\int_0^1 x\sqrt{1+\left(\frac{dy}{dx}\right)^2}\,dx=2\pi\int_0^1 x\sqrt{1+\left(\sqrt{e^{2x}-1}\right)^2}\,dx=2\pi\int_0^1 xe^x\,dx$$

令 $u=x$，$dv=e^x dx$ 则 $du=dx$，$v=e^x$，藉由分部积分法

则 $\int xe^x dx=xe^x-\int e^x dx=xe^x-e^x+c$

令$a,b\in R$则 $\int_a^b xe^x dx=be^b-e^b-(ae^a-e^a)$

$\therefore$ 表面积 $=2\pi\int_0^1 xe^x\,dx=2\pi(e-e+1)=2\pi$

Example 23.

试求曲线 $y=\int_0^x \sqrt{2^{2t}-1}dt$，$x\in[0,1]$绕 y 轴旋转所得表面积

【解】

$$表面积=2\pi\int_0^1 x\sqrt{1+\left(\frac{dy}{dx}\right)^2}\,dx=2\pi\int_0^1 x\sqrt{1+\left(\sqrt{2^{2x}-1}\right)^2}\,dx=2\pi\int_0^1 x2^x\,dx$$

令 $u=x$，$dv=2^x dx$ 则 $du=dx$，$v=2^x\cdot\frac{1}{\ln 2}$

藉由分部积分法则 $\int x2^x dx=\frac{x2^x}{\ln 2}-\int\frac{2^x dx}{\ln 2}=\frac{x2^x}{\ln 2}-\frac{2^x}{(\ln 2)^2}+c$

令$a,b\in R$则 $\int_a^b x2^x dx=\frac{b2^b}{\ln 2}-\frac{2^b}{(\ln 2)^2}-\left(\frac{a2^a}{\ln 2}-\frac{2^a}{(\ln 2)^2}\right)$

表面积 $=2\pi\int_0^1 x2^x\,dx=2\pi\left(\frac{2}{\ln 2}-\frac{2}{(\ln 2)^2}+\frac{1}{(\ln 2)^2}\right)=2\pi\left(\frac{2}{\ln 2}-\frac{1}{(\ln 2)^2}\right)$

Example 24.

试求曲线 $y=\int_e^x \sqrt{t^4 \ln^4 t-1}dt$，$x \in [e,e^2]$绕 y 轴旋转所得表面积

【解】

$$\text{表面积}=2\pi\int_e^{e^2} x\sqrt{1+\left(\frac{dy}{dx}\right)^2}\,dx=2\pi\int_e^{e^2} x\sqrt{1+\left(\sqrt{x^4\ln^4 x-1}\right)^2}\,dx$$

$$=2\pi\int_e^{e^2} x^3\ln^2 x\,dx$$

令 $u=\ln^2 x$，$dv=x^3dx$ 则 $du=\frac{2}{x}\ln x\,dx$，$v=\frac{x^4}{4}$，藉由分部积分法

则 $\int x^3\ln^2 x\,dx=\frac{x^4}{4}\ln^2 x-\frac{1}{2}\int x^3\ln x\ dx$

令 $s=\ln x$，$dt=x^3dx$ 则 $ds=\frac{1}{x}dx$，$t=\frac{x^4}{4}$，藉由分部积分法

则 $\int x^3\ln x\ dx=\frac{x^4\ln x}{4}-\frac{1}{4}\int x^3dx=\frac{x^4\ln x}{4}-\frac{x^4}{16}$

$\therefore \int x^3\ln^2 x\,dx=\frac{x^4}{4}\ln^2 x-\frac{1}{2}\int x^3\ln x\ dx=\frac{x^4}{4}\ln^2 x-\frac{1}{2}\left(\frac{x^4\ln x}{4}-\frac{x^4}{16}\right)+c$

令$a,b>0$ 则 $\int_a^b x^3\ln^2 x\,dx$

$$=\frac{b^4}{4}\ln^2 b-\frac{1}{2}\left(\frac{b^4\ln b}{4}-\frac{b^4}{16}\right)-\left(\frac{a^4}{4}\ln^2 a-\frac{1}{2}\left(\frac{a^4\ln a}{4}-\frac{a^4}{16}\right)\right)$$

$$\text{表面积}=2\pi\int_e^{e^2} x^3\ln^2 x\,dx$$

$$=2\pi\left(\frac{e^8}{4}\ln^2 e^2-\frac{1}{2}\left(\frac{e^8\ln e^2}{4}-\frac{e^8}{16}\right)-\left(\frac{e^4}{4}\ln^2 e-\frac{1}{2}\left(\frac{e^4\ln e}{4}-\frac{e^4}{16}\right)\right)\right)$$

$$=2\pi\left(e^8-\frac{1}{2}\left(\frac{e^8}{2}-\frac{e^8}{16}\right)-\left(\frac{e^4}{4}-\frac{1}{2}\left(\frac{e^4}{4}-\frac{e^4}{16}\right)\right)\right)=\frac{(25e^8-5e^4)\pi}{16}$$

Example 25.

试求曲线 $y=\int_e^x \sqrt{\ln^4 t-1}dt$，$x\in[e,e^2]$绕 y 轴旋转所得表面积

【解】

$$表面积=2\pi\int_e^{e^2} x\sqrt{1+\left(\frac{dy}{dx}\right)^2}\,dx=2\pi\int_e^{e^2} x\sqrt{1+\left(\sqrt{\ln^4 x-1}\right)^2}\,dx=2\pi\int_e^{e^2} x\ln^2 x\,dx$$

令 $u=\ln^2 x$，$dv=xdx$ 则 $du=\frac{2}{x}\ln x\,dx$，$v=\frac{x^2}{2}$，藉由分部积分法

则 $\int x\ln^2 x\ dx=\frac{x^2}{2}\ln^2 x-\int x\ln x\,dx$

令 $s=\ln x$，$dt=xdx$ 则 $ds=\frac{1}{x}dx$，$t=\frac{x^2}{2}$，藉由分部积分法

则 $\int x\ln x\,dx=\frac{x^2}{2}\ln x-\frac{1}{2}\int x\,dx=\frac{x^2}{2}\ln x-\frac{x^2}{4}$

$\therefore \int x\ln^2 x\ dx=\frac{x^2}{2}\ln^2 x-\int x\ln x\,dx=\frac{x^2}{2}\ln^2 x-\left(\frac{x^2}{2}\ln x-\frac{x^2}{4}\right)+c$

令$a,b>0$

则 $\int_a^b x\ln^2 x\,dx=\frac{b^2}{2}\ln^2 b-\left(\frac{b^2}{2}\ln b-\frac{b^2}{4}\right)-\left(\frac{a^2}{2}\ln^2 a-\left(\frac{a^2}{2}\ln a-\frac{a^2}{4}\right)\right)$

$$表面积=2\pi\int_e^{e^2} x\ln^2 x\,dx$$

$$=2\pi\left(\frac{e^4}{2}\ln^2 e^2-\left(\frac{e^4}{2}\ln e^2-\frac{e^4}{4}\right)-\left(\frac{e^2}{2}\ln^2 e-\left(\frac{e^2}{2}\ln e-\frac{e^2}{4}\right)\right)\right)$$

$$=2\pi\left(2e^4-\left(e^4-\frac{e^4}{4}\right)-\left(\frac{e^2}{2}-\left(\frac{e^2}{2}-\frac{e^2}{4}\right)\right)\right)=2\pi\left(\frac{5e^4}{4}-\frac{e^2}{4}\right)$$

Example 26.

试求曲线 $y=\int_e^x \sqrt{\ln^6 t-1}dt$，$x\in[e,e^2]$绕 y 轴旋转所得表面积

【解】

$$\text{表面积} = 2\pi\int_e^{e^2} x\sqrt{1+\left(\frac{dy}{dx}\right)^2}\,dx = 2\pi\int_e^{e^2} x\sqrt{1+\left(\sqrt{\ln^6 x - 1}\right)^2}\,dx$$

$$= 2\pi\int_e^{e^2} x\ln^3 x\,dx$$

令 $u = \ln x$ 则 $du = \frac{dx}{x} \Rightarrow dx = e^u du \quad \therefore \int x(\ln x)^3 dx = \int u^3 e^{2u} du$

藉由分部积分法

则 $\int u^3 e^{2u} du = \frac{u^3 e^{2u}}{2} - \frac{3}{2}\int u^2 e^{2u} du = \frac{u^3 e^{2u}}{2} - \frac{3}{2}\left(\frac{u^2 e^{2u}}{2} - \int u e^{2u} du\right)$

$$= \frac{u^3 e^{2u}}{2} - \frac{3u^2 e^{2u}}{4} + \frac{3}{2}\left(\frac{u e^{2u}}{2} - \frac{e^{2u}}{4}\right) + c$$

$$= \frac{x^2(\ln x)^3}{2} - \frac{3x^2(\ln x)^2}{4} + \frac{3}{2}\left(\frac{x^2\ln x}{2} - \frac{x^2}{4}\right) + c$$

令 $a, b > 0$ 则 $\int_a^b x(\ln x)^3 dx$

$$= \frac{b^2(\ln b)^3}{2} - \frac{3b^2(\ln b)^2}{4} + \frac{3}{2}\left(\frac{b^2\ln b}{2} - \frac{b^2}{4}\right) - \left(\frac{a^2(\ln a)^3}{2} - \frac{3a^2(\ln a)^2}{4} + \frac{3}{2}\left(\frac{a^2\ln a}{2} - \frac{a^2}{4}\right)\right)$$

$$\text{表面积} = 2\pi\int_e^{e^2} x\ln^3 x\,dx$$

$$= 2\pi\left(\frac{e^4(\ln e^2)^3}{2} - \frac{3e^4(\ln e^2)^2}{4} + \frac{3}{2}\left(\frac{e^4\ln e^2}{2} - \frac{e^4}{4}\right) - \left(\frac{e^2(\ln e)^3}{2} - \frac{3e^2(\ln e)^2}{4} + \frac{3}{2}\left(\frac{e^2\ln e}{2} - \frac{e^2}{4}\right)\right)\right)$$

$$= 2\pi\left(4e^4 - 3e^4 + \frac{3}{2}\left(e^4 - \frac{e^4}{4}\right) - \left(\frac{e^2}{2} - \frac{3e^2}{4} + \frac{3}{2}\left(\frac{e^2}{2} - \frac{e^2}{4}\right)\right)\right) = 2\pi\left(\frac{17e^4}{8} - \frac{e^2}{8}\right)$$

Example 27.

试求曲线 $y=\int_{\sqrt{\frac{\pi}{4}}}^{x}\sqrt{\sec^2 t^2\tan^2 t^2-1}dt$，$x\in\left[\sqrt{\frac{\pi}{4}},\sqrt{\frac{\pi}{3}}\right]$ 绕 y 轴旋转所得表面积

【解】

$$\text{表面积}=2\pi\int_{\sqrt{\frac{\pi}{4}}}^{\sqrt{\frac{\pi}{3}}}x\sqrt{1+\left(\frac{dy}{dx}\right)^2}\,dx=2\pi\int_{\sqrt{\frac{\pi}{4}}}^{\sqrt{\frac{\pi}{3}}}x\sqrt{1+\left(\sqrt{\sec^2 x^2\tan^2 x^2-1}\right)^2}\,dx$$

$$=2\pi\int_{\sqrt{\frac{\pi}{4}}}^{\sqrt{\frac{\pi}{3}}}x\tan x^2\sec x^2\,dx=\pi\sec x^2\Big|_{\sqrt{\frac{\pi}{4}}}^{\sqrt{\frac{\pi}{3}}}=\pi\left(2-\sqrt{2}\right)$$

Example 28.

试求曲线 $y=\int_0^x\sqrt{\sec^4 t^2-1}dt$，$x\in\left[0,\sqrt{\frac{\pi}{4}}\right]$ 绕 y 轴旋转所得表面积

【解】

$$\text{表面积}=2\pi\int_0^{\sqrt{\frac{\pi}{4}}}x\sqrt{1+\left(\frac{dy}{dx}\right)^2}\,dx=2\pi\int_0^{\sqrt{\frac{\pi}{4}}}x\sqrt{1+\left(\sqrt{\sec^4 x^2-1}\right)^2}\,dx$$

$$=2\pi\int_0^{\sqrt{\frac{\pi}{4}}}x\sec^2 x^2\,dx=\pi\tan x^2\Big|_0^{\sqrt{\frac{\pi}{4}}}=\pi$$

Example 29.

试求曲线 $y=\int_{\frac{\pi}{4}}^{x}\sqrt{\tan^4 t^2-1}dt$，$x\in\left[\sqrt{\frac{\pi}{4}},\sqrt{\frac{\pi}{3}}\right]$ 绕 y 轴旋转所得表面积

【解】

$$\text{表面积}=2\pi\int_{\sqrt{\frac{\pi}{4}}}^{\sqrt{\frac{\pi}{3}}}x\sqrt{1+\left(\frac{dy}{dx}\right)^2}\,dx=2\pi\int_{\sqrt{\frac{\pi}{4}}}^{\sqrt{\frac{\pi}{3}}}x\sqrt{1+\left(\sqrt{\tan^4 x^2-1}\right)^2}\,dx$$

$$=2\pi\int_{\sqrt{\frac{\pi}{4}}}^{\sqrt{\frac{\pi}{3}}}x\sqrt{1+\left(\sqrt{\tan^4 x^2-1}\right)^2}\,dx=2\pi\int_{\sqrt{\frac{\pi}{4}}}^{\sqrt{\frac{\pi}{3}}}x\tan^2 x^2\,dx=2\pi\int_{\sqrt{\frac{\pi}{4}}}^{\sqrt{\frac{\pi}{3}}}x(\sec^2 x^2-1)\,dx$$

$$= 2\pi\left(\frac{\tan x^2}{2} - \frac{x^2}{2}\right)\Bigg|_{\sqrt{\frac{\pi}{4}}}^{\sqrt{\frac{\pi}{3}}} = 2\pi\left(\frac{\sqrt{3}}{2} - \frac{\pi}{6} - \frac{1}{2} + \frac{\pi}{8}\right) = \pi\left(\sqrt{3} - 1 - \frac{\pi}{12}\right)$$

Example 30.

试求曲线 $y = \int_0^x \sqrt{\cot^4 t^2 - 1}dt$，$x \in \left[\sqrt{\frac{\pi}{6}}, \sqrt{\frac{\pi}{4}}\right]$ 绕 y 轴旋转所得表面积

【解】

$$表面积 = 2\pi \int_{\frac{\pi}{6}}^{\sqrt{\frac{\pi}{4}}} x\sqrt{1 + \left(\frac{dy}{dx}\right)^2}\, dx = 2\pi \int_{\frac{\pi}{6}}^{\sqrt{\frac{\pi}{4}}} x\sqrt{1 + \left(\sqrt{\cot^4 x^2 - 1}\right)^2}\, dx$$

$$= 2\pi \int_{\sqrt{\frac{\pi}{6}}}^{\sqrt{\frac{\pi}{4}}} x\cot^2 x^2\, dx = 2\pi \int_{\sqrt{\frac{\pi}{6}}}^{\sqrt{\frac{\pi}{4}}} x(\csc^2 x^2 - 1)\, dx = -2\pi\left(\frac{\cot x^2}{2} + \frac{x^2}{2}\right)\Bigg|_{\sqrt{\frac{\pi}{6}}}^{\sqrt{\frac{\pi}{4}}}$$

$$= -2\pi\left(\frac{1}{2} + \frac{\pi}{8} - \frac{\sqrt{3}}{2} - \frac{\pi}{12}\right) = \pi\left(\sqrt{3} - 1 - \frac{\pi}{12}\right)$$

Example 31.

试求曲线 $y = 2\sqrt{x}$，$x \in [1,2]$绕 x 轴旋转所得表面积

【解】

$$表面积 = 2\pi \int_1^2 y\sqrt{1 + (\frac{dy}{dx})^2}\, dx, \quad \because \frac{dy}{dx} = x^{-\frac{1}{2}}$$

$$\therefore 表面积 = 2\pi \int_1^2 2\sqrt{x}\sqrt{1 + \left(x^{-\frac{1}{2}}\right)^2}\, dx = 4\pi \int_1^2 \sqrt{x}\sqrt{1 + x^{-1}}\, dx$$

$$= 4\pi \int_1^2 \sqrt{x + 1}\, dx = \frac{8\pi}{3}(x + 1)^{\frac{3}{2}}\Big|_1^2 = \frac{8\pi}{3}(3\sqrt{3} - 2\sqrt{3})$$

5.5.4 给函数求表面积 416

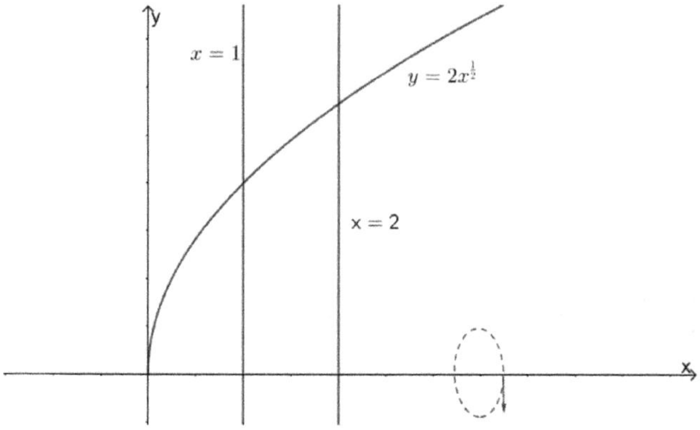

第六章　数列与级数

求数列的极限值与无穷级数和，两者皆用到了极限的概念，判断正项级数是否收敛或判断交错级数是否为绝对收敛，所使用的积分检验法(Integral Test)、比较法(Comparison Test)与极限比较法(Limit Comparison Test)相当于将问题转为判断瑕积分是否收敛的问题，此外，泰勒级数能用来帮助求函数的极限、求高阶导数的值、求无穷级数的和、求瑕积分的值或判断瑕积分的收敛与发散

底下先说明数列收敛的定义与Cauchy数列的定义，并且证明在欧基里德空间之下，这两者的收敛性为等价；为了证明单调数列的收敛定理，须先介绍有界数列的定义，单调数列的收敛定理(Monotone Convergence Theorem)相当重要，因为之后用来判断级数收敛或发散的积分检验法(Integral Test)、比较法(Comparison Test)、极限比较法(Limit Comparison Test)、比值法(Ratio Test)、根值法(Root Test)，在证明的过程当中皆使用了单调数列的收敛定理(Monotone Convergence Theorem)，如果无法掌握单调收敛定理的证明，也须明白此定理为判断级数收敛发散打下最重要的基础

接着讨论如何求无穷数列与无穷级数的收敛值，在求无穷数列收敛值的时候，最常使用的也是单调数列的收敛定理(Monotone Convergence Theorem)，此外，计算无穷级数收敛值的时候，常运用加一项减一项的手法，加减后只剩下首项与末项，最后再对末项取极限值的概念；如之前谈到，积分检验法(Integral Test)、比较法(Comparison Test)、极限比较法(Limit Comparison Test)、比值法(Ratio Test)与根值法(Root Test)通常用来判断正项级数是否收敛以及判断交错级数是否为绝对收敛，更重要的是，这些检验法的使用时机不尽相同，当正项级数里的a_n形式较为干净并且满足$f(n) = a_n$的函数$f(x)$能够较简易判断它的瑕积分$\int_1^\infty f(x)\,dx$收敛或发散时，则尝试使用积分检验法；当正项级数里的a_n形式较为复杂且能够轻易找到b_n使得 $a_n \le b_n$ 或$b_n \le a_n$时，则尝试用比较法；当a_n出现阶乘或次方项时，尝试使用比值法或根值法；判断交错级数是否绝对收敛等同于判断正项级数是否收敛的问题，如果不是绝对收敛时，则利用 Leibnitz Test 判断交错级数是否为条件收敛

幂级数是函数数列的总和，其在某点取值后收敛发散的问题等同于讨论无穷级数收敛发散的问题；除了需明白幂级数与其收敛发散的定义，以及何谓幂级数的收敛半径与收敛区间之外，也需理解当任意给定一个幂级数，此幂级数何时能用一个连续函数来表示；泰

勒级数(或泰勒展开式)相当于反了过来，即任意一个连续函数满足哪些条件时，可以用幂级数来表示，此外，求泰勒级数的方法包含： 使用无穷等比级數求泰勒级數，当函數为分式型态且分母可作因式分解,则先化为分式和再求泰勒级數，当函數为分式型态且分母无法因式分解则使用长除法求泰勒级數，当原函數的微分式较容易求得泰勒级數时，则先求微分后的泰勒级數式，再积分回來其便为原函數的泰勒展开式，当函數有分數的次方项求泰勒展开式时，则尝试用二项式展开式

最后介绍泰勒级数的应用，除了熟悉各种泰勒级数的考试类型之外，也应了解泰勒级数如何能用来帮助求函数的极限、求高阶导数的值、求无穷级数的和以及求瑕积分的值或判断瑕积分的收敛与发散；更重要的是，读者需很清楚何时是使用泰勒级数帮助求解的时机；使用泰勒级数求函数的极限时，有可能会搭配罗比达法则或 Leibnitz 微分公式一并使用，相较于第二章使用数学归纳法求高阶导数值，使用泰勒级数有时较为简易方便，求无穷级数和时，如果无法拆成加一项减一项时，也可尝试使用泰勒级数求解；使用泰勒级数求瑕积分时，相当于藉由泰勒级数将瑕积分收敛或发散的问题转成无穷级数和收敛发散的问题

6.1 数列

此节介绍数列收敛的定义与单调数列的收敛定理，其中单调数列的收敛定理相当重要，如之前谈到，此章的积分检验法(Integral Test)、Comparison Test、Limit Comparison Test、比值法(Ratio Test)、根植法(Root Test)，在证明的过程当中皆使用了单调数列的收敛定理

【定义】数列收敛的定义

$\lim_{n\to\infty} a_n = a \;\Leftrightarrow\; \forall\varepsilon > 0,\; \exists M \in N$ such that $n \geq M \Rightarrow |a_n - a| < \varepsilon$

【定义】Cauchy 数列的定义

$\{a_n\}_{n=1}^{\infty}$ 为 Cauchy 数列 $\Leftrightarrow \forall\varepsilon > 0, \exists\, M \in N$ s.t. $n, m \geq M \Rightarrow |a_n - a_m| < \varepsilon$

【定理】收敛数列与Cauchy数列的关联

假设 $a_n \in R, \forall n \in N$ 则$\{a_n\}_{n=1}^{\infty}$ 为 Cauchy 数列 $\Leftrightarrow \{a_n : n \in N\}$ 收敛

<u>Proof:</u>

(i) Claim: $\{a_n: n \in N\}$ 收敛 $\Rightarrow \{a_n\}_{n=1}^{\infty}$ 为 Cauchy 数列

Let $\{a_n: n \in N\}$ 收敛 and $\lim\limits_{n\to\infty} a_n = a$

Let $\varepsilon > 0$, choose $\exists\, M \in N$ such that $n \geq M \Rightarrow |a_n - a| < \frac{\varepsilon}{2}$

Then $n, m \geq M \Rightarrow |a_n - a_m| \leq |a_n - a| + |a_m - a| < \frac{\varepsilon}{2} + \frac{\varepsilon}{2} = \varepsilon$

(ii) Claim: $\{a_n\}_{n=1}^{\infty}$ 为 Cauchy 数列 $\Rightarrow \{a_n: n \in N\}$ 收敛
Let $\{a_n\}_{n=1}^{\infty}$ 为 Cauchy 数列 and $\varepsilon = 1$
Choose $\exists\, M \in N$ such that $n \geq M \Rightarrow |a_n - a_M| < 1 \Rightarrow \{a_n\}_{n=1}^{\infty}$ is bounded

$\because \{a_n\}_{n=1}^{\infty}$ is bounded $\Rightarrow \exists$ subsequence $\{a_{n_k}\}_{k=1}^{\infty}$ of $\{a_n\}_{n=1}^{\infty}$ s.t. $\lim\limits_{k\to\infty} a_{n_k} = a$

Claim: $\lim\limits_{n\to\infty} a_n = a$

Let $\varepsilon > 0$, choose $\exists\, M_1 \in N$ such that $k, n \geq M_1 \Rightarrow |a_n - a_{n_k}| < \frac{\varepsilon}{2}$

Choose $\exists\, M_2 \in N$ such that $k \geq M_2 \Rightarrow |a - a_{n_k}| < \frac{\varepsilon}{2}$

Choose $\mathrm{M} = \max\{M_1, M_2\}$ then $n > \mathrm{M} \Rightarrow |a_n - a| < |a_n - a_{n_k}| + |a_{n_k} - a| < \frac{\varepsilon}{2} + \frac{\varepsilon}{2} = \varepsilon$

【定义】数列有上界的定义
数列$\{a_n: n \in N\}$有上界 $\Leftrightarrow$ $\exists M \in R$ such that $a_n \leq M$, $\forall n \in N$

【定义】数列有下界的定义
数列$\{a_n: n \in N\}$有下界 $\Leftrightarrow$ $\exists M \in R$ such that $a_n \geq M$, $\forall n \in N$

【定义】数列有界的定义
数列$\{a_n: n \in N\}$有界 $\Leftrightarrow$ $\exists M \in R$ such that $|a_n| \leq M$, $\forall n \in N$

底下介绍单调数列的收敛定理(Monotone Convergence Theorem)
【定理】递增数列的收敛定理
$\{a_n: n \in N\}$为递增数列且有上界 $\Rightarrow \{a_n: n \in N\}$ 收敛
Proof:

Let a be the least upper bound of $\{a_n: n \in N\}$

Let $\varepsilon > 0$, choose $\mathrm{N}_1 \in \mathrm{N}$ s.t. $a - \varepsilon < a_{\mathrm{N}_1}$

$\because \{a_n: n \in N\}$为递增数列 $\therefore a - \varepsilon < a_\mathrm{n}, \forall n \geq \mathrm{N}_1$

$\because a$ is the least upper bound of $\{a_n: n \in N\}$ $\therefore a_n < a + \varepsilon,\ \forall n \in \mathrm{N}$

$\therefore a - \varepsilon < a_\mathrm{n} < a + \varepsilon,\ \forall n \geq \mathrm{N}_1 \Rightarrow \{a_n: n \in N\}$ 收敛

【定理】递减数列的收敛定理

$\{a_n: n \in N\}$为递减数列且有下界 $\Rightarrow \{a_n: n \in N\}$ 收敛

<u>Proof:</u>

Let a be the greatest lower bound of $\{a_n: n \in N\}$

Let $\varepsilon > 0$, choose $\mathrm{N}_1 \in \mathrm{N}$ s.t. $a_{\mathrm{N}_1} < a + \varepsilon$

$\because \{a_n: n \in N\}$为递减数列 $\therefore a_\mathrm{n} < a + \varepsilon, \forall \mathrm{n} \geq \mathrm{N}_1$

$\because a$ is the greatest lower bound of $\{a_n: n \in N\}$ $\therefore a - \varepsilon < a_n,\ \forall n \in \mathrm{N}$

$\therefore a - \varepsilon < a_n < a + \varepsilon,\ \forall n \geq \mathrm{N}_1 \Rightarrow \{a_n: n \in N\}$ 收敛

考试类型:

Type 1.

假设 $a_{n+1} = \sqrt{\alpha + a_n},\ \forall\, \alpha > 0,\ n \in N$ 且 $a_1 \leq \dfrac{1+\sqrt{1+4\alpha}}{2}$

证明 $\lim\limits_{n\to\infty} a_n = \dfrac{1+\sqrt{1+4\alpha}}{2}$

解题流程:

Step1.

Claim: $a_n \leq \dfrac{1+\sqrt{1+4\alpha}}{2},\ \forall n \in N$

令 $n \in N$. As $n = 1$, $a_1 \leq \dfrac{1+\sqrt{1+4\alpha}}{2}$ $\therefore$ 不等式成立

假设 $a_n \leq \dfrac{1+\sqrt{1+4\alpha}}{2}$ 则 $a_{n+1} = \sqrt{\alpha + a_n} \leq \sqrt{\alpha + \dfrac{1+\sqrt{1+4\alpha}}{2}} = \sqrt{\dfrac{2\alpha+1+\sqrt{1+4\alpha}}{2}}$

$$\therefore a_{n+1}^2 \leq \frac{2\alpha+1+\sqrt{1+4\alpha}}{2} = \left(\frac{1+\sqrt{1+4\alpha}}{2}\right)^2 \Rightarrow a_{n+1} \leq \frac{1+\sqrt{1+4\alpha}}{2},\ \forall n \in N$$

Step2.

Claim: $a_{n+1}^2 - a_n^2, \geq 0, \ \forall n \in N$

$\because a_{n+1}^2 - a_n^2 = \alpha + a_n - a_n^2 = -\left(a_n - \frac{1}{2}\right)^2 + \left(\alpha + \frac{1}{4}\right)$

$\geq -\left(\frac{1+\sqrt{1+4\alpha}}{2} - \frac{1}{2}\right)^2 + \left(\alpha + \frac{1}{4}\right) = 0 \quad \therefore a_n \leq a_{n+1}$

Step3.

Claim: $\lim_{n\to\infty} a_n = \frac{1+\sqrt{1+4\alpha}}{2}$

$\because \{a_n\}_{n=1}^{\infty}$ 有上界 且 $a_n \leq a_{n+1}, \ \forall n \in N$

令 $a = \lim_{n\to\infty} a_n$，$a_{n+1} = \sqrt{\alpha + a_n} \quad \therefore \lim_{n\to\infty} a_{n+1} = \lim_{n\to\infty} \sqrt{\alpha + a_n} \Rightarrow a = \sqrt{\alpha + a}$

$\therefore a^2 - a - \alpha = 0 \Rightarrow a = \frac{1+\sqrt{1+4\alpha}}{2} \ \left(\frac{1-\sqrt{1+4\alpha}}{2}\text{不合}\right)$

Type 2.

假设 $a_{n+1} = \sqrt{\alpha a_n}, \ \forall n \in N$ 且 $\alpha > a_1$，证明 $\lim_{n\to\infty} a_n = \alpha$

解题流程:

Step1.

Claim: $\{a_n\}_{n=1}^{\infty}$ 有上界且 $a_n \leq \alpha, \ \forall n \in N$

As $n = 1, a_1 \leq \alpha \quad \therefore$ 不等式成立

假设 $a_n \leq \alpha$ 则 $a_{n+1} = \sqrt{\alpha a_n} \leq \alpha$，藉由数學归纳法则 $a_n \leq \alpha, \ \forall n \in N$

Step2.

Claim: $\{a_n\}_{n=1}^{\infty}$ 为递增数列

$\because a_{n+1}^2 - a_n^2 = \alpha a_n - a_n^2 = a_n(\alpha - a_n) \geq 0, \ \forall n \in N \ \therefore \{a_n\}_{n=1}^{\infty}$ 为递增数列

Step3.

Claim: $\lim_{n\to\infty} a_n = \alpha$

$\because \{a_n\}_{n=1}^{\infty}$ 有上界且为递增数列 $\quad \therefore \lim_{n\to\infty} a_n$ 存在

令 $\lim_{n\to\infty} a_n = a \ \because a_{n+1} = \sqrt{\alpha a_n} \quad \therefore a = \sqrt{\alpha a} \Rightarrow a = \alpha$ (0 不合)

Type 3.

假设$a_1=\alpha^2$，$a_{n+1}=\dfrac{1}{2}\left(a_n+\dfrac{\alpha^2}{a_n}\right)$，$\forall n\in N$ 且 $\alpha>1$，证明 $\lim\limits_{n\to\infty}a_n=\alpha$

解题流程:

Step1.

Claim: $\{a_n\}_{n=1}^{\infty}$ 有下界且 $a_n\geq\alpha,\forall n\in N$

$\because$ 算术平均大于幾何平均 $\therefore a_{n+1}=\dfrac{1}{2}\left(a_n+\dfrac{\alpha^2}{a_n}\right)\geq\sqrt{\alpha^2}=\alpha$，$\forall n\in N$

Step2.

Claim: 为递减数列

$\because a_{n+1}-a_n=\dfrac{1}{2}\left(a_n+\dfrac{\alpha^2}{a_n}\right)-a_n=\dfrac{1}{2}\left(\dfrac{-a_n^2+\alpha^2}{a_n}\right)$ and $a_n\geq\alpha$，$\forall n\in N$

$\therefore a_{n+1}-a_n=\dfrac{1}{2}\left(\dfrac{-a_n^2+\alpha^2}{a_n}\right)\leq 0\Rightarrow a_n\geq a_{n+1}$，$\forall n\in N$

Step3.

Claim: $\lim\limits_{n\to\infty}a_n=\alpha$

$\because \{a_n\}_{n=1}^{\infty}$ 有下界且为递减数列 $\therefore \lim\limits_{n\to\infty}a_n$ 存在

令 $a=\lim\limits_{n\to\infty}a_n$

$\because a_{n+1}=\dfrac{1}{2}\left(a_n+\dfrac{\alpha^2}{a_n}\right)\quad\therefore \lim\limits_{n\to\infty}a_{n+1}=\lim\limits_{n\to\infty}\dfrac{1}{2}\left(a_n+\dfrac{\alpha^2}{a_n}\right)\Rightarrow a=\dfrac{1}{2}\left(a+\dfrac{\alpha^2}{a}\right)$

$\therefore a=\alpha\ (-\alpha$不合$)\Rightarrow\lim\limits_{n\to\infty}a_n=\alpha$

Type 4.

证明 $\lim\limits_{n\to\infty}a_n=\dfrac{\alpha+\sqrt{\alpha^2-4\beta}}{2}$，其中 $a_{n+1}=\alpha-\dfrac{\beta}{a_n}$，$\forall n\in N$，$\alpha^2-4\beta>0$

且 $\dfrac{\alpha-\sqrt{\alpha^2-4\beta}}{2}<a_1<\dfrac{\alpha+\sqrt{\alpha^2-4\beta}}{2}$

解题流程:

Step1.

Claim: $\{a_n\}_{n=1}^{\infty}$有上界且 $a_n \leq \dfrac{\alpha+\sqrt{\alpha^2-4\beta}}{2}$，$\forall n \in \mathrm{N}$

As $n \geq 1$，$a_1 \leq \dfrac{\alpha+\sqrt{\alpha^2-4\beta}}{2}$ 不等式成立

假设 $a_n \leq \dfrac{\alpha+\sqrt{\alpha^2-4\beta}}{2}$ 则 $\dfrac{1}{a_n} \geq \dfrac{2}{\alpha+\sqrt{\alpha^2-4\beta}} \Rightarrow \dfrac{-1}{a_n} \leq \dfrac{-2}{\alpha+\sqrt{\alpha^2-4\beta}}$

$$\therefore a_{n+1}=\alpha-\frac{\beta}{a_n} \leq \alpha-\frac{2\beta}{\alpha+\sqrt{\alpha^2-4\beta}}=\frac{\alpha+\sqrt{\alpha^2-4\beta}}{2}$$

藉由数學归纳法则 $a_n \leq \dfrac{\alpha+\sqrt{\alpha^2-4\beta}}{2}$，$\forall n \in \mathrm{N}$

Step2.

Claim: $\{a_n\}_{n=1}^{\infty}$有下界且 $a_n \geq \dfrac{\alpha-\sqrt{\alpha^2-4\beta}}{2}$，$\forall n \in \mathrm{N}$

As $n \geq 1$，$a_1 \geq \dfrac{\alpha-\sqrt{\alpha^2-4\beta}}{2}$ 不等式成立

假设 $a_n \geq \dfrac{\alpha-\sqrt{\alpha^2-4\beta}}{2}$ 则 $\dfrac{1}{a_n} \leq \dfrac{2}{\alpha-\sqrt{\alpha^2-4\beta}} \Rightarrow \dfrac{-1}{a_n} \geq \dfrac{-2}{\alpha-\sqrt{\alpha^2-4\beta}}$

$$\therefore a_{n+1}=\alpha-\frac{\beta}{a_n} \geq \alpha-\frac{2\beta}{\alpha-\sqrt{\alpha^2-4\beta}}=\frac{\alpha-\sqrt{\alpha^2-4\beta}}{2}$$

数學归纳法 则 $a_n \geq \dfrac{\alpha-\sqrt{\alpha^2-4\beta}}{2}$，$\forall n \in \mathrm{N}$

Step3.

Claim: $\{a_n\}_{n=1}^{\infty}$为递增数列

$$\because a_{n+1}-a_n=-\frac{a_n^2-\alpha a_n+\beta}{a_n}=-\frac{\left(a_n-\dfrac{\alpha-\sqrt{\alpha^2-4\beta}}{2}\right)\left(a_n-\dfrac{\alpha+\sqrt{\alpha^2-4\beta}}{2}\right)}{a_n}$$

$\because \dfrac{\alpha-\sqrt{\alpha^2-4\beta}}{2} \leq a_n \leq \dfrac{\alpha+\sqrt{\alpha^2-4\beta}}{2}$，$\forall n \in \mathrm{N}$ $\therefore a_{n+1}-a_n \geq 0$，$\forall n \in \mathrm{N}$

$\therefore \{a_n\}_{n=1}^{\infty}$为递增数列

Step4.

Claim: $\lim_{n\to\infty} a_n = \dfrac{\alpha + \sqrt{\alpha^2 - 4\beta}}{2}$

$\because \{a_n\}_{n=1}^{\infty}$有上界且为递增数列 $\therefore \{a_n\}_{n=1}^{\infty}$收敛 and 令 $\lim_{n\to\infty} a_n = a$

$\because a_{n+1} = \alpha - \dfrac{\beta}{a_n},\ \forall n \in \mathrm{N}$ $\therefore \lim_{n\to\infty} a_{n+1} = \lim_{n\to\infty} \alpha - \dfrac{\beta}{a_n} \Rightarrow a = \alpha - \dfrac{\beta}{a}$

$\therefore a^2 - \alpha a + \beta = 0 \Rightarrow a = \dfrac{\alpha + \sqrt{\alpha^2 - 4\beta}}{2}\left(\dfrac{\alpha - \sqrt{\alpha^2 - 4\beta}}{2}\text{不合}\right)$

Type 5.

求 $\sqrt{\alpha + \sqrt{\alpha + \sqrt{\alpha + \sqrt{\cdots}}}} = ?$

解题流程:

Step1.

令 $a = \sqrt{\alpha + \sqrt{\alpha + \sqrt{\alpha + \sqrt{\cdots}}}}$ 则 $a = \sqrt{\alpha + a}$

Step2.

$\therefore a^2 - a - \alpha = 0 \Rightarrow a = \dfrac{1 + \sqrt{1 + 4\alpha}}{2}$

Type 6.

給定$\{a_n\}_{n=1}^{\infty}$

(1) 证明 $\{a_n\}_{n=1}^{\infty}$为递增数列(递減数列)

(2) 求 $\{a_n\}_{n=1}^{\infty}$的最大下界与最小上界

解题流程:

Step1.

证明 $\{a_n\}_{n=1}^{\infty}$为递增数列则 Claim: $a_{n+1} - a_n \geq 0,\ \forall n \in N$

证明 $\{a_n\}_{n=1}^{\infty}$为递減数列则 Claim: $a_{n+1} - a_n \leq 0,\ \forall n \in N$

Step2.

若$\{a_n\}_{n=1}^{\infty}$为递增数列

则 a_1为 $\{a_n\}_{n=1}^{\infty}$的最大下界且 $\lim\limits_{n\to\infty} a_n$ 为 $\{a_n\}_{n=1}^{\infty}$的最小上界

若$\{a_n\}_{n=1}^{\infty}$为递减数列

则 a_1为 $\{a_n\}_{n=1}^{\infty}$的最小上界且 $\lim\limits_{n\to\infty} a_n$ 为 $\{a_n\}_{n=1}^{\infty}$的最大下界

<u>补充说明:</u>

如果无法直接说明 $a_{n+1} - a_n \geq 0$ 或 $a_{n+1} - a_n \leq 0$

令$f(n) = a_n$且 claim: $f'(x) > 0$ 或 $f'(x) < 0$, $\forall x \in R$

<u>范例说明:</u>

(I)假设 $a_n = \left(1 + \frac{1}{n}\right)^n$, $\forall n \in N$, 证明 $\{a_n\}_{n=1}^{\infty}$为递增数列

令 $f(x) = \left(1 + \frac{1}{x}\right)^x$, $\because f(x) = \left(1 + \frac{1}{x}\right)^x = \exp\left(x \ln\left(1 + \frac{1}{x}\right)\right)$

令$g(x) = x \ln\left(1 + \frac{1}{x}\right)$, 若$g(x)$为递增函数则 $\{a_n\}_{n=1}^{\infty}$为递增数列

Claim: $g(x)$ 为递增函数

$\because g'(x) = \ln\left(1 + \frac{1}{x}\right) - \frac{1}{x+1} \therefore g''(x) = \frac{-1}{x(x+1)} + \frac{1}{(x+1)^2} < 0 \therefore g'(x) > \lim\limits_{x\to\infty} g'(x) = 0$

Example 1.

$$\text{假设 } a_1 = 1,\ a_{n+1} = 5 - \frac{1}{a_n},\ \forall n \in \mathrm{N},\ \text{求} \lim_{n\to\infty} a_n = ?$$

【解】

Claim: $\{a_n\}_{n=1}^{\infty}$有上界且 $a_n \leq \frac{5+\sqrt{21}}{2}$, $\forall n \in \mathrm{N}$

As $n \geq 1$, $a_1 = 1 \leq \frac{5+\sqrt{21}}{2}$ 不等式成立

假设 $a_n \leq \frac{5+\sqrt{21}}{2}$ 则 $\frac{1}{a_n} \geq \frac{2}{5+\sqrt{21}} \Rightarrow \frac{-1}{a_n} \leq \frac{-2}{5+\sqrt{21}}$

$\therefore a_{n+1} = 5 - \frac{1}{a_n} \leq 5 - \frac{2}{5+\sqrt{21}} = 5 - \frac{5-\sqrt{21}}{2} = \frac{5+\sqrt{21}}{2}$

藉由数學归纳法则 $a_n \le \frac{5+\sqrt{21}}{2}$， $\forall n \in \mathrm{N}$

Claim: $\{a_n\}_{n=1}^{\infty}$有下界且 $a_n \ge \frac{5-\sqrt{21}}{2}$， $\forall n \in \mathrm{N}$

As $n \ge 1$， $a_1 = 1 \ge \frac{5-\sqrt{21}}{2}$ 不等式成立

假设 $a_n \ge \frac{5-\sqrt{21}}{2}$ 则 $\frac{1}{a_n} \le \frac{2}{5-\sqrt{21}} \Rightarrow \frac{-1}{a_n} \ge \frac{-2}{5-\sqrt{21}}$

$\therefore a_{n+1} = 5 - \frac{1}{a_n} \ge 5 - \frac{2}{5-\sqrt{21}} = 5 - \frac{5+\sqrt{21}}{2} = \frac{5-\sqrt{21}}{2}$

藉由数學归纳法则 $a_n \ge \frac{5-\sqrt{21}}{2}$， $\forall n \in \mathrm{N}$

Claim: $\{a_n\}_{n=1}^{\infty}$为递增数列

$$\because a_{n+1} - a_n = -\frac{a_n^2 - 5a_n + 1}{a_n} = -\frac{\left(a_n - \frac{5+\sqrt{21}}{2}\right)\left(a_n - \frac{5-\sqrt{21}}{2}\right)}{a_n}$$

$\because \frac{5-\sqrt{21}}{2} \le a_n \le \frac{5+\sqrt{21}}{2}$， $\forall n \in N$ $\quad \therefore a_{n+1} - a_n \ge 0$， $\forall n \in N$

$\therefore \{a_n\}_{n=1}^{\infty}$为递增数列

$\because \{a_n\}_{n=1}^{\infty}$有上界且为递增数列 $\quad \therefore \{a_n\}_{n=1}^{\infty}$收斂

令 $\lim_{n\to\infty} a_n = a$ $\because a_{n+1} = 5 - \frac{1}{a_n}, \forall n \in N$ $\therefore \lim_{n\to\infty} a_{n+1} = \lim_{n\to\infty} 5 - \frac{1}{a_n} \Rightarrow a = 5 - \frac{1}{a}$

$\therefore a^2 - 5a + 1 = 0 \Rightarrow a = \frac{5+\sqrt{21}}{2}$ $\left(\frac{5-\sqrt{21}}{2} < 1 \text{ 不合}\right)$

Example 2.

$$\text{求} \frac{1}{\sqrt{20+\sqrt{20+\sqrt{20+\sqrt{\cdots}}}}} = ?$$

【解】

令 $a=\sqrt{20+\sqrt{20+\sqrt{20+\sqrt{\cdots}}}}$ 则 $\dfrac{1}{a}=\dfrac{1}{\sqrt{20+a}}$

$\therefore a^2-a-20=0 \Rightarrow a=\dfrac{1\pm\sqrt{81}}{2}=5\,(-4 \text{ 不合})$ $\therefore \dfrac{1}{\sqrt{20+\sqrt{20+\sqrt{20+\sqrt{\cdots}}}}}=\dfrac{1}{5}$

Example 3.

求 $\sqrt{12+\sqrt{12+\sqrt{12+\sqrt{\cdots}}}}=?$

【解】

令 $a=\sqrt{12+\sqrt{12+\sqrt{12+\sqrt{\cdots}}}}$ 则 $a=\sqrt{12+a}$

$\therefore a^2-a-12=0 \Rightarrow a=4(-3 \text{ 不合}) \Rightarrow \sqrt{12+\sqrt{12+\sqrt{12+\sqrt{\cdots}}}}=4$

Example 4.

假设 $a_n=\dfrac{n}{n+2}$，$\forall n\in N$

(1) 证明 $\{a_n\}_{n=1}^{\infty}$ 为递增数列 (2) 求 $\{a_n\}_{n=1}^{\infty}$ 的最大下界 (3) 求 $\{a_n\}_{n=1}^{\infty}$ 的最小上界

【解】

(1)

Claim: $a_{n+1}-a_n\geq 0$，$\forall n\in N$

$\because a_{n+1}-a_n=\dfrac{n+1}{n+3}-\dfrac{n}{n+2}=\dfrac{(n+1)(n+2)-n(n+3)}{(n+3)(n+2)}=\dfrac{2}{(n+2)(n+3)}\geq 0$，$\forall n\in N$

$\therefore \{a_n\}_{n=1}^{\infty}$为递增数列

(2)

$\because \{a_n\}_{n=1}^{\infty}$为递增数列 $\quad \therefore a_1 = \dfrac{1}{3}$为 $\{a_n\}_{n=1}^{\infty}$的最大下界

(3)

$\because |a_n| \leq 1, \forall n \in N \quad \therefore \{a_n\}_{n=1}^{\infty}$为有界数列

$\because \{a_n\}_{n=1}^{\infty}$为递增数列 $\quad \therefore \lim\limits_{n\to\infty} a_n$ 存在 且 $\lim\limits_{n\to\infty} a_n$ 为 $\{a_n\}_{n=1}^{\infty}$的最小上界

$\because \lim\limits_{n\to\infty} a_n = \lim\limits_{n\to\infty} \dfrac{n}{n+2} = 1 \quad \therefore 1$ 为$\{a_n\}_{n=1}^{\infty}$的最小上界

Example 5.

假设 $a_n = \dfrac{3n+2}{4n+3}, \ \forall n \in N$

(1) 证明 $\{a_n\}_{n=1}^{\infty}$为递增数列 (2) 求 $\{a_n\}_{n=1}^{\infty}$的最大下界 (3) 求 $\{a_n\}_{n=1}^{\infty}$的最小上界

【解】

(1)

Claim: $a_{n+1} - a_n \geq 0, \ \forall n \in N$

$$\because a_{n+1} - a_n = \frac{3n+5}{4n+7} - \frac{3n+2}{4n+3} = \frac{(4n+3)(3n+5) - (3n+2)(4n+7)}{(4n+7)(4n+3)}$$

$$= \frac{29n+15-(29n+14)}{(4n+7)(4n+3)} = \frac{1}{(4n+7)(4n+3)} \geq 0, \ \forall n \in N$$

$\therefore \{a_n\}_{n=1}^{\infty}$为递增数列

(2)

$\because \{a_n\}_{n=1}^{\infty}$为递增数列 $\quad \therefore a_1 = \dfrac{5}{7}$为 $\{a_n\}_{n=1}^{\infty}$的最大下界

(3)

$\because |a_n| \leq 1, \forall n \in N \quad \therefore \{a_n\}_{n=1}^{\infty}$为有界数列

$\because \{a_n\}_{n=1}^{\infty}$为递增数列 $\quad \therefore \lim\limits_{n\to\infty} a_n$ 存在 且 $\lim\limits_{n\to\infty} a_n$ 为 $\{a_n\}_{n=1}^{\infty}$的最小上界

$\because \lim\limits_{n\to\infty} a_n = \lim\limits_{n\to\infty} \dfrac{3n+2}{4n+3} = \dfrac{3}{4} \quad \therefore \dfrac{3}{4}$为 $\{a_n\}_{n=1}^{\infty}$的最小上界

Example 6.

假设 $a_n = \left(1+\dfrac{1}{n}\right)^n$，$\forall n \in N$

(1) 证明 $\{a_n\}_{n=1}^{\infty}$ 为递增数列　(2) 证明 $\{a_n\}_{n=1}^{\infty}$ 为有界数列

【解】

(1)

令 $f(x) = \left(1+\dfrac{1}{x}\right)^x$，$\because f(x) = \left(1+\dfrac{1}{x}\right)^x = \exp\left(x\ln\left(1+\dfrac{1}{x}\right)\right)$

令 $g(x) = x\ln\left(1+\dfrac{1}{x}\right)$，若 $g(x)$ 为递增函数则 $\{a_n\}_{n=1}^{\infty}$ 为递增数列

Claim: $g(x)$ 为递增函数

$\because g'(x) = \ln\left(1+\dfrac{1}{x}\right) - \dfrac{1}{x+1}$　　$\therefore g''(x) = \dfrac{-1}{x(x+1)} + \dfrac{1}{(x+1)^2} < 0$

$\therefore g'(x) > \lim\limits_{x\to\infty} g'(x) = \lim\limits_{x\to\infty} \ln\left(1+\dfrac{1}{x}\right) - \dfrac{1}{x+1} = 0 \Rightarrow \{a_n\}_{n=1}^{\infty}$ 为递增数列

(2)

$\because \{a_n\}_{n=1}^{\infty}$ 为递增数列 且 $\lim\limits_{n\to\infty}\left(1+\dfrac{1}{n}\right)^n = e$　　$\therefore 2 \le a_n \le e,\ \forall n \in N$

Example 7.

判断数列的收敛性 (1) $a_n = \dfrac{n}{\ln(n+1)},\ \forall n \in N$ (2) $a_n = \sqrt[n]{n},\ \forall n \in N$

【解】

(1)

藉由罗比达法则

则 $\lim\limits_{n\to\infty} a_n = \lim\limits_{n\to\infty} \dfrac{n}{\ln(n+1)} = \lim\limits_{x\to\infty} \dfrac{x}{\ln(x+1)} = \lim\limits_{x\to\infty} x+1 = \infty$　$\therefore \{a_n\}_{n=1}^{\infty}$ 发散

(2)

$\because a_n = \sqrt[n]{n} = \exp\left(\dfrac{\ln n}{n}\right)$　$\therefore \lim\limits_{n\to\infty} a_n = \lim\limits_{n\to\infty} \exp\left(\dfrac{\ln n}{n}\right) = \exp\left(\lim\limits_{n\to\infty} \dfrac{\ln n}{n}\right)$

藉由罗比达法则 $\lim\limits_{n\to\infty} \dfrac{\ln n}{n} = \lim\limits_{x\to\infty} \dfrac{\ln x}{x} = \lim\limits_{x\to\infty} \dfrac{1}{x} = 0$　$\therefore \lim\limits_{n\to\infty} a_n = \exp(0) = 1$

$\therefore \{a_n\}_{n=1}^{\infty}$ 收敛

Example 8.

$$假设\ a_1 = 1,\ a_2 = 2,\ a_n = \frac{a_{n-1} + a_{n-2}}{2},\ n \geq 3,\ 求 \lim_{n\to\infty} a_n = ?$$

【解】

Claim: $2a_n + a_{n-1} = 2a_2 + a_1$, $\forall n \geq 3$

As $n \geq 3$, $\because a_3 = \dfrac{a_2 + a_1}{2}$ $\quad\therefore 2a_3 + a_2 = 2a_2 + a_1$ 等式成立

假设 $2a_{n-1} + a_{n-2} = 2a_2 + a_1$

则 $2a_n + a_{n-1} = a_{n-1} + a_{n-2} + a_{n-1} = 2a_{n-1} + a_{n-2} = 2a_2 + a_1$,

藉由数學归纳法则 $2a_n + a_{n-1} = 2a_2 + a_1$, $\forall n \geq 3$

Claim: $\{a_n\}_{n=1}^{\infty}$ 为 Cauchy 数列

假设 $n > m$

则 $|a_n - a_m| = |a_n - a_{n-1} + a_{n-1} - a_{n-2} + \cdots + a_{m+1} - a_m|$

$\leq |a_n - a_{n-1}| + |a_{n-1} - a_{n-2}| + \cdots + |a_{m+1} - a_m|$

$$\because |a_n - a_{n-1}| = \left|\frac{a_{n-1} + a_{n-2}}{2} - a_{n-1}\right| = \frac{|a_{n-1} - a_{n-2}|}{2}$$

$\therefore |a_n - a_{n-1}| + |a_{n-1} - a_{n-2}| + \cdots + |a_{m+1} - a_m|$

$$= \left(\left(\frac{1}{2}\right)^{n-m-1} + \left(\frac{1}{2}\right)^{n-m-2} + \cdots + 1\right)|a_{m+1} - a_m| = \sum_{k=m-1}^{n-2}\left(\frac{1}{2}\right)^k$$

$$\because \sum_{k=m-1}^{n-2}\left(\frac{1}{2}\right)^k \leq \sum_{k=m-1}^{\infty}\left(\frac{1}{2}\right)^k = \frac{\left(\frac{1}{2}\right)^{m-1}}{1 - \frac{1}{2}} = \left(\frac{1}{2}\right)^{m-2}$$

$\therefore$ 令 $\varepsilon > 0$, 取 $M \in N$ 使得 $\left(\dfrac{1}{2}\right)^{M-2} < \varepsilon$

则 $n > m > M \Rightarrow |a_n - a_m| \leq \left(\dfrac{1}{2}\right)^{m-2} \leq \left(\dfrac{1}{2}\right)^{M-2} < \varepsilon$

$\therefore \{a_n\}_{n=1}^{\infty}$ 为 Cauchy 数列 $\quad\therefore \{a_n\}_{n=1}^{\infty}$ 为收敛数列

令 $\lim\limits_{n\to\infty} a_n = a$

$$\because 2a_n + a_{n-1} = 2a_2 + a_1 \quad \therefore \lim_{n\to\infty} 2a_n + a_{n-1} = 3a = 2a_2 + a_1 = 5 \quad \therefore a = \frac{5}{3}$$

Example 9.

假设 $a_1=1$，$a_{n+1}=\sqrt{5a_n}$，$\forall n\in N$ (1) 证明 $\lim_{n\to\infty} a_n$ 存在 (2) 求 $\lim_{n\to\infty} a_n =?$

【解】

(1)

Claim: $\{a_n\}_{n=1}^{\infty}$ 有上界且 $a_n\le 5$，$\forall n\in N$

As $n=1$，$a_1=1\le 5$ $\therefore$ 不等式成立

假设 $a_n\le 5$ 则 $a_{n+1}=\sqrt{5a_n}\le 5$，藉由数學归纳法则$a_n\le 5$，$\forall n\in N$

Claim: $\{a_n\}_{n=1}^{\infty}$ 为递增数列

$\because a_{n+1}^2-a_n^2=5a_n-a_n^2=a_n(5-a_n)\ge 0$，$\forall n\in N$ $\therefore \{a_n\}_{n=1}^{\infty}$ 为递增数列

$\because \{a_n\}_{n=1}^{\infty}$ 有上界且为递增数列 $\therefore \lim_{n\to\infty} a_n$ 存在

(2)

令 $\lim_{n\to\infty} a_n=a$，$\because a_{n+1}=\sqrt{5a_n}$ $\therefore a=\sqrt{5a} \Rightarrow a=5$ (0 不合)

Example 10.

假设 $a_1=1$，$a_{n+1}=\sqrt{3+a_n}$，$\forall n\in N$

(1) 证明 $a_n\le\dfrac{1+\sqrt{13}}{2}$ (2) $a_n\le a_{n+1}$ (3) $\lim_{n\to\infty} a_n=\dfrac{1+\sqrt{13}}{2}$

【解】

(1)

Claim: $\{a_n\}_{n=1}^{\infty}$ 有上界且 $a_n\le\dfrac{1+\sqrt{13}}{2}$，$\forall n\in N$

As $n=1$，$a_1=1\le\dfrac{1+\sqrt{13}}{2}$ $\therefore$ 不等式成立

假设 $a_n\le\dfrac{1+\sqrt{13}}{2}$ 则 $a_{n+1}=\sqrt{3+a_n}\le\sqrt{3+\dfrac{1+\sqrt{13}}{2}}=\sqrt{\dfrac{7+\sqrt{13}}{2}}$

$$\therefore a_{n+1}^2\le\frac{7+\sqrt{13}}{2}=\left(\frac{1+\sqrt{13}}{2}\right)^2 \Rightarrow a_{n+1}\le\frac{1+\sqrt{13}}{2},\ \forall n\in N$$

(2)

Claim: $a_{n+1}^2 - a_n^2 \geq 0$, $\forall n \in N$

$$\because a_{n+1}^2 - a_n^2 = 3 + a_n - a_n^2 = -\left(a_n - \frac{1}{2}\right)^2 + \frac{13}{4} \geq -\left(\frac{1+\sqrt{13}}{2} - \frac{1}{2}\right)^2 + \frac{13}{4} = 0$$

$\therefore a_n \leq a_{n+1}$, $\forall n \in N$

(3)

$\because \{a_n\}_{n=1}^{\infty}$ 有上界且 $a_n \leq a_{n+1}$, $\forall n \in N$

令 $a = \lim_{n\to\infty} a_n$, $\because a_{n+1} = \sqrt{3+a_n}$ $\therefore \lim_{n\to\infty} a_{n+1} = \lim_{n\to\infty} \sqrt{3+a_n} \Rightarrow a = \sqrt{3+a}$

$$\therefore a^2 - a - 3 = 0 \Rightarrow a = \frac{1+\sqrt{13}}{2} \quad \left(\frac{1-\sqrt{13}}{2}\text{不合}\right)$$

Example 11.

假设 $a_1 = 1$, $a_{n+1} = \sqrt{12+a_n}$, $\forall n \in N$ (1) 证明 $\lim_{n\to\infty} a_n$ 存在 (2) 求 $\lim_{n\to\infty} a_n =?$

【解】

(1)

Claim: $\{a_n\}_{n=1}^{\infty}$ 有上界且 $a_n \leq 4$, $\forall n \in N$

As $n = 1, a_1 = 1 \leq 4$ $\therefore$ 不等式成立

假设 $a_n \leq 4$ 则 $a_{n+1} = \sqrt{12+a_n} \leq \sqrt{12+4} = 4$,

藉由数學归纳法 $\therefore a_n \leq 4$, $\forall n \in N$

Claim: $a_{n+1}^2 - a_n^2, \geq 0$, $\forall n \in N$

$$\because a_{n+1}^2 - a_n^2 = 12 + a_n - a_n^2 = -\left(a_n - \frac{1}{2}\right)^2 + \frac{49}{4} \geq -\left(4 - \frac{1}{2}\right)^2 + \frac{49}{4} = 0 \therefore a_n \leq a_{n+1}$$

$\because \{a_n\}_{n=1}^{\infty}$ 有上界且为递增数列 $\therefore \lim_{n\to\infty} a_n$ 存在

(2)

令 $a = \lim_{n\to\infty} a_n$

$\because a_{n+1} = \sqrt{12+a_n}$ $\therefore \lim_{n\to\infty} a_{n+1} = \lim_{n\to\infty} \sqrt{12+a_n} \Rightarrow a = \sqrt{12+a}$

$\therefore a^2 - a - 12 = 0 \Rightarrow a = 4(-3\text{ 不合}) \Rightarrow \lim_{n\to\infty} a_n = 4$

Example 12.

假设$a_1=\sqrt{5}$，$a_{n+1}=\sqrt{20+a_n}$，$\forall n\in N$

(1)$\{a_n\}_{n=1}^{\infty}$ 有上界 (2) $a_n\le a_{n+1}$ (3) 求 $\lim_{n\to\infty}a_n=?$

【解】

(1)

Calim: $\{a_n\}_{n=1}^{\infty}$ 有上界且 $a_n\le 5$，$\forall n\in N$

As $n=1$，$a_1=\sqrt{5}\le 5$ $\therefore$ 不等式成立

假设 $a_n\le 5$ 则 $a_{n+1}=\sqrt{20+a_n}\le\sqrt{20+5}=5$

藉由数學归纳法 $\therefore a_n\le 5$，$\forall n\in N$

(2)

Calim: $a_{n+1}^2-a_n^2\ge 0$，$\forall n\in N$

$\because a_{n+1}^2-a_n^2=20+a_n-a_n^2=-\left(a_n-\frac{1}{2}\right)^2+\frac{81}{4}\ge-\left(5-\frac{1}{2}\right)^2+\frac{81}{4}=0$

$\therefore a_n\le a_{n+1}$，$\forall n\in N$

(3)

$\because \{a_n\}_{n=1}^{\infty}$ 有上界且 $a_n\le a_{n+1}$，$\forall n\in N$ $\therefore \lim_{n\to\infty}a_n$ 存在

令 $a=\lim_{n\to\infty}a_n$，$\because a_{n+1}=\sqrt{20+a_n}$ $\therefore \lim_{n\to\infty}a_{n+1}=\lim_{n\to\infty}\sqrt{20+a_n}\Rightarrow a=\sqrt{20+a}$

$\therefore a^2-a-20=0\Rightarrow a=5\ (-4$ 不合$)\Rightarrow \lim_{n\to\infty}a_n=5$

Example 13.

假设$a_1=9$，$a_{n+1}=\frac{1}{2}\left(a_n+\frac{9}{a_n}\right)$，$\forall n\in N$ (1) 证明 $\lim_{n\to\infty}a_n$ 存在 (2) 求 $\lim_{n\to\infty}a_n=?$

【解】

(1)

Claim: $\{a_n\}_{n=1}^{\infty}$ 有下界且 $a_n\ge 3$，$\forall n\in N$

$\because$ 算术平均大于幾何平均 $\therefore a_{n+1}=\frac{1}{2}\left(a_n+\frac{9}{a_n}\right)\ge\sqrt{9}=3$，$\forall n\in N$

Claim: $a_{n+1}-a_n\le 0$，$\forall n\in N$

$\because a_{n+1}-a_n=\frac{1}{2}\left(a_n+\frac{9}{a_n}\right)-a_n=\frac{1}{2}\left(\frac{-a_n^2+9}{a_n}\right)$, $\forall n\in N$

$\because a_n\geq 3$, $\forall n\in N$ $\therefore a_{n+1}-a_n=\frac{1}{2}\left(\frac{-a_n^2+9}{a_n}\right)\leq 0$ $\therefore a_n\geq a_{n+1}$, $\forall n\in N$

$\because \{a_n\}_{n=1}^{\infty}$ 有下界且为递减数列 $\therefore \lim_{n\to\infty} a_n$ 存在

(2)

令 $a=\lim_{n\to\infty} a_n$

$\because a_{n+1}=\frac{1}{2}\left(a_n+\frac{9}{a_n}\right)$ $\therefore \lim_{n\to\infty} a_{n+1}=\lim_{n\to\infty}\frac{1}{2}\left(a_n+\frac{9}{a_n}\right)\Rightarrow a=\frac{1}{2}\left(a+\frac{9}{a}\right)$

$\therefore a=3$ (-3 不合) $\Rightarrow \lim_{n\to\infty} a_n=3$

6.2 无穷级数

说明无穷级数收敛的定义, 接着说明如何求无穷级数的和

【定义】无穷级数收敛的定义

$$\sum_{n=1}^{\infty} a_n \text{ 收敛(发散)} \Leftrightarrow \lim_{M\to\infty}\sum_{n=1}^{M} a_n \text{ 存在(不存在)}$$

给定$\{a_n : n\in N\}$, 求 $\sum_{n=1}^{\infty} a_n=?$, 一般的作法, 尝试找$\{b_n : n\in N\}$ 使得$a_n=b_n-b_{n+1}$, 则 $\sum_{n=1}^{M} a_n=b_1-b_M$, 因此$\sum_{n=1}^{\infty} a_n=b_1-\lim_{M\to\infty} b_M$:

若 $\lim_{M\to\infty} b_M=\mathrm{L}<\infty$ 则 $\sum_{n=1}^{\infty} a_n=b_1-\mathrm{L}$ 且 $\sum_{n=1}^{\infty} a_n$ 收敛

若 $\lim_{M\to\infty} b_M$ 不存在 则 $\sum_{n=1}^{\infty} a_n$ 发散

关键步骤是找 $\{b_n: n \in N\}$使得$a_n = b_n - b_{n+1}$，无法直接观察出时，可令a_n为某两分式的和，接着再透过比较系数求得$\{b_n: n \in N\}$；此外，加一项减一项的间距可能大于 1，也就是找$\{b_n: n \in N\}$ 使得 $a_n = b_n - b_{n+p}$，$p > 1$；当分母出现α^n，则令所求无穷级数和为 S，接着观察$S - \dfrac{S}{\alpha}$ 是否能改写为无穷等比级数和

考试类型：
Type 1.

给 $\{a_n: n \in N\}$，求 $\sum_{n=1}^{\infty} a_n =?$ where $\exists$ $\{b_n: n \in N\}$ 使得 $a_n = b_n - b_{n+1}$

解题流程：
Step1.
找$\{b_n: n \in N\}$ 使得 $a_n = b_n - b_{n+1}$
Step2.

判断 $\lim_{M\to\infty} b_M = \mathrm{L} < \infty$ 或 $\lim_{M\to\infty} b_M$ 不存在

$\because a_n = b_n - b_{n+1} \quad \therefore \sum_{n=1}^{\infty} a_n = b_1 - \lim_{M\to\infty} b_M$

若 $\lim_{M\to\infty} b_M = \mathrm{L} < \infty$，则 $\sum_{n=1}^{\infty} a_n = b_1 - \mathrm{L}$ 且 $\sum_{n=1}^{\infty} a_n$ 收敛

若 $\lim_{M\to\infty} b_M$ 不存在 则 $\sum_{n=1}^{\infty} a_n$ 发散

范例说明：

(I) 求 $\sum_{n=1}^{\infty} \dfrac{\sqrt{n+1}-\sqrt{n}}{\sqrt{n^2+n}} = ?$

$$\because \frac{\sqrt{n+1}-\sqrt{n}}{\sqrt{n^2+n}} = \frac{\sqrt{n+1}-\sqrt{n}}{\sqrt{n}\sqrt{n+1}} = \frac{1}{\sqrt{n}} - \frac{1}{\sqrt{n+1}} \quad \therefore \sum_{n=1}^{M} \frac{\sqrt{n+1}-\sqrt{n}}{\sqrt{n^2+n}} = 1 - \frac{1}{\sqrt{M+1}}$$

$$\Rightarrow \sum_{n=1}^{\infty}\frac{\sqrt{n+1}-\sqrt{n}}{\sqrt{n^2+n}} = \lim_{M\to\infty} 1-\frac{1}{\sqrt{M+1}} = 1$$

Type 2.

給 $\{a_n\}_{n=1}^{\infty}$，求 $\sum_{n=1}^{\infty} a_n =?$ where $\exists\ \{b_n\}_{n=1}^{\infty}$ 且 $p>1$ 使得 $a_n = b_n - b_{n+p}$

解题流程:

Step1.

找$\{b_n: n\in N\}$ 且 $p>1$ 使得 $a_n = b_n - b_{n+p}$，for some $p\in N$

Step2.

判断 $\lim_{M\to\infty} b_M = \mathrm{L} < \infty$ 或 $\lim_{M\to\infty} b_M$ 不存在

$$\because a_n = b_n - b_{n+p} \quad \therefore \sum_{n=1}^{\infty} a_n = \sum_{n=1}^{p} b_n - \mathrm{p}\cdot\lim_{M\to\infty} b_M$$

若 $\lim_{M\to\infty} b_M = \mathrm{L} < \infty$ 则 $\sum_{n=1}^{\infty} a_n = \sum_{n=1}^{p} b_n - \mathrm{p}\cdot\mathrm{L}$ 且 $\sum_{n=1}^{\infty} a_n$ 收敛

若 $\lim_{M\to\infty} b_M$ 不存在 则 $\sum_{n=1}^{\infty} a_n$ 发散

<u>范例说明:</u>

(I)求 $\sum_{n=1}^{\infty}\frac{1}{n(n+3)} = ?$

$$\because \frac{1}{n(n+3)} = \frac{1}{3}\left(\frac{1}{n}-\frac{1}{n+3}\right)$$

$$\therefore \sum_{n=1}^{M}\frac{1}{n(n+3)} = \frac{1}{3}\sum_{n=1}^{M}\frac{1}{n}-\frac{1}{n+3} = \frac{1}{3}\left(1+\frac{1}{2}+\frac{1}{3}-\frac{1}{M+1}-\frac{1}{M+2}-\frac{1}{M+3}\right),\ \forall M\geq 4$$

Type 3.

給 $\{a_n: n \in N\}$，求 $\sum_{n=1}^{\infty} a_n = ?$

where $\exists\ \alpha, \beta, \left\{a_n^{(1)}: n \in N\right\}, \left\{a_n^{(2)}: n \in N\right\}$ s.t. $a_n = \alpha a_n^{(1)} + \beta a_n^{(2)}$

and $\exists \left\{b_n^{(1)}: n \in N\right\}, \left\{b_n^{(2)}: n \in N\right\}$ s.t. $a_n^{(1)} = b_n^{(1)} - b_{n+1}^{(1)}$ and $a_n^{(2)} = b_n^{(2)} - b_{n+1}^{(2)}$

解题流程:

Step1.

找 $\alpha, \beta, \left\{a_n^{(1)}: n \in N\right\}, \left\{a_n^{(2)}: n \in N\right\}$ 使得 $a_n = \alpha a_n^{(1)} + \beta a_n^{(2)}$

先可观察出 $\left\{a_n^{(1)}: n \in N\right\} = ?$，$\left\{a_n^{(2)}: n \in N\right\} = ?$

再使用比较系数法求 α, β

Step2.

找 $\left\{b_n^{(1)}: n \in N\right\}$，$\left\{b_n^{(2)}: n \in N\right\}$ 使得 $a_n^{(1)} = b_n^{(1)} - b_{n+1}^{(1)}$ 且 $a_n^{(2)} = b_n^{(2)} - b_{n+1}^{(2)}$

Step3.

判断 $\lim_{M\to\infty} b_M^{(1)} = \mathrm{L}^{(1)} < \infty$ 或 $\lim_{M\to\infty} b_M^{(1)}$ 不存在

判断 $\lim_{M\to\infty} b_M^{(2)} = \mathrm{L}^{(2)} < \infty$ 或 $\lim_{M\to\infty} b_M^{(2)}$ 不存在

$$\because a_n = \alpha a_n^{(1)} + \beta a_n^{(2)} = \alpha\left(b_n^{(1)} - b_{n+1}^{(1)}\right) + \beta\left(b_n^{(2)} - b_{n+1}^{(2)}\right)$$

$$\therefore \sum_{n=1}^{\infty} a_n = \alpha \sum_{n=1}^{\infty} a_n^{(1)} + \beta \sum_{n=1}^{\infty} a_n^{(2)} = \alpha \sum_{n=1}^{\infty}\left(b_n^{(1)} - b_{n+1}^{(1)}\right) + \beta \sum_{n=1}^{\infty}\left(b_n^{(2)} - b_{n+1}^{(2)}\right)$$

$$= \alpha\left(b_1^{(1)} - \lim_{M\to\infty} b_M^{(1)}\right) + \beta\left(b_1^{(2)} - \lim_{M\to\infty} b_M^{(2)}\right)$$

Step4.

若 $\lim_{M\to\infty} b_M^{(1)} = \mathrm{L}^{(1)} < \infty$ 且 $\lim_{M\to\infty} b_M^{(2)} = \mathrm{L}^{(2)} < \infty$

则 $\sum_{n=1}^{\infty} a_n = \alpha\left(b_1^{(1)} - \mathrm{L}^{(1)}\right) + \beta\left(b_1^{(2)} - \mathrm{L}^{(2)}\right)$且 $\sum_{n=1}^{\infty} a_n$ 收敛

若 $\lim_{M\to\infty} b_M^{(1)} = \mathrm{L}^{(1)} < \infty$ 且 $\lim_{M\to\infty} b_M^{(2)}$ 不存在 则 $\sum_{n=1}^{\infty} a_n$ 发散

若 $\lim_{M\to\infty} b_M^{(1)}$ 不存在 且 $\lim_{M\to\infty} b_M^{(2)} = \mathrm{L}^{(2)} < \infty$ 则 $\sum_{n=1}^{\infty} a_n$ 发散

若 $\lim_{M\to\infty} b_M^{(1)}$ 不存在 且 $\lim_{M\to\infty} b_M^{(2)}$ 不存在 则 $\sum_{n=1}^{\infty} a_n$ 不确定收敛发散

范例说明:

(I)求 $\sum_{n=1}^{\infty} \frac{n}{(n+2)(n+3)(n+4)} = ?$

$$\sum_{n=1}^{M} \frac{n}{(n+2)(n+3)(n+4)} = -\sum_{n=1}^{M}\left(\frac{1}{n+2} - \frac{1}{n+3}\right) + 2\sum_{n=1}^{M}\left(\frac{1}{n+3} - \frac{1}{n+4}\right)$$

$$= -\left(\frac{1}{3} - \frac{1}{M+3}\right) + 2\left(\frac{1}{4} - \frac{1}{M+4}\right) = \frac{1}{6} + \frac{1}{(M+3)} - \frac{2}{(M+4)}$$

$$\therefore \sum_{n=1}^{\infty} \frac{n}{(n+2)(n+3)(n+4)} = \frac{1}{6} + \lim_{M\to\infty} \frac{1}{(M+3)} - \frac{2}{(M+4)} = \frac{1}{6}$$

Type 4.

Prove $\sum_{n=1}^{\infty} \frac{n}{\gamma^n} = \frac{\gamma}{(\gamma-1)^2},\ \forall \gamma > 1$

解题流程:

Step1.

令 $S = \sum_{n=1}^{\infty} \frac{n}{\gamma^n}$ 则 $\frac{S}{\gamma} = \sum_{n=1}^{\infty} \frac{n}{\gamma^{n+1}}$

Step2.

$$\because\ S-\frac{S}{\gamma}=\sum_{n=1}^{\infty}\frac{n}{\gamma^n}-\sum_{n=1}^{\infty}\frac{n}{\gamma^{n+1}}=\frac{1}{\gamma}+\sum_{n=1}^{\infty}\left(\frac{n+1}{\gamma^{n+1}}-\frac{n}{\gamma^{n+1}}\right)=\frac{1}{\gamma}+\sum_{n=1}^{\infty}\frac{1}{\gamma^{n+1}}=\frac{\frac{1}{\gamma}}{1-\frac{1}{\gamma}}=\frac{1}{\gamma-1}$$

Step3.

$$\therefore S-\frac{S}{\gamma}=\frac{(\gamma-1)S}{\gamma}=\frac{1}{\gamma-1}\qquad\therefore S=\frac{\gamma}{(\gamma-1)^2}$$

Type 5.

Prove $\displaystyle\sum_{n=1}^{\infty}\frac{n^2}{\gamma^n}=\frac{\gamma(\gamma+1)}{(\gamma-1)^3},\quad\forall\gamma>1$

解题流程:

Step1.

令 $\displaystyle S=\sum_{n=1}^{\infty}\frac{n^2}{\gamma^n}$ 则 $\displaystyle\frac{S}{\gamma}=\sum_{n=1}^{\infty}\frac{n^2}{\gamma^{n+1}}$

Step2.

$$\because\ S-\frac{S}{\gamma}=\sum_{n=1}^{\infty}\frac{n^2}{\gamma^n}-\sum_{n=1}^{\infty}\frac{n^2}{\gamma^{n+1}}=\frac{1}{\gamma}+\sum_{n=1}^{\infty}\left(\frac{(n+1)^2}{\gamma^{n+1}}-\frac{n^2}{\gamma^{n+1}}\right)$$

$$=\frac{1}{\gamma}+\sum_{n=1}^{\infty}\frac{2n+1}{\gamma^{n+1}}=\sum_{n=1}^{\infty}\frac{2n-1}{\gamma^n}\qquad\therefore\frac{(\gamma-1)S}{\gamma}=\sum_{n=1}^{\infty}\frac{2n-1}{\gamma^n}\ \therefore\frac{(\gamma-1)S}{\gamma^2}=\sum_{n=1}^{\infty}\frac{2n-1}{\gamma^{n+1}}$$

Step3.

$$\therefore\frac{(\gamma-1)S}{\gamma}-\frac{(\gamma-1)S}{\gamma^2}=\frac{1}{\gamma}+\sum_{n=1}^{\infty}\frac{2n+1}{\gamma^{n+1}}-\sum_{n=1}^{\infty}\frac{2n-1}{\gamma^{n+1}}=\frac{1}{\gamma}+\sum_{n=1}^{\infty}\frac{2}{\gamma^{n+1}}$$

$$=\frac{1}{\gamma}+2\cdot\frac{\frac{1}{\gamma^2}}{1-\frac{1}{\gamma}}=\frac{\gamma+1}{\gamma(\gamma-1)}$$

$$\therefore\frac{(\gamma-1)S}{\gamma}-\frac{(\gamma-1)S}{\gamma^2}=\frac{(\gamma-1)^2S}{\gamma}=\frac{\gamma+1}{\gamma(\gamma-1)}\Rightarrow S=\frac{\gamma(\gamma+1)}{(\gamma-1)^3}$$

Example 1.

$$求\ \sum_{n=1}^{\infty}\frac{\sqrt{n+2}-\sqrt{n}}{\sqrt{n^2+2n}}=?$$

【解】

$$\because \frac{\sqrt{n+2}-\sqrt{n}}{\sqrt{n^2+2n}}=\frac{\sqrt{n+2}-\sqrt{n}}{\sqrt{n}\sqrt{n+2}}=\frac{1}{\sqrt{n}}-\frac{1}{\sqrt{n+2}}$$

$$\therefore \sum_{n=1}^{M}\frac{\sqrt{n+2}-\sqrt{n}}{\sqrt{n^2+2n}}=1+\frac{1}{\sqrt{2}}-\frac{1}{\sqrt{M+1}}-\frac{1}{\sqrt{M+2}}$$

$$\Rightarrow \sum_{n=1}^{\infty}\frac{\sqrt{n+2}-\sqrt{n}}{\sqrt{n^2+2n}}=\lim_{M\to\infty}1+\frac{1}{\sqrt{2}}-\frac{1}{\sqrt{M+1}}-\frac{1}{\sqrt{M+2}}=1+\frac{1}{\sqrt{2}}$$

Example 2.

$$求\ \sum_{n=1}^{\infty}\frac{n+1}{(n+2)!}=?$$

【解】

$$\because \frac{n+1}{(n+2)!}=\frac{n+2-1}{(n+2)!}=\frac{1}{(n+1)!}-\frac{1}{(n+2)!}$$

$$\therefore \sum_{n=1}^{M}\frac{n+1}{(n+2)!}=\sum_{n=1}^{M}\frac{1}{(n+1)!}-\frac{1}{(n+2)!}=\frac{1}{2}-\frac{1}{(M+2)!}$$

$$\Rightarrow \sum_{n=1}^{\infty}\frac{n+1}{(n+2)!}=\lim_{M\to\infty}\frac{1}{2}-\frac{1}{(M+2)!}=\frac{1}{2}$$

Example 3.

$$求\ \sum_{n=1}^{\infty}\frac{1}{n(n+2)}=?$$

【解】

$$\because \frac{1}{n(n+2)} = \frac{1}{2}\left(\frac{1}{n} - \frac{1}{n+2}\right)$$

$$\therefore \sum_{n=1}^{M} \frac{1}{n(n+2)} = \frac{1}{2}\sum_{n=1}^{M}\left(\frac{1}{n} - \frac{1}{n+2}\right) = \frac{1}{2}\left(1 + \frac{1}{2} - - \frac{1}{M+1} - \frac{1}{M+2}\right)$$

$$\Rightarrow \sum_{n=1}^{\infty} \frac{1}{n(n+2)} = \lim_{M\to\infty} \frac{1}{2}\left(1 + \frac{1}{2} - - \frac{1}{M+1} - \frac{1}{M+2}\right) = \frac{3}{4}$$

Example 4.

$$\text{求} \sum_{n=1}^{\infty} \frac{1}{\sqrt{n+2} + \sqrt{n}} = ?$$

【解】

$$\because \frac{1}{\sqrt{n+2} + \sqrt{n}} = \frac{\sqrt{n+2} - \sqrt{n}}{(\sqrt{n+2} + \sqrt{n})(\sqrt{n+2} - \sqrt{n})} = \frac{\sqrt{n+2} - \sqrt{n}}{2}$$

$$\therefore \sum_{n=1}^{M} \frac{1}{\sqrt{n+2} + \sqrt{n}} = \frac{\sqrt{M+2} + \sqrt{M+1} - \sqrt{2} - 1}{2}$$

$$\Rightarrow \sum_{n=1}^{\infty} \frac{1}{\sqrt{n+1} + \sqrt{n}} = \lim_{M\to\infty} \frac{\sqrt{M+2} + \sqrt{M+1} - \sqrt{2} - 1}{2} = \infty$$

Example 5.

$$\text{求} \sum_{n=1}^{\infty} \frac{2^n + 3^n}{5^n} = ?$$

【解】

$$\sum_{n=1}^{\infty} \frac{2^n + 3^n}{5^n} = \sum_{n=1}^{\infty} \frac{2^n}{5^n} + \sum_{n=1}^{\infty} \frac{3^n}{5^n} = \frac{\frac{2}{5}}{1 - \frac{2}{5}} + \frac{\frac{3}{5}}{1 - \frac{3}{5}} = \frac{2}{3} + \frac{3}{2} = \frac{13}{6}$$

Example 6.

$$\text{求}\ \sum_{n=1}^{\infty}\frac{3^n+4^n}{7^n}=?$$

【解】

$$\sum_{n=1}^{\infty}\frac{3^n+4^n}{7^n}=\sum_{n=1}^{\infty}\frac{3^n}{7^n}+\sum_{n=1}^{\infty}\frac{4^n}{7^n}=\frac{\frac{3}{7}}{1-\frac{3}{7}}+\frac{\frac{4}{7}}{1-\frac{4}{7}}=\frac{3}{4}+\frac{4}{3}=\frac{25}{12}$$

Example 7.

$$\text{求}\ \sum_{n=1}^{\infty}\frac{1}{n(n+3)}=?$$

【解】

$$\because \frac{1}{n(n+3)}=\frac{1}{3}\left(\frac{1}{n}-\frac{1}{n+3}\right)$$

$$\therefore \sum_{n=1}^{M}\frac{1}{n(n+3)}=\frac{1}{3}\sum_{n=1}^{M}\frac{1}{n}-\frac{1}{n+3}$$

$$=\frac{1}{3}\left(1+\frac{1}{2}+\frac{1}{3}-\frac{1}{M+1}-\frac{1}{M+2}-\frac{1}{M+3}\right),\quad \forall M\geq 4$$

$$\Rightarrow \sum_{n=1}^{\infty}\frac{3}{n(n+1)}=\frac{1}{3}\lim_{M\to\infty}\left(1+\frac{1}{2}+\frac{1}{3}-\frac{1}{M+1}-\frac{1}{M+2}-\frac{1}{M+3}\right)=\frac{11}{18}$$

Example 8.

$$\text{求}\ \sum_{n=1}^{\infty}\frac{1}{(n+1)(n+2)(n+3)}=?$$

【解】

$$\because \frac{1}{(n+1)(n+2)(n+3)}=\frac{1}{2}\left(\frac{1}{(n+1)(n+2)}-\frac{1}{(n+2)(n+3)}\right)$$

$$\therefore \sum_{n=1}^{M}\frac{1}{(n+1)(n+2)(n+3)}=\frac{1}{2}\left(\frac{1}{6}-\frac{1}{(M+2)(M+3)}\right)$$

$$\Rightarrow \sum_{n=1}^{\infty}\frac{1}{(n+1)(n+2)(n+3)}=\lim_{M\to\infty}\frac{1}{2}\left(\frac{1}{6}-\frac{1}{(M+2)(M+3)}\right)=\frac{1}{12}$$

Example 9.

求 $\sum_{n=1}^{\infty}\frac{1}{n(n+1)(n+2)(n+3)}=?$

【解】

令 $\frac{1}{n(n+1)(n+2)(n+3)}=\frac{a}{n(n+1)(n+2)}+\frac{b}{(n+1)(n+2)(n+3)}$

则 $\frac{a}{n(n+1)(n+2)}+\frac{b}{(n+1)(n+2)(n+3)}=\frac{a(n+3)+bn}{n(n+1)(n+2)(n+3)}$

$\therefore a+b=0,\ 3a=1\Rightarrow a=\frac{1}{3},\ b=-\frac{1}{3}$

$$\therefore \sum_{n=1}^{M}\frac{1}{n(n+1)(n+2)(n+3)}$$

$$=\frac{1}{3}\left(\sum_{n=1}^{M}\frac{1}{n(n+1)(n+2)}-\sum_{n=1}^{M}\frac{1}{(n+1)(n+2)(n+3)}\right)$$

$$=\frac{1}{3}\cdot\left(\frac{1}{6}-\frac{1}{(M+1)(M+2)(M+3)}\right)$$

$$\therefore \sum_{n=1}^{\infty}\frac{1}{n(n+1)(n+2)(n+3)}=\frac{1}{18}-\lim_{M\to\infty}\frac{1}{3(n+1)(n+2)(n+3)}=\frac{1}{18}$$

Example 10.

求 $\sum_{n=1}^{\infty}\ln\left(1+\frac{2}{n}\right)=?$

【解】

$$\because \ln\left(1+\frac{2}{n}\right)=\ln\left(\frac{n+2}{n}\right)=\ln(n+2)-\ln n$$

$$\therefore \sum_{n=1}^{M}\ln(n+2)-\ln n=\ln(M+2)+\ln(M+1)-\ln 2-\ln 1$$

$$\Rightarrow \sum_{n=1}^{\infty}\ln(n+2)-\ln n=\lim_{M\to\infty}(\ln(M+2)+\ln(M+1)-\ln 2-\ln 1)=\infty$$

Example 11.

$$\text{求}\ \sum_{n=3}^{\infty}\ln\left(1-\frac{4}{n^2}\right)=?$$

【解】

$$\because \ln\left(1-\frac{4}{n^2}\right)=\ln\left(\frac{n^2-4}{n^2}\right)=\ln\frac{(n+2)(n-2)}{n^2}=\ln\frac{n+2}{n}-\ln\frac{n}{n-2}$$

$$\therefore \sum_{n=3}^{M}\ln\left(1-\frac{4}{n^2}\right)=\ln\frac{M+2}{M}+\ln\frac{M+1}{M-1}-\ln 2-\ln 3\Rightarrow \sum_{n=2}^{\infty}\ln\left(1-\frac{4}{n^2}\right)=-\ln 6$$

Example 12.

$$\text{求}\ \sum_{n=1}^{\infty}\frac{5}{n(n+5)}=?$$

【解】

$$\because \frac{5}{n(n+5)}=\frac{1}{n}-\frac{1}{n+5}$$

$$\therefore \sum_{n=1}^{M}\frac{5}{n(n+5)}=\sum_{n=1}^{M}\frac{1}{n}-\frac{1}{n+5}$$

$$=1+\frac{1}{2}+\frac{1}{3}+\frac{1}{4}+\frac{1}{5}+-\frac{1}{M+1}-\frac{1}{M+2}-\frac{1}{M+3}-\frac{1}{M+4}-\frac{1}{M+5},\quad \forall M\geq 6$$

$$\Rightarrow \sum_{n=1}^{\infty} \frac{5}{n(n+5)} = \lim_{M\to\infty}\left(1+\frac{1}{2}+\frac{1}{3}+\frac{1}{4}+\frac{1}{5}+-\frac{1}{M+1}-\frac{1}{M+2}-\frac{1}{M+3}-\frac{1}{M+4}-\frac{1}{M+5}\right)$$

$$= \frac{137}{60}$$

Example 13.

$$求 \sum_{n=1}^{\infty} \frac{n}{(n+2)(n+3)(n+4)} = ?$$

【解】

$$令 \frac{n}{(n+2)(n+3)(n+4)} = \frac{a}{(n+2)(n+3)} + \frac{b}{(n+3)(n+4)}$$

$$\because \frac{a}{(n+2)(n+3)} + \frac{b}{(n+3)(n+4)} = \frac{a(n+4)+b(n+2)}{(n+2)(n+3)(n+4)}$$

$$\therefore n = a(n+4)+b(n+2) \Rightarrow a+b=1, 4a+2b=0 \Rightarrow a=-1, b=2$$

$$\sum_{n=1}^{M} \frac{n}{(n+2)(n+3)(n+4)} = -\sum_{n=1}^{M}\left(\frac{1}{n+2}-\frac{1}{n+3}\right) + 2\sum_{n=1}^{M}\left(\frac{1}{n+3}-\frac{1}{n+4}\right)$$

$$= -\left(\frac{1}{3}-\frac{1}{M+3}\right) + 2\left(\frac{1}{4}-\frac{1}{M+4}\right) = \frac{1}{6} + \frac{1}{(M+3)} - \frac{2}{(M+4)}$$

$$\therefore \sum_{n=1}^{\infty} \frac{n}{(n+2)(n+3)(n+4)} = \frac{1}{6} + \lim_{M\to\infty} \frac{1}{(M+3)} - \frac{2}{(M+4)} = \frac{1}{6}$$

Example 14.

$$求 \sum_{n=1}^{\infty} \frac{n}{(2n-1)(2n+1)(2n+3)} = ?$$

【解】

$$令 \frac{n}{(2n-1)(2n+1)(2n+3)} = \frac{a}{(2n-1)(2n+1)} + \frac{b}{(2n+1)(2n+3)}$$

$$\because \frac{a}{(2n-1)(2n+1)} + \frac{b}{(2n+1)(2n+3)} = \frac{a(2n+3)+b(2n-1)}{(2n-1)(2n+1)(2n+3)}$$

$$\therefore 2a+2b=1,\ 3a-b=0 \Rightarrow a=\frac{1}{8},\ b=\frac{3}{8}$$

$$\therefore \sum_{n=1}^{\infty}\frac{n}{(2n-1)(2n+1)(2n+3)}=\sum_{n=1}^{\infty}\frac{\frac{1}{8}}{(2n-1)(2n+1)}+\frac{\frac{3}{8}}{(2n+1)(2n+3)}$$

$$=\frac{1}{16}\sum_{n=1}^{\infty}\frac{1}{2n-1}-\frac{1}{2n+1}+\frac{3}{16}\sum_{n=1}^{\infty}\frac{1}{2n+1}-\frac{1}{2n+3}=\frac{1}{16}+\frac{3}{16}\cdot\frac{1}{3}=\frac{1}{8}$$

Example 15.

$$求\ \sum_{n=1}^{\infty}\frac{n}{3^n}=?$$

【解】

$$令S=\sum_{n=1}^{\infty}\frac{n}{3^n}\quad 则\quad \frac{S}{3}=\sum_{n=1}^{\infty}\frac{n}{3^{n+1}}$$

$$\therefore S-\frac{S}{3}=\sum_{n=1}^{\infty}\frac{n}{3^n}-\sum_{n=1}^{\infty}\frac{n}{3^{n+1}}=\frac{1}{3}+\sum_{n=1}^{\infty}\frac{n+1}{3^{n+1}}-\frac{n}{3^{n+1}}=\sum_{n=1}^{\infty}\frac{1}{3^n}=\frac{\frac{1}{3}}{1-\frac{1}{3}}=\frac{1}{2}$$

$$\therefore \frac{2S}{3}=\frac{1}{2}\Rightarrow S=\frac{3}{4}$$

Example 16.

$$求\ \sum_{n=1}^{\infty}\frac{n^2}{2^n}=?$$

【解】

$$令S=\sum_{n=1}^{\infty}\frac{n^2}{2^n}\quad 则\quad \frac{S}{2}=\sum_{n=1}^{\infty}\frac{n^2}{2^{n+1}}$$

$$\therefore S-\frac{S}{2}=\sum_{n=1}^{\infty}\frac{n^2}{2^n}-\sum_{n=1}^{\infty}\frac{n^2}{2^{n+1}}=\frac{1}{2}+\sum_{n=1}^{\infty}\frac{(n+1)^2}{2^{n+1}}-\frac{n^2}{2^{n+1}}=\sum_{n=0}^{\infty}\frac{2n+1}{2^{n+1}}=\sum_{n=1}^{\infty}\frac{2n-1}{2^n}$$

$$\Rightarrow \frac{S}{2}-\frac{S}{4}=\sum_{n=1}^{\infty}\frac{2n-1}{2^n}-\sum_{n=1}^{\infty}\frac{2n-1}{2^{n+1}}=\frac{1}{2}+\sum_{n=1}^{\infty}\frac{2n+1}{2^{n+1}}-\sum_{n=1}^{\infty}\frac{2n-1}{2^{n+1}}=\frac{3}{2}$$

$$\therefore \frac{S}{4}=\frac{3}{2}\Rightarrow S=6$$

Example 17.

$$\text{求} \sum_{n=1}^{\infty}\frac{n^2+n-1}{n+1!}=?$$

【解】

$$\because \frac{n^2+n-1}{n+1!}=\frac{n(n+1)}{n+1!}-\frac{1}{n+1!}=\frac{1}{(n-1)!}-\frac{1}{n+1!}$$

$$\therefore \sum_{n=1}^{M}\frac{n^2+n-1}{n+1!}=\frac{1}{0!}+\frac{1}{1!}-\frac{1}{(M+2)!}-\frac{1}{(M+1)!}$$

$$\therefore \sum_{n=1}^{\infty}\frac{n^2+n-1}{n+1!}=\frac{1}{0!}+\frac{1}{1!}-\lim_{M\to\infty}\frac{1}{(M+2)!}-\frac{1}{(M+1)!}=2$$

Example 18.

$$\text{求} \sum_{n=1}^{\infty}\frac{1}{n!\,(n+1)(n+3)}=?$$

【解】

$$\because \frac{1}{n!\,(n+1)(n+3)}=\frac{n+2}{n!\,(n+1)(n+2)(n+3)}=\frac{n+2}{(n+3)!}=\frac{n+3-1}{(n+3)!}$$

$$=\frac{1}{(n+2)!}-\frac{1}{(n+3)!}$$

$$\therefore \sum_{n=1}^{\infty}\frac{1}{n!\,(n+1)(n+3)}=\sum_{n=1}^{\infty}\frac{1}{(n+2)!}-\frac{1}{(n+3)!}=\frac{1}{3!}$$

Example 19.

$$\sum_{n=1}^{\infty}\frac{1}{(3n+2)(3n-1)}=?$$

【解】

$$\because \frac{1}{(3n+2)(3n-1)}=\frac{1}{3}\left(\frac{1}{(3n-1)}-\frac{1}{(3n+2)}\right)$$

$$\therefore \sum_{n=1}^{\infty}\frac{1}{(3n+2)(3n-1)}=\frac{1}{3}\sum_{n=1}^{\infty}\frac{1}{(3n-1)}-\frac{1}{(3n+1)}=\frac{1}{6}$$

Example 20.

$$\sum_{n=2}^{\infty}\frac{\ln\left(\left(1+\frac{1}{n}\right)^{n}(1+n)\right)}{(\ln n^{n})\,(\ln(n+1)^{n+1})}=?$$

【解】

$$\because \frac{\ln\left(\left(1+\frac{1}{n}\right)^{n}(1+n)\right)}{(\ln n^{n})\,(\ln(n+1)^{n+1})}=\frac{n\ln\left(\frac{n+1}{n}\right)+\ln(1+n)}{(n\ln n)\,(n+1)\ln(n+1)}$$

$$=\frac{n\ln(n+1)-n\ln n}{(n\ln n)\,(n+1)\ln(n+1)}+\frac{\ln(1+n)}{(n\ln n)\,(n+1)\ln(n+1)}$$

$$=\frac{1}{(n+1)\ln n}-\frac{1}{(n+1)\ln(n+1)}+\frac{1}{n\ln n(n+1)}$$

$$=\frac{n+1}{n(n+1)\ln n}-\frac{1}{(n+1)\ln(n+1)}=\frac{1}{n\ln n}-\frac{1}{(n+1)\ln(n+1)}$$

$$\therefore \sum_{n=2}^{\infty}\frac{\ln\left(\left(1+\frac{1}{n}\right)^{n}(1+n)\right)}{(\ln n^{n})\,(\ln(n+1)^{n+1})}=\frac{1}{2\ln 2}-\lim_{M\to\infty}\frac{1}{(M+1)\ln(M+1)}=\frac{1}{2\ln 2}$$

6.3 判断正项级数的收敛性

介绍四个用来判断正项级数是否收敛的检验法，如之前谈到这四个检验法的证明皆用到单调数列收敛定理，此外，这四者的使用时机不尽相同，读者除了理解这些检验法也需了解彼此之间使用时机的差异；使用积分检验法的时机为当正项级数里的a_n形式较为干净且满足$f(n) = a_n$的函数$f(x)$通常能够较容易知道它的瑕积分$\int_1^\infty f(x)\,dx$收敛或发散；当正项级数里的a_n形式较为复杂并且能够轻易找到b_n使得 $a_n \leq b_n$ 或$b_n \leq a_n$时，则尝试用比较法，使用比较法的时候，通常会搭配积分检验法；当正项级数里的a_n出现阶乘或次方项时，尝试使用比值法，当a_n出现次方项而比值法失效时，尝试使用根值法；底下整理判断正项级数是否收敛的主要方法

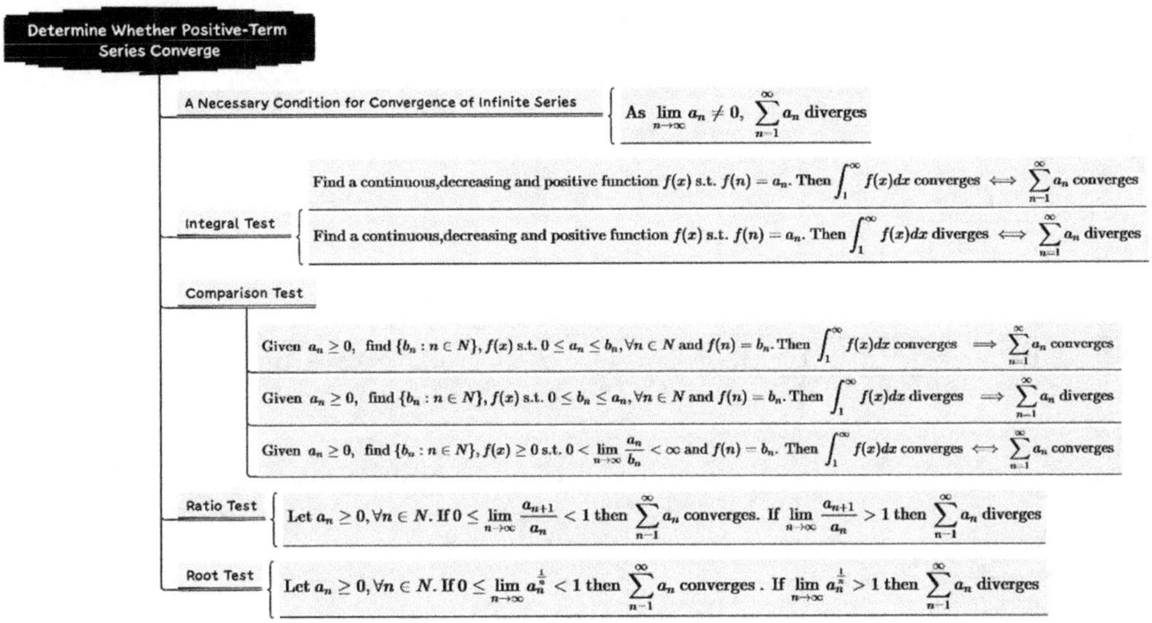

6.3.1 无穷级数收敛的必要条件

【定理】无穷级数收敛的必要条件

$$\sum_{n=1}^{\infty} a_n \text{ 收敛} \Rightarrow \lim_{n\to\infty} a_n = 0$$

<u>Proof:</u>

$$\text{令 } S_n = \sum_{k=1}^{n} a_k \ \text{ 则 } a_n = S_n - S_{-1}$$

$\because \sum_{n=1}^{\infty} a_n$ 收敛，令 $\sum_{n=1}^{\infty} a_n = \mathrm{L}$ 则 $\lim_{n\to\infty} S_n = \lim_{n\to\infty} S_{n-1} = L$

$\therefore \lim_{n\to\infty} a_n = \lim_{n\to\infty} S_n - S_{-1} = \lim_{n\to\infty} S_n - \lim_{n\to\infty} S_{n-1} = 0$

Example 1.

判断 $\sum_{n=1}^{\infty} \frac{7^n}{7^{n+1}+1}$ 收敛或发散

【解】

Claim: $\lim_{n\to\infty} \frac{7^n}{7^{n+1}+1} \neq 0$

$$\lim_{n\to\infty} \frac{7^n}{7^{n+1}+1} = \lim_{n\to\infty} \frac{\frac{7^n}{7^n}}{\frac{7^{n+1}}{7^n}+\frac{1}{7^n}} = \lim_{n\to\infty} \frac{1}{7+\frac{1}{7^n}} = \frac{1}{7} \qquad \therefore \sum_{n=1}^{\infty} \frac{7^n}{7^{n+1}+1} \text{ 发散}$$

Example 2.

判断 $\sum_{n=1}^{\infty} \frac{1}{\sqrt[3n]{n}}$ 收敛或发散

【解】

Claim: $\lim_{n\to\infty} \frac{1}{\sqrt[3n]{n}} \neq 0$

$\because \frac{1}{\sqrt[3n]{n}} = n^{-\frac{1}{3n}} = e^{-\frac{1}{3n}\ln n}$

$$\therefore \lim_{n\to\infty} \frac{\ln n}{3n} = \lim_{n\to\infty} \frac{\frac{1}{n}}{3} = 0 \Rightarrow \lim_{n\to\infty} \frac{1}{\sqrt[3n]{n}} = \exp\left(\lim_{n\to\infty} -\frac{1}{3n}\ln n\right) = 1 \quad \therefore \sum_{n=1}^{\infty} \frac{1}{\sqrt[3n]{n}} \text{ 发散}$$

Example 3.

判断 $\sum_{n=1}^{\infty}\left(1+\frac{k}{n}\right)^{n}$ ，for $k>0$ 收敛或发散

【解】

$\because \lim_{n\to\infty}\left(1+\frac{k}{n}\right)^{n}=e^{k}\neq 0,\ \text{for } k>0 \quad \therefore \sum_{n=1}^{\infty}\left(1+\frac{k}{n}\right)^{n}$ 发散

Example 4.

判断 $\sum_{n=1}^{\infty}\cos n$ 收敛或发散

【解】

$\because \lim_{n\to\infty}\cos n\neq 0 \quad \therefore \sum_{n=1}^{\infty}\cos n$ 发散

Example 5.

判断 $\sum_{n=1}^{\infty}\frac{e^{n}}{\ln n^{2}}$ 收敛或发散

【解】

$\because \frac{e^{n}}{\ln n^{2}}>\frac{e^{n}}{2n} \quad \therefore \lim_{n\to\infty}\frac{e^{n}}{2n}=\lim_{n\to\infty}\frac{e^{n}}{2}=\infty \Rightarrow \lim_{n\to\infty}\frac{e^{n}}{\ln n^{2}}=\infty \quad \therefore \sum_{n=1}^{\infty}\frac{e^{n}}{\ln n^{2}}$ 发散

Example 6.

判断 $\sum_{n=1}^{\infty}n\ln\left(1+\frac{k}{n}\right),\ \forall k\in N$ 收敛或发散

【解】

Claim: $\lim_{n\to\infty}n\ln\left(1+\frac{k}{n}\right)\neq 0,\ \forall k\in N$

令$k \in N$ 且 $\dfrac{k}{n} = x$ 则

$$\lim_{n\to\infty} n\ln\left(1+\frac{k}{n}\right) = k\lim_{n\to\infty}\frac{\ln\left(1+\frac{k}{n}\right)}{\frac{k}{n}} = k\lim_{x\to 0}\frac{\ln(1+x)}{x} = k\lim_{x\to 0}\frac{1}{1+x} = k \neq 0$$

$\therefore \sum_{n=1}^{\infty} n\ln\left(1+\frac{k}{n}\right)$，$\forall k \in N$发散

Example 7.

判断$\sum_{n=1}^{\infty} n\sin\frac{\pi}{n}$ 收敛或发散

【解】

Claim: $\lim_{n\to\infty} n\sin\frac{\pi}{n} \neq 0$

令 $\dfrac{\pi}{n} = x$ 则 $\lim_{n\to\infty} n\sin\frac{\pi}{n} = \pi\left(\lim_{n\to\infty}\frac{\sin\frac{\pi}{n}}{\frac{\pi}{n}}\right) = \pi\lim_{x\to 0}\frac{\sin x}{x} = \pi\lim_{x\to 0}\frac{\cos x}{1} = \pi$

$\therefore \sum_{n=1}^{\infty} n\sin\frac{\pi}{n}$ 发散

6.3.2 使用积分检验法(Integral Test)

【定理】积分检验法(Integral Test)

If ∃ continuous，decreasing and positive $f(x)$ on $[1,\infty)$ such that $f(n) = a_n$，then

(i) $\int_1^{\infty} f(x)dx$ 收敛 $\Leftrightarrow \sum_{n=1}^{\infty} a_n$ 收敛

(ii) $\int_1^{\infty} f(x)dx$ 发散 $\Leftrightarrow \sum_{n=1}^{\infty} a_n$ 发散

<u>Proof:</u>

Assume ∃ continuous and decreasing $f(x)$ such that $f(n) = a_n$

(i) Claim: $\int_1^\infty f(x)dx$ 收斂 $\Rightarrow \sum_{n=1}^\infty a_n$ 收斂

Let $S_n = a_1 + a_2 + \cdots + a_n$, $\because a_1 + a_2 + \cdots + a_n < a_1 + \int_1^n f(x)dx$

If $\int_1^\infty f(x)dx$ 收斂 then $\{S_n\}_{n=1}^\infty$ is increasing and bounded sequence.

By Monotone convergence Theorem, $\{S_n\}_{n=1}^\infty$ convergences $\therefore \sum_{n=1}^\infty a_n$ 收斂

(ii) Claim: $\sum_{n=1}^\infty a_n$ 收斂 $\Rightarrow \int_1^\infty f(x)dx$ 收斂

Assume $\sum_{n=1}^\infty a_n$ 收斂 and let $S_n = \int_1^{n+1} f(x)dx$

$\because a_1 + a_2 + \ldots + a_n > \int_1^{n+1} f(x)dx$

If $\sum_{n=1}^\infty a_n$ 收斂 then $\{S_n\}_{n=1}^\infty$ is increasing and bounded sequence.

By Monotone convergence Theorem, $\{S_n\}_{n=1}^\infty$ convergences $\therefore \int_1^\infty f(x)dx$ 收斂

考试类型:
Type 1.

判断 $\sum_{n=1}^\infty a_n$ 收敛或发散

解题流程:
Step1.
找$f(x)$ such that $f(n) = a_n$且说明$f(x)$于$[1,\infty)$为连续,递减且恒正的函数
Step2.

判断 $\int_1^{\infty} f(x)dx$ 收敛或发散

如果能直接求瑕积分得值或判断其收敛发散时，则藉由积分检验法(Integral Test),

如果 $\int_1^{\infty} f(x)dx$ 收敛(发散) 则 $\sum_{n=1}^{\infty} a_n$ 收敛(发散)

范例说明:

Assume $p > 0$

(I)判断 $\sum_{n=1}^{\infty} \frac{1}{n^p}$ 是否收敛则令 $f(x) = x^{-p}$ 且 判断 $\int_1^{\infty} x^{-p}dx$ 是否收敛

(II)判断 $\sum_{n=1}^{\infty} \frac{\ln n}{n^p}$ 是否收敛则令 $f(x) = x^{-p}\ln x$ 且 判断 $\int_1^{\infty} x^{-p}\ln x\, dx$ 是否收敛

(III)判断 $\sum_{n=2}^{\infty} \frac{1}{n(\ln n)^p}$ 是否收敛则令 $f(x) = \frac{1}{x(\ln x)^p}$ 且判断 $\int_2^{\infty} \frac{dx}{x(\ln x)^p}$ 是否收敛

(IV)判断 $\sum_{n=2}^{\infty} \frac{1}{(\ln n)^P}$ 是否收敛则令 $f(x) = \frac{1}{(\ln n)^P}$ 且 判断 $\int_2^{\infty} \frac{dx}{(\ln x)^P}$ 是否收敛

如果无法直接求瑕积分的值或判断其收敛发散时，可尝试将积分做转换，方法包含：变数代换法、分部积分法...等；接着再求转换后瑕积分的值或使用积分检验法(Integral Test)判断其收敛发散

Example 1.

试判断 $\sum_{n=1}^{\infty} \frac{1}{n^p}$ 收敛或发散，for $p > 0$

【解】

(1)

As $p=1$, $\int_1^\infty x^{-1}dx=(\ln x)|_1^\infty=\infty \quad \therefore \int_1^\infty x^{-1}dx$ 发散

令$f(x)=x^{-1}$, $\forall x>1 \quad \because f(x)$于$[1,\infty)$为连续, 递减且恒正的函数

藉由 Integral Test 则 $\sum_{n=1}^\infty \frac{1}{n}$ 发散

(2)

$$\text{As } p\neq 1,\quad \because \int_1^\infty x^{-p}dx=\frac{x^{-p+1}|_1^\infty}{1-p}=\begin{cases}\frac{1}{p-1}, & p>1\\ \infty, & 0<p<1\end{cases}$$

令$f(x)=x^{-p}$, $\forall x>1$, $\because f(x)$于$[1,\infty)$为连续, 递减且恒正的函数

$$\text{藉由 Integral Test 则 } \sum_{n=1}^\infty \frac{1}{n^p}=\begin{cases}\text{收敛}, & p>1\\ \text{发散}, & 0<p\le 1\end{cases}$$

Example 2.

试判断$\sum_{n=1}^\infty \frac{\ln n}{n^p}$ 收敛或发散, for $p>0$

【解】

(1)

$$\text{As } p=1,\quad \because \int_1^\infty x^{-1}\ln x\,dx=\left.\frac{(\ln x)^2}{2}\right|_1^\infty \quad \therefore \int_1^\infty x^{-p}\ln x\,dx \text{ 发散, for } p=1$$

令$f(x)=x^{-1}\ln x$, $\forall x>1$, $\because f(x)$于$[1,\infty)$为连续, 递减且恒正的函数

藉由 Integral Test 则 $\sum_{n=1}^\infty \frac{\ln n}{n^p}$ 发散, for $p=1$

(2)

As $p\neq 1$, 令 $u=\ln x$, $dv=x^{-p}dx$ 则 $du=\frac{dx}{x}$, $v=\frac{x^{1-p}}{1-p}$

藉由 Integration by parts,

$$\therefore \int_1^\infty x^{-p}\ln x\,dx = \frac{x^{1-p}\ln x}{1-p}\Bigg|_1^\infty - \int_1^\infty \frac{x^{-p}dx}{1-p} = \frac{x^{1-p}\ln x}{1-p}\Bigg|_1^\infty - \frac{x^{-p+1}|_1^\infty}{(p-1)^2}$$

As $p > 1$, $\because \frac{x^{1-p}\ln x}{1-p}\Big|_1^\infty = 0$ 且 $\frac{x^{-p+1}|_1^\infty}{(p-1)^2} = \frac{1}{(p-1)^2}$ $\therefore \int_1^\infty x^{-p}\ln x\,dx = \frac{1}{(p-1)^2}$

As $0 < p < 1$,

$\because \frac{x^{1-p}(\ln x)}{1-p}\Big|_1^\infty = \infty$ 且 $\frac{x^{-p+1}|_1^\infty}{(p-1)^2} = \infty$ $\therefore \int_1^\infty x^{-p}\ln x\,dx$ 发散, $\forall\, 0 < p < 1$

令$f(x) = x^{-p}\ln x$, $\forall x > e^{\frac{1}{p}}$, $\because f(x)$于$[e^{\frac{1}{p}}, \infty)$为连续,递减且恒正的函数

藉由 Integral Test 则 $\sum_{n=1}^{\infty}\frac{\ln n}{n^p} = \begin{cases}\text{收敛}, & p > 1\\ \text{发散}, & 0 < p \le 1\end{cases}$

Example 3.

试判断$\sum_{n=2}^{\infty}\frac{1}{n(\ln n)^p}$ 收敛或发散, for $p > 0$

【解】

(1)

As $p = 1$, $\because \int_2^\infty \frac{1}{x(\ln x)^p}dx = \ln(\ln x)|_2^\infty$ $\therefore \int_2^\infty \frac{1}{x(\ln x)^p}dx$ 发散, for $p = 1$

令$f(x) = \frac{1}{x\ln x}$, $\forall x > 2$, $\because f(x)$于$[2, \infty)$为连续,递减且恒正的函数

藉由 Integral Test 则 $\sum_{n=2}^{\infty}\frac{1}{n\ln n}$ 发散

(2)

As $p \ne 1$, $\because \int_2^\infty \frac{1}{x(\ln x)^p}dx = \frac{(\ln x)^{1-p}}{1-p}\Bigg|_2^\infty = \begin{cases}\frac{(\ln 2)^{1-p}}{p-1}, & p > 1\\ \infty, & 0 < p < 1\end{cases}$

令 $f(x) = \dfrac{1}{x(\ln x)^p}$, $\forall x > 2$, $\because f(x)$于$[2, \infty)$为连续,递减且恒正的函数

藉由 Integral Test 则 $\displaystyle\sum_{n=2}^{\infty} \frac{1}{n(\ln n)^p} = \begin{cases} \text{收敛}, & p > 1 \\ \text{发散}, & 0 < p \leq 1 \end{cases}$

Example 4.

试判断 $\displaystyle\sum_{n=1}^{\infty} \frac{1}{n^2 + 2n + 5}$ 收敛或发散

【解】

Claim: $\displaystyle\int_1^{\infty} \frac{1}{x^2 + 2x + 5} dx$ 收敛

$$\because \int \frac{1}{x^2 + 2x + 5} dx = \int \frac{1}{(x+1)^2 + 4} dx = \frac{1}{4} \int \frac{1}{\left(\frac{x+1}{2}\right)^2 + 1} dx$$

令 $t = \dfrac{x+1}{2}$ 则 $dt = \dfrac{dx}{2}$, 藉由变数代换法

$$\text{则} \frac{1}{4} \int \frac{1}{\left(\frac{x+1}{2}\right)^2 + 1} dx = \frac{1}{2} \int \frac{1}{t^2 + 1} dt = \frac{1}{2} \tan^{-1} t + c = \frac{1}{2} \tan^{-1} \frac{x+1}{2} + c$$

$$\therefore \int_1^{\infty} \frac{1}{x^2 + 2x + 5} dx = \frac{1}{2}\left(\lim_{b \to \infty} \tan^{-1} \frac{b+1}{2} - \tan^{-1} \frac{1+1}{2}\right) = \frac{1}{2}\left(\frac{\pi}{2} - \frac{\pi}{4}\right) = \frac{\pi}{8}$$

令$f(x) = \dfrac{1}{x^2 + 2x + 5}$, $\forall x > 1$, $\because f(x)$于$[1, \infty)$为连续,递减且恒正的函数

藉由 Integral Test 则 $\displaystyle\int_1^{\infty} \frac{1}{x^2 + 2x + 5} dx$ 收敛 $\Rightarrow \displaystyle\sum_{n=1}^{\infty} \frac{1}{n^2 + 2n + 5}$ 收敛

Example 5.

试判断 $\displaystyle\sum_{n=2}^{\infty} \frac{n}{(\ln n)^k}$ 收敛或发散, $k \geq 2$

【解】

Claim: $\int_2^{\infty} \frac{xdx}{(\ln x)^k}$ 收敛

令 $\ln x = u$ 则 $\frac{dx}{x} = du \Rightarrow dx = e^u du \quad \therefore \int_{\ln 2}^{\infty} \frac{xdx}{(\ln x)^k} = \int_2^{\infty} u^{-k} e^{2u} du$

藉由罗比达法则 $\lim_{u \to \infty} u^{-k} e^{2u} = \infty$, for $k \geq 2 \Rightarrow \int_2^{\infty} \frac{xdx}{(\ln x)^k}$ 发散

令$f(x) = \frac{x}{(\ln x)^k}$, $\forall x > 2$, $\because f(x)$于$[2, \infty)$为连续,递减且恒正的函数

藉由 Integral Test 则 $\int_2^{\infty} \frac{xdx}{(\ln x)^k}$ 发散 $\Rightarrow \sum_{n=2}^{\infty} \frac{n}{(\ln n)^k}$ 发散, $\forall k \geq 2$

Example 6.

试判断$\sum_{n=1}^{\infty} \frac{n^3}{n^8 + 1}$ 收敛或发散

【解】

Claim: $\int_1^{\infty} \frac{x^3}{x^8 + 1} dx$ 收敛

令$u = x^4$ 则 $du = 4x^3 dx$, 藉由变数代换法

$\therefore \int \frac{x^3}{1 + x^8} dx = \frac{1}{4} \int \frac{du}{1 + u^2} = \frac{1}{4} \tan^{-1} u + c = \frac{1}{4} \tan^{-1} x^4 + c$

$\therefore \int_a^b \frac{x^3}{1 + x^8} dx = \frac{1}{4} (\tan^{-1} b^4 - \tan^{-1} a^4) \quad \therefore \int_0^{\infty} \frac{x^3}{1 + x^8} dx = \frac{1}{4} \left(\frac{\pi}{2} - 0 \right) = \frac{\pi}{8}$

令$f(x) = \frac{x^3}{1 + x^8}$, $\forall x > 1$, $\because f(x)$于$[1, \infty)$为连续,递减且恒正的函数

藉由 Integral Test 则 $\int_1^{\infty} \frac{x^3}{1 + x^8} dx$ 收敛 $\Rightarrow \sum_{n=1}^{\infty} \frac{n^3}{(n^8 + 1)}$ 收敛

Example 7.

试判断$\sum_{n=1}^{\infty}\frac{\tan^{-1}\sqrt{n}}{\sqrt{n}(1+n)}$ 收敛或发散

【解】

Claim: $\int_1^{\infty}\frac{\tan^{-1}\sqrt{x}}{\sqrt{x}(1+x)}dx$ 收敛

令$u=\sqrt{x}$ 则 $du=\frac{1}{2}x^{-\frac{1}{2}}dx \Rightarrow dx=2udu$，藉由变数代换法

则$\int\frac{\tan^{-1}\sqrt{x}}{\sqrt{x}(1+x)}dx=\int\frac{(\tan^{-1}u)2u}{u(1+u^2)}du=2\int\frac{\tan^{-1}u}{1+u^2}du$

令$t=\tan^{-1}u$ 则 $dt=\frac{du}{1+u^2}$，藉由变数代换法

则 $2\int\frac{\tan^{-1}u}{1+u^2}du=2\int tdt=t^2+c=(\tan^{-1}u)^2+c=\left(\tan^{-1}\sqrt{x}\right)^2+c$

$\therefore \int_1^{\infty}\frac{\tan^{-1}\sqrt{x}}{\sqrt{x}(1+x)}dx=\lim_{b\to\infty}\left(\tan^{-1}\sqrt{b}\right)^2-\left(\tan^{-1}\sqrt{1}\right)^2=\left(\frac{\pi}{2}\right)^2-\left(\frac{\pi}{4}\right)^2=\frac{3\pi^2}{16}$

令$f(x)=\frac{\tan^{-1}\sqrt{x}}{\sqrt{x}(1+x)}$，$\forall x>1$，$\because f(x)$于$[1,\infty)$为连续，递减且恒正的函数

藉由 Integral Test 则 $\int_1^{\infty}\frac{\tan^{-1}\sqrt{x}}{\sqrt{x}(1+x)}dx$ 收敛 $\Rightarrow \sum_{n=1}^{\infty}\frac{\tan^{-1}\sqrt{n}}{\sqrt{n}(1+n)}$ 收敛

Example 8.

试判断$\sum_{n=1}^{\infty}\frac{\tan^{-1}n}{n^2+1}$ 收敛或发散

【解】

Claim: $\int_1^{\infty}\frac{\tan^{-1}x\,dx}{x^2+1}$ 收敛

令 $\tan^{-1}x=u$ 则 $\frac{dx}{x^2+1}=du \Rightarrow \int_1^{\infty}\frac{\tan^{-1}x\,dx}{x^2+1}=\int_{\frac{\pi}{4}}^{\frac{\pi}{2}}udu=\frac{u^2}{2}\Big|_{\frac{\pi}{4}}^{\frac{\pi}{2}}<\infty$

Claim: $f(x)=\frac{\tan^{-1}x}{x^2+1}$ 为递减函数于 $[1,\infty)$

$\because f'(x) = \dfrac{1 - 2x\tan^{-1}x}{(x^2+1)^2}$ 且 $\tan^{-1}x > \dfrac{\pi}{4}$, $\forall x > 1$

$\therefore 1 - 2x\tan^{-1}x < 1 - \dfrac{x\pi}{2} < 0$, $\forall x > 1 \Rightarrow f'(x) < 0$, $\forall x > 1$

令$f(x) = \dfrac{\tan^{-1}x}{x^2+1}$, $\forall x > 1$, $\because f(x)$于$[1,\infty)$为连续, 递减且恒正的函数

藉由 Integral Test 则 $\displaystyle\int_1^\infty \frac{\tan^{-1}x\,dx}{x^2+1}$ 收敛 $\Rightarrow \displaystyle\sum_{n=1}^\infty \frac{\tan^{-1}n}{n^2+1}$收敛

Example 9.

试判断$\displaystyle\sum_{n=1}^\infty \frac{1}{n(1+n^3)}$ 收敛或发散

【解】

Claim: $\displaystyle\int_1^\infty \frac{1}{x(1+x^3)}dx$ 收敛

令 $t = x^3$ 则 $dt = 3x^2dx$, 藉由变数代换法

则$\displaystyle\int \frac{1}{x(1+x^3)}dx = \int \frac{x^2}{x^3(1+x^3)}dx = \frac{1}{3}\int \frac{1}{t(1+t)}dt$

$\displaystyle= \frac{1}{3}\int \frac{1}{t} - \frac{1}{t+1}dt = \frac{1}{3}\ln\frac{t}{t+1} + c = \frac{1}{3}\ln\frac{x^3}{x^3+1} + c$

$\displaystyle\therefore \int_1^\infty \frac{1}{x(1+x^3)}dx = \frac{1}{3}\left(\lim_{b\to\infty}\ln\frac{b^3}{b^3+1} - \ln\frac{1}{2}\right) = \frac{\ln 2}{3}$

令$f(x) = \dfrac{1}{x(1+x^3)}$, $\forall x > 1$, $\because f(x)$于$[1,\infty)$为连续, 递减且恒正的函数

藉由 Integral Test 则 $\displaystyle\int_1^\infty \frac{1}{x(1+x^3)}dx$ 收敛 $\Rightarrow \displaystyle\sum_{n=1}^\infty \frac{1}{n(1+n^3)}$ 收敛

Example 10.

试判断$\displaystyle\sum_{n=2}^\infty \frac{1}{n\sqrt{n^6-1}}$ 收敛或发散

【解】

Claim: $\int_2^{\infty} \frac{1}{x\sqrt{x^6-1}} dx$ 收敛

令 $u = \sqrt{x^6-1}$ 则 $du = 3x^5(x^6-1)^{-\frac{1}{2}} dx$ 且 $u^2 = x^6 - 1$，藉由变数代换法

则 $\int \frac{1}{x\sqrt{x^6-1}} dx = \int \frac{x^5}{x^6\sqrt{x^6-1}} dx = \frac{1}{3}\int \frac{1}{u^2+1} du$

$= \frac{1}{3}\tan^{-1} u + c = \frac{1}{3}\tan^{-1}\left(\sqrt{x^6-1}\right) + c$

$\therefore \int_2^{\infty} \frac{1}{x\sqrt{x^6-1}} dx = \frac{1}{3}\left(\lim_{b\to\infty} \tan^{-1}\left(\sqrt{b^6-1}\right) - \tan^{-1}\left(\sqrt{63}\right)\right) = \frac{\pi}{6} - \frac{\tan^{-1}\left(\sqrt{63}\right)}{3}$

令 $f(x) = \frac{1}{x\sqrt{x^6-1}}$，$\forall x > 2$，$\because f(x)$于$[1,\infty)$为连续,递减且恒正的函数

藉由 Integral Test 则 $\int_2^{\infty} \frac{1}{x\sqrt{x^6-1}} dx$ 收敛 $\Rightarrow \sum_{n=2}^{\infty} \frac{1}{n\sqrt{n^6-1}}$ 收敛

Example 11.

试判断 $\sum_{n=1}^{\infty} \frac{n}{n^4+1}$ 收敛或发散

【解】

Claim: $\int_1^{\infty} \frac{x}{x^4+1} dx$ 收敛

$\because \int_1^{\infty} \frac{x}{x^4+1} dx = \frac{1}{2}\int_1^{\infty} \frac{2x}{(x^2)^2+1} dx$

令 $t = x^2$ 则 $dt = 2xdx$，藉由变数代换法

则 $\int_1^{\infty} \frac{x}{x^4+1} dx = \frac{1}{2}\int_1^{\infty} \frac{2x}{(x^2)^2+1} dx = \frac{1}{2}\int_1^{\infty} \frac{dt}{t^2+1} = \frac{1}{2}\tan^{-1}t\Big|_1^{\infty} = \frac{\pi}{8}$

令 $f(x) = \frac{x}{x^4+1}$，$\forall x > 1$，$\because f(x)$于$[1,\infty)$为连续,递减且恒正的函数

藉由 Integral Test 则 $\int_1^{\infty} \frac{x}{x^4+1}dx$ 收敛 $\Rightarrow \sum_{n=1}^{\infty} \frac{n}{n^4+1}$ 收敛

Example 12.

试判断 $\sum_{n=2}^{\infty} \frac{1}{n^4-1}$ 收敛或发散

【解】

Claim: $\int_2^{\infty} \frac{1}{x^4-1}dx$ 收敛

$$\because \frac{1}{x^4-1} = \frac{1}{(x^2+1)(x^2-1)} = \frac{1}{2}\left(\frac{1}{x^2-1} - \frac{1}{x^2+1}\right)$$

$$= \frac{1}{2}\left(\frac{1}{2}\left(\frac{1}{x-1} - \frac{1}{x+1}\right) - \frac{1}{x^2+1}\right) = \frac{1}{4}\left(\frac{1}{x-1} - \frac{1}{x+1}\right) - \frac{1}{2}\cdot\frac{1}{(x^2+1)}$$

$$\therefore \int_2^{\infty} \frac{1}{x^4-1}dx = \int_2^{\infty} \frac{1}{4}\left(\frac{1}{x-1} - \frac{1}{x+1}\right) - \frac{1}{2}\cdot\frac{1}{(x^2+1)}dx$$

$$= \frac{1}{4}(\ln|x-1| - \ln|x+1|) - \frac{1}{2}\tan^{-1}x\Big|_2^{\infty} = \frac{-1}{4}\left(\ln\frac{1}{3}\right) - \frac{1}{2}\left(\frac{\pi}{2} - \tan^{-1}2\right)$$

令$f(x) = \frac{1}{x^4-1}$, $\forall x > 2$, $\because f(x)$于$[2,\infty)$为连续, 递减且恒正的函数

藉由 Integral Test 则 $\int_2^{\infty} \frac{1}{x^4-1}dx$ 收敛 $\Rightarrow \sum_{n=2}^{\infty} \frac{1}{n^4-1}$ 收敛

6.3.3 使用比较法(Comparison Test)

如果介绍无法直接求瑕积分的值或判断其收敛发散时，可尝试变量代换法、分部积分法... 等，接着再求转换后瑕积分的值或使用积分检验法(Integral Test)判断其收敛发散，接下来介绍的比较法与极限比较法，提供一种较为轻松的解法

【定理】Comparison Test

假设$\exists \mathrm{M} \in \mathrm{N}$ s.t. $0 \le a_n \le b_n, \ \forall n \ge \mathrm{M}$ 则

$$\sum_{n=1}^{\infty} b_n \text{ 收敛} \Rightarrow \sum_{n=1}^{\infty} a_n \text{ 收敛 且 } \sum_{n=1}^{\infty} a_n \text{ 发散 } \Rightarrow \sum_{n=1}^{\infty} b_n \text{ 发散}$$

Proof:

Claim: $\sum_{n=1}^{\infty} b_n$ 收敛 $\Rightarrow \sum_{n=1}^{\infty} a_n$ 收敛

Let $S_k = a_1 + a_2 + \cdots + a_k$ and $\sum_{n=1}^{\infty} b_n$ 收敛

$$\because \sum_{n=M}^{k} a_n \le \sum_{n=M}^{k} b_n \le \sum_{n=1}^{\infty} b_n \quad \therefore S_k = \sum_{n=1}^{M-1} a_n + \sum_{n=M}^{k} a_n \le \sum_{n=1}^{M-1} a_n + \sum_{n=1}^{\infty} b_n$$

If $\sum_{n=1}^{\infty} b_n$ 收敛 then $\{S_k\}_{k=1}^{\infty}$ is increasing and bounded sequence.

By Monotone Convergence Theorem, $\{S_k\}_{k=1}^{\infty}$ convergences $\therefore \sum_{n=1}^{\infty} a_n$ 收敛

$$\therefore \sum_{n=1}^{\infty} b_n \text{ 收敛} \Rightarrow \sum_{n=1}^{\infty} a_n \text{ 收敛 且 } \sum_{n=1}^{\infty} a_n \text{ 发散 } \Rightarrow \sum_{n=1}^{\infty} b_n \text{ 发散}$$

【定理】Limit Comparison Test

假设 $\lim_{n\to\infty} \frac{a_n}{b_n} = M$ 且 $a_n, \ b_n \ge 0, \ \forall n \in N$ 则

(i)若 $0 < M < \infty$ 则 $\sum_{n=1}^{\infty} b_n$ 与 $\sum_{n=1}^{\infty} a_n$ 同时收敛或发散

(ii)若 $M = 0$ 则 $\sum_{n=1}^{\infty} b_n$ 收敛 $\Rightarrow \sum_{n=1}^{\infty} a_n$ 收敛

(iii)若 $M=\infty$ 则 $\sum_{n=1}^{\infty} b_n$ 发散 $\Rightarrow \sum_{n=1}^{\infty} a_n$ 发散

<u>Proof:</u>

(i) Assume $0<\lim_{n\to\infty}\frac{a_n}{b_n}<\infty$ and claim $\sum_{n=1}^{\infty} b_n$ 与 $\sum_{n=1}^{\infty} a_n$ 同时收敛或发散

Let $\varepsilon=\frac{\mathrm{M}}{2}$, choose $\mathrm{N}_1\in\mathrm{N}$ s.t. $n\geq\mathrm{N}_1\Rightarrow\frac{Mb_n}{2}\leq a_n\leq\frac{3Mb_n}{2}$

By Comparison Test, $\sum_{n=1}^{\infty} b_n$ 与 $\sum_{n=1}^{\infty} a_n$ 同时收敛或发散

(ii) Assume $\lim_{n\to\infty}\frac{a_n}{b_n}=0$ and claim $\sum_{n=1}^{\infty} b_n$ 收敛 $\Rightarrow \sum_{n=1}^{\infty} a_n$ 收敛

$\because \lim_{n\to\infty}\frac{a_n}{b_n}=0$ $\therefore$ let $\varepsilon=1$, choose $\mathrm{N}_1\in\mathrm{N}$ s.t. $n\geq\mathrm{N}_1\Rightarrow a_n\leq b_n$

By Comparison Test, $\sum_{n=1}^{\infty} b_n$ 收敛 $\Rightarrow \sum_{n=1}^{\infty} a_n$ 收敛

(iii) Assume $\lim_{n\to\infty}\frac{a_n}{b_n}=\infty$ and claim: $\sum_{n=1}^{\infty} b_n$ 发散 $\Rightarrow \sum_{n=1}^{\infty} a_n$ 发散

$\because \lim_{n\to\infty}\frac{a_n}{b_n}=\infty$ $\therefore$ let $\mathrm{M}\in\mathrm{N}$, choose $\mathrm{N}_1\in\mathrm{N}$ s.t. $n\geq\mathrm{N}_1\Rightarrow\frac{a_n}{b_n}\geq M$

By Comparison Test, $\sum_{n=1}^{\infty} b_n$ 发散 $\Rightarrow \sum_{n=1}^{\infty} a_n$ 发散

記: 关键是找出较容易判断收敛性$\{b_n\}$使得 $0\leq a_n\leq b_n$

<u>考试类型:</u>

当无法找出较容易判断收敛性$\{b_n\}$使得 $0\leq a_n\leq b_n$的时候，可利用上述方法先求$\lim_{n\to\infty}\frac{a_n}{b_n}$

的极限值，再判断$\sum_{n=1}^{\infty} b_n$ 的收敛性，再者，此方法最后一步往往也得搭配积分检验法；此外，求$\lim_{n\to\infty}\frac{a_n}{b_n}$ 极限值的时候也常用到罗比达法则，也就是会使用到罗比达法则与积分检验法的搭配

考试类型:
Type 1.
使用 Comparison Test 结合积分检验法判断$\sum_{n=1}^{\infty} a_n$ 收敛或发散
解题流程:
Step1.

说明$\displaystyle\sum_{n=1}^{\infty} a_n$ 收敛时，找$\{b_n: n\in N\}$满足 $0\le a_n\le b_n$，$\forall n\in N$

说明$\displaystyle\sum_{n=1}^{\infty} a_n$ 发散时，找$\{b_n: n\in N\}$满足 $0\le b_n\le a_n$，$\forall n\in N$

Step2.
找$f(x)$于$[1,\infty)$为连续,递减且恒正的函数且 $f(x)$ such that $f(n)=b_n$
Step3.
判断$\displaystyle\int_1^{\infty} f(x)dx$ 收敛
如果能直接求瑕积分得值或判断其收敛发散时：藉由积分检验法(Integral Test)

$$\text{如果}\int_1^{\infty} f(x)dx\ \text{收敛 则}\sum_{n=1}^{\infty} b_n\ \text{收敛}\xRightarrow{\text{Comparison Test}}\sum_{n=1}^{\infty} a_n\ \text{收敛}$$

$$\text{如果}\int_1^{\infty} f(x)dx\ \text{发散则}\sum_{n=1}^{\infty} b_n\ \text{发散}\xRightarrow{\text{Comparison Test}}\sum_{n=1}^{\infty} a_n\ \text{发散}$$

<u>范例说明:</u>
Assume $p>0$

(I)如果 $\sum_{n=1}^{\infty} b_n = \sum_{n=1}^{\infty} \frac{1}{n^p}$ 则令 $f(x) = x^{-p}$ 且 判断 $\int_1^{\infty} x^{-p} dx$ 是否收敛

(II)如果 $\sum_{n=1}^{\infty} b_n = \sum_{n=1}^{\infty} \frac{\ln n}{n^p}$ 则令 $f(x) = \frac{\ln x}{x^p}$ 且 判断 $\int_1^{\infty} \frac{\ln x}{x^p} dx$ 是否收敛

(III)如果 $\sum_{n=2}^{\infty} b_n = \sum_{n=2}^{\infty} \frac{1}{n(\ln n)^p}$ 则令 $f(x) = \frac{1}{x(\ln x)^p}$ 且判断 $\int_2^{\infty} \frac{dx}{x(\ln x)^p}$ 是否收敛

(IV)如果 $\sum_{n=2}^{\infty} b_n = \sum_{n=2}^{\infty} \frac{1}{(\ln n)^P}$ 则令 $f(x) = \frac{1}{(\ln n)^P}$ 且 判断 $\int_2^{\infty} \frac{1}{(\ln x)^P} dx$ 是否收敛

如果无法直接求瑕积分的值或判断其收敛发散时，则尝试将积分做转换，方法包含：变数代换法、分部积分法...等；接着再求转换后瑕积分的值或使用积分检验法(Integral Test)判断其收敛发散

Type 2.

使用 Limit Comparison Test 与积分检验法判断 $\sum_{n=1}^{\infty} a_n$ 收敛或发散

解题流程:

Step1.

找$\{b_n : n \in N\}$ 满足 $\lim_{n \to \infty} \frac{a_n}{b_n} = M,\ 0 < M < \infty$

Step2.

找$f(x)$于$[1, \infty)$为连续,递减且恒正的函数且 $f(x)$ such that $f(n) = b_n$

Step3.

判断 $\int_1^{\infty} f(x) dx$ 收敛或发散

如果能直接求瑕积分的值或判断其收敛发散时：藉由积分检验法(Integral Test):

若 $\int_1^{\infty} f(x) dx$ 收敛 则 $\sum_{n=1}^{\infty} b_n$ 收敛 $\xrightarrow{\text{Limit Comparison Test}}$ $\sum_{n=1}^{\infty} a_n$ 收敛

$$若 \int_1^{\infty} f(x)dx \text{ 发散 则 } \sum_{n=1}^{\infty} b_n \text{ 发散} \xRightarrow{\text{Limit Comparison Test}} \sum_{n=1}^{\infty} a_n \text{ 发散}$$

范例说明:

Assume $p > 0$

(I)如果 $\sum_{n=1}^{\infty} b_n = \sum_{n=1}^{\infty} \frac{1}{n^p}$ 则令 $f(x) = x^{-p}$ 且判断 $\int_1^{\infty} x^{-p} dx$ 是否收敛

(II)如果 $\sum_{n=1}^{\infty} b_n = \sum_{n=1}^{\infty} \frac{\ln n}{n^p}$ 则令 $f(x) = x^{-p} \ln x$ 且判断 $\int_1^{\infty} x^{-p} \ln x \, dx$ 是否收敛

(III)如果 $\sum_{n=2}^{\infty} b_n = \sum_{n=2}^{\infty} \frac{1}{n(\ln n)^p}$ 则令 $f(x) = \frac{1}{x(\ln x)^p}$ 且判断 $\int_2^{\infty} \frac{dx}{x(\ln x)^p}$ 是否收敛

(IV)如果 $\sum_{n=2}^{\infty} b_n = \sum_{n=2}^{\infty} \frac{1}{(\ln n)^P}$ 则令 $f(x) = \frac{1}{(\ln n)^P}$ 且判断 $\int_2^{\infty} \frac{1}{(\ln n)^P} dx$ 是否收敛

与 Comparison Test 相同，如果无法直接求瑕积分的值或判断其收敛发散时，则尝试将积分做转换，方法包含：变数代换法、分部积分法...等；接着再求转换后瑕积分的值或使用积分检验法(Integral Test)判断其收敛发散

Example 1.

试判断 $\sum_{n=1}^{\infty} \frac{1}{n^3+1}$ 收敛或发散

【解】

$\because \frac{1}{n^3+1} \leq \frac{1}{n^3}$ $\quad \therefore$ 若 $\sum_{n=1}^{\infty} \frac{1}{n^3}$ 收敛 则 $\sum_{n=1}^{\infty} \frac{1}{n^3+1}$ 收敛

Claim: $\sum_{n=1}^{\infty}\frac{1}{n^3}$ 收敛

令$f(x)=\frac{1}{x^3}$, $\forall x>1$, $\because f(x)$于$[1,\infty)$为连续,递减且恒正的函数 且 $\int_1^{\infty}\frac{dx}{x^3}$收敛

$\therefore$ 藉由 Integral Test 则 $\sum_{n=1}^{\infty}\frac{1}{n^3}$ 收敛 $\quad\therefore \sum_{n=1}^{\infty}\frac{1}{n^3+1}$ 收敛

Example 2.

试判断$\sum_{n=2}^{\infty}\frac{1}{n(\ln n)^2+3}$ 收敛或发散

【解】

$\because \frac{1}{n(\ln n)^2+3}\le\frac{1}{n(\ln n)^2}$ $\quad\therefore$ 若$\sum_{n=2}^{\infty}\frac{1}{n(\ln n)^2}$ 收敛 则 $\sum_{n=2}^{\infty}\frac{1}{n(\ln n)^2+3}$ 收敛

Claim: $\sum_{n=2}^{\infty}\frac{1}{n(\ln n)^2}$ 收敛

$\because \int_2^{\infty}\frac{dx}{x\ln x^2}=(-1)(\ln x)^{-1}|_2^{\infty}<\infty$

令$f(x)=\frac{1}{x\ln x^2}>0$, $\forall x>2$, $\because f(x)$于$[2,\infty)$为连续,递减且恒正的函数

$\therefore$ 藉由 Integral Test 则 $\sum_{n=2}^{\infty}\frac{1}{n(\ln n)^2}$ 收敛 $\quad\therefore \sum_{n=2}^{\infty}\frac{1}{n(\ln n)^2+3}$ 收敛

Example 3.

试判断$\sum_{n=1}^{\infty}\frac{1}{n^2-3}$ 收敛或发散

【解】

$$\because \lim_{n\to\infty}\frac{\frac{1}{n^2-3}}{\frac{1}{n^2}}=1$$

By Limit Comparison Test, 若 $\sum_{n=1}^{\infty}\frac{1}{n^2}$ 收敛 则 $\sum_{n=1}^{\infty}\frac{1}{n^2-3}$ 收敛

Claim: $\sum_{n=1}^{\infty}\frac{1}{n^2}$ 收敛

令$f(x)=\frac{1}{x^2}$, $\forall x>1$, $\because f(x)$于$[1,\infty)$为连续, 递减且恒正的函数 且 $\int_1^{\infty}\frac{dx}{x^2}$收敛

$\therefore$ 藉由 Integral Test 则 $\sum_{n=1}^{\infty}\frac{1}{n^2}$ 收敛 $\quad\therefore \sum_{n=1}^{\infty}\frac{1}{n^2-3}$收敛

Example 4.

试判断 $\sum_{n=1}^{\infty} n\ln\left(1+\frac{1}{n^{1+p}}\right)$ 收敛或发散, $\forall p>1$

【解】

Claim: $\lim_{n\to\infty}\frac{n\ln\left(1+\frac{1}{n^{1+p}}\right)}{\frac{1}{n^p}}=1$

令 $p>1$ 且 $\frac{1}{n^{1+p}}=x$ 则 $\lim_{n\to\infty}\frac{n\ln\left(1+\frac{1}{n^{1+p}}\right)}{\frac{1}{n^p}}=\lim_{n\to\infty}\frac{\ln\left(1+\frac{1}{n^{1+p}}\right)}{\frac{1}{n^{1+p}}}$

$$=\lim_{x\to 0}\frac{\ln(1+x)}{x}=\lim_{x\to 0}\frac{\frac{1}{1+x}}{1}=1$$

By Limit Comparison Test, 若 $\sum_{n=1}^{\infty}\frac{1}{n^p}$ 收敛 则 $\sum_{n=1}^{\infty} n\ln\left(1+\frac{1}{n^{1+p}}\right)$收敛

令$f(x)=\frac{1}{x^p}$, $\forall x>1$, $\because f(x)$于$[1,\infty)$为连续, 递减且恒正的函数 且 $\int_1^{\infty}\frac{dx}{x^p}$收敛

$\therefore$ 藉由 Integral Test 则 $\sum_{n=1}^{\infty}\frac{1}{n^p}$ 收敛 $\quad\therefore \sum_{n=1}^{\infty} n\ln\left(1+\frac{1}{n^{1+p}}\right)$ 收敛, $\forall p>1$

Example 5.

试判断 $\sum_{n=1}^{\infty}\ln\left(1+\frac{1}{\sqrt{n}}\right)$ 收敛或发散

【解】

Claim: $\lim_{n\to\infty}\frac{\ln\left(1+\frac{1}{\sqrt{n}}\right)}{\frac{1}{\sqrt{n}}}=1$

令 $\frac{1}{\sqrt{n}}=x$ 则 $\lim_{n\to\infty}\frac{\ln\left(1+\frac{1}{\sqrt{n}}\right)}{\frac{1}{\sqrt{n}}}=\lim_{x\to 0}\frac{\ln(1+x)}{x}=\lim_{x\to 0}\frac{\frac{1}{1+x}}{1}=1$

By Limit Comparison Test, 若 $\sum_{n=1}^{\infty}\frac{1}{\sqrt{n}}$ 发散 则 $\sum_{n=1}^{\infty}\ln\left(1+\frac{1}{\sqrt{n}}\right)$ 发散

令 $f(x)=\frac{1}{\sqrt{x}}$, $\forall x>1$, $\because f(x)$ 于 $[1,\infty)$ 为连续, 递减且恒正的函数 且 $\int_1^{\infty}\frac{dx}{\sqrt{x}}=\infty$

$\therefore$ 藉由 Integral Test 则 $\sum_{n=1}^{\infty}\frac{1}{\sqrt{n}}$ 发散 $\quad\therefore \sum_{n=1}^{\infty}\ln\left(1+\frac{1}{\sqrt{n}}\right)$ 发散

Example 6.

试判断 $\sum_{n=1}^{\infty}\tan\frac{1}{n}$ 收敛或发散

【解】

Claim: $\lim_{n\to\infty}\frac{\tan\frac{1}{n}}{\frac{1}{n}}=1$

令 $\frac{1}{n}=x$ 则 $\lim_{n\to\infty}\frac{\tan\frac{1}{n}}{\frac{1}{n}}=\lim_{x\to 0}\frac{\tan x}{x}=\lim_{x\to 0}\frac{\sec^2 x}{1}=1$

By Limit Comparison Test, 若 $\sum_{n=1}^{\infty}\frac{1}{n}$ 发散 则 $\sum_{n=1}^{\infty}\tan\frac{1}{n}$ 发散

令$f(x)=\frac{1}{x}$, $\forall x>1$, $\because f(x)$于$[1,\infty)$为连续, 递减且恒正的函数 且$\int_1^{\infty}\frac{dx}{x}=\infty$

$\therefore$ 藉由 Integral Test 则 $\sum_{n=1}^{\infty}\frac{1}{n}$ 发散 $\therefore \sum_{n=1}^{\infty}\tan\frac{1}{n}$ 发散

Example 7.

试判断 $\sum_{n=1}^{\infty}\sin\frac{1}{n^p}$ 收敛或发散, $\forall p>1$

【解】

令 $p>1$

Claim: $\lim_{n\to\infty}\frac{\sin\frac{1}{n^p}}{\frac{1}{n^p}}=1$

令 $\frac{1}{n^p}=x$ 则 $\lim_{n\to\infty}\frac{\sin\frac{1}{n^p}}{\frac{1}{n^p}}=\lim_{x\to 0}\frac{\sin x}{x}=\lim_{x\to 0}\frac{\cos x}{1}=1$

By Limit Comparison Test, 若 $\sum_{n=1}^{\infty}\frac{1}{n^p}$ 收敛 则 $\sum_{n=1}^{\infty}\sin\frac{1}{n^p}$ 收敛

Claim: $\sum_{n=1}^{\infty}\frac{1}{n^p}$ 收敛

令$f(x)=\frac{1}{x^p}$, $\forall x>1$, $\because f(x)$于$[1,\infty)$为连续, 递减且恒正的函数 且$\int_1^{\infty}\frac{dx}{x^p}$收敛

$\therefore$ 藉由 Integral Test 则 $\displaystyle\sum_{n=1}^{\infty}\frac{1}{n^p}$ 收敛 $\quad\therefore\displaystyle\sum_{n=1}^{\infty}\sin\frac{1}{n^p}$ 收敛

Example 8.

试判断 $\displaystyle\sum_{n=2}^{\infty}\frac{1}{\ln n^2}$ 收敛或发散

【解】

$\because\dfrac{1}{\ln n^2}>\dfrac{1}{2n}\quad\therefore$ 若 $\displaystyle\sum_{n=2}^{\infty}\frac{1}{2n}$ 发散 则 $\displaystyle\sum_{n=2}^{\infty}\frac{1}{\ln n^2}$ 发散

令$f(x)=\dfrac{1}{2x}$, $\forall x>2$, $\because f(x)$于$[2,\infty)$为连续,递减且恒正的函数 且$\displaystyle\int_2^{\infty}\frac{dx}{2x}=\infty$

$\therefore$ 藉由 Integral Test 则 $\displaystyle\sum_{n=2}^{\infty}\frac{1}{2n}$ 发散 $\quad\therefore\displaystyle\sum_{n=2}^{\infty}\frac{1}{\ln n^2}$ 发散

Example 9.

试判断$\displaystyle\sum_{n=2}^{\infty}\frac{1}{n(\ln n)^2-3}$ 收敛或发散

【解】

$$\because\lim_{n\to\infty}\frac{\dfrac{1}{n(\ln n)^2-3}}{\dfrac{1}{n(\ln n)^2}}=1$$

By Limit Comparison Test, 若 $\displaystyle\sum_{n=2}^{\infty}\frac{1}{n(\ln n)^2}$ 收敛 则 $\displaystyle\sum_{n=2}^{\infty}\frac{1}{n(\ln n)^2-3}$ 收敛

Claim: $\displaystyle\sum_{n=2}^{\infty}\frac{1}{n(\ln n)^2}$ 收敛

令$f(x)=\dfrac{1}{x\ln x^2}$, $\forall x>2$ $\because f(x)$于$[2,\infty)$为连续,递减且恒正的函数 且 $\displaystyle\int_2^\infty \frac{dx}{x\ln x^2}$ 收敛

$\therefore$ 藉由 Integral Test 则 $\displaystyle\sum_{n=2}^{\infty}\frac{1}{n(\ln n)^2}$ 收敛 $\therefore \displaystyle\sum_{n=2}^{\infty}\frac{1}{n(\ln n)^2-3}$ 收敛

Example 10.

试判断 $\displaystyle\sum_{n=1}^{\infty}\tan^{-1}\frac{1}{n^p}$ 收敛或发散, $\forall p>1$

【解】

令$p>1$

Claim: $\displaystyle\lim_{n\to\infty}\frac{\tan^{-1}\frac{1}{n^p}}{\frac{1}{n^p}}=1$

令 $\dfrac{1}{n^p}=x$ 则 $\displaystyle\lim_{n\to\infty}\frac{\tan^{-1}\frac{1}{n^p}}{\frac{1}{n^p}}=\lim_{x\to 0}\frac{\tan^{-1}x}{x}=\lim_{x\to 0}\frac{\frac{1}{1+x^2}}{1}=1$

By Limit Comparison Test, 若 $\displaystyle\sum_{n=1}^{\infty}\frac{1}{n^p}$ 收敛 则 $\displaystyle\sum_{n=1}^{\infty}\tan^{-1}\frac{1}{n^p}$ 收敛

Claim: $\displaystyle\sum_{n=1}^{\infty}\frac{1}{n^p}$ 收敛

令$f(x)=\dfrac{1}{x^p}$, $\forall x>1$, $\because f(x)$于$[1,\infty)$为连续,递减且恒正的函数且 $\displaystyle\int_1^\infty\frac{dx}{x^p}$ 收敛

$\therefore$ 藉由 Integral Test 则 $\displaystyle\sum_{n=1}^{\infty}\frac{1}{n^p}$ 收敛 $\therefore \displaystyle\sum_{n=1}^{\infty}\tan^{-1}\frac{1}{n^p}$ 收敛, $\forall p>1$

Example 11.

试判断 $\displaystyle\sum_{n=1}^{\infty}\tan^{-1}\frac{1}{n}$ 收敛或发散

【解】

Claim: $\lim_{n\to\infty}\frac{\tan^{-1}\frac{1}{n}}{\frac{1}{n}}=1$

令 $\frac{1}{n}=x$ 则 $\lim_{n\to\infty}\frac{\tan^{-1}\frac{1}{n}}{\frac{1}{n}}=\lim_{x\to 0}\frac{\tan^{-1}x}{x}=\lim_{x\to 0}\frac{\frac{1}{1+x^2}}{1}=1$

By Limit Comparison Test, 若 $\sum_{n=1}^{\infty}\frac{1}{n}$ 发散 则 $\sum_{n=1}^{\infty}\tan^{-1}\frac{1}{n}$ 发散

令$f(x)=\frac{1}{x}$, $\forall x>1$, $\because f(x)$于$[1,\infty)$为连续,递减且恒正的函数且 $\int_1^{\infty}\frac{dx}{x}=\infty$

$\therefore$ 藉由 Integral Test 则 $\sum_{n=1}^{\infty}\frac{1}{n}$ 发散 $\therefore \sum_{n=1}^{\infty}\tan^{-1}\frac{1}{n}$ 发散

Example 12.

试判断 $\sum_{n=1}^{\infty}\tan^{-1}\frac{1}{n^p}$ 收敛或发散, $\forall p>1$

【解】

Claim: $\lim_{n\to\infty}\frac{\tan^{-1}\frac{1}{n^p}}{\frac{1}{n^p}}=1$

令$p>1$ 且 $\frac{1}{n^p}=x$ 则 $\lim_{n\to\infty}\frac{\tan^{-1}\frac{1}{n^p}}{\frac{1}{n^p}}=\lim_{x\to 0}\frac{\tan^{-1}x}{x}=\lim_{x\to 0}\frac{\frac{1}{1+x^2}}{1}=1$

By Limit Comparison Test, 若 $\sum_{n=1}^{\infty}\frac{1}{n^p}$ 收敛 则 $\sum_{n=1}^{\infty}\tan^{-1}\frac{1}{n^p}$ 收敛

令$f(x)=\frac{1}{x^p}$, $\forall x>1$, $\because f(x)$于$[1,\infty)$为连续,递减且恒正的函数 且 $\int_1^{\infty}\frac{dx}{x^p}$ 收敛

$\therefore$ 藉由 Integral Test 则 $\sum_{n=1}^{\infty}\frac{1}{n^p}$ 收敛 $\therefore \sum_{n=1}^{\infty}\tan^{-1}\frac{1}{n^p}$ 收敛, $\forall p>1$

Example 13.

试判断 $\sum_{n=1}^{\infty}\ln\left(1+\frac{1}{n^3}\right)$ 收敛或发散

【解】

Claim: $\lim_{n\to\infty}\frac{\ln\left(1+\frac{1}{n^3}\right)}{\frac{1}{n^3}}=1$

令 $\frac{1}{n^3}=x$ 则 $\lim_{n\to\infty}\frac{\ln\left(1+\frac{1}{n^3}\right)}{\frac{1}{n^3}}=\lim_{x\to0}\frac{\ln(1+x)}{x}=\lim_{x\to0}\frac{\frac{1}{1+x}}{1}=1$

By Limit Comparison Test, 若 $\sum_{n=1}^{\infty}\frac{1}{n^3}$ 收敛 则 $\sum_{n=1}^{\infty}\ln\left(1+\frac{1}{n^3}\right)$ 收敛

Claim: $\sum_{n=1}^{\infty}\frac{1}{n^3}$ 收敛

令 $f(x)=\frac{1}{x^3}$, $\forall x>1$, $\because f(x)$ 于 $[1,\infty)$ 为连续, 递减且恒正的函数 且 $\int_1^{\infty}\frac{dx}{x^3}$ 收敛

$\therefore$ 藉由 Integral Test 则 $\sum_{n=1}^{\infty}\frac{1}{n^3}$ 收敛 $\therefore \sum_{n=1}^{\infty}\ln\left(1+\frac{1}{n^3}\right)$ 收敛

Example 14.

试判断 $\sum_{n=1}^{\infty}\ln\left(1+\frac{1}{n^p}\right)$ 收敛或发散, $\forall p>1$

【解】

Claim: $\lim_{n\to\infty}\dfrac{\ln\left(1+\frac{1}{n^p}\right)}{\frac{1}{n^p}}=1$

令 $p>1$ 且 $\dfrac{1}{n^p}=x$ 则 $\lim_{n\to\infty}\dfrac{\ln\left(1+\frac{1}{n^p}\right)}{\frac{1}{n^p}}=\lim_{x\to 0}\dfrac{\ln(1+x)}{x}=\lim_{x\to 0}\dfrac{\frac{1}{1+x}}{1}=1$

By Limit Comparison Test, 若 $\sum_{n=1}^{\infty}\dfrac{1}{n^p}$ 收敛 则 $\sum_{n=1}^{\infty}\ln\left(1+\dfrac{1}{n^p}\right)$ 收敛

Claim: $\sum_{n=1}^{\infty}\dfrac{1}{n^p}$ 收敛

令$f(x)=\dfrac{1}{x^p}$, $\forall x>1$, $\because f(x)$于$[1,\infty)$为连续,递减且恒正的函数 且 $\int_1^{\infty}\dfrac{dx}{x^p}$ 收敛

$\therefore$ 藉由 Integral Test 则 $\sum_{n=1}^{\infty}\dfrac{1}{n^p}$ 收敛 $\therefore$ $\sum_{n=1}^{\infty}\ln\left(1+\dfrac{1}{n^p}\right)$ 收敛, $\forall p>1$

Example 15.

试判断 $\sum_{n=1}^{\infty}\ln\left(1+\dfrac{1}{n}\right)$ 收敛或发散

【解】

Claim: $\lim_{n\to\infty}\dfrac{\ln\left(1+\frac{1}{n}\right)}{\frac{1}{n}}=1$

令 $\dfrac{1}{n}=x$ 则 $\lim_{n\to\infty}\dfrac{\ln\left(1+\frac{1}{n}\right)}{\frac{1}{n}}=\lim_{x\to 0}\dfrac{\ln(1+x)}{x}=\lim_{x\to 0}\dfrac{\frac{1}{1+x}}{1}=1$

By Limit Comparison Test, 若 $\sum_{n=1}^{\infty}\dfrac{1}{n}$ 发散 则 $\sum_{n=1}^{\infty}\ln\left(1+\dfrac{1}{n}\right)$ 发散

令$f(x)=\dfrac{1}{x}$, $\forall x>1$, $\because f(x)$于$[1,\infty)$为连续,递减且恒正的函数 且 $\int_1^{\infty}\dfrac{dx}{x}=\infty$

$\therefore$ 藉由 Integral Test 则 $\sum_{n=1}^{\infty} \frac{1}{n}$ 发散 $\quad \therefore \sum_{n=1}^{\infty} \ln\left(1+\frac{1}{n}\right)$ 发散

Example 16.

试判断 $\sum_{n=1}^{\infty} \frac{1}{n} \ln\left(1+\frac{1}{n^2}\right)$ 收敛或发散

【解】

Claim: $\lim_{n\to\infty} \frac{\frac{1}{n}\ln\left(1+\frac{1}{n^2}\right)}{\frac{1}{n^3}} = 1$

令 $\frac{1}{n^2} = x$ 则 $\lim_{n\to\infty} \frac{\frac{1}{n}\ln\left(1+\frac{1}{n^2}\right)}{\frac{1}{n^3}} = \lim_{n\to\infty} \frac{\ln\left(1+\frac{1}{n^2}\right)}{\frac{1}{n^2}} = \lim_{x\to 0} \frac{\ln(1+x)}{x} = 1$

By Limit Comparison Test, 若 $\sum_{n=1}^{\infty} \frac{1}{n^3}$ 收敛 则 $\sum_{n=1}^{\infty} \frac{1}{n} \ln\left(1+\frac{1}{n^2}\right)$ 收敛

Claim: $\sum_{n=1}^{\infty} \frac{1}{n^3}$ 收敛

令 $f(x) = \frac{1}{x^3}$, $\forall x > 1$, $\because f(x)$ 于 $[1,\infty)$ 为连续, 递减且恒正的函数 且 $\int_1^{\infty} \frac{dx}{x^3}$ 收敛

$\therefore$ 藉由 Integral Test 则 $\sum_{n=1}^{\infty} \frac{1}{n^3}$ 收敛 $\quad \therefore \sum_{n=1}^{\infty} \frac{1}{n} \ln\left(1+\frac{1}{n^2}\right)$ 收敛

Example 17.

试判断 $\sum_{n=1}^{\infty} n \ln\left(1+\frac{1}{n^2}\right)$ 收敛或发散

【解】

Claim: $\lim_{n\to\infty}\dfrac{n\ln\left(1+\dfrac{1}{n^2}\right)}{\dfrac{1}{n}}=1$

令 $\dfrac{1}{n^2}=x$ 则 $\lim_{n\to\infty}\dfrac{n\ln\left(1+\dfrac{1}{n^2}\right)}{\dfrac{1}{n}}=\lim_{n\to\infty}\dfrac{\ln\left(1+\dfrac{1}{n^2}\right)}{\dfrac{1}{n^2}}=\lim_{x\to 0}\dfrac{\ln(1+x)}{x}=1$

By Limit Comparison Test, 若 $\sum_{n=1}^{\infty}\dfrac{1}{n}$ 发散 则 $\sum_{n=1}^{\infty}n\ln\left(1+\dfrac{1}{n^2}\right)$ 发散

令$f(x)=\dfrac{1}{x}$, $\forall x>1$, $\because f(x)$于$[1,\infty)$为连续,递减且恒正的函数且$\int_1^{\infty}\dfrac{dx}{x}=\infty$

$\therefore$ 藉由 Integral Test 则$\sum_{n=1}^{\infty}\dfrac{1}{n}$ 发散 $\quad\therefore\sum_{n=1}^{\infty}n\ln\left(1+\dfrac{1}{n^2}\right)$ 发散

Example 18.

试判断 $\sum_{n=2}^{\infty}\dfrac{1}{(2\ln n)-3}$ 收敛或发散

【解】

$\because\dfrac{1}{(2\ln n)-3}>\dfrac{1}{2\ln n}>\dfrac{1}{2n}\quad\therefore$ 若$\sum_{n=2}^{\infty}\dfrac{1}{2n}$ 发散 则 $\sum_{n=2}^{\infty}\dfrac{1}{(2\ln n)-3}$ 发散

令$f(x)=\dfrac{1}{2x}$, $\forall x>1$, $\because f(x)$于$[1,\infty)$为连续,递减且恒正的函数 且 $\int_1^{\infty}\dfrac{dx}{2x}=\infty$

$\therefore$ 藉由 Integral Test 则$\sum_{n=1}^{\infty}\dfrac{1}{2n}$ 发散 $\quad\therefore\sum_{n=2}^{\infty}\dfrac{1}{(2\ln n)-3}$ 发散

Example 19.

试判断 $\sum_{n=2}^{\infty}\tan^{-1}\dfrac{n}{n^3+n^2+1}$ 收敛或发散

【解】

$\because$ $\tan^{-1}x$ 于$[0,\infty]$为递增函数　$\therefore$ $\tan^{-1}\dfrac{n}{n^3+n^2+1}<\tan^{-1}\dfrac{1}{n^2}$

Claim: $\lim\limits_{n\to\infty}\dfrac{\tan^{-1}\frac{1}{n^2}}{\frac{1}{n^2}}=1$

令 $\dfrac{1}{n^2}=x$ 则 $\lim\limits_{n\to\infty}\dfrac{\tan^{-1}\frac{1}{n^2}}{\frac{1}{n^2}}=\lim\limits_{x\to 0}\dfrac{\tan^{-1}x}{x}=\lim\limits_{x\to 0}\dfrac{\frac{1}{1+x^2}}{1}=1$

By Limit Comparison Test, 若 $\sum\limits_{n=1}^{\infty}\dfrac{1}{n^2}$ 收敛 则 $\sum\limits_{n=1}^{\infty}\tan^{-1}\dfrac{1}{n^2}$ 收敛

Claim: $\sum\limits_{n=1}^{\infty}\dfrac{1}{n^2}$ 收敛

令$f(x)=\dfrac{1}{x^2}$, $\forall x>1$, $\because f(x)$于$[1,\infty)$为连续, 递减且恒正的函数 且 $\displaystyle\int_1^{\infty}\frac{dx}{x^2}$ 收敛

$\therefore$ 藉由 Integral Test 则 $\sum\limits_{n=1}^{\infty}\dfrac{1}{n^2}$ 收敛

$\therefore\sum\limits_{n=1}^{\infty}\tan^{-1}\dfrac{1}{n^2}$ 收敛 $\Rightarrow\tan^{-1}\dfrac{n}{n^3+n^2+1}$ 收敛

Example 20.

试判断 $\sum\limits_{n=1}^{\infty}\sin\dfrac{\pi}{n}$ 收敛或发散

【解】

Claim: $\lim\limits_{n\to\infty}\dfrac{\sin\frac{\pi}{n}}{\frac{\pi}{n}}=1$

令 $\frac{\pi}{n} = x$ 则 $\lim_{n\to\infty} \frac{\sin\frac{\pi}{n}}{\frac{\pi}{n}} = \lim_{x\to 0} \frac{\sin x}{x} = \lim_{x\to 0} \frac{\cos x}{1} = 1$

By Limit Comparison Test, 若 $\sum_{n=1}^{\infty} \frac{\pi}{n}$ 发散 则 $\sum_{n=1}^{\infty} \sin\frac{\pi}{n}$ 发散

令$f(x) = \frac{\pi}{x}$, $\forall x > 1$, $\because f(x)$于$[1,\infty)$为连续, 递减且恒正的函数 且 $\int_1^{\infty} \frac{dx}{x} = \infty$

$\therefore$ 藉由 Integral Test 则 $\sum_{n=1}^{\infty} \frac{\pi}{n}$ 发散 $\therefore \sum_{n=1}^{\infty} \sin\frac{\pi}{n}$ 发散

Example 21.

试判断 $\sum_{n=1}^{\infty} \sin\frac{\pi}{n^p}$ 收敛或发散, $\forall p > 1$

【解】

令$p > 1$, Claim: $\lim_{n\to\infty} \frac{\sin\frac{\pi}{n^p}}{\frac{\pi}{n^p}} = 1$

令 $\frac{\pi}{n^p} = x$ 则 $\lim_{n\to\infty} \frac{\sin\frac{\pi}{n^p}}{\frac{\pi}{n^p}} = \lim_{x\to 0} \frac{\sin x}{x} = \lim_{x\to 0} \frac{\cos x}{1} = 1$

By Limit Comparison Test, 若 $\sum_{n=1}^{\infty} \frac{\pi}{n^p}$ 收敛 则 $\sum_{n=1}^{\infty} \sin\frac{\pi}{n^p}$ 收敛

Claim: $\sum_{n=1}^{\infty} \frac{\pi}{n^p}$ 收敛

令$f(x) = \frac{\pi}{x^p}$, $\forall x > 1$, $\because f(x)$于$[1,\infty)$为连续, 递减且恒正的函数 且 $\int_1^{\infty} \frac{1}{x^p} dx$ 收敛

$\therefore$ 藉由 Integral Test 则 $\sum_{n=1}^{\infty} \frac{\pi}{n^p}$ 收敛 $\therefore \sum_{n=1}^{\infty} \sin\frac{\pi}{n^p}$ 收敛

Example 22.

试判断 $\displaystyle\sum_{n=1}^{\infty}\frac{1}{2^{\ln n}}$ 收敛或发散

【解】

$\because 2<\mathrm{e} \quad \therefore\ 2^{\ln n}<\mathrm{e}^{\ln n}=n \Rightarrow \dfrac{1}{2^{\ln n}}>\dfrac{1}{n} \quad \therefore$ 若 $\displaystyle\sum_{n=1}^{\infty}\frac{1}{n}$ 发散 则 $\displaystyle\sum_{n=1}^{\infty}\frac{1}{2^{\ln n}}$ 发散

令$f(x)=\dfrac{1}{x}$, $\forall x>1$, $\because f(x)$于$[1,\infty)$为连续,递减且恒正的函数且$\displaystyle\int_1^{\infty}\frac{dx}{x}=\infty$

$\therefore$ 藉由 Integral Test 则 $\displaystyle\sum_{n=1}^{\infty}\frac{1}{n}$ 发散 $\quad \therefore \displaystyle\sum_{n=1}^{\infty}\frac{1}{2^{\ln n}}$ 发散

Example 23.

试判断 $\displaystyle\sum_{n=1}^{\infty}\frac{\ln n}{n^2}$ 收敛或发散

【解】

Claim: $\displaystyle\lim_{n\to\infty}\frac{\frac{\ln n}{n^2}}{n^{-\frac{3}{2}}}=0$

$$\lim_{n\to\infty}\frac{\frac{\ln n}{n^2}}{n^{-\frac{3}{2}}}=\lim_{n\to\infty}\frac{\ln n}{n^{\frac{1}{2}}}=\lim_{n\to\infty}\frac{\frac{1}{n}}{\frac{1}{2}n^{-\frac{1}{2}}}=0$$

Claim: $\displaystyle\sum_{n=1}^{\infty}n^{-\frac{3}{2}}$ 收敛

令$f(x)=\dfrac{1}{x^{\frac{3}{2}}}$, $\forall x>1$, $\because f(x)$于$[1,\infty)$为连续,递减且恒正的函数 且$\displaystyle\int_1^{\infty}\frac{1}{x^{\frac{3}{2}}}dx$收敛

$\therefore$ 藉由 Integral Test 则 $\displaystyle\sum_{n=1}^{\infty}n^{-\frac{3}{2}}$ 收敛

By Limit Comparison Test 则 $\sum_{n=1}^{\infty} n^{-\frac{3}{2}}$ 收敛 $\Rightarrow \sum_{n=1}^{\infty} \frac{\ln n}{n^2}$ 收敛

Example 24.

试判断 $\sum_{n=2}^{\infty} \frac{1}{(\ln n)^k}$, $k > 0$ 收敛或发散

【解】

Claim: $\lim_{n\to\infty} \frac{\frac{1}{(\ln n)^k}}{n^{-1}} = \infty$

$$\because \lim_{n\to\infty} \frac{\frac{1}{(\ln n)^k}}{n^{-1}} = \lim_{n\to\infty} \frac{n}{(\ln n)^k} = \lim_{n\to\infty} \frac{n}{k(\ln n)^{k-1}} = \lim_{n\to\infty} \frac{n}{k!\,(\ln n)^{k-[k]-1}} = \infty$$

By Limit Comparison Test, 若 $\sum_{n=2}^{\infty} \frac{1}{n}$ 发散 则 $\sum_{n=2}^{\infty} \frac{1}{(\ln n)^k}$ 发散

令$f(x) = \frac{1}{x}$, $\forall x > 2$, $\because f(x)$于$[2, \infty)$为连续,递减且恒正的函数 且 $\int_2^{\infty} \frac{dx}{x} = \infty$

$\therefore$ 藉由 Integral Test 则 $\sum_{n=2}^{\infty} \frac{1}{n}$ 发散 $\quad \therefore \sum_{n=2}^{\infty} \frac{1}{(\ln n)^k}$ 发散

Example 25.

试判断 $\sum_{n=1}^{\infty} \frac{1}{n^{1+\frac{2}{n}}}$ 收敛或发散

【解】

$\because \frac{\frac{1}{n^{1+\frac{2}{n}}}}{\frac{1}{n}} = \frac{1}{n^{\frac{2}{n}}} = \frac{1}{e^{\frac{2}{n}\ln n}}$, 藉由罗比达法则 $\lim_{n\to\infty} \frac{\frac{1}{n^{1+\frac{2}{n}}}}{\frac{1}{n}} = \lim_{n\to\infty} \frac{1}{e^{\frac{2}{n}\ln n}} = \lim_{n\to\infty} \frac{1}{e^{\frac{2}{n}}} = 1$

By Limit Comparison Test, 若 $\sum_{n=1}^{\infty}\frac{1}{n}$ 发散 则 $\sum_{n=1}^{\infty}\frac{1}{n^{1+\frac{2}{n}}}$ 发散

令$f(x)=\frac{1}{x}$, $\forall x>1$, $\because f(x)$于$[1,\infty)$为连续, 递减且恒正的函数 且 $\int_{1}^{\infty}\frac{dx}{x}=\infty$

$\therefore$ 藉由 Integral Test 则 $\sum_{n=1}^{\infty}\frac{1}{n}$ 发散 $\therefore \sum_{n=1}^{\infty}\frac{1}{n^{1+\frac{2}{n}}}$ 发散

Example 26.

试判断 $\sum_{n=1}^{\infty}\frac{n}{n^3+2}$ 收敛或发散

【解】

$\because \frac{n}{n^3+2}<\frac{n}{n^3}<\frac{1}{n^2}$ $\therefore$ 若 $\sum_{n=1}^{\infty}\frac{1}{n^2}$收敛 则 $\sum_{n=1}^{\infty}\frac{n}{n^3+2}$ 收敛

Claim: $\sum_{n=1}^{\infty}\frac{1}{n^2}$ 收敛

令$f(x)=\frac{1}{x^2}$, $\forall x>1$, $\because f(x)$于$[1,\infty)$为连续, 递减且恒正的函数 且 $\int_{1}^{\infty}\frac{1}{x^2}\,dx$ 收敛

$\therefore$ 藉由 Integral Test 则 $\sum_{n=1}^{\infty}\frac{1}{n^2}$ 收敛 $\therefore \sum_{n=1}^{\infty}\frac{n}{n^3+2}$ 收敛

Example 27.

试判断 $\sum_{n=1}^{\infty}\frac{n^2+1}{\sqrt[3]{n^{10}+n^3}}$ 收敛或发散

【解】

$\because \frac{n^2+1}{\sqrt[3]{n^{10}+n^3}}<\frac{n^2+1}{\sqrt[3]{n^{10}}}<\frac{2n^2}{\sqrt[3]{n^{10}}}=2n^{-\frac{4}{3}}$ $\therefore$ 若 $\sum_{n=1}^{\infty}2n^{-\frac{4}{3}}$收敛 则 $\sum_{n=1}^{\infty}\frac{n^2+1}{\sqrt[3]{n^{10}+n^3}}$ 收敛

Claim: $\sum_{n=1}^{\infty} 2n^{-\frac{4}{3}}$ 收敛

令 $f(x)=\frac{1}{x^{\frac{4}{3}}}$, $\forall x>1$, $\because f(x)$于$[1,\infty)$为连续,递减且恒正的函数 且 $\int_1^{\infty} \frac{1}{x^{\frac{4}{3}}}dx$ 收敛

$\therefore$ 藉由 Integral Test 则 $\sum_{n=1}^{\infty} 2n^{-\frac{4}{3}}$ 收敛 $\therefore \sum_{n=1}^{\infty} \frac{n^2+1}{\sqrt[3]{n^{10}+n^3}}$ 收敛

Example 28.

试判断 $\sum_{n=1}^{\infty} \frac{1}{\sqrt{n(n+2)(n+3)}}$ 收敛或发散

【解】

$$\because \frac{1}{\sqrt{n(n+2)(n+3)}} < \frac{1}{\sqrt{n^3}} < n^{-\frac{3}{2}}$$

$\therefore$ 若 $\sum_{n=1}^{\infty} n^{-\frac{3}{2}}$ 收敛 则 $\sum_{n=1}^{\infty} \frac{1}{\sqrt{n(n+2)(n+3)}}$ 收敛

Claim: $\sum_{n=1}^{\infty} n^{-\frac{3}{2}}$ 收敛

令$f(x)=\frac{1}{x^{\frac{3}{2}}}$, $\forall x>1$, $\because f(x)$于$[1,\infty)$为连续,递减且恒正的函数 且 $\int_1^{\infty} \frac{1}{x^{\frac{3}{2}}}dx$ 收敛

$\therefore$ 藉由 Integral Test 则 $\sum_{n=1}^{\infty} n^{-\frac{3}{2}}$ 收敛 $\therefore \sum_{n=1}^{\infty} \frac{1}{\sqrt{n(n+2)(n+3)}}$ 收敛

Example 29.

试判断 $\sum_{n=1}^{\infty} \frac{\sqrt{n+1}-\sqrt{n}}{n}$ 收敛或发散

【解】

$\because \dfrac{\sqrt{n+1}-\sqrt{n}}{n}=\dfrac{(\sqrt{n+1}+\sqrt{n})(\sqrt{n+1}-\sqrt{n})}{n(\sqrt{n+1}+\sqrt{n})}=\dfrac{1}{n(\sqrt{n+1}+\sqrt{n})}<\dfrac{1}{n^{\frac{3}{2}}}$

$\therefore$ 若 $\sum_{n=1}^{\infty} n^{-\frac{3}{2}}$ 收敛 则 $\sum_{n=1}^{\infty} \dfrac{\sqrt{n+1}-\sqrt{n}}{n}$ 收敛

Claim: $\sum_{n=1}^{\infty} n^{-\frac{3}{2}}$ 收敛

令$f(x)=\dfrac{1}{x^{\frac{3}{2}}}$, $\forall x>1$, $\because f(x)$于$[1,\infty)$为连续, 递减且恒正的函数 且 $\int_1^{\infty}\dfrac{1}{x^{\frac{3}{2}}}dx$ 收敛

$\therefore$ 藉由 Integral Test 则 $\sum_{n=1}^{\infty} n^{-\frac{3}{2}}$ 收敛 $\therefore \sum_{n=1}^{\infty} \dfrac{\sqrt{n+1}-\sqrt{n}}{n}$ 收敛

6.3.4 使用比值法(Ratio Test)

【定理】 Ratio Test

假设 $\lim_{n\to\infty}\dfrac{a_{n+1}}{a_n}=r$ and $a_n\geq 0$, $\forall n\in N$ 则

当 $0\leq r<1\Rightarrow \sum_{n=1}^{\infty} a_n$ converges 且 当 $r>1\Rightarrow \sum_{n=1}^{\infty} a_n$ diverges

<u>Proof:</u>

Assume $\lim_{n\to\infty}\dfrac{a_{n+1}}{a_n}=r$

(i) Claim $0\leq r<1\Rightarrow \sum_{n=1}^{\infty} a_n$ converges

Assume $0\leq r<1$ and choose r' s.t. $0\leq r<r'<1$

$\because \lim_{n\to\infty}\dfrac{a_{n+1}}{a_n}=r$, choose $M\in N$ s.t. $n\geq M\Rightarrow \left|\dfrac{a_{n+1}}{a_n}-r\right|<r'-r$

$$\therefore \frac{a_{n+1}}{a_n} < r',\ \forall n \geq M \Rightarrow \sum_{n=M}^{\infty} a_n < a_M + a_M \sum_{n=1}^{\infty} (r')^n = a_M + \frac{a_M r'}{1-r'}$$

Let $S_k = \sum_{n=1}^{k} a_n$ then S_k is bounded and monotone sequence

By Monotone Convergence Theorem, then $\{S_k\}_{k=1}^{\infty}$ converges $\Rightarrow \sum_{n=1}^{\infty} a_n$ converges

(ii)Claim: $r > 1 \Rightarrow \sum_{n=1}^{\infty} a_n$ diverges

Assume $r > 1$ and choose r' s.t. $r > r' > 1$

$\because \lim_{n\to\infty} \frac{a_{n+1}}{a_n} = r$, choose $M \in N$ s.t. $n \geq M \Rightarrow r' - r < \frac{a_{n+1}}{a_n} - r < r - r'$

$$\therefore \frac{a_{n+1}}{a_n} > r' > 1,\ \forall n \geq M \Rightarrow \sum_{n=M}^{\infty} a_n > a_M + a_M \sum_{n=1}^{\infty} (r')^n$$

$\because r' > 1 \quad \therefore a_M + a_M \sum_{n=1}^{\infty} (r')^n$ diverges $\Rightarrow \sum_{n=1}^{\infty} a_n$ diverges

记:有阶乘或者有次方项时，尝试用比值法

考试类型:

Type 1.

使用比值法判断 $\sum_{n=1}^{\infty} a_n$ 收敛或发散

解题流程:

令 $\lim_{n\to\infty} \frac{a_{n+1}}{a_n} = r$

当 $0 \leq r < 1$ 则 $\sum_{n=1}^{\infty} a_n$ 收敛 且当 $r > 1$ 则 $\sum_{n=1}^{\infty} a_n$ 发散

范例说明:

(I)判断 $\sum_{n=1}^{\infty}\frac{1}{\sqrt{2n!}}$ 收敛发散 $\because \frac{a_{n+1}}{a_n}=\sqrt{\frac{1}{(2n+2)(2n+1)}}$ $\therefore \lim_{n\to\infty}\frac{a_{n+1}}{a_n}=0<1$

(II)判断 $\sum_{n=1}^{\infty}\frac{2n!}{n!\,n!}$ 收敛发散 $\because \frac{a_{n+1}}{a_n}=\frac{(2n+2)(2n+1)}{(n+1)(n+1)}$ $\therefore \lim_{n\to\infty}\frac{a_{n+1}}{a_n}=4>1$

(III)判断 $\sum_{n=1}^{\infty}\frac{n!}{n^n}$ 收敛发散 $\because \frac{a_{n+1}}{a_n}=\left(\frac{n}{n+1}\right)^n$ $\therefore \lim_{n\to\infty}\frac{a_{n+1}}{a_n}=e^{-1}<1$

Example 1.

试判断 $\sum_{n=1}^{\infty}\frac{1}{\sqrt{2n!}}$ 收敛或发散

【解】

$$\because \frac{a_{n+1}}{a_n}=\frac{\sqrt{2n!}}{\sqrt{2n+2!}}=\sqrt{\frac{2n!}{2n+2!}}=\sqrt{\frac{1}{(2n+2)(2n+1)}} \quad \therefore \lim_{n\to\infty}\frac{a_{n+1}}{a_n}=0<1$$

藉由 Ratio Test 则 $\sum_{n=1}^{\infty}\frac{1}{\sqrt{2n!}}$ 收敛

Example 2.

试判断 $\sum_{n=1}^{\infty}\frac{n}{3^n}$ 收敛或发散

【解】

$\because \frac{a_{n+1}}{a_n}=\frac{\frac{n+1}{3^{n+1}}}{\frac{n}{3^n}}=\frac{n+1}{3n}$ $\therefore \lim_{n\to\infty}\frac{a_{n+1}}{a_n}=\frac{1}{3}<1$，藉由 Ratio Test 则 $\sum_{n=1}^{\infty}\frac{n}{3^n}$ 收敛

Example 3.

$$\text{试判断} \sum_{n=1}^{\infty} \frac{3^n}{n(n+1)} \text{ 收敛或发散}$$

【解】

$$\because \frac{a_{n+1}}{a_n} = \frac{\dfrac{3^{n+1}}{(n+1)(n+2)}}{\dfrac{3^n}{n(n+1)}} = \frac{3n(n+1)}{(n+1)(n+2)} \qquad \therefore \lim_{n\to\infty} \frac{a_{n+1}}{a_n} = 3 > 1$$

$$\text{藉由 Ratio Test 则} \sum_{n=1}^{\infty} \frac{3^n}{n(n+1)} \text{ 发散}$$

Example 4.

$$\text{试判断} \sum_{n=1}^{\infty} \frac{n!}{n^n} \text{ 收敛或发散}$$

【解】

$$\because \frac{a_{n+1}}{a_n} = \frac{\dfrac{(n+1)!}{(n+1)^{n+1}}}{\dfrac{n!}{n^n}} = \frac{n^n(n+1)}{(n+1)^{n+1}} = \left(\frac{n}{n+1}\right)^n \qquad \therefore \lim_{n\to\infty} \frac{a_{n+1}}{a_n} = e^{-1} < 1$$

$$\text{藉由 Ratio Test 则} \sum_{n=1}^{\infty} \frac{n!}{n^n} \text{ 收敛}$$

Example 5.

$$\text{试判断} \sum_{n=1}^{\infty} \frac{n!}{1\cdot 3\cdot 5\cdot \cdots (2n-1)} \text{ 收敛或发散}$$

【解】

$$\because \frac{a_{n+1}}{a_n} = \frac{\dfrac{(n+1)!}{1\cdot 3\cdot 5\cdot \cdots (2n-1)(2n+1)}}{\dfrac{n!}{1\cdot 3\cdot 5\cdot \cdots (2n-1)}} = \frac{n+1}{2n+1} \qquad \therefore \lim_{n\to\infty} \frac{a_{n+1}}{a_n} = \frac{1}{2} < 1$$

藉由 Ratio Test 则 $\sum_{n=1}^{\infty} \frac{n!}{1 \cdot 3 \cdot 5 \cdot \cdots (2n-1)}$ 收敛

Example 6.

试判断 $\sum_{n=1}^{\infty} \frac{n^n}{3^n n!}$ 收敛或发散

【解】

$$\because \frac{a_{n+1}}{a_n} = \frac{\frac{3^n n!}{n^n}}{\frac{3^{n+1}(n+1)!}{(n+1)^{(n+1)}}} = \frac{(n+1)^{(n+1)}}{3(n+1)n^n} = \frac{(n+1)^n}{3n^n}$$

$\therefore \lim_{n\to\infty} \frac{a_{n+1}}{a_n} = \frac{e}{3} < 1$, 藉由 Ratio Test 则 $\sum_{n=1}^{\infty} \frac{n^n}{3^n n!}$ 收敛

Example 7.

试判断 $\sum_{n=1}^{\infty} \frac{n!^3}{3n!}$ 收敛或发散

【解】

$$\because \frac{a_{n+1}}{a_n} = \frac{\frac{(n+1)!^3}{3n+3!}}{\frac{n!^3}{3n!}} = \frac{(n+1)^3}{(3n+3)(3n+2)(3n+1)} \quad \therefore \lim_{n\to\infty} \frac{a_{n+1}}{a_n} = \frac{1}{27} < 1$$

藉由 Ratio Test 则 $\sum_{n=1}^{\infty} \frac{n!^3}{3n!}$ 收敛

Example 8.

试判断 $\sum_{n=1}^{\infty} \frac{2n!}{n!\,n!}$ 收敛或发散

【解】

$$\because \frac{a_{n+1}}{a_n}=\frac{\dfrac{(2n+2)!}{n+1!\,n+1!}}{\dfrac{2n!}{n!\,n!}}=\frac{(2n+2)(2n+1)}{(n+1)(n+1)} \qquad \therefore \lim_{n\to\infty}\frac{a_{n+1}}{a_n}=4>1$$

藉由 Ratio Test 则 $\displaystyle\sum_{n=1}^{\infty}\frac{2n!}{n!\,n!}$ 发散

Example 9.

试判断 $\displaystyle\sum_{n=1}^{\infty}\frac{(3n)!}{n!\,n!\,n!}$ 收敛或发散

【解】

$$\because \frac{a_{n+1}}{a_n}=\frac{\dfrac{(3n+3)!}{n+1!\,n+1!\,n+1!}}{\dfrac{3n!}{n!\,n!\,n!}}=\frac{(3n+3)(3n+2)(3n+1)}{(n+1)(n+1)(n+1)}$$

$\therefore \displaystyle\lim_{n\to\infty}\frac{a_{n+1}}{a_n}=27>1$, 藉由 Ratio Test 则 $\displaystyle\sum_{n=1}^{\infty}\frac{(3n)!}{n!\,n!\,n!}$ 发散

Example 10.

试判断 $\displaystyle\sum_{n=1}^{\infty}\frac{(4n)!}{n!\,n!\,n!\,n!}$ 收敛或发散

【解】

$$\because \frac{a_{n+1}}{a_n}=\frac{\dfrac{(4n+4)!}{(n+1)!\,(n+1)!\,(n+1)!\,(n+1)!}}{\dfrac{4n!}{n!\,n!\,n!\,n!}}=\frac{(4n+4)(4n+3)(4n+2)(4n+1)}{(n+1)(n+1)(n+1)(n+!)}$$

$\therefore \displaystyle\lim_{n\to\infty}\frac{a_{n+1}}{a_n}=64>1$, 藉由 Ratio Test 则 $\displaystyle\sum_{n=1}^{\infty}\frac{(4n)!}{n!\,n!\,n!\,n!}$ 发散

6.3.5 使用根值法(Root Test)

【定理】Root Test

假设 $\lim_{n\to\infty}\sqrt[n]{a_n}=r$ and $a_n\geq 0$, $\forall n\in N$ 则

当 $0\leq r<1\Rightarrow\sum_{n=1}^{\infty}a_n$ 收敛且 当 $r>1\Rightarrow\sum_{n=1}^{\infty}a_n$ 发散

Proof:

Assume $\lim_{n\to\infty}\sqrt[n]{a_n}=r$

(i) Claim: $0\leq r<1\Rightarrow\sum_{n=1}^{\infty}a_n$ 收敛

Assume $0\leq r<1$, choose $M\in N$ s.t. $n\geq M\Rightarrow\left|\sqrt[n]{a_n}-r\right|<\frac{1-r}{2}$

$\therefore\sqrt[n]{a_n}-r<\frac{1-r}{2}$, $\forall n\geq M\Rightarrow a_n<\left(\frac{1+r}{2}\right)^n$, $\forall n\geq M$

$\Rightarrow\sum_{n=M}^{\infty}a_n<\sum_{n=M}^{\infty}\left(\frac{1+r}{2}\right)^n$, $\because 0\leq r<1$ $\therefore\sum_{n=M}^{\infty}\left(\frac{1+r}{2}\right)^n$ 收敛

Let $S_k=\sum_{n=1}^{k}a_n$ then S_k is bounded and monotone sequence

By Monotone Convergence Theorem, then $\{S_k\}_{k=1}^{\infty}$ converges $\Rightarrow\sum_{n=1}^{\infty}a_n$ converges

(ii)Claim: $r>1\Rightarrow\sum_{n=1}^{\infty}a_n$ 发散

Assume $r>1$, choose $M\in N$ s.t. $n\geq M\Rightarrow\left|\sqrt[n]{a_n}-r\right|<\frac{r-1}{2}$

$\therefore\frac{1-r}{2}<\sqrt[n]{a_n}-r<\frac{r-1}{2}$, $\forall n\geq M\Rightarrow a_n>\left(\frac{1+r}{2}\right)^n$, $\forall n\geq M$

$$\Rightarrow \sum_{n=M}^{\infty} a_n > \sum_{n=M}^{\infty} \left(\frac{1+r}{2}\right)^n$$

$$\because r > 1 \qquad \therefore \sum_{n=M}^{\infty} \left(\frac{1+r}{2}\right)^n \text{发散} \Rightarrow \sum_{n=1}^{\infty} a_n \text{发散}$$

记:有次方项时，尝试用根值法

考试类型:

Type 1.

使用根值法判断 $\sum_{n=1}^{\infty} a_n$ 收敛或发散

解题流程:

求 $\lim_{n\to\infty} \sqrt[n]{a_n} =?$，令 $\lim_{n\to\infty} \sqrt[n]{a_n} = r$

当 $0 \le r < 1 \Rightarrow \sum_{n=1}^{\infty} a_n$ 收敛，当 $r > 1 \Rightarrow \sum_{n=1}^{\infty} a_n$ 发散

<u>范例说明:</u>

(I)判断 $\sum_{n=1}^{\infty} \frac{n}{(\ln n^2)^n}$ 收敛发散 $\because \lim_{n\to\infty} \left(\frac{n}{(\ln n^2)^n}\right)^{\frac{1}{n}} = 0 \quad \therefore \sum_{n=1}^{\infty} \frac{n}{(\ln n^2)^n}$ 收敛

(II)判断 $\sum_{n=1}^{\infty} \left(\frac{n+3}{5n+1}\right)^n$ 收敛发散 $\because \lim_{n\to\infty} \frac{n+3}{5n+1} = \frac{1}{5} < 1 \quad \therefore \sum_{n=1}^{\infty} \left(\frac{n+3}{5n+1}\right)^n$ 收敛

Example 1.

试判断 $\sum_{n=1}^{\infty} n\left(\frac{2}{3}\right)^n$ 收敛或发散

【解】

$$\because \left(n\left(\frac{2}{3}\right)^n\right)^{\frac{1}{n}} = n^{\frac{1}{n}} \cdot \frac{2}{3} = \frac{2}{3} e^{\frac{1}{n}\ln n} \text{ 且 } \lim_{n\to\infty} \frac{1}{n}\ln n = \lim_{n\to\infty} \frac{\frac{1}{n}}{1} = 0$$

$$\therefore \lim_{n\to\infty} \frac{2}{3} e^{\frac{1}{n}\ln n} = \frac{2}{3} < 1, \text{ 藉由 Root Test 则 } \sum_{n=1}^{\infty} n\left(\frac{2}{3}\right)^n \text{ 收敛}$$

Example 2.

试判断 $\sum_{n=1}^{\infty}\left(\frac{n}{n+2}\right)^{n^2}$ 收敛或发散

【解】

$$\because \left(\left(\frac{n}{n+2}\right)^{n^2}\right)^{\frac{1}{n}} = \left(\frac{n+2}{n}\right)^{-n} \text{ 且 } \lim_{n\to\infty}\left(\frac{n}{n+2}\right)^n = \lim_{n\to\infty}\left(\frac{n+2}{n}\right)^{-n} = e^{-2} < 1$$

藉由 Root Test 则 $\sum_{n=1}^{\infty}\left(\frac{n}{n+2}\right)^{n^2}$ 收敛

Example 3.

试判断 $\sum_{n=1}^{\infty}\left(\frac{n+3}{5n+1}\right)^{n}$ 收敛或发散

【解】

$$\because \left(\left(\frac{n+3}{5n+1}\right)^{n}\right)^{\frac{1}{n}} = \frac{n+3}{5n+1} \text{ 且 } \lim_{n\to\infty}\frac{n+3}{5n+1} = \frac{1}{5} < 1 \text{ 藉由 Root Test 则 } \sum_{n=1}^{\infty}\left(\frac{n+3}{5n+1}\right)^{n} \text{ 收敛}$$

Example 4.

试判断 $\sum_{n=1}^{\infty}\frac{n}{(\ln n^2)^n}$ 收敛或发散

【解】

$$\because \left(\frac{n}{(\ln n^2)^n}\right)^{\frac{1}{n}} = \frac{n^{\frac{1}{n}}}{2\ln n} = \frac{e^{\frac{1}{n}\ln n}}{2\ln n} \quad 且 \quad \lim_{n\to\infty}\frac{1}{n}\ln n = \lim_{n\to\infty}\frac{\frac{1}{n}}{1} = 0$$

$$\therefore \lim_{n\to\infty}\left(\frac{n}{(\ln n^2)^n}\right)^{\frac{1}{n}} = \lim_{n\to\infty}\frac{e^{\frac{1}{n}\ln n}}{2\ln n} = 0, \quad 藉由 \text{ Root Test } 则 \sum_{n=1}^{\infty}\frac{n}{(\ln n^2)^n} 收敛$$

Example 5.

$$试判断\sum_{n=1}^{\infty}\frac{n^k}{(\ln n)^n}收敛或发散，\forall k > 0$$

【解】

$$令 k > 0, \quad \because \left(\frac{n^k}{(\ln n)^n}\right)^{\frac{1}{n}} = \frac{n^{\frac{k}{n}}}{\ln n} = \frac{e^{\frac{k}{n}\ln n}}{\ln n} \quad 且 \quad \lim_{n\to\infty}\frac{k}{n}\ln n = \lim_{n\to\infty}\frac{\frac{k}{n}}{1} = 0$$

$$\therefore \lim_{n\to\infty}\left(\frac{n^k}{(\ln n)^n}\right)^{\frac{1}{n}} = \lim_{n\to\infty}\frac{e^{\frac{k}{n}\ln n}}{\ln n} = 0 \quad 藉由 \text{ Root Test } 则 \sum_{n=1}^{\infty}\frac{n^k}{(\ln n)^n} 收敛，\forall k > 0$$

6.4 判断交错级数的收敛性

【定义】交错级数的定义

$$假设无穷级数 = \sum_{n=1}^{\infty}(-1)^n a_n 且 \forall a_n \geq 0 则称为交錯级数$$

【定义】条件收敛的定义

$$\sum_{n=1}^{\infty} a_n 收敛 且 \sum_{n=1}^{\infty}|a_n| 发散 \Leftrightarrow \sum_{n=1}^{\infty} a_n 为条件收敛$$

【定义】绝对收敛的定义

$$\sum_{n=1}^{\infty}|a_n| \text{ 收敛 } \Leftrightarrow \sum_{n=1}^{\infty} a_n \text{ 绝对收敛}$$

【定理】

如果 $\sum_{n=1}^{\infty} a_n$ 绝对收敛 则 $\sum_{n=1}^{\infty} a_n$ 收敛

proof:

$\because \sum_{n=1}^{\infty} a_n$ 绝对收敛，let $\varepsilon > 0$，choose $\mathrm{M} \in \mathrm{N}$ s.t. $n \geq \mathrm{M} \Rightarrow \sum_{j=1}^{\infty}|a_{n+j}| < \varepsilon$

$$\because \left|\sum_{j=1}^{\infty} a_{n+j}\right| \leq \sum_{j=1}^{\infty}|a_{n+j}| \quad \therefore n \geq \mathrm{M} \Rightarrow \left|\sum_{j=1}^{\infty} a_{n+j}\right| < \varepsilon \quad \therefore \sum_{n=1}^{\infty} a_n \text{ 收敛}$$

【定理】Leibnitz Test

假设 $a_{n+1} < a_n$，$\forall n \in N$ and $\lim_{n\to\infty} a_n = 0$ 则 $\sum_{n=0}^{\infty}(-1)^n a_n$ 收敛

Proof:

Let $S_{2n} = \sum_{k=0}^{2n}(-1)^k a_k$ and $S_{2n+1} = \sum_{k=0}^{2n+1}(-1)^k a_k$

then $\{S_{2n}\}_{n=1}^{\infty}$ is increasing and bounded above by a_1

and $\{S_{2n+1}\}_{n=1}^{\infty}$ is decreasing and bounded below by $a_0 + a_1$

$\therefore \{S_{2n}\}_{n=1}^{\infty}$ and $\{S_{2n+1}\}_{n=1}^{\infty}$ converges

$\because S_{2n+1} - S_{2n} = a_{2n+1}$ and $\lim_{n\to\infty} a_n = 0$

$$\therefore \lim_{n\to\infty} S_{2n} = \lim_{n\to\infty} S_{2n+1} \Rightarrow \sum_{n=0}^{\infty}(-1)^n a_n \text{ converges}$$

使用 Leibnitz Test 说明 $\sum_{n=1}^{\infty}(-1)^n a_n$ 收敛时，若无法直接看出或说明$a_{n+1} < a_n$ $\forall n \in N$，尝试找$f(x)$使得$f(n) = a_n$，$\forall n \in N$，接着证明$f'(x) < 0$，$\forall x \in R$ 则$a_{n+1} < a_n$，$\forall n \in N$；说明$\lim\limits_{n\to\infty} a_n = 0$ 时，也时常使用罗比达法则；判断是否为绝对收敛时，因为取了绝对值，相当于在问正项无穷级数是否收敛，因此方法包含：计算无穷级数的和、当$\lim\limits_{n\to\infty} a_n \neq 0$ 时，$\sum_{n=1}^{\infty} a_n$发散、积分检验法(Integral Test)、比较法(Comparison Test)、比值法(Ratio Test)、根值法(Root Test)；底下为判断交错级数的检验法与使用时机

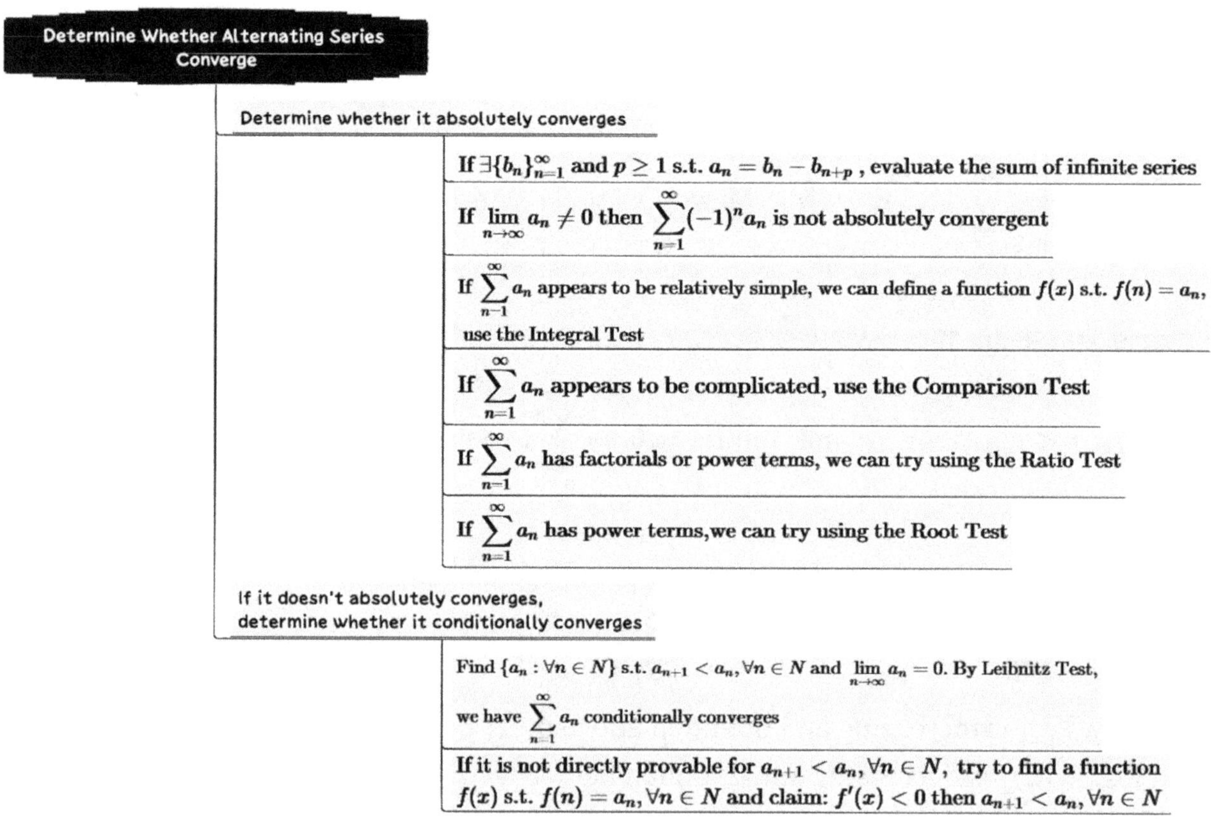

考试类型:

Type 1.

假设 $a_n \geq 0$，$\forall n \in N$，判断$\sum\limits_{n=1}^{\infty}(-1)^n a_n$ 是否为绝对收敛

解题流程:

判断是否为绝对收敛时，因为取了绝对值，相当于在问正项无穷级数是否收敛，如上述谈到方法包含：计算无穷级数的和、….、根值法(Root Test)

<u>补充说明:</u>

判断$\sum_{n=1}^{\infty}(-1)^n a_n$ 为条件收敛或绝对收敛时，可先判断是否为绝对收敛

(I) 当$\exists\ \{b_n : n \in N\}$ 且 $p \geq 1$ 使得 $a_n = b_n - b_{n+p}$则计算无穷级数的和，判断是否为绝对收敛

(II)若 $\lim\limits_{n\to\infty} a_n \neq 0$ 则 $\sum\limits_{n=1}^{\infty}(-1)^n a_n$ 不是绝对收敛

(III) 当 $\sum\limits_{n=1}^{\infty} a_n$ 较为乾净则找$f(x)$ s.t. $f(n) = a_n$ 使用积分检驗法(Integral Test)

判断是否为绝对收敛

(IV) 当 $\sum\limits_{n=1}^{\infty} a_n$ 较为复雜则找$\{b_n : n \in N\}$满足 $0 \leq a_n \leq b_n$，$\forall n \in N$, 使用比较法

判断是否为绝对收敛; 或者, 找$\{b_n : n \in N\}$ 满足 $\lim\limits_{n\to\infty}\frac{a_n}{b_n} = M$，$0 < M < \infty$

使用极限比较法判断是否为绝对收敛

(V) 当 $\sum\limits_{n=1}^{\infty} a_n$ 有阶乘或者有次方项时，尝试用比值法(Ratio Test)

判断是否为绝对收敛

(VI) 当 $\sum\limits_{n=1}^{\infty} a_n$ 有次方项时，尝试用根值法(Root Test)判断是否为绝对收敛

Type 2.

假设 $a_n \geq 0, \forall n \in N$，当 $\sum\limits_{n=1}^{\infty}(-1)^n a_n$ 非绝对收敛，判断其是否为条件收敛

解题流程:

Step1.

证明$a_{n+1} < a_n$，$\forall n \in N$，若无法直接看出或说明$a_{n+1} < a_n$ $\forall n \in N$，尝试找$f(x)$使得$f(n) = a_n$，$\forall n \in N$，接著证明$f'(x) < 0$，则$a_{n+1} < a_n$，$\forall n \in N$

Step2.

证明 $\lim_{n\to\infty} a_n = 0$，无法直接证明 $\lim_{n\to\infty} a_n = 0$ 时，尝试使用罗比达法则

Step3.

$\because a_{n+1} < a_n$ 且 $\lim_{n\to\infty} a_n = 0$，藉由 Leibnitz Test 则 $\sum_{n=1}^{\infty}(-1)^n a_n$ 收敛

范例说明:

Assume $p > 0$

(I)判断$\sum_{n=1}^{\infty}\frac{(-1)^n}{n^p}$是否条件收敛时

则令 $f(x) = x^{-p}$, 检查是否$(x^{-p})' < 0$，$\forall x > 0$ 以及是否 $\lim_{n\to\infty}\frac{1}{n^p} = 0$

(II)判断$\sum_{n=1}^{\infty}\frac{(-1)^n \ln n}{n^p}$是否条件收敛时

则令 $f(x) = x^{-p}\ln x$, 检查是否$(x^{-p}\ln x)' < 0$，$\forall x > 0$ 以及是否 $\lim_{n\to\infty}\frac{\ln n}{n^p} = 0$

(III)判断$\sum_{n=2}^{\infty}\frac{(-1)^n}{n(\ln n)^p}$是否条件收敛时

则令 $f(x) = \frac{1}{x(\ln x)^p}$, 检查是否$\left(\frac{1}{x(\ln x)^p}\right)' < 0$，$\forall x > 0$ 以及 $\lim_{n\to\infty}\frac{1}{n(\ln n)^p} = 0$

(IV)判断$\sum_{n=2}^{\infty}\frac{(-1)^n}{(\ln n)^p}$是否条件收敛时

则令 $f(x) = \frac{1}{(\ln n)^P}$, 检查是否$\left(\frac{1}{(\ln n)^P}\right)' < 0, \forall x > 0$ 以及是否 $\lim_{n\to\infty}\frac{1}{(\ln n)^P} = 0$

Example 1.

$$判断\sum_{n=1}^{\infty}\frac{(-1)^{n+1}}{\ln(n+1)} 为绝对收敛或条件收敛$$

【解】

$$\because \frac{1}{\ln(n+1)}<\frac{1}{\ln n},\quad \forall n\in N \text{ 且 } \lim_{n\to\infty}\frac{1}{\ln(n+1)}=0$$

藉由 Leibnitz Test 则 $\displaystyle\sum_{n=1}^{\infty}\frac{(-1)^{n+1}}{\ln(n+1)}$ 收敛

Claim: $\displaystyle\sum_{n=1}^{\infty}\left|\frac{(-1)^{n+1}}{\ln(n+1)}\right|$ 发散

$$\because \left|\frac{(-1)^{n+1}}{\ln(n+1)}\right|=\frac{1}{\ln(n+1)}>\frac{1}{n+1},\quad \forall n\in N \text{ 且 } \sum_{n=1}^{\infty}\frac{1}{n+1} \text{ 发散}$$

$$\therefore \sum_{n=1}^{\infty}\left|\frac{(-1)^{n+1}}{\ln(n+1)}\right| \text{ 发散} \qquad \therefore \sum_{n=1}^{\infty}\frac{(-1)^{n+1}}{\ln(n+1)} \text{ 条件收敛}$$

Example 2.

$$判断\sum_{n=2}^{\infty}\frac{(-1)^{n+1}}{n\ln(\ln n)} 为绝对收敛或条件收敛$$

【解】

$$\because \frac{1}{(n+1)\ln(\ln(n+1))}<\frac{1}{n\ln(\ln n)},\quad \forall n\in N \text{ 且 } \lim_{n\to\infty}\frac{1}{n\ln(\ln n)}=0$$

藉由 Leibnitz Test 则 $\displaystyle\sum_{n=2}^{\infty}\frac{(-1)^{n+1}}{n\ln(\ln n)}$ 收敛

Claim: $\sum_{n=1}^{\infty}\left|\frac{(-1)^{n+1}}{n\ln(\ln n)}\right|$ 发散

$\because \frac{1}{n\ln n} < \frac{1}{n\ln(\ln n)} = \left|\frac{(-1)^{n+1}}{n\ln(\ln n)}\right|$

Claim: $\sum_{n=2}^{\infty}\frac{1}{n\ln n}$ 发散

$\because \int_2^{\infty}\frac{dx}{x\ln x} = \ln\ln x|_2^{\infty} = \infty$，藉由 Integral Test 则 $\sum_{n=2}^{\infty}\frac{1}{n\ln n}$ 发散

$\therefore \sum_{n=1}^{\infty}\left|\frac{(-1)^{n+1}}{n\ln(\ln n)}\right|$ 发散，　$\therefore \sum_{n=2}^{\infty}\frac{(-1)^{n+1}}{n\ln(\ln n)}$ 为条件收敛

Example 3.

判断 $\sum_{n=1}^{\infty}\frac{(-1)^n\ln n}{n-\ln n}$ 为绝对收敛或条件收敛

【解】

Claim: $\frac{\ln(n+1)}{(n+1)-\ln(n+1)} < \frac{\ln n}{n-\ln n}$，$\forall n \geq 3$

令 $f(x) = \frac{\ln x}{x-\ln x}$ 则 $f'(x) = \frac{\frac{x-\ln x}{x}-(1-\frac{1}{x})\ln x}{(x-\ln x)^2} = \frac{1-\ln x}{(x-\ln x)^2} < 0$，$\forall x > e$

$\therefore f(x)$ 为递减函数，$\forall x > e \Rightarrow \frac{\ln(n+1)}{(n+1)-\ln(n+1)} < \frac{\ln n}{n-\ln n}$，$\forall n \geq 3$

Claim: $\lim_{n\to\infty}\frac{\ln n}{n-\ln n} = 0$

藉由罗比达法则 $\lim_{n\to\infty}\frac{\ln n}{n-\ln n} = \lim_{n\to\infty}\frac{\frac{1}{n}}{1-\frac{1}{n}} = 0$

藉由 Leibnitz Test 则 $\sum_{n=1}^{\infty}\frac{(-1)^n\ln n}{n-\ln n}$ 收敛

Claim: $\sum_{n=1}^{\infty}\left|\frac{(-1)^n\ln n}{n-\ln n}\right|$ 发散

$\because \frac{\ln n}{n-\ln n}>\frac{\ln n}{n}$ 且 $\int_1^{\infty}\frac{\ln x}{x}dx=\left.\frac{(\ln x)^2}{2}\right|_1^{\infty}=\infty$

藉由 Integral Test 则 $\sum_{n=2}^{\infty}\frac{\ln n}{n}$ 发散 $\Rightarrow \sum_{n=1}^{\infty}\left|\frac{(-1)^n\ln n}{n-\ln n}\right|$ 发散 $\therefore \sum_{n=1}^{\infty}\frac{(-1)^n\ln n}{n-\ln n}$ 为条件收敛

Example 4.

判断 $\sum_{n=1}^{\infty}\frac{(-1)^n\sqrt{n}+3}{n}$ 为绝对收敛或条件收敛

【解】

Claim: $\frac{\sqrt{n+1}+3}{n+1}<\frac{\sqrt{n}+3}{n}$, $\forall n\in N$

令 $f(x)=\frac{\sqrt{x}+3}{x}$ 则 $f'(x)=\frac{\frac{1}{2}x^{\frac{1}{2}}-(x^{\frac{1}{2}}+3)}{x^2}=\frac{-\frac{1}{2}x^{\frac{1}{2}}-3}{x^2}<0,\ \forall x>0$

$\therefore f(x)$ 为递减函数, $\forall x>0\Rightarrow \frac{\sqrt{n+1}+3}{n+1}<\frac{\sqrt{n}+3}{n}$, $\forall n\in N$

$\because \lim_{n\to\infty}\frac{\sqrt{n}+3}{n}=\lim_{n\to\infty}\frac{1+\frac{3}{\sqrt{n}}}{\sqrt{n}}=0$

藉由 Leibnitz Test 则 $\sum_{n=1}^{\infty}\frac{(-1)^n\sqrt{n}+3}{n}$ 收敛

Claim: $\sum_{n=1}^{\infty}\left|\frac{(-1)^n\sqrt{n}+3}{n}\right|$ 发散

$\because \dfrac{\sqrt{n}+3}{n} > \dfrac{1}{n}$ 且 $\int_1^\infty \dfrac{1}{x}dx = \ln x|_1^\infty = \infty$，藉由 Integral Test 则 $\sum_{n=1}^{\infty} \dfrac{1}{n}$ 发散

$\therefore \sum_{n=1}^{\infty} \left|\dfrac{(-1)^n\sqrt{n}+3}{n}\right|$ 发散　　$\therefore \sum_{n=1}^{\infty} \dfrac{(-1)^n\sqrt{n}+3}{n}$ 为条件收敛

Example 5.

$$\text{判断} \sum_{n=1}^{\infty} (-1)^{n+1} n^3 e^{-n^2} \text{ 为绝对收敛或条件收敛}$$

【解】

Claim: $\sum_{n=1}^{\infty} \left|(-1)^{n+1} n^3 e^{-n^2}\right|$ 收敛

$\because \left|\dfrac{(n+1)^3 e^{-(n+1)^2}}{n^3 e^{-n^2}}\right| = \left(\dfrac{n+1}{n}\right)^3 e^{-2n-1}$

$\therefore \lim_{n\to\infty} \left|\dfrac{(n+1)^3 e^{-(n+1)^2}}{n^3 e^{-n^2}}\right| = \lim_{n\to\infty} \left(\dfrac{n+1}{n}\right)^3 e^{-2n-1} = 0 < 1$

藉由 Ratio test 则 $\sum_{n=1}^{\infty} \left|(-1)^{n+1} n^3 e^{-n^2}\right|$ 收敛　　$\therefore \sum_{n=1}^{\infty} (-1)^{n+1} n^3 e^{-n^2}$ 绝对收敛

Example 6.

$$\text{判断} \sum_{n=1}^{\infty} (-1)^{n+1} n^3 e^{-n^4} \text{ 为绝对收敛或条件收敛}$$

【解】

Claim: $(n+1)^3 e^{-(n+1)^4} < n^3 e^{-n^4}$，$\forall n \in N$

令 $f(x) = x^3 e^{-x^4}$ 则 $f'(x) = 3x^2 e^{-x^4} + x^3 e^{-x^4}(-4x^3) = e^{-x^4} x^2 (3 - 4x^4) < 0$，$\forall x > \sqrt[4]{\dfrac{3}{4}}$

$\therefore f(x)$ 为递减函数，$\forall x > \sqrt[4]{\frac{3}{4}} \Rightarrow (n+1)^3 e^{-(n+1)^4} < n^3 e^{-n^4}$，$\forall n \in N$

Claim: $\lim\limits_{n\to\infty} n^3 e^{-n^4} = 0$

藉由罗比达法则 $\lim\limits_{n\to\infty} n^3 e^{-n^4} = \lim\limits_{n\to\infty} \frac{n^3}{e^{n^4}} = \lim\limits_{n\to\infty} \frac{3n^2}{4n^3 e^{n^4}} = 0$

藉由 Leibnitz Test 则 $\sum_{n=1}^{\infty} (-1)^{n+1} n^3 e^{-n^4}$ 收敛

Claim: $\sum_{n=1}^{\infty} \left|(-1)^{n+1} n^3 e^{-n^4}\right|$ 收敛

$\because \int_1^{\infty} x^3 e^{-x^4} dx = -\frac{e^{-x^4}}{4}\Big|_1^{\infty} < \infty$，藉由 Integral Test 则 $\sum_{n=1}^{\infty} \left|(-1)^{n+1} n^3 e^{-n^4}\right|$ 收敛

$\therefore \sum_{n=1}^{\infty} (-1)^{n+1} n^3 e^{-n^4}$ 为绝对收敛

Example 7.

判断 $\sum_{n=1}^{\infty} \frac{(-1)^{n+1} n^3}{3^n - 1}$ 为绝对收敛或条件收敛

【解】

Claim: $\sum_{n=1}^{\infty} \left|\frac{(-1)^{n+1} n^3}{3^n - 1}\right|$ 收敛

$$\because \left|\frac{\frac{(n+1)^3}{3^{n+1}-1}}{\frac{n^3}{3^n-1}}\right| = \left(\frac{n+1}{n}\right)^3 \frac{3^n - 1}{3^{n+1} - 1} = \left(\frac{n+1}{n}\right)^3 \frac{1 - \frac{1}{3^n}}{3 - \frac{1}{3^n}}$$

$$\therefore \lim_{n\to\infty}\left|\frac{\frac{(n+1)^3}{3^{n+1}-1}}{\frac{n^3}{3^n-1}}\right| = \lim_{n\to\infty}\left(\frac{n+1}{n}\right)^3\frac{1-\frac{1}{3^n}}{3-\frac{1}{3^n}} = \frac{1}{3} < 1$$

藉由 Ratio test 则 $\sum_{n=1}^{\infty}\left|\frac{(-1)^{n+1}n^3}{3^n-1}\right|$ 收敛 $\quad\therefore \sum_{n=1}^{\infty}\frac{(-1)^{n+1}n^3}{3^n-1}$ 绝对收敛

Example 8.

判断 $\sum_{n=1}^{\infty}\frac{(-1)^{n+1}n!\,2^n}{n^n}$ 为绝对收敛或条件收敛

【解】

Claim: $\sum_{n=1}^{\infty}\left|\frac{(-1)^{n+1}n!\,2^n}{n^n}\right|$ 收敛

$$\because \left|\frac{\frac{(n+1)!\,2^{n+1}}{(n+1)^{n+1}}}{\frac{n!\,2^n}{n^n}}\right| = \frac{2(n+1)n^n}{(n+1)^{n+1}} = \frac{2n^n}{(n+1)^n} = \frac{2}{\frac{(n+1)^n}{n^n}}$$

$$\therefore \lim_{n\to\infty}\left|\frac{\frac{(n+1)!\,2^{n+1}}{(n+1)^{n+1}}}{\frac{n!\,2^n}{n^n}}\right| = \lim_{n\to\infty}\frac{2}{\frac{(n+1)^n}{n^n}} = \frac{2}{e} < 1$$

藉由 Ratio test 则 $\sum_{n=1}^{\infty}\left|\frac{(-1)^{n+1}n!\,2^n}{n^n}\right|$ 收敛 $\quad\therefore \sum_{n=1}^{\infty}\frac{(-1)^{n+1}n!\,2^n}{n^n}$ 绝对收敛

Example 9.

判断 $\sum_{n=1}^{\infty}\frac{(-1)^{n+1}n!}{n^n}$ 为绝对收敛或条件收敛

【解】

Claim: $\sum_{n=1}^{\infty}\left|\frac{(-1)^{n+1}n!}{n^n}\right|$ 收敛

$$\because\left|\frac{\frac{(n+1)!}{(n+1)^{n+1}}}{\frac{n!}{n^n}}\right|=\frac{(n+1)n^n}{(n+1)^{n+1}}=\frac{n^n}{(n+1)^n}=\frac{1}{\frac{(n+1)^n}{n^n}}$$

$$\therefore\lim_{n\to\infty}\left|\frac{\frac{(n+1)!}{(n+1)^{n+1}}}{\frac{n!}{n^n}}\right|=\lim_{n\to\infty}\frac{1}{\frac{(n+1)^n}{n^n}}=\frac{1}{e}<1$$

藉由 Ratio test 则 $\sum_{n=1}^{\infty}\left|\frac{(-1)^{n+1}n!}{n^n}\right|$ 收敛 $\quad\therefore\sum_{n=1}^{\infty}\frac{(-1)^{n+1}n!}{n^n}$ 绝对收敛

Example 10.

判断 $\sum_{n=2}^{\infty}\frac{(-1)^n}{n\ln^n n}$ 为绝对收敛或条件收敛

【解】

$$\because\left(\frac{1}{n(\ln n)^n}\right)^{\frac{1}{n}}=\frac{\frac{1^{\frac{1}{n}}}{n}}{\ln n}=\frac{e^{\frac{1}{n}\ln\frac{1}{n}}}{\ln n}\quad 且\ \lim_{n\to\infty}\frac{1}{n}\ln\frac{1}{n}=-\lim_{n\to\infty}\frac{\frac{1}{n}}{1}=0$$

$$\therefore\lim_{n\to\infty}\left(\frac{1}{n(\ln n)^n}\right)^{\frac{1}{n}}=\lim_{n\to\infty}\frac{e^{\frac{1}{n}\ln\frac{1}{n}}}{\ln n}=0$$

藉由 Root Test 则 $\sum_{n=2}^{\infty}\left|\frac{(-1)^n}{n\ln^n n}\right|$ 收敛 $\quad\therefore\sum_{n=2}^{\infty}\frac{(-1)^n}{n\ln^n n}$ 绝对收敛

Example 11.

判断 $\sum_{n=1}^{\infty}\frac{(-1)^n}{2n!}$ 为绝对收敛或条件收敛

【解】

$\because \dfrac{1}{(2n+2)!} < \dfrac{1}{2n!}$， $\forall n \in N$ 且 $\lim\limits_{n\to\infty} \dfrac{1}{2n!} = 0$

藉由 Leibnitz Test 则 $\sum\limits_{n=1}^{\infty} \dfrac{(-1)^n}{2n!}$ 收敛

Claim $\sum\limits_{n=1}^{\infty} \left|\dfrac{(-1)^n}{2n!}\right|$ 收敛

$$\because \lim_{n\to\infty} \frac{\frac{1}{(2n+2)!}}{\frac{1}{(2n)!}} = \lim_{n\to\infty} \frac{1}{(2n+2)(2n+1)} = 0 < 1$$

藉由 Ratio Test 则 $\sum\limits_{n=1}^{\infty} \left|\dfrac{(-1)^n}{(2n)!}\right|$ 收敛 $\quad\therefore \sum\limits_{n=1}^{\infty} \dfrac{(-1)^n}{(2n)!}$ 为绝对收敛

Example 12.

判断 $\sum\limits_{n=1}^{\infty} \dfrac{(-1)^{n+1}n^2}{n^3+3}$ 为绝对收敛或条件收敛

【解】

Claim: $\dfrac{(n+1)^2}{(n+1)^3+3} < \dfrac{n^2}{n^3+3}$， $\forall n \geq 2$

令 $f(x) = \dfrac{x^2}{x^3+3}$ 则 $f'(x) = \dfrac{2x(x^3+3) - x^2 \cdot 3x^2}{(x^3+3)^2} = \dfrac{-x(x^3-6)}{(x^3+3)^2} < 0$， $\forall x > \sqrt[3]{6}$

$\therefore f(x)$ 为递减函数， $\forall x > \sqrt[3]{6} \Rightarrow \dfrac{(n+1)^2}{(n+1)^3+3} < \dfrac{n^2}{n^3+3}$， $\forall n \geq 2$

$\because \lim\limits_{n\to\infty} \dfrac{n^2}{n^3+3} = 0$，藉由 Leibnitz Test 则 $\sum\limits_{n=1}^{\infty} \dfrac{(-1)^{n+1}n^2}{n^3+3}$ 收敛

Claim $\sum\limits_{n=1}^{\infty} \left|\dfrac{(-1)^{n+1}n^2}{n^3+3}\right|$ 发散

$$\because \lim_{n\to\infty}\frac{\frac{n^2}{n^3+3}}{\frac{1}{n}}=1 \text{ 且 } \sum_{n=1}^{\infty}\frac{1}{n} \text{ 发散}$$

藉由 Limit Comparison Test 则 $\sum_{n=1}^{\infty}\left|\frac{(-1)^{n+1}n^2}{n^3+3}\right|$ 发散 $\therefore \sum_{n=1}^{\infty}\frac{(-1)^{n+1}n^2}{n^3+3}$ 为条件收敛

Example 13.

判断 $\sum_{n=1}^{\infty}(-1)^{n+1}(\frac{1}{2n})^{\frac{1}{2n}}$ 为绝对收敛或条件收敛

【解】

藉由罗比达法则

$$\lim_{n\to\infty}\left(\frac{1}{2n}\right)^{\frac{1}{2n}}=\lim_{n\to\infty}e^{\frac{\ln\frac{1}{2n}}{2n}}=\lim_{t\to 0}e^{\mathrm{t}\ln t}=\lim_{t\to 0}e^{\frac{\ln t}{\frac{1}{t}}}=\lim_{t\to 0}e^{\frac{\frac{1}{t}}{\frac{-1}{t^2}}}=1\neq 0$$

$$\therefore \sum_{n=1}^{\infty}(-1)^{n+1}(\frac{1}{2n})^{\frac{1}{2n}} \text{ 为发散级数}$$

Example 14.

判断 $\sum_{n=1}^{\infty}\frac{(-1)^{n+1}(n!)^3}{(3n!)}$ 为绝对收敛或条件收敛

【解】

Claim: $\sum_{n=1}^{\infty}\left|\frac{(-1)^{n+1}(n!)^3}{(3n!)}\right|$ 收敛

$$\because \left|\frac{\frac{(n+1!)^3}{(3n+3!)}}{\frac{(n!)^3}{3n!}}\right|=\frac{(n+1)^3}{(3n+3)(3n+2)(3n+1)}$$

$$\therefore \lim_{n\to\infty}\left|\frac{\frac{(n+1!)^3}{(3n+3!)}}{\frac{(n!)^3}{3n!}}\right| = \lim_{n\to\infty}\frac{(n+1)^3}{(3n+3)(3n+2)(3n+1)} = \frac{1}{27} < 1$$

藉由 Ratio test 则 $\sum_{n=1}^{\infty}\left|\frac{(-1)^{n+1}(n!)^3}{(3n!)}\right|$ 收敛 $\quad \therefore \sum_{n=1}^{\infty}\frac{(-1)^{n+1}(n!)^3}{(3n!)}$ 绝对收敛

Example 15.

判断 $\sum_{n=1}^{\infty}\frac{(-1)^{n+1}\sin\frac{1}{\sqrt{n}}}{3n}$ 为绝对收敛或条件收敛

【解】

Claim: $\sum_{n=1}^{\infty}\left|\frac{(-1)^{n+1}\sin\frac{1}{\sqrt{n}}}{3n}\right|$ 收敛

$$\because \lim_{n\to\infty}\left|\frac{\frac{\sin\frac{1}{\sqrt{n}}}{3n}}{\frac{1}{n^{\frac{3}{2}}}}\right| = \frac{1}{3}\lim_{n\to\infty}\left|\frac{\sin\frac{1}{\sqrt{n}}}{\frac{1}{\sqrt{n}}}\right| = \frac{1}{3}$$

Claim: $\sum_{n=1}^{\infty}\frac{1}{n^{\frac{3}{2}}}$ 收敛

$\because \int_1^{\infty}\frac{dx}{x^{\frac{3}{2}}} = x^{-\frac{1}{2}}\Big|_1^{\infty} < \infty$，藉由 Integral Test 则 $\sum_{n=1}^{\infty}\frac{1}{n^{\frac{3}{2}}}$ 收敛

By Limit Comparison Test 则 $\sum_{n=1}^{\infty}\frac{1}{n^{\frac{3}{2}}}$ 收敛 $\Rightarrow \sum_{n=1}^{\infty}\left|\frac{(-1)^{n+1}\sin\frac{1}{\sqrt{n}}}{3n}\right|$ 收敛

$$\therefore \sum_{n=1}^{\infty} \frac{(-1)^{n+1}\sin\frac{1}{\sqrt{n}}}{3n} \text{ 绝对收敛}$$

Example 16.

判断 $\sum_{n=1}^{\infty}(-1)^n\frac{4n}{5n-1}$ 为绝对收敛或条件收敛

【解】

$\because \lim_{n\to\infty}\frac{4n}{5n-1}=\frac{4}{5}\neq 0 \qquad \therefore \sum_{n=1}^{\infty}(-1)^n\frac{4n}{5n-1}$ 为发散级数

Example 17.

$a_n=\begin{cases}\frac{1}{n}, & n=1,3,5\\ -\frac{1}{n^3}, & n=2,4,6\end{cases}$ 判断 $\sum_{n=1}^{\infty}a_n$ 收敛或发散

【解】

$$\because \sum_{n=1}^{\infty}a_n=\sum_{n=1}^{\infty}\frac{1}{2n-1}-\sum_{n=1}^{\infty}\frac{1}{(2n)^3}$$

$\because \sum_{n=1}^{\infty}\frac{1}{2n-1}$ 为发散级数 且 $\sum_{n=1}^{\infty}\frac{1}{(2n)^3}$ 为收敛级数 $\quad \therefore \sum_{n=1}^{\infty}a_n$ 为发散级数

Example 18.

判断 $\sum_{n=2}^{\infty}\frac{(-1)^n}{n\ln^p n}$ 为绝对收敛或条件收敛，$\forall p>1$

【解】

令$p>1$

Claim: $\sum_{n=2}^{\infty}\frac{1}{n\ln^{p}n}$ 收敛

$\because \int_{2}^{\infty}\frac{dx}{x\ln^{p}x}=\left.\frac{\ln^{-p+1}x}{1-p}\right|_{2}^{\infty}<\infty$，藉由 Integral Test 则 $\sum_{n=2}^{\infty}\frac{1}{n\ln^{p}n}$ 收敛

因此 $\sum_{n=2}^{\infty}\frac{1}{n\ln^{p}n}$ 为绝对收敛

Example 19.

判断 $\sum_{n=1}^{\infty}\frac{(-1)^{n+1}\sin\sqrt{n}}{n^{p}}$ 为绝对收敛或条件收敛，$\forall p>1$

【解】

令$p>1$

Claim: $\sum_{n=1}^{\infty}\left|\frac{\sin\sqrt{n}}{n^{p}}\right|$ 收敛

$\because \left|\frac{\sin\sqrt{n}}{n^{p}}\right|<\left|\frac{1}{n^{p}}\right|$，$\forall n\in N$ 且 $\int_{1}^{\infty}\frac{dx}{x^{p}}=\left.\frac{x^{-p+1}}{1-p}\right|_{1}^{\infty}<\infty$，

藉由 Integral Test 则 $\sum_{n=1}^{\infty}\frac{1}{n^{p}}$ 收敛 $\Rightarrow \sum_{n=1}^{\infty}\left|\frac{\sin\sqrt{n}}{n^{p}}\right|$ 收敛

$\therefore \sum_{n=1}^{\infty}\frac{(-1)^{n+1}\sin\sqrt{n}}{n^{p}}$ 绝对收敛

6.5 幂级数与泰勒级数的定义与考试类型

之前讨论的级数是数列的总和，底下介绍的幂级数是函数数列的总和，而函数数列在某点取值之后的总和，即等同于某数列的总和，因此幂级数在某点取值后收敛发散的问题等同

于讨论无穷级数收敛发散的问题；底下会先介绍幂级数与其收敛发散的定义，以及何谓幂级数的收敛半径与收敛区间，接着讨论幂级数在其收敛区间之内为何会绝对收敛，此外，对于任意包含在收敛区间内的封闭区间而言，说明为何幂级数在此封闭区间之内会均匀收敛至某连续函数；若从宏观的角度来看幂级数，可思考成当任意给定一个幂级数，在满足哪些情形之下，此幂级数会收敛至某个连续函数或此幂级数何时能用一个连续函数来表示；泰勒级数(或泰勒展开式)相当于反了过来，也就是任意一个连续函数满足那些条件下，可以用幂级数来表示，底下整理幂级数与泰勒级数的考试类型，求泰勒级数有数种方法,使用时机也有所不同，读者应理解使用时机的差异

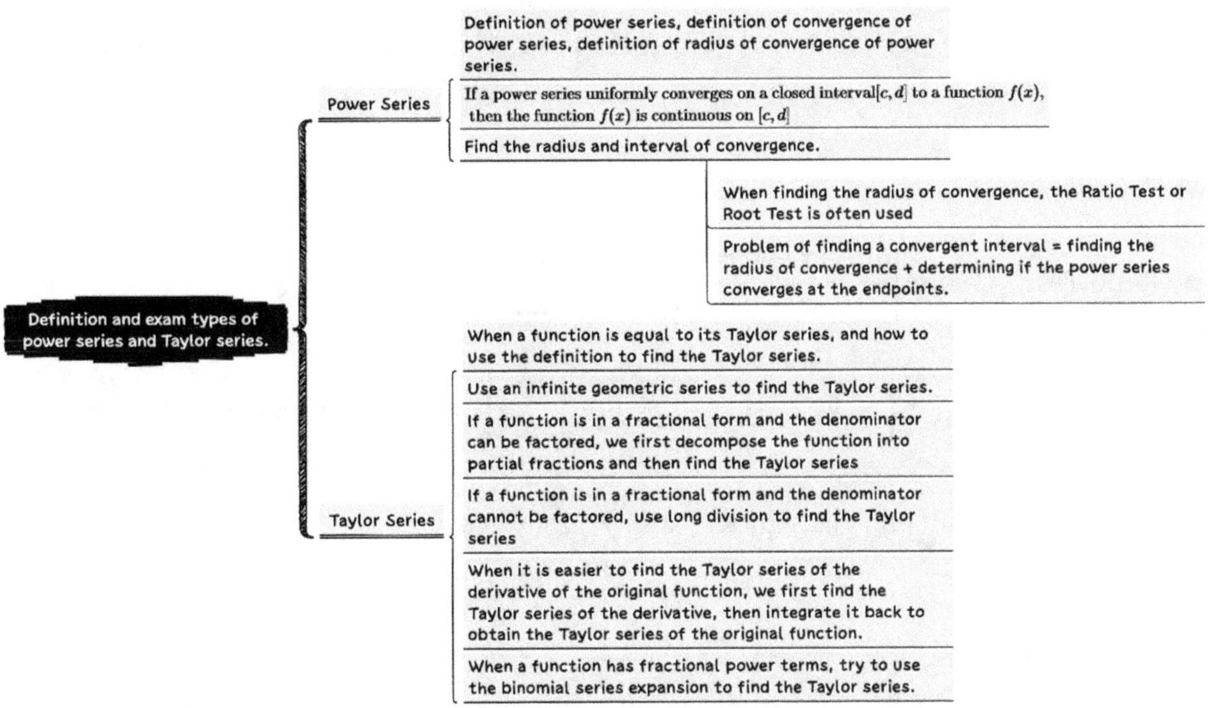

【定义】幂级数(Power Series)

若级数的形式如 $\sum_{k=0}^{\infty} a_k(x-a)^k$ 则此级数称为中心点为a的幂级数

【定义】幂级数的收敛

(i)A power series $\sum_{k=0}^{\infty} a_k(x-a)^k$ is said to converge at c $\Leftrightarrow$ $\sum_{k=0}^{\infty} a_k(c-a)^k$ converges (ii)A power series $\sum_{k=0}^{\infty} a_k(x-a)^k$ is said to converge on the set S

$$\Leftrightarrow \sum_{k=0}^{\infty} a_k(x-a)^k \text{ converges, } \forall x \in S$$

【定义】幂级数的收敛半径与收敛区间

若幂级数 $\sum_{k=0}^{\infty} a_k(x-a)^k$ 在 $|x-a| < R$ 收敛则收敛半径为 R 且收敛区间为 $(x-a, x+a)$

补充说明:

By Ratio Test, 若 $\lim_{k\to\infty}\left|\frac{a_{k+1}(x-a)^{k+1}}{a_k(x-a)^k}\right| < 1$ 则 $\sum_{k=0}^{\infty} a_k(x-a)^k$ 收敛

$\because \lim_{k\to\infty}\left|\frac{a_{k+1}(x-a)^{k+1}}{a_k(x-a)^k}\right| < 1 \Leftrightarrow |x-a| < \lim_{k\to\infty}\left|\frac{a_k}{a_{k+1}}\right|$ $\therefore$ 收敛半径为 $R = \lim_{k\to\infty}\left|\frac{a_k}{a_{k+1}}\right|$

By Root Test, 若 $\lim_{k\to\infty}|a_k|^{\frac{1}{k}}|x-a| < 1$ 则 $\sum_{k=0}^{\infty} a_k(x-a)^k$ 收敛

$\because \lim_{k\to\infty}|a_k|^{\frac{1}{k}}|x-a| < 1 \Leftrightarrow |x-a| < \lim_{k\to\infty}\frac{1}{|a_k|^{\frac{1}{k}}}$ $\therefore$ 收敛半径为 $R = \lim_{k\to\infty}\frac{1}{|a_k|^{\frac{1}{k}}}$

也就是可使用 $\lim_{k\to\infty}\left|\frac{a_k}{a_{k+1}}\right|$ 或 $\lim_{k\to\infty}\frac{1}{|a_k|^{\frac{1}{k}}}$ 求 $\sum_{k=0}^{\infty} a_k(x-a)^k$ 的收敛半径

底下两个定理属于高等微积分的范围，用来帮助读者理解幂级数与连续函数的对应关系，当给定一幂级数且收敛半径为R，则此幂级数在收敛区间内的任意闭区间皆为均匀收敛且收敛至一连续函数

【定理】

假设幂级数 $\sum_{k=0}^{\infty} a_k(x-a)^k$ 的收敛半径为 R 则

(i) $\sum_{k=0}^{\infty} a_k(x-a)^k$ converges absolutely, $\forall x \in (a-R, a+R)$

(ii) $\sum_{k=0}^{\infty} a_k(x-a)^k$ converges uniformly on $[c,d]$, $\forall [c,d] \subset (a-R, a+R)$

Proof:

(i)

Let $c \in (a-R, a+R)$. Claim $\sum_{k=0}^{\infty} a_k(c-a)^k$ converges absolutely

$\because \sum_{k=0}^{\infty} a_k(c-a)^k$ converges , $\forall c \in (a-R, a+R)$

Let $\varepsilon = 1$, choose $M \in N$ s.t. $k \geq M \Rightarrow |a_k(c-a)^k| < 1$ $\therefore \lim_{k\to\infty} |a_k|^{\frac{1}{k}} |c-a| < 1$

By Root Test, we have $\sum_{k=0}^{\infty} a_k(c-a)^k$ converges absolutely

(ii)

Let $[c,d] \subset (a-R, a+R)$. Choose $b \in (a-R, a+R)$ s.t. $|x-a| \leq |b-a|, \forall x \in [c,d]$

Let $M_k = |a_k||b-a|^k$, $\because \sum_{k=0}^{\infty} |a_k||b-a|^k$ converges and $|a_k(x-a)^k| \leq M_k, \forall x \in [c,d]$

By Weierstrass M– Test, $\sum_{k=0}^{\infty} a_k(x-a)^k$ converges uniformly on $[c,d]$

【定理】

若幂级数在閉区间$[c,d]$均匀收敛至函数$f(x)$则函数 $f(x)$在$[c,d]$内为连续函数

Proof:

∵ 幂级数在閉区间$[c,d]$均匀收敛至函数$f(x)$

Let $\varepsilon > 0$, choose $M \in N$ s.t. $n \geq M \Rightarrow \left|f(x) - \sum_{k=0}^{n} a_k(x-a)^k\right| < \frac{\varepsilon}{3}, \forall x \in [c,d]$

Let $b \in [c,d]$, $\because \sum_{k=0}^{M} a_k(x-a)^k$ is continuous at b

Choose $\delta > 0$ s.t. $|x-b| < \delta \Rightarrow \left|\sum_{k=0}^{M} a_k(x-a)^k - \sum_{k=0}^{M} a_k(b-a)^k\right| < \frac{\varepsilon}{3}$

Then $|x-b| < \delta \Rightarrow$

$$|f(x) - f(b)| < \left|f(x) - \sum_{k=0}^{M} a_k(x-a)^k\right| + \left|\sum_{k=0}^{M} a_k(x-a)^k - \sum_{k=0}^{M} a_k(b-a)^k\right|$$

$$+ \left|\sum_{k=0}^{M} a_k(b-a)^k - f(b)\right| < \frac{\varepsilon}{3} + \frac{\varepsilon}{3} + \frac{\varepsilon}{3} = \varepsilon$$

∴ $f(x)$在$[c,d]$内为连续函数

6.5.1 给幂级数求收敛半径与收敛区间

为了帮助读者理解如何求幂级数的收敛半径与收敛区间，我们在此使用较为精简的符号代替幂级数

$$\sum_{n=1}^{\infty} f_n(x) = \sum_{n=0}^{\infty} a_n(x-a)^n$$

接著介紹如何求幂级数$\sum_{n=1}^{\infty} f_n(x)$的收敛半径或收敛区间

求收敛区间的问题 = 找收敛半径 + 此幂级数是否于端点收敛，后者相当于是处理无穷级数收敛的问题，包含之前讨论的：求无穷级数的和、若 $\lim_{n\to\infty} a_n \neq 0$ 则 $\sum_{n=1}^{\infty} a_n$ 发散、积分检验法、比较法(Comparison Test)、比值法(Ratio Test)、根值法(Root Test)、Leibnitz Test

考试类型:

Type 1.

求收敛半径时，经常使用 Ratio Test 或 Root Test

解题流程:

Step1.

令 $f(x) = \lim_{n\to\infty}\left|\frac{f_{n+1}(x)}{f_n(x)}\right|$ 或 令 $f(x) = \lim_{n\to\infty}\left|\sqrt[n]{f_{n+1}(x)}\right|$

Assume $f(x) = \frac{(x-b)^c}{a}, a, c > 0$ 且 $b \in R$

Step2.

令 $|f(x)| < 1$, 则 $\left|\frac{(x-b)^c}{a}\right| < 1$ $\quad \therefore b - a^{\frac{1}{c}} < x < b + a^{\frac{1}{c}}$ $\quad \therefore$ 收敛半径 $= a^{\frac{1}{c}}$

<u>范例说明:</u>

(I)如果 $f_n(x) = \frac{(nx)^n}{n!}$ 则 $f(x) = \lim_{n\to\infty}\left|\frac{f_{n+1}(x)}{f_n(x)}\right| = \lim_{n\to\infty}\left|\frac{\frac{((n+1)x)^{n+1}}{n+1!}}{\frac{(nx)^n}{n!}}\right| = e|x|$

(II)如果 $f_n(x) = (-1)^{n-1}\frac{x^{n-1}}{2n+1}$ 则 $f(x) = \lim_{n\to\infty}\left|\frac{f_{n+1}(x)}{f_n(x)}\right| = \lim_{n\to\infty}\left|\frac{\frac{x^n}{2n+3}}{\frac{x^{n-1}}{2n+1}}\right| = |x|$

Type 2.

求 $\sum_{n=1}^{\infty} f_n(x)$ 的收敛区间

解题流程:

Step1.

令 $f(x) = \lim_{n\to\infty}\left|\frac{f_{n+1}(x)}{f_n(x)}\right|$ 或 令 $f(x) = \lim_{n\to\infty}\left|\sqrt[n]{f_{n+1}(x)}\right|$

Step2.

令$|f(x)|<1$,找 (x_0,x_1) 使得 则 $|f(x)|<1,\ \forall x\in(x_0,x_1)$ ∴ 收敛区间包含(x_0,x_1)

Step3.

判断$\sum_{n=1}^{\infty} f_n(x)$ 于 $x=x_0$，x_1 是否收敛，也就是判断 $\sum_{n=1}^{\infty} f_n(x_0)$ 、$\sum_{n=1}^{\infty} f_n(x_1)$ 是否收敛

若为交錯级数时，则使用 Leibnitz Test 判断是否收敛

若为正项级数时，则使用积分检验法、比较法(Comparison Test)、比值法(Ratio Test)、根值法(Root Test)

Step4.

(i)若$\sum_{n=1}^{\infty} f_n(x_1)$ 收敛且 $\sum_{n=1}^{\infty} f_n(x_0)$ 收敛则收敛区间 $=[x_0,x_1]$

(ii)若 $\sum_{n=1}^{\infty} f_n(x_0)$收敛 且 $\sum_{n=1}^{\infty} f_n(x_1)$ 发散则收敛区间 $=[x_0,x_1)$

(iii)若$\sum_{n=1}^{\infty} f_n(x_0)$ 发散 且 $\sum_{n=1}^{\infty} f_n(x_1)$ 收敛则收敛区间 $=(x_0,x_1]$

(iv)若$\sum_{n=1}^{\infty} f_n(x_0)$ 发散 且$\sum_{n=1}^{\infty} f_n(x_1)$ 发散则收敛区间 $=(x_0,x_1)$

<u>范例说明</u>:

若$f(x)=\dfrac{(x-b)^c}{a}$，其中 $a,c>0$ 且 $b\in R$ 则 $x_0=b-a^{\frac{1}{c}}$，$x_1=b+a^{\frac{1}{c}}$

Step1.

令$\left|\dfrac{(x-b)^c}{a}\right|<1$ 则 $b-a^{\frac{1}{c}}<x<b+a^{\frac{1}{c}}$ ∴ 收敛区间包含$\left(b-a^{\frac{1}{c}},b+a^{\frac{1}{c}}\right)$

Step2.

判断$\sum_{n=1}^{\infty} f_n(x)$ 于 $x=b-a^{\frac{1}{c}}$，$b+a^{\frac{1}{c}}$ 是否收敛

也就是判断 $\sum_{n=1}^{\infty} f_n\left(b-a^{\frac{1}{c}}\right)$ 、$\sum_{n=1}^{\infty} f_n\left(b+a^{\frac{1}{c}}\right)$ 是否收敛

Step3.

若为交錯级数时，则使用 Leibnitz Test 判断是否收敛

若为正项级数时，则使用积分检验法、比较法(Comparison Test)、比值法(Ratio Test)、根值法(Root Test)

Step4.

(i)若 $\sum_{n=1}^{\infty} f_n\left(b-a^{\frac{1}{c}}\right)$ 收敛且 $\sum_{n=1}^{\infty} f_n\left(b+a^{\frac{1}{c}}\right)$ 收敛 则收敛区间 $=[b-a^{\frac{1}{c}}, b+a^{\frac{1}{c}}]$

(ii)若 $\sum_{n=1}^{\infty} f_n\left(b-a^{\frac{1}{c}}\right)$ 发散且 $\sum_{n=1}^{\infty} f_n\left(b+a^{\frac{1}{c}}\right)$ 收敛则收敛区间 $=(b-a^{\frac{1}{c}}, b+a^{\frac{1}{c}}]$

(iii)若 $\sum_{n=1}^{\infty} f_n\left(b-a^{\frac{1}{c}}\right)$ 收敛且 $\sum_{n=1}^{\infty} f_n\left(b+a^{\frac{1}{c}}\right)$ 发散则收敛区间 $=[b-a^{\frac{1}{c}}, b+a^{\frac{1}{c}})$

(iv)若 $\sum_{n=1}^{\infty} f_n\left(b-a^{\frac{1}{c}}\right)$ 发散且 $\sum_{n=1}^{\infty} f_n\left(b+a^{\frac{1}{c}}\right)$ 发散则收敛区间 $=(b-a^{\frac{1}{c}}, b+a^{\frac{1}{c}})$

Example 1.

求 $\sum_{n=1}^{\infty} \frac{(nx)^n}{n!}$ 的收敛半径

【解】

$$\because \left|\frac{f_{n+1}(x)}{f_n(x)}\right| = \left|\frac{\frac{((n+1)x)^{n+1}}{n+1!}}{\frac{(nx)^n}{n!}}\right| = \left|\frac{(n+1)\left(1+\frac{1}{n}\right)^n x}{n+1}\right| = \left|\left(1+\frac{1}{n}\right)^n x\right|$$

$\therefore \lim_{n\to\infty}\left|\frac{f_{n+1}(x)}{f_n(x)}\right| = \lim_{n\to\infty}\left|\left(1+\frac{1}{n}\right)^n x\right| = e|x|$，令 $e|x|<1$ 则 收敛半径为 $\frac{1}{e}$

Example 2.

$$求\sum_{n=1}^{\infty}(-1)^{n-1}\frac{x^{n-1}}{2n+1}的收敛半径$$

【解】

$$\because\left|\frac{f_{n+1}(x)}{f_n(x)}\right|=\left|\frac{\frac{x^n}{2n+3}}{\frac{x^{n-1}}{2n+1}}\right|=\left|\frac{(2n+1)x}{2n+3}\right|$$

$$\therefore\lim_{n\to\infty}\left|\frac{f_{n+1}(x)}{f_n(x)}\right|=\lim_{n\to\infty}\left|\frac{(2n+1)x}{2n+3}\right|=|x|,\quad\therefore 收敛半径为 1$$

Example 3.

$$求\sum_{n=1}^{\infty}(-1)^{n-1}\frac{x^{n-1}}{kn+1}的收敛半径，\forall k\in N$$

【解】

$$令 k\in N,\quad\because\left|\frac{f_{n+1}(x)}{f_n(x)}\right|=\left|\frac{\frac{x^n}{kn+k+1}}{\frac{x^{n-1}}{kn+1}}\right|=\left|\frac{(kn+1)x}{kn+k+1}\right|$$

$$\therefore\lim_{n\to\infty}\left|\frac{f_{n+1}(x)}{f_n(x)}\right|=\lim_{n\to\infty}\left|\frac{(kn+1)x}{kn+k+1}\right|=|x|\qquad\therefore 收敛半径为 1$$

Example 4.

$$求\sum_{n=1}^{\infty}(-1)^{n}\frac{(x-2)^{n}}{3^n\sqrt{n}}的收敛区间$$

【解】

$$\because\left|\frac{f_{n+1}(x)}{f_n(x)}\right|=\left|\frac{\frac{(x-2)^{n+1}}{3^{n+1}\sqrt{n+1}}}{\frac{(x-2)^n}{3^n\sqrt{n}}}\right|=\left|\frac{(x-2)\sqrt{n}}{3\sqrt{n+1}}\right|\qquad\therefore\lim_{n\to\infty}\left|\frac{f_{n+1}(x)}{f_n(x)}\right|=\lim_{n\to\infty}\left|\frac{(x-2)\sqrt{n}}{3\sqrt{n+1}}\right|=\left|\frac{x-2}{3}\right|$$

$$令\left|\frac{x-2}{3}\right|<1 则 收敛区间包含 (-1,5)$$

(1)

As $x=-1$, $\sum_{n=1}^{\infty}(-1)^n\frac{(x-2)^n}{3^n\sqrt{n}}=\sum_{n=1}^{\infty}(-1)^n\frac{(-3)^n}{3^n\sqrt{n}}=\sum_{n=1}^{\infty}\frac{3^n}{3^n\sqrt{n}}=\sum_{n=1}^{\infty}\frac{1}{\sqrt{n}}$

藉由 Integral Test, 则 $\sum_{n=1}^{\infty}(-1)^n\frac{(x-2)^n}{3^n\sqrt{n}}$ 发散

(2)

As $x=5$, $\sum_{n=1}^{\infty}(-1)^n\frac{(x-2)^n}{3^n\sqrt{n}}=\sum_{n=1}^{\infty}(-1)^n\frac{3^n}{3^n\sqrt{n}}=\sum_{n=1}^{\infty}(-1)^n\frac{1}{\sqrt{n}}$

$\because \frac{1}{\sqrt{n+1}}<\frac{1}{\sqrt{n}}, \forall n\in N$ 且 $\lim_{n\to\infty}\frac{1}{\sqrt{n}}=0$

藉由 Leibnitz Test 则 $\sum_{n=1}^{\infty}(-1)^n\frac{(x-2)^n}{3^n\sqrt{n}}$ 收敛 $\therefore$ 收敛区间 $=(-1,5]$

Example 5.

求 $\sum_{n=1}^{\infty}(-1)^n\frac{(x-2)^n}{k^n\sqrt{n}}$ 的收敛区间, $\forall k\geq 3$

【解】

令 $k\geq 3$, $\because \left|\frac{f_{n+1}(x)}{f_n(x)}\right|=\left|\frac{\frac{(x-2)^{n+1}}{k^{n+1}\sqrt{n+1}}}{\frac{(x-2)^n}{k^n\sqrt{n}}}\right|=\left|\frac{(x-2)\sqrt{n}}{k\sqrt{n+1}}\right|$

$\therefore \lim_{n\to\infty}\left|\frac{f_{n+1}(x)}{f_n(x)}\right|=\lim_{n\to\infty}\left|\frac{(x-2)\sqrt{n}}{k\sqrt{n+1}}\right|=\left|\frac{x-2}{k}\right|$

令 $\left|\frac{x-2}{k}\right|<1$ 则收敛区间包含 $(2-k,2+k)$

(1)

As $x=2-k$, $\sum_{n=1}^{\infty}(-1)^n\frac{(x-2)^n}{k^n\sqrt{n}}=\sum_{n=1}^{\infty}(-1)^n\frac{(-k)^n}{k^n\sqrt{n}}=\sum_{n=1}^{\infty}\frac{k^n}{k^n\sqrt{n}}=\sum_{n=1}^{\infty}\frac{1}{\sqrt{n}}$

藉由 Integral Test 则 $\sum_{n=1}^{\infty}(-1)^n\frac{(x-2)^n}{k^n\sqrt{n}}$ 发散

(2)

As $x=2+k$, $\sum_{n=1}^{\infty}(-1)^n\frac{(x-2)^n}{k^n\sqrt{n}}=\sum_{n=1}^{\infty}(-1)^n\frac{k^n}{k^n\sqrt{n}}=\sum_{n=1}^{\infty}(-1)^n\frac{1}{\sqrt{n}}$

$\because \frac{1}{\sqrt{n+1}}<\frac{1}{\sqrt{n}}$, $\forall n\in N$ 且 $\lim_{n\to\infty}\frac{1}{\sqrt{n}}=0$

藉由 Leibnitz Test 则 $\sum_{n=1}^{\infty}(-1)^n\frac{(x-2)^n}{k^n\sqrt{n}}$ 收敛 $\quad\therefore$ 收敛区间 $=(2-k,2+k]$

Example 6.

求 $\sum_{n=1}^{\infty}\frac{(-1)^n}{3n-1}\left(\frac{1-x}{1+x}\right)^n$ 的收敛区间

【解】

$$\because \left|\frac{f_{n+1}(x)}{f_n(x)}\right|=\left|\frac{\frac{(-1)^n}{3n+2}\left(\frac{1-x}{1+x}\right)^{n+1}}{\frac{(-1)^n}{3n-1}\left(\frac{1-x}{1+x}\right)^n}\right|=\left|\frac{(3n-1)\frac{1-x}{1+x}}{3n+2}\right| \quad \therefore \lim_{n\to\infty}\left|\frac{f_{n+1}(x)}{f_n(x)}\right|=\lim_{n\to\infty}\left|\frac{1-x}{1+x}\right|$$

令 $\left|\frac{1-x}{1+x}\right|<1$ 则 $x>0$ $\quad\therefore$ 收敛区间包含$(0,\infty)$

As $x=0$, $\sum_{n=1}^{\infty}\frac{(-1)^n}{3n-1}\left(\frac{1-x}{1+x}\right)^n=\sum_{n=1}^{\infty}\frac{(-1)^n}{3n-1}$ 且 $\sum_{n=1}^{\infty}\frac{(-1)^n}{3n-1}$ 收敛 $\quad\therefore$ 收敛区间 $=[0,\infty)$

Example 7.

求 $\sum_{n=1}^{\infty}\frac{20^n}{n}x^n$ 的收敛区间

【解】

$\because \left|\frac{f_{n+1}(x)}{f_n(x)}\right| = \left|\frac{\frac{20^{n+1}}{n+1}x^{n+1}}{\frac{20^n}{n}x^n}\right| = \left|\frac{20nx}{n+1}\right| \quad \therefore \lim_{n\to\infty}\left|\frac{f_{n+1}(x)}{f_n(x)}\right| = \lim_{n\to\infty}\left|\frac{20nx}{n+1}\right| = 20|x|$

令 $20|x| < 1$ 则 $-\frac{1}{20} < x < \frac{1}{20}$ $\quad\therefore$ 收敛区间包含$(-\frac{1}{20},\frac{1}{20})$

(1)

As $x = \frac{1}{20}$, $\sum_{n=1}^{\infty}\frac{20^n}{n}x^n = \sum_{n=1}^{\infty}\frac{1}{n}$ 且 $\sum_{n=1}^{\infty}\frac{1}{n}$ 发散

(2)

As $x = -\frac{1}{20}$, $\sum_{n=1}^{\infty}\frac{20}{n}x^n = \sum_{n=1}^{\infty}\frac{(-1)^n}{n}$

$\because \frac{1}{n+1} < \frac{1}{n}$, $\forall n \in N$ 且 $\lim_{n\to\infty}\frac{1}{n} = 0$, 藉由 Leibnitz Test 则 $\sum_{n=1}^{\infty}\frac{(-1)^n}{n}$ 收敛

$\therefore$ 收敛区间 $= [-\frac{1}{20},\frac{1}{20})$

Example 8.

求 $\sum_{n=1}^{\infty}(-1)^n\frac{(x-3)^n}{(n+1)3^n}$ 的收敛区间

【解】

$\because \left|\frac{f_{n+1}(x)}{f_n(x)}\right| = \left|\frac{\frac{(x-3)^{n+1}}{(n+2)3^{n+1}}}{\frac{(x-3)^n}{(n+1)3^n}}\right| = \left|\frac{(n+1)(x-3)}{3(n+2)}\right|$

$\therefore \lim_{n\to\infty}\left|\frac{f_{n+1}(x)}{f_n(x)}\right| = \lim_{n\to\infty}\left|\frac{(n+1)(x-3)}{3(n+2)}\right| = \left|\frac{x-3}{3}\right|$

令 $\left|\frac{x-3}{3}\right| < 1$ 则收敛区间包含 $(0,6)$

(1)

As $x = 0$, $\sum_{n=1}^{\infty}(-1)^n \frac{(x-3)^n}{(n+1)3^n} = \sum_{n=1}^{\infty}(-1)^n \frac{(-3)^n}{(n+1)3^n} = \sum_{n=1}^{\infty} \frac{1}{(n+1)}$

藉由 Integral Test 则 $\sum_{n=1}^{\infty}(-1)^n \frac{(x-3)^n}{(n+1)3^n}$ 发散

(2)

As $x = 6$, $\sum_{n=1}^{\infty}(-1)^n \frac{(x-3)^n}{(n+1)3^n} = \sum_{n=1}^{\infty}(-1)^n \frac{3^n}{(n+1)3^n} = \sum_{n=1}^{\infty} \frac{(-1)^n}{(n+1)}$

$\because \frac{1}{n+2} < \frac{1}{n+1}$, $\forall n \in N$ 且 $\lim_{n\to\infty} \frac{1}{n+1} = 0$

藉由 Leibnitz Test 则 $\sum_{n=1}^{\infty}(-1)^n \frac{(x-3)^n}{(n+1)3^n}$ 收敛 $\therefore$ 收敛区间 $= (0, 6]$

Example 9.

求 $\sum_{n=1}^{\infty}(-1)^{n+1} \frac{(x+1)^{2n}}{(n+1)^2 3^n}$ 的收敛区间

【解】

$$\because \left|\frac{f_{n+1}(x)}{f_n(x)}\right| = \left|\frac{\frac{(x+1)^{2n+2}}{(n+2)^2 3^{n+1}}}{\frac{(x+1)^{2n}}{(n+1)^2 3^n}}\right| = \left|\frac{(n+1)^2(x+1)^2}{(n+2)^2 3}\right|$$

$$\therefore \lim_{n\to\infty}\left|\frac{f_{n+1}(x)}{f_n(x)}\right| = \lim_{n\to\infty}\left|\frac{(n+1)^2(x+1)^2}{(n+2)^2 3}\right| = \frac{(x+1)^2}{3}$$

令 $\frac{(x+1)^2}{3} < 1$ 则 $-\sqrt{3} < x+1 < \sqrt{3} \Rightarrow -\sqrt{3}-1 < x < \sqrt{3}-1$

$\therefore$ 收敛区间包含 $(-\sqrt{3}-1, \sqrt{3}-1)$

As $x = -\sqrt{3}-1$ or $x = \sqrt{3}-1$

$$\sum_{n=1}^{\infty}(-1)^{n+1} \frac{(x+1)^{2n}}{(n+1)^2 3^n} = \sum_{n=1}^{\infty}(-1)^{n+1} \frac{(\sqrt{3})^{2n}}{(n+1)^2 3^n} = \sum_{n=1}^{\infty}(-1)^{n+1} \frac{1}{(n+1)^2}$$

$\because \dfrac{1}{(n+2)^2} < \dfrac{1}{(n+1)^2}$，$\forall n \in N$ 且 $\lim\limits_{n\to\infty} \dfrac{1}{(n+1)^2} = 0$

藉由 Leibnitz Test 则 $\displaystyle\sum_{n=1}^{\infty} \frac{(-1)^{n+1}}{(n+1)^2}$ 收敛　$\therefore$ 收敛区间 $= [-\sqrt{3}-1, \sqrt{3}-1]$

Example 10.

求 $\displaystyle\sum_{n=1}^{\infty} (-1)^{n+1} \frac{(x+1)^{2n}}{(n+1)^2 k^n}$ 的收敛区间，$\forall k \in N$

【解】

令 $k \in N$，$\because \left|\dfrac{f_{n+1}(x)}{f_n(x)}\right| = \left|\dfrac{\dfrac{(x+1)^{2n+2}}{(n+2)^2 k^{n+1}}}{\dfrac{(x+1)^{2n}}{(n+1)^2 k^n}}\right| = \left|\dfrac{(n+1)^2 (x+1)^2}{(n+2)^2 k}\right|$

$\therefore \lim\limits_{n\to\infty} \left|\dfrac{f_{n+1}(x)}{f_n(x)}\right| = \lim\limits_{n\to\infty} \left|\dfrac{(n+1)^2 (x+1)^2}{(n+2)^2 k}\right| = \dfrac{(x+1)^2}{k}$

令 $\dfrac{(x+1)^2}{k} < 1$ 则 $-\sqrt{k} < x+1 < \sqrt{k} \Rightarrow -\sqrt{k}-1 < x < \sqrt{k}-1$

$\therefore$ 收敛区间包含 $(-\sqrt{k}-1, \sqrt{k}-1)$

As $x = -\sqrt{k}-1$ or $x = \sqrt{k}-1$

$$\sum_{n=1}^{\infty} (-1)^{n+1} \frac{(x+1)^{2n}}{(n+1)^2 k^n} = \sum_{n=1}^{\infty} (-1)^{n+1} \frac{(\sqrt{k})^{2n}}{(n+1)^2 k^n} = \sum_{n=1}^{\infty} (-1)^{n+1} \frac{1}{(n+1)^2}$$

$\because \dfrac{1}{(n+2)^2} < \dfrac{1}{(n+1)^2}$，$\forall n \in N$ 且 $\lim\limits_{n\to\infty} \dfrac{1}{(n+1)^2} = 0$

藉由 Leibnitz Test 则 $\displaystyle\sum_{n=1}^{\infty} \frac{(-1)^{n+1}}{(n+1)^2}$ 收敛　$\therefore$ 收敛区间 $= [-\sqrt{k}-1, \sqrt{k}-1]$

Example 11.

求 $\displaystyle\sum_{n=2}^{\infty} \frac{1}{n \ln n} \left(\frac{x}{2} - 1\right)^n$ 的收敛区间

【解】

$$\because \left|\frac{f_{n+1}(x)}{f_n(x)}\right| = \left|\frac{\frac{1}{(n+1)\ln(n+1)}\left(\frac{x}{2}-1\right)^{n+1}}{\frac{1}{n\ln n}\left(\frac{x}{2}-1\right)^{n}}\right| = \left|\frac{n\ln n\left(\frac{x}{2}-1\right)}{(n+1)\ln(n+1)}\right|$$

$$\therefore \lim_{n\to\infty}\left|\frac{f_{n+1}(x)}{f_n(x)}\right| = \lim_{n\to\infty}\left|\frac{x}{2}-1\right|$$

令 $\left|\frac{x}{2}-1\right| < 1$ 则 $0 < x < 4$ $\quad\therefore$ 收敛区间包含(0,4)

(1)

As $x = 4,\ \sum_{n=2}^{\infty}\frac{1}{n\ln n}\left(\frac{x}{2}-1\right)^n = \sum_{n=2}^{\infty}\frac{1}{n\ln n}$

$\because \int_2^{\infty}\frac{dx}{x\ln x} = \ln(\ln x)|_2^{\infty} = \infty$ 且 $f(x) = \frac{1}{x\ln x}$ 于$[2,\infty)$为连续递减函数

藉由 Integral Test 则 $\sum_{n=2}^{\infty}\frac{1}{n\ln n}$ 发散

(2)

As $x = 0,\ \sum_{n=2}^{\infty}\frac{1}{n\ln n}\left(\frac{x}{2}-1\right)^n = \sum_{n=2}^{\infty}\frac{(-1)^n}{n\ln n}$

$\because \frac{1}{(n+1)\ln(n+1)} < \frac{1}{n\ln n},\ \forall n\in N$ 且 $\lim_{n\to\infty}\frac{1}{n\ln n} = 0$

藉由 Leibnitz Test 则 $\sum_{n=2}^{\infty}\frac{(-1)^n}{n\ln n}$ 收敛 $\therefore$ 收敛区间 $= [0,4)$

Example 12.

求$\sum_{n=1}^{\infty}\frac{n}{x^n}$的收敛区间

【解】

$\because \left|\frac{f_{n+1}(x)}{f_n(x)}\right| = \left|\frac{\frac{n+1}{x^{n+1}}}{\frac{n}{x^n}}\right| = \left|\frac{n+1}{nx}\right| \qquad \therefore \lim_{n\to\infty}\left|\frac{f_{n+1}(x)}{f_n(x)}\right| = \lim_{n\to\infty}\left|\frac{1}{x}\right|$

令 $\left|\frac{1}{x}\right| < 1$ 则 $x < -1$ 或$x > 1$ $\qquad \therefore$ 收敛区间包含$(-\infty, -1)\cup(1, \infty)$

(1)

$$\text{As } x = 1,\ \sum_{n=1}^{\infty}\frac{n}{x^n} = \sum_{n=1}^{\infty} n \ \Rightarrow \sum_{n=1}^{\infty}\frac{n}{x^n} \text{ 发散}$$

(2)

$$\text{As } x = -1,\ \sum_{n=1}^{\infty}\frac{n}{x^n} = \sum_{n=1}^{\infty} n(-1)^n \ \Rightarrow \sum_{n=1}^{\infty}\frac{n}{x^n} \text{ 发散}$$

$\therefore$ 收敛区间 $= (-\infty, -1)\cup(1, \infty)$

Example 13.

$$\text{求} \sum_{n=1}^{\infty}(-1)^n\frac{(x-5)^n}{8^n} \text{ 的收敛区间}$$

【解】

$\because \left|\frac{f_{n+1}(x)}{f_n(x)}\right| = \left|\frac{\frac{(x-5)^{n+1}}{8^{n+1}}}{\frac{(x-5)^n}{8^n}}\right| = \left|\frac{x-5}{8}\right| \qquad \therefore \lim_{n\to\infty}\left|\frac{f_{n+1}(x)}{f_n(x)}\right| = \lim_{n\to\infty}\left|\frac{x-5}{8}\right|$

令 $\left|\frac{x-5}{8}\right| < 1$ 则$|x-5| < 8 \Rightarrow -3 < x < 13$ $\qquad \therefore$ 收敛区间包含$(-3,13)$

(1)

$$\text{As } x = 13,\quad \sum_{n=1}^{\infty}(-1)^n\frac{(x-5)^n}{8^n} = \sum_{n=1}^{\infty}(-1)^n \text{ 且 } \sum_{n=1}^{\infty}(-1)^n \text{ 发散}$$

(2)

$$\text{As } x = -3,\quad \sum_{n=1}^{\infty}(-1)^n\frac{(x-5)^n}{8^n} = \sum_{n=1}^{\infty}1^n \text{ 且 } \sum_{n=1}^{\infty}1^n \text{ 发散}$$

$\therefore$ 收敛区间 $= (-3,13)$

Example 14.

$$求\sum_{n=1}^{\infty} x^{n^2} 的收敛区间$$

【解】

$\because \left|\dfrac{f_{n+1}(x)}{f_n(x)}\right| = \left|\dfrac{x^{(n+1)^2}}{x^{n^2}}\right| = |x^{2n+1}|$

令$|x^{2n+1}| < 1$ 则 $|x^{2n+1}| < 1 \Rightarrow -1 < x < 1$ $\therefore$ 收敛区间包含$(-1,1)$

(1)

As $x = 1$, $\displaystyle\sum_{n=1}^{\infty} x^{n^2} = \sum_{n=1}^{\infty} 1$, $\because \lim_{n\to\infty} 1 \neq 0$ $\therefore \displaystyle\sum_{n=1}^{\infty} x^{n^2}$ 发散

(2)

As $x = -1$, $\displaystyle\sum_{n=1}^{\infty} x^{n^2} = \sum_{n=1}^{\infty} (-1)^{n^2}$, $\because \lim_{n\to\infty} (-1)^{n^2} \neq 0$ $\therefore \displaystyle\sum_{n=1}^{\infty} x^{n^2}$ 发散

$\therefore$ 收敛区间 $= (-1,1)$

Example 15.

$$求\sum_{n=1}^{\infty}\left(\frac{3n}{n+1}\right)^n x^n 的收敛区间$$

【解】

$\because \left|\sqrt[n]{f_{n+1}(x)}\right| = \left|\dfrac{3nx}{n+1}\right|$ $\therefore \lim_{n\to\infty}\left|\sqrt[n]{f_{n+1}(x)}\right| = \lim_{n\to\infty}\left|\dfrac{3nx}{n+1}\right| = |3x|$

令 $|3x| < 1$ 则 $|x| < \dfrac{1}{3} \Rightarrow \dfrac{-1}{3} < x < \dfrac{1}{3}$ $\therefore$ 收敛区间包含$(\dfrac{-1}{3},\dfrac{1}{3})$

(1)

As $x = \dfrac{1}{3}$, $\displaystyle\sum_{n=1}^{\infty}\left(\frac{3n}{n+1}\right)^n x^n = \sum_{n=1}^{\infty}\left(\frac{3n}{n+1}\right)^n \left(\frac{1}{3}\right)^n = \sum_{n=1}^{\infty}\left(\frac{n}{n+1}\right)^n$

$\because \lim_{n\to\infty}\left(\frac{n}{n+1}\right)^n = e^{-1} \neq 0 \qquad \therefore \sum_{n=1}^{\infty}\left(\frac{3n}{n+1}\right)^n\left(\frac{1}{3}\right)^n$ 发散

(2)

As $x = -\frac{1}{3},\ \sum_{n=1}^{\infty}\left(\frac{3n}{n+1}\right)^n x^n = \sum_{n=1}^{\infty}\left(\frac{3n}{n+1}\right)^n\left(\frac{-1}{3}\right)^n = \sum_{n=1}^{\infty}(-1)^n\left(\frac{n}{n+1}\right)^n$

$\because \lim_{n\to\infty}(-1)^n\left(\frac{n}{n+1}\right)^n = \pm e^{-1} \qquad \therefore \sum_{n=1}^{\infty}\left(\frac{3n}{n+1}\right)^n\left(\frac{-1}{3}\right)^n$ 发散

$\therefore$ 收敛区间 $= (-\frac{1}{3},\frac{1}{3})$

Example 16.

求$\sum_{n=1}^{\infty}\left(\frac{n^2}{n^2+1}\right)^n(x-1)^n$ 的收敛区间

【解】

$\because \left|\sqrt[n]{f_{n+1}(x)}\right| = \left|\frac{n^2(x-1)}{n^2+1}\right| \qquad \therefore \lim_{n\to\infty}\left|\sqrt[n]{f_{n+1}(x)}\right| = \lim_{n\to\infty}\left|\frac{n^2(x-1)}{n^2+1}\right| = |x-1|$

令$|x-1| < 1$ 则 $0 < x < 2 \qquad \therefore$ 收敛区间包含$(0,2)$

(1)

As $x = 2,\ \sum_{n=1}^{\infty}\left(\frac{n^2}{n^2+1}\right)^n(x-1)^n = \sum_{n=1}^{\infty}\left(\frac{n^2}{n^2+1}\right)^n$

$\because \sum_{n=1}^{\infty}\left(\frac{n^2}{n^2+1}\right)^n > \sum_{n=1}^{\infty}\left(\frac{n^2}{n^2+1}\right)^{n^2}$ 且 $\lim_{n\to\infty}\left(\frac{n^2}{n^2+1}\right)^{n^2} = e^{-1}$

$\therefore \sum_{n=1}^{\infty}\left(\frac{n^2}{n^2+1}\right)^{n^2}$ 发散 $\Rightarrow \sum_{n=1}^{\infty}\left(\frac{n^2}{n^2+1}\right)^n$ 发散

(2)

As $x = 0$, $\sum_{n=1}^{\infty}\left(\frac{n^2}{n^2+1}\right)^n (x-1)^n = \sum_{n=1}^{\infty}(-1)^n\left(\frac{n^2}{n^2+1}\right)^n$

$\because \lim_{n\to\infty}\left(\frac{n^2}{n^2+1}\right)^n \neq 0 \quad \therefore \sum_{n=1}^{\infty}(-1)^n\left(\frac{n^2}{n^2+1}\right)^n$ 发散

$\therefore$ 收敛区间 $= (0,2)$

Example 17.

求$\sum_{n=1}^{\infty}\frac{1}{n\cdot 4^n}(x-1)^n$ 的收敛区间

【解】

$\because \left|\frac{f_{n+1}(x)}{f_n(x)}\right| = \left|\frac{\frac{1}{(n+1)\cdot 4^{n+1}}(x-1)^{n+1}}{\frac{1}{n\cdot 4^n}(x-1)^n}\right| = \left|\frac{n(x-1)}{4(n+1)}\right| \quad \therefore \lim_{n\to\infty}\left|\frac{f_{n+1}(x)}{f_n(x)}\right| = \left|\frac{x-1}{4}\right|$

令 $\left|\frac{x-1}{4}\right| < 1$ 则 $|x-1| < 4 \Rightarrow -3 < x < 5 \quad \therefore$ 收敛区间包含$(-3,5)$

(1)

As $x = 5$, $\sum_{n=1}^{\infty}\frac{(x-1)^n}{n\cdot 4^n} = \sum_{n=1}^{\infty}\frac{4^n}{n\cdot 4^n} = \sum_{n=1}^{\infty}\frac{1}{n}$ 且 $\sum_{n=1}^{\infty}\frac{1}{n}$ 发散

(2)

As $x = -3$, $\sum_{n=1}^{\infty}\frac{(x-1)^n}{n\cdot 4^n} = \sum_{n=1}^{\infty}\frac{(-1)^n 4^n}{n\cdot 4^n} = \sum_{n=1}^{\infty}\frac{(-1)^n}{n}$ 且 $\sum_{n=1}^{\infty}\frac{(-1)^n}{n}$ 收敛

$\therefore$ 收敛区间 $= [-3,5)$

Example 18.

求$\sum_{n=1}^{\infty}\frac{1}{n}(2x-7)^n$ 的收敛区间

【解】

$$\because \left|\frac{f_{n+1}(x)}{f_n(x)}\right| = \left|\frac{\frac{1}{n+1}(2x-7)^{n+1}}{\frac{1}{n}(2x-7)^n}\right| = \left|\frac{n(2x-7)}{n+1}\right| \quad \therefore \lim_{n\to\infty}\left|\frac{f_{n+1}(x)}{f_n(x)}\right| = \lim_{n\to\infty}|2x-7|$$

令 $|2x-7|<1$ 则 $3<x<4$ $\therefore$ 收敛区间包含(3,4)

(1)

As $x=4$, $\sum_{n=1}^{\infty}\frac{1}{n}(2x-7)^n = \sum_{n=1}^{\infty}\frac{1}{n}$ 且 $\sum_{n=1}^{\infty}\frac{1}{n}$ 发散

(2)

As $x=3$, $\sum_{n=1}^{\infty}\frac{1}{n}(2x-7)^n = \sum_{n=1}^{\infty}\frac{(-1)^n}{n}$ 且 $\sum_{n=1}^{\infty}\frac{(-1)^n}{n}$ 收敛

$\therefore$ 收敛区间 $=[3,4)$

6.5.2 使用泰勒级数的定义求泰勒级数

从宏观的角度来看幂级数，可以思考成幂级数在满足哪些情形之下，会收敛至某个连续函数或满足什么条件时，幂级数能用一个连续函数来表示，底下介绍的 Taylor's Formula 相当于反了过来，可以思考成任意一个连续函数$f(x)$满足哪些条件，可以用幂级数来表示或者连续函数$f(x)$满足哪些条件之下，函数$f(x)$能有底下的表示式

$$f(x) = \sum_{k=0}^{\infty}\frac{f^{(k)}(c)}{k!}(x-c)^k$$

【定义】

Assume $f(x)$ is a real-valued function defined on an interval I in R. If f has derivatives of every order at each point of I, we denote $f(x) \in C^{\infty}$on I.

【定义】泰勒级数(泰勒展开式)

若$f(x) \in C^{\infty}$on a neighborhood $B_\delta(c)$, $\delta > 0$ 则称幂级数 $\sum_{k=0}^{\infty}\frac{f^{(k)}(c)}{k!}(x-c)^k$

为在 c 点由 $f(x)$生成的泰勒级数或泰勒展开式.

若$c=0$ 时,则称幂级数 $\displaystyle\sum_{k=0}^{\infty}\frac{f^{(k)}(0)}{k!}x^k$ 为由 $f(x)$ 生成的马克劳林级数

此外，藉由 $f(x)\sim\displaystyle\sum_{k=0}^{\infty}\frac{f^{(k)}(c)}{k!}(x-c)^k$ 表示 $f(x)$ 生成此泰勒级数

假设函数 $f(x)=\begin{cases}e^{-\frac{1}{x^2}}, & x\neq 0\\ 0, & x=0\end{cases}$,则 $f(x)\in C^{\infty}(-\infty,\infty)$ 且 $f^{(k)}(0)=0,\ \forall k\in N$. 因此$f(x)$ 以 $c=0$ 为中心点的泰勒展开式恒等于零,然而,函数 $f(x)$ 只有在$x=0$ 等于零；因此 $f(x)\neq\displaystyle\sum_{k=0}^{\infty}\frac{f^{(k)}(0)}{k!}x^k$,$\forall x\neq 0$,從這例子可观察到任意函数未必等于其泰勒级数；

接下來的问题是"~"何时能变成等号,也就是函数$f(x)$满足那些条件时,函数$f(x)$等于其泰勒级数,即 $f(x)=\displaystyle\sum_{k=0}^{\infty}\frac{f^{(k)}(c)}{k!}(x-c)^k$,我们使用 Taylor's Formula 与其延伸定理來回答這问题,首先需先介紹 Extension of Generalized Mean Value Theorem

【定理】 Extension of Generalized Mean-Value Theorem

Assume $f(x)$ and $g(x)$ have finite nth derivatives $f^{(n)}$ and $g^{(n)}$ in (a,b) and continuous $(n-1)$th derivatives on $[a,b]$. Let $c\in[a,b]$. Then

$\forall x\in[a,b],\ \ x\neq c,\ \ \exists x_0\in(x,c)$ s.t.

$$\left(f(x)-\sum_{k=0}^{n-1}\frac{f^{(k)}(c)}{k!}(x-c)^k\right)g^{(n)}(x_0)=\left(g(x)-\sum_{k=0}^{n-1}\frac{g^{(k)}(c)}{k!}(x-c)^k\right)f^{(n)}(x_0)$$

Proof:

Assume $c<b,\ \ c<x$ and x is fixed.

Let $F(t)=\displaystyle\sum_{k=0}^{n-1}\frac{f^{(k)}(t)}{k!}(x-t)^k$ and $G(t)=\displaystyle\sum_{k=0}^{n-1}\frac{g^{(k)}(t)}{k!}(x-t)^k,\ \ \forall t\in[c,x]$.

Then F, G have finite derivative in (c, x) and are continuous on $[c, x]$.

By Generalized Mean-Value Theorem,

$\exists x_0 \in (c, x)$ s.t. $F'(x_0)\big(G(x) - G(c)\big) = G'(x_0)\big(F(x) - F(c)\big)$

$\therefore \exists x_0 \in (c, x)$ s.t. $F'(x_0)\big(g(x) - G(c)\big) = G'(x_0)\big(f(x) - F(c)\big)$

Claim: $F'(t) = \dfrac{f^{(n)}(t)(x-t)^{n-1}}{(n-1)!}$ and $G'(t) = \dfrac{g^{(n)}(t)(x-t)^{n-1}}{(n-1)!}$

$$F'(t) = f^{(1)}(t) + \sum_{k=1}^{n-1} \frac{f^{(k+1)}(t)}{k!}(x-t)^k - \frac{f^{(k)}(t)}{k-1!}(x-t)^{k-1} = \frac{f^{(n)}(t)(x-t)^{n-1}}{(n-1)!}$$

$$G'(t) = g^{(1)}(t) + \sum_{k=1}^{n-1} \frac{g^{(k+1)}(t)}{k!}(x-t)^k - \frac{g^{(k)}(t)}{k-1!}(x-t)^{k-1} = \frac{g^{(n)}(t)(x-t)^{n-1}}{(n-1)!}$$

$$\therefore \exists x_0 \in (c, x) \text{ s.t. } \frac{f^{(n)}(x_0)(x-x_0)^{n-1}}{(n-1)!}\left(g(x) - \sum_{k=0}^{n-1} \frac{g^{(k)}(c)}{k!}(x-c)^k\right)$$

$$= \frac{g^{(n)}(x_0)(x-x_0)^{n-1}}{(n-1)!}\left(f(x) - \sum_{k=0}^{n-1} \frac{f^{(k)}(c)}{k!}(x-c)^k\right)$$

$$\therefore \left(f(x) - \sum_{k=0}^{n-1} \frac{f^{(k)}(c)}{k!}(x-c)^k\right) g^{(n)}(x_0) = \left(g(x) - \sum_{k=0}^{n-1} \frac{g^{(k)}(c)}{k!}(x-c)^k\right) f^{(n)}(x_0)$$

【定理】 Taylor's Formula

Assume $f(x)$ has finite nth derivative $f^{(n)}$ in (a, b) and that $f^{(n-1)}$ is continuous on $[a, b]$.

Let $c \in [a, b]$. Then $\forall x \in [a, b]$, $x \neq c$, $\exists\, x_0$ in interval joining x and c s.t.

$$f(x) = f(c) + \sum_{k=1}^{n-1} \frac{f^{(k)}(c)}{k!}(x-c)^k + \frac{f^{(n)}(x_0)}{n!}(x-c)^n$$

Proof:

Let $g(x) = (x-c)^n$, then $g^{(k)}(c) = 0$, $\forall 0 \leq k \leq n-1$ and $g^{(n)}(x) = n!$

By Extension of Generalized Mean-Value Theorem, we have

$$\left(f(x)-\sum_{k=0}^{n-1}\frac{f^{(k)}(c)}{k!}(x-c)^k\right)g^{(n)}(x_0)=\left(g(x)-\sum_{k=0}^{n-1}\frac{g^{(k)}(c)}{k!}(x-c)^k\right)f^{(n)}(x_0)$$

$$\Rightarrow\left(f(x)-\sum_{k=0}^{n-1}\frac{f^{(k)}(c)}{k!}(x-c)^k\right)n!=(x-c)^n f^{(n)}(x_0)$$

$$\therefore f(x)=f(c)+\sum_{k=1}^{n-1}\frac{f^{(k)}(c)}{k!}(x-c)^k+\frac{f^{(n)}(x_0)}{n!}(x-c)^n$$

從 Taylor's Formula 可以观察出 $\sum_{k=0}^{\infty}\frac{f^{(k)}(c)}{k!}(x-c)^k$ 收斂至$f(x)$的充分且必要条件为 $\lim_{n\to\infty}\frac{f^{(n)}(x_0)}{n!}(x-c)^n=0$,其中 x_0 与 x,c,n 三者有关；因为 $\lim_{n\to\infty}\frac{M^n}{n!}=0,\forall M>0$,所以若 $\exists M>0$ s.t. $\left|f^{(n)}(x)\right|\le M^n,\forall x\in[a,b]$ 则 $\lim_{n\to\infty}\frac{f^{(n)}(x_0)}{n!}(x-c)^n=0$;底下的定理,可視为 Taylor's Formula 的延伸,说明函数$f(x)$满足哪些条件的时候會等于泰勒展开式

【定理】

Let $f(x)\in C^\infty$ on $[a,b]$ and $c\in[a,b]$. Assume $\exists$ a neighborhood $B_\delta(c)$, $\delta>0$ and $M>0$ s.t. $\left|f^{(n)}(x)\right|\le M^n$, $\forall x\in B_\delta(c)\cap[a,b]$ and $n\in N$. Then

$\forall x\in B_\delta(c)\cap[a,b]$, we have $f(x)=\sum_{k=0}^{\infty}\frac{f^{(k)}(c)}{k!}(x-c)^k$

<u>Proof:</u>

By Taylor's Formula, $\forall x\in[a,b]$, $x\neq c$, $\exists x_0$ in interval joining x and c s.t.

$$f(x)=f(c)+\sum_{k=0}^{n-1}\frac{f^{(k)}(c)}{k!}(x-c)^k+\frac{f^{(n)}(x_0)}{n!}(x-c)^n$$

$$\because \left|f(x)-\sum_{k=0}^{n-1}\frac{f^{(k)}(c)}{k!}(x-c)^k\right| = \left|\frac{f^{(n)}(x_0)}{n!}(x-c)^n\right| \le \left|\frac{M^n}{n!}(x-c)^n\right|$$

and $\lim\limits_{n\to\infty}\left|\frac{M^n}{n!}(x-c)^n\right| = 0,\ \forall x \in B_\delta(c)\cap[a,b]$

$$\therefore f(x) = \sum_{k=0}^{\infty}\frac{f^{(k)}(c)}{k!}(x-c)^k,\ \ \forall x \in B_\delta(c)\cap[a,b]$$

<u>范例说明:</u>

(I) 若 $f(x) = \sin x$ 则 $\left|f^{(n)}(x)\right| \le 1, \forall x \in R$ $\therefore f(x) = \sum_{k=0}^{\infty}\frac{f^{(k)}(0)}{k!}x^k, \forall x \in R$

(II) 若 $f(x) = \cos x$ 则 $\left|f^{(n)}(x)\right| \le 1, \forall x \in R$ $\therefore f(x) = \sum_{k=0}^{\infty}\frac{f^{(k)}(0)}{k!}x^k, \forall x \in R$

(III)若 $f(x) = e^{-x}$ 则 $\left|f^{(n)}(x)\right| \le e,\ \forall x \in (-1,\infty)$ $\therefore f(x) = \sum_{k=0}^{\infty}\frac{f^{(k)}(0)}{k!}x^k, \forall x \in (-1,\infty)$

考试类型:

Type 1.

給函数$f(x)$，求$f^{(n)}(x_0)$的一般式，使得$f(x) = \sum_{n=0}^{\infty}\frac{f^{(n)}(x_0)}{n!}(x-x_0)^n$

此方法关键在于求此无穷级数系数的一般式，因为系数的一般式源自于原函数的高阶导数，因此，需求出原函数高阶导数的一般式

解题流程:

Step1.

试求$f^{(1)}(x)$、$f^{(2)}(x)$、$f^{(3)}(x)$ ...

Step2.

观察$f^{(1)}(x)$、$f^{(2)}(x)$、$f^{(3)}(x)$ ... 写出(猜想)$f^{(n)}(x)$的一般式

Step3.

使用数學归纳法证明猜想的 $f^{(n)}(x)$ 确实是微分n次之后的一般式
Step4.
找出收敛区间

<u>范例说明:</u>

(I)如果$f(x)=\sin x$ 则 $f^{(n)}(0)=\begin{cases}0, & n=\text{偶数}\\ (-1)^{\frac{n-1}{2}}, & n=\text{奇数}\end{cases}$, $\forall n\in N$

(II)如果$f(x)=\cos x$ 则 $f^{(n)}(0)=\begin{cases}(-1)^{\frac{n}{2}}, & n=\text{偶数}\\ 0, & n=\text{奇数}\end{cases}$, $\forall n\in N$

(III)如果$f(x)=e^x$ 则 $f^{(n)}(0)=1,\forall n\in N$

(IV)如果$f(x)=\dfrac{1}{(1-x)^p}$ 则 $f^{(n)}(0)=\dfrac{(n+(p-1))!}{(p-1)!}$, $\forall n,p\in N$

Type 2.
给函数$f(x)$，假设$e^{f(x)}=1+ax+bx^2+\cdots$，求 $a=?,b=?$
解题流程:
Step1.

找出 $f(x)$的泰勒展开式，假设 $f(x)=\displaystyle\sum_{n=0}^{\infty}\frac{f^{(n)}(x_0)}{n!}(x-x_0)^n$

Step2.

$$则\ e^{f(x)}=1+\left(\sum_{n=0}^{\infty}\frac{f^{(n)}(x_0)}{n!}(x-x_0)^n\right)$$

$$+\frac{1}{2!}\left(\sum_{n=0}^{\infty}\frac{f^{(n)}(x_0)}{n!}(x-x_0)^n\right)^2+\frac{1}{3!}\left(\sum_{n=0}^{\infty}\frac{f^{(n)}(x_0)}{n!}(x-x_0)^n\right)^3+\cdots$$

Step3.

$$a=\frac{f^{(1)}(x_0)}{1!},\ b=\frac{f^{(2)}(x_0)}{2!}+\frac{1}{2!}\left(\frac{f^{(1)}(x_0)}{1!}\right)^2$$

Type 3.

Assume $f(x)=\dfrac{1}{(1-x)^k}$，求$f(x)$的马克劳林级数并求收敛区间，$\forall k\in N$

解题流程：

令$k\in N$且$f(x)=\dfrac{1}{(1-x)^k}$ 则 $f'(x)=k(1-x)^{-(k+1)}\Rightarrow f^{(n)}(0)=\dfrac{(n+k-1)!}{(k-1)!}$

$$\therefore f(x)=\sum_{n=0}^{\infty}\frac{f^{(n)}(0)}{n!}(x-0)^n$$

$$=f(0)+\frac{f^{(1)}(0)(x-0)}{1!}+\frac{f^{(2)}(0)(x-0)^2}{2!}+\frac{f^{(3)}(0)(x-0)^3}{3!}+\cdots$$

$$=\sum_{n=0}^{\infty}\frac{(n+k-1)!\,x^n}{(k-1)!\,n!}=\sum_{n=0}^{\infty}\frac{(n+k-1)(n+k-2)\cdots(n+1)x^n}{(k-1)!}$$

$$\because\left|\frac{f_{n+1}(x)}{f_n(x)}\right|=\left|\frac{\frac{(n+k)(n+k-1)(n+k-2)\cdots(n+2)x^{n+1}}{3!}}{\frac{(n+k-1)(n+k-2)\cdots(n+1)x^n}{3!}}\right|=\left|\frac{(n+k)x}{n+1}\right|$$

$$\therefore\lim_{n\to\infty}\left|\frac{f_{n+1}(x)}{f_n(x)}\right|=\lim_{n\to\infty}\left|\frac{(n+k)x}{n+1}\right|=|x|<1,\ \ \forall x\in(-1,1)\ \therefore \text{收敛区间}=(-1,1)$$

Example 1.

求$f(x)=e^x$于 $x=0$ 的泰勒级数并求其收敛区间

【解】

$$\because f(x)=\sum_{n=0}^{\infty}\frac{f^{(n)}(0)}{n!}(x-0)^n$$

$$=f(0)+\frac{f^{(1)}(0)(x-0)}{1!}+\frac{f^{(2)}(0)(x-0)^2}{2!}+\frac{f^{(3)}(0)(x-0)^3}{3!}+\cdots$$

$$=1+\frac{e^x|_{x=0}x}{1!}+\frac{e^x|_{x=0}x^2}{2!}+\frac{e^x|_{x=0}x^3}{3!}+\cdots=1+\frac{x}{1!}+\frac{x^2}{2!}+\frac{x^3}{3!}+\cdots=\sum_{n=0}^{\infty}\frac{x^n}{n!}$$

$$\because \left|\frac{f_{n+1}(x)}{f_n(x)}\right| = \left|\frac{\frac{x^{n+1}}{n+1!}}{\frac{x^n}{n!}}\right| = \left|\frac{x}{n+1}\right|$$

$$\therefore \lim_{n\to\infty}\left|\frac{f_{n+1}(x)}{f_n(x)}\right| = \lim_{n\to\infty}\left|\frac{x}{n+1}\right| = 0 < 1,\ \ \forall x \in (-\infty,\infty) \qquad \therefore \text{收敛区间} = (-\infty,\infty)$$

Example 2.

求$f(x) = \sin x$ 于 $x = \frac{\pi}{4}$ 的三阶泰勒级数

【解】

$$\because f(x) = \sum_{n=0}^{\infty}\frac{f^{(n)}\left(\frac{\pi}{4}\right)}{n!}(x-\frac{\pi}{4})^n$$

$$= f(\frac{\pi}{4}) + \frac{f^{(1)}\left(\frac{\pi}{4}\right)(x-\frac{\pi}{4})}{1!} + \frac{f^{(2)}\left(\frac{\pi}{4}\right)(x-\frac{\pi}{4})^2}{2!} + \frac{f^{(3)}\left(\frac{\pi}{4}\right)(x-\frac{\pi}{4})^3}{3!} + \cdots$$

$$= \sin\frac{\pi}{4} + \frac{\cos\left(\frac{\pi}{4}\right)}{1!}\left(x-\frac{\pi}{4}\right) + \frac{-\sin\left(\frac{\pi}{4}\right)}{2!}\left(x-\frac{\pi}{4}\right)^2 + \frac{-\cos\left(\frac{\pi}{4}\right)}{3!}\left(x-\frac{\pi}{4}\right)^3$$

$$+ \frac{\sin\left(\frac{\pi}{4}\right)}{4!}(x-\frac{\pi}{4})^4 + \cdots$$

$$= \frac{1}{\sqrt{2}} + \frac{1}{\sqrt{2}}\left(x-\frac{\pi}{4}\right) - \frac{1}{2!\cdot\sqrt{2}}\left(x-\frac{\pi}{4}\right)^2 - \frac{1}{3!\cdot\sqrt{2}}\left(x-\frac{\pi}{4}\right)^3 + \frac{1}{4!\cdot\sqrt{2}}(x-\frac{\pi}{4})^4 + \cdots$$

Example 3.

求$f(x) = \cos x$ 于 $x = 0$ 的泰勒级数並求收敛区间

【解】

$$\because f(x) = \sum_{n=0}^{\infty}\frac{f^{(n)}(0)}{n!}(x-0)^n$$

$$= f(0) + \frac{f^{(1)}(0)(x-0)}{1!} + \frac{f^{(2)}(0)(x-0)^2}{2!} + \frac{f^{(3)}(0)(x-0)^3}{3!} + \cdots$$

$$= 1 + \frac{-\sin 0}{1!}x + \frac{-\cos 0}{2!}x^2 + \frac{\sin 0}{3!}x^3 + \frac{\cos 0}{4!}x^4 + \cdots = 1 - \frac{x^2}{2!} + \frac{x^4}{4!} + \cdots = \sum_{n=0}^{\infty}\frac{(-1)^n x^{2n}}{2n!}$$

$$\because \left|\frac{f_{n+1}(x)}{f_n(x)}\right| = \left|\frac{\frac{x^{2n+2}}{2n+2!}}{\frac{x^{2n}}{2n!}}\right| = \left|\frac{x^2}{(2n+1)(2n+2)}\right|$$

$$\therefore \lim_{n\to\infty}\left|\frac{f_{n+1}(x)}{f_n(x)}\right| = \lim_{n\to\infty}\left|\frac{x^2}{(2n+1)(2n+2)}\right| = 0 < 1,\ \ \forall x \in (-\infty,\infty)$$

$\therefore$ 收敛区间 $= (-\infty,\infty)$

Example 4.

求$f(x) = \sin x$ 于 $x = 0$ 的泰勒级数並求收敛区间

【解】

$$\because f(x) = \sum_{n=0}^{\infty}\frac{f^{(n)}(0)}{n!}(x-0)^n$$

$$= f(0) + \frac{f^{(1)}(0)(x-0)}{1!} + \frac{f^{(2)}(0)(x-0)^2}{2!} + \frac{f^{(3)}(0)(x-0)^3}{3!} + \cdots$$

$$= \sin 0 + \frac{\cos 0}{1!}x + \frac{-\sin 0}{2!}x^2 + \frac{-\cos 0}{3!}x^3 + \frac{\sin 0}{4!}x^4 + \cdots = \frac{x}{1!} - \frac{x^3}{3!} + \cdots = \sum_{n=0}^{\infty}\frac{(-1)^n x^{2n+1}}{(2n+1)!}$$

$$\because \left|\frac{f_{n+1}(x)}{f_n(x)}\right| = \left|\frac{\frac{x^{2n+3}}{2n+3!}}{\frac{x^{2n+1}}{(2n+1)!}}\right| = \left|\frac{x^2}{(2n+2)(2n+3)}\right|$$

$$\therefore \lim_{n\to\infty}\left|\frac{f_{n+1}(x)}{f_n(x)}\right| = \lim_{n\to\infty}\left|\frac{x^2}{(2n+2)(2n+3)}\right| = 0 < 1,\ \ \forall x \in (-\infty,\infty)$$

$\therefore$ 收敛区间 $= (-\infty,\infty)$

Example 5.

求$f(x) = e^{-x}$ 于 $x = 0$ 的泰勒级数並求收敛区间

【解】

$$\because f(x) = \sum_{n=0}^{\infty}\frac{f^{(n)}(0)}{n!}(x-0)^n$$

$$= f(0) + \frac{f^{(1)}(0)(x-0)}{1!} + \frac{f^{(2)}(0)(x-0)^2}{2!} + \frac{f^{(3)}(0)(x-0)^3}{3!} + \cdots$$

$$= 1 - \frac{e^{-x}|_{x=0}x}{1!} + \frac{e^{-x}|_{x=0}x^2}{2!} + \cdots = 1 - \frac{x}{1!} + \frac{x^2}{2!} - \frac{x^3}{3!} + \cdots = \sum_{n=0}^{\infty} \frac{(-1)^n x^n}{n!}$$

$$\because \left|\frac{f_{n+1}(x)}{f_n(x)}\right| = \left|\frac{\frac{x^{n+1}}{n+1!}}{\frac{x^n}{n!}}\right| = \left|\frac{x}{n+1}\right|$$

$$\therefore \lim_{n\to\infty}\left|\frac{f_{n+1}(x)}{f_n(x)}\right| = \lim_{n\to\infty}\left|\frac{x}{n+1}\right| = 0 < 1,\ \forall x \in (-\infty,\infty)\ \therefore \text{收敛区间} = (-\infty,\infty)$$

Example 6.

试证 $e^{ix} = \cos x + i\sin x,\ \forall x \in R$

【解】

$$f(x) = \sum_{n=0}^{\infty} \frac{f^{(n)}(0)}{n!}(x-0)^n$$

$$= 1 + \frac{f^{(1)}(0)(x-0)}{1!} + \frac{f^{(2)}(0)(x-0)^2}{2!} + \frac{f^{(3)}(0)(x-0)^3}{3!} + \cdots$$

$$= 1 + \frac{ix}{1!} + \frac{(ix)^2}{2!} + \frac{(ix)^3}{3!} + \cdots = \left(1 - \frac{x^2}{2!} + \frac{x^4}{4!} + \cdots\right) + i\left(\frac{x}{1!} - \frac{x^3}{3!} + \frac{x^5}{5!} + \cdots\right)$$

$$= \sum_{n=0}^{\infty} \frac{(-1)^n x^{2n}}{2n!} + i\sum_{n=0}^{\infty} \frac{(-1)^n x^{2n+1}}{(2n+1)!} = \cos x + i\sin x,\ \forall x \in R$$

Example 7.

求 $\cos x^2$ 的马克劳林级数并求收敛区间

【解】

$$\because \cos x = 1 - \frac{x^2}{2!} + \frac{x^4}{4!} + \cdots = \sum_{n=0}^{\infty} \frac{(-1)^n x^{2n}}{2n!}, \forall x \in (-\infty,\infty)$$

$$\therefore \cos x^2 = 1 - \frac{x^4}{2!} + \frac{x^8}{4!} + \cdots = \sum_{n=0}^{\infty} \frac{(-1)^n x^{4n}}{2n!}, \forall x \in (-\infty,\infty)$$

Example 8.

求 $\sin x\cos x$ 的马克劳林级数並求收敛区间

【解】

$$\because \sin x\cos x=\frac{\sin 2x}{2} \text{ 且 } \sin x=\frac{x}{1!}-\frac{x^3}{3!}+\cdots=\sum_{n=0}^{\infty}\frac{(-1)^n x^{2n+1}}{(2n+1)!},\ \ \forall x\in(-\infty,\infty)$$

$$\therefore \sin 2x=\sum_{n=0}^{\infty}\frac{(-1)^n(2x)^{2n+1}}{(2n+1)!},\ \ \forall x\in(-\infty,\infty)$$

$$\therefore \sin x\cos x=\frac{\sin 2x}{2}=\sum_{n=0}^{\infty}\frac{(-1)^n 2^{2n}x^{2n+1}}{(2n+1)!},\ \ \forall x\in(-\infty,\infty)$$

Example 9.

求 $\sin(x+2)$ 的马克劳林级数並求收敛区间

【解】

$$\because \sin(x+2)=\sin x\cos 2+\cos x\sin 2$$

$$\cos x=1-\frac{x^2}{2!}+\frac{x^4}{4!}+\cdots=\sum_{n=0}^{\infty}\frac{(-1)^n x^{2n}}{2n!},\ \ \forall x\in(-\infty,\infty)$$

$$\sin x=\frac{x}{1!}-\frac{x^3}{3!}+\cdots=\sum_{n=0}^{\infty}\frac{(-1)^n x^{2n+1}}{(2n+1)!},\ \ \forall x\in(-\infty,\infty)$$

$$\therefore \sin(x+2)=\cos 2\sum_{n=0}^{\infty}\frac{(-1)^n x^{2n+1}}{(2n+1)!}+\sin 2\sum_{n=0}^{\infty}\frac{(-1)^n x^{2n}}{2n!}$$

Example 10.

试证 $\cosh x=1+\frac{1}{2!}x^2+\frac{1}{4!}x^4+\cdots,\ \ \forall x\in R$

【解】

$$\because \cosh x=\frac{e^x+e^{-x}}{2},\ \ e^x=\sum_{n=0}^{\infty}\frac{x^n}{n!} \text{ 且 } e^{-x}=\sum_{n=0}^{\infty}\frac{(-1)^n x^n}{n!},\ \ \forall x\in R$$

$$\therefore \cosh x = 1 + \frac{1}{2!}x^2 + \frac{1}{4!}x^4 + \cdots,\quad \forall x \in R$$

Example 11.

试证 $\sinh x = x + \frac{1}{3!}x^3 + \frac{1}{5!}x^5 + \cdots,\quad \forall x \in R$

【解】

$$\because \sinh x = \frac{e^x - e^{-x}}{2},\quad e^x = \sum_{n=0}^{\infty} \frac{x^n}{n!} \text{ 且 } e^{-x} = \sum_{n=0}^{\infty} \frac{(-1)^n x^n}{n!},\quad \forall x \in R$$

$$\therefore \sinh x = x + \frac{1}{3!}x^3 + \frac{1}{5!}x^5 + \cdots,\quad \forall x \in R$$

Example 12.

求$f(x) = e^{-x}$ 于 $x = 1$ 的泰勒级数并求收敛区间

【解】

$$\because f(x) = \sum_{n=0}^{\infty} \frac{f^{(n)}(1)}{n!}(x-1)^n$$

$$= f(1) + \frac{f^{(1)}(1)(x-1)}{1!} + \frac{f^{(2)}(1)(x-1)^2}{2!} + \frac{f^{(3)}(1)(x-1)^3}{3!} + \cdots$$

$$= e^{-1} - \frac{e^{-x}|_{x=1}(x-1)}{1!} + \frac{e^{-x}|_{x=1}(x-1)^2}{2!} - \frac{e^{-x}|_{x=1}(x-1)^3}{3!} + \cdots$$

$$= e^{-1} - \frac{e^{-1}(x-1)}{1!} + \frac{e^{-1}(x-1)^2}{2!} - \frac{e^{-1}(x-1)^3}{3!} + \cdots = e^{-1}\sum_{n=0}^{\infty} \frac{(-1)^n (x-1)^n}{n!}$$

$$\because \left|\frac{f_{n+1}(x)}{f_n(x)}\right| = \left|\frac{\frac{(x-1)^{n+1}}{n+1!}}{\frac{(x-1)^n}{n!}}\right| = \left|\frac{x-1}{n+1}\right|$$

$$\therefore \lim_{n\to\infty}\left|\frac{f_{n+1}(x)}{f_n(x)}\right| = \lim_{n\to\infty}\left|\frac{x-1}{n+1}\right| = 0 < 1,\ \forall x \in (-\infty,\infty)\quad \therefore \text{收敛区间} = (-\infty,\infty)$$

Example 13.

求$f(x)=e^{-x}$ 于 $x=k$ 的泰勒级数，$\forall k\in N$

【解】

令 $k\in N$，$f(x)=\sum_{n=0}^{\infty}\frac{f^{(n)}(k)}{n!}(x-k)^n$

$$=f(k)+\frac{f^{(1)}(k)(x-k)}{1!}+\frac{f^{(2)}(k)(x-k)^2}{2!}+\frac{f^{(3)}(k)(x-k)^3}{3!}+\cdots$$

$$=e^{-k}-\frac{e^{-x}|_{x=k}(x-k)}{1!}+\frac{e^{-x}|_{x=k}(x-k)^2}{2!}-\frac{e^{-x}|_{x=k}(x-k)^3}{3!}+\cdots$$

$$=e^{-k}-\frac{e^{-k}(x-k)}{1!}+\frac{e^{-k}(x-k)^2}{2!}-\frac{e^{-k}(x-k)^3}{3!}+\cdots=e^{-k}\sum_{n=0}^{\infty}\frac{(-1)^n(x-k)^n}{n!}$$

$$\because\left|\frac{f_{n+1}(x)}{f_n(x)}\right|=\left|\frac{\frac{(x-k)^{n+1}}{n+1!}}{\frac{(x-k)^n}{n!}}\right|=\left|\frac{x-k}{n+1}\right|$$

$$\therefore\lim_{n\to\infty}\left|\frac{f_{n+1}(x)}{f_n(x)}\right|=\lim_{n\to\infty}\left|\frac{x-k}{n+1}\right|=0<1,\ \forall x\in(-\infty,\infty)\quad\therefore 收敛区间=(-\infty,\infty)$$

Example 14.

求$f(x)=\cos(x-2)$ 于 $x=0$ 的泰勒级数

【解】

$\because\ f(x)=\cos(x-2)=\cos x\cos 2+\sin x\sin 2$

且 $\cos x=1-\frac{x^2}{2!}+\frac{x^4}{4!}+\cdots=\sum_{n=0}^{\infty}\frac{(-1)^n x^{2n}}{2n!}$，$\forall x\in(-\infty,\infty)$

$$\sin x=\frac{x}{1!}-\frac{x^3}{3!}+\cdots=\sum_{n=0}^{\infty}\frac{(-1)^n x^{2n+1}}{(2n+1)!},\ \forall x\in(-\infty,\infty)$$

$$\therefore\ f(x)=\cos 2\sum_{n=0}^{\infty}\frac{(-1)^n x^{2n}}{2n!}+\sin 2\sum_{n=0}^{\infty}\frac{(-1)^n x^{2n+1}}{(2n+1)!},\ \forall x\in(-\infty,\infty)$$

Example 15.

求 $e^{\sin x} = 1 + ax + bx^2 + cx^3 + \cdots$, 求 a, b, c 的值

【解】

$$\because\ e^{\sin x} = 1 + \frac{\sin x}{1!} + \frac{\sin^2 x}{2!} + \frac{\sin^3 x}{3!} + \cdots$$

$$= 1 + \left(\frac{x}{1!} - \frac{x^3}{3!} + \frac{x^5}{5!} + \cdots\right) + \frac{1}{2!}\left(\frac{x}{1!} - \frac{x^3}{3!} + \frac{x^5}{5!} + \cdots\right)^2 + \frac{1}{3!}\left(\frac{x}{1!} - \frac{x^3}{3!} + \frac{x^5}{5!} + \cdots\right)^3 + \cdots$$

$$\therefore a = 1,\ b = \frac{1}{2},\ c = 0$$

Example 16.

求 $e^{\sinh x} = 1 + ax + bx^2 + cx^3 + \cdots$, 求 a, b, c 的值

【解】

$$\because\ e^{\sinh x} = 1 + \frac{\sinh x}{1!} + \frac{\sinh^2 x}{2!} + \frac{\sinh^3 x}{3!} + \cdots$$

$$= 1 + \left(\frac{x}{1!} + \frac{x^3}{3!} + \frac{x^5}{5!} + \cdots\right) + \frac{1}{2!}\left(\frac{x}{1!} + \frac{x^3}{3!} + \frac{x^5}{5!} + \cdots\right)^2 + \frac{1}{3!}\left(\frac{x}{1!} + \frac{x^3}{3!} + \frac{x^5}{5!} + \cdots\right)^3 + \cdots$$

$$\therefore a = 1,\ b = \frac{1}{2},\ c = \frac{1}{3}$$

Example 17.

求 $e^{1-\cos x} = 1 + ax + bx^2 + cx^3 + \cdots$, 求 a, b, c 的值

【解】

$$\because\ e^{1-\cos x} = 1 + \frac{1-\cos x}{1!} + \frac{(1-\cos x)^2}{2!} + \frac{(1-\cos x)^3}{3!} + \cdots$$

$$= 1 + \left(\frac{x^2}{2!} - \frac{x^4}{4!} + \cdots\right) + \frac{1}{2!}\left(\frac{x^2}{2!} - \frac{x^4}{4!} + \cdots\right)^2 + \frac{1}{3!}\left(\frac{x^2}{2!} - \frac{x^4}{4!} + \cdots\right)^3 + \cdots$$

$$\therefore a = 0,\ b = \frac{1}{2!},\ c = 0$$

Example 18.

求 $e^{1-\cosh x} = 1 + ax + bx^2 + cx^3 + \cdots$, 求 a, b, c 的值

【解】

$$\because\ e^{1-\cosh x} = 1 + \frac{1-\cosh x}{1!} + \frac{(1-\cosh x)^2}{2!} + \frac{(1-\cosh x)^3}{3!} + \cdots$$

$$= 1 + \left(-\frac{x^2}{2!} - \frac{x^4}{4!} + \cdots\right) + \frac{1}{2!}\left(-\frac{x^2}{2!} - \frac{x^4}{4!} + \cdots\right)^2 + \frac{1}{3!}\left(-\frac{x^2}{2!} - \frac{x^4}{4!} + \cdots\right)^3 + \cdots$$

$\therefore a = 0,\ b = -\frac{1}{2!},\ c = 0$

Example 19.

求 $\frac{1}{1+x}$ 与 $\frac{1}{1-x}$ 的马克劳林级数

【解】

$$\frac{1}{1+x} = \frac{1}{1-(-x)} = 1 + (-x) + (-x)^2 + (-x)^3 + \cdots,\ \forall |x| < 1$$

$$\frac{1}{1-x} = 1 + x + x^2 + x^3 + \cdots,\ \forall |x| < 1$$

Example 20.

求 $\frac{1}{(1-x)^4}$ 的马克劳林级数并求收敛区间

【解】

令 $f(x) = \frac{1}{(1-x)^4}$ 则 $f'(x) = 4(1-x)^{-5} \Rightarrow f^{(n)}(0) = \frac{(n+3)!}{3!}$

$$\therefore f(x) = \sum_{n=0}^{\infty} \frac{f^{(n)}(0)}{n!}(x-0)^n$$

$$= f(0) + \frac{f^{(1)}(0)(x-0)}{1!} + \frac{f^{(2)}(0)(x-0)^2}{2!} + \frac{f^{(3)}(0)(x-0)^3}{3!} + \cdots$$

$$= \sum_{n=0}^{\infty} \frac{(n+3)!\,x^n}{3!\,n!} = \sum_{n=0}^{\infty} \frac{(n+3)(n+2)(n+1)x^n}{3!}$$

$$\because \left|\frac{f_{n+1}(x)}{f_n(x)}\right| = \left|\frac{\frac{(n+4)(n+3)(n+2)x^{n+1}}{3!}}{\frac{(n+3)(n+2)(n+1)x^n}{3!}}\right| = \left|\frac{(n+4)x}{n+1}\right|$$

$$\therefore \lim_{n\to\infty} \left|\frac{f_{n+1}(x)}{f_n(x)}\right| = \lim_{n\to\infty} \left|\frac{(n+4)x}{n+1}\right| = |x| < 1,\ \forall x \in (-1,1)\ \therefore \text{收敛区间} = (-1,1)$$

Example 21.

求$\dfrac{1}{(1-x)^k}$ 的马克劳林级数並求收敛区间，$\forall k\in N$

【解】

令$k\in N$

令$f(x)=\dfrac{1}{(1-x)^k}$ 则 $f'(x)=k(1-x)^{-(k+1)}\Rightarrow f^{(n)}(0)=\dfrac{(n+k-1)!}{(k-1)!}$

$$\therefore f(x)=\sum_{n=0}^{\infty}\frac{f^{(n)}(0)}{n!}(x-0)^n$$

$$=f(0)+\frac{f^{(1)}(0)(x-0)}{1!}+\frac{f^{(2)}(0)(x-0)^2}{2!}+\frac{f^{(3)}(0)(x-0)^3}{3!}+\cdots$$

$$=\sum_{n=0}^{\infty}\frac{(n+k-1)!\,x^n}{(k-1)!\,n!}=\sum_{n=0}^{\infty}\frac{(n+k-1)(n+k-2)\cdots(n+1)x^n}{(k-1)!}$$

$$\because\left|\frac{f_{n+1}(x)}{f_n(x)}\right|=\left|\frac{\dfrac{(n+k)(n+k-1)(n+k-2)\cdots(n+2)x^{n+1}}{(k-1)!}}{\dfrac{(n+k-1)(n+k-2)\cdots(n+1)x^n}{(k-1)!}}\right|=\left|\frac{(n+k)x}{n+1}\right|$$

$$\therefore\lim_{n\to\infty}\left|\frac{f_{n+1}(x)}{f_n(x)}\right|=\lim_{n\to\infty}\left|\frac{(n+k)x}{n+1}\right|=|x|<1,\ \ \forall x\in(-1,1)\ \ \therefore \text{收敛区间}=(-1,1)$$

6.5.3 使用无穷等比级数求泰勒级数

使用无穷等比公式，将函数转成泰勒级数

考试类型:

Type 1.

求$\dfrac{1}{a-bx}$ 在 $x=x_0$ 的泰勒级数，其中$a\in R$，$b\neq 0$ and $a-bx_0\neq 0$

解题流程:

Let $a\in R$，$b\neq 0$ and $a-bx_0\neq 0$

Then $\dfrac{1}{a-bx}=\dfrac{1}{(a-bx_0)-b(x-x_0)}=\dfrac{1}{(a-bx_0)\left(1-\dfrac{b(x-x_0)}{a-bx_0}\right)}$

$$=\frac{1}{(a-bx_0)}\sum_{n=0}^{\infty}\left(\frac{b(x-x_0)}{a-bx_0}\right)^n=\frac{1}{(a-bx_0)}\sum_{n=0}^{\infty}\left(\frac{b}{a-bx_0}\right)^n(x-x_0)^n,\ \forall\left|\frac{b(x-x_0)}{a-bx_0}\right|<1$$

Example 1.

求$\dfrac{1}{3+5x}$ 的马克劳林级数

【解】

$$\frac{1}{3+5x}=\frac{1}{3}\cdot\frac{1}{1+\frac{5}{3}x}=\frac{1}{3}\cdot\frac{1}{1-\left(-\frac{5}{3}x\right)}=\frac{1}{3}\sum_{n=0}^{\infty}\left(-\frac{5}{3}\right)^n x^n,\ \forall|x|<\frac{3}{5}$$

Example 2.

求$\dfrac{1}{13-2x}$ 在 $x=5$ 的泰勒级数

【解】

$$\frac{1}{13-2x}=\frac{1}{3-2(x-5)}=\frac{1}{3\left(1-\frac{2}{3}(x-5)\right)}=\frac{1}{3}\sum_{n=0}^{\infty}\left(\frac{2}{3}\right)^n(x-5)^n,\ \forall|x-5|<\frac{3}{2}$$

Example 3.

求$\dfrac{1}{2-3x}$ 在 $x=2$ 的泰勒级数

【解】

$$\frac{1}{2-3x}=\frac{1}{-4-3(x-2)}=\frac{1}{-4\left(1+\frac{3}{4}(x-2)\right)}=\frac{-1}{4}\sum_{n=0}^{\infty}\left(\frac{-3}{4}\right)^n(x-2)^n,\ \forall|x-2|<\frac{4}{3}$$

6.5.4 先化为分式和再求泰勒级数

使用的时机为当函数为分式型态且分母可作因式分解，拆解完的两分式求泰勒级数较为容易时

考试类型:

Type 1.

求 $\dfrac{cx+d}{(x-a)(x-b)}$ 在 $x=x_0$的泰勒展开式，其中 $(x_0-a)(x_0-b)\neq 0$

解题流程:

Step1.

令$\dfrac{cx+d}{(x-a)(x-b)}=\dfrac{d_1}{x-a}+\dfrac{d_2}{x-b}$，比较系数求 $d_1,d_2=?$

Step2.

使用无穷等比级数求泰勒级数

$$\frac{d_1}{x-a}=\frac{d_1}{(x_0-a)+(x-x_0)}=\frac{d_1}{(x_0-a)\left(1-\dfrac{(-1)(x-x_0)}{x_0-a}\right)}$$

$$=\frac{d_1}{x_0-a}\sum_{n=0}^{\infty}(-1)^n\left(\frac{x-x_0}{x_0-a}\right)^n=\frac{d_1}{x_0-a}\sum_{n=0}^{\infty}\left(\frac{-1}{x_0-a}\right)^n(x-x_0)^n$$

By the same way, $\dfrac{d_2}{x-b}=\dfrac{d_2}{x_0-b}\displaystyle\sum_{n=0}^{\infty}\left(\frac{-1}{x_0-b}\right)^n(x-x_0)^n$

Step3.

把两式相加

则$\dfrac{cx+d}{(x-a)(x-b)}=\displaystyle\sum_{n=0}^{\infty}\left(\frac{(-1)^n d_1}{(x_0-a)^n(x_0-a)}+\frac{(-1)^n d_2}{(x_0-b)^n(x_0-b)}\right)(x-x_0)^n$

Example 1.

求$\dfrac{5x}{x^2-3x-4}$ 的马克劳林级数

【解】

令 $\dfrac{5x}{x^2-3x-4}=\dfrac{a}{x-4}+\dfrac{b}{x+1}$ 则 $\dfrac{5x}{x^2-3x-4}=\dfrac{a(x+1)+b(x-4)}{x^2-3x-4}$

$\therefore a+b=5,\ a-4b=0 \Rightarrow a=4,\ b=1$

$$\therefore \frac{5x}{x^2-3x-4}=\frac{4}{x-4}+\frac{1}{x+1}=\frac{-4}{4(1-\frac{x}{4})}+\frac{1}{1-(-x)}$$

$$=-\sum_{n=0}^{\infty}\left(\frac{x}{4}\right)^n+\sum_{n=0}^{\infty}(-x)^n=\sum_{n=0}^{\infty}\left((-1)^n-\left(\frac{1}{4}\right)^n\right)x^n,\ \forall|x|<1$$

Example 2.

求 $\dfrac{1}{x(x+3)}$ 在$x=1$ 的泰勒展开式

【解】

$$\because \frac{1}{x(x+3)}=\frac{1}{3}\left(\frac{1}{x}-\frac{1}{x+3}\right)=\frac{1}{3}\left(\frac{1}{1+(x-1)}-\frac{1}{4+(x-1)}\right)$$

$$=\frac{1}{3}\sum_{n=0}^{\infty}(-1)^n(x-1)^n-\frac{1}{12}\sum_{n=0}^{\infty}(-1)^n\left(\frac{x-1}{4}\right)^n=\sum_{n=0}^{\infty}(-1)^n\left(\frac{1}{3}-\frac{1}{12\cdot 4^n}\right)(x-1)^n$$

令 $\left|\dfrac{(x-1)^{n+1}}{(x-1)^n}\right|=|x-1|<1$ 且 $\left|\dfrac{\left(\frac{x-1}{4}\right)^{n+1}}{\left(\frac{x-1}{4}\right)^n}\right|=\left|\dfrac{x-1}{4}\right|<1$

则$x\in(0,2)\cap(-3,5)\Rightarrow x\in(0,2)$

$$\therefore \frac{1}{x(x+3)}=\sum_{n=0}^{\infty}(-1)^n\left(\frac{1}{3}-\frac{1}{12\cdot 4^n}\right)(x-1)^n,\ \forall x\in(0,2)$$

Example 3.

求 $\dfrac{3}{2+x-x^2}$ 在$x=1$ 的泰勒级数与其收敛半径

【解】

$$\because \frac{3}{2+x-x^2}=\frac{3}{(x+1)(-x+2)}=\frac{1}{x+1}+\frac{1}{-x+2}=\frac{1}{2+x-1}+\frac{1}{1-(x-1)}$$

$$=\frac{1}{2}\sum_{n=0}^{\infty}(-1)^n\left(\frac{x-1}{2}\right)^n+\sum_{n=0}^{\infty}(x-1)^n=\sum_{n=0}^{\infty}\left(\frac{1}{2}\left(\frac{-1}{2}\right)^n+1\right)(x-1)^n$$

令 $\left|\frac{\left(\frac{x-1}{2}\right)^{n+1}}{\left(\frac{x-1}{2}\right)^n}\right|=\left|\frac{x-1}{2}\right|<1$ 且 $\left|\frac{(x-1)^{n+1}}{(x-1)^n}\right|=|x-1|<1$

则 $x\in(-1,3)\cap(0,2)\Rightarrow x\in(0,2)$

$$\therefore \frac{3}{2+x-x^2}=\sum_{n=0}^{\infty}\left(\frac{1}{2}\left(\frac{-1}{2}\right)^n+1\right)(x-1)^n,\ \forall x\in(0,2)$$

Example 4.

求 $\frac{2x}{(x-1)(x-2)}$ 的马克劳林级数

【解】

令 $\frac{2x}{(x-1)(x-2)}=\frac{a}{x-1}+\frac{b}{x-2}$ 则 $\frac{2x}{(x-1)(x-2)}=\frac{a(x-2)+b(x-1)}{(x-1)(x-2)}$

$\therefore a+b=2,\ -2a-b=0\Rightarrow a=-2,\ b=4$

$$\therefore \frac{2x}{(x-1)(x-2)}=\frac{-2}{x-1}+\frac{4}{x-2}=2\left(\frac{1}{1-x}+\frac{-1}{1-\frac{x}{2}}\right)$$

$$=2\left(\sum_{n=0}^{\infty}x^n-\sum_{n=0}^{\infty}(\frac{x}{2})^n\right)=\sum_{n=1}^{\infty}\left(2-\left(\frac{1}{2}\right)^{n-1}\right)x^n,\ \forall|x|<1$$

6.5.5 使用长除法求泰勒级数

使用的时机为当函数为分式型态且分母无法因式分解或者只需求出泰勒级数前几项的时候

Example 1.

假设 $\frac{x}{x^2-5x+4}=ax+bx^2+cx^3+\cdots$，求 $a=?$，$b=?$，$c=?$

【解】

藉由长除法 $\dfrac{x}{x^2-5x+4}=\dfrac{1}{3}\left(\dfrac{3}{4}x+\dfrac{15}{16}x^2+\dfrac{63}{64}x^3+\cdots\right)\ \therefore a=\dfrac{1}{4},\ b=\dfrac{5}{16},\ c=\dfrac{21}{64}$

Example 2.

假设 $\dfrac{x}{x^2-4x+3}=ax+bx^2+cx^3+\cdots$, 求 $a=?,b=?,c=?$

【解】

藉由长除法 $\dfrac{x}{x^2-4x+3}=\dfrac{1}{2}\left(\dfrac{2}{3}x+\dfrac{8}{9}x^2+\dfrac{26}{27}x^3+\cdots\right)\ \therefore a=\dfrac{1}{3},\ b=\dfrac{4}{9},\ c=\dfrac{13}{27}$

Example 3.

假设 $\dfrac{x}{x^2-6x+5}=ax+bx^2+cx^3+\cdots$, 求 $a=?,b=?,c=?$

【解】

藉由长除法 $\dfrac{x}{x^2-6x+5}=\dfrac{1}{4}\left(\dfrac{4}{5}x+\dfrac{24}{25}x^2+\dfrac{124}{125}x^3+\cdots\right)\ \therefore a=\dfrac{1}{5},\ b=\dfrac{6}{25},\ c=\dfrac{31}{125}$

Example 4.

假设 $\dfrac{x}{x^2-7x+6}=ax+bx^2+cx^3+\cdots$, 求 $a=?,b=?,c=?$

【解】

藉由长除法 $\dfrac{x}{x^2-7x+6}=\dfrac{1}{5}\left(\dfrac{5}{6}x+\dfrac{35}{36}x^2+\dfrac{215}{216}x^3+\cdots\right)\ \therefore a=\dfrac{1}{6},\ b=\dfrac{7}{36},\ c=\dfrac{43}{216}$

Example 5.

假设 $\dfrac{x}{x^2-9x+8}=ax+bx^2+cx^3+\cdots$, 求 $a=?,b=?,c=?$

【解】

藉由长除法 $\dfrac{x}{x^2-9x+8}=\dfrac{1}{7}\left(\dfrac{7}{8}x+\dfrac{63}{64}x^2+\dfrac{511}{512}x^3+\cdots\right)\ \therefore a=\dfrac{1}{8},\ b=\dfrac{9}{64},\ c=\dfrac{73}{512}$

Example 6.

假设 $\dfrac{x}{x^2-x-6} = ax+bx^2+cx^3+\cdots$, 求 $a=?, b=?, c=?$

【解】

藉由长除法 $\dfrac{x}{x^2-x-6}=-\dfrac{1}{6}x+\dfrac{1}{36}x^2-\dfrac{7}{216}x^3+\cdots,\quad \forall|x|<2$

$\therefore a=-\dfrac{1}{6},\ b=\dfrac{1}{36},\ c=-\dfrac{7}{216}$

Example 7.

假设 $\dfrac{2x}{x^2-4x-5} = ax+bx^2+cx^3+\cdots$, 求 $a=?, b=?, c=?$

【解】

藉由长除法 $\dfrac{2x}{x^2-4x-5}=-\dfrac{2}{5}x+\dfrac{8}{25}x^2-\dfrac{42}{125}x^3+\cdots,\quad \forall|x|<1$

$\therefore a=-\dfrac{2}{5},\ b=\dfrac{8}{25},\ c=-\dfrac{42}{125}$

Example 8.

假设 $\dfrac{3}{1+x-x^2} = a+bx+cx^2+dx^3+\cdots$, 求 $a=?, b=?, c=?, d=?$

【解】

藉由长除法 $\dfrac{3}{1+x-x^2}=3-3x+6x^2-9x^3+15x^4\cdots,\quad \forall|x|<\dfrac{\sqrt{5}-1}{2}$

$\therefore a=3,\ b=-3,\ c=6,\ d=-9$

Example 9.

假设 $\tan x = ax+bx^3+cx^5+dx^7 \ldots$, 求 $a=?, b=?, c=?, d=?$

【解】

$$\because\ \tan x=\frac{\sin x}{\cos x}=\frac{x-\frac{x^3}{3!}+\frac{x^5}{5!}-\frac{x^7}{7!}+\cdots}{1-\frac{x^2}{2!}+\frac{x^4}{4!}-\frac{x^6}{6!}+\cdots}$$

藉由长除法 $\tan x=x+\dfrac{x^3}{3}+\dfrac{2x^5}{15}+\dfrac{17x^7}{315}+\cdots,\quad \forall|x|<\dfrac{\pi}{2}$

$\therefore a=1,\ b=\dfrac{1}{3},\ c=\dfrac{2}{15},\ d=\dfrac{17}{315}$

Example 10.

假设 $\sec x=a+bx^2+cx^4+\cdots$, 求 $a=?,b=?,c=?$

【解】

$$\because\ \sec x=\frac{1}{\cos x}=\frac{1}{1-\frac{x^2}{2!}+\frac{x^4}{4!}-\frac{x^6}{6!}+\cdots}$$

藉由长除法 $\sec x=1+\dfrac{x^2}{2}+\dfrac{5x^4}{24}+\cdots,\ \forall|x|<\dfrac{\pi}{2}$ $\quad\therefore a=1,\ b=\dfrac{1}{2},\ c=\dfrac{5}{24}$

Example 11.

假设 $\cot x=ax^{-1}+bx+cx^3\ldots$, 求 $a=?,b=?,c=?$

【解】

$$\because\ \cot x=\frac{\cos x}{\sin x}=\frac{1-\frac{x^2}{2!}+\frac{x^4}{4!}-\frac{x^6}{6!}+\cdots}{x-\frac{x^3}{3!}+\frac{x^5}{5!}-\frac{x^7}{7!}+\cdots}$$

藉由长除法 $\cot x=\dfrac{1}{x}-\dfrac{x}{3}-\dfrac{x^3}{45}+\cdots,\ \forall|x|<\pi$ $\quad\therefore a=1,\ b=-\dfrac{1}{3},\ c=-\dfrac{1}{45}$

Example 12.

假设 $\csc x=\ ax^{-1}+bx+cx^3\ldots$, 求 $a=?,b=?,c=?$

【解】

$$\because\ \csc x=\frac{1}{\sin x}=\frac{1}{x-\frac{x^3}{3!}+\frac{x^5}{5!}-\frac{x^7}{7!}+\cdots}$$

藉由长除法 $\csc x=\dfrac{1}{x}+\dfrac{x}{6}+\dfrac{7x^3}{360}+\cdots,\ \forall|x|<\pi$ $\quad\therefore a=1,\ b=\dfrac{1}{6},\ c=\dfrac{7}{360}$

6.5.6 先微分再求泰勒级数

当原函数的微分式较容易求得泰勒级数时，先求微分后的泰勒级数式，再积分回来其便为原函数的泰勒展开式

考试类型:
Type 1.
求 $f(x)=\ln(a-bx)$ 于 $x=x_0$ 的泰勒展开式,其中 $a\in R$, $b\neq 0$ and $a-bx_0\neq 0$
解题流程:
Step1.

先求微分式 $f'(x)=\dfrac{-b}{a-bx}$

Step2.

$$\frac{-b}{a-bx}=\frac{-b}{(a-bx_0)-b(x-x_0)}=\frac{-b}{(a-bx_0)\left(1-\frac{b(x-x_0)}{a-bx_0}\right)}$$

$$=\frac{-b}{a-bx_0}\sum_{n=0}^{\infty}\left(\frac{b(x-x_0)}{a-bx_0}\right)^n=\frac{-b}{a-bx_0}\sum_{n=0}^{\infty}\left(\frac{b}{a-bx_0}\right)^n(x-x_0)^n$$

$$=-\sum_{n=0}^{\infty}\left(\frac{b}{a-bx_0}\right)^{n+1}(x-x_0)^n,\ \forall\left|\frac{b(x-x_0)}{a-bx_0}\right|<1$$

Step3.
对此级数积分

$$f(x)=-\int\sum_{n=0}^{\infty}\left(\frac{b}{a-bx_0}\right)^{n+1}(x-x_0)^n\,dx=-\sum_{n=0}^{\infty}\left(\frac{b}{a-bx_0}\right)^{n+1}\int(x-x_0)^n\,dx$$

$$=-\sum_{n=0}^{\infty}\left(\frac{b}{a-bx_0}\right)^{n+1}\frac{(x-x_0)^{n+1}}{n+1}$$

Example 1.

(1)求 $\ln(1+x)$ 的马克劳林级数
(2)求 $\ln(1-x)$ 的马克劳林级数

(3) 求 $\ln\left(\frac{1+x}{1-x}\right)$ 的马克劳林级数

【解】

(1)

$\because \frac{d}{dx}\ln(1+x) = \frac{1}{1+x}$

且 $\frac{1}{1+x} = \frac{1}{1-(-x)} = 1 + (-x) + (-x)^2 + \cdots = \sum_{n=0}^{\infty}(-1)^n x^n,\ \ \forall |x| < 1$

$\therefore \ln(1+x) = \int \sum_{n=0}^{\infty}(-1)^n x^n\,dx = \sum_{n=0}^{\infty}\int(-1)^n x^n dx = \sum_{n=0}^{\infty}\frac{(-1)^n x^{n+1}}{n+1},\ \forall |x| < 1$

(2)

$\because \frac{d}{dx}\ln(1-x) = \frac{-1}{1-x}$ 且 $\frac{-1}{1-x} = -(1 + x + x^2 + \cdots) = -\sum_{n=0}^{\infty}x^n,\ \ \forall |x| < 1$

$\therefore \ln(1-x) = -\int \sum_{n=0}^{\infty}x^n\,dx = -\sum_{n=0}^{\infty}\int x^n dx = -\sum_{n=0}^{\infty}\frac{x^{n+1}}{n+1},\ \ \forall -1 \le x < 1$

(3)

$\because \ln\left(\frac{1+x}{1-x}\right) = \ln(1+x) - \ln(1-x)$

Claim: $\ln(1+x) = \sum_{n=0}^{\infty}\frac{(-1)^n x^{n+1}}{n+1}$

$\because \frac{d}{dx}\ln(1+x) = \frac{1}{1+x}$ 且 $\frac{1}{1+x} = \frac{1}{1-(-x)} = 1 + (-x) + (-x)^2 + \cdots = \sum_{n=0}^{\infty}(-1)^n x^n$

$\therefore \ln(1+x) = \int \sum_{n=0}^{\infty}(-1)^n x^n\,dx = \sum_{n=0}^{\infty}\int(-1)^n x^n dx = \sum_{n=0}^{\infty}\frac{(-1)^n x^{n+1}}{n+1},\ \ \forall |x| < 1$

Claim: $\ln(1-x) = -\sum_{n=0}^{\infty}\frac{x^{n+1}}{n+1}$

$$\because \frac{d}{dx}\ln(1-x)=\frac{-1}{1-x} \text{ 且 } \frac{-1}{1-x}=-(1+x+x^2+\cdots)=-\sum_{n=0}^{\infty}x^n$$

$$\therefore \ln(1-x)=-\int\sum_{n=0}^{\infty}x^n\,dx=-\sum_{n=0}^{\infty}\int x^n dx=-\sum_{n=0}^{\infty}\frac{x^{n+1}}{n+1},\quad \forall|x|<1$$

$$\therefore \ln\left(\frac{1+x}{1-x}\right)=\ln(1+x)-\ln(1-x)=\sum_{n=0}^{\infty}\frac{(-1)^n x^{n+1}}{n+1}+\sum_{n=0}^{\infty}\frac{x^{n+1}}{n+1}$$

$$=2\sum_{n=0}^{\infty}\frac{x^{2n+1}}{2n+1},\quad \forall -1<x<1$$

Example 2.

求 $\ln(4+3x)$ 在 $x=1$ 的泰勒级数並求其收敛区间

【解】

$$\because 4+3x=7+3(x-1)=7\left(1+\frac{3}{7}(x-1)\right)$$

$$\because \frac{d}{dx}\ln(4+3x)=\frac{3}{4+3x}=\frac{3}{7\left(1+\frac{3}{7}(x-1)\right)}$$

$$\because \frac{1}{1+\frac{3}{7}(x-1)}=1-\frac{3(x-1)}{7}+\left(-\frac{3}{7}(x-1)\right)^2+\cdots=\sum_{n=0}^{\infty}(-1)^n\left(\frac{3}{7}\right)^n(x-1)^n$$

$$\therefore \frac{d}{dx}\ln(4+3x)=\sum_{n=0}^{\infty}(-1)^n\left(\frac{3}{7}\right)^{n+1}(x-1)^n$$

令 $\left|\frac{3}{7}(x-1)\right|<1$ 则 $\frac{-4}{3}<x<\frac{10}{3}$

$$\therefore \ln(4+3x)=\int\sum_{n=0}^{\infty}(-1)^n\left(\frac{3}{7}\right)^{n+1}(x-1)^n\,dx+\ln 7$$

$$= \sum_{n=0}^{\infty} \int (-1)^n \left(\frac{3}{7}\right)^{n+1} (x-1)^n dx + \ln 7$$

$$= \sum_{n=0}^{\infty} (-1)^n \frac{\left(\frac{3}{7}\right)^{n+1}}{n+1} (x-1)^{n+1} + \ln 7,\ \forall \frac{-4}{3} < x \le \frac{10}{3}$$

Example 3.

求 $\ln x$ 在 $x=2$ 的泰勒级数並求其收斂区间

【解】

$$\because \frac{d}{dx}\ln x = \frac{1}{x} = \frac{1}{2+(x-2)} = \frac{1}{2\left(1+\frac{(x-2)}{2}\right)}$$

$$= \frac{1}{2}\left(1 - \frac{(x-2)}{2} + \left(\frac{x-2}{2}\right)^2 - \left(\frac{x-2}{2}\right)^3 + \cdots\right) = \frac{1}{2}\sum_{n=0}^{\infty}(-1)^n\left(\frac{x-2}{2}\right)^n$$

令 $\left|\frac{x-2}{2}\right| < 1$ 则 $0 < x < 4$

$$\therefore \ln x = \frac{1}{2}\int \sum_{n=0}^{\infty}(-1)^n\left(\frac{x-2}{2}\right)^n dx = \frac{1}{2}\sum_{n=0}^{\infty}\int (-1)^n\left(\frac{x-2}{2}\right)^n dx$$

$$= \frac{1}{2}\sum_{n=0}^{\infty}\frac{(-1)^n(x-2)^{n+1}}{2^n(n+1)},\ \forall 0 < x \le 4$$

Example 4.

求 $\ln x^2$ 在 $x=1$ 的泰勒级数並求其收斂区间

【解】

$$\because \frac{d}{dx}\ln x^2 = \frac{2}{x} = \frac{2}{1+(x-1)}$$

且 $\frac{1}{1+(x-1)} = 1-(x-1)+(x-1)^2+\cdots = \sum_{n=0}^{\infty}(-1)^n(x-1)^n$

$$\therefore \frac{d}{dx}\ln(x^2) = \frac{2}{x} = \frac{2}{1+(x-1)} = 2\sum_{n=0}^{\infty}(-1)^n(x-1)^n$$

$$\ln(x^2) = \int 2\sum_{n=0}^{\infty}(-1)^n(x-1)^n\,dx = 2\sum_{n=0}^{\infty}\int(-1)^n(x-1)^n dx = 2\sum_{n=0}^{\infty}\frac{(-1)^n(x-1)^{n+1}}{n+1}$$

Example 5.

设$f(x) = (x^2+1)\ln x$ 且 $f(x) = \sum_{n=0}^{\infty} a_n(x-1)^n$ 则 $a_4 =?$

【解】

$\because x^2+1 = (x-1)^2 + 2x = (x-1)^2 + 2(x-1) + 2$

Claim: $\ln x = \sum_{n=0}^{\infty}\frac{(-1)^n(x-1)^{n+1}}{n+1}$

$$\because \frac{d}{dx}\ln x = \frac{1}{x} = \frac{1}{1-(1-x)} = 1 + (1-x) + (1-x)^2 + \cdots$$

$$= 1 - (x-1) + (x-1)^2 + \cdots = \sum_{n=0}^{\infty}(-1)^n(x-1)^n$$

$$\therefore \ln x = \int\sum_{n=0}^{\infty}(-1)^n(x-1)^n\,dx = \sum_{n=0}^{\infty}\int(-1)^n(x-1)^n dx = \sum_{n=0}^{\infty}\frac{(-1)^n(x-1)^{n+1}}{n+1}$$

$$f(x) = (x^2+1)\ln x = ((x-1)^2 + 2(x-1) + 2)\sum_{n=0}^{\infty}\frac{(-1)^n(x-1)^{n+1}}{n+1}$$

$$= \sum_{n=0}^{\infty}\frac{(-1)^n(x-1)^{n+3}}{n+1} + 2\sum_{n=0}^{\infty}\frac{(-1)^n(x-1)^{n+2}}{n+1} + 2\sum_{n=0}^{\infty}\frac{(-1)^n(x-1)^{n+1}}{n+1}$$

$$\therefore a_4 = -\frac{1}{2} + \frac{2}{3} - \frac{2}{4} = -\frac{1}{3}$$

Example 6.

求$(x-1)\ln(1+3x)$ 在 $x=1$ 的泰勒级数

【解】

$$\because 1+3x=4+3(x-1)=4\left(1+\frac{3}{4}(x-1)\right)$$

$$\therefore \frac{d}{dx}\ln(1+3x)=\frac{3}{1+3x}=\frac{3}{4+3(x-1)}=\frac{3}{4\left(1+\frac{3}{4}(x-1)\right)}$$

$$\because \frac{1}{1+\frac{3}{4}(x-1)}=1+\left(-\frac{3}{4}(x-1)\right)+\left(-\frac{3}{4}(x-1)\right)^2+\cdots=\sum_{n=0}^{\infty}(-1)^n\left(\frac{3}{4}\right)^n(x-1)^n$$

$$\therefore \frac{d}{dx}\ln(1+3x)=\sum_{n=0}^{\infty}(-1)^n\left(\frac{3}{4}\right)^{n+1}(x-1)^n\text{，令 }\left|\frac{3}{4}(x-1)\right|<1\text{ 则 }\frac{-1}{3}<x<\frac{7}{3}$$

$$\therefore \ln(1+3x)=\int\sum_{n=0}^{\infty}(-1)^n\left(\frac{3}{4}\right)^{n+1}(x-1)^n\,dx+\ln 4$$

$$=\sum_{n=0}^{\infty}\int(-1)^n\left(\frac{3}{4}\right)^{n+1}(x-1)^n dx+\ln 4=\sum_{n=0}^{\infty}\frac{(-1)^n\left(\frac{3}{4}\right)^{n+1}(x-1)^{n+1}}{n+1}+\ln 4$$

$$\therefore f(x)=(x-1)\ln(1+3x)=(x-1)\left(\sum_{n=0}^{\infty}\frac{(-1)^n\left(\frac{3}{4}\right)^{n+1}(x-1)^{n+1}}{n+1}+\ln 4\right)$$

$$=(x-1)\ln 4+\sum_{n=0}^{\infty}\frac{(-1)^n\left(\frac{3}{4}\right)^{n+1}(x-1)^{n+2}}{n+1},\ \forall\frac{-1}{3}<x\le\frac{7}{3}$$

Example 7.

求$\ln(1+3x)$ 在 $x=2$ 的泰勒级数並求其收敛区间

【解】

$$\because 1+3x=7+3(x-2)=7\left(1+\frac{3}{7}(x-2)\right)$$

$$\therefore \frac{d}{dx}\ln(1+3x)=\frac{3}{1+3x}=\frac{3}{7\left(1+\frac{3}{7}(x-2)\right)}$$

$$\because \frac{1}{1+\frac{3}{7}(x-2)}=1-\frac{3}{7}(x-2)+\left(-\frac{3}{7}(x-2)\right)^2+\cdots=\sum_{n=0}^{\infty}(-1)^n\left(\frac{3}{7}\right)^n(x-2)^n$$

$$\therefore \frac{d}{dx}\ln(1+3x)=\sum_{n=0}^{\infty}(-1)^n\left(\frac{3}{7}\right)^{n+1}(x-2)^n$$

令 $\left|\frac{3}{7}(x-2)\right|<1$ 则 $\frac{-1}{3}<x<\frac{13}{3}$

$$\therefore \ln(1+3x)=\int\sum_{n=0}^{\infty}(-1)^n\left(\frac{3}{7}\right)^{n+1}(x-2)^n\,dx+\ln 7$$

$$=\sum_{n=0}^{\infty}\int(-1)^n\left(\frac{3}{7}\right)^{n+1}(x-2)^n dx+\ln 7=\sum_{n=0}^{\infty}\frac{(-1)^n\left(\frac{3}{7}\right)^{n+1}(x-2)^{n+1}}{n+1}+\ln 7$$

(1) As $x=\frac{13}{3}$,

$$\sum_{n=0}^{\infty}\frac{(-1)^n\left(\frac{3}{7}\right)^{n+1}(x-2)^{n+1}}{n+1}=\sum_{n=0}^{\infty}\frac{(-1)^n\left(\frac{3}{7}\right)^{n+1}\left(\frac{13}{3}-2\right)^{n+1}}{n+1}=\sum_{n=0}^{\infty}\frac{(-1)^n}{n+1}$$

且 $\sum_{n=0}^{\infty}\frac{(-1)^n}{n+1}$ 收敛

(2) As $x=\frac{-1}{3}$

$$\sum_{n=0}^{\infty}\frac{(-1)^n\left(\frac{3}{7}\right)^{n+1}(x-2)^{n+1}}{n+1}=\sum_{n=0}^{\infty}\frac{(-1)^n\left(\frac{3}{7}\right)^{n+1}\left(\frac{-7}{3}\right)^{n+1}}{n+1}=\sum_{n=0}^{\infty}\frac{1}{n+1}$$

且 $\sum_{n=0}^{\infty}\frac{1}{n+1}$ 发散

$$\therefore\ \ln(1+3x)=\sum_{n=0}^{\infty}\frac{(-1)^n\left(\frac{3}{7}\right)^{n+1}(x-2)^{n+1}}{n+1}+\ln 7,\ \forall\frac{-1}{3}<x\le\frac{13}{3}$$

Example 8.

求 $\ln(2+3x)$ 在 $x=1$ 的泰勒级数並求其收敛区间

【解】

$$\because 2+3x=5+3(x-1)=5\left(1+\frac{3}{5}(x-1)\right)$$

$$\because \frac{d}{dx}\ln(2+3x)=\frac{3}{2+3x}=\frac{3}{5\left(1+\frac{3}{5}(x-1)\right)}$$

$$\because \frac{1}{1+\frac{3}{5}(x-1)}=1-\frac{3}{5}(x-1)+\left(-\frac{3}{5}(x-1)\right)^2+\cdots=\sum_{n=0}^{\infty}(-1)^n\left(\frac{3}{5}\right)^n(x-1)^n$$

$$\therefore \frac{d}{dx}\ln(2+3x)=\sum_{n=0}^{\infty}(-1)^n\left(\frac{3}{5}\right)^{n+1}(x-1)^n$$

令 $\left|\frac{3}{5}(x-1)\right|<1$ 则 $\frac{-2}{3}<x<\frac{8}{3}$

$$\therefore \ln(2+3x)=\int\sum_{n=0}^{\infty}(-1)^n\left(\frac{3}{5}\right)^{n+1}(x-1)^n\,dx+\ln 5$$

$$=\sum_{n=0}^{\infty}\int(-1)^n\left(\frac{3}{5}\right)^{n+1}(x-1)^n dx+\ln 5$$

$$=\sum_{n=0}^{\infty}(-1)^n\frac{\left(\frac{3}{5}\right)^{n+1}}{n+1}(x-1)^{n+1}+\ln 5,\ \forall\frac{-2}{3}<x\le\frac{8}{3}$$

Example 9.

求 $\tan^{-1}x$ 的马克劳林级数

【解】

$$\because \frac{d}{dx}\tan^{-1}x = \frac{1}{1+x^2} = 1 + (-x^2) + (-x^2)^2 + \cdots = \sum_{n=0}^{\infty}(-1)^n x^{2n},\ \ \forall |x| < 1$$

$$\therefore \tan^{-1}x = \int \sum_{n=0}^{\infty}(-1)^n x^{2n}\,dx = \sum_{n=0}^{\infty}\int (-1)^n x^{2n}dx = \sum_{n=0}^{\infty}\frac{(-1)^n x^{2n+1}}{2n+1},\ \forall |x| < 1$$

Example 10.

求 $\tanh^{-1}x$ 的马克劳林级数

【解】

$$\because \frac{d}{dx}\tanh^{-1}x = \frac{1}{1-x^2} = 1 + x^2 + x^4 + \cdots = \sum_{n=0}^{\infty}x^{2n},\ \ \forall |x| < 1$$

$$\therefore \tanh^{-1}x = \int \sum_{n=0}^{\infty}x^{2n}\,dx = \sum_{n=0}^{\infty}\int x^{2n}dx = \sum_{n=0}^{\infty}\frac{x^{2n+1}}{2n+1},\ \forall -1 < x < 1$$

6.5.7 使用二项式展开求泰勒级数

上述讨论的方法皆适用于函数为整数次方项，当函数有分数的次方项求泰勒展开式时，尝试用二项式展开式

考试类型:

Type 1.

使用二项式展开式求 $(ax+b)^r$ 在 $x = x_0$ 的泰勒级数，其中 $a \neq 0$，$b \in R, r = R\backslash\{Z\}$ and $b + ax_0 \neq 0$

解题流程:

Step1.

$$\because ax + b = b + ax_0 + a(x - x_0) = (b + ax_0)\left(1 + \frac{a(x - x_0)}{b + ax_0}\right)$$

$$\therefore (ax+b)^r = (b + ax_0)^r\left(1 + \frac{a(x - x_0)}{b + ax_0}\right)^r$$

Step2.

使用二项式展开 $\left(1+\dfrac{a(x-x_0)}{b+ax_0}\right)^r = \sum_{n=0}^{\infty} C_n^r \left(\dfrac{a(x-x_0)}{b+ax_0}\right)^n = \sum_{n=0}^{\infty} \dfrac{C_n^r a^n (x-x_0)^n}{(b+ax_0)^n}$

Step3.

找出明确C_n^r的值，$\forall n \in N$

当 $r=\dfrac{1}{2}$ 则$C_0^{\frac{1}{2}}=1$，$C_1^{\frac{1}{2}}=\dfrac{1}{2}$，$C_2^{\frac{1}{2}}=\dfrac{1}{2}\cdot\left(\dfrac{-1}{2}\right)$，$C_3^{\frac{1}{2}}=\dfrac{1}{2}\cdot\left(\dfrac{-1}{2}\right)\cdot\left(\dfrac{-3}{2}\right)$

$$\therefore C_0^{\frac{1}{2}}=1,\ C_1^{\frac{1}{2}}=\frac{1}{2},\ C_n^{\frac{1}{2}}=\ 2^{-n}(-1)^{n+1}\prod_{k=0}^{n-2}2k+1,\ \forall n\geq 2$$

$$\therefore (ax+b)^r=(b+ax_0)^r\sum_{n=0}^{\infty}\frac{C_n^r a^n(x-x_0)^n}{(b+ax_0)^n}$$

$$=(b+ax_0)^r\times\left(1+\frac{a(x-x_0)}{2(b+ax_0)}+\sum_{n=2}^{\infty}\frac{(2^{-n}(-1)^{n+1}\prod_{k=0}^{n-2}2k+1)a^n(x-x_0)^n}{(b+ax_0)^n}\right)$$

当 $r=\dfrac{-1}{2}$ 则 $C_0^{\frac{-1}{2}}=1$，$C_1^{\frac{-1}{2}}=\dfrac{-1}{2}$，$C_2^{\frac{-1}{2}}=\dfrac{-1}{2}\cdot\left(\dfrac{-3}{2}\right)$，$C_3^{\frac{-1}{2}}=\dfrac{-1}{2}\cdot\left(\dfrac{-3}{2}\right)\cdot\left(\dfrac{-5}{2}\right)$

$$\therefore C_0^{\frac{-1}{2}}=1,\ C_1^{\frac{-1}{2}}=\frac{-1}{2},\ C_n^{\frac{-1}{2}}=\ 2^{-n}(-1)^n\prod_{k=0}^{n-1}(2k+1),\ \forall n\geq 2$$

$$\therefore (ax+b)^r=(b+ax_0)^r\sum_{n=0}^{\infty}\frac{C_n^r a^n(x-x_0)^n}{(b+ax_0)^n}$$

$$=(b+ax_0)^r\times\left(1-\frac{a(x-x_0)}{2(b+ax_0)}+\sum_{n=2}^{\infty}\frac{(2^{-n}(-1)^n\prod_{k=0}^{n-1}(2k+1))a^n(x-x_0)^n}{(b+ax_0)^n}\right)$$

Type 2.

针对三角函数反函数求马克劳林级数的时候，通常会先对函数微分再使用二项式展开式求马克劳林级数，底下为方便起见使用$\sin^{-1}x$来说明

解题流程:

Step1.

$$\frac{d}{dx}\sin^{-1}x=(1-x^2)^{-\frac{1}{2}}$$

藉由二项式展开则 $(1-x^2)^{-\frac{1}{2}}=\sum_{n=0}^{\infty}C_n^{-\frac{1}{2}}(-x^2)^n=\sum_{n=0}^{\infty}(-1)^nC_n^{-\frac{1}{2}}x^{2n}$

Step2.

对此泰勒级数积分

$$\sin^{-1}x=\int\sum_{n=0}^{\infty}(-1)^nC_n^{-\frac{1}{2}}x^{2n}\,dx=\sum_{n=0}^{\infty}(-1)^nC_n^{-\frac{1}{2}}\int x^{2n}\,dx=\sum_{n=0}^{\infty}\frac{(-1)^nC_n^{-\frac{1}{2}}x^{2n+1}}{2n+1}$$

Step3.

$$\because C_0^{\frac{-1}{2}}=1,\ C_1^{\frac{-1}{2}}=\frac{-1}{2},\ C_n^{\frac{-1}{2}}=2^{-n}(-1)^n\prod_{k=0}^{n-1}2k+1,\ \forall n\geq 2$$

$$\therefore \sin^{-1}x=x+\frac{x^3}{6}+\sum_{n=2}^{\infty}\frac{2^{-n}\prod_{k=0}^{n-1}2k+1\,x^{2n+1}}{2n+1}$$

<u>相关例题延伸:</u>

(I)如果 $f(x)=\cos^{-1}x$ 则 $\frac{d}{dx}\cos^{-1}x=-(1-x^2)^{-\frac{1}{2}}$

(II)如果 $f(x)=\sinh^{-1}x$ 则 $\frac{d}{dx}\sinh^{-1}x=\frac{1}{(x^2+1)^{\frac{1}{2}}}$

(III)如果 $f(x)=\operatorname{sech}^{-1}x$ 则 $\frac{d}{dx}\operatorname{sech}^{-1}x=\frac{-1}{x}(1-x^2)^{-\frac{1}{2}}$

Example 1.

(1)求$(1+x)^{-\frac{1}{2}}$的马克劳林级数　(2)求$(1-x)^{-\frac{1}{2}}$ 的马克劳林级数

(3)求$(1+x)^{\frac{1}{2}}$ 的马克劳林级数　(4)求$(1-x)^{\frac{1}{2}}$ 的马克劳林级数

【解】

(1)

藉由二项式展开

$$(1+x)^{-\frac{1}{2}}=\sum_{n=0}^{\infty}C_n^{-\frac{1}{2}}x^n=1+\frac{-\frac{1}{2}}{1!}x+\frac{(-\frac{1}{2})(-\frac{3}{2})}{2!}x^2+\frac{(-\frac{1}{2})(-\frac{3}{2})(-\frac{5}{2})}{3!}x^3+\cdots$$

$$=1+\sum_{n=1}^{\infty}\frac{2^{-n}(-1)^n\prod_{k=0}^{n-1}2k+1}{n!}x^n,\ \forall-1<x<1$$

(2)

藉由二项式展开

$$(1-x)^{-\frac{1}{2}}=\sum_{n=0}^{\infty}C_n^{-\frac{1}{2}}(-x)^n$$

$$=1+\frac{-\frac{1}{2}}{1!}(-x)+\frac{(-\frac{1}{2})(-\frac{3}{2})}{2!}(-x)^2+\frac{(-\frac{1}{2})(-\frac{3}{2})(-\frac{5}{2})}{3!}(-x)^3+\cdots$$

$$=1+\sum_{n=1}^{\infty}\frac{2^{-n}\prod_{k=0}^{n-1}2k+1}{n!}x^n,\ \forall-1<x<1$$

(3)

藉由二项式展开

$$(1+x)^{\frac{1}{2}}=\sum_{n=0}^{\infty}C_n^{\frac{1}{2}}x^n=1+\frac{\frac{1}{2}}{1!}x+\frac{(\frac{1}{2})(-\frac{1}{2})}{2!}x^2+\frac{(\frac{1}{2})(-\frac{1}{2})(-\frac{3}{2})}{3!}x^3+\cdots$$

$$=1+\frac{x}{2}+\sum_{n=2}^{\infty}\frac{2^{-n}(-1)^{n+1}\prod_{k=0}^{n-2}2k+1}{n!}x^n,\ \forall-1<x<1$$

(4)

藉由二项式展开

$$(1-x)^{\frac{1}{2}}=\sum_{n=0}^{\infty}C_n^{\frac{1}{2}}(-x)^n=1+\frac{\frac{1}{2}}{1!}(-x)+\frac{(\frac{1}{2})(-\frac{1}{2})}{2!}(-x)^2+\frac{(\frac{1}{2})(-\frac{1}{2})(-\frac{3}{2})}{3!}(-x)^3+\cdots$$

$$= 1 - \frac{x}{2} - \sum_{n=2}^{\infty} \frac{2^{-n} \prod_{k=0}^{n-2} 2k+1}{n!} x^n, \forall -1 < x < 1$$

Example 2.

求$(9-x)^{\frac{1}{2}}$的马克劳林级数

【解】

$\because (9-x)^{\frac{1}{2}} = 3(1-\frac{x}{9})^{\frac{1}{2}}$，藉由二项式展开

$$(1-\frac{x}{9})^{\frac{1}{2}} = \sum_{n=0}^{\infty} C_n^{\frac{1}{2}} (-\frac{x}{9})^n = 1 + \frac{\frac{1}{2}}{1!}(-\frac{x}{9}) + \frac{(\frac{1}{2})(-\frac{1}{2})}{2!}(-\frac{x}{9})^2 + \frac{(\frac{1}{2})(-\frac{1}{2})(-\frac{3}{2})}{3!}(-\frac{x}{9})^3 + \cdots$$

$$= 1 - \frac{\frac{x}{9}}{2} - \sum_{n=2}^{\infty} \frac{2^{-n} \prod_{k=0}^{n-2} 2k+1}{n!} \left(\frac{x}{9}\right)^n, \forall -1 < \frac{x}{9} < 1$$

$$= 1 - \frac{\frac{x}{9}}{2} - \sum_{n=2}^{\infty} \frac{2^{-n} \prod_{k=0}^{n-2} 2k+1}{n!\,3^{2n}} x^n, \forall -1 < \frac{x}{9} < 1$$

$$\therefore (9-x)^{\frac{1}{2}} = 3\left(1 + \frac{\frac{1}{2}}{1!}(-\frac{x}{9}) + \frac{(\frac{1}{2})(-\frac{1}{2})}{2!}(-\frac{x}{9})^2 + \frac{(\frac{1}{2})(-\frac{1}{2})(-\frac{3}{2})}{3!}(-\frac{x}{9})^3 + \cdots\right)$$

$$= 3\left(1 - \frac{\frac{x}{9}}{2} - \sum_{n=2}^{\infty} \frac{2^{-n} \prod_{k=0}^{n-2} 2k+1}{n!\,3^{2n}} x^n\right),\ \forall -1 < \frac{x}{9} < 1$$

$$\because \left| \frac{\frac{2^{-n-1} \prod_{k=0}^{n-1} 2k+1}{n+1!\,3^{2n+2}} x^{n+1}}{\frac{2^{-n} \prod_{k=0}^{n-2} 2k+1}{n!\,3^{2n}} x^n} \right| = \left| \frac{2^{-1}(2n-1)x}{3^2(n+1)} \right|$$

令$\lim_{n\to\infty} \left| \frac{2^{-1}(2n-1)x}{3^2(n+1)} \right| < 1$则 $-9 < x < 9$

$$\therefore (9-x)^{\frac{1}{2}} = 3\left(1 - \frac{\frac{x}{9}}{2} - \sum_{n=2}^{\infty} \frac{2^{-n} \prod_{k=0}^{n-2} 2k+1}{n!\,3^{2n}} x^n\right),\ \forall -9 < x < 9$$

Example 3.

求$(r^2-x)^{\frac{1}{2}}$的马克劳林级数，$r>0$

【解】

$\because (r^2-x)^{\frac{1}{2}} = r(1-\frac{x}{r^2})^{\frac{1}{2}}$，藉由二项式展开

$$(1-\frac{x}{r^2})^{\frac{1}{2}} = \sum_{n=0}^{\infty} C_n^{\frac{1}{2}} (-\frac{x}{r^2})^n$$

$$= 1 + \frac{\frac{1}{2}}{1!}(-\frac{x}{r^2}) + \frac{(\frac{1}{2})(-\frac{1}{2})}{2!}(-\frac{x}{r^2})^2 + \frac{(\frac{1}{2})(-\frac{1}{2})(-\frac{3}{2})}{3!}(-\frac{x}{r^2})^3 + \cdots$$

$$= 1 - \frac{\frac{x}{r^2}}{2} - \sum_{n=2}^{\infty} \frac{2^{-n}\prod_{k=0}^{n-2} 2k+1}{n!}\left(\frac{x}{r^2}\right)^n, \forall -1 < \frac{x}{r^2} < 1$$

$$= 1 - \frac{\frac{x}{r^2}}{2} - \sum_{n=2}^{\infty} \frac{2^{-n}\prod_{k=0}^{n-2} 2k+1}{n!\,r^{2n}} x^n, \forall -1 < \frac{x}{r^2} < 1$$

$$\therefore (r^2-x)^{\frac{1}{2}} = r\left(1 + \frac{\frac{1}{2}}{1!}(-\frac{x}{r^2}) + \frac{(\frac{1}{2})(-\frac{1}{2})}{2!}(-\frac{x}{r^2})^2 + \frac{(\frac{1}{2})(-\frac{1}{2})(-\frac{3}{2})}{3!}(-\frac{x}{r^2})^3 + \cdots\right)$$

$$= r\left(1 - \frac{\frac{x}{r^2}}{2} - \sum_{n=2}^{\infty} \frac{2^{-n}\prod_{k=0}^{n-2} 2k+1}{n!\,r^{2n}} x^n\right), \quad \forall -1 < \frac{x}{r^2} < 1$$

$$\because \left|\frac{\frac{2^{-n-1}\prod_{k=0}^{n-1} 2k+1}{n+1!\,r^{2n+2}} x^{n+1}}{\frac{2^{-n}\prod_{k=0}^{n-2} 2k+1}{n!\,r^{2n}} x^n}\right| = \left|\frac{2^{-1}(2n-1)x}{r^2(n+1)}\right|$$

令 $\lim_{n\to\infty}\left|\frac{2^{-1}(2n-1)x}{r^2(n+1)}\right| < 1$ 则 $-r^2 < x < r^2$

$$\therefore (r^2-x)^{\frac{1}{2}} = r\left(1 - \frac{\frac{x}{r^2}}{2} - \sum_{n=2}^{\infty} \frac{2^{-n}\prod_{k=0}^{n-2} 2k+1}{n!\,r^{2n}} x^n\right), \quad \forall -r^2 < x < r^2$$

Example 4.

求$(9-x)^{-\frac{1}{2}}$的马克劳林级数

【解】

$\because (9-x)^{-\frac{1}{2}} = 3^{-1}(1-\frac{x}{9})^{-\frac{1}{2}}$，藉由二项式展开

$$(1-\frac{x}{9})^{-\frac{1}{2}} = \sum_{n=0}^{\infty} C_n^{-\frac{1}{2}}(-\frac{x}{9})^n$$

$$= 1 + \frac{-\frac{1}{2}}{1!}(-\frac{x}{9}) + \frac{(-\frac{1}{2})(-\frac{3}{2})}{2!}(-\frac{x}{9})^2 + \frac{(-\frac{1}{2})(-\frac{3}{2})(-\frac{5}{2})}{3!}(-\frac{x}{9})^3 + \cdots$$

$$\therefore (9-x)^{-\frac{1}{2}} = 3^{-1}\left(1 + \frac{-\frac{1}{2}}{1!}(-\frac{x}{9}) + \frac{(-\frac{1}{2})(-\frac{3}{2})}{2!}(-\frac{x}{9})^2 + \frac{(-\frac{1}{2})(-\frac{3}{2})(-\frac{5}{2})}{3!}(-\frac{x}{9})^3 + \cdots\right)$$

$$= \frac{1}{3} + \sum_{n=1}^{\infty} \frac{2^{-n}\prod_{k=0}^{n-1} 2k+1}{3^{2n+1}n!}x^n$$

$$\because \left|\frac{\frac{2^{-n-1}\prod_{k=0}^{n} 2k+1}{3^{2n+3}(n+1)!}x^{n+1}}{\frac{2^{-n}\prod_{k=0}^{n-1} 2k+1}{3^{2n+1}n!}x^n}\right| = \left|\frac{2^{-1}(2n+1)x}{3^2(n+1)}\right|$$

令 $\lim_{n\to\infty}\left|\frac{2^{-1}(2n+1)x}{3^2(n+1)}\right| < 1$ 则 $-9 < x < 9$

$$\therefore (9-x)^{-\frac{1}{2}} = \frac{1}{3} + \sum_{n=1}^{\infty} \frac{2^{-n}\prod_{k=0}^{n-1} 2k+1}{3^{2n+1}n!}x^n, \forall -9 < x < 9$$

Example 5.

求$(r^2-x)^{\frac{-1}{2}}$的马克劳林级数，$r > 0$

【解】

$\because (r^2-x)^{-\frac{1}{2}} = r^{-1}(1-r^2)^{-\frac{1}{2}}$，藉由二项式展开

$$(1-\frac{x}{r^2})^{-\frac{1}{2}} = \sum_{n=0}^{\infty} C_n^{-\frac{1}{2}}(-\frac{x}{r^2})^n$$

$$= 1 + \frac{-\frac{1}{2}}{1!}(-\frac{x}{r^2}) + \frac{(-\frac{1}{2})(-\frac{3}{2})}{2!}(-\frac{x}{r^2})^2 + \frac{(-\frac{1}{2})(-\frac{3}{2})(-\frac{5}{2})}{3!}(-\frac{x}{r^2})^3 + \cdots$$

$$\therefore (r^2-x)^{-\frac{1}{2}} = r^{-1}\left(1 + \frac{-\frac{1}{2}}{1!}(-\frac{x}{r^2}) + \frac{(-\frac{1}{2})(-\frac{3}{2})}{2!}(-\frac{x}{r^2})^2 + \frac{(-\frac{1}{2})(-\frac{3}{2})(-\frac{5}{2})}{3!}(-\frac{x}{r^2})^3 + \cdots\right)$$

$$= \frac{1}{r} + \sum_{n=1}^{\infty} \frac{2^{-n}\prod_{k=0}^{n-1} 2k+1}{r^{2n+1}n!}x^n$$

$$\because \left|\frac{\frac{2^{-n-1}\prod_{k=0}^{n} 2k+1}{r^{2n+3}(n+1)!}x^{n+1}}{\frac{2^{-n}\prod_{k=0}^{n-1} 2k+1}{r^{2n+1}n!}x^n}\right| = \left|\frac{2^{-1}(2n+1)x}{r^2(n+1)}\right|$$

令 $\lim_{n\to\infty}\left|\frac{2^{-1}(2n+1)x}{r^2(n+1)}\right| < 1$ 则 $-r^2 < x < r^2$

$$\therefore (r^2-x)^{-\frac{1}{2}} = \frac{1}{r} + \sum_{n=1}^{\infty} \frac{2^{-n}\prod_{k=0}^{n-1} 2k+1}{r^{2n+1}n!}x^n,\ \forall -r^2 < x < r^2$$

Example 6.

求$(2x-3)^{\frac{3}{2}}$ 在$x=2$ 的马克劳林级数

【解】

$\because 2x-3 = 1+2(x-2)$ $\quad\therefore (2x-3)^{\frac{3}{2}} = (1+2(x-2))^{\frac{3}{2}}$

$$\Rightarrow (2x-3)^{\frac{3}{2}} = \sum_{n=0}^{\infty} C_n^{\frac{3}{2}}(2x-4)^n$$

$$=1+\frac{\frac{3}{2}}{1!}(2x-4)+\frac{\frac{3}{2}\cdot\frac{1}{2}}{2!}(2x-4)^2+\frac{\frac{3}{2}\cdot\frac{1}{2}\left(-\frac{1}{2}\right)}{3!}(2x-4)^3$$

$$+\frac{\frac{3}{2}\cdot\frac{1}{2}\left(-\frac{1}{2}\right)\left(-\frac{3}{2}\right)}{4!}(2x-4)^4+\cdots$$

$$=1+\frac{3}{1!}(x-2)+\frac{3}{2!}(x-2)^2+\frac{3(-1)}{3!}(x-2)^3+\frac{3(-1)(-3)}{4!}(x-2)^4\cdots$$

$$=1+\frac{3}{1!}(x-2)+\frac{3}{2!}(x-2)^2+3\sum_{n=3}^{\infty}\frac{(-1)^n\prod_{k=0}^{n-3}2k+1}{n!}(x-2)^n$$

$$\because\left|\frac{\frac{\prod_{k=0}^{n-2}2k+1}{n+1!}(x-2)^{n+1}}{\frac{\prod_{k=0}^{n-3}2k+1}{n!}(x-2)^n}\right|=\left|\frac{(2n-3)(x-2)}{(n+1)}\right|$$

令 $\lim_{n\to\infty}\left|\frac{(2n-3)(x-2)}{(n+1)}\right|<1$ 则 $\frac{3}{2}<x<\frac{5}{2}$

$$\therefore(2x-3)^{\frac{3}{2}}=\sum_{n=0}^{\infty}C_n^{\frac{3}{2}}(2x-4)^n$$

$$=1+\frac{3}{1!}(x-2)+\frac{3}{2!}(x-2)^2+3\sum_{n=3}^{\infty}\frac{(-1)^n\prod_{k=0}^{n-3}2k+1}{n!}(x-2)^n,\ \forall\frac{3}{2}<x<\frac{5}{2}$$

Example 7.

求 $\sin^{-1}x$ 的马克劳林级数

【解】

$\because\frac{d}{dx}\sin^{-1}x=(1-x^2)^{-\frac{1}{2}}$，藉由二项式展开

$$(1-x^2)^{-\frac{1}{2}}=\sum_{n=0}^{\infty}C_n^{-\frac{1}{2}}(-x^2)^n$$

$$=1+\frac{-\frac{1}{2}}{1!}(-x^2)+\frac{\left(-\frac{1}{2}\right)\left(-\frac{3}{2}\right)}{2!}(-x^2)^2+\frac{\left(-\frac{1}{2}\right)\left(-\frac{3}{2}\right)\left(-\frac{5}{2}\right)}{3!}(-x^2)^3+\cdots$$

$$= 1 + \frac{\frac{1}{2}}{1!}(x^2) + \frac{\frac{1}{2} \cdot \frac{3}{2}}{2!}(x^2)^2 + \frac{\frac{1}{2} \cdot \frac{3}{2} \cdot \frac{5}{2}}{3!}(x^2)^3 + \cdots$$

$$= 1 + \sum_{n=1}^{\infty} \frac{2^{-n} \prod_{k=0}^{n-1} 2k+1}{n!} x^{2n}, \ \forall -1 < x < 1$$

$$\Rightarrow \sin^{-1} x = x + \sum_{n=1}^{\infty} \frac{2^{-n} \prod_{k=0}^{n-1} 2k+1}{n!\,(2n+1)} x^{2n+1}, \ \forall -1 < x < 1$$

Example 8.

求 $\cos^{-1} x$ 的马克劳林级数

【解】

$\because \frac{d}{dx}\cos^{-1} x = -(1-x^2)^{-\frac{1}{2}}$，藉由二项式展开

$$(1-x^2)^{-\frac{1}{2}} = \sum_{n=0}^{\infty} C_n^{-\frac{1}{2}} (-x^2)^n$$

$$= 1 + \frac{-\frac{1}{2}}{1!}(-x^2) + \frac{\left(-\frac{1}{2}\right)\left(-\frac{3}{2}\right)}{2!}(-x^2)^2 + \frac{\left(-\frac{1}{2}\right)\left(-\frac{3}{2}\right)\left(-\frac{5}{2}\right)}{3!}(-x^2)^3 + \cdots$$

$$= 1 + \frac{\frac{1}{2}}{1!}(x^2) + \frac{\left(\frac{1}{2}\right)\left(\frac{3}{2}\right)}{2!}(x^2)^2 + \frac{\left(\frac{1}{2}\right)\left(\frac{3}{2}\right)\left(\frac{5}{2}\right)}{3!}(x^2)^3 + \cdots$$

$$= 1 + \sum_{n=1}^{\infty} \frac{2^{-n} \prod_{k=0}^{n-1} 2k+1}{n!} x^{2n}, \ \forall -1 < x < 1$$

$$\Rightarrow \cos^{-1} x = -x - \sum_{n=1}^{\infty} \frac{2^{-n} \prod_{k=0}^{n-1} 2k+1}{n!\,(2n+1)} x^{2n+1}, \ \forall -1 < x < 1$$

Example 9.

求 $\sinh^{-1} x$ 的马克劳林级数

【解】

$$\because \frac{d}{dx}\sinh^{-1}x=\frac{d}{dx}\ln|x+\sqrt{x^2+1}|=\frac{\frac{2(x^2+1)^{\frac{1}{2}}+2x}{2(x^2+1)^{\frac{1}{2}}}}{|x+\sqrt{x^2+1}|}=\frac{1}{(x^2+1)^{\frac{1}{2}}}$$

藉由二项式展开

$$(1+x^2)^{-\frac{1}{2}}=\sum_{n=0}^{\infty}C_n^{-\frac{1}{2}}x^{2n}=1+\frac{-\frac{1}{2}}{1!}x^2+\frac{(-\frac{1}{2})(-\frac{3}{2})}{2!}x^4+\frac{(-\frac{1}{2})(-\frac{3}{2})(-\frac{5}{2})}{3!}x^6+\cdots$$

$$=1+\sum_{n=1}^{\infty}\frac{2^{-n}(-1)^n\prod_{k=0}^{n-1}2k+1}{n!}x^{2n},\ \forall-1<x<1$$

$$\Rightarrow\ \sinh^{-1}x\ =x+\sum_{n=1}^{\infty}\frac{2^{-n}(-1)^n\prod_{k=0}^{n-1}2k+1}{n!\,(2n+1)}x^{2n+1},\ \forall-1<x<1$$

Example 10.

求 $\operatorname{sech}^{-1}x$ 的马克劳林级数

【解】

$\because \frac{d}{dx}\operatorname{sech}^{-1}x=\frac{-1}{x}(1-x^2)^{-\frac{1}{2}}$，藉由二项式展开

$$\frac{-1}{x}(1-x^2)^{-\frac{1}{2}}=\frac{-1}{x}\left(1+\sum_{n=1}^{\infty}\frac{2^{-n}\prod_{k=0}^{n-1}2k+1}{n!}x^{2n}\right)=\frac{-1}{x}-\sum_{n=1}^{\infty}\frac{2^{-n}\prod_{k=0}^{n-1}2k+1}{n!}x^{2n-1}$$

$$\Rightarrow\ \operatorname{sech}^{-1}x\ =-\ln x-\sum_{n=1}^{\infty}\frac{2^{-n}\prod_{k=0}^{n-1}2k+1}{n!\,2n}x^{2n},\ \forall\,0<x<\infty$$

6.6 泰勒级数相关应用的考试类型

6.6.1 使用泰勒级数求函数极限

泰勒级数应用在求函数极限的时机为，当无法使用罗比达法则求极限时或当分子分母的函数能简易求得泰勒级数，或当使用罗比达法则分子分母微分之后出现较能简易求得泰勒展开式的函数，底下盘点较能简易求得泰勒级数的函数，包括：

$\ln x$ 、$\cos x$ 、$\sin x$ 、$\sinh x$ 、e^x 、e^{-x} 、$\sin^{-1} x$ 、$\cos^{-1} x$ 、$\sinh^{-1} x$ 、$\tan^{-1} x$ 、

$\tanh^{-1} x$ 、$(a+bx)^{\frac{1}{2}}$ 其中 $a \in R,\ b \neq 0$、$(a+bx)^{-\frac{1}{2}}$ 其中 $a \in R,\ b \neq 0$ .... 等

整体而言，求函数极限的方法，包含三大类：第一类为第一章所介绍的将函数做些转换再结合直接代入法，第二类为使用罗比达法则，最后一类则是使用泰勒级数，底下整理关于求函数极限的考试类型

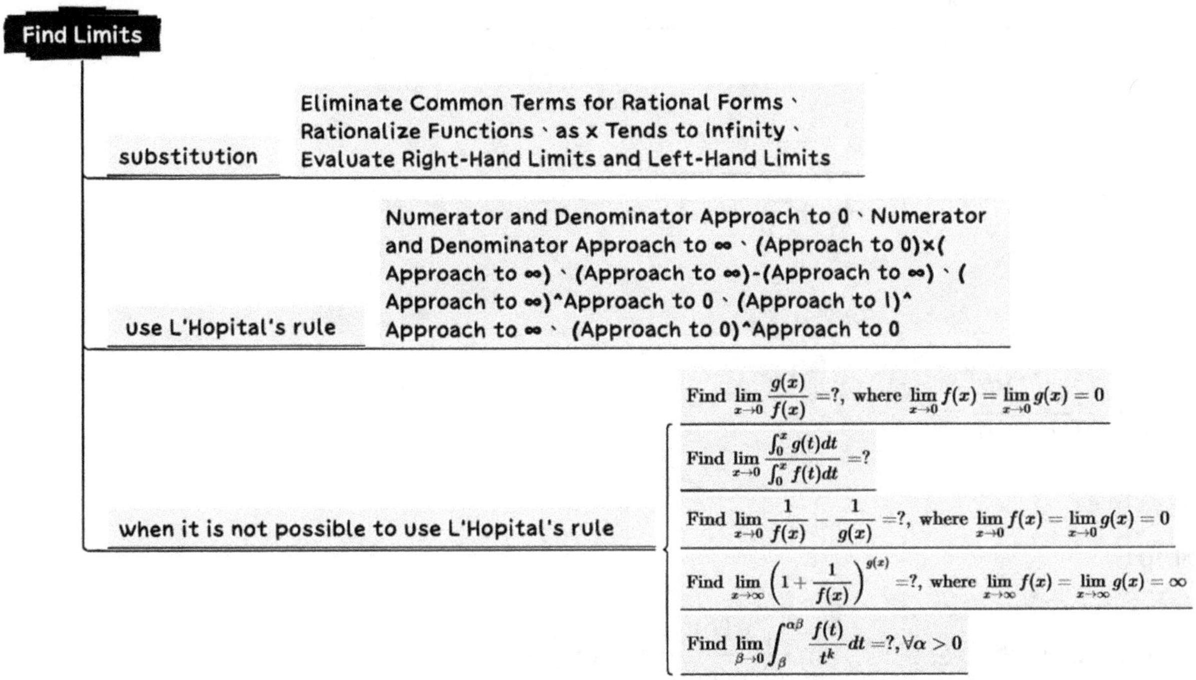

考试类型:

Type 1.

求 $\lim\limits_{x\to 0}\dfrac{g(x)}{f(x)}$ =? 其中 $\lim\limits_{x\to 0} f(x) = \lim\limits_{x\to 0} g(x) = 0$

解题流程:

Step1.

找 $a, b \in R$ 使得 $\dfrac{g(x)}{f(x)} = \dfrac{b+\sum_{n=1}^{\infty} b_n x^n}{a+\sum_{n=1}^{\infty} a_n x^n}$

Step2.

$$\lim_{x\to 0}\frac{g(x)}{f(x)}=\lim_{x\to 0}\frac{b+\sum_{n=1}^{\infty}b_nx^n}{a+\sum_{n=1}^{\infty}a_nx^n}=\frac{b}{a}$$

<u>范例说明：</u>

(I)求 $\lim_{x\to 0}\frac{\sinh x}{\sin x}=?$

$\because \sin x=x-\frac{x^3}{3!}+\frac{x^5}{5!}+\cdots$ 且 $\sinh x=x+\frac{1}{3!}x^3+\frac{1}{5!}x^5+\cdots$

$$\therefore \frac{\sinh x}{\sin x}=\frac{x+\frac{1}{3!}x^3+\frac{1}{5!}x^5+\cdots}{x-\frac{x^3}{3!}+\frac{x^5}{5!}+\cdots}=\frac{1+\frac{1}{3!}x^2+\frac{1}{5!}x^4+\cdots}{1-\frac{x^2}{3!}+\frac{x^4}{5!}+\cdots}$$

$$\therefore \lim_{x\to 0}\frac{\sinh x}{\sin x}=\lim_{x\to 0}\frac{1+\frac{1}{3!}x^2+\frac{1}{5!}x^4+\cdots}{1-\frac{x^2}{3!}+\frac{x^4}{5!}+\cdots}=1$$

Type 2.

求 $\lim_{x\to 0}\frac{\int_0^x g(t)dt}{\int_0^x f(t)dt}=?$

解题流程：

Step1.

藉由 Leibniz 微分公式则 $\lim_{x\to 0}\frac{\int_0^x g(t)dt}{\int_0^x f(t)dt}=\lim_{x\to 0}\frac{g(x)}{f(x)}$

Step2.

找 $a,b\ \in R$ 使得 $\frac{g(x)}{f(x)}=\frac{b+\sum_{n=1}^{\infty}b_nx^n}{a+\sum_{n=1}^{\infty}a_nx^n}$

Step3.

$$\lim_{x\to 0}\frac{g(x)}{f(x)}=\lim_{x\to 0}\frac{b+\sum_{n=1}^{\infty}b_nx^n}{a+\sum_{n=1}^{\infty}a_nx^n}=\frac{b}{a}$$

<u>范例说明：</u>

(I)求 $\lim_{x\to0^+}\frac{\int_0^{x^3}(\sin\sqrt[3]{t})-\sqrt[3]{t}\,dt}{\int_0^{x^3}(\tan\sqrt[3]{t})-\sqrt[3]{t}\,dt}=?$

藉由 Leibniz 微分公式 则

$$\lim_{x\to0^+}\frac{\int_0^{x^3}(\sin\sqrt[3]{t})-\sqrt[3]{t}\,dt}{\int_0^{x^3}(\tan\sqrt[3]{t})-\sqrt[3]{t}\,dt}=\lim_{x\to0^+}\frac{(\sin x-x)3x^2}{(\tan x-x)3x^2}=\lim_{x\to0^+}\frac{\sin x-x}{\tan x-x}$$

$$\because \sin x=\sum_{n=0}^{\infty}\frac{(-1)^n x^{2n+1}}{(2n+1)!} \text{ 且 } \tan x=x+\frac{1}{3}x^3+\frac{2}{15}x^5+\cdots$$

$$\therefore \lim_{x\to0^+}\frac{\int_0^{x^3}(\sin\sqrt[3]{t})-\sqrt[3]{t}\,dt}{\int_0^{x^3}(\tan\sqrt[3]{t})-\sqrt[3]{t}\,dt}=\lim_{x\to0^+}\frac{\frac{-1}{3!}x^3+\sum_{n=2}^{\infty}\frac{(-1)^n x^{2n+1}}{(2n+1)!}}{\frac{1}{3}x^3+\frac{2}{15}x^5+\cdots}$$

Type 3.

求 $\lim_{x\to0}\frac{1}{f(x)}-\frac{1}{g(x)}=?$ 其中 $\lim_{x\to0}f(x)=\lim_{x\to0}g(x)=0$

解题流程

Step1.

找 $a,b\in R$使得 $\frac{1}{f(x)}-\frac{1}{g(x)}=\frac{b+\sum_{n=1}^{\infty}b_nx^n}{a+\sum_{n=1}^{\infty}a_nx^n}$

Step2.

$$\lim_{x\to0}\frac{1}{f(x)}-\frac{1}{g(x)}=\lim_{x\to0}\frac{b+\sum_{n=1}^{\infty}b_nx^n}{a+\sum_{n=1}^{\infty}a_nx^n}=\frac{b}{a}$$

<u>范例说明：</u>

(I)求 $\lim_{x\to0}\frac{1}{\ln(1-x)}+\frac{1}{x}=?$

$$\because \ln(1-x)=-\sum_{n=0}^{\infty}\frac{x^{n+1}}{n+1}$$

$$\therefore \frac{1}{\ln(1-x)}+\frac{1}{x}=\frac{x+\ln(1-x)}{x\ln(1-x)}=-\frac{x-\sum_{n=0}^{\infty}\frac{x^{n+1}}{n+1}}{\sum_{n=0}^{\infty}\frac{x^{n+2}}{n+1}}=\frac{\frac{1}{2}+\sum_{n=2}^{\infty}\frac{x^{n-1}}{n+1}}{1+\left(\sum_{n=1}^{\infty}\frac{x^n}{n+1}\right)}$$

Type 4.

求 $\lim_{x\to\infty}\frac{g(x)}{f(x)}=?$ 其中 $\lim_{x\to\infty}f(x)=\lim_{x\to\infty}g(x)=\infty$

解题流程:

Step1.

找 $a,b\in R$使得 $\frac{g(x)}{f(x)}=\frac{b+\sum_{n=1}^{\infty}b_nx^{-n}}{a+\sum_{n=1}^{\infty}a_nx^{-n}}$

Step2.

$$\lim_{x\to\infty}\frac{g(x)}{f(x)}=\lim_{x\to\infty}\frac{b+\sum_{n=1}^{\infty}b_nx^{-n}}{a+\sum_{n=1}^{\infty}a_nx^{-n}}=\frac{b}{a}$$

Type 5.

求 $\lim_{x\to\infty}\frac{1}{f(x)}-\frac{1}{g(x)}=?$ 其中 $\lim_{x\to\infty}f(x)=\lim_{x\to\infty}g(x)=0$

解题流程:

Step1.

找 $a,b\in R$使得 $\frac{1}{f(x)}-\frac{1}{g(x)}=\frac{b+\sum_{n=1}^{\infty}b_nx^{-n}}{a+\sum_{n=1}^{\infty}a_nx^{-n}}$

Step2.

$$\lim_{x\to\infty}\frac{1}{f(x)}-\frac{1}{g(x)}=\lim_{x\to\infty}\frac{b+\sum_{n=1}^{\infty}b_nx^{-n}}{a+\sum_{n=1}^{\infty}a_nx^{-n}}=\frac{b}{a}$$

Type 6.

求 $\lim_{x\to\infty}\left(1+\frac{1}{f(x)}\right)^{g(x)}=?$ 其中 $\lim_{x\to\infty}f(x)=\lim_{x\to\infty}g(x)=\infty$

解题流程:

Step1.

$$\because\left(1+\frac{1}{f(x)}\right)^{g(x)}=\exp\left(g(x)\ln\left(1+\frac{1}{f(x)}\right)\right)$$

Step2.

$$\because\ln\left(1+\frac{1}{f(x)}\right)=\sum_{k=0}^{\infty}\frac{(-1)^kf^{-k-1}(x)}{k+1}\quad\therefore\left(1+\frac{1}{f(x)}\right)^{g(x)}=\exp\left(g(x)\sum_{k=0}^{\infty}\frac{(-1)^kf^{-k-1}(x)}{k+1}\right)$$

$$\therefore \lim_{x\to\infty}\left(1+\frac{1}{f(x)}\right)^{g(x)} = \exp\left(\lim_{x\to\infty} g(x)\ln\left(1+\frac{1}{f(x)}\right)\right)$$

$$= \exp\left(\lim_{x\to\infty} g(x)\sum_{k=0}^{\infty}\frac{(-1)^k f^{-k-1}(x)}{k+1}\right)$$

Step3.

若 $\lim_{x\to\infty} g(x)\sum_{k=0}^{\infty}\frac{(-1)^k f^{-k-1}(x)}{k+1} = \alpha$ 则 $\lim_{x\to\infty}\left(1+\frac{1}{f(x)}\right)^{g(x)} = \exp(\alpha)$

<u>范例说明:</u>

(I)求 $\lim_{x\to\infty}\left(1+\frac{3}{x+2}\right)^{\ln x} = ?$

$\because \left(1+\frac{3}{x+2}\right)^{\ln x} = e^{\ln x\ln\left(1+\frac{3}{x+2}\right)}$ 且 $\ln\left(1+\frac{3}{x+2}\right) = \sum_{n=0}^{\infty}\frac{(-1)^n 3^{n+1}(x+2)^{-n-1}}{n+1}$

$$\therefore \ln x\ln\left(1+\frac{3}{x+2}\right) = \ln x\sum_{n=0}^{\infty}\frac{(-1)^n 3^{n+1}(x+2)^{-n-1}}{n+1}$$

藉由罗比达法则 $\lim_{x\to\infty}\ln x(x+2)^{-n-1} = 0,\ \forall n\geq 0$

$$\Rightarrow \lim_{x\to\infty}\left(1+\frac{3}{x+2}\right)^{\ln x} = \lim_{x\to\infty} e^{\ln x\ln(1+\frac{3}{x+2})} = 1$$

Type 7.

求 $\lim_{\beta\to 0}\int_{\beta}^{\alpha\beta}\frac{f(t)}{t^k}dt = ?,\ \forall\alpha > 0$

解题流程:

Step1.

找$f(x)$的马克劳林级数 s.t. $f(x) = \sum_{n=0}^{\infty} a_n x^n$

Step2.

$$\int_{\beta}^{\alpha\beta} \frac{f(t)}{t^k} dt = \int_{\beta}^{\alpha\beta} \sum_{n=0}^{\infty} a_n t^{n-k}\, dt = \sum_{n=0}^{\infty} a_n \int_{\beta}^{\alpha\beta} t^{n-k} dt$$

Step3.

求 $\sum_{n=0}^{\infty} a_n \int_{\beta}^{\alpha\beta} t^{n-k} dt = ?$

<u>范例说明:</u>

(I) 求 $\lim_{\beta\to 0} \int_{\beta}^{3\beta} \frac{e^{-x}}{x} dx = ?$

$$\because e^{-x} = \sum_{n=0}^{\infty} \frac{(-1)^n}{n!} x^n \quad \therefore \frac{e^{-x}}{x} = \sum_{n=0}^{\infty} \frac{(-1)^n}{n!} x^{n-1}$$

$$\because \int_{\beta}^{3\beta} \frac{e^{-x}}{x} dx = \ln 3 + \sum_{n=1}^{\infty} \frac{(-1)^n((3\beta)^n - \beta^n)}{n!\, n}$$

$$\therefore \lim_{\beta\to 0} \int_{\beta}^{3\beta} \frac{e^{-x}}{x} dx = \ln 3 + \lim_{\beta\to 0} \sum_{n=1}^{\infty} \frac{(-1)^n((3\beta)^n - \beta^n)}{n!\, n} = \ln 3$$

Example 1.

求 $\lim_{x\to 0} \frac{2 - \cos x - \sqrt{1 + x^2}}{x^4} = ?$

【解】

$$\because \cos x = \sum_{n=0}^{\infty} \frac{(-1)^n x^{2n}}{2n!} = 1 - \frac{x^2}{2!} + \frac{x^4}{4!} + \sum_{n=3}^{\infty} \frac{(-1)^n x^{2n}}{2n!}$$

且 $\sqrt{1 + x^2} = 1 + \frac{x^2}{2} + \sum_{n=2}^{\infty} \frac{2^{-n}(-1)^{n+1} \prod_{k=0}^{n-2} 2k + 1}{n!} x^{2n}$

$$= 1 + \frac{x^2}{2} - \frac{2^{-2}x^4}{2!} + \sum_{n=3}^{\infty} \frac{2^{-n}(-1)^{n+1}\prod_{k=0}^{n-2} 2k+1}{n!} x^{2n}$$

$$\therefore \frac{2 - \cos x - \sqrt{1+x^2}}{x^4} = \frac{x^4\left(-\frac{1}{4!} + \frac{2^{-2}}{2!}\right) - \sum_{n=3}^{\infty}\left(\frac{(-1)^n}{2n!} + \frac{2^{-n}(-1)^{n+1}\prod_{k=0}^{n-2} 2k+1}{n!}\right)x^{2n}}{x^4}$$

$$= \left(-\frac{1}{4!} + \frac{2^{-2}}{2!}\right) - \sum_{n=3}^{\infty}\left(\frac{(-1)^n}{2n!} + \frac{2^{-n}(-1)^{n+1}\prod_{k=0}^{n-2} 2k+1}{n!}\right)x^{2n-4}$$

$$\Rightarrow \lim_{x\to 0} \frac{2 - \cos x - \sqrt{1+x^2}}{x^4} = -\frac{1}{4!} + \frac{2^{-2}}{2!} = \frac{1}{12}$$

Example 2.

$$求 \lim_{x\to 0} \frac{2 - \cos x - \sqrt{1+x^2}}{(e^x - 1)^4} = ?$$

【解】

$$\because \cos x = \sum_{n=0}^{\infty} \frac{(-1)^n x^{2n}}{2n!} = 1 - \frac{x^2}{2!} + \frac{x^4}{4!} + \sum_{n=3}^{\infty} \frac{(-1)^n x^{2n}}{2n!}$$

$$且 \sqrt{1+x^2} = 1 + \frac{x^2}{2} + \sum_{n=2}^{\infty} \frac{2^{-n}(-1)^{n+1}\prod_{k=0}^{n-2} 2k+1}{n!} x^{2n}$$

$$= 1 + \frac{x^2}{2} - \frac{2^{-2}}{2!}x^4 + \sum_{n=3}^{\infty} \frac{2^{-n}(-1)^{n+1}\prod_{k=0}^{n-2} 2k+1}{n!} x^{2n}$$

$$\therefore (e^x - 1)^4 = \left(x + \frac{x^2}{2!} + \cdots\right)^4 = \left(x + \frac{x^2}{2!} + \cdots\right)^2 \left(x + \frac{x^2}{2!} + \cdots\right)^2$$

$$= (x^2 + x^3 + \cdots)(x^2 + x^3 + \cdots) = x^4 + 2x^5 + \cdots$$

$$\therefore \frac{2 - \cos x - \sqrt{1+x^2}}{(e^x - 1)^4} = \frac{x^4\left(-\frac{1}{4!} + \frac{2^{-2}}{2!}\right) - \sum_{n=3}^{\infty}\left(\frac{(-1)^n}{2n!} + \frac{2^{-n}(-1)^{n+1}\prod_{k=0}^{n-2} 2k+1}{n!}\right)x^{2n}}{x^4 + 2x^5 + \cdots}$$

$$= \frac{\left(-\frac{1}{4!} + \frac{2^{-2}}{2!}\right) - \sum_{n=3}^{\infty}\left(\frac{(-1)^n}{2n!} + \frac{2^{-n}(-1)^{n+1}\prod_{k=0}^{n-2} 2k+1}{n!}\right)x^{2n-4}}{1 + 2x}$$

$$\Rightarrow \lim_{x\to 0}\frac{2-\cos x-\sqrt{1+x^2}}{x^4}=-\frac{1}{4!}+\frac{2^{-2}}{2!}=\frac{1}{12}$$

Example 3.

求 $\lim_{x\to 0}\frac{\sinh x}{\sin x}=?$

【解】

$\because \sin x = x-\frac{x^3}{3!}+\frac{x^5}{5!}+\cdots$ 且 $\sinh x = x+\frac{1}{3!}x^3+\frac{1}{5!}x^5+\cdots$

$$\therefore \frac{\sinh x}{\sin x}=\frac{x+\frac{1}{3!}x^3+\frac{1}{5!}x^5+\cdots}{x-\frac{x^3}{3!}+\frac{x^5}{5!}+\cdots}=\frac{1+\frac{1}{3!}x^2+\frac{1}{5!}x^4+\cdots}{1-\frac{x^2}{3!}+\frac{x^4}{5!}+\cdots}$$

$$\therefore \lim_{x\to 0}\frac{\sinh x}{\sin x}=\lim_{x\to 0}\frac{1+\frac{1}{3!}x^2+\frac{1}{5!}x^4+\cdots}{1-\frac{x^2}{3!}+\frac{x^4}{5!}+\cdots}=1$$

Example 4.

求 $\lim_{x\to 0}\frac{\sin^{-1}x}{\sin x}=?$

【解】

$\because \sin^{-1}x = x+\sum_{n=1}^{\infty}\frac{2^{-n}\prod_{k=0}^{n-1}2k+1}{n!\,(2n+1)}x^{2n+1}$ 且 $\sin x = x-\frac{x^3}{3!}+\frac{x^5}{5!}+\cdots$

$$\therefore \frac{\sin^{-1}x}{\sin x}=\frac{x+\sum_{n=1}^{\infty}\frac{2^{-n}\prod_{k=0}^{n-1}2k+1}{n!\,(2n+1)}x^{2n+1}}{x-\frac{x^3}{3!}+\frac{x^5}{5!}+\cdots}=\frac{1+\sum_{n=1}^{\infty}\frac{2^{-n}\prod_{k=0}^{n-1}2k+1}{n!\,(2n+1)}x^{2n}}{1-\frac{x^2}{3!}+\frac{x^4}{5!}+\cdots}$$

$$\therefore \lim_{x\to 0}\frac{\sin^{-1}x}{\sin x}=\lim_{x\to 0}\frac{1+\sum_{n=1}^{\infty}\frac{2^{-n}\prod_{k=0}^{n-1}2k+1}{n!\,(2n+1)}x^{2n}}{1-\frac{x^2}{3!}+\frac{x^4}{5!}+\cdots}=1$$

Example 5.

$$求\lim_{x\to 0}\frac{x-\sin x+(1+x^3)^{\frac{1}{2}}-1}{x^3}=?$$

【解】

$$\because \sin x=\sum_{n=0}^{\infty}\frac{(-1)^n x^{2n+1}}{(2n+1)!}=x-\frac{x^3}{3!}+\sum_{n=2}^{\infty}\frac{(-1)^n x^{2n+1}}{(2n+1)!}$$

$$(1+x^3)^{\frac{1}{2}}=1+\frac{x^3}{2}+\sum_{n=2}^{\infty}\frac{2^{-n}(-1)^{n+1}\prod_{k=0}^{n-2}2k+1}{n!}x^{3n}$$

$$\therefore \frac{x-\sin x+(1+x^3)^{\frac{1}{2}}-1}{x^3}$$

$$=\frac{x-\left(x-\frac{x^3}{3!}+\sum_{n=2}^{\infty}\frac{(-1)^n x^{2n+1}}{(2n+1)!}\right)+\left(1+\frac{x^3}{2}+\sum_{n=2}^{\infty}\frac{2^{-n}(-1)^{n+1}\prod_{k=0}^{n-2}2k+1}{n!}x^{3n}\right)-1}{x^3}$$

$$=\frac{\frac{x^3}{3!}-\sum_{n=2}^{\infty}\frac{(-1)^n x^{2n+1}}{(2n+1)!}+\left(\frac{x^3}{2}+\sum_{n=2}^{\infty}\frac{2^{-n}(-1)^{n+1}\prod_{k=0}^{n-2}2k+1}{n!}x^{3n}\right)}{x^3}$$

$$=\frac{1}{3!}-\sum_{n=2}^{\infty}\frac{(-1)^n x^{2n-2}}{(2n+1)!}+\left(\frac{1}{2}+\sum_{n=2}^{\infty}\frac{2^{-n}(-1)^{n+1}\prod_{k=0}^{n-2}2k+1}{n!}x^{3n-3}\right)$$

$$\therefore \lim_{x\to 0}\frac{x-\sin x+(1+x^3)^{\frac{1}{2}}-1}{x^3}$$

$$=\lim_{x\to 0}\frac{1}{3!}-\sum_{n=2}^{\infty}\frac{(-1)^n x^{2n-2}}{(2n+1)!}+\left(\frac{1}{2}+\sum_{n=2}^{\infty}\frac{2^{-n}(-1)^{n+1}\prod_{k=0}^{n-2}2k+1}{n!}x^{3n-3}\right)=\frac{1}{3!}+\frac{1}{2}=\frac{2}{3}$$

Example 6.

$$求\lim_{x\to 0}\frac{\cos x^2-\cos^2 x}{(e^x-1)^2}=?$$

【解】

$$\because \cos x=\sum_{n=0}^{\infty}\frac{(-1)^n x^{2n}}{2n!}=1-\frac{x^2}{2!}+\frac{x^4}{4!}+\sum_{n=3}^{\infty}\frac{(-1)^n x^{2n}}{2n!}$$

$$\therefore \cos x^2 = 1 - \frac{x^4}{2!} + \frac{x^8}{4!} + \sum_{n=3}^{\infty} \frac{(-1)^n x^{4n}}{2n!} \text{ and } \cos^2 x = \left(1 - \frac{x^2}{2!} + \frac{x^4}{4!} + \cdots\right)^2 = 1 - x^2 + \cdots$$

$$\because e^x = \sum_{n=0}^{\infty} \frac{x^n}{n!} = 1 + x + \frac{x^2}{2!} + \cdots \qquad \therefore (e^x - 1)^2 = \left(x + \frac{x^2}{2!} + \cdots\right)^2 = x^2 + x^3 + \cdots$$

$$\therefore \frac{\cos x^2 - \cos^2 x}{(e^x - 1)^2} = \frac{1 - \frac{x^4}{2!} + \frac{x^8}{4!} + \sum_{n=3}^{\infty} \frac{(-1)^n x^{4n}}{2n!} + \cdots - (1 - x^2 + \cdots)}{x^2 + x^3 + \cdots}$$

$$\Rightarrow \lim_{x \to 0} \frac{\cos x^2 - \cos^2 x}{(e^x - 1)^2} = 1$$

Example 7.

$$求 \lim_{x \to 0} \frac{\cos x - \sin x + e^{-x} + 2x - 2}{(e^x - 1)^4} = ?$$

【解】

$$\because \sin x = \sum_{n=0}^{\infty} \frac{(-1)^n x^{2n+1}}{(2n+1)!} = x - \frac{x^3}{3!} + \frac{x^5}{5!} + \cdots$$

$$\cos x = \sum_{n=0}^{\infty} \frac{(-1)^n x^{2n}}{2n!} = 1 - \frac{x^2}{2!} + \frac{x^4}{4!} + \sum_{n=3}^{\infty} \frac{(-1)^n x^{2n}}{2n!}$$

$$e^{-x} = \sum_{n=0}^{\infty} \frac{(-1)^n x^n}{n!} = 1 - x + \frac{x^2}{2!} - \frac{x^3}{3!} + \frac{x^4}{4!} + \cdots$$

$$\therefore \cos x - \sin x + e^{-x} + 2x - 2$$

$$= \left(1 - \frac{x^2}{2!} + \frac{x^4}{4!} + \sum_{n=3}^{\infty} \frac{(-1)^n x^{2n}}{2n!}\right) - \left(x - \frac{x^3}{3!} + \frac{x^5}{5!} + \cdots\right)$$

$$+ \left(1 - x + \frac{x^2}{2!} - \frac{x^3}{3!} + \frac{x^4}{4!} - \frac{x^5}{5!} + \cdots\right) + 2x - 2 = 2 \cdot \frac{x^4}{4!} - 2 \cdot \frac{x^5}{5!} + \cdots$$

$$\because e^x = \sum_{n=0}^{\infty} \frac{x^n}{n!} = 1 + x + \frac{x^2}{2!} + \cdots$$

$$\therefore (e^x-1)^4=\left(x+\frac{x^2}{2!}+\cdots\right)^4=\left(x+\frac{x^2}{2!}+\cdots\right)^2\left(x+\frac{x^2}{2!}+\cdots\right)^2$$

$$=(x^2+x^3+\cdots)(x^2+x^3+\cdots)=x^4+2x^5+\cdots$$

$$\therefore \frac{\cos x-\sin x+e^{-x}+2x-2}{(e^x-1)^4}=\frac{2\cdot\frac{x^4}{4!}-2\cdot\frac{x^5}{5!}+\cdots}{x^4+2x^5+\cdots}=\frac{\frac{1}{12}-2\cdot\frac{x}{5!}+\cdots}{1+2x+\cdots}$$

$$\therefore \lim_{x\to 0}\frac{\cos x-\sin x+e^{-x}+2x-2}{(e^x-1)^4}=\lim_{x\to 0}\frac{\frac{1}{12}-2\cdot\frac{x}{5!}+\cdots}{1+2x+\cdots}=\frac{1}{12}$$

Example 8.

$$\text{求}\lim_{x\to 0}\frac{\cos x^3-e^{-\frac{x^6}{2}}}{x^{12}}=\ ?$$

【解】

$$\because \cos x=\sum_{n=0}^{\infty}\frac{(-1)^n x^{2n}}{2n!}\qquad \therefore \cos x^3=\sum_{n=0}^{\infty}\frac{(-1)^n x^{6n}}{2n!}=1-\frac{x^6}{2}+\frac{x^{12}}{24}-\frac{x^{18}}{6!}+\cdots$$

$$\because e^{-x}=\sum_{n=0}^{\infty}\frac{(-1)^n x^n}{n!}\qquad \therefore e^{-\frac{x^6}{2}}=\sum_{n=0}^{\infty}\frac{(-1)^n\left(\frac{x^6}{2}\right)^n}{n!}=1-\frac{x^6}{2}+\frac{x^{12}}{8}-\frac{x^{18}}{3!\cdot 8}$$

$$\therefore \frac{\cos x^3-e^{-\frac{x^6}{2}}}{x^{12}}=\frac{1-\frac{x^6}{2}+\frac{x^{12}}{24}-\frac{x^{18}}{6!}-\left(1-\frac{x^6}{2}+\frac{x^{12}}{8}-\frac{x^{18}}{3!\cdot 8}\right)}{x^{12}}$$

$$=\frac{x^{12}\left(\frac{-1}{12}+x^6\left(-\frac{1}{6!}+\frac{1}{3!\cdot 8}\right)+\cdots\right)}{x^{12}}=\frac{-1}{12}+x^6\left(-\frac{1}{6!}+\frac{1}{3!\cdot 8}\right)+\cdots$$

$$\therefore \lim_{x\to 0}\frac{\cos x^3-e^{-\frac{x^6}{2}}}{x^{12}}=\frac{-1}{12}+\lim_{x\to 0}x^6\left(-\frac{1}{6!}+\frac{1}{3!\cdot 8}\right)+\cdots=\frac{-1}{12}$$

Example 9.

$$\text{求} \lim_{x\to 0}\frac{\sin x^3 - x^3 e^{-\frac{x^6}{2}}}{x^9} = ?$$

【解】

$$\because \sin x = \sum_{n=0}^{\infty}\frac{(-1)^n x^{2n+1}}{(2n+1)!} = x - \frac{x^3}{3!} + \frac{x^5}{5!} + \cdots \qquad \therefore \sin x^3 = x^3 - \frac{x^9}{3!} + \frac{x^{15}}{5!} + \cdots$$

$$\because e^{-x} = \sum_{n=0}^{\infty}\frac{(-1)^n x^n}{n!} \qquad \therefore e^{-\frac{x^6}{2}} = \sum_{n=0}^{\infty}\frac{(-1)^n\left(\frac{x^6}{2}\right)^n}{n!} = 1 - \frac{x^6}{2} + \frac{x^{12}}{8} - \frac{x^{18}}{3!\cdot 8}$$

$$\therefore \frac{\sin x^3 - e^{-\frac{x^6}{2}}}{x^9} = \frac{x^3 - \frac{x^9}{3!} + \frac{x^{15}}{5!} + \cdots - x^3\left(1 - \frac{x^6}{2} + \frac{x^{12}}{8} - \frac{x^{18}}{3!\cdot 8}\right)}{x^9}$$

$$= \frac{x^9\left(-\frac{1}{3!} + \frac{1}{2} + x^6(\frac{1}{5!} - \frac{1}{8}) + \cdots\right)}{x^9} = \frac{1}{3} + x^6\left(\frac{1}{5!} - \frac{1}{8}\right) + \cdots$$

$$\therefore \lim_{x\to 0}\frac{\sin x^3 - x^3 e^{-\frac{x^6}{2}}}{x^9} = \frac{1}{3} + \lim_{x\to 0} x^6\left(\frac{1}{5!} - \frac{1}{8}\right) + \cdots = \frac{1}{3}$$

Example 10.

$$(1)\text{求} \lim_{x\to 0}\frac{\int_0^x t - \sin t\, dt}{\int_0^x t^2 \ln t\, dt} = ? \qquad (2)\text{求} \lim_{x\to 0}\frac{x - \int_0^x \cos t\, dt}{\int_0^x t\ln(1-t)\, dt} = ?$$

【解】

(1)

藉由 Leibniz 微分公式 则 $\lim_{x\to 0}\frac{\int_0^x t - \sin t\, dt}{\int_0^x t^2 \ln t\, dt} = \lim_{x\to 0}\frac{x - \sin x}{x^2 \ln x}$

$$\because x - \sin x = x - \left(x - \frac{x^3}{3!} + \sum_{n=2}^{\infty}\frac{(-1)^n x^{2n+1}}{(2n+1)!}\right)$$

且 $x^2 \ln x = x^2\left(x - \frac{1}{2}x^2 + \frac{1}{3}x^3 + \cdots\right)$

$$\therefore \frac{x-\sin x}{x^2\ln x}=\frac{\frac{x^3}{3!}-\sum_{n=2}^{\infty}\frac{(-1)^n x^{2n+1}}{(2n+1)!}}{x^3-\frac{1}{2}x^4+\frac{1}{3}x^5+\cdots}=\frac{\frac{1}{3!}-\sum_{n=2}^{\infty}\frac{(-1)^n x^{2n-2}}{(2n+1)!}}{1-\frac{1}{2}x+\frac{1}{3}x^2+\cdots}\Rightarrow \lim_{x\to 0}\frac{x-\sin x}{x^2\ln x}=\frac{1}{3!}$$

(2)

藉由 Leibniz 微分公式则 $\lim\limits_{x\to 0}\dfrac{x-\int_0^x \cos t\,dt}{\int_0^x t\ln(1-t)\,dt}=\lim\limits_{x\to 0}\dfrac{1-\cos x}{x\ln(1-x)}$

$$\because 1-\cos x=\frac{x^2}{2!}-\frac{x^4}{4!}-\sum_{n=3}^{\infty}\frac{(-1)^n x^{2n}}{2n!} \text{ 且 } x\ln(1-x)=-x^2-\frac{1}{2}x^3-\frac{1}{3}x^4+\cdots$$

$$\therefore \frac{1-\cos x}{x\ln(1-x)}=-\frac{\frac{x^2}{2!}-\frac{x^4}{4!}-\sum_{n=3}^{\infty}\frac{(-1)^n x^{2n}}{2n!}}{x^2+\frac{1}{2}x^3+\frac{1}{3}x^4+\cdots}=-\frac{\frac{1}{2!}-\frac{x^2}{4!}-\sum_{n=3}^{\infty}\frac{(-1)^n x^{2n-2}}{2n!}}{1+\frac{1}{2}x+\frac{1}{3}x^2+\cdots}$$

$$\Rightarrow \lim_{x\to 0}\frac{1-\cos x}{x\ln(1-x)}=-\frac{1}{2}$$

Example 11.

(1)求 $\lim\limits_{x\to 0}\dfrac{1}{\ln(1-x)}+\dfrac{1}{x}=?$　　(2)求 $\lim\limits_{x\to 1}\dfrac{x}{x-1}-\dfrac{1}{\ln x}=?$

【解】

(1)

$$\because \ln(1-x)=-\sum_{n=0}^{\infty}\frac{x^{n+1}}{n+1}$$

$$\therefore \frac{1}{\ln(1-x)}+\frac{1}{x}=\frac{x+\ln(1-x)}{x\ln(1-x)}=-\frac{x-\sum_{n=0}^{\infty}\frac{x^{n+1}}{n+1}}{\sum_{n=0}^{\infty}\frac{x^{n+2}}{n+1}}=\frac{\sum_{n=1}^{\infty}\frac{x^{n+1}}{n+1}}{\sum_{n=0}^{\infty}\frac{x^{n+2}}{n+1}}=\frac{\frac{1}{2}+\sum_{n=2}^{\infty}\frac{x^{n-1}}{n+1}}{1+\left(\sum_{n=1}^{\infty}\frac{x^n}{n+1}\right)}$$

$$\Rightarrow \lim_{x\to 0}\frac{1}{\ln(1-x)}+\frac{1}{x}=\frac{1}{2}$$

(2)

令 $u=x-1$ 则 $\dfrac{x}{x-1}-\dfrac{1}{\ln x}=\dfrac{u+1}{u}-\dfrac{1}{\ln(u+1)}=\dfrac{(u+1)\ln(u+1)-u}{u\ln(u+1)}$

且 $\ln(1+u)=\sum_{n=0}^{\infty}\frac{(-1)^n u^{n+1}}{n+1}$

$$\frac{x}{x-1}-\frac{1}{\ln x}=\frac{(u+1)\sum_{n=0}^{\infty}\frac{(-1)^n u^{n+1}}{n+1}-u}{u\sum_{n=0}^{\infty}\frac{(-1)^n u^{n+1}}{n+1}}=\frac{(u+1)u-u+\sum_{n=1}^{\infty}\frac{(-1)^n u^{n+1}}{n+1}}{\sum_{n=0}^{\infty}\frac{(-1)^n u^{n+2}}{n+1}}$$

$$=\frac{\frac{u^2}{2}+\sum_{n=2}^{\infty}\frac{(-1)^n u^{n+1}}{n+1}}{\sum_{n=0}^{\infty}\frac{(-1)^n u^{n+2}}{n+1}}=\frac{\frac{1}{2}+\sum_{n=2}^{\infty}\frac{(-1)^n u^{n-1}}{n+1}}{\sum_{n=0}^{\infty}\frac{(-1)^n u^{n}}{n+1}}$$

$$\Rightarrow \lim_{x\to 1}\frac{x}{x-1}-\frac{1}{\ln x}=\lim_{u\to 0}\frac{\frac{1}{2}+\sum_{n=2}^{\infty}\frac{(-1)^n u^{n-1}}{n+1}}{\sum_{n=0}^{\infty}\frac{(-1)^n u^{n}}{n+1}}=\frac{1}{2}$$

Example 12.

求 $\lim_{x\to\infty}x-x^{k+1}\ln\left(1+\frac{1}{x^k}\right)=?,\ \forall k\geq 2$

【解】

令 $k\geq 2$, $\because \ln\left(1+\frac{1}{x^k}\right)=\sum_{n=0}^{\infty}\frac{(-1)^n x^{-kn-k}}{n+1}$

$$\therefore x-x^{k+1}\ln\left(1+\frac{1}{x^k}\right)=x-x^{k+1}\left(\sum_{n=0}^{\infty}\frac{(-1)^n x^{-kn-k}}{n+1}\right)=x-\sum_{n=0}^{\infty}\frac{(-1)^n x^{-kn+1}}{n+1}$$

$$=x-x-\sum_{n=1}^{\infty}\frac{(-1)^n x^{-kn+1}}{n+1}=-\sum_{n=1}^{\infty}\frac{(-1)^n x^{-kn+1}}{n+1}$$

$$\Rightarrow \lim_{x\to\infty}x-x^{k+1}\ln\left(1+\frac{1}{x^k}\right)=0$$

Example 13.

(1)求 $\lim_{x\to\infty}\left(1+\frac{3}{x+2}\right)^{\ln x}=?$ (2)求 $\lim_{n\to\infty}\left(1+\frac{1}{n^2+1}\right)^{3n^2+1}=?$

(3)求 $\lim_{n\to\infty}\left(1+\frac{3}{n}+\frac{5}{n^2}\right)^{n}=?$ (4)求 $\lim_{n\to\infty}\left(\frac{n+5}{n+2}\right)^{n}=?$

【解】

(1)

$$\because \left(1+\frac{3}{x+2}\right)^{\ln x}=e^{\ln x\ln\left(1+\frac{3}{x+2}\right)}\text{ 且 }\ln\left(1+\frac{3}{x+2}\right)=\sum_{n=0}^{\infty}\frac{(-1)^n3^{n+1}(x+2)^{-n-1}}{n+1}$$

$$\therefore \ln x\ln\left(1+\frac{3}{x+2}\right)=\ln x\sum_{n=0}^{\infty}\frac{(-1)^n3^{n+1}(x+2)^{-n-1}}{n+1}$$

藉由罗比达法则 $\lim_{x\to\infty}\ln x(x+2)^{-n-1}=0,\ \forall n\geq 0$

$$\Rightarrow \lim_{x\to\infty}\left(1+\frac{3}{x+2}\right)^{\ln x}=\lim_{x\to\infty}e^{\ln x\ln(1+\frac{3}{x+2})}=1$$

(2)

$$\because \left(1+\frac{1}{n^2+1}\right)^{3n^2+1}=e^{(3n^2+1)\ln\left(1+\frac{1}{n^2+1}\right)}\text{ 且 }\ln\left(1+\frac{1}{n^2+1}\right)=\sum_{k=0}^{\infty}\frac{(-1)^k(n^2+1)^{-k-1}}{k+1}$$

$$\therefore \lim_{n\to\infty}(3n^2+1)\ln\left(1+\frac{1}{n^2+1}\right)=\lim_{n\to\infty}(3n^2+1)\sum_{k=0}^{\infty}\frac{(-1)^k(n^2+1)^{-k-1}}{k+1}$$

$$=\lim_{n\to\infty}\sum_{k=0}^{\infty}\frac{(-1)^k(n^2+1)^{-k-1}(3n^2+1)}{k+1}$$

$$=\lim_{n\to\infty}\left(\frac{3n^2+1}{n^2+1}+\sum_{k=1}^{\infty}\frac{(-1)^k(n^2+1)^{-k-1}(3n^2+1)}{k+1}\right)=3$$

$$\Rightarrow \lim_{n\to\infty}\left(1+\frac{1}{n^2+1}\right)^{3n^2+1}=\lim_{n\to\infty}e^{(3n^2+1)\ln(1+\frac{1}{n^2+1})}=e^3$$

(3)

$$\because \left(1+\frac{3}{n}+\frac{5}{n^2}\right)^{n}=e^{n\ln\left(1+\frac{3}{n}+\frac{5}{n^2}\right)}\text{ 且 }\ln\left(1+\frac{3}{n}+\frac{5}{n^2}\right)=\sum_{k=0}^{\infty}\frac{(-1)^k\left(\frac{3}{n}+\frac{5}{n^2}\right)^{k+1}}{k+1}$$

$$\therefore n\ln\left(1+\frac{3}{n}+\frac{5}{n^2}\right)=n\sum_{k=0}^{\infty}\frac{(-1)^k\left(\frac{3}{n}+\frac{5}{n^2}\right)^{k+1}}{k+1}=n\left(\frac{3}{n}+\frac{5}{n^2}+\sum_{k=1}^{\infty}\frac{(-1)^k\left(\frac{3}{n}+\frac{5}{n^2}\right)^{k+1}}{k+1}\right)$$

$$\therefore \lim_{n\to\infty} n\ln\left(1+\frac{3}{n}+\frac{5}{n^2}\right)=\lim_{n\to\infty} n\left(\frac{3}{n}+\frac{5}{n^2}+\sum_{k=1}^{\infty}\frac{(-1)^k\left(\frac{3}{n}+\frac{5}{n^2}\right)^{k+1}}{k+1}\right)= 3$$

$$\Rightarrow \lim_{n\to\infty}\left(1+\frac{3}{n}+\frac{5}{n^2}\right)^n = \lim_{n\to\infty} e^{n\ln\left(1+\frac{3}{n}+\frac{5}{n^2}\right)} = e^3$$

(4)

$$\because \left(\frac{n+5}{n+2}\right)^n = e^{n\ln\frac{n+5}{n+2}} \text{ 且 } \ln\frac{n+5}{n+2}=\ln\left(1+\frac{3}{n+2}\right)=\sum_{k=0}^{\infty}\frac{(-1)^k\left(\frac{3}{n+2}\right)^{k+1}}{k+1}$$

$$\therefore n\ln\frac{n+5}{n+2}=n\sum_{k=0}^{\infty}\frac{(-1)^k\left(\frac{3}{n+2}\right)^{k+1}}{k+1}$$

$$\Rightarrow \lim_{n\to\infty} n\ln\frac{n+5}{n+2}=\lim_{n\to\infty} n\sum_{k=0}^{\infty}\frac{(-1)^k\left(\frac{3}{n+2}\right)^{k+1}}{k+1}=\lim_{n\to\infty} n\left(\frac{3}{n+2}+\sum_{k=1}^{\infty}\frac{(-1)^k\left(\frac{3}{n+2}\right)^{k+1}}{k+1}\right)$$

$$= 3$$

$$\therefore \lim_{n\to\infty}\left(\frac{n+5}{n+2}\right)^n = e^3$$

Example 14.

$$(1)\text{求}\lim_{x\to 0}\frac{e-(1+x)^{\frac{1}{x}}}{x}=? \qquad (2)\text{求}\lim_{x\to\infty} x\left(\left(1+\frac{1}{x}\right)^x-e\right)=?$$

【解】

(1)

$\because (1+x)^{\frac{1}{x}} = e^{\frac{1}{x}\ln(1+x)}$，藉由罗比达法则

$$\lim_{x\to 0}\frac{e-(1+x)^{\frac{1}{x}}}{x}=\lim_{x\to 0}\frac{e-e^{\frac{1}{x}\ln(1+x)}}{x}=\lim_{x\to 0}\frac{-e^{\frac{1}{x}\ln(1+x)}\left(\dfrac{\frac{x}{1+x}-\ln(1+x)}{x^2}\right)}{1}$$

$$=-\lim_{x\to 0}e^{\frac{1}{x}\ln(1+x)}\lim_{x\to 0}\frac{x-(1+x)\ln(1+x)}{x^2(1+x)}=-e\cdot\lim_{x\to 0}\frac{x-(1+x)\ln(1+x)}{x^2(1+x)}$$

$$\because \ln(1+x)=\sum_{k=0}^{\infty}\frac{(-1)^k x^{k+1}}{k+1}$$

$$\therefore \lim_{x\to 0}\frac{x-(1+x)\ln(1+x)}{x^2(1+x)}=\lim_{x\to 0}\frac{x-(1+x)\sum_{k=0}^{\infty}\frac{(-1)^k x^{k+1}}{k+1}}{x^2(1+x)}$$

$$=\lim_{x\to 0}\frac{x-(1+x)\left(x-\frac{x^2}{2}+\sum_{k=2}^{\infty}\frac{(-1)^k x^{k+1}}{k+1}\right)}{x^2(1+x)}=\frac{-1}{2}$$

$$\therefore \lim_{x\to 0}\frac{e-(1+x)^{\frac{1}{x}}}{x}=\frac{e}{2}$$

(2)

令$x=\dfrac{1}{t}$ 则 $x\left(\left(1+\dfrac{1}{x}\right)^x-e\right)=\dfrac{(1+t)^{\frac{1}{t}}-e}{t}=\dfrac{e^{\frac{1}{t}\ln 1+t}-e}{t}$，藉由罗比达法则

$$\lim_{x\to\infty}x\left(\left(1+\frac{1}{x}\right)^x-e\right)=\lim_{t\to 0^+}\frac{e^{\frac{1}{t}\ln 1+t}-e}{t}=\lim_{t\to 0^+}e^{\frac{1}{t}\ln(1+t)}\left(\frac{\frac{t}{1+t}-\ln(1+t)}{t^2}\right)$$

$$=\lim_{t\to 0^+}(1+t)^{\frac{1}{t}}\lim_{t\to 0^+}\frac{t-(1+t)\ln(1+t)}{t^2(1+t)}=e\cdot\lim_{t\to 0^+}\frac{t-(1+t)\ln(1+t)}{t^2(1+t)}$$

$$\because \ln(1+t)=\sum_{k=0}^{\infty}\frac{(-1)^k t^{k+1}}{k+1}$$

$$\therefore \lim_{t\to 0^+}\frac{t-(1+t)\ln(1+t)}{t^2(1+t)}=\lim_{t\to 0^+}\frac{t-(1+t)\sum_{k=0}^{\infty}\frac{(-1)^k t^{k+1}}{k+1}}{t^2(1+t)}$$

$$= \lim_{t\to 0^+} \frac{t-(1+t)\left(t-\frac{t^2}{2}+\sum_{k=2}^{\infty}\frac{(-1)^k t^{k+1}}{k+1}\right)}{t^2(1+t)} = -\frac{1}{2}$$

$$\Rightarrow \lim_{x\to\infty} x\left(\left(1+\frac{1}{x}\right)^x - e\right) = -\frac{e}{2}$$

Example 15.

求 $\lim_{\beta\to 0}\int_{\beta}^{3\beta}\frac{e^{-x}}{x}dx = ?$

【解】

$$\because e^{-x} = \sum_{n=0}^{\infty}\frac{(-1)^n}{n!}x^n \qquad \therefore \frac{e^{-x}}{x} = \sum_{n=0}^{\infty}\frac{(-1)^n}{n!}x^{n-1}$$

$$\because \int_{\beta}^{3\beta}\frac{e^{-x}}{x}dx = \int_{\beta}^{3\beta}\sum_{n=0}^{\infty}\frac{(-1)^n}{n!}x^{n-1}dx = \sum_{n=0}^{\infty}\frac{(-1)^n}{n!}\int_{\beta}^{3\beta}x^{n-1}\,dx$$

$$= \ln x|_{\beta}^{3\beta} + \sum_{n=1}^{\infty}\frac{(-1)^n}{n!\,n}x^n|_{\beta}^{3\beta} = \ln 3 + \sum_{n=1}^{\infty}\frac{(-1)^n((3\beta)^n-\beta^n)}{n!\,n}$$

$$\therefore \lim_{\beta\to 0}\int_{\beta}^{3\beta}\frac{e^{-x}}{x}dx = \ln 3 + \lim_{\beta\to 0}\sum_{n=1}^{\infty}\frac{(-1)^n((3\beta)^n-\beta^n)}{n!\,n} = \ln 3$$

Example 16.

求 $\lim_{\beta\to 0}\int_{\beta}^{3\beta}\frac{\tan^{-1}x}{x^2}dx = ?$

【解】

$$\because \frac{d}{dx}\tan^{-1}x = \frac{1}{1+x^2} = 1+(-x^2)+(-x^2)^2+\cdots = \sum_{n=0}^{\infty}(-1)^n x^{2n}$$

令 $|x^2|<1$ 则 $-1<x<1$ $\qquad \therefore \tan^{-1}x = \sum_{n=0}^{\infty}\frac{(-1)^n x^{2n+1}}{2n+1}, \forall -1<x<1$

$$\therefore \frac{\tan^{-1}x}{x^2}=\sum_{n=0}^{\infty}\frac{(-1)^n x^{2n-1}}{2n+1},\ \forall -1<x<1$$

$$\because \int_{\beta}^{3\beta}\frac{\tan^{-1}x}{x^2}dx=\int_{\beta}^{3\beta}\sum_{n=0}^{\infty}\frac{(-1)^n x^{2n-1}}{2n+1}dx=\sum_{n=0}^{\infty}\frac{(-1)^n}{2n+1}\int_{\beta}^{3\beta}x^{2n-1}\,dx$$

$$=\ln x|_{\beta}^{3\beta}+\sum_{n=1}^{\infty}\frac{(-1)^n}{(2n+1)2n}x^{2n}|_{\beta}^{3\beta}=\ln 3+\sum_{n=1}^{\infty}\frac{(-1)^n((3\beta)^{2n}-\beta^{2n})}{(2n+1)2n}$$

$$\therefore \lim_{\beta\to 0}\int_{\beta}^{3\beta}\frac{\tan^{-1}x}{x^2}dx=\lim_{\beta\to 0}\left(\ln 3+\sum_{n=1}^{\infty}\frac{(-1)^n((3\beta)^{2n}-\beta^{2n})}{(2n+1)2n}\right)=\ln 3$$

Example 17.

求 $\lim_{\beta\to 0}\int_{\beta}^{3\beta}\frac{\tanh^{-1}x}{x}dx=?$

【解】

$$\because \frac{d}{dx}\tanh^{-1}x=\frac{1}{1-x^2}=1+x^2+x^4+\cdots=\sum_{n=0}^{\infty}x^{2n}$$

令 $|x^2|<1$ 则 $-1<x<1$

$$\therefore \tanh^{-1}x=\int\sum_{n=0}^{\infty}x^{2n}\,dx=\sum_{n=0}^{\infty}\int x^{2n}dx=\sum_{n=0}^{\infty}\frac{x^{2n+1}}{2n+1},\ \forall -1<x<1$$

$$\because \int_{\beta}^{3\beta}\frac{\tanh^{-1}x}{x^2}dx=\int_{\beta}^{3\beta}\sum_{n=0}^{\infty}\frac{x^{2n-1}}{2n+1}dx=\sum_{n=0}^{\infty}\frac{1}{2n+1}\int_{\beta}^{3\beta}x^{2n-1}\,dx$$

$$=\ln x|_{\beta}^{3\beta}+\sum_{n=1}^{\infty}\frac{1}{(2n+1)2n}x^{2n}|_{\beta}^{3\beta}=\ln 3+\sum_{n=1}^{\infty}\frac{(3\beta)^{2n}-\beta^{2n}}{(2n+1)2n}$$

$$\therefore \lim_{\beta\to 0}\int_{\beta}^{3\beta}\frac{\tanh^{-1}x}{x^2}dx=\lim_{\beta\to 0}\left(\ln 3+\sum_{n=1}^{\infty}\frac{(3\beta)^{2n}-\beta^{2n}}{(2n+1)2n}\right)=\ln 3$$

Example 18.

$$求\lim_{\beta\to 0}\int_{\beta}^{3\beta}\frac{\sin x}{x^2}dx=?$$

【解】

$$\because \sin x=\sum_{n=0}^{\infty}\frac{(-1)^n x^{2n+1}}{(2n+1)!}\qquad \therefore \frac{\sin x}{x^2}=\sum_{n=0}^{\infty}\frac{(-1)^n x^{2n-1}}{(2n+1)!},\ \forall -1<x<1$$

$$\because \int_{\beta}^{3\beta}\frac{\sin x}{x^2}dx=\int_{\beta}^{3\beta}\sum_{n=0}^{\infty}\frac{(-1)^n x^{2n-1}}{(2n+1)!}dx=\sum_{n=0}^{\infty}\frac{(-1)^n}{(2n+1)!}\int_{\beta}^{3\beta}x^{2n-1}\,dx$$

$$=\ln x|_{\beta}^{3\beta}+\sum_{n=1}^{\infty}\frac{(-1)^n}{(2n+1)!\,2n}x^{2n}|_{\beta}^{3\beta}=\ln 3+\sum_{n=1}^{\infty}\frac{(-1)^n((3\beta)^{2n}-\beta^{2n})}{(2n+1)!\,2n}$$

$$\therefore \lim_{\beta\to 0}\int_{\beta}^{3\beta}\frac{\sin x}{x^2}dx=\lim_{\beta\to 0}\left(\ln 3+\sum_{n=1}^{\infty}\frac{(-1)^n((3\beta)^{2n}-\beta^{2n})}{(2n+1)!\,2n}\right)=\ln 3$$

Example 19.

$$求\lim_{\beta\to 0}\int_{\beta}^{3\beta}\frac{\sinh x}{x^2}dx=?$$

【解】

$$\because \sinh x=\sum_{n=0}^{\infty}\frac{x^{2n+1}}{(2n+1)!}\qquad \therefore \frac{\sinh x}{x^2}=\sum_{n=0}^{\infty}\frac{x^{2n-1}}{(2n+1)!},\ \forall -1<x<1$$

$$\because \int_{\beta}^{3\beta}\frac{\sinh x}{x^2}dx=\int_{\beta}^{3\beta}\sum_{n=0}^{\infty}\frac{x^{2n-1}}{(2n+1)!}dx=\sum_{n=0}^{\infty}\frac{1}{(2n+1)!}\int_{\beta}^{3\beta}x^{2n-1}\,dx$$

$$=\ln x|_{\beta}^{3\beta}+\sum_{n=1}^{\infty}\frac{1}{(2n+1)!\,2n}x^{2n}|_{\beta}^{3\beta}=\ln 3+\sum_{n=1}^{\infty}\frac{(3\beta)^{2n}-\beta^{2n}}{(2n+1)!\,2n}$$

$$\therefore \lim_{\beta\to 0}\int_{\beta}^{3\beta}\frac{\sinh x}{x^2}dx=\lim_{\beta\to 0}\left(\ln 3+\sum_{n=1}^{\infty}\frac{(3\beta)^{2n}-\beta^{2n}}{(2n+1)!\,2n}\right)=\ln 3$$

Example 20.

$$求\lim_{\beta\to 0}\int_{\beta}^{3\beta}\frac{\sin^{-1}x}{x^2}dx=?$$

【解】

$\because \dfrac{d}{dx}\sin^{-1}x=(1-x^2)^{-\frac{1}{2}}$， 藉由二项式展开

$$(1-x^2)^{-\frac{1}{2}}=\sum_{n=0}^{\infty}C_n^{-\frac{1}{2}}(-x^2)^n$$

$$=1+\frac{-\frac{1}{2}}{1!}(-x^2)+\frac{\left(-\frac{1}{2}\right)\left(-\frac{3}{2}\right)}{2!}(-x^2)^2+\frac{\left(-\frac{1}{2}\right)\left(-\frac{3}{2}\right)\left(-\frac{5}{2}\right)}{3!}(-x^2)^3+\cdots$$

$$=1+\frac{\frac{1}{2}}{1!}(x^2)+\frac{\frac{1}{2}\cdot\frac{3}{2}}{2!}(x^2)^2+\frac{\frac{1}{2}\cdot\frac{3}{2}\cdot\frac{5}{2}}{3!}(x^2)^3+\cdots$$

$$=1+\sum_{n=1}^{\infty}\frac{2^{-n}\prod_{k=0}^{n-1}2k+1}{n!}x^{2n},\ \forall-1<x<1$$

$$\Rightarrow\sin^{-1}x=x+\sum_{n=1}^{\infty}\frac{2^{-n}\prod_{k=0}^{n-1}2k+1}{n!\,(2n+1)}x^{2n+1},\ \forall-1<x<1$$

$$\because\int_{\beta}^{3\beta}\frac{\sin^{-1}x}{x^2}dx=\int_{\beta}^{3\beta}\frac{1}{x}dx+\int_{\beta}^{3\beta}\sum_{n=1}^{\infty}\frac{2^{-n}\prod_{k=0}^{n-1}2k+1}{n!\,(2n+1)}x^{2n-1}\,dx$$

$$=\ln x|_{\beta}^{3\beta}+\sum_{n=1}^{\infty}\frac{2^{-n}\prod_{k=0}^{n-1}2k+1}{n!\,(2n+1)2n}x^{2n}|_{\beta}^{3\beta}=\ln 3+\sum_{n=1}^{\infty}\frac{2^{-n}\prod_{k=0}^{n-1}2k+1}{n!\,(2n+1)2n}((3\beta)^{2n}-\beta^{2n})$$

$$\therefore\lim_{\beta\to 0}\int_{\beta}^{3\beta}\frac{\sin^{-1}x}{x^2}dx=\lim_{\beta\to 0}\left(\ln 3+\sum_{n=1}^{\infty}\frac{2^{-n}\prod_{k=0}^{n-1}2k+1}{n!\,(2n+1)2n}((3\beta)^{2n}-\beta^{2n})\right)=\ln 3$$

Example 21.

$$求\lim_{\beta\to 0}\int_{\beta}^{3\beta}\frac{\sinh^{-1}x}{x^2}dx=?$$

【解】

$$\because \frac{d}{dx}\sinh^{-1}x=\frac{d}{dx}\ln|x+\sqrt{x^2+1}|=\frac{\frac{2(x^2+1)^{\frac{1}{2}}+2x}{2(x^2+1)^{\frac{1}{2}}}}{|x+\sqrt{x^2+1}|}=\frac{1}{(x^2+1)^{\frac{1}{2}}}$$

藉由二项式展开

$$(1+x^2)^{-\frac{1}{2}}=\sum_{n=0}^{\infty}C_n^{-\frac{1}{2}}x^{2n}=1+\frac{-\frac{1}{2}}{1!}x^2+\frac{(-\frac{1}{2})(-\frac{3}{2})}{2!}x^4+\frac{(-\frac{1}{2})(-\frac{3}{2})(-\frac{5}{2})}{3!}x^6+\cdots$$

$$=1+\sum_{n=1}^{\infty}\frac{2^{-n}(-1)^n\prod_{k=0}^{n-1}2k+1}{n!}x^{2n},\ \forall-1<x<1$$

$$\Rightarrow\ \sinh^{-1}x\ =x+\sum_{n=1}^{\infty}\frac{2^{-n}(-1)^n\prod_{k=0}^{n-1}2k+1}{n!\,(2n+1)}x^{2n+1},\ \forall-1<x<1$$

$$\because\int_{\beta}^{3\beta}\frac{\sinh^{-1}x}{x^2}dx=\int_{\beta}^{3\beta}\frac{1}{x}dx+\int_{\beta}^{3\beta}\sum_{n=1}^{\infty}\frac{2^{-n}(-1)^n\prod_{k=0}^{n-1}2k+1}{n!\,(2n+1)}x^{2n-1}\,dx$$

$$=\ln x|_{\beta}^{3\beta}+\sum_{n=1}^{\infty}\frac{2^{-n}(-1)^n\prod_{k=0}^{n-1}2k+1}{n!\,(2n+1)2n}x^{2n}|_{\beta}^{3\beta}$$

$$=\ln 3+\sum_{n=1}^{\infty}\frac{2^{-n}(-1)^n\prod_{k=0}^{n-1}2k+1}{n!\,(2n+1)2n}((3\beta)^{2n}-\beta^{2n})$$

$$\therefore\lim_{\beta\to 0}\int_{\beta}^{3\beta}\frac{\sinh^{-1}x}{x^2}dx=\lim_{\beta\to 0}\left(\ln 3+\sum_{n=1}^{\infty}\frac{2^{-n}(-1)^n\prod_{k=0}^{n-1}2k+1}{n!\,(2n+1)2n}((3\beta)^{2n}-\beta^{2n})\right)=\ln 3$$

Example 22.

$$求\lim_{x\to 0^+}\frac{\int_0^{x^3}(\sin\sqrt[3]{t})-\sqrt[3]{t}\,dt}{\int_0^{x^3}(\tan\sqrt[3]{t})-\sqrt[3]{t}\,dt}=?$$

【解】

藉由 Leibniz 微分公式 则

$$\lim_{x\to 0^+}\frac{\int_0^{x^3}(\sin\sqrt[3]{t})-\sqrt[3]{t}\,dt}{\int_0^{x^3}(\tan\sqrt[3]{t})-\sqrt[3]{t}\,dt}=\lim_{x\to 0^+}\frac{(\sin x-x)3x^2}{(\tan x-x)3x^2}=\lim_{x\to 0^+}\frac{\sin x-x}{\tan x-x}$$

$$\because \sin x=\sum_{n=0}^{\infty}\frac{(-1)^n x^{2n+1}}{(2n+1)!} \text{ 且 } \tan x=x+\frac{1}{3}x^3+\frac{2}{15}x^5+\cdots$$

$$\therefore \frac{\sin x-x}{\tan x-x}=\frac{\sum_{n=0}^{\infty}\frac{(-1)^n x^{2n+1}}{(2n+1)!}-x}{x+\frac{1}{3}x^3+\frac{2}{15}x^5+\cdots-x}=\frac{\frac{-1}{3!}x^3+\sum_{n=2}^{\infty}\frac{(-1)^n x^{2n+1}}{(2n+1)!}}{\frac{1}{3}x^3+\frac{2}{15}x^5+\cdots}$$

$$\lim_{x\to 0^+}\frac{\int_0^{x^3}(\sin\sqrt[3]{t})-\sqrt[3]{t}\,dt}{\int_0^{x^3}(\tan\sqrt[3]{t})-\sqrt[3]{t}\,dt}=\lim_{x\to 0^+}\frac{\frac{-1}{3!}x^3+\sum_{n=2}^{\infty}\frac{(-1)^n x^{2n+1}}{(2n+1)!}}{\frac{1}{3}x^3+\frac{2}{15}x^5+\cdots}=-\frac{1}{2}$$

Example 23.

$$\text{求}\lim_{x\to 0}\frac{\sin x^2-\sin^2 x}{\sin^4 x}=?$$

【解】

$$\because \sin x=\sum_{n=0}^{\infty}\frac{(-1)^n x^{2n+1}}{(2n+1)!}=x-\frac{x^3}{3!}+\frac{x^5}{5!}+\cdots \quad \therefore \sin x^2=x^2-\frac{x^6}{3!}+\frac{x^{10}}{5!}+\cdots$$

$$\sin^2 x=\left(x-\frac{x^3}{3!}+\frac{x^5}{5!}+\cdots\right)^2=x^2-\frac{2x^4}{3!}+\frac{2x^6}{45}+\cdots$$

$$\sin^4 x=\left(x-\frac{x^3}{3!}+\frac{x^5}{5!}+\cdots\right)^4=x^4-\frac{4x^6}{3!}+\cdots$$

$$\therefore \frac{\sin x^2-\sin^2 x}{\sin^4 x}=\frac{x^2-\frac{x^6}{3!}+\frac{x^{10}}{5!}+\cdots-\left(x^2-\frac{2x^4}{3!}+\frac{2x^6}{45}+\cdots\right)}{x^4-\frac{4x^6}{3!}+\cdots}$$

$$=\frac{x^4\left(\frac{2}{3!}-\frac{19x^6}{90}+\cdots\right)}{x^4\left(1-\frac{4x^2}{3!}+\cdots\right)}=\frac{\frac{1}{3}-\frac{19x^6}{90}+\cdots}{1-\frac{4x^2}{3!}+\cdots}$$

$$\Rightarrow \lim_{x\to 0}\frac{\sin x^2-\sin^2 x}{\sin^4 x}=\frac{1}{3}$$

Example 24.

$$求 \lim_{x\to 0}\frac{6\sin^2 x-6x^2+5x^4}{x^4}=?$$

【解】

$$\because \sin x=\sum_{n=0}^{\infty}\frac{(-1)^n x^{2n+1}}{(2n+1)!}=x-\frac{x^3}{3!}+\frac{x^5}{5!}+\cdots$$

$$\sin^2 x=\left(x-\frac{x^3}{3!}+\frac{x^5}{5!}+\cdots\right)^2=x^2-\frac{2x^4}{3!}+\frac{2x^6}{45}+\cdots$$

$$\therefore \frac{6\sin^2 x-6x^2+5x^4}{x^4}=\frac{6\left(x^2-\frac{2x^4}{3!}+\frac{2x^6}{45}+\cdots\right)-6x^2+5x^4}{x^4}=3+\frac{4x^2}{15}+\cdots$$

$$\therefore \lim_{x\to 0}\frac{6\sin^2 x-6x^2+5x^4}{x^4}=3$$

Example 25.

$$求 \lim_{x\to 0}\frac{2(\cos^3 x-1)+x^6}{x^8(e^x-1)^4}=?$$

【解】

$$\because \cos x=\sum_{n=0}^{\infty}\frac{(-1)^n x^{2n}}{2n!}\quad \therefore \cos x^3=\sum_{n=0}^{\infty}\frac{(-1)^n x^{6n}}{2n!}=1-\frac{x^6}{2}+\frac{x^{12}}{24}-\frac{x^{18}}{6!}+\cdots$$

$$\because e^x=\sum_{n=0}^{\infty}\frac{x^n}{n!}=1+x+\frac{x^2}{2!}+\cdots\ \therefore (e^x-1)^4=\left(x+\frac{x^2}{2!}+\cdots\right)^4=x^4+2x^5+\cdots$$

$$\therefore \frac{2(\cos^3 x-1)+x^6}{x^8(e^x-1)^4}=\frac{2\left(-\frac{x^6}{2}+\frac{x^{12}}{24}-\frac{x^{18}}{6!}+\cdots\right)+x^6}{x^8(x^4+2x^5+\cdots)}=\frac{\frac{x^{12}}{12}-\frac{2x^{18}}{6!}+\cdots}{x^8(x^4+2x^5+\cdots)}$$

$$\therefore \lim_{x\to 0}\frac{2(\cos^3 x-1)+x^6}{x^8(e^x-1)^4}=\frac{1}{12}$$

Example 26.

$$\text{假设}g(x)\text{为四次多项式且}\ \lim_{x\to 0}\frac{\cos x-g(x)}{x^4}=\ 0\text{，求}\ g(x)=?$$

【解】

令 $g(x)=a_0+a_1x+a_2x^2+a_3x^3+a_4x^4$

$$\because \frac{\cos x-g(x)}{x^4}=\frac{\left(1-\frac{x^2}{2!}+\frac{x^4}{4!}-\frac{x^6}{6!}+\cdots\right)-g(x)}{x^4}$$

$$=\frac{\left(1-\frac{x^2}{2!}+\frac{x^4}{4!}-\frac{x^6}{6!}+\cdots\right)-(a_0+a_1x+a_2x^2+a_3x^3+a_4x^4)}{x^5}$$

$$=\frac{\left(-\frac{x^6}{6!}+\frac{x^8}{8!}+\cdots\right)+\left(1-a_0-a_1x-\left(\frac{1}{2!}+a_2\right)x^2-a_3x^3+\left(\frac{1}{4!}-a_4\right)x^4\right)}{x^4}$$

$$\because \lim_{x\to 0}\frac{\cos x-g(x)}{x^4}=\ 0\ \text{且}\ \lim_{x\to 0}\frac{\left(-\frac{x^6}{6!}+\frac{x^8}{8!}+\cdots\right)}{x^4}=\ 0$$

$$\therefore \lim_{x\to 0}\frac{1-a_0-a_1x-\left(\frac{1}{2!}+a_2\right)x^2-a_3x^3+\left(\frac{1}{4!}-a_4\right)x^4}{x^4}=0$$

$$\therefore a_0=1,\ a_1=0,\ a_2=-\frac{1}{2!},\ a_3=0,\ a_4=\frac{1}{4!}\ \ \therefore g(x)=1-\frac{1}{2!}x^2+\frac{1}{4!}x^4$$

6.6.2 使用泰勒级数求高阶导数值

透过数学归纳法求高阶导数的方法，过程通常较为冗长，使用泰勒级数求高阶导数值的时机为当此函数能简易求得泰勒级数，或其等于某个多项式乘以较易求得泰勒级数的函数，或其等于两个较易求得泰勒级数的函数乘积时，在这些情形之下可尝试使用泰勒级数求高阶导数值，如之前所整理，较易求得泰勒级数的函数，包括：

$\ln x$ 、$\cos x$ 、$\sin x$ 、$\sinh x$ 、e^x 、e^{-x} 、$\sin^{-1}x$ 、$\cos^{-1}x$ 、$\sinh^{-1}x$ 、$\tan^{-1}x$ 、

$\tanh^{-1}x$ 、$(a+bx)^{\frac{1}{2}}$ 其中 $a\in R,\ b\neq 0$、$(a+bx)^{-\frac{1}{2}}$ 其中 $a\in R,\ b\neq 0$ …. 等

底下为使用数学归纳法与泰勒级数求高阶导数的解题流程

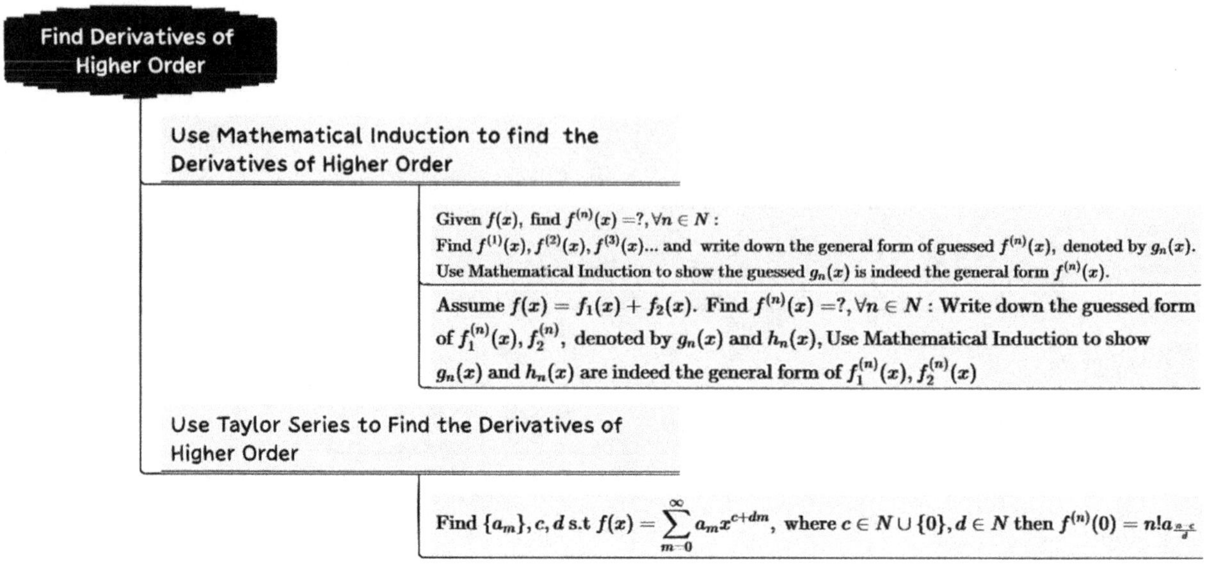

考试类型:

Type 1.

給函数 $f(x)$, 求 $f^{(n)}(0)=?$

解题流程:

Step1.

求函数$f(x)$的无穷级数和, 假设 $f(x)=\sum_{m=0}^{\infty} a_m x^{c+d\times m}$, $c \in N \cup \{0\}$, $d \in N$

Step2.

藉由泰勒展开式则 $f(x)=\sum_{n=0}^{\infty} \frac{f^{(n)}(0)}{n!} x^n$

令 $n=c+d\times m$ 则 $m=\frac{n-c}{d}$ $\therefore \frac{f^{(n)}(0)}{n!}=a_{\frac{n-c}{d}} \Rightarrow f^{(n)}(0)=n!\cdot a_{\frac{n-c}{d}}$

Example 1.

设$f(x)=(x+2)^2\sin x$，求高阶导数 $f^{(10)}(0)$，$f^{(13)}(0)=?$

【解】

$$\because \sin x=\sum_{n=0}^{\infty}\frac{(-1)^n x^{2n+1}}{(2n+1)!} \text{ 且 } (x+2)^2=x^2+4x+4$$

$$\therefore (x+2)^2\sin x=(x^2+4x+4)\sum_{n=0}^{\infty}\frac{(-1)^n x^{2n+1}}{(2n+1)!}$$

$$=\sum_{n=0}^{\infty}\frac{(-1)^n x^{2n+3}}{(2n+1)!}+4\sum_{n=0}^{\infty}\frac{(-1)^n x^{2n+2}}{(2n+1)!}+4\sum_{n=0}^{\infty}\frac{(-1)^n x^{2n+1}}{(2n+1)!}$$

藉由泰勒展开式 $f(x)=\sum_{k=0}^{\infty}\frac{f^{(k)}(0)}{k!}x^k$ 则 $\frac{f^{(10)}(0)}{10!}=4\cdot\frac{(-1)^4}{9!}\Rightarrow f^{(10)}(0)=40$,

$$\frac{f^{(13)}(0)}{13!}=\frac{(-1)^5}{11!}+\frac{4(-1)^6}{13!}\Rightarrow f^{(13)}(0)=-152$$

Example 2.

设 $f(x)=x^2\ln(1+3x)$，求高阶导数 $f^{(9)}(0)=?$

【解】

$$\because f(x)=x^2\ln(1+3x)=x^2\ln(1+3x)=x^2\sum_{n=1}^{\infty}\frac{(-1)^{n+1}(3x)^n}{n}$$

藉由泰勒展开式 $f(x)=\sum_{k=0}^{\infty}\frac{f^{(k)}(0)}{k!}x^k$ $\quad\therefore \frac{f^{(9)}(0)}{9!}=\frac{3^7}{7}\Rightarrow f^{(9)}(0)=\frac{3^7}{7}\cdot 9!$

Example 3.

设$f(x)=\cos x^3$，求高阶导数 $f^{(18)}(0)=?$

【解】

$$\because \cos x=\sum_{n=0}^{\infty}\frac{(-1)^n x^{2n}}{2n!} \qquad \therefore \cos x^3=\sum_{n=0}^{\infty}\frac{(-1)^n x^{6n}}{2n!}$$

藉由泰勒展开式 $f(x)=\sum_{k=0}^{\infty}\frac{f^{(k)}(0)}{k!}x^k \quad \therefore \frac{f^{(18)}(0)}{18!}=\frac{(-1)^3}{6!}\Rightarrow f^{(18)}(0)=-\frac{18!}{6!}$

Example 4.

设$f(x)=\cos x^9$，求高阶导数 $f^{(18)}(0)=?$

【解】

$$\because \cos x=\sum_{n=0}^{\infty}\frac{(-1)^n x^{2n}}{2n!} \quad \therefore \cos x^9=\sum_{n=0}^{\infty}\frac{(-1)^n x^{18n}}{2n!}$$

藉由泰勒展开式 $f(x)=\sum_{k=0}^{\infty}\frac{f^{(k)}(0)}{k!}x^k \quad \therefore \frac{f^{(18)}(0)}{18!}=\frac{(-1)}{2!}\Rightarrow f^{(18)}(0)=-\frac{18!}{2!}$

Example 5.

设$f(x)=\ln\sqrt{\frac{1+x^2}{1-x^2}}$，求高阶导数 $f^{(14)}(0)=?$

【解】

$$\because f(x)=\ln\sqrt{\frac{1+x^2}{1-x^2}}=\frac{1}{2}(\ln(1+x^2)-\ln(1-x^2))$$

$\ln(1+x^2)=\sum_{n=1}^{\infty}\frac{(-1)^{n+1}x^{2n}}{n}$ 且 $\ln(1-x^2)=-\sum_{n=1}^{\infty}\frac{x^{2n}}{n}$

藉由泰勒展开式 $f(x)=\sum_{k=0}^{\infty}\frac{f^{(k)}(0)}{k!}x^k \quad \therefore \frac{f^{(14)}(0)}{14!}=\frac{1}{2}\left(\frac{1}{7}+\frac{1}{7}\right)\Rightarrow f^{(14)}(0)=\frac{14!}{7}$

Example 6.

设$f(x)=\cos\left(x+\frac{\pi}{4}\right)$，求高阶导数 $f^{(100)}(0)=?$

【解】

$\because \cos\left(x+\frac{\pi}{4}\right)=\frac{1}{\sqrt{2}}(\cos x-\sin x)$

$\because \cos x=\sum_{n=0}^{\infty}\frac{(-1)^n x^{2n}}{2n!}$ 且 $\sin x=\sum_{n=0}^{\infty}\frac{(-1)^n x^{2n+1}}{(2n+1)!}$

藉由泰勒展开式 $f(x)=\sum_{k=0}^{\infty}\frac{f^{(k)}(0)}{k!}x^k$ $\therefore \frac{f^{(100)}(0)}{100!}=\frac{-1}{\sqrt{2}\cdot 100!}\Rightarrow f^{(100)}(0)=\frac{-1}{\sqrt{2}}$

Example 7.

设$f(x)=x^8\ln(1+x^3)$, 求高阶导数 $f^{(41)}(0)=?$

【解】

$\because \ln(1+x^3)=\sum_{n=1}^{\infty}\frac{(-1)^{n+1}x^{3n}}{n}$ $\therefore x^8\ln(1+x^3)=\sum_{n=1}^{\infty}\frac{(-1)^{n+1}x^{3n+8}}{n}$

藉由泰勒展开式 $f(x)=\sum_{k=0}^{\infty}\frac{f^{(k)}(0)}{k!}x^k$ $\therefore \frac{f^{(41)}(0)}{41!}=\frac{1}{11}\Rightarrow f^{(40)}(0)=\frac{41!}{11}$

Example 8.

设 $f(x)=\frac{1}{x^2-1}$, 求高阶导数 $f^{(999)}(0)=?$

【解】

$\because \frac{1}{x^2-1}=-\sum_{n=0}^{\infty}x^{2n}$

藉由泰勒展开式 $f(x)=\sum_{k=0}^{\infty}\frac{f^{(k)}(0)}{k!}x^k$ $\therefore \frac{f^{(990)}(0)}{990!}=-1\Rightarrow f^{(999)}(0)=-990!$

Example 9.

设 $f(x)=\frac{1}{1-x^2}$，求高阶导数 $f^{(55)}(0)=?$，$f^{(88)}(0)=?$

【解】

$\because \dfrac{1}{1-x^2}=\sum_{n=0}^{\infty}x^{2n}$，藉由泰勒展开式 $f(x)=\sum_{k=0}^{\infty}\dfrac{f^{(k)}(0)}{k!}x^k$

$\therefore \dfrac{f^{(55)}(0)}{55!}=0$ 且 $\dfrac{f^{(88)}(0)}{88!}=1 \Rightarrow f^{(55)}(0)=0,\ f^{(88)}(0)=88!$

Example 10.

设 $f(x)=\dfrac{1}{(1-x)^4}$，求高阶导数 $f^{(100)}(0)=?$

【解】

令 $f(x)=\dfrac{1}{(1-x)^4}$ 则 $f'(x)=4(1-x)^{-5} \Rightarrow f^{(n)}(0)=\dfrac{(n+3)!}{3!}$

$$\therefore f(x)=\frac{1}{(1-x)^4}$$

$$=f(x_0)+\frac{f^{(1)}(x_0)(x-x_0)}{1!}+\frac{f^{(2)}(x_0)(x-x_0)^2}{2!}+\frac{f^{(3)}(x_0)(x-x_0)^3}{3!}+\cdots$$

$$=\sum_{n=0}^{\infty}\frac{(n+3)!\,x^n}{3!\,n!}=\sum_{n=0}^{\infty}\frac{(n+3)(n+2)(n+1)x^n}{3!}$$

藉由泰勒展开式 $f(x)=\sum_{k=0}^{\infty}\dfrac{f^{(k)}(0)}{k!}x^k$ $\therefore \dfrac{f^{(100)}(0)}{100!}=\dfrac{103\cdot 102\cdot 101}{3!}$

$$\Rightarrow f^{(100)}(0)=\frac{103!}{3!}$$

Example 11.

设 $f(x)=\dfrac{1}{\sqrt{x^2+1}}$，求高阶导数 $f^{(4)}(0)=?$

【解】

$$\because (1+x^2)^{-\frac{1}{2}}=1+\sum_{n=1}^{\infty}\frac{2^{-n}(-1)^n\prod_{k=0}^{n-1}2k+1}{n!}x^{2n}$$

藉由泰勒展开式 $f(x)=\sum_{k=0}^{\infty}\frac{f^{(k)}(0)}{k!}x^k \quad \therefore \frac{f^{(4)}(0)}{4!}=\frac{2^{-2}\cdot 3}{2!}\Rightarrow f^{(4)}(0)=\frac{4!\cdot 2^{-2}\cdot 3}{2!}=9$

Example 12.

设$f(x)=\sqrt{1+x}+\sqrt{1-x}$, 求高阶导数 $f^{(20)}(0)=?$

【解】

$$\because (1+x)^{\frac{1}{2}}=1+\frac{x}{2}+\sum_{n=2}^{\infty}\frac{2^{-n}(-1)^{n+1}\prod_{k=0}^{n-2}2k+1}{n!}x^n$$

$$(1-x)^{\frac{1}{2}}=1-\frac{x}{2}-\sum_{n=2}^{\infty}\frac{2^{-n}\prod_{k=0}^{n-2}2k+1}{n!}x^n$$

$$\therefore (1+x)^{\frac{1}{2}}+(1-x)^{\frac{1}{2}}=2+2\sum_{n=1}^{\infty}\frac{2^{-2n}(-1)^{2n+1}\prod_{k=0}^{2n-2}2k+1}{2n!}x^{2n}$$

藉由泰勒展开式 $f(x)=\sum_{k=0}^{\infty}\frac{f^{(k)}(0)}{k!}x^k$

$$\therefore \frac{f^{(20)}(0)}{20!}=2\left(\frac{2^{-20}(-1)^{21}\prod_{k=0}^{18}2k+1}{20!}\right)=-\frac{2^{-19}\prod_{k=0}^{18}2k+1}{20!}$$

$$\therefore f^{(20)}(0)=-2^{-19}\prod_{k=0}^{18}2k+1$$

Example 13.

设$f(x)=\tan^{-1}x$, 求高阶导数 $f^{(399)}(0)=?$

【解】

$$\because \tan^{-1}x=\int\sum_{n=0}^{\infty}(-1)^n x^{2n}\,dx=\sum_{n=0}^{\infty}\int(-1)^n x^{2n}dx=\sum_{n=0}^{\infty}\frac{(-1)^n x^{2n+1}}{2n+1}$$

藉由泰勒展开式 $f(x)=\sum_{k=0}^{\infty}\frac{f^{(k)}(0)}{k!}x^k \quad \therefore \frac{f^{(399)}(0)}{399!}=\frac{-1}{399}\Rightarrow f^{(399)}(0)=-398!$

Example 14.

设$f(x) = \tanh^{-1} x$，求高阶导数 $f^{(399)}(0) =?$

【解】

$$\because \tanh^{-1} x = \int \sum_{n=0}^{\infty} x^{2n}\, dx = \sum_{n=0}^{\infty} \int x^{2n} dx = \sum_{n=0}^{\infty} \frac{x^{2n+1}}{2n+1}, \forall -1 < x < 1$$

藉由泰勒展开式 $f(x) = \sum_{k=0}^{\infty} \frac{f^{(k)}(0)}{k!} x^k \quad \therefore \frac{f^{(399)}(0)}{399!} = \frac{1}{399} \Rightarrow f^{(399)}(0) = 398!$

Example 15.

设$f(x) = \sin x^3$，求高阶导数 $f^{(93)}(0) =?$

【解】

$$\because \sin x = \sum_{n=0}^{\infty} \frac{(-1)^n x^{2n+1}}{(2n+1)!} \quad \therefore \sin x^3 = \sum_{n=0}^{\infty} \frac{(-1)^n x^{6n+3}}{(2n+1)!}$$

藉由泰勒展开式 $f(x) = \sum_{k=0}^{\infty} \frac{f^{(k)}(0)}{k!} x^k \quad \therefore \frac{f^{(93)}(0)}{93!} = \frac{-1}{31!} \Rightarrow f^{(93)}(0) = \frac{-93!}{31!}$

Example 16.

设$f(x) = \sin\left(x^2 + \frac{\pi}{4}\right)$，求高阶导数 $f^{(20)}(0) =?$

【解】

$$\because \sin(x^2 + \frac{\pi}{4}) = \sin x^2 \cos\frac{\pi}{4} + \cos x^2 \sin\frac{\pi}{4}$$

$$\cos x^2 = \sum_{n=0}^{\infty} \frac{(-1)^n x^{4n}}{2n!} \text{ 且 } \sin x^2 = \sum_{n=0}^{\infty} \frac{(-1)^n x^{4n+2}}{(2n+1)!}$$

$$\therefore \sin(x^2 + \frac{\pi}{4}) = \cos\frac{\pi}{4} \sum_{n=0}^{\infty} \frac{(-1)^n x^{4n+2}}{(2n+1)!} + \sin\frac{\pi}{4} \sum_{n=0}^{\infty} \frac{(-1)^n x^{4n}}{2n!}$$

藉由泰勒展开式 $f(x)=\sum_{k=0}^{\infty}\frac{f^{(k)}(0)}{k!}x^k \quad \therefore \frac{f^{(20)}(0)}{20!}=\frac{1}{\sqrt{2}}\cdot\frac{-1}{10!}\Rightarrow f^{(20)}(0)=\frac{-20!}{10!\sqrt{2}}$

Example 17.

设$f(x)=\sin x\cos x$, 求高阶导数 $f^{(101)}(0)=?$

【解】

$$\because \sin x\cos x=\frac{\sin 2x}{2}$$

$$\because \sin x=\frac{x}{1!}-\frac{x^3}{3!}+\cdots=\sum_{n=0}^{\infty}\frac{(-1)^n x^{2n+1}}{(2n+1)!} \qquad \therefore \sin 2x=\sum_{n=0}^{\infty}\frac{(-1)^n(2x)^{2n+1}}{(2n+1)!}$$

$$\therefore \sin x\cos x=\frac{\sin 2x}{2}=\sum_{n=0}^{\infty}\frac{(-1)^n 2^{2n}x^{2n+1}}{(2n+1)!}$$

藉由泰勒展开式 $f(x)=\sum_{k=0}^{\infty}\frac{f^{(k)}(0)}{k!}x^k \quad \therefore \frac{f^{(101)}(0)}{101!}=\frac{2^{100}}{101!}\Rightarrow f^{(101)}(0)=2^{100}$

6.6.3 使用泰勒级数求无穷级数的和

原本求无穷级数和是尝试找 $\{b_n\!:n\in N\}$ 使得$a_n=b_n-b_{n+1}$，则 $\sum_{n=1}^{M}a_n=b_1-b_M$ 因此$\sum_{n=1}^{\infty}a_n=b_1-\lim_{M\to\infty}b_M$；当分母出现$\alpha^n$，则令所求的无穷级数和为S，接着观察

$S-\frac{S}{\alpha}$ 是否能改写为无穷等比级数和；当分母出現$n!$则通常會用到$e^x=\sum_{n=0}^{\infty}\frac{x^n}{n!}$ 解题，

也可尝试先将 Summation 里的函数微分或积分，再观察这样是否较易求得收敛的函数；如果上述方法仍无法求解，则尝试将此无穷级数改写为无穷函数级数在某点取值，再观察此无穷函数级数的微分或积分式是否较容易求得收敛的函数

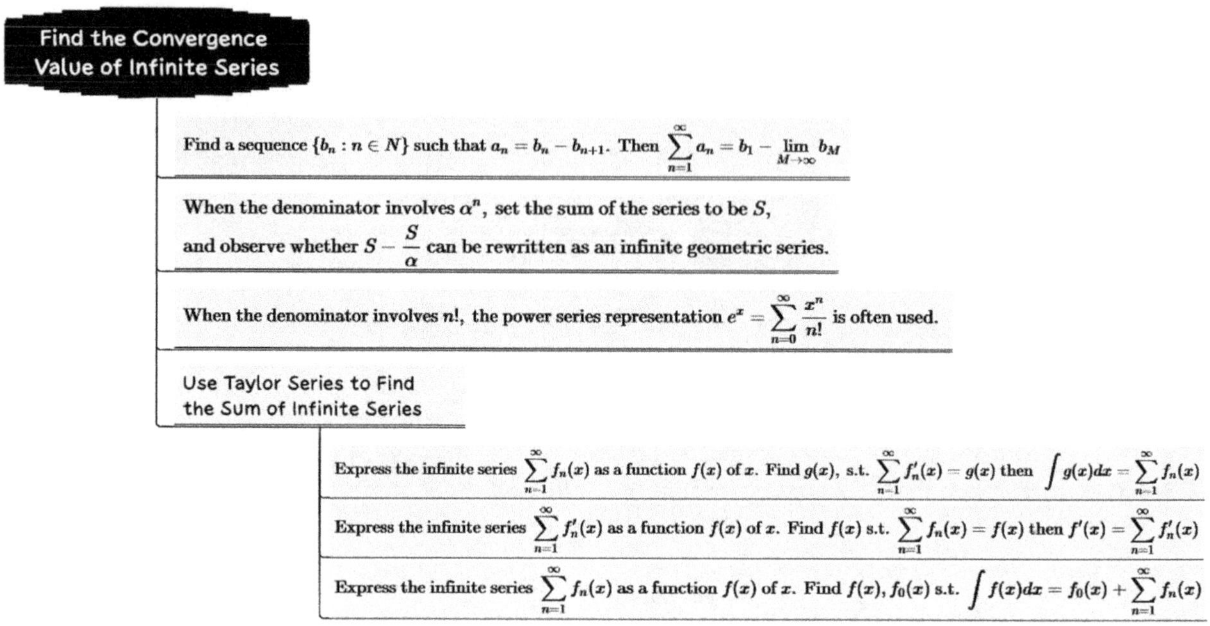

考试类型:

Type 1.

$$\text{Prove } \sum_{n=1}^{\infty} \frac{\beta n - \gamma}{\alpha^n} = \frac{(\alpha-1)(\beta-\gamma)+\beta}{(\alpha-1)^2}, \quad \forall \alpha\beta\gamma \neq 0$$

解题流程:

Step1.

使用积分检驗法、比较法(Comparison Test)、比值法(Ratio Test)、根值法(Root Test)

判断 $\sum_{n=1}^{\infty} \frac{\beta n - \gamma}{\alpha^n}$ 是否收斂

Step2.

如果 $\sum_{n=1}^{\infty} \frac{\beta n - \gamma}{\alpha^n}$ 收斂, 令 $s = \sum_{n=1}^{\infty} \frac{\beta n - \gamma}{\alpha^n}$ 则 $\frac{s}{\alpha} = \sum_{n=1}^{\infty} \frac{\beta n - \gamma}{\alpha^{n+1}} = \sum_{n=2}^{\infty} \frac{\beta(n-1) - \gamma}{\alpha^n}$

Step3.

$$\because s - \frac{s}{\alpha} = \frac{(\alpha-1)s}{\alpha} = \frac{\beta-\gamma}{\alpha} + \sum_{n=2}^{\infty} \frac{\beta}{\alpha^n} = \frac{\beta-\gamma}{\alpha} + \frac{\frac{\beta}{\alpha^2}}{1-\frac{1}{\alpha}} = \frac{(\alpha-1)(\beta-\gamma)+\beta}{\alpha(\alpha-1)}$$

$$\therefore s=\frac{(\alpha-1)(\beta-\gamma)+\beta}{(\alpha-1)^2}$$

Type 2.

Prove $\sum_{n=2}^{\infty}\frac{n(n-1)}{\alpha^n}=\frac{2}{(\alpha-1)^2}\left(1+\frac{1}{\alpha}+\frac{1}{\alpha(\alpha-1)}\right),\ \ \forall\alpha>1$

解题流程:

Step1.

使用积分检驗法、比较法(Comparison Test)、比值法、(Ratio Test)、根值法(Root Test)

判断 $\sum_{n=2}^{\infty}\frac{n(n-1)}{\alpha^n}$ 是否收敛

Step2.

如果 $\sum_{n=2}^{\infty}\frac{n(n-1)}{\alpha^n}$ 收敛，令 $s=\sum_{n=2}^{\infty}\frac{n(n-1)}{\alpha^n}$ 则 $\frac{s}{\alpha}=\sum_{n=2}^{\infty}\frac{n(n-1)}{\alpha^{n+1}}=\sum_{n=3}^{\infty}\frac{(n-1)(n-2)}{\alpha^n}$

Step3.

$$\because \mathrm{s}-\frac{s}{\alpha}=\frac{(\alpha-1)s}{\alpha}=\frac{2}{\alpha^2}+\sum_{n=3}^{\infty}\frac{2n-2}{\alpha^n}=\frac{2}{\alpha^2}+\sum_{n=2}^{\infty}\frac{2n}{\alpha^{n+1}}$$

$$\therefore \left(\mathrm{s}-\frac{s}{\alpha}\right)\frac{1}{\alpha}=\frac{(\alpha-1)s}{\alpha^2}=\frac{2}{\alpha^3}+\sum_{n=2}^{\infty}\frac{2n}{\alpha^{n+2}}=\frac{2}{\alpha^3}+\sum_{n=3}^{\infty}\frac{2n-2}{\alpha^{n+1}}$$

Step4.

$$\therefore \frac{(\alpha-1)s}{\alpha}-\frac{(\alpha-1)s}{\alpha^2}=\frac{2}{\alpha^2}-\frac{2}{\alpha^3}+\frac{4}{\alpha^3}+\sum_{n=3}^{\infty}\frac{2}{\alpha^{n+1}}$$

$$\because \frac{(\alpha-1)s}{\alpha}-\frac{(\alpha-1)s}{\alpha^2}=\frac{s(\alpha-1)^2}{\alpha^2}$$

and $\frac{2}{\alpha^2}-\frac{2}{\alpha^3}+\frac{4}{\alpha^3}+\sum_{n=3}^{\infty}\frac{2}{\alpha^{n+1}}=\frac{2}{\alpha^2}+\frac{2}{\alpha^3}+\frac{2}{\alpha^3(\alpha-1)}$

Step5.

$$\therefore s=\frac{2}{(\alpha-1)^2}\left(1+\frac{1}{\alpha}+\frac{1}{\alpha(\alpha-1)}\right)$$

Type 3.

Prove $\sum_{n=0}^{\infty}\frac{(n+1)\alpha^n}{n!}=(1+\alpha)e^{\alpha},\ \ \forall\alpha\in R$

解题流程:

Step1.

$$\because e^x=\sum_{n=0}^{\infty}\frac{x^n}{n!}\qquad\therefore\ (xe^x)'=e^x+xe^x=\frac{d}{dx}\sum_{n=0}^{\infty}\frac{x^{n+1}}{n!}=\sum_{n=0}^{\infty}\frac{(n+1)x^n}{n!}$$

Step2.

$$\therefore (1+\alpha)e^{\alpha}=\sum_{n=0}^{\infty}\frac{(n+1)\alpha^n}{n!}$$

Type 4.

求 $\sum_{n=0}^{\infty}\frac{(n+1)^2\alpha^n}{n!}=?,\ \ \forall\alpha\in R$

解题流程:

Step1.

$$\because e^x=\sum_{n=0}^{\infty}\frac{x^n}{n!}\qquad\therefore (xe^x)'=e^x+xe^x=\frac{d}{dx}\sum_{n=0}^{\infty}\frac{x^{n+1}}{n!}=\sum_{n=0}^{\infty}\frac{(n+1)x^n}{n!}$$

Step2.

$$xe^x+x^2e^x=\sum_{n=0}^{\infty}\frac{(n+1)x^{n+1}}{n!}$$

$$\Rightarrow (xe^x+x^2e^x)'=e^x+xe^x+2xe^x+x^2e^x=\sum_{n=0}^{\infty}\frac{(n+1)^2x^n}{n!}$$

Step3.

$$\therefore e^{\alpha}+3\alpha e^{\alpha}+\alpha^2 e^{\alpha}=\sum_{n=0}^{\infty}\frac{(n+1)^2\alpha^n}{n!}$$

Type 5.

求 $\sum_{n=1}^{\infty}\frac{x^{kn}}{kn}=?,\quad \forall k\in N\ (|x|<1)$

解题流程:

Step1.

令 $k\in N$ 且 $|x|<1$ 使用比值法则 $\sum_{n=1}^{\infty}\frac{x^{kn}}{kn}$ 收敛

Step2.

令$f(x)=\sum_{n=1}^{\infty}\frac{x^{kn}}{kn}$ 则 $f'(x)=\sum_{n=1}^{\infty}x^{kn-1}=\frac{x^{k-1}}{1-x^k}$

Step3.

$$f(x)=\int\frac{x^{k-1}}{1-x^k}dx=-\frac{\ln(1-x^k)}{k}+c$$

Step4.

$$\because f(0)=0\quad \therefore c=0\Rightarrow f(x)=\int\frac{x^{k-1}}{1-x^k}dx=-\frac{\ln(1-x^k)}{k}$$

Type 6.

求 $\sum_{n=1}^{\infty}f_n(x)$ 的函数表示式，where $\exists\ g(x)$使得 $\sum_{n=1}^{\infty}f_n'(x)=g(x)$

解题流程:

Step1.

令 $f(x)=\sum_{n=1}^{\infty}f_n(x)$ and 找$g(x)$使得 $\sum_{n=1}^{\infty}f_n'(x)=g(x)$

Step2.

因此 $f(x)=\int g(x)\,dx$

<u>范例说明:</u>

(I)求 $\sum_{n=1}^{\infty}\frac{x^{kn}}{kn}=?$，令$f(x)=\sum_{n=1}^{\infty}\frac{x^{kn}}{kn}$ 则 $f'(x)=\sum_{n=1}^{\infty}x^{kn-1}=\frac{x^{k-1}}{1-x^k}$

$\Rightarrow f(x)=\int\frac{x^{k-1}}{1-x^k}dx$

(II)求 $\sum_{n=1}^{\infty}\frac{x^{n+1}}{n(n+1)}=?$，令$f(x)=\sum_{n=1}^{\infty}\frac{x^{n+1}}{n(n+1)}$ 则 $f'(x)=\sum_{n=1}^{\infty}\frac{x^n}{n}$

$\Rightarrow f''(x)=\sum_{n=1}^{\infty}x^{n-1}=\frac{1}{1-x}\quad\therefore f'(x)=-\ln(1-x)$

$\Rightarrow f(x)=-\int\ln(1-x)\,dx$

Type 7.

求 $\sum_{n=1}^{\infty}f_n'(x)$ 的函数表示式，where $\exists f(x)$ s.t. $f(x)=\sum_{n=1}^{\infty}f_n(x)$

解题流程:

找$f(x)$使得$f(x)=\sum_{n=1}^{\infty}f_n(x)$，$\because f'(x)=\sum_{n=1}^{\infty}f_n'(x)\quad\therefore$ 求$f'(x)=?$

<u>范例说明:</u>

(I)求 $\sum_{n=1}^{\infty}\frac{n^2x^{n-1}}{n!}=?$

$$\because\int\sum_{n=1}^{\infty}\frac{n^2x^{n-1}}{n!}dx=\int\sum_{n=1}^{\infty}\frac{nx^{n-1}}{(n-1)!}dx=\int\sum_{n=0}^{\infty}\frac{(n+1)x^n}{n!}dx=\sum_{n=0}^{\infty}\frac{x^{n+1}}{n!}=xe^x$$

$$\therefore \sum_{n=1}^{\infty} \frac{n^2 x^{n-1}}{n!} = (xe^x)' = e^x + xe^x$$

(II) 求 $\sum_{n=1}^{\infty} \frac{n^2 x^{n-1}}{n-1!} = ?$

$$\because \int \sum_{n=1}^{\infty} \frac{n^2 x^{n-1}}{n-1!} dx = \int \sum_{n=0}^{\infty} \frac{(n+1)^2 x^n}{n!} dx = \sum_{n=0}^{\infty} \frac{(n+1) x^{n+1}}{n!} = xe^x + x^2 e^x$$

$$\therefore \sum_{n=1}^{\infty} \frac{n^2 x^{n-1}}{n-1!} = (xe^x + x^2 e^x)'$$

Type 8.

求 $\sum_{n=1}^{\infty} f_n(x)$ 的函数表示式，where $\exists f(x)$，$f_0(x)$ s.t. $\int f(x)dx = f_0(x) + \sum_{n=1}^{\infty} f_n(x)$

解题流程:

找 $f(x)$ 以及 $f_0(x)$ 使得 $\int f(x)dx = f_0(x) + \sum_{n=1}^{\infty} f_n(x)$ $\quad \therefore$ 求 $\int f(x)dx = ?$

<u>范例说明:</u>

求 $\sum_{n=1}^{\infty} \frac{x^{n+2}}{n!\,(n+2)} = ?$

$$\because \frac{x^2}{2} + \sum_{n=1}^{\infty} \frac{x^{n+2}}{n!\,(n+2)} = \sum_{n=0}^{\infty} \frac{x^{n+2}}{n!\,(n+2)} = \int \sum_{n=0}^{\infty} \frac{x^{n+1}}{n!} dx = \int xe^x dx$$

$$\therefore \sum_{n=1}^{\infty} \frac{x^{n+2}}{n!\,(n+2)} = \int xe^x dx - \frac{x^2}{2}$$

Example 1.

$$求\ (1-\frac{4}{2!}+\frac{16}{4!}-\frac{64}{6!}+\cdots)^2+(1-\frac{8}{3!}+\frac{32}{5!}-\frac{128}{7!}+\cdots)^2=?$$

【解】

$$\because \cos x=\sum_{n=0}^{\infty}\frac{(-1)^n x^{2n}}{2n!}\ 且\ \sin x=\sum_{n=0}^{\infty}\frac{(-1)^n x^{2n+1}}{(2n+1)!}$$

$$\therefore\ 1-\frac{4}{2!}+\frac{16}{4!}-\frac{64}{6!}+\cdots=\cos 2\ 且\ 1-\frac{8}{3!}+\frac{32}{5!}-\frac{128}{7!}+\cdots=\sin 2$$

$$\Rightarrow\ (1-\frac{4}{2!}+\frac{16}{4!}-\frac{64}{6!}+\cdots)^2+(1-\frac{8}{3!}+\frac{32}{5!}-\frac{128}{7!}+\cdots)^2=\cos^2 2+\sin^2 2\ =1$$

Example 2.

$$求\ 1-\frac{1}{3}+\frac{1}{9\cdot 2!}-\frac{1}{27\cdot 3!}+\frac{1}{81\cdot 4!}\cdots=?$$

【解】

$$\because e^{-x}=\sum_{k=0}^{\infty}\frac{(-1)^k}{k!}x^k\quad \therefore e^{-\frac{1}{3}}=\sum_{k=0}^{\infty}\frac{(-1)^k}{k!}\left(\frac{1}{3}\right)^k=\ 1-\frac{1}{3}+\frac{1}{9\cdot 2!}-\frac{1}{27\cdot 3!}+\frac{1}{81\cdot 4!}\cdots$$

Example 3.

$$求\sum_{n=2}^{\infty}\frac{n(n-1)}{4^n}=?$$

【解】

$$令\ s=\sum_{n=2}^{\infty}\frac{n(n-1)}{4^n}\ 则\ \frac{s}{4}=\sum_{n=2}^{\infty}\frac{n(n-1)}{4^{n+1}}=\sum_{n=3}^{\infty}\frac{(n-1)(n-2)}{4^n}$$

$$\therefore \frac{3s}{4}=\frac{2}{4^2}+\sum_{n=3}^{\infty}\frac{n(n-1)-(n-1)(n-2)}{4^n}=\frac{2}{4^2}+\sum_{n=3}^{\infty}\frac{2n-2}{4^n}$$

$$\Rightarrow s=\frac{1}{6}+\frac{2}{3}\sum_{n=3}^{\infty}\frac{n-1}{4^{n-1}}=\frac{1}{6}+\frac{2}{3}\sum_{n=2}^{\infty}\frac{n}{4^n}$$

$$\therefore \frac{s}{4}=\frac{1}{24}+\frac{2}{3}\sum_{n=2}^{\infty}\frac{n}{4^{n+1}}=\frac{1}{24}+\frac{2}{3}\sum_{n=3}^{\infty}\frac{n-1}{4^{n}}$$

$$\therefore s-\frac{s}{4}=\frac{3s}{4}=\frac{3}{24}+\frac{1}{12}+\frac{2}{3}\sum_{n=3}^{\infty}\frac{1}{4^{n}}=\frac{2}{3}\left(\frac{1}{4}+\frac{1}{16}+\sum_{n=3}^{\infty}\frac{1}{4^{n}}\right)=\frac{2}{3}\cdot\frac{\frac{1}{4}}{1-\frac{1}{4}}=\frac{2}{9}\Rightarrow s=\frac{8}{27}$$

Example 4.

$$求\sum_{n=2}^{\infty}\frac{n(n-1)}{5^{n}}=?$$

【解】

$$令\ s=\sum_{n=2}^{\infty}\frac{n(n-1)}{5^{n}}\ 则\ \frac{s}{5}=\sum_{n=2}^{\infty}\frac{n(n-1)}{5^{n+1}}=\sum_{n=3}^{\infty}\frac{(n-1)(n-2)}{5^{n}}$$

$$\therefore \frac{4s}{5}=\frac{2}{5^{2}}+\sum_{n=3}^{\infty}\frac{n(n-1)-(n-1)(n-2)}{5^{n}}=\frac{2}{5^{2}}+\sum_{n=3}^{\infty}\frac{2n-2}{5^{n}}$$

$$\Rightarrow 2s=\frac{1}{5}+\sum_{n=3}^{\infty}\frac{n-1}{5^{n-1}}=\frac{1}{5}+\sum_{n=2}^{\infty}\frac{n}{5^{n}}\qquad \therefore \frac{2s}{5}=\frac{1}{5^{2}}+\sum_{n=2}^{\infty}\frac{n}{5^{n+1}}=\frac{1}{5^{2}}+\sum_{n=3}^{\infty}\frac{n-1}{5^{n}}$$

$$\therefore 2s-\frac{2s}{5}=\frac{8s}{5}=\frac{1}{5}+\frac{2}{5^{2}}-\frac{1}{5^{2}}+\sum_{n=3}^{\infty}\frac{1}{5^{n}}=\sum_{n=1}^{\infty}\frac{1}{5^{n}}=\frac{\frac{1}{5}}{1-\frac{1}{5}}=\frac{1}{4}\Rightarrow s=\frac{5}{32}$$

Example 5.

$$求\sum_{n=1}^{\infty}\frac{3n-1}{3^{n}}=?$$

【解】

$$令\ s=\sum_{n=1}^{\infty}\frac{3n-1}{3^{n}}\ 则\ \frac{s}{3}=\sum_{n=1}^{\infty}\frac{3n-1}{3^{n+1}}=\sum_{n=2}^{\infty}\frac{3(n-1)-1}{3^{n}}$$

$$\therefore \frac{2s}{3}=\frac{2}{3}+\sum_{n=2}^{\infty}\frac{3}{3^n}=\frac{2}{3}+\sum_{n=2}^{\infty}\frac{1}{3^{n-1}}=\frac{2}{3}+\frac{\frac{1}{3}}{1-\frac{1}{3}}=\frac{7}{6}\Rightarrow s=\frac{7}{4}$$

Example 6.

$$求\sum_{n=1}^{\infty}\frac{x^{n+1}}{n(n+1)}\text{ 的函数表示式}(|x|<1)$$

【解】

$$令f(x)=\sum_{n=1}^{\infty}\frac{x^{n+1}}{n(n+1)}\text{ 则 }f'(x)=\sum_{n=1}^{\infty}\frac{x^n}{n}\Rightarrow f''(x)=\sum_{n=1}^{\infty}x^{n-1}=\frac{1}{1-x}$$

$\therefore f'(x)=-\ln(1-x)$，藉由 Integration by parts

$$f(x)=-\int\ln(1-x)dx=-\left(x\ln(1-x)+\int\frac{xdx}{1-x}\right)$$

$$=-(x\ln(1-x)-\ln(1-x)+1-x)=(1-x)\ln(1-x)-1+x+c$$

$$\because f(0)=0\quad \therefore c=1\Rightarrow f(x)=(1-x)\ln(1-x)+x$$

Example 7.

$$求\sum_{n=0}^{\infty}\frac{(-1)^n x^{3n+1}}{3n+1}\text{ 的函数表示式}$$

【解】

$$令\ f(x)=\sum_{n=0}^{\infty}\frac{(-1)^n x^{3n+1}}{3n+1}\text{ 则 }f'(x)=\sum_{n=0}^{\infty}(-1)^n x^{3n}=\frac{1}{1-(-x^3)}=\frac{1}{1+x^3}$$

$$\because 1+x^3=(x+1)(x^2-x+1)$$

令 $\frac{1}{1+x^3}=\frac{a}{1+x}+\frac{bx+c}{x^2-x+1}$，藉由比较系数

$$则\ \frac{1}{1+x^3}=\frac{1}{3(1+x)}+\frac{-x+2}{3(x^2-x+1)}=\frac{1}{3(1+x)}+\frac{-\frac{1}{2}(2x-1)+\frac{3}{2}}{3(x^2-x+1)}$$

$$\because \frac{\frac{3}{2}}{3(x^2-x+1)} = \frac{1}{2\left(\left(x-\frac{1}{2}\right)^2+\frac{3}{4}\right)} = \frac{1}{\frac{3}{2}\left(\left(\frac{2x-1}{\sqrt{3}}\right)^2+1\right)}$$

$$\therefore f(x) = \int \frac{1}{1+x^3}dx = \int \frac{1}{3(1+x)} + \frac{-\frac{1}{2}(2x-1)}{3(x^2-x+1)} + \frac{1}{\frac{3}{2}\left(\left(\frac{2x-1}{\sqrt{3}}\right)^2+1\right)}dx$$

$$\Rightarrow f(x) = 3\ln|1+x| - \frac{1}{6}\ln|x^2-x+1| + \frac{1}{\sqrt{3}}\tan^{-1}\frac{2x-1}{\sqrt{3}} + c$$

$$\because f(0) = 0 \quad \therefore \frac{1}{\sqrt{3}}\tan^{-1}\frac{-1}{\sqrt{3}} + \mathrm{c} = 0 \Rightarrow \frac{1}{\sqrt{3}}(-\frac{\pi}{6}) + \mathrm{c} = 0 \quad \therefore c = \frac{\pi}{6\sqrt{3}}$$

Example 8.

求$\displaystyle\sum_{n=0}^{\infty}\frac{(-1)^n(x-5)^n}{n+1}$的函数表示式

【解】

$$\because \ln(1+x) = \sum_{n=1}^{\infty}\frac{(-1)^{n+1}x^n}{n} \quad \therefore \frac{\ln(1+x)}{x} = \sum_{n=1}^{\infty}\frac{(-1)^{n+1}x^{n-1}}{n} = \sum_{n=0}^{\infty}\frac{(-1)^n x^n}{n+1}$$

$$\Rightarrow \frac{\ln(x-4)}{x-5} = \sum_{n=0}^{\infty}\frac{(-1)^n(x-5)^n}{n+1}$$

Example 9.

求$\displaystyle\sum_{n=1}^{\infty}\frac{n}{n-1!}$=?

【解】

$$\because \sum_{n=1}^{\infty}\frac{nx^{n-1}}{n-1!} = \sum_{n=0}^{\infty}\frac{(n+1)x^n}{n!} = \frac{d}{dx}\sum_{n=0}^{\infty}\frac{x^{n+1}}{n!} = (xe^x)' = e^x + xe^x$$

令 $x=1$ 则 $\displaystyle\sum_{n=1}^{\infty}\frac{n}{n-1!}=2e$

Example 10.

$$求\sum_{n=1}^{\infty}\frac{n^2(\frac{1}{2})^{n-1}}{n-1!}=?$$

【解】

$$\because\int\sum_{n=1}^{\infty}\frac{n^2x^{n-1}}{n-1!}dx=\int\sum_{n=0}^{\infty}\frac{(n+1)^2x^n}{n!}dx=\sum_{n=0}^{\infty}\frac{(n+1)x^{n+1}}{n!}=xe^x+x^2e^x$$

$$\therefore\sum_{n=1}^{\infty}\frac{n^2x^{n-1}}{n-1!}=(xe^x+x^2e^x)'=e^x+xe^x+2xe^x+x^2e^x$$

令 $x=\frac{1}{2}$ 则 $\displaystyle\sum_{n=1}^{\infty}\frac{n^2\left(\frac{1}{2}\right)^{n-1}}{n-1!}=e^{\frac{1}{2}}\left(1+\frac{1}{2}+1+\frac{1}{4}\right)=e^{\frac{1}{2}}\left(\frac{11}{4}\right)$

Example 11.

$$求\sum_{n=1}^{\infty}\frac{n^2 2^{n-1}}{n!}=?$$

【解】

$$\because\int\sum_{n=1}^{\infty}\frac{n^2x^{n-1}}{n!}dx=\int\sum_{n=1}^{\infty}\frac{nx^{n-1}}{(n-1)!}dx=\int\sum_{n=0}^{\infty}\frac{(n+1)x^n}{n!}dx=\sum_{n=0}^{\infty}\frac{x^{n+1}}{n!}=xe^x$$

$$\therefore\sum_{n=1}^{\infty}\frac{n^2x^{n-1}}{n!}=(xe^x)'=e^x+xe^x$$

令 $x=2$ 则 $\displaystyle\sum_{n=1}^{\infty}\frac{n^2 2^{n-1}}{n!}=3e^2$

Example 12.

$$\text{求}\sum_{n=1}^{\infty}\frac{n^2a^{n-1}}{n!}=?,\ \ \forall a>0$$

【解】

$$\because \int\sum_{n=1}^{\infty}\frac{n^2x^{n-1}}{n!}dx=\int\sum_{n=1}^{\infty}\frac{nx^{n-1}}{(n-1)!}dx=\int\sum_{n=0}^{\infty}\frac{(n+1)x^{n}}{n!}dx=\sum_{n=0}^{\infty}\frac{x^{n+1}}{n!}=xe^x$$

$$\therefore \sum_{n=1}^{\infty}\frac{n^2x^{n-1}}{n!}=(xe^x)'=e^x+xe^x$$

令 $x=a$ 则 $\displaystyle\sum_{n=1}^{\infty}\frac{n^2a^{n-1}}{n!}=(a+1)e^a$

Example 13.

$$\text{求}\sum_{n=0}^{\infty}\frac{3^n(n+1)}{n!}=?$$

【解】

$$\because \int\sum_{n=0}^{\infty}\frac{(n+1)x^{n}}{n!}dx=\sum_{n=0}^{\infty}\frac{x^{n+1}}{n!}=xe^x\quad \therefore \sum_{n=0}^{\infty}\frac{(n+1)x^{n}}{n!}=(xe^x)'=e^x+xe^x$$

令 $x=3$ 则 $\displaystyle\sum_{n=0}^{\infty}\frac{3^n(n+1)}{n!}=4e^3$

Example 14.

$$\text{求}\sum_{n=0}^{\infty}\frac{a^n(n+1)}{n!}=?,\ \ \forall a>0$$

【解】

$$\because \int \sum_{n=0}^{\infty} \frac{(n+1)x^n}{n!} dx = \sum_{n=0}^{\infty} \frac{x^{n+1}}{n!} = xe^x \quad \therefore \sum_{n=0}^{\infty} \frac{(n+1)x^n}{n!} = (xe^x)' = e^x + xe^x$$

令 $x = a$ 则 $\sum_{n=0}^{\infty} \frac{a^n(n+1)}{n!} = (a+1)e^a$

Example 15.

$$求 \sum_{n=0}^{\infty} \frac{3^n(n^2+1)}{n!} = ?$$

【解】

$$\because \sum_{n=0}^{\infty} \frac{3^n(n^2+1)}{n!} = \sum_{n=1}^{\infty} \frac{3^n n}{n-1!} + \sum_{n=0}^{\infty} \frac{3^n}{n!}$$

$$\because \int \sum_{n=0}^{\infty} \frac{(n+1)x^n}{n!} dx = \sum_{n=0}^{\infty} \frac{x^{n+1}}{n!} = xe^x \quad \therefore \sum_{n=0}^{\infty} \frac{(n+1)x^n}{n!} = (xe^x)' = e^x + xe^x$$

$$\therefore \sum_{n=1}^{\infty} \frac{x^n n}{n-1!} = \sum_{n=0}^{\infty} \frac{(n+1)x^{n+1}}{n!} = x(e^x + xe^x)$$

令 $x = 3$ 则 $12e^3 = \sum_{n=0}^{\infty} \frac{(n+1)3^{n+1}}{n!} \quad \because \sum_{n=0}^{\infty} \frac{3^n}{n!} = e^3 \quad \therefore \sum_{n=0}^{\infty} \frac{3^n(n^2+1)}{n!} = 13e^3$

Example 16.

$$求 \sum_{n=0}^{\infty} \frac{a^n(n^2+1)}{n!} = ?, \quad \forall a > 0$$

【解】

$$\because \sum_{n=0}^{\infty} \frac{a^n(n^2+1)}{n!} = \sum_{n=1}^{\infty} \frac{a^n n}{n-1!} + \sum_{n=0}^{\infty} \frac{a^n}{n!}$$

$$\because \int \sum_{n=0}^{\infty} \frac{(n+1)x^n}{n!} dx = \sum_{n=0}^{\infty} \frac{x^{n+1}}{n!} = xe^x \quad \therefore \sum_{n=0}^{\infty} \frac{(n+1)x^n}{n!} = (xe^x)' = e^x + xe^x$$

$$\therefore \sum_{n=1}^{\infty} \frac{x^n n}{n-1!} = \sum_{n=0}^{\infty} \frac{(n+1)x^{n+1}}{n!} = x(e^x + xe^x)$$

令 $x = a$ 则 $a(a+1)e^a = \sum_{n=0}^{\infty} \frac{(n+1)a^{n+1}}{n!}$

$$\because \sum_{n=0}^{\infty} \frac{a^n}{n!} = e^a \quad \therefore \sum_{n=0}^{\infty} \frac{a^n(n^2+1)}{n!} = (a^2+a+1)e^a$$

Example 17.

求 $\sum_{n=1}^{\infty} \frac{2^{n+2}}{n!\,(n+2)} =?$

【解】

$$\because \frac{x^2}{2} + \sum_{n=1}^{\infty} \frac{x^{n+2}}{n!\,(n+2)} = \sum_{n=0}^{\infty} \frac{x^{n+2}}{n!\,(n+2)} = \int \sum_{n=0}^{\infty} \frac{x^{n+1}}{n!} dx = \int xe^x dx$$

藉由 Integration by parts 则 $\int xe^x dx = xe^x - e^x + c$

令$x = 0$ 则$c = 1 \Rightarrow \int xe^x dx = xe^x - e^x + 1$

令$x = 2$ 则 $2 + \sum_{n=1}^{\infty} \frac{2^{n+2}}{n!\,(n+2)} = e^2 + 1 \Rightarrow \sum_{n=1}^{\infty} \frac{2^{n+2}}{n!\,(n+2)} = e^2 - 1$

Example 18.

求 $\sum_{n=1}^{\infty} \frac{a^{n+2}}{n!\,(n+2)} =?$，$\forall a > 0$

【解】

$$\because \frac{x^2}{2}+\sum_{n=1}^{\infty}\frac{x^{n+2}}{n!\,(n+2)}=\sum_{n=0}^{\infty}\frac{x^{n+2}}{n!\,(n+2)}=\int\sum_{n=0}^{\infty}\frac{x^{n+1}}{n!}dx=\int xe^{x}dx$$

藉由 Integration by parts 则 $\int xe^{x}dx=xe^{x}-e^{x}+c$

令 $x=0$ 则 $c=1\Rightarrow\int xe^{x}dx=xe^{x}-e^{x}+1$

令$a>0$，令$x=a$ 则 $\frac{a^2}{2}+\sum_{n=1}^{\infty}\frac{a^{n+2}}{n!\,(n+2)}=(a-1)e^{a}+1$

$$\Rightarrow\sum_{n=1}^{\infty}\frac{a^{n+2}}{n!\,(n+2)}=(a-1)e^{a}+1-\frac{a^2}{2}$$

Example 19.

求$\sum_{n=1}^{\infty}\frac{\left(\frac{1}{2}\right)^{n+1}}{n(n+1)}=?$

【解】

令$f(x)=\sum_{n=1}^{\infty}\frac{x^{n+1}}{n(n+1)}$ 则 $f'(x)=\sum_{n=1}^{\infty}\frac{x^{n}}{n}$

$\Rightarrow f''(x)=\sum_{n=1}^{\infty}x^{n-1}=\frac{1}{1-x}\quad\therefore f'(x)=-\ln(1-x)$，藉由 Integration by parts

$$f(x)=-\int\ln(1-x)dx=-\left(x\ln(1-x)+\int\frac{xdx}{1-x}\right)$$

$$=-(x\ln(1-x)-\ln(1-x)+1-x)=(1-x)\ln(1-x)-1+x+c$$

$\because f(0)=0\quad\therefore c=1\Rightarrow f(x)=(1-x)\ln(1-x)+x$

令 $x=\frac{1}{2}$ 则 $\sum_{n=1}^{\infty}\frac{\left(\frac{1}{2}\right)^{n+1}}{n(n+1)}=f\left(\frac{1}{2}\right)=\frac{1}{2}\ln\frac{1}{2}+\frac{1}{2}$

Example 20.

$$求\sum_{n=1}^{\infty}\left(\frac{1}{2}\right)^n n^2 =?$$

【解】

$$令 f(x)=\sum_{n=1}^{\infty}n^2x^n \text{ 则 } xf(x)=\sum_{n=1}^{\infty}n^2x^{n+1}=\sum_{n=2}^{\infty}(n-1)^2x^n$$

$$\therefore (1-x)f(x)=x+\sum_{n=2}^{\infty}(2n-1)x^n$$

$$\Rightarrow (1-x)xf(x)=x^2+\sum_{n=2}^{\infty}(2n-1)x^{n+1}=x^2+\sum_{n=3}^{\infty}(2(n-1)-1)x^n$$

$$\therefore (1-x)^2f(x)=x-x^2+3x^2+2\sum_{n=3}^{\infty}x^n=x+\frac{2x^2}{1-x}\Rightarrow f(x)=\frac{x}{(1-x)^2}+\frac{2x^2}{(1-x)^3}$$

$$令 x=\frac{1}{2} \text{ 则 } \sum_{n=1}^{\infty}\left(\frac{1}{2}\right)^n n^2=f\left(\frac{1}{2}\right)=\frac{\frac{1}{2}}{\left(1-\frac{1}{2}\right)^2}+\frac{2\cdot\frac{1}{4}}{(1-\frac{1}{2})^3}=6$$

Example 21.

$$求\sum_{n=0}^{\infty}(n+1)(n+2)\left(\frac{1}{3}\right)^n =?$$

【解】

$$\because \sum_{n=0}^{\infty}(n+1)(n+2)x^n=\left(\sum_{n=0}^{\infty}x^{n+2}\right)''=\left(\frac{x^2}{1-x}\right)''=\frac{2}{(1-x)^3}$$

$$令 x=\frac{1}{3} \text{ 则 } \sum_{n=0}^{\infty}(n+1)(n+2)\left(\frac{1}{3}\right)^n=\frac{2}{\left(1-\frac{1}{3}\right)^3}=\frac{27}{4}$$

Example 22.

$$求\sum_{n=1}^{\infty}\frac{(-1)^{n+1}}{n}\left(\frac{4}{5}\right)^{n}=?$$

【解】

$$\because \ln(1+x)=\sum_{n=1}^{\infty}\frac{(-1)^{n+1}x^{n}}{n}，令x=\frac{4}{5}\ 则\ \sum_{n=1}^{\infty}\frac{(-1)^{n+1}}{n}\left(\frac{4}{5}\right)^{n}=\ln\frac{9}{5}$$

Example 23.

$$求\sum_{n=1}^{\infty}n^{2}x^{n}\ 的函数表示式(|x|<1)$$

【解】

$$令f(x)=\sum_{n=1}^{\infty}n^{2}x^{n}\ 则\ xf(x)=\sum_{n=1}^{\infty}n^{2}x^{n+1}=\sum_{n=2}^{\infty}(n-1)^{2}x^{n}$$

$$\therefore (1-x)f(x)=x+\sum_{n=2}^{\infty}(2n-1)x^{n}$$

$$\Rightarrow (1-x)xf(x)=x^{2}+\sum_{n=2}^{\infty}(2n-1)x^{n+1}=x^{2}+\sum_{n=3}^{\infty}(2(n-1)-1)x^{n}$$

$$\therefore (1-x)f(x)-(1-x)xf(x)=(1-x)^{2}f(x)$$

$$=x-x^{2}+3x^{2}+2\sum_{n=3}^{\infty}x^{n}=x+\frac{2x^{2}}{1-x}\Rightarrow f(x)=\frac{x}{(1-x)^{2}}+\frac{2x^{2}}{(1-x)^{3}}$$

Example 24.

$$求\sum_{n=1}^{\infty}n^{3}x^{n}\ 的函数表示式(|x|<1)$$

【解】

令$f(x)=\sum_{n=1}^{\infty}n^3x^n$ 则 $xf(x)=\sum_{n=1}^{\infty}n^3x^{n+1}=\sum_{n=2}^{\infty}(n-1)^3x^n$

$$\therefore (1-x)f(x)=x+\sum_{n=2}^{\infty}(3n^2-3n+1)x^n$$

$$\Rightarrow (1-x)xf(x)=x^2+\sum_{n=2}^{\infty}(3n^2-3n+1)x^{n+1}=x^2+\sum_{n=3}^{\infty}(3(n-1)^2-3(n-1)+1)x^n$$

$$\Rightarrow (1-x)f(x)-(1-x)xf(x)=(1-x)^2f(x)$$

$$=x-x^2+7x^2+6\sum_{n=3}^{\infty}(n-1)x^n=x+6x^2+6\sum_{n=3}^{\infty}(n-1)x^n$$

$$\therefore (1-x)^2xf(x)=x^2+6x^3+6\sum_{n=3}^{\infty}(n-1)x^{n+1}=x^2+6x^3+6\sum_{n=4}^{\infty}(n-2)x^n$$

$$\Rightarrow (1-x)^2f(x)-(1-x)^2xf(x)=(1-x)^3f(x)$$

$$=x+5x^2-6x^3+12x^3+6\sum_{n=4}^{\infty}x^n=x+5x^2+6x^3+6\sum_{n=4}^{\infty}x^n=x+5x^2+\frac{6x^3}{1-x}$$

$$\Rightarrow f(x)=\frac{x+5x^2}{(1-x)^3}+\frac{6x^3}{(1-x)^4}$$

Example 25.

求$\sum_{n=1}^{\infty}\frac{x^{3n}}{3n}$ 的函数表示式$(|x|<1)$

【解】

令$f(x)=\sum_{n=1}^{\infty}\frac{x^{3n}}{3n}$则 $f'(x)=\sum_{n=1}^{\infty}x^{3n-1}=\frac{x^2}{1-x^3}$

因此 $f(x)=\int\frac{x^2}{1-x^3}dx=\left(\frac{-1}{3}\right)\ln(1-x^3)+c$

$\because f(0)=0 \quad \therefore c=0 \Rightarrow f(x)=\int \frac{x^2}{1-x^3}dx=\left(\frac{-1}{3}\right)\ln(1-x^3)$

Example 26.

求$\sum_{n=1}^{\infty}\frac{x^{kn}}{kn}$的函数表示式$(|x|<1)$，$\forall k\in N$

【解】

令$k\in N$且$f(x)=\sum_{n=1}^{\infty}\frac{x^{kn}}{kn}$则$f'(x)=\sum_{n=1}^{\infty}x^{kn-1}=\frac{x^{k-1}}{1-x^k}$

因此 $f(x)=\int \frac{x^{k-1}}{1-x^k}dx=\left(\frac{-1}{k}\right)\ln(1-x^k)+c$

$\because f(0)=0 \quad \therefore c=0 \Rightarrow f(x)=\int \frac{x^{k-1}}{1-x^k}dx=\left(\frac{-1}{k}\right)\ln(1-x^k)$

6.6.4 使用泰勒级数求瑕积分的值或判断收敛发散

如之前谈到，瑕积分的考试类型，区分为求瑕积分的值与判断瑕积分收敛或发散，底下整理之前所介绍的考试类型与求解方法：

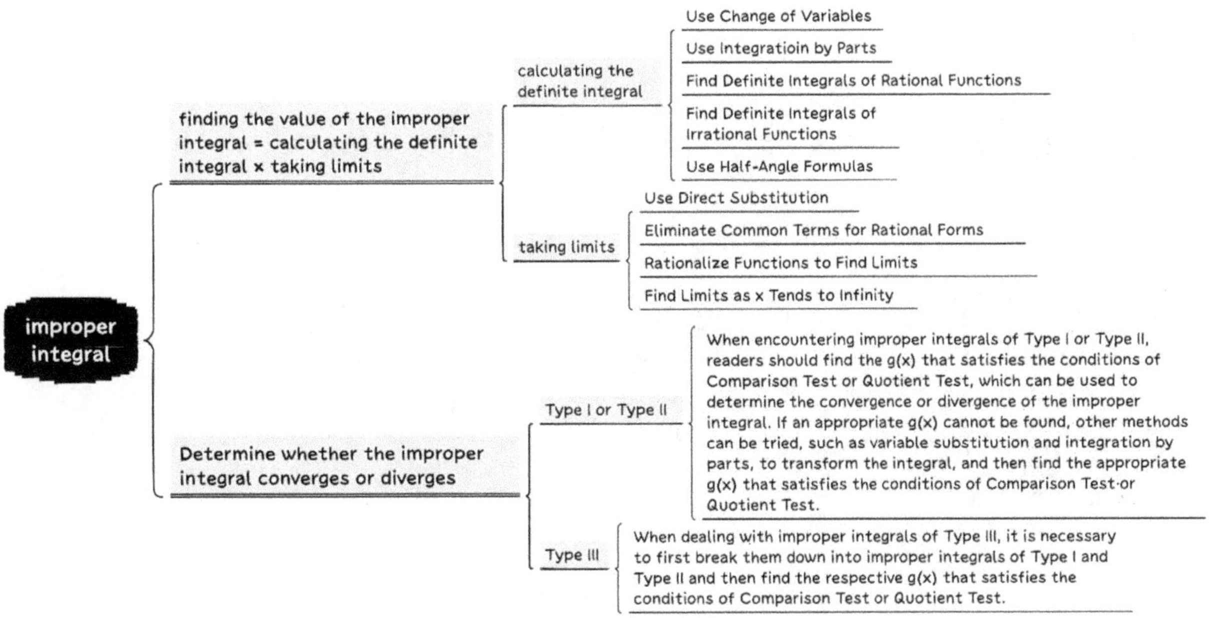

如果无法用上述方法求瑕积分的值或判断瑕积分的收敛发散时，则观察此时的被积分函数是否为较易求得泰勒级数的函数，尝试用泰勒级数解题，先找出对应的泰勒级数，求得每项积分后的一般式，最后再求每项一般式无穷和的值或判断此无穷级数是否收敛，如之前所整理，较易求得泰勒级数的函数包含：

$\ln x$ 、$\cos x$ 、$\sin x$ 、$\sinh x$ 、e^{x} 、e^{-x} 、$\sin^{-1} x$ 、$\cos^{-1} x$ 、$\sinh^{-1} x$ 、$\tan^{-1} x$ 、$\tanh^{-1} x$ 、$(a+bx)^{\frac{1}{2}}$ 其中 $a \in R$，$b \neq 0$、$(a+bx)^{-\frac{1}{2}}$ 其中 $a \in R$，$b \neq 0$ .... 等

泰勒级数帮助将瑕积分的问题转换成无穷级数和，接着利用无穷级数和的收敛性判断是否收敛；之前探讨无穷级数和是否收敛时，使用的 Integral Test、Comparison Test 与 Limit Comparison Test 相当于将问题转换成对应的瑕积分是否收敛的问题，泰勒级数的应用相当于反了过来，帮助把无法或不好判断瑕积分是否收敛的问题转成无穷级数是否收敛的问题

考试类型：

Type 1.

求 $\int_0^1 \frac{g(x)}{f(x)} dx = ?$ 或判断 $\int_0^1 \frac{g(x)}{f(x)} dx$ 是否收敛，其中 $\lim_{x \to 0} f(x) = \lim_{x \to 0} g(x) = 0$

解题流程:

Step1.

求 $\dfrac{g(x)}{f(x)}$ 的泰勒展开式，假设 $\dfrac{g(x)}{f(x)}=\sum_{n=0}^{\infty}a_n\,x^{kn+m}$,其中 $k\in N$, $m\in N\cup\{0,-1\}$

Step2.

则 $\int_0^1\frac{g(x)}{f(x)}dx=\int_0^1\sum_{n=0}^{\infty}a_n\,x^{kn+m}dx=\sum_{n=0}^{\infty}a_n\int_0^1 x^{kn+m}dx=\sum_{n=0}^{\infty}\frac{a_nx^{kn+m+1}}{kn+m+1}\Big|_{x=0}^{x=1}$

$=\sum_{n=0}^{\infty}\frac{a_n}{kn+m+1}$

Step3.

如果需判断 $\sum_{n=0}^{\infty}\frac{a_n}{kn+m+1}$ 是否收敛则使用积分检验法、比较法(Comparison Test)、比值法 (Ratio Test)、根值法(Root Test) 判断其是否收敛

若求 $\int_0^1\frac{g(x)}{f(x)}dx=?$ 则 计算 $\sum_{n=0}^{\infty}\frac{a_n}{kn+m+1}=?$

<u>范例说明:</u>

(I)判断 $\int_0^1\frac{\sin x}{x}dx$ 收敛发散

$\because \sin x=\sum_{n=0}^{\infty}\frac{(-1)^nx^{2n+1}}{(2n+1)!}\quad \therefore \frac{\sin x}{x}=\sum_{n=0}^{\infty}\frac{(-1)^nx^{2n}}{(2n+1)!}\quad \therefore \int_0^1\frac{\sin x}{x}dx=\sum_{n=0}^{\infty}\frac{(-1)^n}{(2n+1)!\,(2n+1)}$

(II)判断 $\int_0^1\frac{\tanh^{-1}x}{x}dx$ 收敛发散

$\because \frac{\tanh^{-1}x}{x}=\sum_{n=0}^{\infty}\frac{x^{2n}}{2n+1},\ \forall -1<x<1\quad \therefore \int_0^1\frac{\tanh^{-1}x}{x}dx=\sum_{n=0}^{\infty}\frac{1}{(2n+1)^2}$

Example 1.

求$\int_0^1 \frac{1-e^{-x^2}}{x^2}dx = ?$

【解】

$$\because e^{-x^2} = \sum_{n=0}^{\infty} \frac{(-1)^n x^{2n}}{n!} \qquad \therefore \frac{1-e^{-x^2}}{x^2} = \sum_{n=1}^{\infty} \frac{(-1)^{n+1} x^{2n-2}}{n!}$$

$$\therefore \int_0^1 \frac{1-e^{-x^2}}{x^2}dx = \int_0^1 \sum_{n=1}^{\infty} \frac{(-1)^{n+1} x^{2n-2}}{n!}dx = \sum_{n=1}^{\infty} \int_0^1 \frac{(-1)^{n+1} x^{2n-2}}{n!}dx$$

$$= \sum_{n=1}^{\infty} \frac{(-1)^{n+1} x^{2n-1}}{n!\,(2n-1)}\Bigg|_{x=0}^{x=1} = \sum_{n=1}^{\infty} \frac{(-1)^{n+1}}{n!\,(2n-1)}$$

Example 2.

求$\int_0^1 \frac{1}{x}\ln\left(\frac{1+x}{1-x}\right)dx \ = ?$

【解】

$$\because \ln(1+x) = \sum_{n=1}^{\infty} \frac{(-1)^{n+1} x^n}{n} \text{ 且 } \ln(1-x) = -\sum_{n=1}^{\infty} \frac{x^n}{n}$$

$$\therefore \frac{1}{x}\ln\left(\frac{1+x}{1-x}\right) = \frac{1}{x}\left(\sum_{n=1}^{\infty} \frac{(-1)^{n+1} x^n}{n} + \sum_{n=1}^{\infty} \frac{x^n}{n}\right) = \frac{1}{x}\left(\sum_{n=0}^{\infty} \frac{2x^{2n+1}}{2n+1}\right) = \sum_{n=0}^{\infty} \frac{2x^{2n}}{2n+1}$$

$$\Rightarrow \int_0^1 \frac{1}{x}\ln\left(\frac{1+x}{1-x}\right)dx = \int_0^1 \sum_{n=0}^{\infty} \frac{2x^{2n}}{(2n+1)}dx = \sum_{n=0}^{\infty} \int_0^1 \frac{2x^{2n}}{(2n+1)}dx = 2\sum_{n=0}^{\infty} \frac{1}{(2n+1)^2}$$

Example 3.

试判断$\int_0^1 \tanh^{-1} x^2\, dx$ 收敛或发散

【解】

$$\because \tanh^{-1} x^2 = \sum_{n=0}^{\infty} \frac{x^{4n+2}}{2n+1},\ \forall -1 < x < 1$$

$$\therefore \int_0^1 \tanh^{-1} x^2\, dx = \int_0^1 \sum_{n=0}^{\infty} \frac{x^{4n+2}}{2n+1} dx = \sum_{n=0}^{\infty} \frac{1}{2n+1} \int_0^1 x^{4n+2}\, dx$$

$$= \sum_{n=0}^{\infty} \frac{x^{4n+3}}{(2n+1)(4n+3)}\Bigg|_0^1 = \sum_{n=0}^{\infty} \frac{1}{(2n+1)(4n+3)}$$

$$\because \sum_{n=0}^{\infty} \frac{1}{(2n+1)(4n+3)} \text{收敛} \qquad \therefore \int_0^1 \tanh^{-1} x^2\, dx \text{ 收敛}$$

Example 4.

试判断 $\int_0^1 \frac{\ln(1+x^2)}{x} dx$ 收敛或发散

【解】

$$\because \ln(1+x^2) = \sum_{n=1}^{\infty} \frac{(-1)^{n+1} x^{2n}}{n} \qquad \therefore \frac{\ln(1+x^2)}{x} = \sum_{n=1}^{\infty} \frac{(-1)^{n+1} x^{2n-1}}{n}$$

$$\therefore \int_0^1 \frac{\ln(1+x^2)}{x} dx = \int_0^1 \sum_{n=1}^{\infty} \frac{(-1)^{n+1} x^{2n-1}}{n} dx = \sum_{n=1}^{\infty} \frac{(-1)^{n+1}}{n} \int_0^1 x^{2n-1}\, dx$$

$$= \sum_{n=1}^{\infty} \frac{(-1)^{n+1} x^{2n}}{n \cdot 2n}\Bigg|_0^1 = \sum_{n=1}^{\infty} \frac{(-1)^{n+1}}{2n^2}$$

$$\because \sum_{n=0}^{\infty} \frac{(-1)^{n+1}}{2n^2} \text{收敛} \qquad \therefore \int_0^1 \frac{\ln(1+x^2)}{x} dx \text{ 收敛}$$

Example 5.

试判断 $\int_0^1 \frac{\ln(1-x^2)}{x} dx$ 收敛或发散

【解】

$$\because \ln(1-x^2) = -\sum_{n=1}^{\infty}\frac{x^{2n}}{n} \qquad \therefore \frac{\ln(1-x^2)}{x} = -\sum_{n=1}^{\infty}\frac{x^{2n-1}}{n}$$

$$\therefore \int_0^1 \frac{\ln(1-x^2)}{x}dx = -\int_0^1 \sum_{n=1}^{\infty}\frac{x^{2n-1}}{n}dx = -\sum_{n=1}^{\infty}\frac{1}{n}\int_0^1 x^{2n-1}\,dx = -\sum_{n=1}^{\infty}\frac{x^{2n}}{n\cdot 2n}\bigg|_0^1 = -\sum_{n=1}^{\infty}\frac{1}{2n^2}$$

$$\because \sum_{n=1}^{\infty}\frac{1}{2n^2}\text{收斂} \qquad \therefore \int_0^1 \frac{\ln(1-x^2)}{x}dx \ \text{收斂}$$

Example 6.

试判断 $\int_0^1 \frac{\tan^{-1}x}{x}dx$ 收敛或发散

【解】

$$\because \tan^{-1}x = \sum_{n=0}^{\infty}\frac{(-1)^n x^{2n+1}}{2n+1},\ \forall -1<x<1 \quad \therefore \frac{\tan^{-1}x}{x} = \sum_{n=0}^{\infty}\frac{(-1)^n x^{2n}}{2n+1},\ \forall -1<x<1$$

$$\therefore \int_0^1 \frac{\tan^{-1}x}{x}x\,dx = \int_0^1 \sum_{n=0}^{\infty}\frac{(-1)^n x^{2n}}{2n+1}dx = \sum_{n=0}^{\infty}\frac{(-1)^n}{2n+1}\int_0^1 x^{2n}\,dx$$

$$= \sum_{n=0}^{\infty}\frac{(-1)^n x^{2n+1}}{(2n+1)^2}\bigg|_0^1 = \sum_{n=0}^{\infty}\frac{(-1)^n}{(2n+1)^2}$$

$$\because \sum_{n=0}^{\infty}\frac{(-1)^n}{(2n+1)^2}\ \text{收斂} \qquad \therefore \int_0^1 \frac{\tan^{-1}x}{x}dx \ \text{收斂}$$

Example 7.

试判断 $\int_0^1 \frac{\tanh^{-1}x}{x}dx$ 收敛或发散

【解】

$$\because \frac{\tanh^{-1} x}{x} = \sum_{n=0}^{\infty} \frac{x^{2n}}{2n+1},\ \forall -1 < x < 1$$

$$\therefore \int_0^1 \frac{\tanh^{-1} x}{x} dx = \int_0^1 \sum_{n=0}^{\infty} \frac{x^{2n}}{2n+1} dx = \sum_{n=0}^{\infty} \frac{1}{2n+1} \int_0^1 x^{2n}\, dx = \sum_{n=0}^{\infty} \frac{1}{(2n+1)^2}$$

$$\because \sum_{n=0}^{\infty} \frac{1}{(2n+1)^2} \text{收敛} \quad \therefore \int_0^1 \frac{\tanh^{-1} x}{x} dx \text{ 收敛}$$

Example 8.

试判断 $\int_0^1 \frac{\sin x}{x} dx$ 收敛或发散

【解】

$$\because \sin x = \sum_{n=0}^{\infty} \frac{(-1)^n x^{2n+1}}{(2n+1)!} \quad \therefore \frac{\sin x}{x} = \sum_{n=0}^{\infty} \frac{(-1)^n x^{2n}}{(2n+1)!}$$

$$\therefore \int_0^1 \frac{\sin x}{x} dx = \int_0^1 \sum_{n=0}^{\infty} \frac{(-1)^n x^{2n}}{(2n+1)!}\, dx = \sum_{n=0}^{\infty} \int_0^1 \frac{(-1)^n x^{2n}}{(2n+1)!}\, dx$$

$$= \sum_{n=0}^{\infty} \frac{(-1)^n x^{2n+1}}{(2n+1)!\,(2n+1)}\Bigg|_{x=0}^{x=1} = \sum_{n=0}^{\infty} \frac{(-1)^n}{(2n+1)!\,(2n+1)}$$

$$\because \sum_{n=0}^{\infty} \frac{(-1)^n}{(2n+1)!\,(2n+1)} \text{ 收敛} \quad \therefore \int_0^1 \frac{\sin x}{x} dx \text{ 收敛}$$

Example 9.

试判断 $\int_0^1 \frac{\sin^{-1} \frac{x}{3}}{x} dx$ 收敛或发散

【解】

$$\because \sin^{-1}\frac{x}{3}=\frac{x}{3}+\sum_{n=1}^{\infty}\frac{2^{-n}\prod_{k=0}^{n-1}2k+1}{3^{2n+1}n!\,(2n+1)}x^{2n+1},\ \forall -1<x<1$$

$$\therefore \frac{\sin^{-1}\frac{x}{3}}{x}=\frac{1}{3}+\sum_{n=1}^{\infty}\frac{2^{-n}\prod_{k=0}^{n-1}2k+1}{3^{2n+1}n!\,(2n+1)}x^{2n},\ \forall -1<x<1$$

$$\therefore \int_0^1\frac{\sin^{-1}\frac{x}{3}}{x}dx=\int_0^1\frac{1}{3}+\sum_{n=1}^{\infty}\frac{2^{-n}\prod_{k=0}^{n-1}2k+1}{3^{2n+1}n!\,(2n+1)}x^{2n}\,dx$$

$$=\frac{1}{3}+\sum_{n=1}^{\infty}\int_0^1\frac{2^{-n}\prod_{k=0}^{n-1}2k+1}{3^{2n+1}n!\,(2n+1)}x^{2n}\,dx=\frac{1}{3}+\sum_{n=1}^{\infty}\frac{2^{-n}\prod_{k=0}^{n-1}2k+1}{3^{2n+1}n!\,(2n+1)^2}x^{2n+1}\Bigg|_{x=0}^{x=1}$$

$$=\frac{1}{3}+\sum_{n=1}^{\infty}\frac{2^{-n}\prod_{k=0}^{n-1}2k+1}{3^{2n+1}n!\,(2n+1)^2}$$

$$\because \left|\frac{\frac{2^{-n-1}\prod_{k=0}^{n}2k+1}{3^{2n+3}(n+1)!\,(2n+3)^2}}{\frac{2^{-n}\prod_{k=0}^{n-1}2k+1}{3^{2n+1}n!\,(2n+1)^2}}\right|=\left|\frac{1}{9}\cdot\frac{(2n+1)^2(2n+1)}{2(2n+3)^2(n+1)}\right|\ \text{且}\ \lim_{n\to\infty}\left|\frac{1}{9}\cdot\frac{(2n+1)^2(2n+1)}{2(2n+3)^2(n+1)}\right|=\frac{1}{9},$$

藉由 Ratio Test 则 $\sum_{n=1}^{\infty}\frac{2^{-n}\prod_{k=0}^{n-1}2k+1}{3^{2n+1}n!\,(2n+1)^2}$ 收敛 $\Rightarrow \int_0^1\frac{\sin^{-1}\frac{x}{3}}{x}dx$ 收敛

Example 10.

试判断 $\int_0^1\frac{\sinh^{-1}\frac{x}{3}}{x}dx$ 收敛或发散

【解】

$$\because \sinh^{-1}x=x+\sum_{n=1}^{\infty}\frac{2^{-n}(-1)^n\prod_{k=0}^{n-1}2k+1}{n!\,(2n+1)}x^{2n+1},\forall -1<x<1$$

$$\because \sin^{-1}\frac{x}{3}=\frac{x}{3}+\sum_{n=1}^{\infty}\frac{2^{-n}(-1)^n\prod_{k=0}^{n-1}2k+1}{3^{2n+1}n!\,(2n+1)}x^{2n+1},\ \forall -1<x<1$$

$$\therefore \frac{\sin^{-1}\frac{x}{3}}{x} = \frac{1}{3} + \sum_{n=1}^{\infty} \frac{2^{-n}(-1)^n \prod_{k=0}^{n-1} 2k+1}{3^{2n+1} n!\,(2n+1)} x^{2n},\ \forall -1 < x < 1$$

$$\therefore \int_0^1 \frac{\sin^{-1}\frac{x}{3}}{x} dx = \int_0^1 \frac{1}{3} + \sum_{n=1}^{\infty} \frac{2^{-n}(-1)^n \prod_{k=0}^{n-1} 2k+1}{3^{2n+1} n!\,(2n+1)} x^{2n}\, dx$$

$$= \frac{1}{3} + \sum_{n=1}^{\infty} \int_0^1 \frac{2^{-n}(-1)^n \prod_{k=0}^{n-1} 2k+1}{3^{2n+1} n!\,(2n+1)} x^{2n}\, dx = \frac{1}{3} + \sum_{n=1}^{\infty} \frac{2^{-n}(-1)^n \prod_{k=0}^{n-1} 2k+1}{3^{2n+1} n!\,(2n+1)^2} x^{2n+1} \Big|_{x=0}^{x=1}$$

$$= \frac{1}{3} + \sum_{n=1}^{\infty} \frac{2^{-n}(-1)^n \prod_{k=0}^{n-1} 2k+1}{3^{2n+1} n!\,(2n+1)^2}$$

$$\because \left| \frac{\frac{2^{-n-1} \prod_{k=0}^{n} 2k+1}{3^{2n+3}(n+1)!\,(2n+3)^2}}{\frac{2^{-n} \prod_{k=0}^{n-1} 2k+1}{3^{2n+1} n!\,(2n+1)^2}} \right| = \left| \frac{1}{9} \cdot \frac{(2n+1)^2(2n+1)}{2(2n+3)^2(n+1)} \right| \text{ 且 } \lim_{n\to\infty} \left| \frac{1}{9} \cdot \frac{(2n+1)^2(2n+1)}{2(2n+3)^2(n+1)} \right| = \frac{1}{9}$$

藉由 Ratio Test 则 $\sum_{n=1}^{\infty} \frac{2^{-n}(-1)^n \prod_{k=0}^{n-1} 2k+1}{3^{2n+1} n!\,(2n+1)^2}$ 收斂 $\Rightarrow \int_0^1 \frac{\sinh^{-1}\frac{x}{3}}{x} dx$ 收斂